纺织服装高等教育"十四五"部委级规划教材
纺织科学与工程一流学科本硕博一体化教材

Smart Fibers and Smart Textiles

智能纤维
及智能纺织品

李召岭 丁彬 主编

東華大學出版社
·上海·

内容提要

本书汇集了近年来国内外的相关研究成果,从研究发展概况、基本原理、制备生产和实际应用等方面,详细介绍目前已比较成熟的智能纤维及智能纺织品,包括形状记忆、智能变色、智能发光、智能调温、自愈合、智能传感、智能驱动、能量转换与储存、智能隐身、半导体等类别的智能纤维及智能纺织品。

本书可作为纺织、服装、材料等专业的教材,也可供纺织工程、材料科学、纳米技术、智能材料等领域的学者和研究人员,以及纺织制造、智能服装、可穿戴技术等行业的工程师和设计师等阅读,能为读者提供一定的参考和启发。

图书在版编目(CIP)数据

智能纤维及智能纺织品 / 李召岭,丁彬主编.
上海 :东华大学出版社,2025.2. — ISBN 978-7-5669-2489-6
Ⅰ. TQ34;TS1
中国国家版本馆 CIP 数据核字第 2025ST0076 号

责任编辑 张 静
封面设计 魏依东

出　　版 东华大学出版社(上海市延安西路 1882 号,200051)
本社网址 http://dhupress.dhu.edu.cn
天猫旗舰店 http://dhdx.tmall.com
营销中心 021-62193056　62373056　62379558
印　　刷 句容市排印厂
开　　本 787 mm×1092 mm　1/16
印　　张 23.75
字　　数 535 千字
版　　次 2025 年 2 月第 1 版
印　　次 2025 年 2 月第 1 次印刷
书　　号 ISBN 978-7-5669-2489-6
定　　价 99.00 元

编者的话

近年来，随着智能纺织技术的飞速发展，智能纤维及智能纺织品作为纺织学科的新兴领域，逐渐展现出巨大的发展前景和市场潜力。

在党的二十大报告指引下，全面推动习近平新时代中国特色社会主义思想进教材、进课堂、进头脑，利用习近平新时代中国特色社会主义思想铸魂育人，是教育系统的首要政治任务。在本书编写过程中，我们贯彻落实习近平新时代中国特色社会主义思想和党的二十大精神，为培育新型专业人才提供重要载体。本书内容不仅涵盖智能纤维及纺织品的基本概念、技术原理，还对近年来相关领域的一些重大研究成果做出总结，涉及形状记忆、智能变色、智能发光、智能调温、自愈合、智能传感、智能驱动、能量转换与储存、智能隐身、半导体等类别的智能纤维及智能纺织品。本书汇集了众多专家学者的智慧和研究成果，旨在为读者提供一个系统的视角，以探索该领域的新发展和未来趋势，同时介绍了世界范围主要研究团队的代表性成果，便于读者更加清晰地了解该领域的学科发展。

企盼本书的出版可以为学生及相关科研人员提供比较全面、深入的学习资源，能够让读者对智能纤维和智能纺织品形成比较系统的认识，同时能够激发出更多的创新思维和实践探索，促进相关领域的学术交流与产业升级，推动纺织行业的高质量发展，提升我国在全球高端纺织市场中的竞争力。

我们对所有参与本书编写的作者和专家表示感谢，也对每一位读者的支持和鼓励表示衷心的感谢。我们期待与你们一起，见证智能纤维和智能纺织品在未来的辉煌成就。

《智能纤维及智能纺织品》编写团队

前　言

在现代科技的推动下，智能纤维及智能纺织品正逐步成为纺织行业的前沿领域，是行业转型和可持续发展的重要方向。智能纤维及纺织品不仅具备传统纤维及纺织品的基本功能，还具备传感、通信、控制、驱动、显示、调控等功能，具有柔性、大变形、实时、适应长期穿戴等特点，且应用范围十分广泛，从运动健身、体育娱乐、个体防护、生物医用到极地探测、国防军工、航空航天等领域，几乎涵盖人类生活的方方面面。智能纤维及智能纺织品是代表材料、化工、纺织及相关领域最高发展水平的纤维材料及纺织产品，贯穿纺织、电子、信息、生物、医学、新能源等多学科综合技术，是纤维、纺织、染整、服装、机械、化工等领域科技工作者关注的热点。

我国作为纺织品生产大国，已建成全球规模最大、最完备的产业体系。纺织工业是我国传统支柱产业、重要民生产业和国际优势产业，在美化人民生活、服务经济发展、实现共同富裕、增强文化自信等方面发挥着重要作用。我国十分重视纺织新材料的发展，并对发展纺织新材料和纺织新质生产力的方向、目标、措施等提出了具体要求。《中国制造2025》提出了由制造业大国向制造业强国转变的战略目标，纺织工业具有先期进入世界纺织强国阵营的基础和优势。加强智能纤维及纺织品的教育与培训，培养具备相关知识和技能的专业人才，有利于加速推动我国纺织行业的转型升级，为如期建成纺织强国和世界科技强国提供智力支撑。

本书主要围绕智能纤维及智能纺织品的核心知识和技术展开，包括基础理论、生产工艺、应用案例等多个方面，同时注重理论与实践相结合，旨在通过案例分析、实验操作等方式培养读者的实践能力和创新思维。该书共十二章，主要内容可分为三大部分：第一部分（第一章）主要介绍智能纤维的基本概念、发展历程及其在纺织行业中的重要性；第二部分（第二章）阐述智能纺织品设计的基本原则、创新思路及设计过程中需要考虑的因素；第三部分（第三～十二章）详细阐述各种智能纤维及纺织品（形状记忆、智能变色、智能发光、智能调温、自愈合、智能传感、智能驱动、能量转换与储存、智能隐身、半导体等类别）的特点、性能及应用场景，介绍智能纤维及纺织品的生产工艺流程、关键技术及方法，探讨智能纺织品在智能服装、生物医疗、国防军事等领域的应用及潜力。

本书由东华大学李召岭和丁彬主编，负责全书内容的组织、修改和统稿，其中：第一章由丁姗姗执笔；第二章由丁姗姗、吕晓双执笔；第三章由滕德英、黄鑫执笔；第四章由林雁璇执笔；第五章由田双执笔；第六章由蔡君怡执笔；第七章由李佳璐、杜明娟执笔；第八章由王发强、刘潇宇执笔；第九章由朱捷讯、王业飞执笔；第十章由苌子旭、佘敏楚楚执笔；第十一章由管丽媛、闫子豪执笔；第十二章由许子傲执笔。该书的出版得到东华大学出版社的鼎力支持和帮助，在此一并致谢。

智能纤维及智能纺织品是一个典型的跨学科研究领域，涉及高分子化学、材料科学、纺织工程、电子工程、生物医学等多个学科。在编写本书的过程中，我们始终坚持科学严谨的态度，力求将最前沿的科技信息和最实用的应用案例呈现给读者。

由于编者水平有限和时间仓促，书中难免有不足之处。敬请诸位同行、专家和读者不吝指正。

编者

2024 年 7 月

目 录

第一章 智能纤维及智能纺织品概述

第一节 引言

随着社会的不断发展和进步，科学技术的日新月异，人类生活水平的日益提高，人们对各类材料的要求也越来越高，期望材料能够依据不同的环境变化，自动调节其功能以达到最佳状态。众所周知，生命体不仅具有思维活动和思维能力，更具备对外界刺激或其内部状态变化的响应能力，这种能力被称为智能(Intelligent)，是生命体独有的特性。自 20 世纪 80 年代以来，科研人员在材料智能化和多功能性方面进行了深入探索。智能材料，作为一种模拟生命系统的先进材料，兼具感知、反馈与响应等多重功能。它不仅能敏锐地捕捉外界环境与生命体内部状态的变化，更能通过自身或外部反馈机制实时调整其一种或多种性质，达到预期的响应效果。智能材料的发展，为智能纤维及智能纺织品的开发奠定了基础，促进了智能纤维和智能纺织品的发展。

智能纤维(Smart Fibers)是纤维科学与智能材料科学交叉的产物。一方面，它能够像其他智能材料一样感知环境的变化或刺激并做出反应，是一种长度、形状、颜色、温度和渗透速率等能够随着环境变化而发生敏锐变化的新型功能纤维(Functional Fibers)；另一方面，它还具有普通纤维长径比大的特点，其力学性能由于取向度较高等原因而远高于大部分智能高分子材料，从而能加工成多种产品。智能纤维的出色性能可与人类智慧相结合，通过将智能纤维嵌入各种产品，可以实现远程控制、实时监测、智能调节等功能，从而极大地提高产品的附加值和竞争力。例如，在智能家居领域，智能纤维可以被用于制作智能窗帘、智能床垫等产品，通过连接智能手机或其他智能设备，人们可以随时随地控制家居环境的温度和湿度，实现更加舒适和节能的生活。智能纤维在纺织领域具有重要的地位和独特的用途，为未来的产业和人类生活注入新的活力，具有十分光明的发展前景。

智能纺织品(Smart Textiles)通常由感应、致动和控制单元组成，不仅具有一般机织、针织和非织造面料具有的性能，还能通过自身的感知进行信息处理并发出指令，然后执行动作，从而实现自身的检测、诊断、控制、校正、修复和适应等一种或多种功能。例如，通过内置的传感器，智能纺织品能够感知外界环境的变化，如温度、湿度、光照、压力等。这些传感器就像纺织品的“眼睛”和“耳朵”，使它们能够对外界环境做出及时反应。

当感应到环境变化时，智能纺织品中的致动器和控制单元会协同工作，根据预设的程序或算法发出指令，执行相应的动作。这些动作可能包括改变织物的颜色、温度、质地等，或是触发报警、通信等实用功能。智能纺织品的出现，使得纺织品不再是仅仅满足人们穿着需求的物品，而是成为具有智能功能的实用工具。例如，智能服装可以实时监测人体健康状况，如心率、血压、体温等，并通过手机等终端设备将数据传送给医生或用户，帮助人们更好地了解自己的身体状况。此外，智能纺织品还可以应用于智能家居、安全防护等领域，为人们的生活带来便利和安全。智能纺织品作为智能材料的重要分支，其发展前景广阔。智能纺织品的发展需要大量高素质的科技人才，其研发和推广还需要国际间的交流与合作。随着材料科学、计算机科学、生物医学等多个领域的交叉融合，智能纺织品的功能和性能将不断提升。未来，人们有望看到更多具有创新性和实用性的智能纺织品问世，为纺织工业注入新的活力。

第二节 智能纤维及智能纺织品定义

智能纤维，通常指可感知环境变化或刺激（如光、电、温度、湿度、pH 值等）并能够做出反应的纤维，是智能纺织品中重要的基本组成单元。智能纤维的工作原理通常基于其内部嵌入的各种传感器和响应器。这些微型装置能够精确地捕捉到外部环境的变化，并通过纤维内部的导电网络将信号传递给处理系统。处理系统根据接收到的信号，迅速做出判断并指令纤维做出反应，如颜色变化、形状调整、温度调节等。这种高度集成化的智能响应机制，使得智能纤维在应对环境变化时能够展现出极高的灵敏度和准确性。

智能纺织品是以智能纤维为原料，通过纺丝、织造和其他工艺制得的纺织品，或是将其他智能材料与纺织品结合而成的纺织品。它贯穿纺织、电子、信息、生物、医学、新能源等多学科综合技术，能够感知人体与环境信号变化，并通过反馈机制主动做出响应。它基于仿生学概念，能够模拟生命系统，同时有感知和反应双重功能，还能实现自动调节，以适应外界环境的条件变化和刺激。智能纺织品能保留纤维及其产品的风格和技术性能，是传统的纺织服装技术与材料科学、结构机理、传感技术和先进的加工工艺、通信技术、生物技术的有机结合。

第三节 智能纤维及智能纺织品分类

智能纺织品，按其智能属性可分为物理型、化学型、生物型三大类；按照其对感知和响应状态的不同，可分为被动智能型、主动智能型和高级智能型三大类。按照功能性分类，目前主要有形状记忆、智能变色、智能发光、智能调温、自愈合、智能传感、智能驱动、能量转换与储存、智能隐身、半导体等智能纤维及智能纺织品。

一、按照感知和响应的状态分类

根据智能纺织品感知和响应的状态不同，可分为被动智能型、主动智能型和高级智能型三类。

（一）被动智能型纺织品(Passive Smart Textiles)

被动智能型纺织品只能感知外界环境的刺激，具有预警能力，却不能自动调控，属于智能纺织品的初级阶段。与主动调控的智能纺织品不同，它们更多地扮演着“观察者”的角色，此类纺织品对外界条件和刺激仅能感知。以光敏纤维为例，这种纤维能够感知外部光线的变化，并通过内部的光学原理将这些变化转化为电信号，进而被用于测量应变、温度等多种物理量。然而，这种感知能力的发挥是被动的，需要依赖外部刺激来触发反应。同样，被动智能型纺织品中的温度传感器也能够感知到人体的温度变化，但不能主动调节人体温度。它们更多地被用于监测和记录温度数据，为用户的健康和安全提供参考。被动智能型纺织品作为第一代智能纺织品，尽管具备一定的感知能力，但在自动调控方面还有待突破。

（二）主动智能型纺织品(Active Smart Textiles)

主动智能型纺织品不仅能感知外界环境的刺激，还能做出响应，既有传感器的作用，又有执行器的作用，可与特定的环境相协调，如形状记忆、变色、蓄热调温等智能纺织品。主动智能型纺织品的核心在于其内置的微型传感器和执行器，能够实时监测外界环境的变化，如温度、湿度、光照等，并将这些信息迅速传递给纺织品内部的控制系统。控制系统根据接收到的信息，通过执行器对纺织品进行相应的调整，以实现形状记忆、变色、蓄热调温等功能。形状记忆纺织品能够在受到外界环境刺激后发生形变，并在一定条件下恢复原状。这种功能在服装、家居用品等领域具有广泛的应用前景，可以为用户提供更加舒适的穿着和使用体验。变色纺织品在受到外界刺激时，其中的染料会发生化学反应，从而实现颜色变化。这种功能在时尚、装饰等领域具有很大的潜力，可以让纺织品根据环境和用户需求进行个性化展示。

（三）高级智能型纺织品(Very Smart Textiles)

高级智能型纺织品又称适应型智能纺织品，是最高水平的智能纺织品。这类纺织品不仅具备感知和响应外界环境刺激的能力，更能自动调节以适应外界环境的条件和刺激。随着科学技术的进步，纺织与其他科学如材料科学及机械、传感、通信、人工智能、生物等先进技术相结合，使高级智能型纺织品的开发成为可能。高级智能型纺织品通常采用了特殊的智能纤维和智能织物结构。这些智能纤维和织物能够感知外界的温度、湿度、光照、压力等变化，通过内置的传感器和控制系统，自动调整自身的物理性能，如透气性、保暖性、弹性等，以适应外界环境的变化。高级智能型纺织品以其独特的功能和特性，正在改变我们的生活方式和工作环境。在医疗健康领域，高级智能型纺织品可以被用于开发智能医疗服装。此类服装可以监测患者的生命体征，如心率、血压、体温等，并通过内置的传感器和通信技术将这些数据传输给医生或医疗设备。医生可以根据这些数据及时调整治疗方案，提高治疗效果。同时，智能医疗服装还可以根据患者的体温、身体活动等情况自动调节温度，为患者提供舒适的穿着体验。在军事领域，高级智能型纺织品同样发挥着重要作用。例如，智能作战服可以根据士兵的身体状况和环境条件自动调节温度和湿度，保持士兵的舒适性和战斗力。同时，这些作战服配备了多种传感器和通信设备，可以帮助士兵实时感知周围环境的变化，提高作战效率。除此之外，高级智能型纺织品还在智能家居、智能交通等领域发挥重要作用。它们可以通过与各种智能设备的连接和交互，实现更加智能化和便捷的生活方式。

科技进步推动了纺织业与其他先进科技如材料科学、生物技术、机械、电子、信息、传感和人工智能等领域的深度融合，从而催生了高度智能化的纺织品。军事领域对多功能或智能纺织品的迫切需求，以及航天领域对轻质、不臃肿且具备自修复功能的宇航服的需求，是推动智能纺织品近年来迅速发展的关键要素。此外，智能纺织品在民用领域的应用前景同样广阔，不仅局限于服装领域，还广泛应用于生物医学、技术工程和交通运输等多个领域。

二、按照智能属性分类

智能纺织品根据智能属性可以分为物理型、化学型和生物型。

（一）物理型智能纺织品

此类智能纺织品的智能产生于其形态、热学、光学、电气、电子等物理性能参数的变化或转化，例如形状记忆纺织品、蓄热调温纺织品等。这些物理性能参数的变化或转化不仅会影响纺织品的外观和舒适度，还赋予它们独特的智能功能。例如，通过先进的织造工艺和结构设计，纺织品可以在外力的作用下产生形状记忆、伸缩自如等特性。这种智能形态变化不仅使得纺织品更加适应人体曲线，提高穿着舒适性，还能为运动装备、医疗康复等领域提供有力支持。热学性能参数的转化使得纺织品具备智能温控功能。通过嵌入热敏材料或温控纤维，纺织品能够感知外界温度，自动调节内部温度，实现保暖或降温的效果。智能温控纺织品在寒冷冬季和炎热夏季都能提供舒适的穿着体验。利用光学性能参数的变化或转化，可以使纺织品实现智能变色。通过运用特殊的染料和光敏材料，纺织品可以在光照条件下发生颜色变化，不仅可以美化服装的外观，还可以实现防伪、信息隐藏等特殊功能。通过将导电纤维融入纺织品，可以实现电子信号的传输和感知。这类纺织品具备导电、电磁屏蔽、传感等多种智能功能，可为智能穿戴设备的发展提供广阔的空间。

(二) 化学型智能纺织品

此类智能纺织品的智能产生于有机化学、光化学反应等效应,例如光敏变色纺织品在受到光或辐射等外界刺激后,会展现出强烈的可逆性自动变色特性。这种特性的实现依赖于纤维或织物生产中采用的不同类型的光敏高分子材料,其变色机理因材料类型不同而异。此外,还有一类具有温敏性能的有机物,其分子结构、pH 值、结晶水、电子数等因温度变化而改变,或在达到熔点后物质体系的颜色发生变化。这些物质被引入纤维和纺织品,可制造温敏变色产品。根据不同用途,这些产品通过设计可具有不同的变色温度范围,例如滑雪服装的变色温度设定为 11～19 ℃,妇女服装的变色温度为 13～22 ℃,而灯罩布的变色温度则控制在 24～32 ℃等。

(三) 生物型智能纺织品

此类智能纺织品具有医疗、保健、生物活性等特性,涉及生物学、医学和保健学等领域的先进科技,不仅具有传统的保暖、遮蔽功能,而且能够实时监测、反馈并改善人体健康状态。这类智能纺织品通常集成了传感器、生物识别技术、生物活性物质等多种高科技元素,为穿戴者提供个性化、精准的健康管理方案。通过引入生物活性物质,如抗菌肽、生长因子等,智能纺织品可以具备自我清洁、促进伤口愈合等神奇功能。例如,含有抗菌肽的智能绷带能够在伤口愈合过程中有效抑制细菌感染,加快愈合速度;含有生长因子的智能内衣则能够促进皮肤细胞的再生和修复,对于抗衰老和皮肤美容有着显著效果。

三、按照功能性分类

随着科技的不断进步与创新,智能纤维及智能纺织品作为新材料领域的璀璨明珠,正逐渐展现出其独特的魅力和广阔的应用前景。本教材将从研究发展概况、基本原理、制备生产、实际应用等多个维度,按照功能性分类,全面深入地剖析十类目前较为成熟的智能纤维及智能纺织品,即形状记忆、智能变色、智能发光、智能调温、自愈合、智能传感、智能驱动、能量转换与储存、智能隐身、半导体等智能纤维及智能纺织品。形状记忆纤维能够在受到外界刺激后恢复原始形状,这种特性使得它在航空航天、医疗等领域具有广泛的应用潜力。智能变色纤维能够在不同环境下呈现出不同的颜色,为时尚界带来了革命性的创新。智能发光纤维能够在黑暗中发出迷人的光芒,可为夜间活动提供安全保障。智能调温纤维能够根据人体温度的变化自动调节纤维内部的温度,为穿着者带来舒适的体验。自愈合纤维具有自我修复的能力,当纤维受到损伤时,能够自动修复并恢复原有的性能。智能传感纤维能够实时监测人体的生理变化,可为医疗健康领域提供新的可能。智能驱动纤维能够通过外部刺激实现纤维的弯曲、扭曲等动作,为智能机器人、智能穿戴设备等领域提供重要的技术支持。能量转换与储存纤维能够将环境中的能量转化为电能并储存起来,为可持续能源领域提供新的思路。智能隐身纤维能够实现隐身效果，在军事领域具有重要的战略价值。半导体智能纤维以其独特的导电性能，在电子设备、通信技术等领域具有广泛的应用。

第四节　智能纤维及智能纺织品发展历史及现状

一、智能纤维及纺织品的发展历程

智能纺织品作为纺织领域的新兴力量，其研究可追溯至20世纪六七十年代。智能纺织品的研究最早开始于军事领域以及功能性纺织品领域，后来随着新材料、电子技术的应用普及，大量的智能纺织品应运而生，使纺织品发展逐渐从服装和家用纺织品领域拓展到功能性纺织品领域再到智能纺织品领域的飞跃，大大拓宽了纺织品的概念范围。1989年，日本的高木敏义教授首次定义了“智能材料”这一概念。追溯历史，最早被称为“智能纺织品”的纺织材料是具有形状记忆功能的丝线。20世纪60年代形状记忆材料的发现及70年代智能高分子凝胶的发现，被普遍认为是智能材料真正诞生的事件。直到20世纪90年代末，“智能材料”才被引入纺织品，科研工作者完成了第一个与电子信息纺织品相关的研究。21世纪初，第一个纺织电子半导体元件诞生。

在智能纺织品领域，根据技术成熟度的不同，智能纺织品的发展经历了三个时期：智能纺织品1.0、智能纺织品2.0、智能纺织品3.0。1.0时期的智能纺织品仅能对环境条件的变化或刺激做出感应。2.0时期的智能纺织品兼具感应和驱动功能，具有形状记忆、变色、蓄热、调温、吸湿、电加热功能。3.0时期的智能纺织品可以感应、驱动并自动对环境变化或刺激采取行动，还有执行能力。图1-1显示了智能纤维及纺织品具有代表性的研究成果。

二、智能纤维及纺织品的设计理念

智能纤维及纺织品的研究，与其他智能材料一样，仿生学是其出发点。生物体最大的特点是对环境的适应性，从植物、动物到人类，均是如此。生物体的基础是细胞，可视为具有传感、处理和执行功能的融合材料。自然界中的生物体，为了生存和发展，经过亿万年的演变和进化，同时不断选择和优化，创造了截至目前最优的组成和结构，已具有特殊的功能和智能。不少科技工作者对已存在四十多亿年的天然生物材料的特性及其形成过程进行研究，试图从中获得启迪以设计和制备智能材料。这种认知方法就是通常所说的仿生。因此，利用人工材料模拟自然界生物体的结构和性能来设计纺织品，使纺织品获得由这些结构带来的“智能”，成为智能纺织品设计的重要构思。例如，模拟松果硬壳对湿度做出响应的结构，开发了多孔结构的可呼吸织物；模拟蝴蝶翅膀特有的周期性多层结构，开发了光显色纤维；模拟变色龙体色随环境变化而自动变色的原理，制备了变

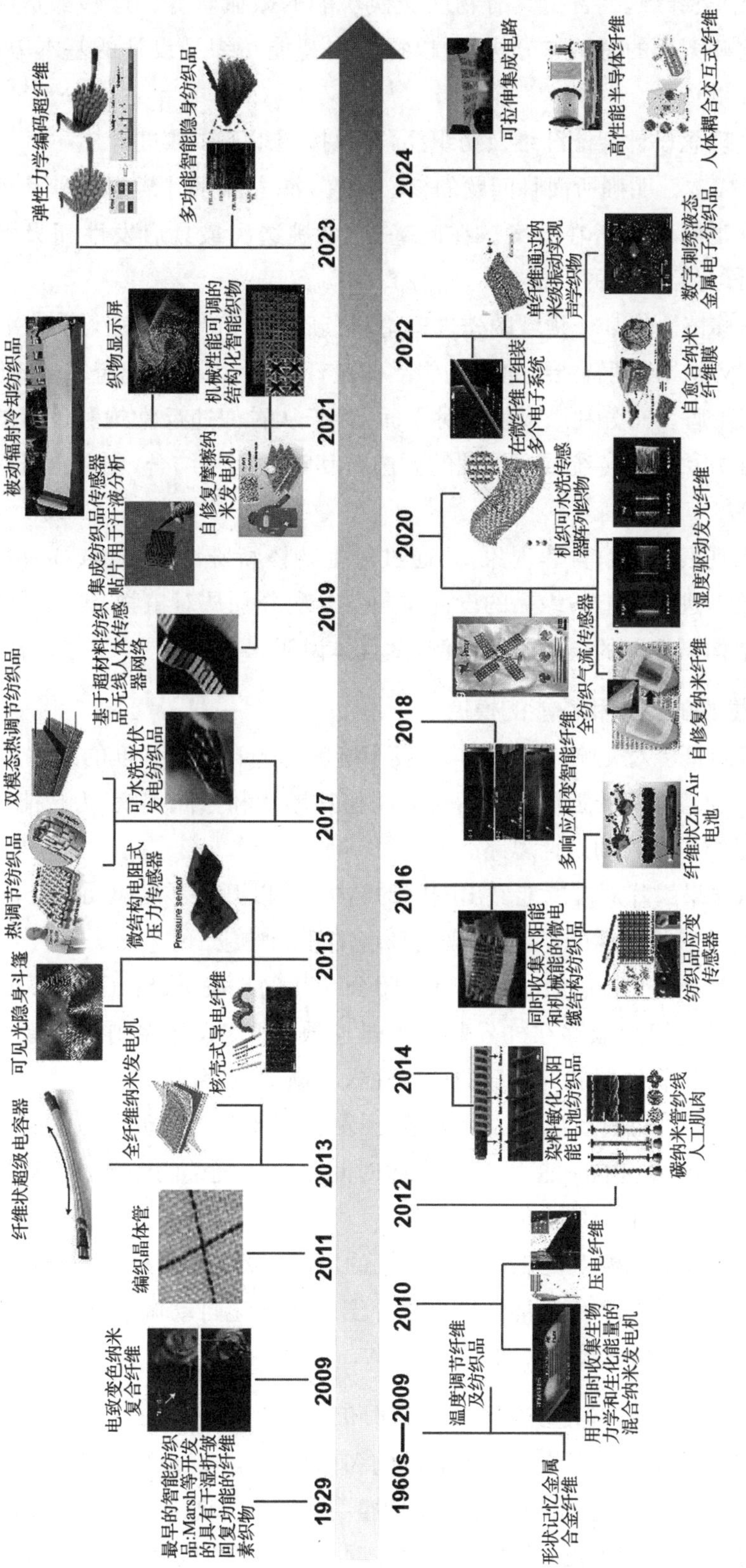

图 1-1 智能纤维及纺织品具有代表性的研究成果

色纤维;仿棉中空纤维,制备了具有物质交换功能的微血管等。这些都是仿生设计的成果。通过对这些案例的总结与分析,可以提炼出智能纺织品设计的基本原则与规律,为后续的开发提供指导。

采用仿生理念设计智能纤维及纺织品,可以按照以下步骤进行:

(1) 选定样本。明确所面临问题的核心所在,深入探索并辨识哪种动植物或其他生物具有解决此类问题的潜在方案。在此基础上,挑选出最具启发性和吸引力的生物样本,对其进行详尽且深入的剖析。

(2) 观念移植。将某个领域的先进理论、创新方法和有效策略,通过引用、移植或模仿的方式,巧妙地应用到智能纤维及纺织品的设计领域,以期实现跨领域的创新融合。

(3) 利用矛盾。充分利用事物的对立面,善于从看似违反常规和逻辑的现象中发掘潜在的创造性方法。将传统或习惯性的方法与其对立面相结合,创造出既对立又统一的创新解决方案。

通过深入观察与理解自然现象,并通过对生物体特殊结构与组成的深入研究,可以启发我们有效地进行智能纺织品的设计与制备。现分别从对植物、天然动物纤维以及动物和昆虫的结构与性能的模仿方面举例,做具体说明。

(一) 对植物的结构和性能的模仿

(1) 模拟向日葵对光响应的结构,开发了能够感应自然光强度的柔性光驱动器,这种光驱动器能够随着光线的强弱变化而自动调整其形状和弯曲程度,为智能机器人和智能窗帘等领域提供了全新的设计思路。

(2) 模拟松果鳞片对湿度能做出响应的结构,可以开发湿度驱动纤维,在不同湿度环境下可以改变其形状和性能,从而实现对环境的智能响应。

(3) 受含羞草在受到刺激时能够迅速闭合叶片的启发,设计了形状记忆纤维及纺织品。这种纤维及纺织品能够在外界刺激下迅速改变形态,并在刺激去除后恢复原有形状,为可穿戴设备、智能服装等领域的发展注入了新的活力。

(4) 从捕蝇草的捕食反射中汲取灵感,开发了一种纤维驱动器,这种纤维驱动器具有类似捕蝇草叶片的快速响应能力,能够在短时间内完成复杂的动作,在智能机器人、仿生机械等领域具有广泛的应用价值。

(5) 根据松果能随温度变化开放或收拢的灵感,设计了一种能随温度变化自动开放或收拢的服装面料。这种面料能够根据外界温度的变化自动调节其透气性和保暖性,为人们提供更加舒适的穿着体验(图 1-2)。

(二) 对天然动物纤维的结构和性能的模仿

(1) 企鹅的背部和腹部分别进化出黑色和白色的皮毛,以便在极寒环境中有效地适应体温调节。更有趣的是,企鹅能够通过调整身体与太阳照射方向之间的角度来控制自身体温。为了有效控制温度,当感觉到寒冷时,企鹅可以与太阳相对,从而迅速获得热

图 1-2 对植物的结构和性能的模仿

(a)向日葵幼苗追踪阳光的特性;(b)松果鳞片对湿度做出响应;
(c)含羞草叶由机械刺激(触摸)触发的可逆膨胀和收缩;(d)捕蝇草的捕食反射

能,相反,当它们觉得不需要太多热量时,白色的腹部可以反射部分阳光。受企鹅这种双重温度调节功能的启发,可以制备智能调温纺织品。

(2) 北极熊的毛发具有多孔的核心和致密的外壳结构,其中数十微米大小的孔隙,可以捕获大量空气,从而有效地抑制热传导和对流;排列的多孔壁大大减少了导热路径,并为强红外反射率提供多重反射效果,这两者都有利于高效隔热保温,并且可令生物体在红外线成像设备中实现"热隐身"。

(3) 蜘蛛丝除了优异的力学性能外,还表现出许多其他有趣的物理性能,包括湿度/水响应、水分收集、光导、导热、扭转能量耗散、形状记忆等。受蜘蛛丝随着湿度的变化表现出独特的超收缩和可逆收缩/膨胀行为启发,设计了纤维致动器。纤维致动器的开发为智能纤维及智能纺织品在机器人、航空航天、生物医学等领域提供了新的可能性和应用前景。例如,在生物医学领域,纤维致动器可以用于制作能够模拟肌肉运动的仿生器官,为病人提供更加自然、有效的治疗方案(图 1-3)。

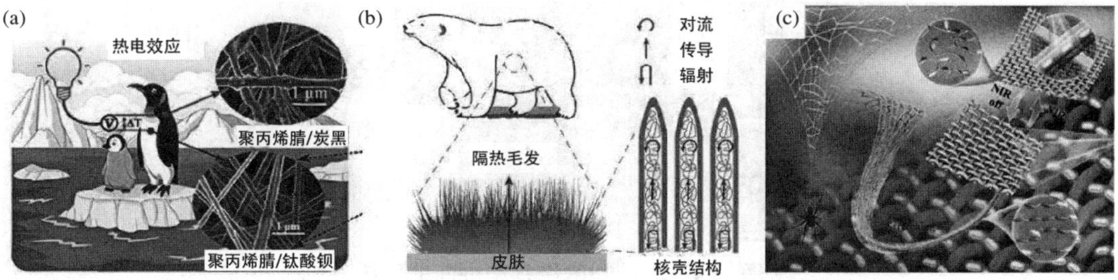

图 1-3 对天然动物纤维的结构和性能的模仿

(a)仿企鹅毛发设计智能调温纺织品;(b)受北极熊毛发启发设计保温纺织品;
(c)受仿生蜘蛛网启发设计纤维制动器

(三) 对动物的结构和性能的模仿

(1) 生活在亚马逊河流域的闪蛱蝶因其外壳和基部翅瓣中特有的周期性多层结构，使周身散发钴蓝的色彩，具有金属般的光泽。受此启发开发了变色纤维，变色纤维呈多层结构，借助光的干涉作用产生不同的色彩，可以是紫色、绿色和红色等，这种纤维不仅可以用于服装制造，还可以用于汽车内饰、家居装饰等领域。

(2) 受哺乳动物天然自修复机理(止血—消炎—增殖—重构)启发设计出自修复纺织品，这种纺织品在受到损伤时，能够自我修复，恢复原有的功能和美观，这种功能不仅可以提高纺织品的耐用性，还减少了废弃物的产生，符合可持续发展的理念。

(3) 萤火虫的发光是一种生物化学反应，是由荧光素酶、荧光素、氧气、镁离子、腺嘌呤核苷三磷酸等经过高效生化反应而产生的冷光。这种发光现象为研究者们设计发光织物提供了灵感，发光织物不仅能够在黑暗中发出迷人的光芒，还可以应用于夜间安全服装、舞台表演服装等领域。

(4) 章鱼表皮中有许多色素细胞，包括黑、红、黄、白等类型。针对不同的背景环境，周围的肌纤维瞬间扩张和收缩色素细胞，从而改变皮肤的颜色纹理，使其与背景融合。另外，对于温度、光线和机械等外界刺激，章鱼能做出响应，实现趋利避害。利用章鱼的自适应隐身及表皮结构可以设计智能隐身纺织品，这种智能纺织品在军事国防领域有着广泛的应用前景。

(5) 受哺乳动物皮肤的敏感性和弹性启发，可设计压敏纺织品。压敏纺织品能够感知外界的压力变化，并根据压力的大小和方向做出反应。这种纺织品在医疗、康复、运动等领域具有广泛的应用价值(图 1-4)。

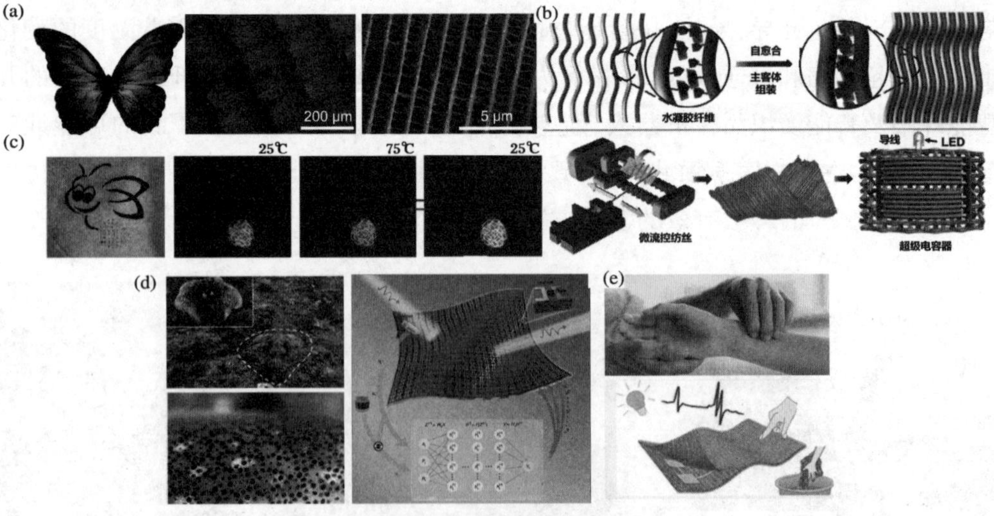

图 1-4 对动物的结构和性能的模仿

(a) 模拟蝴蝶结构显色设计智能变色纺织品；
(b) 受哺乳动物天然自修复机理(止血—消炎—增殖—重构)启发设计自修复纺织品；
(c) 仿萤火虫的冷光现象设计发光织物；
(d) 利用章鱼的自适应隐身及其表皮结构设计智能隐身纺织品；
(e) 受哺乳动物皮肤启发设计压敏纺织品

智能纺织品的设计是智能纺织品开发的根本。通过对智能纺织品设计的深入探讨，我们可以更好地了解智能纺织品的潜力与未来，为其在更多领域的应用提供坚实的支撑。在早期的探索中，我们已经看到智能纺织品在多个领域的潜在应用，如医疗、运动、家居等。这些应用不仅展示了智能纺织品的广泛适应性，也为后续的设计提供了宝贵的经验。这需要我们深入了解用户的需求与痛点，并结合智能纺织品的特性，提出切实可行的解决方案。例如，在医疗领域，我们可以设计具有实时监测患者生命体征功能的智能纺织品，以提高医疗护理的效率和准确性。而在运动领域，我们可以设计具有调节温度、湿度等功能的智能纺织品，以提升运动员的舒适度和运动表现。从应用观点出发，确定应用的基本概念，然后设计产品，这是智能纺织品开发的重要途径，其中材料的选择、结构的设计和生产技术的确定是智能纺织品开发的关键。

随着科技的发展，智能纤维及纺织品的研究思路变得更加开阔，研究方法更加丰富，跨学科、跨领域研究层出不穷，智能纤维及纺织品的发展呈现出功能复合化、智能化趋势。智能纤维及纺织品的设计并非一蹴而就的过程，它需要不断地试验、优化和改进，才能最终实现预期的效果。多种技术的融合，如新材料和织造工艺的融合、微胶囊和包膜技术的融合、传感器和微型计算机的融合等也为纺织品智能化的实现提供了可能。在这个过程中，我们需要充分利用现代科技手段，如计算机模拟、数据分析等，以更准确地预测和评估产品的性能与效果。同时，我们还需要密切关注行业动态和技术发展，及时调整和优化设计方案，以适应不断变化的市场需求和技术环境。

三、国内外研究现状

当前时期，智能纺织品应用市场日趋成熟，消费者的接纳程度日益提高，从不了解、不信任到感兴趣、积极尝试，逐渐成为智能纺织品消费者。目前，智能纺织品的主要应用领域有医疗保健、军事国防、航空航天、建筑环境和服装家居等。在智能纺织品的生产研发中，智能纤维及其织物与电子元件相结合的应用较多，大部分智能纺织品应用研究已经进入智能纺织品 3.0 时期，产品不仅具有纺织品的功能性，而且具有对外界环境反应和自动调节的智能性，进入真正意义上的智能时代。

随着科学技术的进步，智能纤维和智能纺织品在近年来发展迅猛。《纺织行业“十四五”发展纲要》中指出，要加强流行趋势研究和新材料新技术在终端产品的设计应用，完善从纤维原料到终端产品的全产业链研发体系；同时，推广定制化服务，促进传统制造模式向服务型制造模式转变。目前来看，智能纤维除了在军事、国防、航天、医学及大健康等领域有广阔的应用前景，在传统时尚服装的功能赋予方面也开辟了很好的市场。特别是在科技时尚领域，更加得到消费者的青睐和认可，这些科技时装不仅可以改善消费者的舒适度，满足着装的功能需求，而且可以给消费者带来幸福感十足的购物体验，有助于提高他们的生活质量。人们向往的能演奏音乐的桌布、能与移动电话联系的夹克、缝入沙发扶手的电视遥控器及并入窗帘和地毯的开关等，将成为现实。

现在，能源问题越来越重要，智能纤维及纺织品在能源收集和生产（柔性光伏电池、压电纱线）以及储能（超级电容器、柔性电池）方面也做出了重要贡献。超级电容器和柔性电池作为先进的储能设备，具有充放电快速、能量密度高及柔韧性良好等特点。这些设备可以集成到纺织品中，为可穿戴设备提供稳定的电力支持。纤维二极管和晶体管已经在不同的实验室开发出来。柔性传感器和驱动器、纺织显示器、加热织物等，将成为人们的衣服、汽车内饰和家用纺织品的一部分。柔性电子电路将完全集成到织物上，并连接到数据库和服务器，从而为服装和纺织品提供其他应用领域。

（一）在医疗保健领域的应用

健康是人类的根本追求，随着环境恶化等问题的加剧，威胁人类生命健康的疾病增多。纺织品作为人类文明和社会发展的基石，是减少疾病伤害的第一道屏障。具有疾病预防、治疗和保健功能的医用纺织品，在医疗卫生体系中占据至关重要的一环。自 20 世纪 90 年代开始，智能纺织品就广泛应用于医疗保健领域，医疗用途多种多样，从床单、手术服和绷带到更复杂的纺织品，如用于光动力疗法、支架、复合心脏瓣膜或血管的发光织物。

纺织纤维材料及纺织品凭借其卓越的柔韧性、力学性能及整体性，在医疗保健领域展现出巨大的潜力与发展前景。从纤维加工制备的角度出发，通过实现纤维的功能化，如内部包埋药物、纤维表面接枝改性引入特定功能性基团等手段，可以成功构建出智能纤维材料，进而应用于医用领域。当这些具备特定功能的纤维或纺织品与病患或人体病变部位接触时，能够迅速检测病变部位释放出的物质，并据此做出相应响应，如释放药物等。一旦病变部位达到一定的恢复程度或完全治愈，与之接触的智能纺织品即停止释放药物，从而实现精准治疗。以聚（N-异丙基酰胺）接枝的聚乙烯醇凝胶纤维为例，该材料能够根据外界温度的变化（20～30 ℃）自动开启和闭合，从而实现对药物释放的自动控制。此外，pH 敏感型水凝胶纤维在载药后，能够通过人体肠道内部酸碱性的变化，实现选择性释放所载药物，进一步提高治疗的针对性和有效性。形状记忆纤维织制的纺织品同样具有广泛的应用前景。经过聚乙二醇处理的棉、聚酯或尼龙/聚氨酯共聚纤维，含有交联的多元醇，这种纺织品在遇到血液或酒精/水的混合物等极性消毒溶液时会发生收缩。因此，用此类纺织品制成的绷带在血液中收缩时，能够对伤口施加适当的压力以止血；而当绷带干燥时，其尺寸将恢复至原始状态，压力随之消除。这一特性使得该类纺织品在身体某些部位出血时的包扎处理中具有重要的应用价值。智能纤维传感器具备高度的集成性和应用灵活性，能够无缝嵌入医用绷带、衣物及贴片等载体中，能够实现对患者心率、体温及血压等关键生理参数的精准监测。这些关键数据可通过稳定的无线连接技术迅速传输至医护人员的专业设备，进而实现患者健康状况的实时追踪与监控，为远程医疗监护和早期健康风险预警提供有力支持。此外，智能纤维还融合了先进的纳米技术，人体的大多数组织、器官在形式和结构上与纳米纤维类似，这为纳米纤维用于组织和器官的修复提供了可能；一些电纺原料具有很好的生物相容性及可降解性，可作为载体进入人体，并容易被吸收。

（二）在航空航天领域的应用

航空航天领域一直是科技创新的热点，未来智能纤维及智能纺织品将在航空航天领域发挥越来越重要的作用。纺织纤维及其制品作为各种结构的预制件应用于航空航天领域，不仅可以大幅度减轻器材的质量，而且会提高整个产品的抗震性，更重要的是纺织纤维及其制品可以赋予相应的智能化应用。复合材料在生产过程中的工艺性不稳定，如何避免构件内部的缺陷，并且在使用过程中有效监测这些缺陷，对飞机的安全非常重要。对材料进行智能化升级就能有效解决这一问题，它能够快速地预报损伤地点和严重程度，从而及时采取修复措施，确保飞机的运行安全。光导纤维可应用于对复合材料的状态进行监测与损伤评估，即在材料或结构的关键部位埋置光导纤维及其传感器制品，这些材料及其特殊结构能够对疲劳、腐蚀、冲击、磨损以及由操作失误、温度等环境条件引起的结构损坏进行及时探测、定位并做出评价，还可在损坏到达临界状态之前发出警告，以便及时对构件进行修理或更换。智能自修复纺织品能够感受外界环境的变化，集感知、驱动和信息处理于一体，形成具有类似于生物体的自感知、自诊断、自修复功能的材料。将内含黏结剂的空心胶囊或玻璃纤维渗入材料，一旦材料在外力作用下发生开裂，部分胶囊或玻璃纤维破裂，黏结液流出并渗入裂纹，黏结液可使材料裂纹重新愈合。这种材料可用作飞机的机翼或者航天器的器件。这种材料在使用过程中，如果出现部分损坏，能够及时修复，其整体功能不会突然丧失，从而减少事故的发生。在纤维中加入温敏物质可获得温敏纤维，并制造成发动机外罩，这样可以监控发动机的工作情况，同时可以减轻发动机的震动。智能纤维传感器可以嵌入航空器的结构，实时监测其安全状态。这样的监测系统可以检测潜在的损伤和疲劳，为及时维护和修复提供重要的数据支持，确保航空器的安全运行。智能纤维可以用于制造具有优异热管理能力的航空材料，在高温环境下，纤维可以自动散发热量，防止航空器过热；而在低温环境下，纤维可以保持热量，防止航空器结冰，提高飞行安全性。智能纤维应用于航天服装中可以保护宇航员免受宇宙辐射和极端温度的影响。智能纤维可以增强太空服的绝缘性能，并且能够监测宇航员的生理参数，确保其在太空中的安全。智能纤维及纺织品的应用为航天航空领域带来了更高的安全性和性能，为探索更广阔的宇宙空间提供了坚实的保障。

（三）在建筑环境领域的应用

利用智能纤维的自诊断、自调节、自修复功能，可快速检测环境温度湿度，取代温控线路和保护线路。利用智能纤维制作的传感器可以实时监测建筑的温度、湿度、压力等参数，为建筑的维护和管理提供精确的数据支持。利用热电效应和热记忆效应的聚合物薄膜可智能化多功能自动报警和智能红外摄像，取代复杂的检测线路。利用智能纤维制作混凝土，可取代复杂的检测线路。此外，一些具有自修复功能的智能纺织品还能在出现破损时自动进行修复，大大延长了建筑的使用寿命。利用自愈合涂膜，可自动将裂缝愈合，保证防水、防潮、防透工程。随着科技的不断进步和创新，未来会有更多具有创新性和实用性的智能纤维及纺织品被应用到建筑环境领域中，为人类创造更加美好、舒适和环保的居住环境。

（四）在军事国防领域的应用

在军事和国防领域，智能纤维及纺织品不仅有助于士兵安全防护与战斗力的提升，还极大地增强了战场信息的传递与处理能力，为士兵的作战提供了更为全面细致的保障。举例而言，环境感知纤维可以监测周围环境的变化，例如检测化学气体、放射性物质或生物威胁等。士兵可以通过这种纤维做成的服装或手套的颜色变化等获得实时警报和预警，如水是否被敌人投毒，空气中敌人是否使用了化学或生物武器等，从而提高对潜在威胁的识别能力。由对不同光照做出响应、具有变色功能的纤维制成的作战服，在一定条件下，能够更好地隐蔽。嵌有生化感应器和超微感应器的军服，可监视士兵的心率、血压和体表温度等指标，这样的监测系统不仅可以提供重要的健康信息，帮助军方实时了解士兵的状态，确保士兵的安全和健康；还能在士兵受伤后辨别出受伤部位，并使该部位周围的军服收缩，并释放出军服自备的抗菌材料或血凝药物等，起到一定的治疗功能。此外，为了确保指挥系统能够掌握每位士兵在战场上的情况，这就需要一种智能定位纺织品或者将此项功能加入到作战军服上。通过内置的微型传感器和天线，士兵可以通过军服实现与指挥部或其他士兵的无缝通信。这不仅提高了信息传递的速度和准确性，还使得士兵在战场上能够保持更为紧密的协同作战。除了军服，智能纺织品在军事领域的应用还体现在其他多个方面。例如，智能帐篷能够自动调节内部温度和湿度，为士兵提供舒适的休息环境；智能降落伞则能够检测雪中和地面的危险性，及时改变飞行方向和速度，在士兵失去控制时能够自动打开，并以最佳的方式着陆。

（五）在服装家居领域的应用

智能纤维作为一种创新材料，为服装带来了更多的功能和智能化特性，提高穿着舒适度和个性化体验。除了自动调节材料的厚度、透气性等特性以适应人体生理指标变化外，还融入了先进的科技元素，实现了功能性的拓展和提升，例如可随人体和环境温度变化发生相变的轻质纤维，其相变温度范围在 32～38 ℃。穿着这种纤维服装时，活动量小时可以保暖，活动量大时可以降温，为穿着者提供适宜的保暖和散热功能。温敏纤维能够根据环境温度自动调整衣物的透气性和保暖性。在寒冷环境下，纤维可以收缩以减少透风，提供更好的保暖效果。而在炎热环境下，纤维则能扩张以提高透气性，保持身体凉爽。此外，将发光纤维嵌入服装实现发光效果，增加服装的视觉吸引力，这种技术可以应用于时装秀、舞台演出和户外活动。通过集成在纤维中的生物传感技术实现对身体健康状况的监测，并通过无线传输方式将这些数据发送到手机或其他设备上，方便用户随时掌握自己的身体状况。智能纺织品还可以制作运动服装，通过嵌入传感器和智能芯片，智能纺织品可以实时监测运动员的心率、体温、运动强度等数据，帮助运动员进行科学训练和健康管理。智能纤维在服装领域不仅提升了服装的功能性和时尚性，同时也为用户提供了更智能、更舒适的穿着体验。

随着科技的不断进步，智能控制和智能生活方式已逐步进入日常生活。消费者已不再仅仅满足于将先进技术应用于服装，而是更希望将其融入现代家庭和工作环境之中。智能纤维及纺织品不仅提升了家居生活的舒适度和便捷性，还为我们提供了更加智能、高效的生活方式。未来的纺织品将具备自动调温、变色并嵌入语音等娱乐功能。瑞典的智能纺织品科技公司的 Li Guo 和 Mats Johansson 利用传感器将桌布变成乐器，将鼓声配套元件和琴键等印在织物上，然后通过导电纤维实现其功能。受到电子音乐控制器的飞跃发展以及针织面料的启发，麻省理工媒体实验室的 Irmandy Wicaksono 将二者结合起来，创造了一种多模态可变形的织物键盘，这种键盘结合了键盘的离散控制和织物传感器的连续控制，使得直接接触与非接触手势的新互动成为可能，如按压、拉、拉伸和扭曲按键或织物进行物理接触，以及在键盘上空盘旋。此外，这种织物键盘可以连接到音频合成或测序器软件，从而模拟出各种乐器音色或生成特殊的声音效果。Smart Textiles Salon 公司则定位于智能沙发布，将压力传感器嵌入机织物，只要有人坐在沙发上，预先设定的音乐就会自动播放，而且有光照时沙发布还会改变颜色。该公司还研制了智能灯罩，当灯点亮时，智能灯罩上的染料会吸收能量，灯罩布上就会显示印刷图案。智能纤维的引入使得家居纺织品具备更强大的功能：智能窗帘可以根据室内外光线情况自动调节开合程度，实现节能和隐私保护；智能床面可以感知用户的体温和睡眠状态，调节床面温度和硬度，提高睡眠质量；智能地毯可以感知室内空气质量和脚部压力，及时通知用户进行通风或休息。这些智能家居产品的出现，为人们的生活带来了更多的便利和舒适。此外，智能纺织品可以集成报警系统，当监测到异常状况时，如火灾、非法入侵等，能够迅速触发警报，提醒居民及时采取措施。这种智能化的安全防护措施大大提高了家居生活的安全性。

参考文献

[1] Peng H S, Sun X M, Cai F J, et al. Electrochromatic carbon nanotube/polydiacetylene nanocomposite fibres[J]. Nature Nanotechnology, 2009, 4(11): 738-741.

[2] Hansen B J, Liu Y, Yang R S, et al. Hybrid nanogenerator for concurrently harvesting biomechanical and biochemical energy[J]. ACS Nano, 2010, 4(7): 3647-3652.

[3] Egusa S, Wang Z, Chocat N, et al. Multimaterial piezoelectric fibres[J]. Nature Materials, 2010, 9(8): 643-648.

[4] Müller C, Hamedi M, Karlsson R, et al. Woven electrochemical transistors on silk fibers[J]. Advanced Materials, 2011, 23(7): 898-901.

[5] Lima M D, Li N, Jung De Andrade M, et al. Electrically, chemically, and photonically powered

torsional and tensile actuation of hybrid carbon nanotube yarn muscles[J]. Science, 2012, 338 (6109): 928-932.

[6] Yang Z B, Deng J, Chen X L, et al. A highly stretchable, fiber-shaped supercapacitor[J]. Angewandte Chemie International Edition, 2013, 52(50): 13453-13457.

[7] Zeng W, Tao X M, Chen S, et al. Highly durable all-fiber nanogenerator for mechanical energy harvesting[J]. Energy & Environmental Science, 2013, 6(9): 2631-2638.

[8] Yang Z B, Deng J, Sun X M, et al. Stretchable, wearable dye-sensitized solar cells[J]. Advanced Materials, 2014, 26(17): 2643-2647.

[9] Liu Z F, Fang S, Moura F A, et al. Hierarchically buckled sheath-core fibers for superelastic electronics, sensors, and muscles[J]. Science, 2015, 349(6246): 400-404.

[10] Ni X J, Wong Z J, Mrejen M, et al. An ultrathin invisibility skin cloak for visible light[J]. Science, 2015, 349(6254): 1310-1314.

[11] Tee B C K, Chortos A, Berndt A, et al. A skin-inspired organic digital mechanoreceptor[J]. Science, 2015, 350(6258): 313-316.

[12] Wang C Y, Li X, Gao E L, et al. Carbonized silk fabric for ultrastretchable, highly sensitive, and wearable strain sensors[J]. Advanced Materials, 2016, 28(31): 6640-6648.

[13] Meng F L, Zhong H X, Bao D, et al. In situ coupling of strung Co_4N and intertwined N—C fibers toward free-standing bifunctional cathode for robust, efficient, and flexible Zn — Air batteries[J]. Journal of the American Chemical Society, 2016, 138(32): 10226-10231.

[14] Chen J, Huang Y, Zhang N, et al. Micro-cable structured textile for simultaneously harvesting solar and mechanical energy[J]. Nature Energy, 2016, 1(10).

[15] Gao T T, Yang Z, Chen C J, et al. Three-dimensional printed thermal regulation textiles[J]. ACS Nano, 2017, 11(11): 11513-11520.

[16] Jinno H, FukudA K, Xu X M, et al. Stretchable and waterproof elastomer-coated organic photovoltaics for washable electronic textile applications[J]. Nature Energy, 2017, 2(10): 780-785.

[17] Hsu P C, Liu C, Song A Y, et al. A dual-mode textile for human body radiative heating and cooling[J]. Science Advances, 3(11).

[18] Li G Y, Hong G, Dong D P, et al. Multiresponsive graphene-aerogel-directed phase-change smart fibers[J]. Advanced Materials, 2018, 30(30).

[19] He W Y, Wang C Y, Wang H M, et al. Integrated textile sensor patch for real-time and multiplex sweat analysis[J]. Science Advances, 5(11).

[20] Tian X, Lee P M, Tan Y J, et al. Wireless body sensor networks based on metamaterial textiles [J]. Nature Electronics, 2019, 2(6): 243-251.

[21] Jiang Y M, Cheng Y H, Liu S J, et al. Solid-state intramolecular motions in continuous fibers driven by ambient humidity for fluorescent sensors[J]. National Science Review, 2021, 8(4).

[22] Choi S, Eom Y, Kim S M, et al. A self-healing nanofiber-based self-responsive time-temperature indicator for securing a cold-supply chain[J]. Advanced Materials, 2020, 32(11).

[23] Fan W J, He Q, Meng K Y, et al. Machine-knitted washable sensor array textile for precise epidermal physiological signal monitoring[J]. Science Advances, 6(11).

[24] Wang H M, Li S, Wang Y L, et al. Bioinspired fluffy fabric with in situ grown carbon nanotubes for ultrasensitive wearable airflow sensor[J]. Advanced Materials, 2020, 32(11).

[25] Shi X, Zuo Y, Zhai P, et al. Large-area display textiles integrated with functional systems[J]. Nature, 2021, 591(7849): 240-245.

[26] Wang Y F, Li L C, Hofmann D, et al. Structured fabrics with tunable mechanical properties[J]. Nature, 2021, 596(7871): 238-243.

[27] Ye C Y, Liu D, Peng X, et al. A hydrophobic self-repairing power textile for effective water droplet energy harvesting[J]. ACS Nano, 2021, 15(11): 18172-18181.

[28] Zeng S N, Pian S J, Su M Y, et al. Hierarchical-morphology metafabric for scalable passive daytime radiative cooling[J]. Science, 2021, 373(6555): 692-696.

[29] Hwang S B, Kang M J, Lee A, et al. Integration of multiple electronic components on a microfibre towards an emerging electronic textile platform[J]. Nature Communications, 2022, 13(1).

[30] Lin R Z, Kim H J, Achavananthadith S, et al. Digitally-embroidered liquid metal electronic textiles for wearable wireless systems[J]. Nature Communications, 2022, 13(1).

[31] Yan W, Noel G, Loke G, et al. Single fibre enables acoustic fabrics via nanometre-scale vibrations [J]. Nature, 2022, 603(7902): 616-623.

[32] Zhu M M, Li J L, Yu J Y, et al. Superstable and intrinsically self-healing fibrous membrane with bionic confined protective structure for breathable electronic skin [J]. Angewandte Chemie International Edition, 2022, 61(22).

[33] Ma J Y, Liu Y J, Gao C, et al. Sequence spinning axially encoded metafibers[J]. Matter, 2023, 6 (11): 3940-3955.

[34] Zhong D L, Wu C, Jiang Y W, et al. High-speed and large-scale intrinsically stretchable integrated circuits[J]. Nature, 2024, 627(8003): 313-320.

[35] Wang Z X, Wang Z, Li D, et al. High-quality semiconductor fibres via mechanical design[J]. Nature, 2024, 626(7997): 72-78.

[36] Yang W F, Lin S M, Gong W, et al. Single body-coupled fiber enables chipless textile electronics [J]. Science, 2024, 384(6691): 74-81.

[37] Poppinga S, Zollfrank C, Prucker O, et al. Toward a new generation of smart biomimetic actuators for architecture[J]. Advanced Materials, 2018, 30(19).

[38] Ye G M, Wan Y, Wu J M, et al. Multifunctional device integrating dual-temperature regulator for outdoor personal thermal comfort and triboelectric nanogenerator for self-powered human-machine interaction[J]. Nano Energy, 2022, 97.

[39] Wu M R, Shao Z Y, Zhao N F, et al. Biomimetic, knittable aerogel fiber for thermal insulation textile[J]. Science, 2023, 382(6677): 1379-1383.

[40] Wu D S, Li X, Zhang Y X, et al. Novel biomimetic “spider web” robust, super-contractile liquid crystal elastomer active yarn soft actuator[J]. Advanced Science, 2024, 11(17).

[41] Zyla G, Kovalev A, Grafen M, et al. Generation of bioinspired structural colors via two-photon polymerization[J]. Scientific Reports, 2017, 7.

[42] Li Q, Xu Z, Du X, et al. Microfluidic-directed hydrogel fabrics based on interfibrillar self-healing effects[J]. Chemistry of Materials, 2018, 30(24): 8822-8828.

[43] Duan M H, WANG X C, XU W X, et al. Electro-thermochromic luminescent fibers controlled by self-crystallinity phase change for advanced smart textiles [J]. ACS Applied Materials & Interfaces, 2021, 13(48): 57943-57951.

[44] Qian C, Zheng B, Shen Y, et al. Deep-learning-enabled self-adaptive microwave cloak without human intervention[J]. Nature Photonics, 2020, 14(6): 383-390.

[45] Cao R, Pu X, Du X, et al. Screen-printed washable electronic textiles as self-powered touch/gesture tribo-sensors for intelligent human-machine interaction[J]. ACS Nano, 2018, 12(6): 5190-5196.

第二章 智能纤维及智能纺织品的开发思路及途径

随着纺织材料的不断发展以及纳米技术的进步，人们对纺织材料的设计和开发不再局限于传统的防寒保暖、舒适美观等基本功能，许多具有特殊功能特性的纤维及纺织品不断涌现，以适应不同场景的应用需求，如抗菌、防水透湿、防辐射、隔热、储热调温、变色（光、热电、温致变色）、形状记忆、拒水抗污自清洁等功能纺织材料。而新世纪纺织科学技术的突破和电子信息技术的飞速发展，使得纺织工作者能够在功能纺织材料的基础上，融合互联网、大数据、人工智能等新兴信息技术，进一步研发出智能纺织材料，催生了穿着性能更佳的智能纤维和智能纺织品，并拓展应用领域至各行各业，包括民用、军用、医用、航天等，具有很大的发展潜力和前景。智能纺织品通常是指贯穿纺织、电子、信息、生物、医学、新能源等多学科综合技术，能够感知人体与环境信号变化，并通过反馈机制主动做出响应，同时保留传统纺织品固有风格和技术特征的一类新型纺织品。智能纤维是一种集传感和信息处理于一体的纤维，是通过将智能材料处理到纤维上而得到的。目前智能纤维材料主要分为两类：一类是对外界或内部刺激（如应力、应变、光、电、磁、热、湿、化学、生物和电磁辐射等）具有感知功能的纺织材料，称为“感知材料”，可以用来制成各种纺织基柔性传感器；另一类是能对外界环境或内部状态变化做出响应或驱动的材料，可以用来做成各种驱动（执行）器。智能纺织材料是由多种材料组元通过有机紧密复合或严格地组装构成的材料系统，具备感知、反馈和响应等基本特点。其传感器能够感知外界环境变化并进行信息传输，通过电子信息处理器对信息进行处理并发出指令，再通过驱动（执行）器改变材料的状态，如颜色、形状、温度等，从而达到对外界环境的适应。整个过程中，智能纺织材料能够实现自我感知、自我适应、自我诊断、自我修复等智能功能。智能纺织材料是纺织材料科学发展的必然结果，是信息技术融入科学的必要产物，其应用领域主要涉及生物医学、个人防护、运动休闲以及生活等方方面面。未来智能纺织品不仅时尚、保暖，可以根据环境变化进行光、热变色和调温，实现纺织基柔性传感器、驱动器、显示器及计算机等配件，并将柔性器件有机整合，能够实现数据监视、收集和分析功能，并通过可视化的效果进行信息呈现，用于实时监测心跳、体温、血压、呼吸等生理指标用于维持身体健康，甚至自动发出报警信号使人体远离危险，保障安全。

智能纺织材料的开发与应用是一个全新的领域，也是各种高新技术在纺织品应用的集中体现。其开发不仅需要传统纺织的纤维制备、纺、织、染、整、剪、裁、缝的紧密配合与协作，更需要生物、材料、化工、物理、电子、信息等多种学科相互交叉和融合，使可穿戴智能设备能够与纺织服装进行更好的结合，实现纺织材料的智能化应用。智能纺织材料正确合理的开发思路是引导智能纤维和智能纺织品开发的方向盘：一方面拓展早期开发的智能纤维和智能纺织品应用领域；另一方面从应用观点出发，摸清应用要求，合理设计，积极开发新的智能纤维与智能纺织品。这是智能纤维与智能纺织品开发的重要途径，其中材料选择、结构设计、制备技术的确定是智能纤维与智能纺织品开发的关键。

第一节 新型智能纤维及纺织品材料选择

智能纺织材料是结合现有科学技术，基于传统纺织品功能进行拓展延伸，在保留传统纺织产品保暖、美观、舒适及防护等功能的基础上，将敏感材料、驱动材料和控制系统有机结合而构成的，赋予传统纺织材料更多主动性的功能，使其能适时感知并响应外界环境的变化，实现自测、自诊断、自调整、自适应、自修复、自恢复等功能。单一的材料无法同时具备上述功能，只有将用于制备传感器、执行器、控制器等的材料集成或复合在一起，在这些功能之间建立起动态的相互关系，使之相互作用、相互依存，才能实现材料的智能化。敏感材料和驱动材料是制备智能纤维与智能纺织品的基础功能材料，其中：敏感材料对外界或内部的各种刺激(如压力、应力、应变、振动、热、光、磁、电、声、化学和核辐射等)信号强度和变化具有感知能力，可以用来制备各种传感器(感知元件)；驱动材料能够根据外界刺激(如温度、电场或磁场的变化)改变自身的性能，如颜色、形状、尺寸、位置、刚性、阻尼、相位、内耗或结构等，可以用于制备各种执行器(驱动器)或激励器。控制系统作为智能结构体系中的核心组成部分，类似于人体的“大脑”，具备接收、处理并响应外部信号的能力，并根据预设的控制算法或策略对驱动材料进行调控，使得整个智能材料系统能够根据不同的环境变化做出恰当的调控。导电材料能够传递电流，对智能纤维及纺织品器件的电流与信号传递、能量的转换与储存起着关键作用。此外还有两种支撑材料——能源材料和基体材料。新型智能材料不断涌现，其选择直接关系到最终智能纤维及纺织品的性能。智能材料的选择涉及多种因素，需要综合考虑产品结构、可靠性、稳定性、精度、功能特性、环境兼容性和成本效益等方面。通过合理的选择和搭配，可以制备出性能优异、适应性强、成本合理的智能材料，以满足不同领域的应用需求。

一、敏感材料

敏感材料，作为智能材料的核心组成部分，是指对来自外界或内部的变化和刺激具有感知能力，并能以电流、电压、磁场、光等信号进行反馈的材料。敏感材料对外界的刺激具有感知作用，可用于制造传感器。敏感材料的种类繁多，包括电感材料、光敏材料、湿敏材料、热敏材料、气敏材料、光导纤维、声发射材料、形状记忆材料、磁致伸缩材料、压电材料、电阻应变材料等。

在智能材料的设计过程中，敏感材料的选择与应用需满足一系列严格标准。评价敏感材料的指标主要有六个方面。

（1）感知性能。敏感材料的核心功能在于其出色的感知能力，这是评价敏感材料优劣的关键指标。评价其感知性能时，需要全面考量其对各种物理量、化学量及生物量的响应范围和灵敏度，主要包括电、光、声、力、热、磁和气体分布等微小变化的精准感知能力。

（2）稳定性。敏感材料在长期使用过程中，其性能的稳定程度及受到环境因素的影响程度，如温度、湿度、电压和周围气体环境的变化对其影响，都是评价其质量的重要指标。

（3）响应速度。敏感材料在感知到环境变化后，其做出反应的速度是衡量其性能优劣的重要指标之一。响应速度的快慢直接影响到实际应用中的实时监测和快速控制效果。在实际应用中，提高敏感材料的响应速度，对于推动科技进步和满足实际应用需求有重要意义。

（4）可重复性。敏感材料在多次使用后，其性能是否能够保持稳定，而不会出现显著的性能退化或变化，即其可重复性如何，是评价敏感材料质量的关键指标之一。这一指标对于敏感材料在科学研究、工业生产以及实际应用中的可靠性至关重要。评价敏感材料的可重复性时，科研人员会对敏感材料进行多次重复的测量，并观察其性能参数的变化情况。通过对比不同次数的测量结果，可以评估敏感材料在多次使用后的性能稳定性，从而判断其可重复性。

（5）生物相容性。对于应用于生物医学领域的敏感材料，生物相容性是一个至关重要的评价指标，尤其对于那些需要直接与人体组织或体液接触的敏感材料而言。生物相容性主要考察的是材料在生物体内的安全性，即材料是否对人体无害，是否会引起过敏反应或其他不良生物反应。此外，生物相容性还涉及到材料的生物降解性。对于某些需要在生物体内逐渐降解的材料，其降解过程应该是可控的、安全的，并且不会对人体造成损害。在评估材料的生物相容性时，通常会采用一系列的实验和测试方法。例如，通过细胞培养实验观察材料对细胞生长、增殖和分化的影响；通过动物实验评估材料在生物体内的安全性和有效性；以及通过长期植入实验观察材料在人体内的长期生物相容性。

（6）制造成本。敏感材料的制造成本也是影响其应用和推广的重要因素。低成本的材料更有可能被大规模生产和应用。

二、驱动材料

为适应复杂变化的外界环境，生物体不仅可以敏锐察觉外界环境的细微变比，还展现出一系列令人惊叹的运动和适应能力，如动态调节身体形态、颜色、位置等，极大提高了生物体的生存能力。受自然界生物主动响应外界的启发，开发具有自我调节、自我修复、响应执行的智能驱动系统，引起了人们极大的兴趣，该系统允许智能系统与外界环境做智能交互，可以通过持续的周期性机械驱动实现对外界刺激的主动响应，对进一步提高人们的生活质量具有极其重要的意义。简言之，驱动材料是指在受到一种或多种环境刺激时，能够在一维、二维或三维方向产生位移，做出伸展、收缩、旋转等响应的材料。按照外部激励的方式，驱动材料可分为光学驱动材料、电驱动材料、电化学驱动材料、湿度驱动材料、热驱动材料、形状记忆驱动材料等类别。其中，能够对电场或电流刺激做出响应的驱动材料被称为电驱动材料。由于可以控制机器人及传感器的供电，电驱动材料具有操作简单、驱动刺激源易得、可控性强、自由度高、环境适应强等独特优点，在许多领域（如人工肌肉、软机器人、便携式传感器、可穿戴电子设备等）都有广泛的应用。

近年来，刺激响应性高分子材料、纤维材料、纳米技术的快速发展极大促进了驱动材料的开发，并逐渐从单一变形驱动功能到集成感知、运动等多功能演化的转变，由此赋予智能可穿戴系统适应环境变化反馈调控以及自主执行任务的"智能"属性，极大地拓展了智能可穿戴器件的能力界限和应用场景。随着科技的进步和应用需求的增长，对驱动材料的开发也提出了更高的要求，以推动智能科技和智能材料领域的持续发展。

三、控制系统

智能材料本质上是一种智能结构，是传感材料、驱动材料和控制系统三部分的有机结合物。智能材料通常不是一种单一的材料，而是一个材料系统，确切地说，是一个由多种材料组元通过有机紧密复合或严格地科学组装而构成的材料系统。智能纤维及纺织品的控制系统是实现其多功能性和高度集成性的关键，为用户提供更加智能化和个性化的体验。控制系统具备数据处理能力，能够分析传感器收集的数据，并根据分析结果做出决策，根据处理后的数据，控制系统可以激活或调节执行器，以实现纤维或纺织品所需的功能。通过集成微控制器或人工智能算法，纺织品能够处理传感器数据并智能地控制其他功能。通过集成电子元件和电路，可以实现与用户的实时交互和环境的智能响应。通过用户界面（如按钮、触摸屏、语音命令或其他交互方式），操作者可以与智能纤维及纺织品进行交互，实现输入指令或监控系统状态等。在复杂的智能材料系统中，可能需要多个传感器和执行器协同工作。通信接口允许这些组件之间交换信息，确保系统的协调运行。智能材料的控制系统可以应用于多种领域，包括但不限于航空航天、汽车、医疗设备、建筑和纺织品。通过这些系统，智能材料能够实现自我调节、自我修复、能量收集和转换等多种功能。

四、基体材料

基体材料又称为结构材料或支撑材料，主要用于承载或支撑功能材料或其他智能材料组成元件，如敏感材料、驱动材料等，它是智能材料结构的重要组成部分，通常选用轻质、柔软、舒适透气的材料，以减少整体质量，满足智能可穿戴电子器件的舒适性，并不损失器件原有的功能。基体材料的选择对于智能材料的整体性能和稳定性至关重要。它不仅要承载其他组成部分，还要确保智能材料在各种工作条件下都能保持稳定的性能。因此，在设计和制造智能材料时，需要根据具体的应用需求和工作环境来选择合适的基体材料。按照其结构和物理特性，柔性基体材料大致可以分为三大类，即薄膜类、橡胶类和纤维类。薄膜类基体材料具有优异的柔韧性、适形性、耐久性及轻质耐磨性，而且器件集成简单、成本低，已经在柔性电子领域得到广泛应用。橡胶类材料既具有良好的柔性和强度，又具备优异的拉伸性能，其伸长率可达40%～4000%，常用的弹性基体材料主要有聚二甲基硅氧烷(PDMS)、聚氨酯(PU)、脂肪族芳香族无规共聚酯(Ecoflex)、聚(苯乙烯-乙烯-丁烯-苯乙烯)(SEBS)等。前面列出的塑料薄膜和弹性橡胶材料通常具有致密的结构，透气性差，长期佩戴会造成人体皮肤不适，甚至引起瘙痒、导致湿疹等。纤维与纺织品材料本身具有丰富的互连通孔结构，允许空气和水蒸气通过，可以确保器件具有良好的热湿舒适性，是制备舒适透气智能材料系统的不二之选。此外，纤维与纺织品材料具有选材范围广、加工简单、易于表面处理、成本低等优势，可以直接与织物进行结合，更利于人体穿戴。

在智能材料体系中，基体材料作为器件与人体或软机器人之间的纽带，其选择至关重要，它直接决定了智能材料的整体性能和应用范围。例如，基体材料需要具备优异的柔性，使其具有良好的形状适应性，以确保其与生物皮肤或机器人的表面无缝黏附，以防止它们相互脱层。由于智能材料系统在使用过程中会受到各种性质长时间的应力，这会对器件造成损坏并缩短其使用寿命，因此还需要具备理想的拉伸性。此外，基体材料应被赋予优异的机械强度，使其在弯曲或受压时仍能保持原有的功能。在复杂多变的电子环境中，选择具有良好传导性能、加工性能、热性能、化学稳定性的基体材料，也是必须考虑的关键问题。通过合理的选择和设计，可以确保智能材料具有优异的整体性能和应用范围。

五、导电材料

智能纤维与纺织品是基于将柔性电子元件嵌入传统纺织品中，通过电学信号的转换和传输，用于变色、显示、通信等需求的智能材料，其具有柔性、质轻、耐摩擦、耐拉伸等优异特性。基于电信号的系列转化是智能纤维与纺织品器件有效运行的关键，因此，智能导电材料是智能纺织品开发的基础，智能导电材料及其导电网络结构的构筑是影响电子织物高效传感、驱动、智能响应、信号传输等特性的重要因素。具体来讲，导电材料是指能够传导电流的材料，对智能纤维及纺织品器件的电流与信号传递、能量的转换与储存起着关键作用。金属材料是地球上资源最丰富也是人类最早使用的导电材料，如金(Au)、银(Ag)、铜(Cu)、铝(Al)等经常被加入纤维及纺织品中。碳类材料，如炭黑(CB)、碳纳米管(CNTs)、石墨烯、还原氧化石墨烯(rGO)、导电油墨，具备材质轻、比表面积大、环境稳定性强等优点，也是普遍使用的导电材料。除此之外，导电聚合物、金属氧化物、过渡金属氧化物、液态金属等材料也会被加入到纤维或纺织品中，以获得柔软、弹性、轻质的导电材料。随着纳米科学技术的发展，智能导电材料的纳米化则使其表现出表面效应、小尺寸效应和宏观量子隧道效应，赋予传统纤维及织物更加优异的导电性能，以满足智能纺织的发展需要。

导电纤维及织物作为智能可穿戴设备的枢纽，因其优异的力学性能、突出的电学和光学等功能特性而备受关注。目前，智能纤维与纺织品特别是电子织物的多功能性多依赖于导电性能的变化，通过导电（电阻、电容）性能的动态变化实现传感信号的实时监测、输入、反馈信号的输出、大数据分析以及指令的执行，导电材料是实现电子织物多功能及智能特性的关键。

六、能源材料

智能纤维与纺织品系统能够适时感知外界环境的变化，实现自测、自诊断、自适应、自调整等多功能，广泛应用于医疗健康、智能家居、航空航天、环保、智能服装等领域，极大地改变了人们的生活方式。上述功能的实现需要集成大量的传感、驱动、控制等电子元件，导致更高的能源需求，需要具有高能量密度和容量的能量收集/存储材料。因此，开发具备高性能的能源材料，对于设备的正常运行具有重要意义。能源材料是指能够存储、转换或产生能量的材料，它们在智能材料中扮演着至关重要的角色，其可收集、储存或转换能源，为设备提供稳定、可靠的能源供应，保证设备的正常运行。纤维与纺织品材料本身具有优异的柔性和舒适性，所制备的纤维基能源装置可以在弯曲、扭转、拉伸、折叠等复杂变形条件下维持稳定的性能。智能纤维与纺织品在能源转换与存储领域的应用主要包括锂离子电池、超级电容器、太阳能电池、热电发电机、压电发电机、摩擦电发电机等。其中，受限于有限的电容、频繁的充电、可计算的生命周期、潜在的安全风险、昂贵的处理成本和环境危害等固有的缺点，锂离子电池、电容器等能源材料或许并非最理想的能源形式。相反，基于热电、压电、摩擦电等原理的发电机可以有效地收集人体或环境中的能量并转化为电能，供设备正常工作。这种自供能的能量收集与转换方式具有质量轻、成本低、环境友好等优势，对实现智能电子器件的柔性化、轻量化、微型化具有重要的意义。此外，将传统的纺织材料与先进的自供能发电机技术融合，有利于充分发挥纺织基多维柔性与机械稳定性优势，实现人体机械能与电能的稳定与快速转换。纺织纤维材料因自身优异的柔性和穿着舒适性，在柔性可穿戴电子设备领域具有广阔的应用前景。从能源转换效率、电池充放电次数、能量密度等多个维度提升能源器件的性能，是设计过程中必须考虑的内容。

第二节　智能纤维及纺织品的结构设计

智能纤维及纺织品的结构设计是实现其功能和性能的关键，涉及纤维的排列、组织结构的设计以及织物的成型等多个方面。通过合理的结构设计，可以充分发挥出纤维/纺织品的性能，提升纤维及纺织品的整体品质。例如，采用多种创新的组织结构形式，如三维立体结构、多层次复合结构等，不仅能够提升纺织品的柔韧性和舒适性，还能够增强其功能性和实用性。在进行结构设计时，需要综合考虑纤维的固有特性、外部环境的因素以及目标功能的要求。不同纤维具有不同的物理和化学性质，如强度、耐磨性、导电性等，这些特性会直接影响纺织品的性能和功能。同时，纺织品所处的环境也会对其性能产生影响，如温度、湿度、紫外线等因素，都会对纺织品的稳定性和耐用性提出挑战。

在智能纤维及纺织品的设计过程中，需要遵循一些基本原则以确保设计的合理性和有效性。功能性是智能纤维及纺织品设计的核心追求，而舒适性则是用户体验的重要组成部分。在结构设计中，需要注重二者的平衡与结合。例如，在设计智能调温纺织品时，既要实现温度的自动调节功能，又要保证纺织品的透气性和柔软性，以提供舒适的穿着体验。此外，结构设计也要符合审美要求，在结构设计中，需要充分考虑纺织品的色彩、图案、形状等因素，使其既具有实用功能，又具备美观性，美观的设计可以提升产品的附加值和市场竞争力。

在结构设计过程中，需要敢于尝试新的方法和思路，打破传统设计的局限。可以尝试将不同领域的技术进行融合，创造出具有独特功能和性能的新型智能纺织品。目前跨界融合是智能纤维及纺织品设计的重要趋势。通过将纺织技术与信息技术、生物技术等领域进行融合，可以开发出更多具有创新性和实用性的智能纺织品。同时，拓展应用领域也是推动智能纤维及纺织品发展的重要途径。例如，可以将智能纺织品应用于医疗、运动、军事等领域，为人们的生活带来更多便利和可能性。

本节从智能纤维及纺织品微观结构设计、宏观结构设计和多尺度复合结构设计三个角度，介绍智能纤维及纺织品开发过程中的一些典型结构，这些结构不仅为纤维和纺织品带来独特的功能性，还丰富了设计元素，使纤维及纺织品更加多样化。

一、微观结构的设计

(一) 纳米结构

利用纳米技术构建具有特定几何形状和尺寸的纳米结构，如纳米线、纳米管、纳米片等。这些纳米结构可以赋予智能材料独特的电学、磁学、光学和力学性质，从而实现特定的智能响应。纳米级结构设计允许智能纤维具有更高的灵敏度和反应速度。例如，使用碳纳米管、石墨烯等纳米材料可以制造出具有优异电导性和力学性能的智能纤维。清华大学化工系张如范课题组报道了结构致色和光致发光的多功能碳纳米管纤维，并与织物集成制备了具有紫外线探测功能的智能织物，这种纤维在智能纺织品、柔性设备、智能显示器等领域展现出巨大的应用潜力。智能纳米纤维因其高比表面积、多维结构、小孔、自调节、柔韧性、弹性等在医疗、农业、食品、能源、水和废水处理技术等多个领域具有潜在的应用。这些纳米纤维能够检测微小变化并同时对环境刺激做出反应，为实现社会可持续发展目标提供了技术支持。例如，东华大学纺织科技创新中心俞建勇院士及丁彬教授带领的纳米纤维研究团队提出一种“静电喷网”技术，制备出具有二维自组装纳米网络结构的高性能材料，这种材料具有孔径小、比表面积大、孔隙率高等特性，并在空气过滤、液体分离、生物防护等领域展现出应用潜力。

（二）纤维表面微结构

在纤维表面设计特殊的微纳结构，可以实现特定的功能，如自清洁、抗菌、防污等。这些结构可以通过化学气相沉积、物理气相沉积、光刻等技术来实现。智能表面结构还可以与传感器和执行器相结合，实现对外界环境的实时监测和响应。通过增加表面粗糙度或引入微纳米级结构，可以有效提高纤维与基体之间的界面结合力，进而增强复合材料的整体强度。微观结构的构造和设计对传感纤维及纺织品的灵敏度和工作范围具有显著的影响，例如微金字塔、微皱、互锁、微凸等微结构被引入柔性传感器的制备过程。这些微结构通常可以通过特定的方法制造，如激光刻蚀、仿生复制、模板转移、丝网印刷等。

在弯曲的生物组织表面，可以观察到多尺度、具有特定功能的褶皱形貌。在许多情况下，动态自调节的褶皱形貌能够调控生物表面的生理、生化和物理特性。例如，起皱的细胞膜可实现较大的表面积并增强可变形性；小肠内壁的分级绒毛结构可有效增强营养物质吸收，多级乳头状阵列赋予玫瑰花瓣超疏水特性和对水滴的高附着力。虽然生物形态受到生化和遗传因素的显着影响，但越来越多的证据表明，生长应力在塑造生物组织的形态中起着重要作用。除了自然界中丰富的褶皱图案，各种功能微图案可以通过包括光刻和离子刻在内的传统技术获得。但是，基于光刻的技术仅对平面上的少数光刻胶有效，而离子蚀刻方法极其昂贵且效率低下，限制了它们在大面积微加工中的应用。此外，通过这些技术在曲面上制备高纵横比的微结构，仍然是一个挑战。自然界中生长应力诱导的丰富的褶皱图案，为科学家和工程师开发工艺简单、成本低廉的微制造技术提供了灵感。通过在软基底表面沉积硬薄膜，然后施加应力，可以轻松获得多尺度褶皱图案。经过几十年的发展，表面起皱已经成为一种简单高效、成本低廉和结构可控的微结构化方法。人造褶皱图案也实现了多样化的应用，包括柔性电子器件、细胞培养界面、图案可逆擦写和智能浸润表面等。

微纳结构表面可以赋予材料许多优异的特性，如亲疏水性、抗菌、产生结构色等。实现大规模制备具有可任意设计的表面结构的功能纤维，对于拓宽纤维基器件的应用范围和促进智能织物的发展等，都有重要意义，进而在传感、能量收集与转换和人机接口等领域取得进展。鲍哲南团队设计了一种可调谐的金字塔微结构电容式压力传感器，并且成功地应用于体外脉冲监测[图 2-1(a)]。受到人体拱形的足弓结构启发，中科院长春应用化学研究所牛利研究团队采用具有规则编制结构的不锈钢网为模板，制备了一种具有拱形微结构的弹性石墨烯薄膜，基于此组装的压力传感器可以在较小应变范围内承受较大

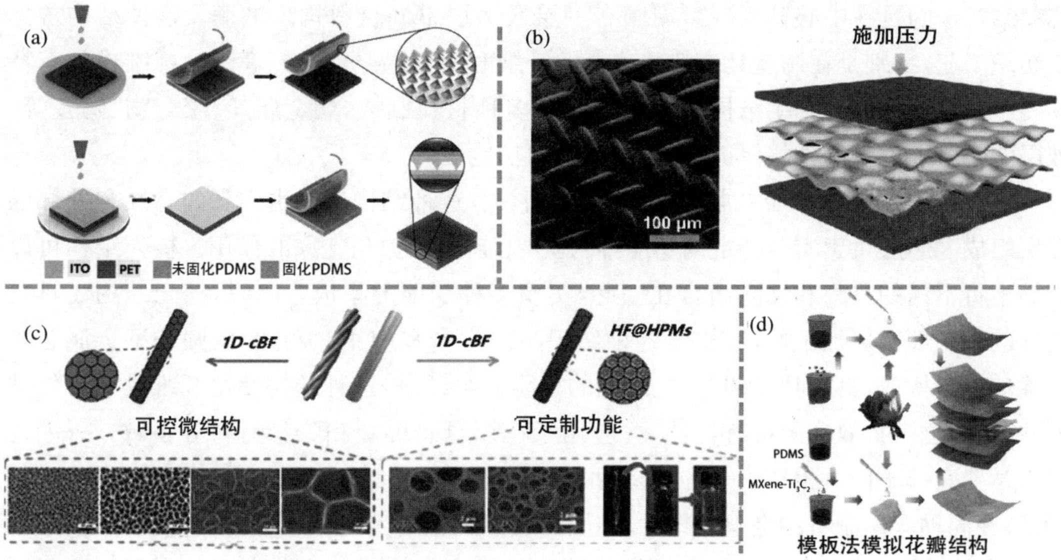

图 2-1 表面微结构的设计

(a)微金字塔结构;(b)拱形微结构;(c)表面多孔微结构;(d)模板法模拟花瓣结构

的压力,并且可实现较好的压力响应。这种高性能的可穿戴压力传感器有望贴附于人体皮肤或与医用装置进行集成联用,以用于对人体各项生命体征的检测以及对动脉血管相关的疾病分析和诊断[图 2-1(b)]。香港理工大学研究团队开发了一种蜂窝多孔微观结构的表面工程和新型杂化的一维连续纤维,在多孔微观结构中掺入并自组装了功能性纳米材料。在有机污染物的光降解中表现出增强的性能,显示出其在各种功能应用领域的广阔潜力[图 2-1(c)]。中北大学薛晨阳教授团队提出了一种受花瓣表面微观结构启发的 PDMS-MXene/明胶摩擦电纳米发电机[图 2-1(d)],具有高输出性能、低成本和生态友好性的优点,集成了自供电和传感功能,有望应用于自供电可穿戴设备和自供电医疗监测传感。

(三)同轴结构

同轴结构通常指的是一种具有同心层的纤维,其中心层和外层材料不同,共同围绕一个中心轴线排列,这种结构在智能纤维及纺织品领域中显示出巨大的应用潜力。同轴结构可以分为核壳结构(Core-Shell Structure)和芯鞘结构(Core-Sheath Structure),尽管在一些情境下两个术语可以互换使用,但还是有一定的区别。核壳结构,顾名思义,通常认为是将一种材料包裹于另一种材料的表面,就好像是果壳和果核的结构。在这种结构中,核可以是任何一种材料,而壳层是另一种材料,壳层可以是均匀的或具有梯度变化的。核壳结构广泛应用于纳米技术、药物输送系统、催化剂和能源存储等领域。具有核壳结构的材料因其独特的构造,应用前景广阔,吸引了越来越多学者的兴趣。近年来,随着对核壳结构的深入研究,甚至出现了中空的核壳结构,不仅仅局限于复合材料类别。

芯鞘结构指的是在中心轴线(芯)周围有一层或多层不同材料构成的鞘。这种结构常见于纺织工业,特别是在制造具有特殊功能的纤维时,例如导电纤维、高强度纤维或具有特殊力学性能的纤维。芯鞘结构的纤维可以由多种材料制成,如金属丝、聚合物、陶瓷等,外层的鞘可以提供额外的保护、增强或特定的功能性。

核壳结构是智能纤维中常见的一种结构形式,这种结构通常由内部的芯层和外部的壳层组成。芯层负责实现特定的功能,而壳层则起到保护和支撑的作用。核壳结构可以有效地将不同的材料和性能结合在一起,实现多种功能的集成。同时,核壳结构还具有良好的柔韧性和可加工性,适用于各种纺织品的生产和应用。例如,由圆柱型金属芯和绝缘玻璃层构成,具有独特的芯/壳结构的智能复合纤维,这种结构使得纤维具有自然铁磁共振、巨磁阻抗效应等特有性能,可应用于军用电磁屏蔽和隐身材料等领域。香港理工大学费宾博士团队报道了一种简易的光储能光传能的能量管理纤维新思路。如图 2-2 所示,在同轴湿纺制备的蚕丝纤维中,芯层负载了长余辉荧光微粉支持储能及延迟释放,皮层涂敷了荧光量子点将可见光转换成近红外光穿透表皮。由此白天的太阳能可以被储存,在夜间被持续释放并转换成易穿透人体表皮的近红外光直达血液循环系统。包芯纱技术是一种生产芯鞘结构纤维/纱线的典型技术,将一种纤维(通常称之为芯纱)包裹在另一种纤维(通常称之为包覆纤维或外包纤维)中,以创建具有特定性能的新型纱线。其原理是先将芯线或弹力丝纺成股线,然后使用折和吹绒等方式,将较细的包覆纤维均匀地包覆在芯线或弹力丝周围,形成包芯纱。在这个过程中,芯纱和包覆纤维的选择以及纺纱工艺参数的设置,都会直接影响包芯纱的性能。包芯纱的结构由芯纱和包覆纤维组成。芯纱通常使用比较坚韧的材料,如黏胶纤维、锦纶、涤纶等,以保证纱线的强度和稳定性。包覆纤维则可以选择不同类型的纤维,如棉、毛、黏胶纤维等,以提供所需的柔软度及吸湿、透气、耐磨等性能。包芯纱技术通过结合不同纤维的优点,可以生产出具有特定性能和用途的新型纱线,为智能纤维及纺织品的发展提供了新的思路和方向。

在智能纤维领域,同轴结构的核壳和芯鞘设计允许将不同的功能性材料集成到纤维中,实现如传感、能量收集、环境响应等多种智能功能。例如,一个具有传感功能的智能纤维可能有一个导电的核(芯)和一种能够响应环境变化的聚合物壳层。而在某些应用中,可能需要一个更复杂的多层结构,其中芯和鞘层可以具有不同的功能或机械特性。

(四) 多孔结构

通过在智能材料中引入多孔结构,可以实现材料的轻量化、高比表面积和优异的渗透性。这些多孔结构可以作为反应场所或存储介质,用于吸附、分离、催化等过程,从而实现智能响应和功能化。例如,利用三维多孔结构设计制备的智能纺织品,具有优异的透气性和吸湿性,适合用于运动服装和户外装备。同时,多孔结构还可以作为药物或生物活性物质的载体,实现药物的缓释和靶向输送。

此外,还有一种具有多孔结构的智能纤维。这种纤维内部含有大量微小孔洞,可以容纳和传输各种物质,如气体、液体等。多孔结构不仅提高了纤维的吸附和释放性能,还

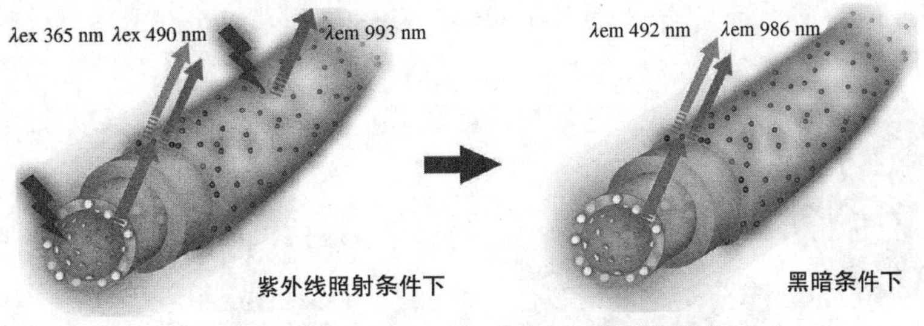

图 2-2　同轴湿纺制备光储能纤维

为其带来了良好的透气性和舒适性。在智能纺织品设计中，多孔结构纤维可以应用于智能透气、湿度控制等方面，提高穿着体验。东华大学王宏志教授团队利用多级多孔结构，制备了具有双导电通路的可拉伸导电纤维，通过导电纤维优异的电加热特性，获得了可拉伸电热致变色纤维。该纤维可完美地植入织物进行多种图案的编织，并实现多种颜色变化，在可穿戴显示、自适应伪装等智能服装领域具有广阔的应用前景(图 2-3)。

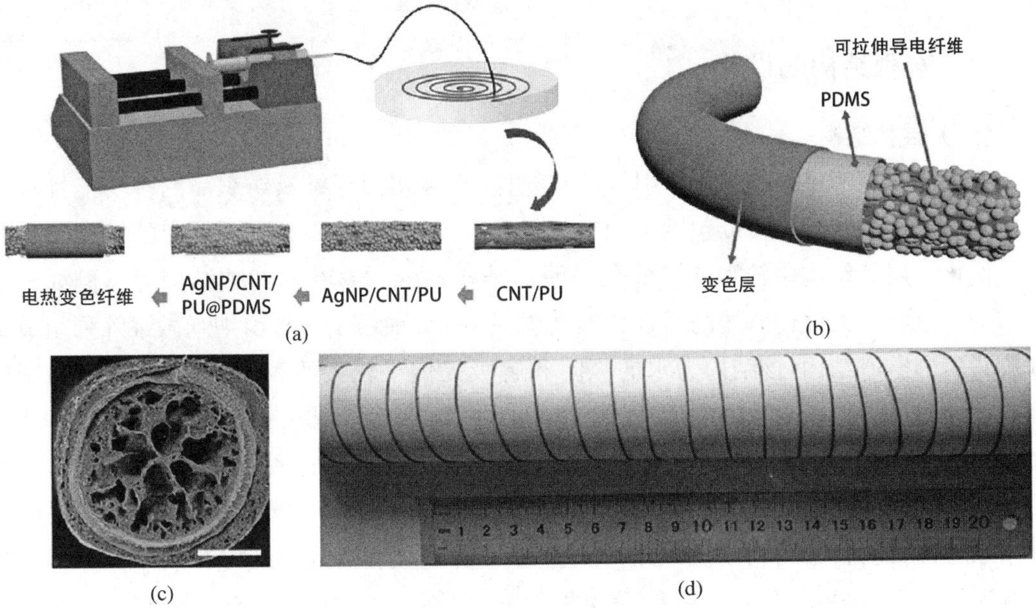

图 2-3　多级多孔结构制备可拉伸变色纤维

(a) 可拉伸电热变色纤维的制备过程；
(b) 可拉伸电热变色纤维的结构；
(c) 可拉伸电热变色纤维的横截面 SEM 图像(比例尺为 200 μm)；
(d) 长度为 3.0 m 的可拉伸导电纤维的数码照片

(五) 异质结构

在纤维结构设计方面，研究者们通过改变纤维的形状、尺寸和组合方式，对智能纺织品的性能进行优化。例如，采用特殊形状或具有特殊功能的纤维，可以赋予纺织品以导电、导热等特殊性能。深圳大学刘洲研究员联合广州中医药大学基于细菌纤维素特殊的纳米纤丝结构，开发了一种具有异质多孔网络结构的纤维状生物支架材料（图 2-4）。

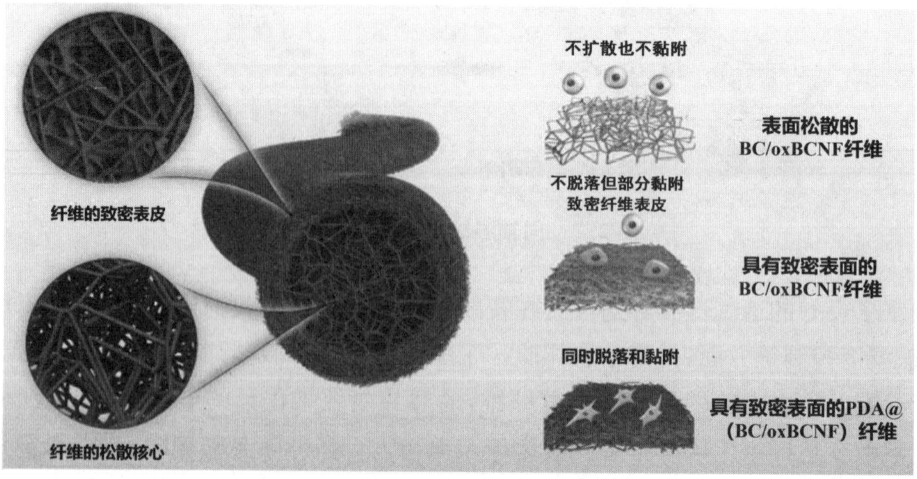

图 2-4　异质多孔网络结构的组织工程纤维

二、宏观结构的设计

（一）层状结构

通过在智能纤维及纺织品中引入层状结构，可以实现纤维及纺织品的多功能性和可调控性。这些层状结构可以包括不同的材料组分或功能层，用于实现特定的智能响应和性能优化。层状结构中较为常见的是三明治结构、夹层结构、非对称结构等。例如三明治结构是电容式柔性传感器的一种典型结构。Niu 等展示了一种由纳米微锥阵列组成的开放式弧形空心结构，该结构为水的吸附和解吸提供了较大的表面积和空间，增加了电容式柔性湿度传感器对水的响应性[图 2-5(a)]。Janus 结构是一种由不同化学物理成分和结构成分组成的独特表面结构，具有两面性或二重性。这种结构的不对称性使得 Janus 结构在智能纤维及纺织品中能够展现出独特的性能和功能。Janus 结构的一面具有亲水特性，而另一面具有疏水特性。这种表面分离使得 Janus 结构在液体界面的调控以及液体润湿、抗黏附等方面具有巨大的潜力。具有 Janus 结构的材料在润湿方面表现出色，可以用于微流体传输和液滴操控，具有重要的生物医学和纳米技术应用潜力。光响应 Janus 结构具有光热效应、色彩调节、光动力治疗等独特特性，可以应用于药物递送、生物传感与成像、微纳米马达和光致发光等领域。Janus 结构的不同面可以设计为对不同的环境刺激（如温度、pH 值、光照等）产生响应。这种材料可以应用于智能传感器、智能涂层等领域，实现对环境变化的快速响应和调控。例如，深圳大学医学部许太林和张学记教授团队研发了一款具有高度湿热舒适性的仿生 Janus 蚕丝电子织物，用于高效地汗液传感[图 2-5(b)]。

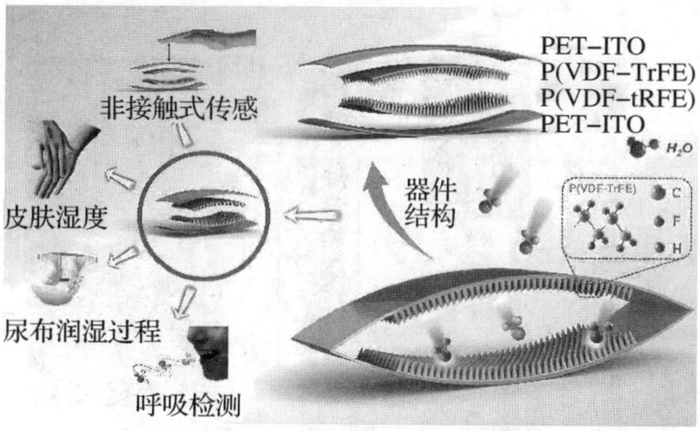

(a) 三明治结构电容式湿度传感器

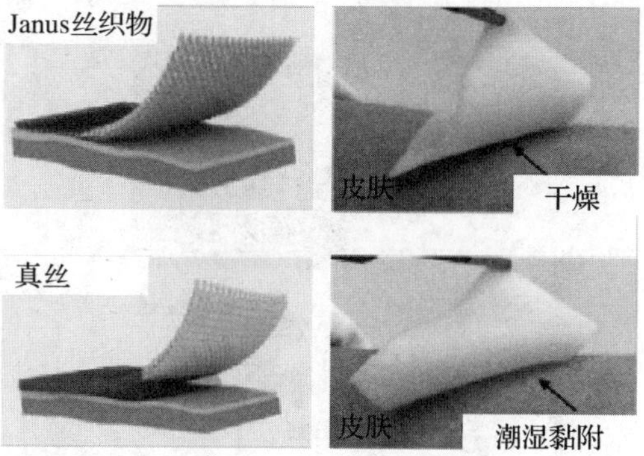

(b) 仿生 Janus 蚕丝电子织物

图 2-5 层状结构的设计

(二) 三维织物结构

纺织品的组织结构会影响其性能和外观。智能纺织品需要特殊的织物组织结构来集成电子元件或增强其功能性。三维(3D)结构是采用编织、机织、针织或非织造等工艺，将高性能纤维材料交叉、排列、组合，相互作用而形成的具有实用结构、性质和形状的织物，它具有孔隙结构、可大范围调节的纤维体积含量和纤维取向分布以及多样化的结构形态，在复合材料成型过程中起着十分重要的作用。它像桥梁一样联系着复合材料的原材料系统和最终产品。纤维织物的结构与性能取决于纤维材料的本质属性、聚集特征和相互作用，同时影响着复合材料的成型、基体材料的渗透以及复合材料制品的最终性能。3D 结构设计可以增加智能纤维的比表面积和活性位点，从而提高其感知和响应能力。通过 3D 打印技术或编织技术，可以制造出具有复杂三维结构的智能纤维。这些纤维具有更高的柔韧性和可变形性，适用于可穿戴设备、软体机器人等领域。华中科技大学陶光明教授团队提出一种具有无感化、可设计、可工业量产的编织电子绳，并实现了具有无感化的人机交互界面。该编织电子绳是一种小型化柔性纺织品，其外观与自然纺织品无异。为实现高精度交互，设计了一种多特征融合算法，其可以实现在编织电子绳上精准识别触摸位置、触摸区域以及触摸手势的动作。识别的结果被反馈到各种交互式终端，不同的交互功能展示了绳结形态的设计多样性和应用多样性。编织电子绳具有用户友好性、优异的耐用性和丰富的交互模式，有望促进未来人机一体化的发展(图 2-6)。

(三) 自适应结构

自适应结构可以根据环境变化自动调整其形状、尺寸或性能。这种结构可以通过使用形状记忆合金、压电材料等智能材料来实现。例如，基于压电纤维复合材料的智能纤维可以根据外部电场的变化改变其形状，实现自适应变形和驱动功能。Dastidar 等报道了一种自适应太阳能调节的纤维素膜，该薄膜在干燥状态下反射大部分阳光，并在潮湿状态下切换到吸收阳光以快速蒸发水分。这种材料的自适应太阳能驱动干燥的特性很有吸引力，使其适用于热管理和光学传感(图 2-7)。

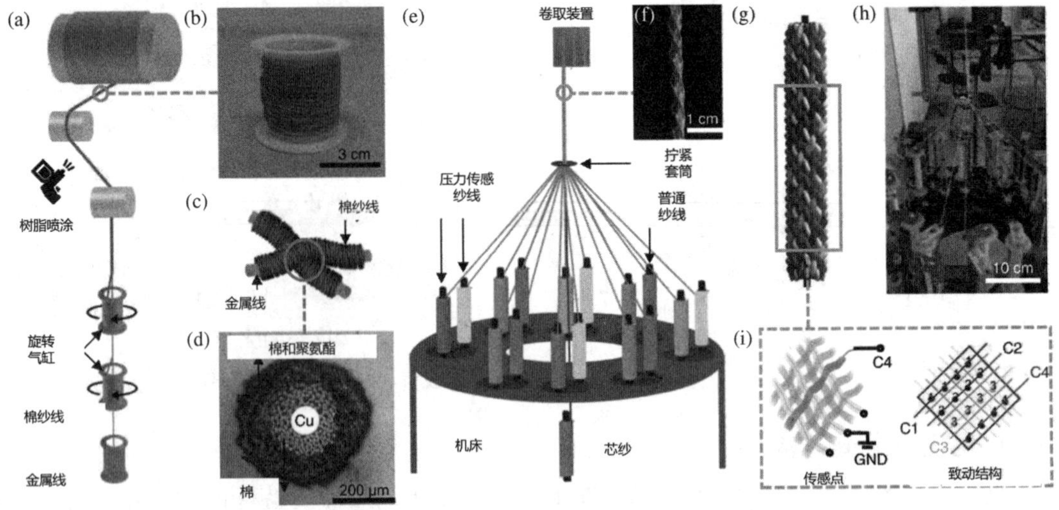

图 2-6　一种基于包芯压力传感纱线的编织电子线

(a) 包芯纺压力传感纱工艺过程；(b) 包芯压力感应纱实物照片；(c) 包芯纱交叉接触结构；
(d) 包芯纱横截面光学显微照片；(e) 编织电子线制造设备结构；(f) 直径为 2.5 mm 的编织电子线实物照片；
(g) 编织结构；(h) 编织电子线自动制造设备实物照片；(i) 编织电子线的感测点和重复编织结构

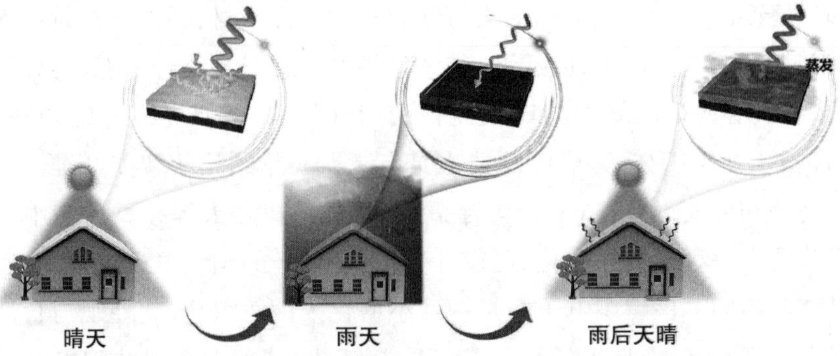

图 2-7　用于自适应太阳能调节的多孔 Janus 结构纤维素材料

(四) 纤维交错结构

由两根纤维相交构成的纤维交错已成为最先进的智能电子纺织品可访问结构之一的新兴架构。交错纤维之间的机械、化学和电学相互作用导致了广泛的功能，推动了以纤维交错结构作为基本单元的创新电子纺织品的显著发展。纤维交错由两根交错的纤维组成，在纤维交叉点处构建电子器件。机械力、化学反应以及电和光信号等特定刺激可以在纤维之间传递，并因此纤维交错的相应响应，包括电阻变化、电容变化、电导变化和照明。这些重要的刺激-响应过程是由纤维交错能源驱动的，因此，在基于纤维交错的智能纺织品中，纤维并非孤立存在，而是彼此频繁交互，形成纤维交错点处的功能器件。多个纤维交错可以组合成各种纺织结构，如平纹和针织，以创建具有更复杂功能的大型阵列。

三、多尺度复合结构的设计

将不同尺度的材料或结构（如纳米、微米、宏观尺度）复合在一起，可以制造出具有多层次功能的智能纤维及纺织品。这种结构可以整合不同材料的优点，实现复杂的功能集成。例如，通过在纤维中嵌入纳米传感器和微米级的导电网络，可以制造出能够实时监测生理指标的智能服装。图 2-8 中，集成的智能服装是通过使用多尺度无序多孔弹性纤维作为传感单元制造而成的，这些单元显示出固有的自主传感（即应变和温度传感）和自冷却的能力。纤维的多尺度无序多孔结构有助于红外人体辐射和可见光向后散射的高透明性，与棉织物相比，它可使皮肤和衣物之间的微环境温度下降约 2.5 ℃。毛细管吸附石墨烯油墨后，改性多孔纤维还可以具有较高的应变系数和电阻热系数，具有实时应变和温度感应能力。这种集成的智能运动服实现了体温的测量，大规模肢体运动的跟踪以及微妙的人体生理信号的收集以及内在的自我冷却能力。

图 2-8　用于自感应和自冷却集成智能运动服的多尺度无序多孔纤维

中国科学技术大学俞书宏团队研制的纳米纤维仿生结构材料，具有轻质高强韧的优异性能，其微米级层状结构和纳米三维网络结构设计，纤维素纳米纤维内部高度结晶提供极高的强度，纤维之间通过大量氢键等可逆相互作用网络进行结合，这种仿生双网络结构具有优异的力学性能和突出的电磁屏蔽效率。

拓扑结构通常指的是材料内部或表面的微观或宏观结构的布局和连接方式，这些结构具有特殊的几何形状和连通性，能够赋予材料独特的物理和化学性质。在智能材料中，拓扑结构的设计对于实现材料的智能响应和功能化具有重要意义。通过合理的拓扑结构设计，可以调控材料的微观结构和宏观性能，从而实现材料对外部环境的感知、响应和调控。这些智能材料在传感器、驱动器、能量转换和储存等领域具有广泛的应用前景。江南大学高卫东教授团队提出一种基于纤维体及其分级结果的跨尺度处理策略，通过巧妙的结构设计，将普通黏胶纤维设计为具有快速响应的湿驱动纱线人工肌肉，实现了高达 2100 r/min 的最大旋转速度和 1752 cm^{-1} 的最大扭转冲程。在此基础上，通过拓扑编织结构，将纱线人工肌肉扩展为二维的织物人工肌肉，克服了纱线人工肌肉低维的单一变形问题，实现了卷曲、螺旋、弯曲、扭转等多种形式的致动效果。这种织物人工肌肉为纤维基人工肌肉开辟了新的发展空间，其具有结构简单、多功能和低成本等优势，可实现在智能纺织品、软体机器人等工程领域的广泛应用(图 2-9)。

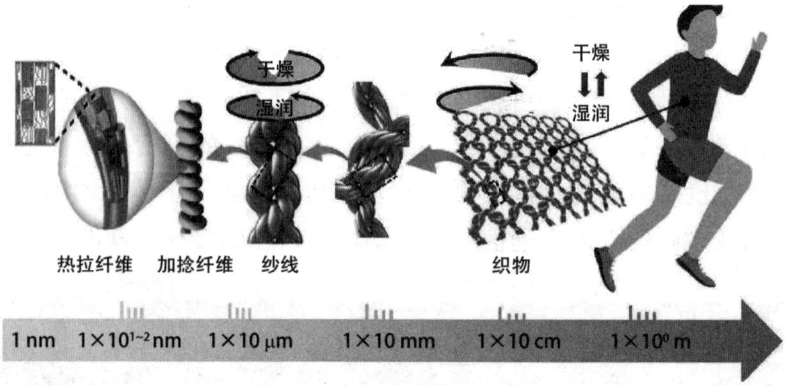

图 2-9　湿驱动智能纺织品

第三节　智能纤维及纺织品的制备技术

一、智能纤维制备技术

(一) 纤维生产纺丝技术

纺丝技术是一种将高分子化合物加工成纤维的方法，通过特定的工艺和设备，可以制备出具有特定性能和功能的纤维材料。在智能纺织品的制备过程中，纺丝技术通过改变纤维的成分、结构和形态，使纺织品具备智能感知、响应和自适应等特性。在制备智能纺织品时，纺丝技术有多种应用方式。一种常见的方式是在纺丝过程中添加特殊的添加剂或功能性材料，从而使纤维具有特定的功能。例如，在纺丝液中添加导电材料，可以制备出具有导电性能的纤维，进而用于制备可穿戴电子设备或智能传感器等智能纺织品。除了添加功能性材料外，纺丝技术还可以通过改变纤维的结构来实现智能纺织品的制备。例如，利用复合纺丝技术，将不同性质的纤维进行复合，可以制备出具有多层次结构和多功能的智能纺织品。这种纺织品不仅具有良好的穿着舒适性，还能实现温度调节、湿度管理等多种功能。通过在纺丝过程中添加特殊的色素或光敏剂，可以制备出能够根据光照条件或温度变化改变颜色的纺织品。这种纺织品不仅具有美观的外观，还能根据环境变化调整自身的颜色，实现与环境的和谐共存。

通过特定的纺丝工艺，可以生产出具有特定功能和特殊结构的智能纤维，从而实现纤维的多样化和定制化生产，满足不同领域对纤维材料的多样化需求。这些纤维在可穿戴设备、传感器、能量存储等领域有着广泛的应用前景。按纺丝流体的状态可分为：熔体纺丝、溶液纺丝、乳液纺丝、液晶纺丝、半熔体纺丝等。按喷丝头挤出纺丝细流的凝固方法分为：湿法纺丝、干法纺丝、干-湿法纺丝、相分离纺丝、闪蒸纺丝、喷雾凝固纺丝、喷射纺丝、静电纺丝等。这些纺丝技术各有特点，为纤维材料的生产提供更多可能性。

1. 熔融纺丝(Melt Spinning)

熔融纺丝作为一种高效的成型技术，在纺织工业中占据着重要的地位。熔融纺丝，又称熔体纺丝，是以聚合物熔体为原料，采用熔融纺丝机进行纺丝的一种成型方法。凡是加热能熔融或转变成黏流态而不发生显著降解的聚合物，都能采用熔体纺丝法进行纺丝。该方法通过精确控制聚合物的熔融状态和纺丝条件，能够实现纤维的连续、均匀生产，具有生产效率高、产品质量稳定的优点。在熔融纺丝过程中，聚合物的熔融状态是关键因素之一。聚合物熔体的流动性、黏度和温度分布等特性，直接影响着纤维的形态、结构和性能。因此，熔融纺丝机需要配备先进的加热和温度控制系统，确保聚合物在熔融过程中保持适当的温度和黏度。除了熔融状态，纺丝条件也是影响纤维质量的关键因素。纺丝速度、拉伸倍数、冷却方式等参数的选择，需要根据聚合物的特性和纤维的用途进行精确调整。通过优化纺丝条件，可以获得具有优异力学性能、热稳定性和化学稳定性的纤维。

2. 湿法纺丝(Wet Spinning)

湿法纺丝是指将喷丝孔中的纺丝原液挤出到含有某种凝固浴的浴槽，原液滴流中的溶剂扩散到凝固浴中，凝固剂渗透到细流中。使滴流的原液达到临界浓度，并在凝固浴中沉淀形成纤维。湿法纺丝是化学纤维的主要纺丝方法之一，简称湿纺。湿纺有各种不同的成形方式，纺丝机也有各种不同的结构。例如有单浴法或双浴法，有深浴法或浅浴法，有漏斗成形或管中成形等。湿法纺丝的关键是所用试剂的化学组成，这会直接影响所得纤维的性能。选择合适的溶剂和相应的凝固浴需要考虑一些重要因素，如溶剂/凝固浴的扩散速度和温度。以丝素纺丝为例，此前已有有机溶剂的研究报道，如六氟丙酮(HFA)、1,1,1,3,3,3-六氟-2-丙醇(HFIP)、三氟乙酸(TFA)、N-甲基吗啉氧化物(NMMO)和甲酸等。在这些体系中，醇类，尤其是甲醇、乙醇和异丙醇，大多被选作合适的凝固浴。一般来说，采用较长的凝固时间、较高比例的后拉伸以及额外的蒸汽退火工艺，会提高分子取向的顺序，使纤维呈密集纠缠状态排列，从而提高产品的力学性能。总之，湿法纺丝是一种快速有效地生产弹性纤维的方法。

3. 干法纺丝(Dry Spinning)

干法纺丝与湿法纺丝类似，不同之处在于，纤维的凝固不是在液体环境中发生的，而是在空气环境中通过挥发性溶剂的蒸发或冷却过程发生的。在一定程度上，干法纺丝更像在环境温度和低静水压力下直接在空气中挤出水溶液的自然过程。该工艺的关键是纺丝溶液的制备，例如调控溶液的浓度和pH值等。在大多数干法纺丝过程中，除了对纺丝溶液性能进行调整外，还需要进行后处理。通过进一步脱水和再浸泡在一定的溶剂（如乙醇水溶液）中，使分子的构象转变，所得纤维的机械特性可以得到改善。此外，通过在纺丝溶液中加入特定的填料（包括碳纳米管、纤维素纳米晶体和氧化石墨烯），可以影响纤维的结晶过程，从而增强纤维材料的力学性能。

总之，干法纺丝与湿法纺丝有相似之处，都通过喷丝器挤出纺丝溶液或熔体，并进行后处理，以提高纤维的性能。两者的主要区别在于凝固过程，前者依靠蒸发/冷却，后者使用非溶剂作为凝固剂。

4. 静电纺丝(Electrospinning)

静电纺丝是通过静电力连续拉伸纤维的过程。纺丝溶液首先由注射器泵或加压气泵进入针尖或喷丝器，由于表面张力的存在，最初形成一个半球滴。当高压电源在针和接地集电极之间供电时，由于静电力平衡了表面张力，液滴被充电并拉长而形成锥形（称之为“泰勒锥”）。通过进一步施加电压，射流从锥的顶端发射并加速落到收集器，最终在溶剂蒸发后浓缩成固体纤维。近年来，静电纺丝被重新发现并得到改进，主要是因为它能够生产直径低至亚微米或纳米的超细纤维。此外，通过使用固定或旋转收集器，或通过控制额外的磁力/静电力，纤维可以在随机取向或高度排列的状态下形成纤维膜或纱线。此外，通过调整溶液性能参数（如浓度、挥发性、表面张力和电导率）和设备条件（包括电场强度、喷嘴配置和喷嘴—收集器距离）等多个参数，对纤维性能指标（如尺寸、成分、结构、表面形态和孔隙率）的控制具有高度的灵活性。这些特性有利于纤维的潜在应用。通过静电纺丝技术，可以制备出具有特定结构和性能的纤维材料，如导电纤维、光敏纤维、温敏纤维等，为智能纤维的多样化提供了可能。通过调整纺丝参数，可以制备出具有不同结构和功能的智能纤维，如多孔纤维、中空纤维、螺旋纤维等。将不同的材料通过复合、掺杂等方式结合在一起，可以形成具有多种功能的智能纤维。由于其操作的通用性和喷丝器设计的灵活性，通过模拟自然界的生物结构，如北极熊毛皮中的中空纤维结构、鸟类多通道管状结构等，研究者们设计了同轴静电纺丝装置，将多个同轴毛细血管合并在一个纺丝器中。多种流体通过该喷丝器一起进行静电纺丝，形成复合射流，最终生成具有多通道结构的纤维。这些具有多种功能的智能纤维在传感器、驱动器、能量存储等领域具有广泛的应用前景。

5. 微流控纺丝(Microfluidic Spinning)

微流控纺丝技术是一种基于微流控纺丝芯片的纳米纤维制备技术，其基本原理是将高分子液体通过微型通道传输至纺丝喷头，形成微小的纳米纤维。在制备过程中，试剂的浓度、流体的流速和流变参数（如黏度）都对纤维的性能有一定的影响。一般来说，微流控纤维常见的形状是圆柱体，而在模拟天然纤维材料的情况下，产生了更复杂结构的纤维。东南大学生物电子学国家重点实验室赵远锦教授课题组将导电流体与微流控结合，使用共轴组装的玻璃毛细管微流控装置，制备出壳层为聚偏氟乙烯、内部包裹离子液体(1-乙基-3-甲基四氟硼酸咪唑)的螺旋纤维。由于螺旋纤维的形貌能够通过微流控制备过程中的流体流速控制进行调节，可以简单地制备出具有不同螺距的微型导线。将制得的导线包裹在具有良好拉伸特性的透明硅胶薄膜中，可以构建简单的柔性导电薄膜。清华大学梁琼麟教授课题组通过微流控纺丝技术制备了具有不同结点结构的项链形微米纤维。通过该技术，纤维的结点被可控地制备成各种形状，如纺锤体形、半圆形、花瓣形等。相比于其他纳米纤维制备技术，微流控纺丝可以在较低的电压下实现纤维的制备，避免了传统电纺技术中强电场带来的一些问题。微流控技术通过对纤维的精细控制，能够制备出较为均匀的纤维，生产效率高，适合大批量制备，在电子器件、光电器件、医学材料等领域有广泛应用。

南京医科大学金陵临床医学院、东部战区总医院王革非教授与南京工业大学陈苏教授联合课题组利用微流控气喷纺丝方法，制备了超细纳米纤维(65 nm)、超大面积($140\times40\ cm^2$)的纤维蛋白原包裹的聚己内酯/丝素(PCL/SF)纳米纤维支架材料，由此构建的高比表面积的纳米纤维支架作为基材，通过纤维蛋白原与凝血酶的纳米纤维表面原位凝胶化反应，形成凝胶(壳)-纳米纤维支架(核)复合的人造皮肤。这种人造皮肤具有一定的空气透过率、优异的机械强度、促血管网形成能力和快速的体内降解速率，在大面积皮肤医疗修复与腹腔开放后创面保护方面具有非常大的优势和临床意义。

6. 自组装法(Self-assembly)

自组装是指基本结构单元(分子，纳米材料，微米或更大尺度的物质)自发形成有序结构的一种技术。在自组装的过程中，基本结构单元在基于非共价键的相互作用下自发地组织或聚集为一个稳定、具有一定规则几何外观的结构。自组装技术简便易行，无须特殊装置，通常以水为溶剂，具有沉积过程和膜结构分子级控制的优点。通过直接拉伸工艺自组装生成纤维，长丝可以很容易地从液体容器(通常是含水环境)中拉伸成均匀的固体纤维。因此，溶液浓度以及拉伸速率会影响纤维尺寸。对于这种方法，所使用的材料通常通过不同的机制，如分子相互作用或聚电解质络合，使空气-水界面发生自组装过程。自组装技术可以利用连续沉积不同组分，制备膜层间二维甚至三维比较有序的结构，实现膜的光、电、磁等功能，还可模拟生物膜，因此，近年来受到广泛的重视。自组装的层/层沉积方式与气相沉积有些相似，但气相沉积使用的材料一般是在高真空下可汽化、能耐高温的无机材料，尤其是金属，而高分子不能汽化，所以是不适用的。相反，高分子很适合自组装法，得到的通常是两种组分的复合膜，而气相沉积法制备的通常是同一组分的单层膜。自组装法可用于制备导电膜，如聚苯胺和聚噻酚的组装膜等；也可用于电致发光器件的制备。另外，带重氮基高分子的自组装膜，在光、热处理后，膜间的弱键转变为共价键，还可得到对极性溶剂稳定、能够用于测定光-电转换等功能的膜。层层自组装技术具有原理简单、易于操作及可调控纳米尺度组装物质的形貌等优点，因此被广泛应用于工业制造。

7. 直写法(Direct Writing)

直写法是一种增材制造技术，将计算机设计的三维模型以自下而上的方式直接转化为实物。它通常包括一个图案生成装置，连接到计算机控制的平移台，通过移动和沉积“墨水”到所需的位置，逐层构建复杂的架构。直写法可以在熔融电模式下实现，其中静电力被施加到聚合物熔体上。通过调节喷嘴的尺寸和流速，这种方法产生的纤维直径可以在亚微米到数百微米的范围内进行定制。与传统的基于溶液的静电纺丝相比，直写法是无溶剂的，因此在环境和健康方面是有利的，在纺织和生物医学领域有广泛的应用。

8. 复合纺丝工艺(Composite Spinning)

复合纺丝工艺是一种将两种或两种以上不同化学组成或不同性质的纺丝流体，同时通过一个具有特殊分配系统的喷丝头而制得复合纤维的纺织工艺。在进入喷丝孔之前，两种成分彼此分离，互不混合，而在进入喷丝孔的瞬间，两种液体接触，凝固黏合成一根丝条，形成具有两种或两种以上不同组分的复合纤维。复合纺丝工艺可以赋予纤维多种功能，如改善纤维的吸湿性、阻燃性、抗静电性、导电性等。

（二）基础纤维功能化制备技术

1. 纤维表面改性

纤维表面功能改性的方法多种多样，其中最为常见的是化学改性法、物理改性法和生物改性法。化学改性法通过引入新的官能团或化学键，改变表面的化学性质和反应活性，从而赋予其特定的功能。例如，通过接枝聚合反应，可以在纤维表面引入具有抗菌、抗静电、抗紫外等功能的基团，提高织物的综合性能。物理改性法则是利用物理手段对纤维表面进行处理，以改变其表面形态、结构和性能。例如，通过等离子体处理、激光刻蚀等方法，可以在纤维表面形成微纳米结构，增加其比表面积和活性位点，从而提高织物的吸附性能、亲水性能等。生物改性法则是利用生物大分子或生物活性物质对纤维进行表面修饰，赋予其生物相容性、生物活性等特性。例如，通过酶催化反应，可以在纤维表面引入生物活性基团，使其具有生物识别、药物传递等功能。此外，还有填充改性、交联改性等其他改性方式，可以根据具体的应用需求选择合适的改性方式，以进一步提高纤维的性能和拓展应用领域。

纤维表面改性技术是针对常规纤维原来没有的性能，通过化学和物理的改性手段，使纤维在外部条件作用下发生质的转变或量的变化，从而得到具有所需功能的纤维。以下是一些常见的纤维表面改性技术：

（1）化学改性法。化学改性法通过引入特定的功能性基团或分子，使得纤维及纺织品在保持原有优良性能的基础上，赋予了更多智能化的特性，从而满足了人们对高品质、多功能纺织品的追求。通过化学改性法制备的智能纤维及纺织品，在多个方面展现出独特的优势。

① 接枝共聚。接枝共聚是通过将两种或多种不同的聚合物链进行连接，从而赋予材料新的性能。将具有电学、热学或力学性能的聚合物原料通过特定的化学反应，接枝到纺织纤维上，经过后续处理，如热处理、拉伸等，使接枝聚合物与纤维之间形成良好的结合，通过调整接枝聚合物的种类、含量和分布等参数，可以实现对智能纺织品性能的精确调控。在天然纤维表面接枝共聚是很有效的改性方法，通过共聚、接枝等一系列化学反应，来改变纤维的物理化学性质。

② 碱处理。碱处理是目前应用较为广泛的纤维化学处理方法。使用氢氧化钠($NaOH$)改性天然纤维，除去天然纤维表面的木质素等弱组分，显露出纤维素分子，增加反应位点，提高天然纤维表面粗糙度，从而增强与树脂基体的黏附性。

③ 硅烷偶联剂处理。硅烷化技术是将有机硅化合物引入织物表面，与织物形成化学键，从而改变织物的表面性质。硅烷化技术可以提高织物的耐水性、耐洗性和耐磨性等。

(2) 物理改性法。物理改性法制备智能纤维及纺织品的优势在于其操作简便、成本低廉、环保节能。与化学改性法相比，物理改性法不需要添加化学试剂，因此不会对环境造成污染。在实际应用中，物理改性法制备的智能纤维及纺织品已经取得显著的成果。

① 等离子体处理。等离子技术是通过施加电场或高频电磁波，使气体分子发生电离，形成等离子体。等离子体具有较高的能量和活性，能够与纤维或纺织品表面发生相互作用，从而改变其物理、化学性能。通过等离子处理，可以改善纤维表面的润湿性、黏附性和生物相容性，提高纤维与纺织品的性能。通过等离子聚合，可以在纤维表面引入功能性基团，从而赋予纤维抗菌、抗静电、抗紫外等特性。此外，等离子技术还可以实现纤维与纳米材料的复合，制备出具有特殊功能的智能纤维。等离子技术可以为智能纤维及纺织品提供高效、环保的制备方法，推动智能纺织品产业的发展。然而，等离子技术在智能纤维及纺织品制备中仍面临一些挑战。例如，等离子处理过程中的参数优化、纤维表面改性的稳定性以及功能性基团的持久性等问题，需要深入研究。此外，如何将等离子技术与其他先进技术相结合，实现智能纤维及纺织品的综合性能提升，也是未来研究的重点。在大气压下，经电场传递能量后的气体电子被加速与中性气体分子或原子碰撞，碰撞会产生大量具有极高能量和活化作用的自由基，进而反应气体被激发产生活性粒子，并随着自由基的形成和重复性的链断裂，发生氢的烧蚀和抽提，导致纤维表面微观粗糙度的变化，从而改变表面特性。

② 激光刻蚀。激光刻蚀是一种利用高能激光束对材料进行局部照射，使材料在激光作用下发生熔化、汽化或达到燃点，从而达到刻蚀目的的技术。激光刻蚀技术以其高精度、高效率、非接触式加工等特点，在微电子、精密机械等领域得到了广泛应用。激光刻蚀制备智能纤维，主要是通过激光束对纤维表面进行精细加工，赋予纤维特定的功能或结构。激光刻蚀的优势在于其高度的灵活性和定制性。通过调整激光束的参数和加工

方式，可以实现对纤维表面结构的精确控制，从而制备出具有不同功能的智能纤维。例如，通过刻蚀出特定的微纳结构，可以赋予纤维表面特殊的浸润性、黏附性或光学性能；通过刻蚀出复杂的电路结构，可以制备出具有传感、通信等功能的智能纤维。通过深入研究激光与材料的相互作用机理、优化加工参数和工艺条件、开发新型纤维材料和功能结构，有望制备出性能更优异、功能更丰富的智能纤维，为人们的生活带来更多便利和惊喜。

③ 物理沉积改性。通过将一定结构的无机材料或者富含较多官能团的无机材料包覆在纤维的表面，提高其表面粗糙度和化学活性，并实现不同的功能。例如，通过沉积导电材料，可以赋予纤维导电性能；通过沉积光敏材料，可以使纤维具有光响应特性。沉积敏感材料，可以使纤维对外界环境变化做出响应，如温度、湿度、光照等。

(3) 生物改性法。生物改性法是一种利用生物技术手段对纤维材料进行改性的方法，通过引入具有特殊功能的生物分子或基团，赋予纤维及纺织品更优异的性能和功能。例如，通过引入具有感应功能的生物分子，可以制备出具有温度感应、湿度感应等功能的智能纤维。这些纤维能够根据不同的环境条件做出相应的响应，从而实现对环境的智能感知和调控。在实际应用中，生物改性法制备的智能纤维及纺织品已经广泛应用于医疗、运动、防护等领域。例如，通过引入生物活性因子，可以开发出具有促进伤口愈合、抑制疤痕形成等功能的医用敷料。此外，生物改性织物还可以用于制造人工血管、人工关节等医疗器械，为医疗领域提供更多的选择。

2. 纳米材料掺杂

纳米材料是指其结构单元的尺寸在 1～100 nm 的材料。由于其尺寸极小，纳米材料具有许多独特的物理、化学和力学性能，如高比表面积、优良的导电性、导热性和力学性能等。这些特性使得纳米材料在制备智能纤维时能够发挥重要作用。在智能纤维的制备过程中，纳米材料可以通过掺杂的方式与纤维基质相结合。具体来说，科研人员可以采用物理或化学方法将纳米材料均匀地分散在纤维基质中，从而实现纳米材料的掺杂。这一过程需要精确控制纳米材料的种类、尺寸和掺杂量，以确保智能纤维的性能达到最佳状态。例如通过利用纳米材料的独特性质，科研人员可以设计具有特定传感功能的智能纤维，用于监测温度、湿度、压力等环境参数。这种智能纤维在智能服装、医疗监测和航天航空等领域具有广泛的应用前景。纳米材料掺杂可以通过以下方法进行：

(1) 溶液共混法。将纳米材料与纤维原料的溶液进行共混，然后经过纺丝、拉伸等工艺制备成纤维。这种方法简单易行，但需要注意纳米材料在溶液中的分散性和稳定性。

(2) 原位聚合法。在纤维聚合过程中直接加入纳米材料，使其与纤维原料发生化学反应，从而制备出纳米材料掺杂的智能纤维。这种方法可以使纳米材料更均匀地分布在纤维中，提高纤维的性能。

二、智能纺织品的开发途径

纺织品具有多种尺度形态结构，如短纤维、长纱线、二维(2D)织物、三维(3D)织物等，其制造方法因形态和材料而异，但主要包含两种方法：织造技术和织物基材改性。织造技术是一种将导电元素(如金属覆盖的纱线或其他导电纱线)或其他传感元件通过刺绣、编织等方式嵌入纺织基材的方法。织物基材改性技术指的是通过化学或物理方法改变纺织品的表面或内部结构，如采用涂覆、浸渍或接枝等方法，在纺织品表面引入具有特定功能的材料，使其具备导电、压敏或温敏等特性，在不改变纺织品原有形态的基础上，赋予其传感功能(图 2-10)。

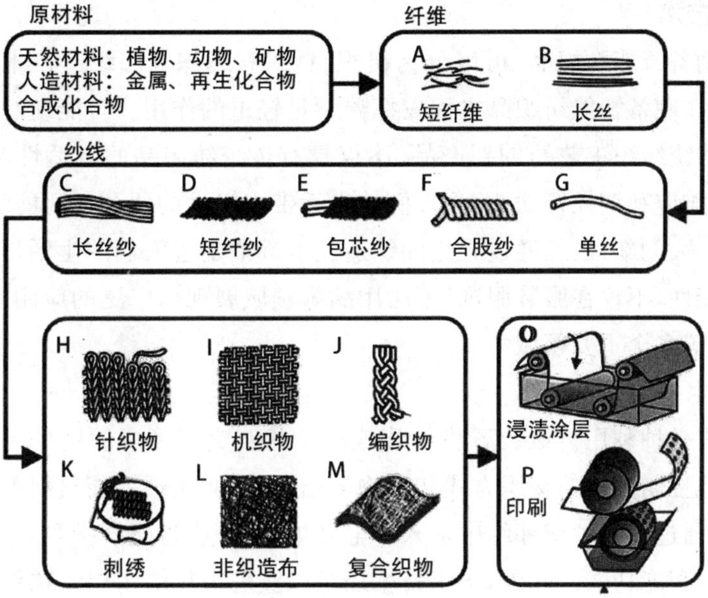

图 2-10　智能纤维及纺织品的制备途径

智能纺织品结合了传统纺织技术与先进的科技元素，使织物具备感知、响应或交互等智能化功能。从织造技术方面来谈制备智能纺织品，主要涉及几个方面。首先，纤维技术是关键。在纤维的制备过程中，可以添加特殊的功能性材料，如导电材料、温敏变色材料或压敏材料等，使纤维本身就具备所需的智能特性。例如，在纺丝液中加入变色材料，通过纺丝过程使纤维具有温敏变色性能。这种纤维在后续织造过程中能够保持其智能特性，为智能纺织品的制备打下基础。其次是织造工艺的选择，智能纺织品的织造工艺需要考虑到纤维的智能特性，确保在织造过程中不损害这些特性。例如，经编工艺中，纱线以平行排列的方式同时弯曲相互串套，形成线圈。这种工艺能够充分利用纤维的智能特性，使织物在保持柔软、舒适的同时，具备感知和响应外界刺激的能力。后整理技术也是制备智能纺织品的关键环节。通过后整理技术，可以对织物进行进一步的加工和处理，增强其智能特性。例如，对织物进行涂层处理，使其具备防水、防污等功能；或采用特殊的印花技术，使织物具备变色、发光等视觉效果。

在制备过程中，还需要注意以下技术要点：

(1) 纤维与纱线的选择与配合。要确保所选纤维和纱线能够充分发挥智能特性，同时具有良好的可织造性和舒适性。

(2) 织机与织造工艺的调整。根据智能纺织品的需求，调整织机的参数和织造工艺，以确保织物的质量和性能。

(3) 功能性整理与后处理。在织造完成后，对织物进行功能性整理和后处理，以进一步增强其智能特性和耐用性。

(一) 织造技术

织造技术制备智能纺织品，可以分为机织、针织和编织等。织造技术作为纺织领域的重要分支，其在制备智能纺织品方面发挥着举足轻重的作用。智能纺织品是一种集成了先进科技与传统纺织工艺的创新产品，不仅具有传统纺织品的舒适性和美观性，还融入了智能感知、响应和调控等功能，为人们的生活带来极大的便利。智能纺织品，作为现代纺织科技的一大创新，已经通过先进的织造技术逐渐走进人们的生活。智能纺织品凭借其独特的功能性，不仅在服装服饰、家居用品等领域展现出广泛的应用前景，还逐渐拓展至医疗、军事等多个重要领域。

1. 机织技术

机织技术是一种利用机械装置将纱线或纤维相互交织形成织物的工艺方法。机织技术能够精确地控制纤维的交织方式和织物的结构，从而实现智能材料的均匀分布和稳定结合。例如，通过在经纱或纬纱中加入导电纤维、光纤或智能纤维等，可以赋予织物导电、传感、温控等智能功能。此外，机织技术还可以实现织物的多层结构设计和复合材料的制备，进一步拓展智能纺织品的应用范围。

智能纺织品之所以具备智能特性，关键在于其内部嵌入的各种智能材料。这些材料通常具有导电、传感、温控等性能，能够实时监测环境变化并做出相应响应。通过机织技术，这些智能材料可以被巧妙地织入纺织品中，实现智能纺织品的多功能集成。例如，一种利用机织技术制备的温度感知智能纺织品，通过在纤维中加入导电材料，使纺织品能够感知外界温度的变化。当环境温度过高或过低时，纺织品内部的导电材料会触发相应的响应机制，如调节颜色、改变透气性等，以适应环境变化，为人体提供舒适的穿着体验。此外，机织技术还可以与其他先进技术相结合，进一步提升智能纺织品的性能。例如，通过与纳米技术结合，可以在纺织品表面形成一层纳米涂层，赋予其防水、防污、抗菌等特性。同时，机织技术还可以与智能算法相结合，实现对纺织品性能的精确调控和优化。

2. 针织技术

针织技术是利用织针以线圈相互串套的方式形成织物，具有高度的灵活性和适应性。通过调整针织机的参数和选用不同的原料，可以制备出具有不同性能和功能的智能纺织品。例如，利用针织技术可以制备出具有优良透气性和保暖性的智能纺织品，适用于运动服饰和户外装备等领域。此外，针织技术还可以实现织物的三维成型和个性化定制，满足消费者对智能纺织品多样化的需求。

通过精确的针织工艺，可以将各种功能材料、传感器、导线等巧妙地融入纺织品，形成具有特定功能的智能纺织品。例如，在智能服装的制备中，针织技术可以将温度传感器、湿度传感器等嵌入衣物中，实时监测穿着者的体温和湿度，从而自动调节衣物的保暖性或透气性。此外，针织技术还可以将导电纤维、柔性电池等集成到衣物中，实现衣物的智能供电和信号传输。在针织技术制备智能纺织品的过程中，还需要考虑材料的兼容性、工艺的稳定性以及成品的舒适性等因素。因此，针织技术需要不断创新和完善，以满足智能纺织品制备的多样化需求。

3. 编织技术

编织技术通过编织机器或手工编织的方式，将纱线或纤维材料按照一定的规律编织成织物。在制备智能纺织品时，编织技术可以充分利用纤维材料的性能和特点，实现织物的多功能集成。通过设计合理的编织结构和参数，可以将传感器、导线等智能元件嵌入到纺织品中，无需复杂的后处理工艺。同时，编织技术还可以实现智能纺织品的大规模生产，降低制造成本，提高生产效率，为智能纺织品的普及和应用提供了有力支持。通过调整编织结构、材料选择以及智能元件的布置方式，从而制备出具有不同功能和特点的智能纺织品。这种可定制性使得智能纺织品能够更好地适应多样化的市场需求，满足不同用户群体的个性化需求。例如，利用编织技术可以将导电纤维和功能性纤维编织在一起，制备出具有导电和传感功能的智能纺织品。此外，编织技术还可以实现织物的轻量化、柔性化和可穿戴化，为智能纺织品在医疗、军事等领域的应用提供了广阔的空间。中科院王中林院士研究团队通过结合不锈钢/聚酯混纺纱线、PDMS 包覆的能量收集纱线和绝缘结合纱线，成功构筑了高输出功率的三维正交编织 TENG 织物。此织物在击打频率为 3 Hz 时，最大输出功率远高于传统二维 TENG 织物。除此之外，织物在生物机械能量收集和运动信号追踪方面性能优异。此研究工作也为多功能自供电织物在可穿戴电子、住宅安保与健康监护等领域的应用提供了新的方向(图 2-11)。

除了上述三种主要的织造技术外，还有一些新型的织造方法也被应用于智能纺织品的制备中，如 3D 打印技术、静电纺丝技术等。在织造技术的基础上，智能纺织品的制备通常还需要结合其他技术手段。例如，通过染色和印花技术，可以为智能纺织品添加色彩和图案；通过涂层技术，可以在纺织品表面形成一层具有特定功能的薄膜；通过添加智能纤维或智能材料，可以使纺织品具备感知和响应外界环境变化的能力。

(二) 非织造技术

非织造技术，顾名思义，是指不通过传统的纺织工艺，而是通过黏结、热压、化学处理

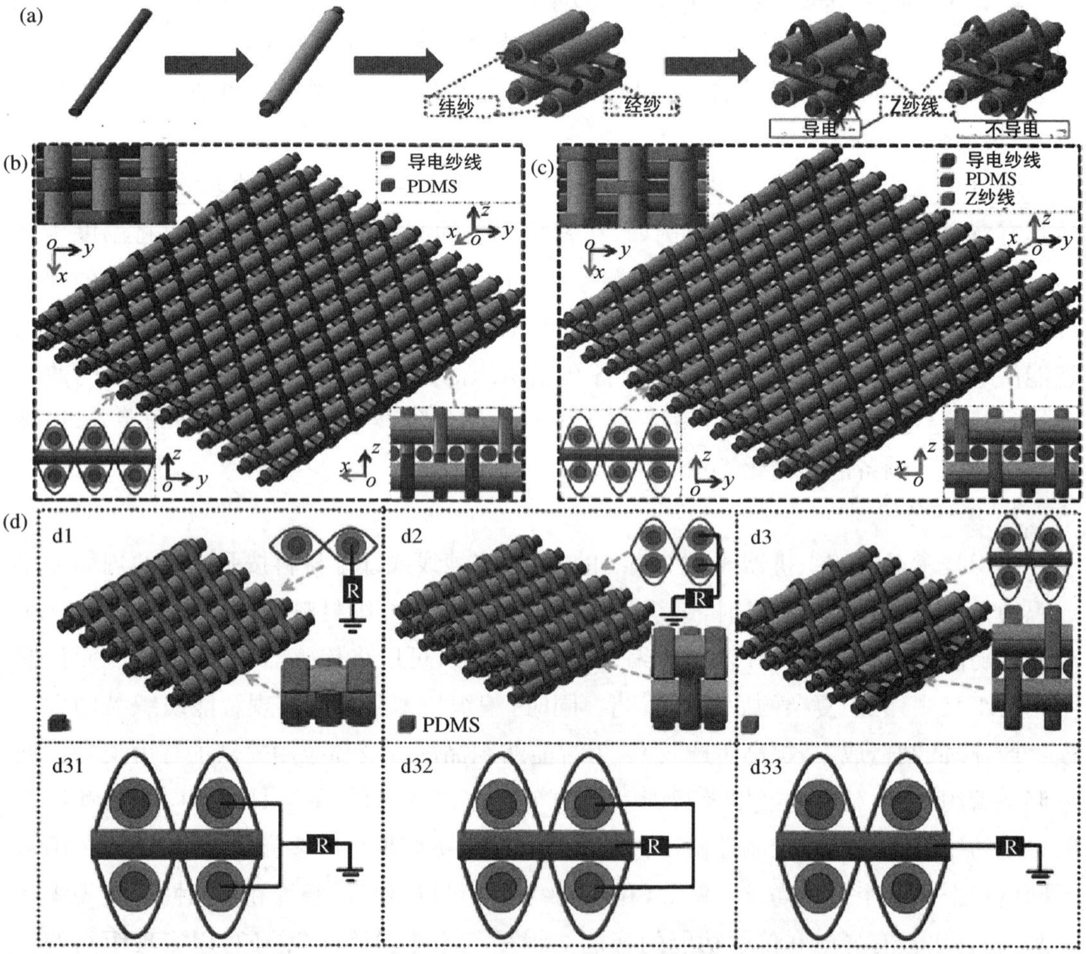

图 2-11　三维正交编织摩擦纳米发电机的制备过程

(a) 制造工艺流程;(b) 导电 Z 纱线编织 TENG;(c) 非导电 Z 纱线编织 TENG;
(d) 非导电 Z 纱线编织 TENG,包括一个介电层 TENG(d1)、两个介电膜 TENG(d2)、三维正交 TENG (d3),
根据三维正交 TENG 的电路连接模式,可以进一步分为纬向连接单电极模式(d31)、双电极模式(d32)和经向
连接单电极模式(d33)。其中(b)和(c)的左上角、左下角和右下角分别为局部放大正视图、俯视图和侧视图

等方法,将纤维或纤维网直接固结而成的纺织品。与传统的纺织工艺相比,非织造技术具有生产效率高、成本低、可设计性强等优点,因此在智能纺织品的制备中得到了广泛应用。非织造布主要应用于医疗卫生领域,我国非织造布行业正在大力实施智能制造,婴儿纸尿裤、成人失禁用品和湿巾。

智能纺织品通常具备多种功能,如温度调节、湿度控制、抗菌防臭等。这些功能的实现,离不开非织造技术中纤维的选择和处理。例如,通过选用具有热敏或湿敏特性的纤维,结合非织造技术中的特殊处理,可以制备出具有温度或湿度响应性的智能纺织品。在智能纺织品的制备过程中,非织造技术还发挥着重要的设计作用。通过调整纤维的种类、长度、排列方式等参数,非织造技术可以制备出具有不同结构和性能的纺织品。这种可设计性使得智能纺织品能够满足不同领域的需求，如医疗、运动、家居等。

近年来，科研人员利用非织造技术成功开发出能够监测患者生命体征的智能纺织品。这种纺织品采用特殊的纤维和传感器技术，能够实时监测和记录患者的心率、呼吸频率等生理参数。通过将这些数据传输到医生的电脑上进行分析，医护人员可以及时了解患者的健康状况，为患者提供更加精准的诊疗服务。通过非织造技术，可以制备出具有独特纹理和外观的智能纺织品，为时尚设计师提供了更多的创作空间。非织造技术在智能纺织品的制备中发挥了重要作用。通过不断创新和优化技术，非织造技术将为智能纺织品的发展带来更多的可能性，推动智能纺织品在医疗、环保、时尚等领域的应用不断扩展。同时，这也将促进纺织产业的智能化和可持续发展，为人类社会创造更多的价值。

（三）织物基材改性

在现代纺织工业中，随着科技的飞速发展，人们对纺织品的功能性要求日益提高。为了满足这一需求，研究者们不断探索各种织物表面功能改性的方法，以期制备出具有智能化特性的纤维和纺织品。这些智能纤维和纺织品不仅具有优异的物理和化学性能，还能够根据外部环境的变化做出相应的响应，为人们带来更加便捷、舒适的生活体验。织物表面功能改性是一种重要的技术手段，通过改变织物表面的物理、化学或机械性质，赋予其特定的功能，以满足不同领域的应用需求。例如涂覆、浸渍、接枝等。

1. 涂覆技术

在织物表面通过浸泡、喷涂、印刷等方式涂覆一层具有特定功能的涂覆材料，从而改变织物的性能。涂覆技术的核心在于选择合适的涂覆材料和涂覆方法。常见的涂覆材料包括导电材料、传感材料、变色材料等，这些材料可以通过涂覆技术附着在纤维或纺织品表面，实现对其性能的调控。而涂覆方法则多种多样，如浸涂法、喷涂法、刮涂法等，这些方法各有优缺点，需根据具体的应用场景进行选择。以导电纤维为例，通过涂覆技术将导电材料均匀涂覆在纤维表面，可以赋予纤维良好的导电性能。这种导电纤维可以应用于智能服装、电子织物等领域，实现对人体电信号的监测和传输。同时，涂覆技术还可以用于制备具有变色功能的纺织品，通过涂覆变色材料，使纺织品能够随环境温度、湿度等条件的变化而呈现出不同的颜色，为时尚界带来全新的设计思路。此外，通过与其他技术相结合，可以进一步提高智能纤维及纺织品的性能。例如，通过纳米技术将涂覆材料制备成纳米级颗粒，可以显著提高涂覆层的均匀性和稳定性；通过复合技术将多种功能材料复合在一起，可以制备出具有多种功能的智能纤维及纺织品；通过选择合适的涂覆材料和涂覆方法，可以实现对纤维和纺织品性能的精确调控，为纺织行业带来更多的创新和突破。

2. 浸渍法

浸渍法是通过将纺织品浸泡在含有特殊功能物质的溶液中，使纺织品获得某种特定性能或功能的方法。基本原理是利用溶液中的功能物质与纺织品纤维发生物理或化学作用，从而赋予纺织品特定的性能。在制备过程中，首先需要选择合适的溶液和功能物质，确保它们能与纺织品纤维良好地结合。接下来，将纺织品浸泡在溶液中，使功能物质充分渗透到纤维内部。最后通过适当的干燥和固化处理，使功能物质牢固地附着在纺织品上，形成具有特定功能的智能纺织品。浸渍法操作简单，成本较低，有利于大规模生产和推广。

3. 接枝技术

接枝技术，即将一种聚合物链通过化学键连接到另一种聚合物链上，从而形成一种具有特殊性能的复合材料。将功能性高分子链引入到纺织品纤维表面，可以使纺织品具备特定的智能功能。例如通过接枝具有热敏性的高分子链，智能纺织品能够根据环境温度的变化自动调节纤维的收缩与舒张，从而实现保温或降温的效果。通过在纤维表面接枝具有吸湿性的高分子链，智能纺织品能够吸收和释放环境中的水分，保持纺织品内部的湿度平衡。在智能服装领域发挥着重要作用。在实际应用中，接枝技术制备智能纺织品还需要考虑多种因素。其中，选择合适的接枝单体和接枝方法是关键。不同的接枝单体和接枝方法会对智能纺织品的性能产生显著影响。因此，需要根据具体需求进行筛选和优化。其次，接枝过程中的反应条件也需要严格控制，以确保接枝效果和纤维性能的稳定性。

(四) 其他方法

1. 增材制造技术

增材制造技术是快速成型技术的一种，通过计算机软件生成三维 CAD 模型，根据模型的尺寸数据采用激光熔覆的方式将零件的材料逐层堆积起来形成实体零件的技术，面向汽车、机械制造、钢铁冶金、轻工、医疗器械、航空航天等领域。增材制造技术还有快速原型、快速成形、快速制造、3D 打印等多种称谓。3D 打印技术能够精确地打印出所定义的形状和结构，使得智能纺织品的设计和制造更加灵活和多样化。通过 3D 打印技术，可以制造出具有复杂结构、精细花纹的纺织产品，这些产品不仅具有美观的外观，还具备各种智能功能。3D 打印技术可用于打印导电材料，如银纳米线、碳纳米管等，在纺织品中构建电路和传感器。可以将不同的材料、传感器、导电织物等精确地打印在纺织品上，实现多种功能的复合。例如，可以制造出具有温度调节、健康监测、位置跟踪等多种功能的智能服装。目前，3D 打印智能纺织品的技术应用有三种，常用的一种是直接在纺织品上 3D 打印，可以在现有纺织品的基础上添加新的功能。该技术的重点是纺织品与 3D 打印材料之间的黏合，不同的材料在织物上的黏合程度，与两种材料加热属性和打印参数的设置(如打印温度、打印速度等)有关。第二种是通过 3D 打印不同的纺织品结构，使其具有一些智能化的功能，并广泛应用在机器人、服装、建筑等领域。第三方面是使用柔性材料进行 3D 打印，随着弹性材料在未来的快速发展，3D 打印的智能纺织品在赋予多元功能性的同时也能提供良好的透气性和透湿性。无论是在纺织品上直接进行 3D 打印，还是使用不同的复合材料进行结构性打印的智能纺织品，都有望在未来进行大批量商业性生产。

2. 刺绣工艺

刺绣工艺是一种在织物上通过针线绣制各种装饰图案的古老而精湛的艺术形式。刺绣技术具有 Tailored Fiber Placement（TFP）的特点，即纱线排列可以根据要求在基底上灵活设计。刺绣工艺可以在纺织品上添加各种功能性的材料或结构，从而增强智能纺织品的功能性。例如，通过刺绣技术，可以在纺织品上添加导电纱线，实现纺织品的导电性能，用于制作智能传感器、触摸开关等。此外，刺绣工艺还可以用于添加光学纤维、纳米材料等，实现光学性能、抗菌性能等。

刺绣主要分为丝线刺绣和羽毛刺绣两种。丝线刺绣是以丝线为绣材，采用多种针法进行刺绣，具有色彩丰富、线条流畅、层次分明的特点。羽毛刺绣使用羽毛作为绣材，在织物上绣制各种图案。羽毛刺绣的作品具有丰富的层次感和立体感，羽毛的自然纹理和光泽使得刺绣作品更加生动和逼真。同时，由于羽毛轻盈和柔软，羽毛刺绣作品呈现出轻盈飘逸的美感。

数字化刺绣工艺是传统技术与现代科技的完美融合。数字化刺绣工艺是将计算机技术应用于刺绣领域。通过先进的数字化设备和软件，将刺绣图案进行精确的设计和绘制，进而实现自动化、高精度的刺绣生产。这种工艺不仅提高了刺绣效率，还降低了生产成本，使得更多的人能够享受到刺绣艺术带来的美感。研究人员利用得到的液态金属纤维，通过数字化刺绣工艺，将计算优化的电磁设计图案准确地转移到服装上，得到具有无线电力传输和通信功能的电子纺织品。即使暴露于或浸入模拟汗水的盐水溶液中，该纺织品也可以向附近的无电池设备提供无线电力传输（图 2-12）。当液态金属纤维形成近场继电器从而扩展 NFC 的范围，在两者都靠近感应图案的前提下，这种纺织品可以在智能手机和相距 0.5 m 的无电池纺织品传感器之间建立连接。数字化刺绣工艺能够使经过设计优化的近场感应图案实现大规模制备，同时在不影响底层服装的耐用性或透气性的情况下建立无线连接。这项技术如果推广，可用于为患者体内的生物电子植入物供电，检测老年人等高危人群的疾病，并为运动员提供全身追踪和反馈。

当前，我国纺织工业在数字化车间、智能生产、个性化定制、网络化协同等方面形成了系统解决方案，并由试点向全行业推广，取得生产效率提升、产品质量提高以及节能降耗减排的显著成效。纺织企业抓住数字化带来的巨大机遇寻找新发展动力。福建泉州海天材料科技股份有限公司副总经理邓生明提出，企业可以以信息化为支撑，依靠外部产能融合，专注于产品开发和客户服务，快速响应市场的变化要求，实现转型转变。通过将数据进行有效对接或将系统协同给企业的方式，保证数据互通。在数字化驱动背景下，大数据技术、自动化印染技术以及数据化设计，将形成智慧设计的模式赋能产业发展，有效指导产品开发，降低研发成本，实现在线多方互联沟通。

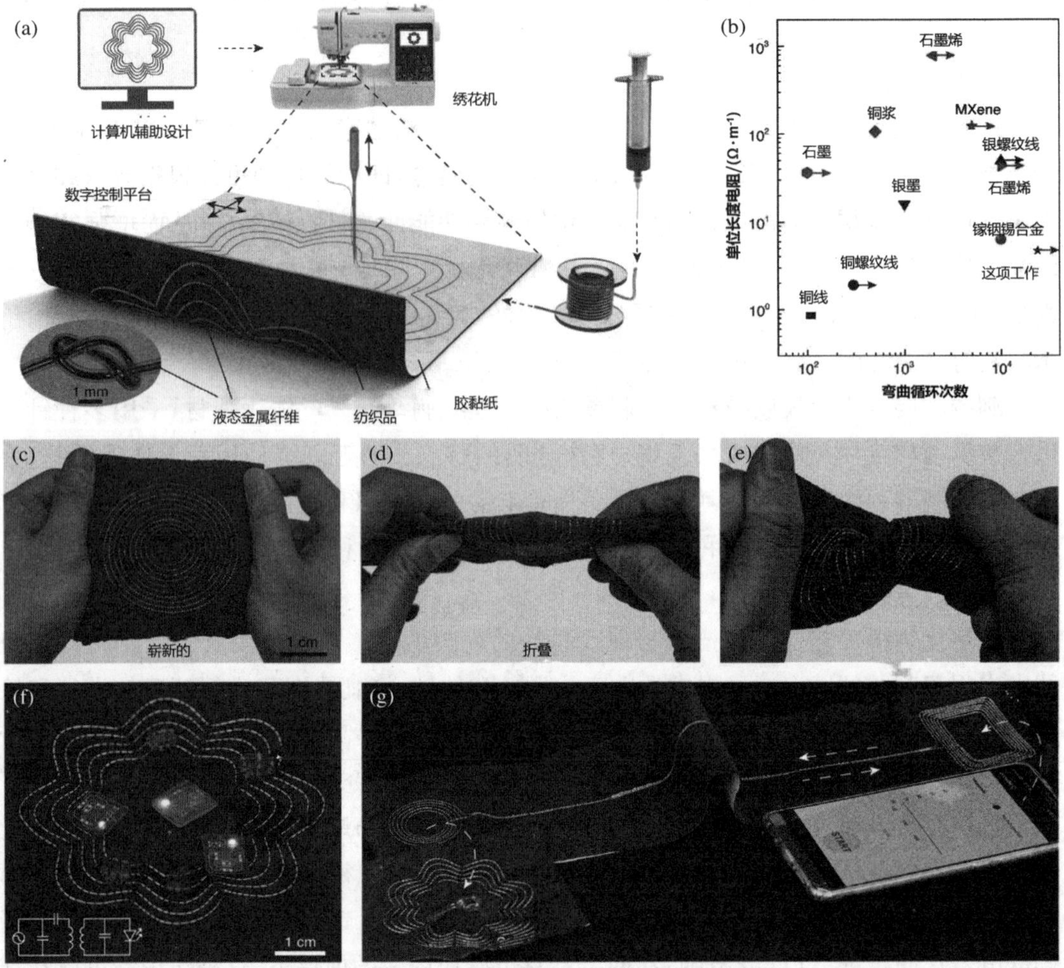

图 2-12　数字刺绣的液态金属无线系统

(a) 数字刺绣过程；(b) 与用于纺织或柔性电子设备的导电材料相比，液态金属纤维的单位长度电阻，箭头表示材料在最大测试周期后发生了 10%的电阻变化；
(c) 崭新的刺绣纺织品；(d) 经过折叠的刺绣纺织品；(e) 扭曲的刺绣纺织品；
(f) 刺绣螺旋感应器在盐水滴存在的情况下为发光设备无线供电；
(g) 刺绣无线系统，包括用于智能手机和织物传感器节点之间的长距离近场通信的中继器

参考文献

[1] Li R, Li N, Zhao Y L, et al. Structural coloration and up/down-conversion photoluminescence of carbon nanotube fibers for ultraviolet detection[J]. Advanced Optical Materials, 2024, 12(22).

[2] Zhang S C, Liu H, Tang N, et al. Direct electronetting of high-performance membranes based on self-assembled 2D nanoarchitectured networks[J]. Nature Communications, 2019, 10(1).

[3] Ruth S R A, Beker L, Tran H, et al. Rational design of capacitive pressure sensors based on pyramidal microstructures for specialized monitoring of biosignals[J]. Advanced Functional Materials, 2020, 30(29).

[4] Song Z Q, Li W Y, Bao Y, et al. Bioinspired microstructured pressure sensor based on a Janus graphene film for monitoring vital signs and cardiovascular assessment[J]. Advanced Electronic Materials, 2018, 4(11).

[5] Huang J X, Guan X Y, Xu B G, et al. Surface porous microstructured fibers with customized functionalities for 1D functional materials[J]. Composites Part B: Engineering, 2021, 223.

[6] Wang Z K, Hao C C, Cai M Z, et al. A highoutput PDMS-MXene/gelatin triboelectric nanogenerator with the petal surface-microstructure[J]. Nano Research, 2024, 17(5): 4151-4162.

[7] Ng P F, Hua J C, Liu C, et al. Solar energy storage silks via coaxial wet spinning[J]. ACS Materials Letters, 2020, 2(7): 801-807.

[8] Fan H W, Li Q, Li K R, et al. Stretchable electrothermochromic fibers based on hierarchical porous structures with electrically conductive dual-pathways[J]. Science China Materials, 2020, 63(12): 2582-2589.

[9] Wu N H, Meng S, Li Z, et al. Tailoring the heterogeneous structure of macro-fibers assembled by bacterial cellulose nanofibrils for tissue engineering scaffolds[J]. Small, 2024, 20(23).

[10] Niu H S, Yue W J, Li Y Q, et al. Ultrafast-response/recovery capacitive humidity sensor based on arc-shaped hollow structure with nanocone arrays for human physiological signals monitoring[J]. Sensors and Actuators B: Chemical, 2021, 334.

[11] He X C, Fan C, Xu T L, et al. Biospired Janus silk e-textiles with wet — thermal comfort for highly efficient biofluid monitoring[J]. Nano Letters, 2021, 21(20): 8880-8887.

[12] Chen M, Ouyang J Y, Jian A J, et al. Imperceptible, designable, and scalable braided electronic cord[J]. Nature Communications, 2022, 13(1).

[13] Dastidar S, Alam M M, Crispin X, et al. Janus cellulose for self-adaptive solar heating and evaporative drying[J]. Cell Reports Physical Science, 2022, 3(12).

[14] Hu X, Tian M, Xu T, et al. Multiscale disordered porous fibers for self-sensing and self-cooling integrated smart sportswear[J]. ACS Nano, 2020, 14(1): 559-567.

[15] Guan Q F, Yang H B, Han Z M, et al. Lightweight, tough, and sustainable cellulose nanofiber-derived bulk structural materials with low thermal expansion coefficient[J]. Science Advances, 2020, 6(18).

[16] Peng Y Y, Sun F X, Xiao C Q, et al. Hierarchically structured and scalable artificial muscles for smart textiles[J]. ACS Applied Materials & Interfaces, 2021, 13(45): 54386-54395.

[17] Yu Y R, Guo J H, Sun L Y, et al. Microfluidic generation of microsprings with ionic liquid encapsulation for flexible electronics[J]. Research, 2019, 2019.

[18] Xie R X, Xu P D, Liu Y P, et al. Necklace-like microfibers with variable knots and perfusable channels fabricated by an oil-free microfluidic spinning process[J]. Advanced Materials, 2018, 30(14).

[19] Cui T T, Yu J F, Li Q, et al. Large-scale fabrication of robust artificial skins from a biodegradable sealant-loaded nanofiber scaffold to skin tissue via microfluidic blow-spinning[J]. Advanced Materials, 2020, 32(32).

[20] Dong K, Deng J N, Zi Y L, et al. 3D orthogonal woven triboelectric nanogenerator for effective

biomechanical energy harvesting and as self-powered active motion sensors [J]. Advanced Materials, 2017, 29(38).

[21] Lin R Z, Kim H J, Achavananthadith S, et al. Digitally-embroidered liquid metal electronic textiles for wearable wireless systems[J]. Nature Communications, 2022, 13(1).

第三章 形状记忆纤维及纺织品

第一节 研究概况

一、形状记忆纤维及纺织品定义

形状记忆材料(Shape Memory Material, SMM)是一类在经历形变并固定后,能够通过特定的外部刺激(如热能、光、磁场、电场、机械力或化学作用)自动回复其原始形态的材料,这种现象被称为形状记忆效应(Shape Memory Effect, SME)。形状记忆材料根据其基体,可以被分为四种主要类型:形状记忆合金(Shape Memory Alloy, SMA)、形状记忆聚合物(Shape Memory Polymer, SMP)、形状记忆陶瓷(Shape Memory Ceramic, SMC)和形状记忆凝胶(Shape Memory Hydrogel, SMH)。由于功能独特,形状记忆材料已经激发起人们广泛的研究兴趣,并正在被积极地开发和应用。

形状记忆纤维(Shape Memory Fiber, SMF)是通过运用多种精细加工技术,以形状记忆材料为基础制造而成的一种功能纤维。不同的加工技术赋予形状记忆纤维各自独特的性能特征。形状记忆纤维是一类具备独特记忆功能的纤维材料,它们在初次加工成型后能够保留其原始形态。这类纤维在较低温度下能够固定经过二次加工而形成的新形状,当再次受到特定外界条件刺激时,如温度升高,它们能够恢复到初始形状。这种特性使得形状记忆纤维在众多领域具有广泛的应用潜力。形状记忆纤维的类别多样,涵盖形状记忆合金纤维、形状记忆聚合物纤维及形状记忆凝胶纤维。形状记忆纤维的制备过程包括纺丝、后处理及接枝包埋等工艺,每种工艺都赋予纤维独特的性能和应用前景。

形状记忆纺织品(Shape Memory Textile, SMT)是一种具备记忆效应的纺织材料,能够在特定的条件刺激下回复到其原始形态,即便之前发生过暂时的形变。这类纺织品的生产主要通过两种技术实现:一是直接利用形状记忆纤维进行编织;二是对普通纺织品进行特殊的后处理,赋予其形状记忆特性。在定义上,"形状记忆"一词通常是指纺织品易于塑形和易于回复的特点。这种特性允许服装在使用后,通过外部条件如热量等,自动消除褶皱,回复到平整状态。进一步地,从更广泛的意义上讲,形状记忆功能还赋予纺织品其他优势,如优异的隔热性能、强大的防水和透气性能以及良好的抗渗透和隔热效果。例如,利用形状记忆水凝胶技术开发的智能防水服装,在接触到水分时,水凝胶会吸收水分并膨胀，从而有效防止水分渗透到服装内部，而在服装干燥后，水凝胶会释放吸收的水分，服装随之回复原状。目前，根据形状记忆效应的触发方式，市场上的 SMT 主要分为两大类：一类是热激活型，它们通过温度变化实现形状记忆；另一类是力激活型，它们通过机械力作用触发形状记忆。这些分类反映了形状记忆纺织品在设计和应用上的多样性，以及它们在现代纺织科技中的创新潜力。

二、形状记忆纤维及纺织品研究现状

形状记忆材料的发展历程可以追溯到 1932 年。当时，瑞典化学家奥兰德首次发现金镉(AuCd)合金中存在金属相变现象：形状被改变的合金在加热到高温后能回复到初始形状。这一发现为形状记忆材料的发展奠定了基础。在早期的探索阶段，虽然科学家们发现了某种合金材料具有独特的形变回复特性，但当时并未以“形状记忆”来命名这一发现，也未引起广泛的关注。直到 1963 年，美国海军军械研究室的 Buehler 等意外地观察到，等原子的镍钛(Ni-Ti)合金在室温下经历形变后，通过加热能够自动回复至原始形态。随着对相变理论的深入研究，科学家们逐渐认识到这类合金的特殊性质，并将其行为定义为“形状记忆”。镍钛合金因其独特的性质，被广泛应用于多个领域。例如，镍钛合金可以被用来制作女性文胸的钢圈，或者被加工成镍钛合金纤维再用于纺织品的制造。这使得形状记忆合金在纺织行业得到实际应用。随着科技的进步，形状记忆材料的应用领域不断拓宽。在医疗、航天、航空和汽车行业，形状记忆合金被用于开发各种先进产品，如智能管接头和医疗器械等，展现了其广泛的应用前景。此外，形状记忆聚合物和形状记忆陶瓷等新型材料相继问世，进一步丰富了形状记忆材料的种类和应用范围。近年来，形状记忆材料与纺织品的结合带来了科技感十足的创新。将形状记忆合金应用于纺织品，可以使纺织品具有“记忆”功能，从而创造出更加智能、舒适和环保的服装。未来，随着科技的进步和应用需求的增长，形状记忆材料有望在更多领域发挥重要作用。

形状记忆纺织品具有卓越的特性，如记忆、变形、抗冲击和适应能力等。这类纺织品可以通过多种方式进行处理和制造。一种处理方式是使用形状记忆纤维来制造形状记忆纺织品。形状记忆纤维可以纯纺，或者与天然纤维和其他化学纤维混纺。形状记忆纤维的材料种类多样，包括记忆合金、陶瓷、高聚物等，它们都具有记忆、响应、回复、抗震及适应性等优良特性。另一种处理方式是对纺织品进行形状记忆后整理，通常使用特定的后整理方法，如树脂后整理、形状记忆聚合物后整理、胶原后整理、涂覆及填埋等。目前，一种常用的后整理方法是在织物上涂层的方法，以增强织物的形状记忆性能。如 Garg 等研究了利用形状记忆聚氨酯(SMPU)的形状记忆效应来提高棉织物的褶皱回复角(CRA)。他们采用简单的浸涂方法将 SMPU 涂覆在棉织物上，监测 SMPU 涂层织物的 CRA 随温度和负载的变化情况，分析了热固性温度和热机械变量(负载和温度)对 SMPU 涂层织物形状记忆性能的影响。结果表明，在 140 ℃下，SMPU 涂层织物在 73 ℃的热固性下显示出 8.10%的最大形状回复率(在 50 N 负载和 10 ℃编程温度下)，经 100

次洗涤处理后，仍保持最大形状回复率。

形状记忆纺织品根据其特性主要划分为三个类别：镍钛合金基形状记忆纺织品、高级合成纤维形状记忆纺织品以及形状记忆粘贴型纺织品。以英国防护服装和纺织品机构研发的抗熨烫服装为例，他们创新性地采用镍钛合金纤维，通过精密工艺将纤维塑造为螺旋状弹簧形态，再进一步加工成平面状，然后固定在服装面料内。此类服装表面接触高温时，形状记忆纤维的形变被激发，纤维迅速由平面状变成宝塔状，在两层织物内形成很大的空腔，使高温远离人体皮肤，防止烫伤，展现出独特的形状记忆特性。形状记忆纺织品不仅具有独特的形状和记忆力，还具备高合成功能，能够在特定条件下保持产品的原型和性能。

总的来说，形状记忆纺织品结合了现代材料科学和纺织技术的新进展，为服装、家居、医疗等领域带来了革命性的创新。随着研究的深入和技术的进一步提高，形状记忆纺织品将拥有更广阔的应用前景。

第二节　形状记忆材料的分类及其效应机理

一、形状记忆合金

1932 年，Ölander 在 Au 和 Cd 的合金中发现了形状记忆效应。SME 通过利用马氏体和奥氏体晶体结构的变化，实现了从塑性变形回复到初始形状的过程。Chang 和 Read 展示了 SMA 产生机械功（循环提升）的能力。1961 年，美国海军军械研究室开发了 Ni-Ti 合金，这种合金比之前的 SMA 更便宜，也更易使用，并且增强了生物相容性特征。早期（1970 年代）的商业产品使用 SMA 来触发管道接头和电气连接器中的一维形状变化。随后，研究了 SMA 的热滞后和循环变形性能，以扩大 SMA 驱动器在许多设备中的应用。为了增强驱动介导的变形能力，开发了弹簧型 SMA 驱动器。1988 年，镍钛合金线被嵌入层状聚合物基复合材料中。这些驱动器可以产生连续、多维和复杂的运动。当前，SMA 作为一类创新的功能性材料，由多种金属元素组合而成，它们在温度和应力的影响下能够经历相变。这种材料借助热弹性效应和马氏体相变以及它们的逆过程，展现出独特的形状记忆效果和伪弹性变化。由于这些特性，SMA 在多个领域得到广泛应用，包括但不限于航空航天、生物医疗、机械电子、汽车制造及建筑工程等行业。

形状记忆合金根据其构成元素差异，可分为三个主要类别：基于镍和钛的形状记忆合金（Ni-Ti SMA）、铜基形状记忆合金（Cu SMA）及铁基形状记忆合金（Fe SMA）。镍钛基形状记忆合金包括 Ni-Ti-Cu、Ni-Ti-Co、Ni-Ti-Fe 和 Ni-Ti-Nb 等 SMA，它们的性能出色，故而具有显著的应用价值。铜基形状记忆合金同样种类繁多，包括 Cu-Zn、Cu-Zn-Al、Cu-Zn-Sn、Cu-Zn-Si、Cu-Zn-Ga 和 Cu-Sn 等 SMA。铁基形状记忆合金也呈现出多样化，例如 Fe-Pt、Fe-Mn-Si、Fe-Ni-Co-Ti、Fe-Mn-Al-Ni 及 Fe-C-Mn-Si-Cr-Ni 等 SMA。这些合金因其独特的性质，在多个领域展现出广泛的应用潜力。Ni-Ti 基形状记忆合金是目前研究非常广泛的一类，具有优异的形状记忆性能和抗腐蚀性能，广泛应用于航空、航天、医疗等领域。Fe 基形状记忆合金具有成本低、力学性能优、切削性能好等特征，适用于各种加工零件、管接头、器械安装等方面。然而，Fe 基形状记忆合金的形状记忆性能较差，其形状回复率会随着预变形量增大而减小，室温下的形状回复率仅为 2%～3%，而且在室温下工作时易发生回复力松弛现象。Cu 基形状记忆合金的价格低廉，具有良好的导电导热性、耐腐蚀性和宽相变温度范围等特征，但存在强度低、塑性小、使用寿命有限和加工困难等问题。除了 Ni-Ti 基、Fe 基和 Cu 基形状记忆合金，Co 基、Ti-Nb 基和 Ni-Mn 基等合金也具有形状记忆效应，但这类合金存在力学性能不足、记忆功能不稳定等问题，应用前景受限。除上述几类形状记忆合金以外，近年来，形状记忆复合材料取得了巨大进步，此类材料融合了形态记忆合金和有机合成大分子物质及其他金属材料，拥有良好的形状记忆功能和力学性能，可应用在智能材料、人工智能系统、感应器和执行器等领域。

（一）形状记忆机制

1878 年，德国科学家 Adolf Martens 探讨了钢铁在特定温度下的独特硬化机理。他通过精心调控钢铁的加热温度，随后迅速进行淬火处理，成功观测到一种前所未见的组织结构。为了纪念 Martens 的杰出贡献，该组织结构被命名为“马氏体”。在材料科学领域，奥氏体在冷却过程中转变为马氏体的现象被称为“正相变”或“马氏体相变”，而马氏体在加热时重新转变为奥氏体的过程被称为“逆相变”或“奥氏体相变”。形状记忆合金之所以能够展示独特的功能，是因为其独特的固态到固态的相变机制。具体来说，SMA 的形状记忆效应指的是这类合金在低温下经历塑性变形后，当温度上升到特定点时，能够自动回复到其原始形状，这主要是由于回复应力的作用。从微观层面来看，形状记忆合金由低温时的马氏体相和高温时的奥氏体相组成，它们之间的热弹性相变是产生形状记忆效应的关键。这种独特的物理属性为形状记忆合金在多个领域的应用提供了广阔的前景。

形状记忆合金的形状记忆机制如图 3-1 所示。在合金温度下降过程中，当温度降至马氏体相变的起始温度（M_s）时，晶体内部的马氏体开始逐步形成。这个过程会持续到马氏体相变的终止温度（M_f），此时，奥氏体已完全转变为马氏体。在这个过程中，马氏体相受到外力作用时，主要通过滑移和孪生两种方式发生塑性变形，变形后形成的结构被称为马氏体变体，而马氏体的原子结构保持完整。当合金温度上升至超过奥氏体相变的起始温度（A_s）时，奥氏体开始重新生成，晶体内部的马氏体则经历逆相变。这个过程将持续至奥氏体相变的终止温度（A_f），此时，马氏体变体完全回复为原始的母相即奥氏体。从宏观上看，这种转变表现为合金的塑性变形逐渐消失，合金回复到其初始形状。基于形状记忆合金的这一独特性能，只要满足基本的力学性能需求(如强度和刚度)，通过温度调节，人们就可以有效地控制合金的形状变化。

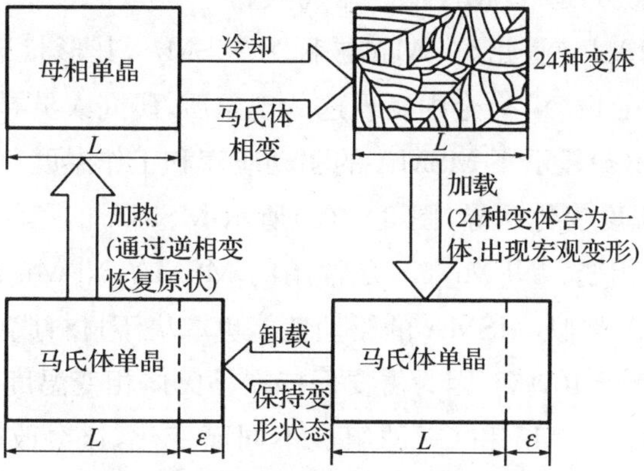

图 3-1 形状记忆合金的形状记忆机制

形状记忆合金通过由不同输入触发的晶体转变进行工作。SMA 一般根据其基础材料或输入源进行分类。根据输入源的不同，SMA 可分为两种类型：热致形状记忆合金(TSMA)和磁致形状记忆合金(MSMA)。TSMA 是通过温度变化触发形状变化的。当这类合金处于加热或冷却时，它们能够可逆地改变其形状，从一种形态转变为另一种形态。这种转变是由形状记忆合金内部的晶体结构变化引起的，使得合金能够"记住"其原始形状，并在特定温度下回复。MSMA 是通过磁场变化驱动形状变化的。此类合金在受到磁场作用时，能够改变其晶体结构和形状。通过调整磁场的强度和方向，可以控制 MSMA 的形状变化，实现更灵活和精确的形状控制。

TSMA 已经成为使用比较广泛的 SMA。顾名思义，TSMA 的晶相取决于温度。当孪晶马氏体相通过施加外部应力转化为脱晶马氏体时，变形循环开始。当温度升高到奥氏体相变的起始温度以上时，马氏体相(孪晶或脱晶)开始转变为奥氏体相；当温度达到奥氏体相变的终止温度时，马氏体相转变成完全奥氏体相，如图 3-2(b)所示。逆相变是通过将 SMA 冷却到马氏体相变的起始温度来完成的；相反转是在马氏体相变的终止温度下完成的。TSMA 的主要性能指标是相变温度；A_f 作为图 3-2(a)中不同 SMA 的代表性温度，因为这是一个制动循环中必须达到的温度。然而，SMA 通常能够承受更高的温度。图 3-2(b)显示了几种 TSMA 的转变温度和驱动应变。有三种具有代表性的类型：Ni-Ti 基二元合金、Ni-Ti 基三元合金和 Cu 基合金。其中，Ni-Ti 基合金的商业应用较为广泛。一般而言，TSMA 的性能取决于其元素组成和结晶情况。镍钛合金的转变温度可以通过调整 Ni 的浓度来调节。马氏体应变引起的制动应变，因马氏体转变途径不同而有所变化，包括从奥氏体到马氏体。例如，镍钛合金单斜晶系能产生最大应变，其次是正交晶系，而在三方晶系中观察到的转变应变最小。结晶情况也会影响驱动应变，由于存在晶界、缺陷、析出物等，单晶 SMA 的应变通常高于多晶 SMA。驱动应力也取决于临界应力，临界应力由晶核的形成决定。制动速度与加热和冷却的速度有关，因为 TSMA 的形状变化是通过温度变化驱动的。加热和冷却的速度取决于热传导机制，因此，缓慢的冷却速度被认为是 TSMA 的一个局限。

磁场也可诱导 SMA 相变，此类 SMA 被称为 MSMA，其形状记忆机制如图 3-2(c)所示。Ullakko(1996)在 Fe-Ni 合金中发现这一现象后，研究人员寻求增加可恢复应变和工作温度范围。图 3-2(a)显示了 MSMA 的驱动应变和工作温度。由于形状记忆合金的相变可以通过磁场或温度变化诱导，图 3-2(a)所示 MSMA 的工作温度应保持在 A_s 以下，以便磁场能够诱导相变。Ni-Mn-Ga 是常用的 MSMA，Ni-Mn-Al、Fe-Pd 和 Fe-Pt 也经常被使用。与 TSMA 类似，MSMA 的驱动性能也取决于材料成分组成和结晶情况，工作温度通常被限制在低于 100 ℃(因为需要保持在马氏体相变温度以下)。然而，MSMA 的马氏体相变温度会因 Ni、Mn 和 Ga 的组成不同而变化，这会改变每个原子的价电子数。例如，随着 Ga 的浓度从 18%增加到 26%，MSMA 的马氏体相变温度会从 176.85 ℃变化到 6.85 ℃。此外，掺入 Cu 也会提高 MSMA 的马氏体相变温度。

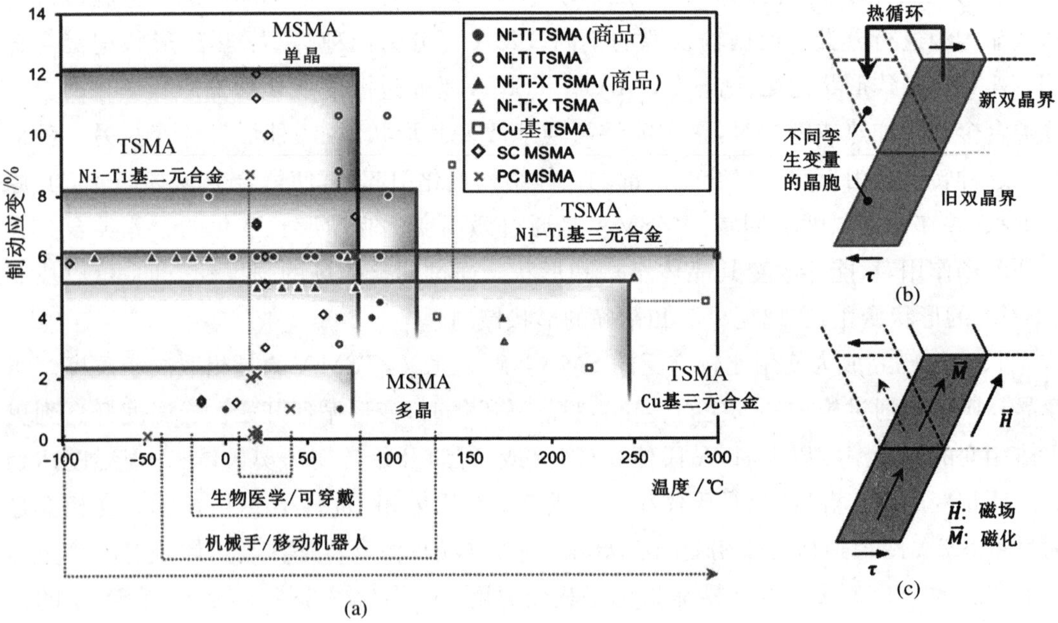

图 3-2　不同类型 SMA 的形状记忆机制

(a)几种 SMA 的制动应变和温度响应；(b)TSMA 的形状记忆机制；(c)MSMA 的形状记忆机制

(二)基本特性

1. 形状记忆效应

形状记忆效应(SME)可以被描述为材料在低温下发生形变，之后在较高温度时回复到其形变前即原始形状的现象。这一现象是基于具有晶体结构的材料中马氏体转变的热弹性事件。当材料以马氏体相(其热稳定性低于奥氏体相)发生形变时，通过加热可使材料成为奥氏体相，从而回复其原始形状。然而，SMA 在经历形变和回复过程时，可能无法完全回复到其原始形状，总是会存在一定的形状偏离。如果 SMA 经历过多的形变循环，这种形状偏离会逐渐累积，最终导致材料的形状记忆效应减弱甚至消失。合金的形状记忆效应根据不同的记忆功能，可分为以下几种：

(1) 单程（或单向）形状记忆。单程形状记忆效应（One-Way Shape Memory，简称 OWSM）如图 3-3(a)所示，具备这种记忆效应的合金只在被加热到马氏体转变点以上才会发生形状回复。当材料温度降至 M_f 以下时，通过压紧并拉长材料，可对其进行塑形处理。随后，当材料被加热至 A_f 以上，它会自主收缩至原始形状。值得注意的是，若材料再次被冷却至温度低于 M_f，其形状将保持稳定，不再发生变化。单程形状记忆合金在众多领域展现出应用价值，如用于一次性紧固、连接及密封等场合。具体而言，在低温环境条件下，将待连接的部件装配到位，随着环境温度升高至 A_f 以上，材料将回复其原始形状，从而实现部件间的牢固连接。这种连接方式不仅可靠、稳固，而且特别适用于空间狭小或常规方法难以实施连接的场景，同时，操作过程也极为省时高效。

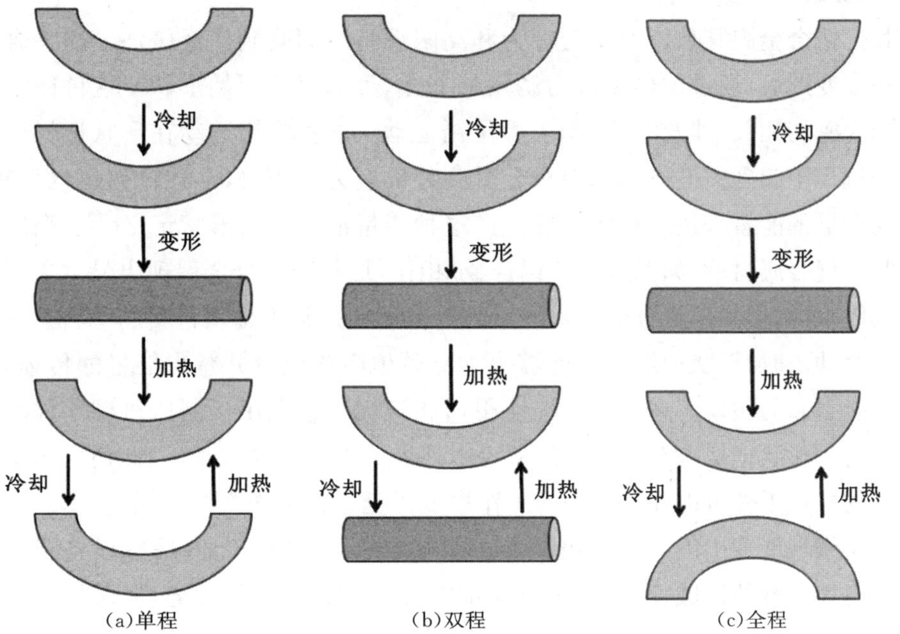

图 3-3　形状记忆效应

(2) 双程（或双向）形状记忆。双程形状记忆效应（Two-Way Shape Memory，简称 TWSM）如图 3-3(b)所示，此类材料在加热和冷却时能够分别记忆热和冷状态下的原始形状，并且这个过程可以反复进行。当材料被加热至超过 A_f 时，它会伸长；反之，在材料被冷却至 M_f 以下时，它会收缩。这种伸长与收缩的循环可以反复进行。要实现双程形状记忆效应，需要对由形状记忆合金制成的元件进行特定的处理，即在外加应力作用下，反复对合金元件进行加热和冷却处理，一旦合金能够回复到其原始形状，它便具备输出力并用以做功的能力。

(3) 全程形状记忆。Ni 含量较高的 Ni-Ti 合金在进行时效处理后，可能会表现出一种与常规双程形状记忆效应相似但方向相反的记忆效应，这种效应被称为全程形状记忆效应(All-Round Shape Memory，ARSM)。具备 ARSM 的形状记忆合金不仅能记忆并回复到其在高温下的原始形状，还能记忆并回复到其在低温下经过变形后的形状。全程形状记忆合金的变形更明显，也更强烈。这为形状记忆合金的应用提供了更广泛的设计空间，尤其是在需要复杂形状变化和多重形状记忆功能的应用方面。然而，全程形状记忆效应的机理可能更复杂，需要更深入的研究来理解其背后的物理过程。

具备全程形状记忆效应的材料相对稀缺。经过精心设计和时效处理的 Ni-Ti 合金，其 Ni 含量不低于 50.5%(原子质量比例)，成功展现出全程形状记忆效应，其归因于时效处理过程中析出的透镜状 Ti_3Ni_4 相，它们在奥氏体相会产生多方向的约束作用。在冷热循环过程中，材料的内外层会经历不同方向的可逆相变，正是这种多向相变的协同作用，赋予 Ni-Ti 合金全程形状记忆效应的特性。

2. 高阻尼性

形状记忆合金因其独特的相变行为和高阻尼特性而受到广泛关注。这种合金能够在经历塑性变形后，通过加热或应力诱发的方式，可回复其原始形状。这种回复过程与马氏体相变密切相关，涉及滑移、孪生等位错运动。这些位错运动在形状记忆合金的马氏体相变过程中起到关键作用。当合金受到外部应力作用时，上述位错运动变得活跃，通过消耗大量的能量来适应和缓解应力。这种能量消耗正是形状记忆合金高阻尼性的来源。与常规金属材质(如低碳钢和铝合金)相比，形状记忆合金展现出显著更优的阻尼特性。具体来说，形状记忆合金吸收能量的效率大约是常规金属材料的 20 倍。这表明，在面对外部冲击时，形状记忆合金能够更加高效地吸收能量并减少能量的传播，进而有效降低可能引起的振动。高阻尼特性使得形状记忆合金在用于制造机械零件时具有显著优势。由于形状记忆合金能够大幅减少由外界冲击引起的波动，因此使用由形状记忆合金制造的机械零件可以提高机构的工作精度并延长其工作寿命。因此，形状记忆合金在减震降噪领域展现出巨大的应用潜力。在航空航天、汽车工业、医疗设备及其他需要高精度和高稳定性的领域，形状记忆合金都能够发挥其独特的优势，显著提升产品的性能和可靠性。

3. 超弹性效应

在特定的温度区间内，当形状记忆合金遭遇外力作用时，它们会发生塑性变形。与常规金属材料不同，形状记忆合金在去除外力之后，无需借助外部热源，即可迅速回复其原始形态，这种现象被称为"超弹性效应"。从微观层面分析，形状记忆合金在经历这一变化时，其环境温度高于 A_f。在外力作用下，形状记忆合金的母相(奥氏体)转变为一种新的马氏体相，也就是应力诱导的马氏体。由于应力诱导的马氏体相是在超过 A_f 的温度下形成的，所以一旦外力被去除，它便不能稳定存在，并通过逆相变过程回复到母相。

超弹性效应完全依赖于热弹性马氏体相变机制。

4. 弹热效应

在循环外力的作用下，形状记忆合金展现出的超弹性行为伴随着显著的热效应，这一现象被称为弹热效应。从微观视角分析，应力诱导的马氏体相在外力卸载后会自发地回复到初始相态（即奥氏体相），这一转变属于一级相变范畴。此过程会伴随着相变潜热的吸收与释放现象。由于相变过程具有可逆性，理论上，它能够达到接近卡诺循环的高热效率，尽管实际热效率约为70%，但这一数值仍远超传统气体压缩技术的热效率。

形状记忆合金的相变过程不仅高效，而且环保无污染，这使其成为制冷领域备受瞩目的固体制冷剂候选材料。然而，弹热效应目前面临一个重要的挑战：形状记忆合金的疲劳寿命相对较短。实验数据表明，在经历多次循环加载后，形状记忆合金的弹热效应会出现显著的衰减。例如，经历30次循环加载后，形状记忆合金的弹热效应可能降至初始值的60%；而经历150次循环加载后，温度变化幅度可能仅为初始值的50%。此外，随着循环加载次数的增加，还可以观察到明显的疲劳断裂现象，这进一步限制了形状记忆合金在实际应用中的持久性。

（三）生产制备

近年来，美国、欧洲、日本等地区在形状记忆合金的制造技术、成分优化以及与现代制造技术的整合上取得了显著进展。特别是4D打印技术，它作为一种创新的制造手段，使用形状记忆合金作为基础材料，显著扩展了形状记忆合金在软体机器人、医疗设备、航空航天等多个领域的应用潜力。形状记忆合金的制造方法多样，包括熔炼、粉末冶金、喷射沉积以及4D打印等。传统的熔炼工艺虽然能够生产形状记忆合金，但存在杂质污染、成分不均一、能耗高等问题。粉末冶金法通过热等静压和烧结技术，利用金属或合金粉末直接制造出所需形状的形状记忆合金产品。

目前，中美欧等地区在熔炼和粉末冶金技术的基础上，结合3D打印等现代制造技术，发展了选区激光熔化增材制造、激光粉末床融合、4D打印等新型材料制备与成型技术。这些技术不仅提升了材料的成分精度、超弹性和形状记忆性能，还扩大了合金的加工和应用范围。Zhou等结合$Cr_{20}Ni_{80}$金属纤维和高性能的聚醚醚酮（PEEK），通过共挤出4D打印（CE-4DP）技术，制造出具有手形和百叶窗形状的结构。这些结构能够通过依次通电实现手指形状的有序回复。

二、形状记忆聚合物

SMP是典型的智能材料，它们可以在外部刺激（如湿度、温度、电、光和磁）的作用下，在初始形状和临时形状之间转换。除了具有质量轻、制备简单和价格低廉的优点外，SMP还具有可编程、可调（如转变温度、模量、刚度等）、可逆、可回收和多种刺激方法等特点。以热诱导的具有双形状记忆效应的 SMP 为例，其变形-回复过程大致可分为三个步骤：①初始形状 SMP 在高于其形状记忆转变温度（T_{tran}）的条件下被拉伸至临时形状；②加热后的 SMP 冷却至室温并去除应力，这有助于固定临时形状；③冷却后的 SMP 再次加热至高于 T_{tran}，固定的临时形状可以自发地回复到初始形状。形状记忆效应源于聚合物独特的分子结构和特殊的编程过程，这两者都是必不可少的。SMP 的分子链包含软段和硬段。软段可以在外部刺激下可逆地在玻璃态和橡胶态之间转换，这有助于初始形状的变形和临时形状的固定；硬段由物理交联或化学交联的网点构成，具有记忆初始形状的功能。此外，从分子结构的角度来看，形状记忆机制可以进一步描述为：在室温下，SMP 分子链的所有部分都处于玻璃态，这使得初始形状可以保持；当 SMP 被加热至温度高于 T_{tran} 时，硬段保持玻璃态，而软段转变为黏性态或橡胶态，在外力作用下发生变形；当 SMP 被冷却至温度低于 T_{tran} 并消除外力后，软段回复为玻璃态并储存应变能，从而使临时形状得以固定；当 SMP 再次被加热至温度高于 T_{tran} 时，软段释放储存的能量，使得固定的临时形状回复到初始形状。

根据聚合物分子链的连接方式、刺激方法、记忆的临时形状数量以及临时形状与初始形状之间的可逆性，SMP 可以分为四大类。SMP 刺激方法的多样性为其多功能性做出重要贡献，而刺激方法的多样性是 SMP 的一个显著特点。特别地，SMP 可以与一些功能材料相结合，展现出多种优异的形状记忆效应，包括热致型、电致型、光致型、磁致型以及湿致型形状记忆效应，同时在力学、热学、电学、光学或磁学性能上得到提升。

具有形状记忆特性的聚合物（如聚己内酯、聚乳酸、热塑性聚氨酯、乙烯-醋酸乙烯共聚物等）可以通过静电纺丝、熔融纺丝和湿纺等方法制备成形状记忆聚合物纤维。这些纤维具有微纳米结构、大比表面积、高孔隙率、三维结构、高透气性和高柔韧性等特点。例如，形状记忆聚合物纤维可以满足更高的热湿舒适性和压力舒适性要求，未来在智能服装领域将有所作为。先进技术的发展也推动了基于形状记忆聚合物纤维的柔性应变传感器的发展，这些传感器适用于人体健康监测和运动捕捉。此外，形状记忆辅助自修复材料因能降低维修成本并延长使用寿命而备受关注。目前，形状记忆聚合物纤维在生物医学和软机器人技术领域展现出无与伦比的优势，为手术、组织工程、药物输送、人工肌肉和执行器的发展提供了无限可能。由压电材料和形状记忆聚合物制成的电致型形状记忆聚合物纤维在能量收集领域具有潜在应用。

(一) 形状记忆聚合物分类

SMP 根据聚合物链的连接方式可分为热固性 SMP 和热塑性 SMP；根据驱动方式可分为热致型 SMP、电致型 SMP、光致型 SMP、磁致型 SMP 和湿致型 SMP；根据记忆临时形状的数量可分为双 SMP、三 SMP 和多 SMP；根据临时形状与初始形状之间的可逆性可分为单向 SMP 和双向 SMP。表 3-1 列出了不同类别的 SMP 示例。

表 3-1　不同类别的 SMP 示例

种类	材料	
热塑性 SMP	聚乙烯	聚丙烯
热固性 SMP	环氧基树脂	聚氨酯
热致型 SMP	聚己内酯	聚乳酸
电致型 SMP	碳纳米管/热塑性塑料	碳纤维/聚酰亚胺
光致型 SMP	聚苯乙烯/聚乙烯醇	银纳米线/乙烯-醋酸乙烯酯共聚物
磁致型 SMP	Fe_3O_4/丙烯酸酯	Fe_3O_4/环氧树脂
湿致型 SMP	羊毛	基于 SMP 的水凝胶
双 SMP	聚乙烯醇	热塑性聚氨酯
三 SMP	微晶硅 纤维聚己内酯	聚二甲基硅氧烷-聚己内酯
多 SMP	环氧-聚甲基丙烯酸甲酯-聚己内酯	
单向 SMP	聚酰亚胺	聚苯乙烯
双向 SMP	乙烯-醋酸乙烯酯共聚物	超高相对分子质量聚乙烯

(1) 热固性和热塑性 SMP。SMP 的链结构包含网点和分子开关。在热塑性 SMP 的链中,结晶相或玻璃态相作为物理交联点存在。热固性 SMP 则由化学交联点构成,其结构更为稳定,这是因为聚合物链通过共价键相互连接,如图 3-4(a)所示。当 SMP 被加热至温度在 T_{tran} 以上时,聚合物链之间会发生主要的物理或化学交联;施加外部应力时,聚合物链被拉伸,导致物理或化学交联点发生位移;当 SMP 被冷却至温度在 T_{tran} 以下并去除应力后,新的取向聚合物链之间会形成次级交联;当 SMP 被再次加热至温度在 T_{tran} 以上时,次级交联被打破,SMP 在具有初级交联而不具有次级交联的聚合物链的作用下成功回复其初始形状。

(2) 多刺激型 SMP。SMP 被视为一种共聚物,其中的硬段作为固定相,软段作为可逆相。大多数 SMP 的形状记忆效应是通过直接热源触发的。当材料被加热到温度在 T_{tran} 以上时,可逆相表现出高流动性;被施加外部应力后,材料变形为所需的临时形状,同时积累熵能。当材料温度降低并释放应力时,可逆相被冻结,熵能储存在系统中,使临时形状得以固定。当材料再次被加热到温度在 T_{tran} 以上时,可逆相被激活并释放熵能,驱动材料回复至原始形状,如图 3-4(b)所示。如果在 SMP 中添加特殊的功能性填料,SME 还可以通过电场、光源或磁场触发,这些触发方式间接地通过焦耳热效应实现。然而,湿致型 SMP 的触发机制有所不同:一种机制是水分子降低了聚合物的转变温度,使得形状可以在不加热的情况下回复;另一种机制是利用水分子中氢键的打开和关闭过程。

(3) 双 SMP 和多 SMP。根据形状记忆数量的不同，SMP 可分为双 SMP、三 SMP 和多 SMP。双 SMP 只能记住一种临时形状，而三 SMP 和多 SMP 在变形过程中可以存储两种或更多种临时形状，如图 3-4(c)所示。这可能取决于材料的多个转变温度，或者多相结构，其中每个相都可以提供独立的转变温度。

(4) 单向 SMP 和双向 SMP。大多数 SMP 仅具有单向 SME，其形状在高温下被编程，在低温下固定，当再次加热时回复到初始形状，但再次冷却后则无法回复到临时形状。具有这种形状记忆行为的材料，依赖外力来获得临时形状，被称为单向 SME。通过外部刺激自发且可逆地在初始形状和临时形状之间转换的能力，被称为双向 SME。同时具有结晶和交联结构的半结晶聚合物通常作为双向 SMP，它们在无应力和恒应力条件下分别表现出熔融诱导收缩和结晶诱导伸长，如图 3-4(d)所示。

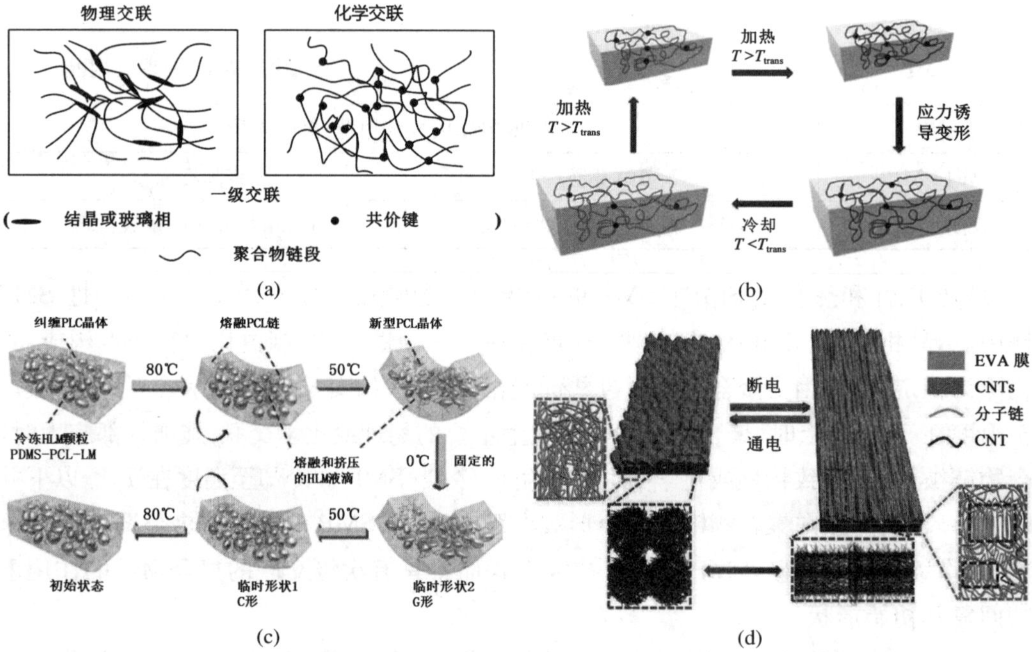

图 3-4 聚合物网络和形状记忆过程

(a)热固性 SMP 和热塑性 SMP 的聚合物网络；(b)热致型 SMP 的形状记忆过程；(c)三 SMP 的形状记忆过程；(d)双向 SMP 的形状记忆过程

(二) 形状记忆机制

大多数 SMP 的形状记忆效应是由直接热源触发的。一些含有功能性填料的 SMP 可以通过其他外部刺激来触发形状记忆效应，如电场、光源或磁场，但本质上都是由焦耳热驱动的。此外，某些热诱导的 SMP 可以通过溶剂驱动来激发形状记忆效应，这归因于溶剂对聚合物的增塑作用。这些刺激方法为智能材料的发展提供了新思路。智能材料不仅具备出色的形状记忆效应，还展现出卓越的力学、热学、电学和光学性能。

1. 热致型 SMP

纤维增强的 SMP 不仅表现出惊人的力学性能，还展现出卓越的热驱动形状记忆效应。Park 等设计了含 0.5%(质量分数)短碳纤维(SCFs)/环氧树脂(EP)的复合材料，其在室温下具有 56 MPa 的拉伸强度和 5.2 GPa 的弹性模量，并且在 120 ℃时能够实现 100%的形状回复。Lin 等开发了含 10%(质量分数)短碳纤维(SCFs)/聚乙烯醇(PVA)的复合材料，其应变高达 320%，并且在 80 ℃下经过多次弯曲循环后，形状回复率始终大于 96%，出色的拉伸性使其适合加工成低刚度柔性形状记忆结构。

2. 电致型 SMP

当 SMP 和导电填料构成良好的导电路径时，电源可以触发形状记忆行为。导电填料在聚合物基体中的分散性越高或导电填料与聚合物基体之间的界面结合力越强，在低电压下触发 SME 的速度越快。与热驱动相比，电驱动具有操作方便、遥控、激活范围广、可控性强等特点。Lin 等设计了一种三层自折叠结构，其中的聚酰亚胺带作为表面层，含 6%(质量分数)SCFs 的 PVA 复合膜作为芯层；该结构在 35 V 下 48 s 内形状回复率达 95%，经 15 次展开/自折叠循环后，其形状回复率仍达到 93%以上。这种电驱动的自折叠结构为 2D 和 3D 之间的相互转换提供了可行性。

3. 光致型 SMP

如果 SMP 可以由光辐射产生能量驱动，它们被称为光诱导 SMP。光驱动具有节能、环保、远距离精确控制变形等优点。Feng 等将磺化的还原氧化石墨烯(rGO)和碳纳米管(CNTs)嵌入聚合物中，这些光热转换粒子的良好分布使得复合材料在恒定约束应力下具有优异的光触发形状记忆效应。Xu 等展示了一种 CNT/聚(乙烯-共-辛烯)(POE)复合材料。该材料具有出色的光驱动能力，因此可以被制造成光敏行走机器人。

4. 磁致型 SMP

磁性诱导 SMP 的形状记忆行为是由高频磁场中磁性纳米粒子的能量损失产生的热量驱动的。磁驱动使得形状记忆效应的远程控制、局部和选择性触发成为可能，因此，磁性诱导 SMP 在磁流体热疗和无接触磁微驱动器等领域具有潜在的应用价值。Khasraghi 等在聚氨酯丙烯酸酯(PUA)中添加了质量分数为 9%的硅烷改性纳米金刚石@Fe_3O_4 超顺磁纳米混合物，并在 0.76 kA/m 的磁场下对复合材料进行了形状回复试验。结果显示，具有 4.5 emu/g 饱和磁化强度的样品显示出超过 96%的形状回复率和 300 s 的磁响应时间。

5. 湿致型 SMP

某些热致型 SMP 也可以通过溶剂驱动。当 SMP 被浸泡在水中时，水分子会扩散进入聚合物，降低聚合物的 T_{tran}，使得 SMP 能够在不加热的情况下实现形状回复。部分 SMP 的湿致形状记忆效应是由氢键引起的。当 SMP 变湿时，氢键打开，此时施加外力会导致变形；干燥后，氢键重新闭合，并在系统中储存应变能，从而固定临时形状；当 SMP

再次变湿时，氢键释放储存的能量，从而触发临时形状的回复。Han 等制备了一种皮肤胶原蛋白纤维/水性聚氨酯(WPU)复合材料。当该复合材料处于高湿度环境时，皮肤胶原蛋白纤维中的氢键被破坏，使 WPU 可以变形为所需的形状；干燥后，氢键重新形成，并提供应力，使形状固定率达到 90%；当复合材料再次处于高湿度环境时，它在 WPU 的渗透压、膨胀力和熵弹性的作用下返回到原始状态。皮肤胶原蛋白纤维网络可为复合材料提供一定的强度、可降解性和低细胞毒性，使这种材料成为理想的伤口敷料。

(三) 生产制备

通过静电纺丝法制备的形状记忆聚合物纤维(SMPFs)，一般具有大的纤维长径比、大的比表面积和高的孔隙率等优点。然而，它们较小的纤维直径和较薄的厚度可能导致其力学性能较差。此外，静电纺丝法的生产效率较低，目前仍处于实验室研究阶段。相比之下，采用熔融纺丝法制备 SMPFs，可得到更长的纤维长度、更好的均匀性，而且产量更高。但是，熔融纺丝法只能使用那些在加热时熔化但不会显著降解的聚合物作为原材料。采用湿纺法则可以收集到具有优异力学性能的取向 SMPFs，但纤维长度较短和均匀性较差及产量较低也是不容忽视的。因此，在选择制备 SMPFs 的方法时，需要根据具体的应用需求和材料属性进行权衡。如果需要大比表面积和高孔隙率，可以选择静电纺丝法；如果需要更长的纤维长度和更好的均匀性，则可以选择熔融纺丝法；如果需要取向的纤维和优异的力学性能，则可以选择湿纺法。

1. 静电纺丝

在高压电场环境下，一旦聚合物溶液的静电斥力大于其表面张力，就会从泰勒锥的尖端喷射出细小的射流。经过拉伸和分裂，这些射流沉积在收集器上。溶剂蒸发后，就形成具有高孔隙率和大比表面积的纤维膜。纤维的形态通常通过溶液浓度、电压、进料速度和收集距离等参数控制。至今，静电纺丝技术被分为单轴静电纺丝、同轴静电纺丝和多轴静电纺丝三种。

大多数纳米或微米尺度的纤维都是通过单轴静电纺丝技术制备的。Leonés 等开发了一种由 80%(质量分数)PLA(聚乳酸)和 20%(质量分数)低聚乳酸(OLA)组成的纤维毡，它具有纳米级纤维直径、接近人体温度的 T_{tran}、高柔韧性以及优异的形状记忆效应。如果这种纤维毡具有更大的强度，它将成为一种理想的生物医学产品。

2. 湿法纺丝

湿纺工艺是通过前驱体溶液以一定速度从多个微小纺丝孔中挤出，形成丝流，再在凝固浴中凝固成纤维的。Venkatesan 等通过基因重组的方法，对亲水性主壶腹丝蛋白 2 (eMaSp2)进行了研究，挤出的 eMaSp2 丝流经拉伸、蒸汽处理和再次拉伸，得到直径为 60 μm 的人工蜘蛛丝纤维。这种纤维在相对湿度为 90%时具有 19 MPa 的回复应力，显示出优异的形状回复性能。然而，它的力学性能远低于天然蜘蛛丝纤维，这可能是由相对分子质量低、浓度低、组分少和直径大导致的。通过调整蛋白质的序列和减小纤维直径，可以改善人工蜘蛛丝纤维的性能。

3. 熔融纺丝

聚合物被送入螺杆挤出机，经过加热、挤压和熔融后，最终进入纺丝箱。熔体流通过纺丝孔喷出，然后在冷风拉伸下得到 SMPFs。Garces 等认为形状记忆聚氨酯(SMPU)具有可调的 T_{tran}，因此，他们将两种具有不同硬/软段比例的 SMPU 颗粒分别送入单螺杆挤出机，一段时间后，得到两种具有不同 T_{tran} 的 SMPU 纤维。随着这两种纤维在水中浸泡时间的增加，具有较高 T_{tran} 的 SMPU 纤维的形状回复率略有下降，但回复时间不变，说明它更适合在潮湿环境中应用。

三、形状记忆凝胶

SMH 指的是通过超分子相互作用和动态共价键等可逆交联来稳定临时形状的形状记忆材料。SMH 可以存储特定形状并响应刺激执行功能。形状记忆凝胶是一类智能软材料，结晶、超分子作用、离子配位、疏水缔合等可锁定聚合物链，固定临时形状，在受到外界刺激(如 pH 值、温度、光和溶剂)时发生变形。SMH 在驱动器、仿生机器和生物医学设备方面有重要的应用前景。

作为一种非常重要的刺激响应材料，SMH 是一种能够固定双重或多重形状记忆效应的临时形状，并在响应外部刺激(如热、光、磁或化学物质)后回复到原始形状的聚合物材料。如今，SMH 因其在生物医学、纺织、航空航天等领域具有的高附加值应用前景而备受国际研究关注。在各种 SMH 中，热响应 SMH 是最经典的。SMH 的形状记忆效应的实现通常依赖于材料内部的相变，如聚合物的玻璃化转变、熔融转变或液晶相转变，并通过热诱导实现形状回复。为了拓宽 SMH 的品种并扩大其应用，人们非常关注开发由非热刺激触发的新型 SMH。目前已经制造出多种光/磁响应 SMH，它们通常利用添加剂或填料(如石墨烯、金纳米棒、磁铁矿)的光/磁热效应来实现形状记忆行为，因此本质上属于热致型。

然而，尽管热致型 SMH 已得到广泛研究并应用于许多高价值应用领域，但对于生物医学、软机器人和纺织领域的许多特殊应用来说，开发能够响应外部刺激的 SMH 仍然十分迫切。为此，有研究人员将超分子相互作用和动态共价键作为临时开关来构建超分子 SMH。由于超分子化学的可逆和动态性质，SMH 可以在室温下展现出优异的循环形状记忆行为。此外，由于许多可逆相互作用通常是多响应的，因此可以使用多个触发刺激来诱导单一系统的形状记忆效应，这可能导致多响应 SMH 的出现。目前，尽管关于 SMH 的研究仍处于初期阶段，但这一领域已经引起国际上的广泛关注。

(一) 形状记忆机制

类似于热致型 SMP，SMH 的形状记忆行为来源于一个双段系统：交联键决定原始形状，而刺激响应开关(可逆相互作用)则固定临时形状，如图 3-5 所示。根据形状记忆效应的触发机制，构建 SMH 的策略可分为两种类型：超分子相互作用和动态共价键，如图 3-5 所示。基于超分子相互作用的 SMH 通过非共价键相互作用(包括氢键、主客体相互作用和金属-配体配位键)的动态解离和重组来实现可逆的形状记忆和回复过程，而基于动态共价键的 SMH 则通过刺激可控的苯硼酸-二醇相互作用或席夫碱连接等动态共价键的解离和再连接来实现可逆的形状记忆行为。在这些情况下，必须在基质中引入功能基团，这些基团允许 SMH 在变形时通过刺激控制形成可逆开关，从而启动形状记忆过程。最简单的 SMH 仅涉及一种可逆相互作用，因此每个形状记忆循环中只能记忆一个临时形状，实现双重形状记忆效应。当两种或多种互不干扰的可逆相互作用(它们对不同刺激产生响应)被整合到一个体系中时，就有可能构建出具有三重或多重形状记忆效应的 SMH。

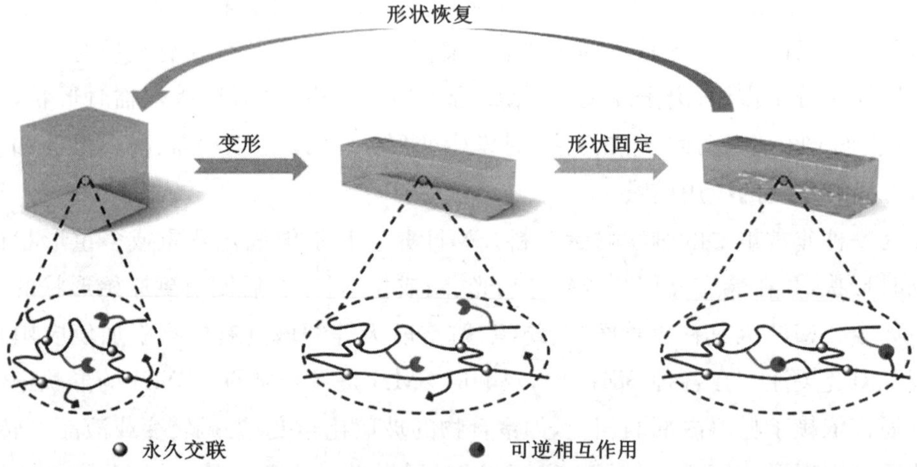

图 3-5　形状记忆凝胶的形状记忆机制

1. 基于超分子相互作用的形状记忆凝胶(SSMH)

(1) 氢键。氢键作为供体和受体之间短暂且方向性的电子相互作用，已被证明是动态的，它们在外界刺激触发时会不断断裂和重新形成。这些特性使得氢键成为制备 SMH 时常用的超分子相互作用之一。Liu 等开发了一种创新的形状记忆凝胶，它利用二氨基三嗪(DAT)基团与 CO_2 之间的敏感氢键，通过自由基共聚反应合成。由于 CO_2 饱和水溶液的 pH 值低于接枝 DAT 基团的 pKa 值，DAT 中的氨基在碳酸环境中可以质子化，这导致 DAT—DAT 氢键交联微区发生断裂。因此，当 SMH 暴露于 CO_2 气体中时，它会变得更软并易于变形；一旦 CO_2 气体散去，DAT—DAT 氢键重新形成，SMH 便能稳定地锁定其临时形状。将 SMH 重新置于碳酸溶液中，会触发 DAT—DAT 氢键的解交联，使 SMH 回复到原始形状。经过 CO_2 处理的凝胶条在脱气后能够发生形状变化，变成螺旋形，再次用 CO_2 处理则能回复原状。这种形状记忆凝胶因其二氨基三嗪氢键的可逆断裂和再形成特性，展示出独特的 CO_2 触发的形状记忆功能。

(2) 主客体相互作用。主客体相互作用是制备 SMH 的另一种重要驱动力。主体组分,如环糊精(CD),已经用于制备许多 SSMH,因为它们的疏水性内腔可以容纳许多不同的客体组分(如脂肪族分子、金刚烷和二茂铁)。典型的例子是β-CD 与二亚乙基三胺(DETA)的 pH 敏感性络合,其在碱性介质中形成,但在中性介质中解离。因此,通过在室温下用 Ca^{2+} 交联β-CD 改性的藻酸盐和 DETA 改性的藻酸盐来制造 pH 响应性形状记忆凝胶。这一概念可以扩展到基于二茂铁(Fc)和β-CD 的氧化还原响应性包含和排除来制造 SSMH。众所周知,Fc 的还原形式可以容易地包含在β-CD 的空腔中,而氧化形式由于其亲水性而被排除在外。因此,通过主客体相互作用制备的形状记忆凝胶有望在还原状态下牢固地锁定许多临时形状,并在氧化后回复到原始形状,而且,在凝胶基质中固定葡萄糖氧化酶(GOD),也可实现葡萄糖触发的形状记忆效应,因为 GOD 可以氧化葡萄糖,产生氧化剂——过氧化氢。

(3) 金属-配体配位。在各种超分子相互作用中,金属-配体配位键相当强,其键能可根据配体和金属离子的不同选择而在 50～400 kJ/mol 的广泛范围内变化。值得注意的是,这些类型的强键可以在外部刺激(如超声、摇动、阴离子)下解离和重新结合。因此,金属-配体配位键作用广泛用于制造形状记忆凝胶。为了实现凝胶与金属离子的期望配位相互作用,需要制备的 SMH 结构中必须有螯合基团,通常是含氮、氧的功能基团,如咪唑基、磷酸基或羧基。

2. 基于动态共价键的 SMH

尽管大多数 SMH 利用可逆的超分子相互作用来实现临时形状的固定和原始状态的回复,但人们也努力开发使用动态共价键作为临时交联点的 SMH。在这些情况下,需要制备的凝胶系统需要携带能够形成动态共价键并在常规环境条件下完全解离的基团。Lu 等报道了首个例子,该超分子形状记忆凝胶依赖于经苯硼酸(PBA)改性的海藻酸钠与聚乙烯醇之间的动态 PBA -二醇酯键。通过 Ca^{2+} 与海藻酸盐的交联,可以牢固地固定设计的形状记忆水凝胶的原始形状。随后,PBA -二醇酯键在碱性介质中的耦合及其在酸性介质中的解离可以分别触发 SMH 的形状记忆和回复过程。此外,由于葡萄糖或果糖与接枝的 PBA 基团之间有更强的结合作用,形状记忆凝胶也可以在水溶液中回复到原始状态。重要的是,该形状记忆凝胶的形状固定/回复率与经典的热致型形状记忆聚合物相当。这些结果清楚地表明,基于动态共价键可以成功构建多响应超分子形状记忆凝胶。

除了可逆的 PBA -二醇酯键外,多巴胺中的 PBA 和儿茶酚基团之间的动态共价键也可用于制备 SMH。有研究人员使用接枝多巴胺的海藻酸钠和 PBA 改性的海藻酸钠制备了一种多功能 SMH,该 SMH 通过 Ca^{2+} 海藻酸盐结合效应可实现永久交联。PBA -儿茶酚共价键的 pH 响应性使得由此开发的多功能 SMHs 展现出优异的 pH 诱导形状记忆行为。此外,由于 PBA -儿茶酚共价键的动态特性,多动能 SMHs 还表现出自愈合特性,而儿茶酚基团赋予其良好的黏附性。这种多功能 SMH 有望激发下一代能够像自然和生物系统一样工作的智能软材料的设计和制造。

（二）生产制备

生物聚合物因其对环境刺激的高响应性，为构建可逆临时交联提供了天然优势。然而，精确控制自组装过程仍是一个技术挑战。在开发基于生物聚合物的形状记忆凝胶时，必须精心设计聚合物网络结构，其中交联密度是一个关键参数，它不仅决定了凝胶的膨胀行为和机械强度，还显著影响其弹性。为了确保自组装过程的顺利进行，交联密度需要适中，以避免过高的空间位阻，同时，非共价键作用的强度和数量也是设计时需要考虑的因素。在基于生物聚合物的形状记忆凝胶（如多糖或多肽）中，通过氢键或离子相互作用形成的临时交联是实现形状记忆效应的主要方法。例如，肽衍生凝胶在热诱导下展现出形状记忆效应，利用氢键在冷却时形成螺旋结构来固定凝胶的临时形状，随后通过加热使氢键断裂，以便凝胶回复原始形状。此外，在含有氧化石墨烯的明胶基互穿双网络系统中，三螺旋结构用于固定临时形状，并通过氧化石墨烯对近红外辐射的吸收以及热能的转换和耗散来触发形状回复。除了利用自然界的自组装概念，传统的分子开关，如热敏疏水相互作用和 pH 敏感的硼酸酯，也被用于制备基于生物聚合物的形态记忆凝胶。例如，在多糖领域，通过引入离子液体，黄原胶能够利用热敏性规则实现有序的分子间相互作用，作为临时交联，以实现形状转换。

形状记忆凝胶在经历临时交联的解体或重建时，会展示出膨胀和收缩的动态行为。形状记忆凝胶的这种体积波动可能会对其定向移动造成干扰，进而影响其形状回复能力和宏观表现。在乳液或气体泡沫中引入超结构交联反应，可以有效控制形状记忆凝胶的体积变化，增强材料的功能表现。同时，微尺度上的超结构设计有利于加速物质（如营养物质、离子、氧气等）从形状记忆凝胶外部向内部传输，从而实现形状记忆凝胶对外界刺激的迅速反应。目前，形状记忆凝胶的定向移动主要依靠温度、水分或二者的协同作用来实现。研究显示，基于明胶的形状记忆凝胶展现出显著的定向移动能力。当水分加入时，基于明胶的形状记忆凝胶通过降低体系的玻璃化转变温度（T_g）来触发水诱导的形状记忆效应。为确保临时形状稳定，该体系需要维持一个低水分含量的聚合物网络，因为临时交联在水的平衡膨胀状态下易解离。多孔凝胶表现出较高的形状固定率和回复率。特别是在去除外部应力后，处于湿润状态的形状记忆凝胶能够回复其原始形态，而干燥状态下的聚合物网络即使在压缩试验中发生塑性变形，一旦重新吸水也能回复到初始形态。

四、形状记忆陶瓷

在 1986 年，Swain 率先揭示了陶瓷材料中存在的形状记忆现象。根据不同的形状记忆效应产生机制，形状记忆陶瓷可细分为四大类：黏弹性形状记忆陶瓷、马氏体相变型形状记忆陶瓷、铁电性形状记忆陶瓷以及铁磁性形状记忆陶瓷。其中，马氏体相变型形状记忆陶瓷以其独特的性质尤为引人瞩目，如 ZrO_2 陶瓷便是这一类别中的典型代表。

ZrO_2 陶瓷在经历四方晶(t)向单斜晶(m)的转变时，能够产生 0 至 3.5%的体积变化。通常情况下，ZrO_2 从高温冷却后，如此显著的体积变化足以促使裂纹扩展。然而，通过控制 ZrO_2 的微观结构，如引入临界尺寸的沉淀物，形成弥散分布的亚稳四方晶(t-ZrO_2)或多晶(TZP)，这些结构在应力作用下能诱导 t 相向 m 相转变，从而实现陶瓷增韧。应力诱导的 t 相向 m 相的转变会导致形成类似于孪晶的 m 片或板条结构，其形状应变的剪切分量具备高度的自我调节能力，赋予 ZrO_2 陶瓷一定的形状记忆能力。尽管与合金和聚合物材料相比，陶瓷在形状记忆效应上表现出较小的形变能力，但重要的是，每次经历形状记忆和回复过程时，陶瓷都会产生一定程度的非弹性变形。随着形状记忆和回复周期的增加，陶瓷的非弹性变形会逐渐累积，最终可能引发裂纹的形成。

(一) 形状记忆机制

1. 马氏体相变

马氏体相变是一种特殊类型的快速位移相变，具体指从一种晶体结构转变为另一种晶体结构。这一过程在多种晶体材料中广泛存在，对于工程应用具有重要意义。例如，马氏体相变在钢的硬化、形状记忆材料的制备以及陶瓷的增韧等方面都发挥着关键作用。马氏体相变涉及的大应变是其显著特点之一，剪切应变可以达到 10%左右或更多，而体积应变也可以达到 5%左右。马氏体相变的这种大应变导致了复杂的力学现象：相变区域与周围未发生相变的基体之间存在明显的形状或应变不匹配，这要求通过其他方式来适应和平衡这种不匹配。在晶体材料中，弹性极限通常在 1%数量级，因此马氏体相变往往伴随着有害的键断裂事件。这些缺陷的产生是相变滞后的根本原因，影响了材料的性能和使用寿命。此外，马氏体相变具有一些明显的特征，如无扩散性、切变共格性、惯习面及其不应变性等。在马氏体相变过程中，原子的相对位置保持不变，且相邻原子的相对位移量较小。同时，马氏体相变产生的均匀切变会导致结构变化，使得材料表面出现浮突现象。

近期的研究表明，通过对参与相变的两相晶格参数进行微妙的调整，可以有效地控制磁滞现象。具体来说，马氏体理论可以用来识别最兼容的晶格参数集，即具有最低界面应变的参数集。通过进行微小的合金化调整，可以实现形状记忆材料高度优化，使马氏体相变过程变得和形状记忆材料匹配，从而避免在马氏体相变过程中产生缺陷，并将磁滞降低到几开尔文的量级，这在形状记忆合金中得到了验证。陶瓷材料在设计转变滞后方面所面临的挑战，相较于金属要大得多，这主要是由陶瓷材料本身的一些物理特性决定的。以氧化锆(ZrO)为例，其马氏体相变过程中体积应变高达约 4%或更多，这远超大多数金属的体积变化(一般低于 1%)。这种巨大的体积变化不仅抑制了马氏体相变的进行，而且通常使得马氏体相变在室温以下发生且不完全，这无疑增加了设计低滞后陶瓷材料的难度。

在各种金属合金中，其形状记忆行为已得到广泛观察和研究。形状记忆行为通常与某些特定材料相关联，这些材料在经历非弹性形变后，通过加热能够回复到原始形状。要实现这种形状记忆效应，材料必须在加热和冷却过程中经历可逆的马氏体相变。近年来，含有氧化锆的陶瓷材料在科学和技术领域引起人们极大的关注。这是因为氧化锆展现出一种独特的马氏体相变，通过围绕裂纹尖端的应力诱导的体积膨胀相变，含氧化锆的陶瓷材料能够实现高强度和高韧性。Pang 等发现晶格兼容性本身并不能在所有温度下控制变换滞后，特别是在较低温度下，移动变换前沿的摩擦对相变过程的影响变得至关重要。这意味着，在设计马氏体陶瓷时，不仅需要关注晶格兼容性，还需要考虑温度对相变过程的影响，以及相变过程中可能出现的摩擦现象。对此，他们提出一种方法，即通过计算热力学来增强晶格工程的使用，目标是寻找那些能够同时满足上述附加约束条件的氧化锆成分，进而设计形状记忆陶瓷。

2. 热膨胀

Liu 等成功开发出一种形状记忆陶瓷 4D 打印技术，该技术集形状/材料转换、高二维/三维/四维精度、高效率及可扩展性于一体。这一技术的突破在于使用了基于宏观 SiOC 的陶瓷材料，实现了原始/反向以及全局/局部的多模形状记忆能力。在这项技术中，通过在印刷的 SiOC 基陶瓷晶格结构上均匀沉积富含 Al_2O_3 的层，研究者们成功地赋予复杂形状陶瓷异常高的火焰烧蚀性能。这种性能的提升使得这些陶瓷材料在极端高温环境下仍能保持结构的完整性和稳定性。这项技术不仅为形状记忆陶瓷的制造开辟了新的途径，而且有望显著拓宽高温结构材料在航空航天和生物医学等多个领域的应用。

（二）生产制备

1. 4D 打印

Chen 等成功研发了一种适用于 4D 打印的可重塑且具有显著形状记忆效应的陶瓷前驱体。这种前驱体能够在热裂解过程中自主形成复杂的空间结构陶瓷，并显示出作为传感器和驱动器的巨大应用潜力。经过流变性能的精细调整，这种陶瓷前驱体特别适用于直写式（DIW）打印技术，其可重塑特性赋予原始打印结构重塑成更复杂的永久形状的能力。在逐步固化的过程中，通过两步交联策略构建了互穿聚合物网络（IPNs）。此外，形状记忆效应使陶瓷前驱体能够被预设为临时形状，并在热刺激下实现快速（<10 s）且几乎完全（接近 100%）的初始状态回复。陶瓷前驱体的可重构性与形状记忆功能的结合，极大地简化了复杂结构陶瓷的制造过程。基于形状记忆陶瓷的温度依赖的半导体特性和宽广的监测范围（25～750 ℃），可以证实形状记忆陶瓷在热敏电阻和温度传感器方面的实用性。

2. 4D 增减材复合制造

高温结构材料（如陶瓷）的发展，长期以来受到其高熔点及构建复杂结构时面临的技术挑战的限制。4D 打印技术的出现,为陶瓷材料提供了增强几何灵活性的新途径。然而,现有的陶瓷 4D 打印系统仍存在诸多局限,如材料的形状转换分离过程、变形系统精度不足、陶瓷结构分辨率低及时间成本高等。

第三节　形状记忆纤维及纺织品制备方法

一、形状记忆纤维

制作形状记忆纤维的制造方法多种多样,主要可以划分为三大类别。首先,第一类纤维起源于 20 世纪 60 年代,基于形状记忆合金和聚合物技术,这类纤维可以被直接制造或合成。它们独特的形状记忆能力,不仅在织物设计中展现出独特的魅力,如编织成具有独特外观的织物或设计成精美的花式纱线,还能织造成具有记忆效应的布匹,极大地扩展了材料选择的多样性。第二类形状记忆纤维通过整理剂处理获得,代表了早期的形状记忆功能。这类纤维不仅具备传统的防皱、防缩特性,还对温度表现出极高的敏感性。当纤维在外力作用下发生形变后,只需在高温条件下即可回复其原始形态。这一特性的实现,依赖于纤维上由形状记忆高分子形成的连接点,这些高分子在特定条件下的运动能够牵引纤维,实现形状的回复。第三类形状记忆纤维的制备则利用了接枝、包埋等先进科技。通过将具有形状记忆功能的高分子材料接枝到纤维上,或将具有形状记忆效应的材料包覆于纤维之中,赋予纤维形状记忆的特性。这类复合材料纤维在电子、航天等高科技领域展现出广泛的应用潜力,其独特的形状记忆性能可满足复杂工程需求的实现。

形状记忆纤维根据其生产原料的差异,可区分为形状记忆合金纤维和形状记忆聚合物纤维两大类。具体而言,形状记忆合金纤维体现了一种独特的物理性质,即形状记忆效应。这一效应表现为,金属在高温下被塑造成特定形状后,经过急冷处理,在低温状态下可以发生塑性变形。随后,当加热至高温相的稳定温度时,通过马氏体逆向相变,该金属能够回复到原始的形状。这种具有形状记忆效应的金属,通常由两种或以上的金属元素构成,即所谓的形状记忆合金。在形状记忆合金纤维中,镍铁合金纤维因其卓越的性能,成为研究和应用中非常广泛的代表。然而,由于合金纤维的直径限制,形状记忆合金纤维在纺织领域的应用通常需要特殊的设计。

纺丝工艺是制造形状记忆聚合物纤维的关键步骤,主要包括溶液干法、溶液湿法、熔融挤出法和化学反应法等。这些工艺方法的选择取决于聚合物的性质以及所需纤维的特性。形状记忆纤维的熔体纺丝方法目前正处于研究、开发阶段,这种纺丝方法对于纤维的性能提升和工业化生产具有重要意义。然而,由于形状记忆纤维特殊的微观结构和宏观功能,其对合成工艺和纺丝工艺的要求远高于普通纤维,这使得熔体纺丝方法的研发过程充满挑战。香港理工大学在形状记忆纤维的研发方面取得了显著成果，他们开发的纺丝法已经能够生产出具有形状记忆功能的纤维。然而，与通过湿法纺丝工艺生产的形状记忆纤维相比，熔体纺丝法生产的纤维在断裂强度等性能上还存在一定的差距。这可能是由于熔体纺丝过程中纤维的结构和性能受到更多因素的影响，如纺丝温度、压力、速度等参数的精确控制，以及纺丝原料的选择和处理等。

二、形状记忆纱线

在当前的研究与应用中，形状记忆纱线的开发取得了显著的成功。形状记忆纱线是通过将形状记忆合金纤维与其他纤维巧妙混纺而成的，展现出多样化的形状记忆特性。Winberg 等通过使用小直径（$\leqslant 10\ \mu m$）的 Ni-Ti 长丝，实现了 Ni-Ti 基形状记忆纱线的生产。Ni-Ti 微丝纱线表现出传统的超弹性和形状记忆特性，并通过引入可控制的几何参数（纱线数量、表面扭曲角度和制造应变），控制力学性能（如可调的结构刚度、稳定的强度）和驱动收缩。这项工作以具有形状记忆驱动力和超弹性回复力的密织、封闭形式的纺织品作为结束。Ni-Ti 微丝纱线及其纺织品在医疗、机器人，航空航天和国防应用的致动和能量吸收方面具有可喜的影响。

形状记忆纱线主要采用包芯纱的结构设计，其中形状记忆合金纤维作为核心，扮演关键的角色。在外部环境的影响下，形状记忆合金纤维能够展现出独特的形状记忆效应，实现各种形态的变化。同时，外部包覆的彩色纱线则随着纱芯的伸展、翻转、扭曲等动作，展现出丰富多彩的图案和样式，为纺织品的设计带来无限的创意空间。

三、形状记忆纺织品

形状记忆织物通常由具备形状记忆特性的纱线，通过精心设计、编织或交织工艺制成。此外，通过将具有形状记忆特性的化学整理剂应用于传统织物，同样可以制得形状记忆织物。因此，形状记忆织物的制备方法主要分为两种：一种是直接使用形状记忆纱线进行织造，另一种是对织物进行后整理，以赋予其形状记忆性能。

（一）形状记忆纱线编织

在 1992 年，Kazuyuki 等研究者在日本的一项专利中提出一种创新的机织物，它使用形状记忆纤维或其混纺材料作为纬纱编织而成。形状记忆纤维的引入赋予织物非凡的形状记忆能力，使得织物的形状变化点与形状记忆纤维的特定回复温度（即玻璃化转变点）相契合。尽管该机织物在常温下的触感略显硬挺，但穿着于人体时不会造成穿着者不适，原因在于其形状记忆属性允许其适应人体曲线，确保舒适的穿着体验。

此外，这种机织物还展现出卓越的形态回复性。即便它在洗涤后可能产生轻微形变，但只要将其暴露在高于回复温度的热空气中，它便能迅速回复原始形态。这一特性使其在服装领域具有广泛的应用潜力，特别是在需要保持特定形态的部件，如衬衫的领口、袖口和衬里的垫肩等。值得一提的是，用这种织物制成的服装被穿着于人体时，由于人体温度通常高于织物的回复温度，因此变形的织物能在短时间内（通常在 20～60 s）自动回复到原始形态。这一特性不仅提升了服装的外观美感，还极大地简化了服装的维护过程，使穿着者能够更轻松地保持服装的整洁和形态。

（二）织物后整理法

1. 树脂整理剂

树脂整理剂经过多年的发展，已经形成包括醛类、N-羟甲基化合物、环氧类、缩醛类及含硫化合物等多样化的体系。在这些体系中，改性 2D 树脂已成为市场上的主导选择。但在科研领域，对整理剂的研究并不局限于此，而是扩展到 2D、PU（聚氨酯）及多元羧酸等不同类型的酸类整理剂，呈现出广泛的研究方向。作为整理剂的树脂，其化学结构一般至少包含两个活性基团。在特定条件下，这些活性基团能够与纤维素分子链中的羟基反应，形成分子桥或者共价键，有效地将纤维中的相邻大分子链连接。这一过程显著降低了分子链间的相对滑动，从而赋予纤维形状记忆和维持整理形态的能力。这一机制正是基于交联理论的应用，它使得市场上的防皱织物、防缩织物得以实现，这些织物实际上是由具有形状记忆功能的纤维构成的。

2. 形状记忆高分子整理剂

形状记忆纤维的整理技术经过显著的革新，不仅催生了多样化的非传统整理剂，而且在多个应用领域展现出巨大的应用潜力。在 1992 年，日本学者 Kazuyuki Kobayashi 与 Shunichi Hayashi 创新性地使用树脂黏合剂，将具有形状记忆功能的高分子粉末与天然纤维或化学纤维的机织物、非织造织物相结合，创造出具有独特功能的织物。这项技术通过在织物的上下表面形成薄膜，赋予织物独特的硬挺质感，特别适合用于衬衫的领口、袖口和前口袋等部位。此外，部分经过整理的非织造布还可用于制作手提袋等实用物品，展现了形状记忆纤维整理技术的广泛应用性。当经过整理的织物发生形变时，只需将其置于热空气中或穿着在人体上，一旦温度达到或超过形状记忆分子的玻璃化转变点，这些高分子就会吸收热量并发生相变。它们独特的分子结构使得它们能够记忆并回复到原始形态，赋予织物出色的抗皱性能，保持服装不变形，显著提升了服装的美观性和耐用性。

3. 胶原整理

形状记忆蚕丝作为形状记忆纤维领域的早期研究对象之一，受到广泛的关注。在形状记忆蚕丝的制备过程中，整理剂的选择至关重要。使用的整理剂主要包括水解后的纤维性角蛋白和骨胶原。这些整理剂为蚕丝带来独特的卷曲和皱折记忆特性。一旦蚕丝因外力作用发生形状变化，在适当的热湿条件下，它能够自动回复到原始的卷曲和皱折状态。

第四节　形状记忆效应及评价方法

对于纤维和纺织品，形状记忆效应是指材料在经历形变之后，能够通过外界刺激或温度改变等方式，回复到原始形状的特性。定量评价形状记忆行为，可以通过直接观察形状记忆过程，记录材料的形状变化情况。这种方法只能提供形状回复数据的一个大致概览，作为形状记忆效应现象的初步证明。精确的测量手段是利用热机械分析仪（如 DMA），执行一个定量的形状记忆循环（SMC），如图 3-6 所示。在这一循环过程中，应力、应变和温度随时间变化的情况被精确地记录和追踪。所得数据随后被转换成二维［图 3-7(a)］或三维［图 3-7(b)］的定量形状记忆循环，其中后者即 3D 示意图以应力、应变和温度作为三个坐标轴，提供更直观的表达。但循环过程本身不包含时间数据，这导致与时间相关的参数无法直接从图获取。另外，当进行一系列连续的记忆循环测试时，2D 示意图在表达上会更简洁明了。

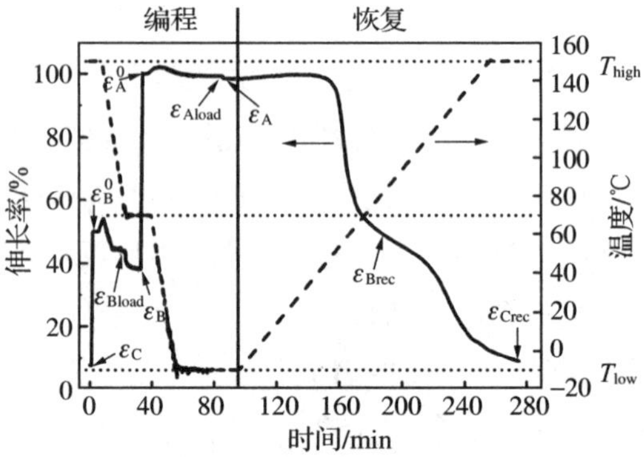

图 3-6　热机械分析

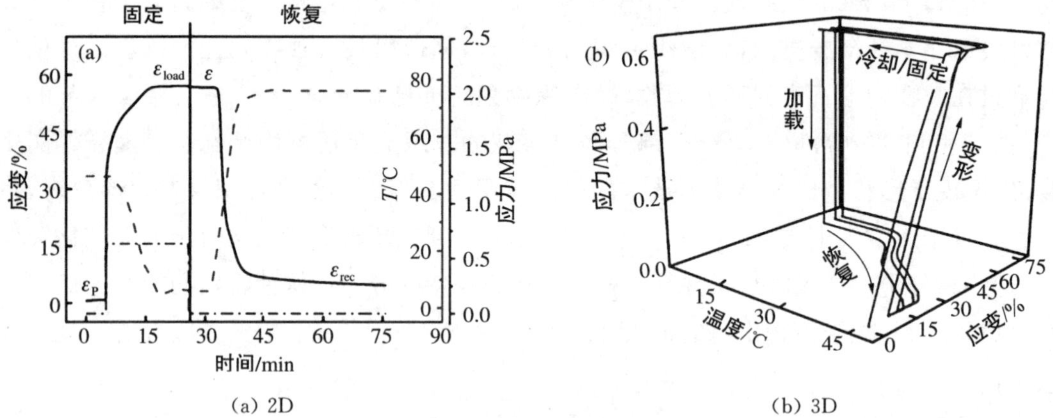

(a) 2D　　(b) 3D

图 3-7　定量形状记忆循环

由图 3-7(a)显示的数据，可以得到一系列表征形状记忆行为的参数，其中基本的三个参数是形状固定率 R_f、形状回复率 R_r 和平均回复速率 V_r。

一、形状固定率

将 SMP 固定形状的能力定义为形状固定率。R_f 具体指材料在受到外力作用后，保持原有形状而不发生形变的能力，常用的测量方法是计算材料的形状变化率，即材料形状变化的程度与受到的外力的比值。R_f 越大，表示材料在受到外力作用时形状变化的程度越小，形状越稳定，形状记忆性能越差。

具体来说，R_f 表征的是 SMP 修复的能力，其计算公式如下：

$$R_f = 100\% \times \varepsilon / \varepsilon_{load} \tag{3-1}$$

式中：ε_{load}、ε 分别代表聚合物处于形变温度 T_d 和固定温度 T_f 时的负载形变、固定形变。

二、形状回复率

将 SMP 回复形状的能力定义为形状回复率。R_r 具体指材料经历形变后，回复到原始形状的能力。一般通过测量材料形状回复前后的尺寸变化来计算形状回复率。R_r 越大，表示材料的弹性回复性能和抗塑性变形性能越好，形状记忆性能越好。

具体来说，R_r 表征的是 SMP 回复的能力，计算公式如下：

$$R_r = 100\% \times (\varepsilon - \varepsilon_{rec}) / \varepsilon \tag{3-2}$$

式中：ε、ε_{rec} 分别代表聚合物处于固定温度 T_f 和回复温度 T_r 时的固定形变和回复形变。

三、形状回复速度

形状回复速度，在数值上等于单位时间内材料回复形变的大小。常常通过观察材料形状回复的过程，并测量回复时间，来评价形状回复速度。SMP 也可以通过回复速度（或应变回复速率）评估。例如，瞬时回复速度 V_r 被定义为应变（ε）的时间（t）导数，即：

$$V_r = \frac{\partial_\varepsilon}{\partial_t} \tag{3-3}$$

在式（3-3）中，转变温度 T_{sw} 被定义为对应最大瞬时回复速度的温度，它与形状记忆转变温度 T_{tran} 不同。

同样地，也可以在应变控制模式下执行等形变记忆循环，其相关参数的数学表达式具有相似的形式。对于形状记忆凝胶，在进行形状记忆循环时，通常伴随着体积膨胀，这在应力或应变控制模式下，对数据会产生较显著的影响。因此，使用热机械分析仪时，推荐采用三点弯曲模式，以测量受膨胀影响较小的形变角。

对于多形状记忆聚合物，以最简单的三形状记忆为例，其二维定量形状记忆循环参见图 3-7（a）。一个形状记忆循环中，有两个 T_{trans}（T_{transA} 和 T_{transB}），固定步骤和回复步骤均有两个。定义聚合物的初始形状为 A，材料首先被加热到 T_{high}（大于两个 T_{trans}），受力形变至临时形状 B。临时形状在 T_{mid} 固定（$T_{transB} < T_{mid} < T_{ransA}$），移除外力。第二个固定步骤，材料被进一步形变至临时形状 C，并冷却至 T_{low}（$T_{low} < T_{transB}$）进行形状固定。

随后的回复过程相应地分步进行。不同形状之间的形状固定率 R_f 和形状回复率 R_r 如下：

$$R_f(X \rightarrow Y) = (\varepsilon_Y - \varepsilon_X)(\varepsilon_{load} - \varepsilon_X) \tag{3-4}$$

$$R_r(Y \rightarrow X) = (\varepsilon_Y - \varepsilon_{rec})/(\varepsilon_Y - \varepsilon_X) \tag{3-5}$$

式中：X、Y 分别代表两个不同的形状；ε_Y、ε_X 分别代表固定形变和移除外力后的形变；ε_{load} 代表负载下的最大形变；ε_{rec} 为回复形变。

虽然回复速度是一个重要参数，但其评价尚未得到普遍实践。这至少部分是由于形状回复速度的绝对值高度依赖于 SMP 固有特性之外的各种因素，可能包括热环境、SMP 复合材料填料的导热性，甚至加热方法等。因此，寻找回复速度与 SMP 分子结构之间的定量相关性较为困难，尤其在不同组的实验结果中探索其相关性，十分具有挑战性。

第五节　形状记忆纤维及纺织品应用

形状记忆纤维及纺织品的应用形式主要包括四种。第一种是将形状记忆纤维直接纺制成纱线，其具有形状记忆效应，在受到特定的刺激（如温度、湿度等）时，能够回复到原始形状，常用于制造具有形状记忆功能的产品，如服装、家居用品等；第二种是将形状记忆纱线制成织物，如机织物、针织物等，赋予织物形状记忆功能，可应用于医疗、运动装备等领域，提供个性化的形状适应性和舒适性；第三种是将形状记忆纤维嵌入传统织物——形状记忆纤维与其他纤维混纺或交织在一起，赋予传统织物形状记忆特性，可以在不改变传统织物外观和手感的情况下，为其增加新的功能。第四种是将形状记忆纤维加工成形状记忆复合材料——形状记忆纤维与其他材料（如树脂、聚合物等）结合，制造出具有形状记忆效应的复合材料，其主要应用于航空航天、汽车等领域，实现形状变化和控制。

一、时尚服装

形状记忆材料被广泛应用于智能服装领域，其中形状记忆合金常常应用于造型智能化服装、抗皱织物、智能冷/热防护服等领域，而形状记忆聚合物则多应用于智能运动服、自我修复型服装、蚕丝“人工肌肉”等领域。

（一）造型智能化服装

形状记忆合金丝经过加工可与不同纤维进行混纺或与不同纱线交织，从复合纱线、二维织物和三维服装等方面进行开发设计。纱线复合材料的动态变化主要依靠形状记忆合金的特性和纱线捻度实现：在被激活前，形状记忆合金纱呈直线状态被包覆在纱线中；当达到激活条件时，形状记忆合金纱的形态发生转变，由直线形态回复成曲线螺旋形态；同时通过改变形状记忆合金芯纱的直径和包覆纱的密度，并组合成动态纱线复合材料。

当植入形状记忆合金芯纱的花式纱线做动态转变时，在保持尺寸稳定的同时会产生更明显的外观纹理和艺术美感。利用形状记忆合金的可设计性和美学创新性，可实现科技创新和美学设计的融合以及服装的造型智能化。

形状记忆合金（尤其是镍钛合金丝）基于其形状记忆效应，最早被应用于女性文胸内衬，设计成消费者所需的形状。将形状记忆合金丝与普通棉线交织，制成形状记忆合金织物，不仅保留了棉织物的舒适性和柔软特性，还融入了形状记忆的功能。棉纤维本身具有很好的吸湿性，而适量的形状记忆合金丝不会显著影响织物的吸湿和透气性能。镍钛合金丝具有良好的生物相容性，使得形状记忆合金文胸适合贴身穿着。如果将形状记忆合金的相变温度设定为人体表面温度，文胸在穿戴时便能自动回复到设计的形状，既方便又美观。此外，含有形状记忆合金丝的织物还展现出优异的抗静电性能。

除了女性文胸内衬，造型智能化服装还有很多。例如，嵌入形状记忆合金丝的“智能衬衫”可实现形状记忆功能，其袖子长度随温度上升而自动缩短，以此帮助散热；将形状记忆合金和传统旗袍结合在一起，可实现旗袍造型的智能化，赋予其动态形变，使得传统旗袍更具动态美感和科技感。另外，利用形状记忆合金通电受热形变，可设计一系列智能变幻的服装，实现记忆材料特性和艺术设计的完美结合。

（二）抗皱织物

织物的保型性和抗皱功能在使用过程中也尤为重要，形状记忆合金材料可以很好地提高其性能，它不仅能够改善外观，使服装和纺织品看起来更加整洁、有吸引力，提升穿着舒适度，同时抗皱织物不易产生皱折，方便使用和维护，并且具有较好的耐久性，能够保持外观和性能的良好状态。

在抗皱织物领域，基于形状记忆合金可逆相变的能力，即在低温下，形状记忆合金处于一种记忆形状（通常是一种预设的形状），当受到外界热源或应力的刺激时，会发生相变，回复到高温下的另一种形状。这种相变过程是可逆的，使得形状记忆合金能够多次变形和回复，因此形状记忆合金被广泛应用于抗皱织物。例如，将形状记忆合金丝或薄片嵌入织物（如棉织物），当织物受到外界压力或拉伸时，形状记忆合金会发生相变，使织物回复到预设的形状，从而减少或消除皱折。同时棉织物手感较为柔软，悬垂性较好，未能明显地摸出镍钛形状记忆合金丝，具有一定的金属感，略显金属光泽，布面比较挺括、平整，表面无明显的凹凸不平。

再如，对于褶皱回复性差的麻织物，可将形状记忆合金丝和麻纱线按一定比例和组织结构织造成形状记忆合金织物，其具有良好的抗皱性。当受外力挤压而产生褶皱变形时，织物经过加热达到相变温度以上，会回复到原本的平整挺括状态，这时即使再施加压力，压力卸载后，织物依旧回弹成原状，即形状记忆效应和超弹性先后发生。

（三）智能运动服

智能运动服是形状记忆纺织品在纺织服装领域的又一项重要应用。通过将形状记忆纤维或片段嵌入织物，可以设计出能够响应外部条件变化（如温度变化或机械压力）并据此改变形态的智能服装。这种技术的运用不仅限于实现自适应衣物形状的调整，比如适应不同体型的变化或运动时衣物的自我调节，还可以用于创造可变纹理的纺织品，为用户提供独特的触感体验。例如，在较冷的环境下，织物可以变得更加紧密，提供更好的保暖效果；在较热的环境下，织物可以变得更加透气，增加穿着的舒适度。再如，根据用户的日常活动和身体动作调整紧绷度和形态，提高穿着的舒适性和功能性。

目前，由于智能运动服可自动调整纺织品的形状和紧度，能提供更好的运动性能和舒适度，因此其在运动鞋、运动裤和运动上衣、运动护具等方面都有涉足。在户外运动服装领域，尤其是登山服，智能运动服展现出独特的应用潜力，可以实现自调温功能，提供更好的保暖性能。例如，当登山者在低温环境中时，形状记忆聚合物可以触发收缩，缩小服装表面积，减少热量散失，提高保温效果。相反，在气温较高或体温上升时，形状记忆材料可以扩展，增加通风，帮助散热和调节人体温度。此外，通过在关键部位（如膝盖和肘部）使用形状记忆材料，登山服可以在活动时提供更好的灵活性和舒适度。智能运动服为运动员提供了更好的运动性能和舒适度，也为纺织服装行业带来创新和发展的机会，满足了人们对于运动服装的更高要求。

（四）热湿管理织物

热湿舒适已成为人体的基本需求。热湿管理织物能有效调节人体皮肤微环境，提高舒适性。到目前为止，对于大多数热湿管理织物来说，其结构或功能是静态的，不能对环境的实时变化做出响应。活性织物能灵活响应环境刺激，在智能热湿管理中显示出广阔的前景。其中，形状记忆活性织物能够感知外界刺激，并在形态/织物结构上做出相应的变化，呈现出突出的优势。传统纺织品提供的舒适性是有限的，因为它们不能根据环境变化调节热量和湿度平衡。因此，具有有效热量和水分管理能力的纺织品已经出现并正在发展。最近，Tao 等通过将光电超材料技术与批量纤维制备技术相结合，生产了一种用于可扩展被动日间辐射冷却的分级形态元织物；此类织物可以实现对整个太阳辐射波段（0.3～2.5 μm）的有效阻挡，其覆盖的人体温度可以比商业棉织物覆盖的人体降低约 4.8 ℃。鉴于形状记忆智能织物的智能响应特性，当外界刺激发生变化时，形状记忆智能织物具有动态响应性，有利于实现智能响应式热湿管理。例如，当人体温度升高时，材料会迅速响应并产生结构变化，以增强织物内外空气的对流及促进汗液蒸发等。在织物中应用温敏 SMP，可以有效管理人体的热湿状况。

（五）人工肌肉

“人工肌肉”并非人们通常认为的仿生肌肉，而是一种能够对外界刺激（如温度、湿度、电流、压力、光照等）做出快速反应，并能够产生可逆膨胀、旋转和伸缩等动作的柔性智能材料。尽管已有研究报道使用碳纳米管、石墨烯、聚乙烯、聚酰胺等纤维材料制造“人工肌肉”，但这些材料在制作能够调节湿度和体温的智能纺织品方面存在难度，并且它们度存在成本高昂、工艺繁琐、穿着不舒适等问题。因此，具有环保特性的纯蚕丝作为“人工肌肉”材料，受到了市场的广泛欢迎。

形状记忆纤维(SMAF)与人工肌肉有密切的关系。SMAF是指能够在特定温度下记忆并回复到预定义形状的纤维材料。当这些纤维材料应用于人工肌肉时，其形变特性和回复能力可以大大增强人工肌肉的性能。例如，使用SMAF的人工肌肉可以在温度变化时实现更加精确和快速的响应，模拟生物肌肉的自然运动。

二、生物医疗

形状记忆纺织品具有优越的反复使用稳定性、耐腐蚀性、生物体的适应性、超弹性以及低杨氏模量等特性，为许多医学难题提供了新的解决方案，因此形状记忆纺织品是整个医学领域的重要研究对象。其中形状记忆合金类纺织品多应用于主动压缩服装、软可穿戴机器人等领域，形状记忆聚合物类纺织品常应用于组织工程支架、医疗缝合线、药物释放的载体等领域。

(一) 人造血管

心血管疾病是全世界死亡的主要原因。人工血管移植物可能是治疗血管疾病和内皮细胞功能障碍的一种解决方案。然而，为了实现合适的再生过程，在3D结构的管腔上快速形成融合的内皮单层是必要的。为了实现这一目标，开发了新型形状变形支架，使其能够从平面状到小直径管状的程序化变形，并将生物相容性形状记忆聚合物与静电纺丝纳米纤维膜结合起来。Zhao等制造了纳米纤维PCL和明胶甲基丙烯酸酯的膜，能够容易地将其2D平面形状转化为3D管状形状，以便于3D内皮化。作为概念的证明，人脐静脉内皮细胞(HUVEC)在室温下以其临时平面形状随机接种到形状变形支架上。在将工程化的形状变形支架放入37 ℃的培养箱中进行细胞培养后，平面支架能够回复其永久的3D管状形状，并具有良好的细胞活力和理想的细胞附着。开发的可塑形支架为促进小直径血管组织工程的发展提供了巨大的希望。

(二) 组织工程支架

近年来，电纺丝技术因其能够制备出具有高比表面积和高孔隙率的纳米纤维支架而受到广泛关注。这类支架与传统的组织工程支架相比，更接近细胞外基质的自然结构，可为细胞提供更加理想的生长环境。目前，将形状记忆聚合物与电纺丝技术结合，用于制备纳米纤维支架并研究其对骨细胞行为的影响的相关报道还比较有限。东华大学研究者包敏采用一种创新的形状记忆聚合物聚乳酸-聚三甲基碳酸酯(PDLLA-TMC，简称PLMC)，通过电纺丝技术，成功制备了纳米纤维结构的形状记忆聚合物电纺膜，并对该多功能纤维支架的成骨潜力进行了评估。这项研究为未来开发载药的仿生复合纳米纤维PLMC/HAp，并应用于超声介导的骨缺损修复提供了重要的基础。

形状记忆聚合物适用于组织工程支架的原因在于其独特的物理和化学特性，这些特性能够支持和促进人体组织的生长和修复。这种可调节的力学性能使得支架能够模拟不同类型组织的物理属性，促进细胞的附着和增殖，可以根据患者的需求和生理结构进行个性化设计和制造，提高植入物的适应性和功能性，是理想的组织工程支架材料。

(三) 医疗缝合线

形状记忆聚合物被广泛应用于医疗手术缝合线，主要与其形状记忆效应有关，可以记住并回复其原始形状。当其受到外力拉伸时，可以暂时改变其形状，以便更容易进行手术缝合。一旦缝合完成，当外力消失时，形状记忆聚合物可以回复到其原始形状，提供稳定的缝合效果。由于形状记忆材料的独特性质，其在手术缝合领域的应用日益受到重视。制备手术缝合用的形状记忆材料，通常是在材料的玻璃化转变温度以上、结晶温度以下的条件下，对初步成型的部件进行塑性变形。这一过程中，将中间状态的环状部件开口并加工成类似缝合针的小钩形状，使得它们能够用于手术切口的缝合。通过形状记忆材料的两端，可以将切口位置连接起来。随后，通过热水或热气流加热，触发材料回复到其原始形状，从而使手术切口的两端紧密接合。随着时间的推移，聚乳酸基形状记忆材料会逐渐降解并被人体吸收。采用这种缝合方法，不仅可以有效减少因拆线带来的不便，还能提供一种更为便捷的手术缝合解决方案。Zhou 等采用湿纺丝法研制出 SMPU-BCH 纤维，可用于外科缝合线。在手术结束时，医生可以将拉伸后的纤维松散地缝合在伤口上，其长度会因人体温度变化而缩小，既解决了缝线结合力的问题，又促进了伤口的愈合。缝线还可以在酸性伤口环境中逐渐释放抗菌药物，可以完全灭活大肠杆菌和金黄色葡萄球菌，减少伤口感染。

(四) 药物释放载体

近些年来，形状记忆聚合物被广泛应用于药物的控制释放，尤其是对温度和 pH 值敏感的形状记忆聚合物凝胶，主要优势在于其具有形状记忆效应，可通过特定的刺激条件，如温度、pH 值、光照等，聚合物可以发生形状变化，从而实现药物的缓释。这种形状记忆效应使得聚合物能够在特定环境下精确控制药物的释放。可调节的释放特性、刺激响应性和良好的生物相容性。

形状记忆聚合物因为有如此多的优点，因为被广泛采用，作为药物释放的载体，且以智能药物释放体系(Intelligent Drug Delivery System，IDDS)这一给药方式用于药物的控制释放，即形状记忆聚合物作为药物释放的载体，将药物以合适的速率和剂量释放到人体病灶位置。例如聚 N-异丙基丙烯酰胺在温度刺激下溶胀和收缩，可以改变包埋于其中的药物向外扩散的速率，实现药物的控制释放。

三、军事与安全

(一) 智能冷/热防护服

服装的冷热防护功能和隔热性密切相关。已有研究表明，静止干空气有良好的隔热性，且增加服装内空气层厚度，既能增强冷防护服的保暖性能，也能提高热防护服的隔热性能。因此，将形状记忆合金制成特定的形状并置于纺织材料中，被激活后产生形变，可动态地改变织物的厚度，隔热性能也随之变化，可开发具有主动动态调节系统的智能冷防护服和智能热防护服。

例如，在两层非织造布之间可加入形状记忆合金，当温度下降到某一温度（如 5 ℃）后合金由直变弯，扩大了非织造布之间的空隙，提高了热阻值，增强服装的隔热性能，形成智能冷防护服；将形状记忆合金线圈置于服装外层织物和衬里之间，当形状记忆合金线圈弹开后，在服装内形成一定的空气层，可增强服装的隔热性能；在智能保暖夹克中嵌入形状记忆合金，其为服装提供一定厚度的空气层，并赋予服装可变的保暖性。与此同时，相对湿度虽然在运动过程中有所上升，但不影响整体的湿润度，且由于弹簧的支撑产生空隙更利于水分的扩散，所以微气候更干燥，穿着更为舒适。智能热防护也是将形状记忆合金加入服装系统，通过温度激活形状记忆合金来形成可变空气层，扩大内外层的温度差，延长皮肤达到烧伤状态的时间，从而提高服装的热防护性能。同时，添加形状记忆合金的智能材料比普通冶金防护服更轻，且具有较好的抗熔融金属飞溅能力。

（二）自适应服装

自适应服装的开发，特别是在军事领域的应用，利用了先进的形状记忆纤维或纺织品技术，为士兵提供了前所未有的环境适应能力和保护。这种服装的核心优势在于其能够智能识别并响应外部环境的变化，如温度升高或降低、湿度变化等，自动调整纤维结构，从而改变服装的透气性和保暖性。在寒冷环境中，服装通过缩小纤维间的孔隙来降低热量散失，保持体温；而在炎热条件下，增大孔隙以促进空气流通，帮助身体散热，避免过热。

自适应服装极大地提高了军事服装的实用性和舒适度，使士兵能够在极端天气条件下维持最佳的生理状态，这对于保持战斗力和执行长时间任务至关重要。Ayoung Choe 等展示了一种基于 SMP 的智能可重构多毛皮肤（PLA/TPU/GO 复合材料阵列），具有动态自适应隔热。基于响应温度的可逆毛发重构，智能皮肤具有超过 61.4%的动态隔热控制，在自适应服装中显示出巨大的潜力。基于 SMP 阵列的形状记忆性能，皮肤具有多孔的毛发状柱阵列，并且表现出在毛发平躺状态下降低和在毛发站立状态下回复的可调隔热。此外，随着皮肤温度、外界环境热量等外界刺激的不断变化，也证实了其动态适应性，表现出不灵活的响应性，这无疑不利于热湿管理。

未来，进一步的创新可能包括集成生物传感器，以监测士兵的健康状况和体征，使服装的调节更加个性化和精准。例如，如果传感器检测到士兵体温升高，服装可以自动增加透气性以促进冷却。这种智能自适应系统不仅提升了士兵在恶劣环境下的生存能力，也为现代军事装备设计提供了新的方向，使之更加人性化、高效和科技化。

四、航空航天

（一）主动变形结构

形状记忆合金（SMA）因其能在加热时收缩并在冷却后回复原状的独特特性，已成为航空航天工程中的创新材料。将 SMA 丝作为主动变形结构的一部分嵌入飞机蒙皮等结构，通过环境温度的改变或通电加热的方式，控制 SMA 的伸长与缩短，进而改变结构的形状和角度，完成相应的减阻、降噪等功能。这一类结构通常为机翼等大型构件，需要较大的驱动力，因此多采用 SMA 丝束驱动。

主动变形结构多用于机翼或进气道等结构的偏转。美国国防高级研究计划局（DARPA）在 1999 年提出智能航空与航海推进系统论证（SAMPSON）计划，包括智能机翼、叶片等。其中一个项目是在 F15E 战斗机进气道设计中采用 SMA 替换原有的液压驱动器，驱动整流罩和唇板来实现进气道的变几何调节。该结构在 2000 年进入 Hampton 跨声速风洞进行了试验验证，通过这种智能调节机翼形态，可以显著提升飞行器在各种飞行阶段的气动效率和性能，如提高升力、减少阻力和优化操控性。此外，SMA 技术的应用还包括实现无缝的舵面控制和减振系统，增加飞行稳定性和乘客舒适性。在特定情况下，例如紧急情况或结构受损，SMA 致动器甚至可以用于实现自愈功能。

（二）可展开桁架

形状记忆聚合物纤维在可展开桁架中的应用虽然相对较少，但它们在某些特定场景下具有独特的优势，如轻量化和良好的柔性与可设计性。形状记忆纤维具有较低的密度，适合用于对质量敏感的应用场景，同时其良好的柔性和可设计性使其能够用于设计复杂、柔性的结构组件。制作过程通常包括以下步骤：首先选用合适的形状记忆聚合物材料，通过纺丝等工艺制备成形状记忆纤维；然后将纤维编织或复合成所需的桁架结构；接着通过热处理激活形状记忆效应，使纤维具备形状记忆特性；最后，对纤维桁架结构进行组装和测试，以确保其在实际使用中的性能。

Zhang 等研究了由颗粒、碳纳米管和纤维增强的形状记忆聚合物复合材料，以改善单纯形状记忆聚合物的低刚度和低强度问题。他们分析并制作了由多层碳纤维增强环氧基形状记忆聚合物复合材料构成的可展开桁架结构。通过 DMA 试验，测得层压板的玻璃化转变温度和力学性能，并获得回复力矩随曲率变化的函数曲线，所制备的桁架结构能够顺利展开，适用于航天器领域的空间展开结构。Li 等介绍了一种可尖端负载的可展开桁架，采用三级套管和 SMPC 层合板，具有较高刚度和强度，能承受苛刻的力学环境。这种桁架设计中加入了锁紧释放装置，角撑板基座和辅助支撑框架以提高结构的稳定性。桁架在收拢状态下和展开状态下经受了高强度的测试，显示出能够作为天线、空间探测器等组件的可靠扩展架。

(三) 压紧释放机构

SMA丝驱动的压紧释放机构，因其替代了传统火工品爆炸驱动的机构，展现出了无污染、低冲击和可重复使用等优势，尤其在精密仪器设备的连接与分离领域中显示出其独特的应用潜力。SMA驱动的紧固释放机构由承载组件和触发驱动组件构成，这两个组件通过载荷传递机制相互连接。根据载荷传递的层次，这些机构可以被分类为单级触发机构和多级触发机构。

单级触发机构以其结构的简洁性著称，其工作原理基于SMA丝在电流加热作用下直接促使相关机械结构发生位移，进而释放承载结构的限制，以实现其释放功能。例如，Gradi等研发的SUN-VR机构，就是利用了三根SMA驱动的单级钢球机构的设计；而北京航空航天大学智能推进实验室设计的SMA-30000分组滚棒释放机构，采用了SMA丝驱动的单级分瓣螺母机构，并且通过两根SMA丝的配置来提升整个机构的可靠性。此外，该机构还特别采用滚棒来降低箍环在运动过程中的摩擦阻力，能够达到最高40 kN的释放载荷。相对于单级触发机构，多级触发机构的结构更为复杂，SMA丝在通电加热后会通过多层结构(例如钢球)来传递载荷，并执行相应的动作，最终实现承载结构的释放。

多级触发机构因其结构的复杂性而拥有更高的承载力，这使得它们在科研界受到了更多的关注。与单级触发机构相比，多级机构能够通过多个阶段的结构(例如钢球)传递力，进而执行动作，最终释放承载结构的限制。Nava等在2014年开发的REACT三级钢球释放机构，利用SMA丝的旋转来驱动。在中国，北京航空航天大学的智能推进实验室也成功研制了多种多级触发机构，这些机构采用了分瓣螺母和多级钢球的设计原理，并通过内置偏置弹簧来实现自动复位的功能。这种设计不仅提高了机构的承载能力，还提升了其操作的灵活性和可靠性。

五、汽车领域

形状记忆材料因其形状记忆效应、超弹性和高回复应力、良好的耐腐蚀性和耐磨损性、轻量化和节能性等在汽车领域应用广泛，其中形状记忆合金主要涵盖风扇离合器、汽车轮胎防滑装置、制动器储能装置、汽车电池领域等领域，形状记忆聚合物主要涵盖汽车座椅材料、汽车内饰材料、自适应减震系统、自适应安全带等领域。形状记忆纺织品将在多个方面不断发展和创新，为汽车技术的进步和可持续发展做出贡献。

(一) 发动机阀门

形状记忆合金丝在发动机阀门应用中还展现出良好的耐高温和耐腐蚀性能，确保其在高温、高压的发动机环境中能够长期稳定工作。其优异的力学性能和耐疲劳特性进一步增强了发动机阀门系统的可靠性和使用寿命，减少了维护频率和成本。通过形状记忆合金丝的应用，发动机阀门系统能够实现更高的动态响应速度和更精确的控制，使发动机在不同工况下均能保持最佳运行状态，显著提升了整体燃油经济性和排放性能。

在制备过程中，形状记忆合金丝通常采用熔炼、铸造和拉丝等工艺。首先，通过电弧炉或真空感应炉将镍和钛等主要成分熔炼成合金，随后进行铸造和热轧得到初步的合金棒材。接下来，通过多道次的冷拔和热处理工艺将合金棒材拉制成所需直径的细丝。在此过程中，热处理参数的控制尤为关键，需确保合金丝具有优良的形状记忆效应和力学性能。最终，通过表面处理和质量检测，确保形状记忆合金丝的表面光洁度和内部质量，达到应用于发动机阀门系统的严苛要求。如今，Actuator Solutions GmbH 量产的 SMA 气动阀被大多数汽车制造商（如宝马、通用、现代、福特、保时捷、大众）广泛使用，年产量达 1000 万件。

（二）刹车系统

SMA 丝在汽车刹车系统中的应用展现出诸多优势，并且其制备过程也相对成熟。首先，SMA 丝具有卓越的温度感知和响应能力，这使其在刹车系统中能够快速且精准地自动调节刹车片与刹车盘之间的间隙，确保刹车系统始终处于最佳工作状态。此外，SMA 丝可应用于电子驻车系统（Electronic Parking Brake，EPB），其通过电加热触发形状变化，拉紧刹车线或推动刹车活塞，实现驻车功能。这种高效的响应速度和精准的控制使得 SMA 丝在提高刹车系统可靠性和性能方面表现突出。

SMA 丝还具有良好的耐疲劳性和耐腐蚀性，能够在刹车系统中长时间稳定工作，提供持久的性能保障。其高能量密度特点使得 SMA 丝在实现紧凑和轻量化设计方面有显著优势，满足现代汽车对减重和空间优化的需求。此外，SMA 丝在能量回收与再利用方面也具有潜力。在刹车过程中，它可以储存一部分刹车能量，并在需要时释放这些能量，辅助汽车动力系统，从而提高能量利用效率，减少燃油消耗。

（三）汽车安全系统

SMA 丝在汽车安全系统中的应用日益受到关注，特别是在引擎盖提升系统中，用于行人保护。引擎盖提升系统的主要目的是在车辆与行人碰撞时，通过迅速抬起引擎盖来减少对行人的伤害。SMA 丝在该系统中作为执行器，利用其独特的相变特性，实现快速响应和精确控制。

SMA 丝，如 Ni-Ti（镍钛合金）丝，具备在特定温度范围内发生形状记忆效应的能力。当温度达到或超过相变温度时，SMA 丝会迅速回复到预定义的形状，从而驱动机械系统。例如，在引擎盖提升系统中，SMA 丝被加热后迅速收缩，从而抬起引擎盖。这一过程可以在毫秒级内完成，为行人提供即时保护。

（四）汽车座椅材料

形状记忆聚合物纺织品在汽车领域也有着很好的应用，其中最广泛的当属汽车座椅材料，其可为乘客提供更好的舒适性和支撑性。基于其形状记忆效应，可以根据乘客的体温和体重自适应地调整其形状，从而提供个性化的坐姿支持。例如，当乘客坐在座椅上时，形状记忆聚合物纺织品会根据乘客的体形和姿势调整其形状，给乘客提供最佳的支撑和舒适度。这种个性化的坐姿支持可以减轻乘客在长时间驾驶或乘坐中的不适感，提高乘坐体验。

此外，形状记忆聚合物纺织品还能在事故发生时提供额外的保护。例如，当车辆发生碰撞或急刹车时，座椅上的形状记忆聚合物纺织品可以根据外力的作用发生形状变化，以吸收冲击力，并减轻乘客的伤害风险。这种额外的保护机制可以为乘客提供更高的安全性，减少事故带来的伤害。山东烟台华润聚氨酸有限公司采用国际先进的聚酯聚醚混合路线研制组合原液，研究聚氨酯材料在轿车内饰顶棚方面的应用，研究发现生成的产品具有隔热、吸声、质轻、阻燃和自支撑等性能，经鉴定，技术指标达到或优于德国 Baynat759 产品水平，生产技术和产品质量属国际先进。相关产品已为奥迪、红旗、捷达、富康等轿车顶棚配套，市场前景十分广阔。同时，考虑到 SMA 具有无泄漏、无包封、体积变化可忽略不计等先天优点，以及高导热系数（与冰和石蜡相比）和高体积能量密度等优越的储能性能，SMA 可成为优良的热能存储材料。因此，基于形状记忆合金的冷热储能循环，SMA 可应用于汽车座椅预冷设计（图 3-8）。

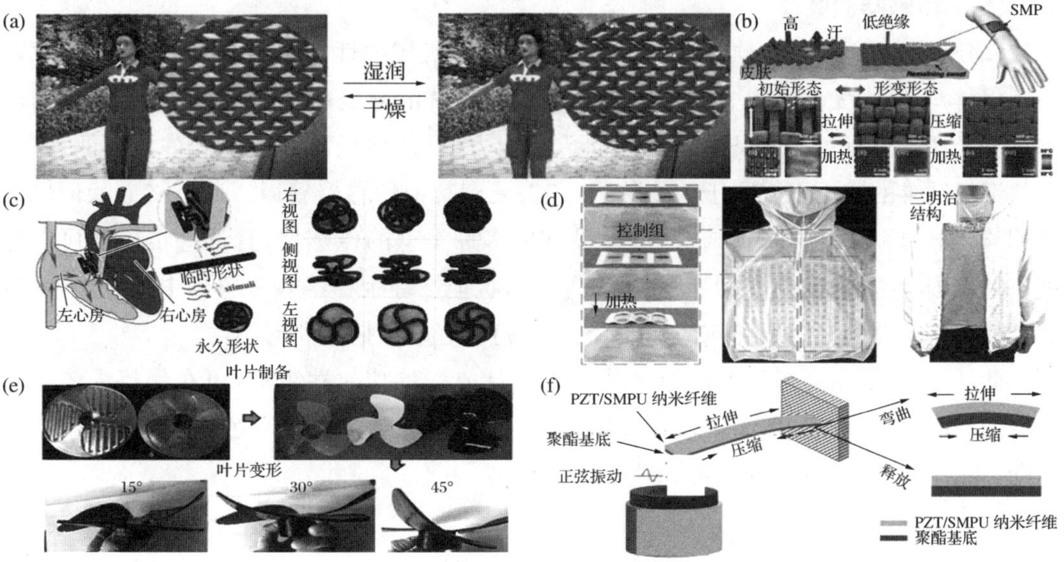

图 3-8　形状记忆纤维及纺织品应用

(a) 智能热湿管理织物；(b) 抗皱织物；(c) 人造血管；(d) 热防护服；
(e) 航空航天风扇电机叶片；(f) 能量收集系统原理

六、能量收集与传感领域

形状记忆纤维作为一种智能材料，因其独特的结构特性和功能性，在多个领域显示出广泛的应用前景。这种材料具有可调节的表面形态、大比表面积和体积，以及可变化的结构，使得它在能量收集、传感等方面尤为受到重视。

（一）能量收集领域

形状记忆聚合物纤维（SMPF）因其独特的形状记忆效应，能在特定的刺激（如温度变化）下改变形态，并在刺激移除后回复原始形状，使得它们在能量转换和管理方面特别有用。利用这种复合材料，可以制造出新型的能量收集器，它们能够在机械振动、人体运动或者其他机械能源存在的情况下，收集能量并转换为电能。这些能量收集器显示出良好的形状固定和回复能力，能快速响应外界刺激，且具有较高的能量转换效率。例如，研究表明，SMPF 能量收集器可以在短时间内完成形状回复，并能够产生连续的正弦电压信号，具有良好的重复性和稳定性。随着频率的增加，输出电压会有所下降，但在特定的加速度和频率条件下，电压输出可以显著增加。

SMPF 在能量收集领域的应用不仅为传统的能量收集技术提供了新的解决方案，而且由于其轻质、高效和可集成的特点，特别适合应用于便携式电子设备、可穿戴技术以及自给能源的微型装置。未来，随着材料科学和加工技术的进步，SMPF 有望在智能材料和能量收集系统中扮演更加重要的角色。

（二）传感器领域

SMPF 基于它们独特的形状记忆特性和出色的机械弹性，使得它们成为制造传感器的理想材料，其中大多为应力或应变传感器。与传统的金属应变传感器相比，静电纺丝纳米复合纤维具有更高的灵敏度和多向传感能力，以及更轻的结构以允许更大的变形。形状记忆纤维的应用不仅限于应变传感，还扩展到其他传感器领域。通过将形状记忆聚氨酯与导电材料如碳纳米管结合，可以设计出多种类型的传感器，且这些传感器可以监测各种物理参数，包括温度、湿度和压力等。形状记忆纤维在这些传感器中的应用，可以显著提高传感器的灵敏度和响应速度，同时保持较好的柔韧性和耐用性。

此外，传感器结合形状记忆合金线可以设计成一种功能性织物，可在保持人体舒适性的同时向人体四肢和躯干提供额外的肌肉力量，对于日常生活或特殊人群都能增强和辅助其相应部位的物理功能，帮助其移动。

第六节 未来展望

形状记忆纤维作为一种智能材料，在智能纺织品领域展现出广阔前景，但也面临诸多挑战。首先，其性能受温度和湿度等环境因素影响较大，在极端条件下，形状记忆效应可能减弱或失效。此外，形状记忆纤维的力学性能，如强度和耐磨性，通常不如常规纤维，这限制了其在高强度需求场景中使用。制造与加工难度是形状记忆纤维的另一个挑战，生产工艺复杂，需要特殊设备和技术，如高温热定型处理，这增加了生产成本，阻碍大规模商业化。控制与调节方面，形状回复过程需要精确控制，现有系统难以实现实时监控和调节。此外，回复形状时产生的内应力可能影响织物的舒适性和耐久性。这些问题限制了形状记忆纤维在智能纺织品领域的广泛应用，并为未来研究提出了新课题。

为解决形状记忆纤维的局限性，未来研究和开发需在多个方面进行探索和创新。首先，材料改进与优化是提升性能的重要途径。通过引入纳米材料或复合材料，可以显著提高其力学性能和响应速度。此外，研究新型形状记忆聚合物，扩展其在不同温度和湿度条件下的适用范围，提升环境适应性和稳定性。制造技术的创新也是关键。改进现有的制造和加工技术，提高生产效率和质量。例如，采用先进的3D打印技术，实现形状记忆纤维的复杂结构设计和精确制造。开发新的热定型和后处理工艺，降低生产成本，提升市场竞争力，使其在更广泛的应用中得到推广。智能控制系统的设计和开发是提升实用性的重要方向。结合传感器和人工智能技术，实现对形状回复过程的精确控制，提升响应速度和可控性。例如，开发便携式控制设备，使形状记忆纤维在实际应用中更加便捷和高效。通过优化控制算法和系统架构，实现对形状记忆纤维的实时监测和反馈调节，进一步提升其应用性能和可靠性。

形状记忆纤维在智能纺织品领域展现出广泛的应用前景，开辟了多个新兴领域。在智能服装方面，形状记忆纤维可以设计自适应服装，根据环境温度和湿度变化自动调节衣物的透气性和保暖性。此外，还可用于设计具有医疗功能的服装，如压力服和康复服，加速患者康复，提升医疗护理水平。在运动与户外装备方面，形状记忆纤维显著提高产品功能性和舒适性。例如，形状记忆纤维设计的运动鞋可根据脚部形状自动调节，提供更好的支撑和舒适感。形状记忆纤维还可用于设计自修复功能的户外装备，如帐篷和背包，提高耐用性和使用寿命，满足户外运动和探险需求。在家居与装饰领域，形状记忆纤维也有广泛应用。利用其设计的窗帘和沙发套可根据室内温度和光线变化自动调节形状和颜色，提升家居智能化和舒适性。此外，形状记忆纤维还可用于设计变形功能家居用品，如可折叠家具和可变形灯具，提高空间利用率和装饰效果，满足现代家居生活需求。

在全球环境保护和可持续发展的背景下，形状记忆纤维作为环保材料替代品展现出巨大潜力。形状记忆纤维的自修复特性可延长纺织品使用寿命，减少废弃物产生，提升产品环保性能。例如，开发低能耗的形状回复技术，减少电能或热能消耗，提升经济性和环保性。探索利用可再生能源，如太阳能和风能，为形状记忆纤维系统供电，可以进一步提升其可持续性，减少对传统能源的依赖。形状记忆纤维的可回收性和再利用性也至关重要。研究开发可回收和易降解的材料，减少其对环境的长期影响。建立完善的回收和再利用体系，实现循环利用，能够大幅度降低资源消耗，推动纺织品行业的绿色发展。通过这些方式，形状记忆纤维在环保材料替代方面具有广阔的应用前景，有助于实现可持续发展的目标。

形状记忆纤维及其纺织品的未来发展依赖于各学科领域的紧密合作。材料科学与工程领域的合作可以推动形状记忆纤维材料的创新和优化，通过联合研究解决技术难题，提升其综合性能和应用潜力。跨学科合作还可推动新型形状记忆材料的研发，拓展其更多领域的应用。控制与自动化领域的合作则可提升智能控制系统的设计和开发水平，结合传感技术、人工智能和机器学习技术，开发出智能高效的控制系统，实现实时监测和精确控制，提升应用性能和可靠性。此外，这种合作还可推动智能控制系统的应用推广，使形状记忆纤维在更多实际场景中应用。纺织工程与设计领域的合作可推动其在纺织品设计和制造中的创新应用，通过联合开发新型纺织品结构和工艺，实现形状记忆纤维与其他纤维材料的高效结合，提升功能性和美观性。跨学科合作还可推动其在智能服装、医疗纺织品和家居装饰等领域的应用推广，满足多样化市场需求。通过这些多领域合作，形状记忆纤维的未来发展将更加全面和深入。

参考文献

[1] 王铭予，刘守超，王聪. 形状记忆纤维的研究进展[J]. 辽宁丝绸，2019(4)：31-33.

[2] Buehler W J, Gilfrich J V, Wiley R C, et al. Effect of low-temperature phase changes on the mechanical properties of alloys near composition TiNi[J]. Journal of Applied Physics, 2004, 34(5): 1475-1477.

[3] Chang L C, Read T A. Plastic deformation and diffusionless phase changes in metals — the gold-cadmium beta phase[J]. JOM, 1951, 3(1): 47-52.

[4] Garg H, Mohanty J, Gupta P, et al. Effect of heat-set temperature on the crease recovery behavior of cotton fabric dip-coated with shape memory polyurethane[J]. Materials Chemistry and Physics, 2023, 294.

[5] 张振华，绳飘，王钦亭，等. 超弹性形状记忆合金阻尼器的减振特性研究[J]. 振动与冲击，2017，36(19)：169-184.

[6] 高晓轲，安旭龙，孙文文. 形状记忆合金研究进展与高熵形状记忆合金[J]. 中国材料进展，2024，43(2)：124-135.

[7] Kim M S, Heo J K, Rodrigue H, et al. Shape memory alloy (SMA) Actuators: the role of material, form, and scaling effects[J]. Advanced Materials, 2023, 35(33).

[8] Zhou Y T, Yang Y Z, Jian A J, et al. Co-extrusion 4D printing of shape memory polymers with continuous metallic fibers for selective deformation[J]. Composites Science and Technology, 2022, 227.

[9] Zhao C X, Liu J N, Li B Q, et al. Multiscale construction of bifunctional electrocatalysts for long-lifespan rechargeable Zinc — Air Batteries. Advanced Functional Materials, 2020, 30.

[10] Zhang S, Huang X, Xiao W, et al. Polyvinylpyrrolidone assisted preparation of highly conductive, antioxidation, and durable nanofiber composite with an extremely high electromagnetic interference shielding effectiveness[J]. ACS Applied Materials & Interfaces, 2021, 13(18): 21865-21875.

[11] Zhou W, Yu X, Cao L T, et al. Green and ethanol-resistant polyurethane nanofibrous membranes based on an ethanol solvent for waterproof and breathable textiles[J]. Advanced Sustainable

Systems, 2020, 4(9).

[12] Liu R Y, Kuang X, Deng J N, et al. Shape memory polymers for body motion energy harvesting and self-powered mechanosensing[J]. Advanced Materials, 2018, 30(8).

[13] Xu L, Cui L H, Li Z, et al. Thermodynamic coupling behavior and energy harvesting of vapor grown carbon fiber/graphene oxide/epoxy shape memory composites[J]. Composites Science and Technology, 2021, 203.

[14] Park M, Kim Y, Hwang J O, et al. Shape recovery characteristics of shape memory epoxy composites reinforced with chopped carbon fibers[J]. Carbon Letters, 2019, 29(3): 219-224.

[15] Lin L L, Zhou Q, Li M J. Thermal and electroactive shape memory behaviors of polyvinyl alcohol/short carbon fiber composites[J]. Polymer Science, Series A, 2019, 61(6): 913-921.

[16] Lin L Y, Taylor P A, Shen J J, et al. NRG oncology survey of monte carlo dose calculation use in US proton therapy centers[J]. International Journal of Particle Therapy, 2021, 8(2): 73-81.

[17] Feng Y Y, Qin M M, Guo H Q, et al. Infrared-actuated recovery of polyurethane filled by reduced graphene oxide/carbon nanotube hybrids with high energy density[J]. ACS Applied Materials & Interfaces, 2013, 5(21): 10882-10888.

[18] Xu Z, Ding C, Wei D W, et al. Electro and light-active actuators based on reversible shape-memory polymer composites with segregated conductive networks[J]. ACS Applied Materials & Interfaces, 2019, 11(33): 30332-30340.

[19] Khasraghi S S, Shojaei A, Janmaleki M, et al. Efficient inductively heated shape memory polyurethane acrylate network with silane modified nanodiamond @ Fe_3O_4 superparamagnetic nanohybrid[J]. European Polymer Journal, 2021, 159.

[20] Han Y T, Hu J L, Chen X Y. A skin inspired bio-smart composite with water responsive shape memory ability[J]. Materials Chemistry Frontiers, 2019, 3(6): 1128-1138.

[21] Leonés A, Sonseca Á, López D, et al. Shape memory effect on electrospun PLA-based fibers tailoring their thermal response[J]. European Polymer Journal, 2019, 117: 217-226.

[22] Venkatesan H, Chen J M, Liu H Y, et al. Artificial spider silk is smart like natural one: Having humidity-sensitive shape memory with superior recovery stress[J]. Materials Chemistry Frontiers, 2019, 3(11): 2472-2482.

[23] Garces I T, Aalanzadeh S, Boluk Y, et al. Effect of moisture on shape memory polyurethane polymers for extrusion-based additive manufacturing[J]. Materials, 2019, 12(2).

[24] Lu W, Le X X, Zhang J W, et al. Supramolecular shape memory hydrogels: a new bridge between stimuli-responsive polymers and supramolecular chemistry[J]. Chemical Society Reviews, 2017, 46(5): 1284-1294.

[25] Zheng J, Xiao P, Le X X, et al. Mimosa inspired bilayer hydrogel actuator functioning in multi-environments[J]. Journal of Materials Chemistry C, 2018, 6(6): 1320-1327.

[26] Xu B, Zhang Y Y, Liu W G. Hydrogen-bonding toughened hydrogels and emerging CO_2-responsive shape memory effect[J]. Macromolecular Rapid Communications, 2015, 36(17): 1585-1591.

[27] Le X X, Lu W, Zheng J, et al. Stretchable supramolecular hydrogels with triple shape memory effect[J]. Chemical science, 2016, 7(11): 6715-6720.

[28] Löwenberg C, Balk M, Wischke C, et al. Shape-memory hydrogels: evolution of structural principles to enable shape switching of hydrophilic polymer networks[J]. Accounts of Chemical Research, 2017, 50(4): 723-732.

[30] Liu G, Zhang X F, Lu X Y, et al. 4D Additive — subtractive manufacturing of shape memory ceramics[J]. Advanced Materials, 2023, 35(39).

[31] Chen S Y, Li J P, Shi H F, et al. Lightweight and geometrically complex ceramics derived from 4D printed shape memory precursor with reconfigurability and programmability for sensing and actuation applications[J]. Chemical Engineering Journal, 2023, 455.

[32] Weinberg C A, Cai S, Schaffer J, et al. Multifunctional spun yarns and textiles from nickel-titanium microfilaments[J]. Advanced Materials Technologies, 2020, 5(6).

[33] 刘岩,胡金莲.形状记忆纺织品的制备及其发展前景[J].纺织科技进展,2005(5): 11-13.

[34] 逄见光,王刚,曲明,等.形状记忆聚合物机理、表征与多形状记忆效应的研究进展[J].材料工程,2018,46(5): 64-71.

[35] 制衣材料有“记忆”服装上演“变形记”[J].中国纤检,2021(11): 115.

[36] 成瑶瑶,李艳梅.形状记忆合金服装的功能性研究进展[J].上海纺织科技,2023,51(10): 5-9+19.

[37] 刘晓霞,戴自怡.形状记忆合金纺织品及其开发[J].产业用纺织品,2007(12): 5-9.

[38] 刘晓霞.聚氨酯整理形状记忆棉织物特性的研究[D].上海: 东华大学,2009.

[39] Jia T J, Wang Y, Dou Y Y, et al. Moisture sensitive smart yarns and textiles from self-balanced silk fiber muscles[J]. Advanced Functional Materials, 29(18).

[40] Luo L, Zhang F H, Wang L L, et al. Recent advances in shape memory polymers: Multifunctional materials, multiscale structures, and applications[J]. Advanced Functional Materials, 2024, 34.

[41] 朱光明,刘忠让.形状记忆聚合物及其在生物医学工程中的应用[J].生物医学工程学杂志,2005(5): 1082-1084.

[42] Zhao Q L, Wang J, Cui H Q, et al. Programmed shape-morphing scaffolds enabling facile 3D endothelialization[J]. Advanced Functional Materials, 2018, 28.

[80] Shin Y C, Lee J B, Kim, D H, et al. Development of a shape-memory tube to prevent vascular stenosis[J]. Advanced Materials, 2019, 31.

[43] Zhou W C, Tan P F, Chen X H, et al. Berberine-incorporated shape memory fiber applied as a novel surgical suture[J]. Frontiers in Pharmacology, 2020(10).

[44] Lv H T, Tang D Y, Sun Z S, et al. Electrospun PCL-based polyurethane/HA microfibers as drug carrier of dexamethasone with enhanced biodegradability and shape memory performances[J]. Colloid and Polymer Science, 2020, 298: 103-111.

[45] Ashir M, Hindahl J, Nocke A, et al. Development of an adaptive morphing wing based on fiber-reinforced plastics and shape memory alloys[J]. Journal of Industrial Textiles, 2020, 50(1): 114-129.

[46] Zhang R R, Guo X G, Liu Y J, et al. Theoretical analysis and experiments of a space deployable

truss structure[J]. Composite Structures, 2014, 112: 226-230.

[47] Li F F, Liu L W, Du L Z, et al. Mechanical analysis of a tip-loaded deployable truss based on shape memory polymer composite[J]. Composite Structures, 2020, 242..

[48] Strittmatter, J., Gümpel, P. Long-time stability of Ni-Ti-shape memory alloys for automotive safety systems[J]. Journal of Materials Engineering and Performance, 2011, 20: 506-510.

[49] Lu Y A, Qian S X, Shen J. A fully solid-state cold thermal energy storage device for car seats using shape-memory alloys [J]. Frontiers in Energy, 2023, 17(4): 504-515.

[50] Guan X Y, Chen H R, Xia H, et al. Multifunctional composite nanofibers with shape memory and piezoelectric properties for energy harvesting[J]. Journal of Intelligent Material Systems and Structures, 2020, 31(7): 956-966.

[51] Wang Y H, Li W Y, Zhou Y F, et al. Fabrication of high-performance wearable strain sensors by using CNTs-coated electrospun polyurethane nanofibers[J]. Journal of Materials Science, 2020, 55 (26): 12592-12606.

第四章 智能变色材料及纺织品

人眼看到的颜色其实是人脑对光的一种视觉效应。光线通过瞳孔进入眼睛，后方视网膜上的感光细胞在接收到刺激后产生神经冲动，通过视神经传输到大脑皮层，颜色作为视觉是经大脑翻译产生的，与光不可分割。可见光是人的眼睛能感知的电磁波，人的视觉神经对超出可见光波长范围的电磁波不产生颜色的反应，对不同波长的可见光产生不同的视觉反应，即人们看见的不同颜色。材料显现的颜色取决于它对可见光的选择性吸收，部分有色光会被吸收，剩余的有色光则被反射进入人眼，进而被翻译成材料对应的颜色，即材料吸收光谱的补色。

材料的颜色是照射在材料上的光与材料本身发生一定相互行为后，光出现吸收、透射、折射、反射等行为的结果，因此材料内部对光的反应是颜色产生的机理所在。早在20世纪80年代，Nassau已将这部分机理分成5类15种，例如震动与简单激发、配位场效应跃迁、分子轨道间跃迁、能带跃迁、几何与物理光学等。研究材料对光的作用是制备变色材料的关键所在，变色材料的设计原理既可以是内部电子、质子等对外界刺激的响应行为，也可以是不同环境条件下物理结构的变化。

第一节 概 述

智能变色材料(Intelligent Discolored Material)是指颜色随着外界条件(如光、热、湿、电、pH值、压力等)变化而发生可逆性变化的材料。当外界条件发生变化时，材料对可见光的吸收光谱发生变化，进而导致材料颜色变化。智能变色材料的种类广泛，有纺织材料(变色纤维、变色纱线、变色织物等)、高分子材料(变色薄膜、变色塑料、变色纸张等)、无机材料(变色玻璃、变色陶瓷等)。目前，智能变色材料多是将变色化合物整合到基质材料上被赋予变色功能的，因此对智能变色材料的研究实质上是对附加于基材上的变色化合物展开的。

智能变色材料的历史可以追溯至18世纪。当时，染料工匠帝斯巴赫在氧化过程中意外地将一种黄色晶体转变成蓝色，即后来为人所知的普鲁士蓝。进入20世纪，在50年代，Hirshberg首次观察到螺吡喃类化合物的光致变色(Potochromism)特性；在60年代，科学家开始积极研究能够响应环境变化而改变颜色的材料。最早的智能变色材料是由 S. K. Ded 在 1969 年使用三氧化钨制成的电致变色器件。在这个时期，美国 Corning 实验室的两位科学家 Amistead 和 Stooky 做出重大贡献，他们发现了含有卤化银的变色物质，并深入研究了其变色原理及其潜在用途，最终成功地将该技术应用于变色眼镜的生产，这标志着智能变色材料在商业领域的首次应用。随着科技的不断进步，智能变色材料在各个领域的应用越来越广泛。20 世纪 80 年代，Gentex 公司发布了一系列具有商业价值的智能变色产品，其中非常著名的一种是防眩目后视镜。接着，Stadt Sparkasse 储蓄银行成立，在欧洲率先采用了电控变色玻璃技术。

进入 21 世纪，智能变色材料的应用领域得到进一步的拓展。在显示技术领域，智能变色材料常用于可穿戴显示器、柔性显示器等，这些显示器通常具有轻便、可弯曲、可折叠的优点，能够适应各种形状和尺寸的设备。智能变色材料可通过改变自身颜色或亮度显示信息，为人们提供更加直观和生动的视觉体验，可用于制造各种传感器，检测温度、压力、湿度等环境参数，这些传感器可以用于各种领域，如环境监测、医疗诊断等。智能变色材料具有可逆的颜色变化特性，可用于制造难以复制的防伪标签和安全纸张。这种防伪标签通常具有高度的防伪性能和较长的有效期，广泛应用于商品标签、货币等安全领域。智能变色材料可用于建筑领域，通过调节室内光线和温度来提高建筑的节能性能。例如，智能变色玻璃可以根据外界光线的强弱自动调节颜色深浅，从而调节室内光线和温度，减少能源消耗。此外，智能变色涂料可用于建筑的外墙和内部装饰，提高建筑的环保性能和美观度。智能变色材料也被用于服装和纺织品，制成智能变色服装服饰。这种服装服饰可以根据环境条件如温度变化或人们的意愿改变颜色或图案，提供个性化的时尚选择。智能变色材料受到多家高新技术公司青睐，波音 787 飞机在舷窗上使用电致变色技术，三星公司在智能眼镜上采用相关技术，实现了 VR/AR 的实时切换。在国内，也有越来越多的企业开始研究和开发智能变色材料，例如华为、OPPO 等公司相继销售使用智能变色材料的产品。近年来，智能变色材料领域的研究取得了显著进展。例如，天津大学封伟教授及其团队开发出一种集变色、记忆和自修复能力于一身的智能液晶高分子薄膜。这种薄膜厚度仅为 200 μm，具备在拉伸时颜色变化的特性，断裂后能在断裂处自我修复，并且具有形状记忆能力。该研究成果被《德国应用化学》国际期刊选为封面文章，引起了广泛关注。

目前，智能变色材料在各大领域应用广泛，例如将光敏剂（如卤化银）直接加入基体玻璃配合料，可制备光致变色玻璃。但该技术的成本高、难度大，而且产品质量不稳定，与电致变色玻璃和热致变色玻璃相比无显著优势，因此在建筑领域，光致变色玻璃的前景还不明朗。热致变色材料通常用于温度传感器和显示器的制造，目前的相关研究大多集中在有机化学材料上，而有些材料存在毒性，容易对环境产生污染，有些材料的变色温度很高，这对于建筑用遮阳玻璃来说，意义不大。因此，开发具备低温区颜色转变能力、低成本、易加工的热致变色玻璃是未来产品的研发趋势。全固态无机电致变色玻璃技术在电致变色材料领域引领未来的主要发展趋势，并且该技术水平已经接近实现产业化。

目前，主要采用无机过渡金属氧化物（尤其是 WO_3）作为电致变色材料，并结合无机锂化合物或有机聚合物作为电解质层，制造全固态无机电致变色玻璃。这种智能变色玻璃通过锂离子迁移来实现颜色的变化，能够动态调节太阳光线和热辐射，经过长期户外测试，其稳定性和可靠性均得以验证。它可为人们提供节能且舒适的居住环境，代表当前建筑节能玻璃技术的前沿。智能变色材料还在传感器、执行器、人工肌肉及光学防伪等多个领域展现出广泛的应用潜力。

作为一种可视化材料，智能变色材料通过颜色变化实现信号读出，常用颜色特征和颜色特征值对颜色进行评价。颜色特征是图像处理和计算机视觉领域用来描述图像颜色信息的属性或参数，它可以帮助识别、分类或检索图像，包括色相、明度、饱和度等。颜色特征值则是颜色特征的具体数值表示，用于量化图像的颜色属性，有颜色空间 $L^*a^*b^*$ 值和色差 ΔE^* 值。

与此同时，智能变色材料的光学调制范围、响应性、耐久性及循环寿命等指标，是材料开发过程中的研究重点。

（一）光学调制范围

智能变色材料的光学调制范围（Optical Modulation Range）通常是指材料在不同状态之间切换时，其光学性质指标（如透光率、反射率或吸收率等）的变化幅度。光学调制范围是衡量智能变色材料性能的重要参数，在智能窗户、智能显示器或其他需要动态调节光照的应用中尤其关键。光学调制范围可以指多种不同的光学性质变化，具体取决于应用需求和材料特性，常见的有：透光率调制范围，即材料透光率在透明状态和不透明状态之间的极值差；反射率调制范围，即材料在不同状态之间反射光的效率变化；吸收率调制范围，即材料吸收光的能力在不同状态之间的变化。计算公式可能会根据具体的光学性质变化，但基本形式类似，可以表示如下：

$$\Delta P = (P_{\text{high}} - P_{\text{low}}) \times 100\% \tag{4-1}$$

其中：P_{high} 为材料在高状态（如高透光率、高反射率或高吸收率）时的光学性质指标；P_{low} 为材料在低状态（如低透光率、低反射率或低吸收率）时的光学性质指标；ΔP 为光学调制范围的百分比。

光学调制范围越大，说明材料的光学性质变化越显著，材料在智能控制和调节光照方面的效果越好。在设计和选择智能变色材料时，光学调制范围是关键的考量指标。

对比度（Contrast Ratio，CR）是评价材料颜色转换效果的一个重要指标，其计算公式如下：

$$CR = \frac{T_{\text{bleached}}}{T_{\text{colored}}} \quad \text{或} \quad CR = \frac{A_{\text{colored}}}{A_{\text{bleached}}} \tag{4-2}$$

其中：T_{bleached}、T_{colored}、A_{bleached}、A_{colored} 分别为材料着色前和着色后的透光度和吸光度。

在智能变色材料的评价中，为了提供舒适的视觉体验，材料的光学调制范围和对比度都应达到较高水平。光学调制范围增大不仅有利于提升材料的色彩分级能力，还有助于改善材料的灰度显示效果。

（二）响应性

智能变色材料的响应性是指材料在电场、光线、温度、压力等外部因素影响下颜色变化的效率，其中关键的性能指标是响应时间 t。响应时间是指材料从一个颜色状态转换到另一个颜色状态所耗费的时间，它一般包含着色和褪色两个阶段所需的时间。材料的响应时间可以采用光学调制范围变化达到某个特定百分比(如 90%)所需的时间来确定。

不同智能变色材料能达到的光学调制范围的最大值不同，为了更好地对比不同材料的响应性，将响应速度 v 作为表征材料光调制响应性的另一个指标，$v=\Delta T/t$ 或 $v=\Delta A/t$，其中 ΔT 和 ΔA 代表 90%对应的光学调制范围。

（三）耐久性与循环寿命

智能变色材料的耐久性是指材料在长期使用条件下保持其功能特性(如颜色变化能力、光学性能等)不发生显著下降的能力。耐久性与材料的化学性能、物理性能及热稳定性能紧密相连。循环寿命是指材料在持续的可逆循环过程中保持其对比度的最大循环次数。智能变色材料的耐久性和循环寿命与相关材料的性能及其变色机制密切相关。同时，器件耐久性还受变色本体材料和基体间牢固程度的影响，往往与设备的制造工艺和质量密切相关。

第二节 变色纤维与变色织物的开发

智能变色材料根据不同评价特征可分成多个类别：根据引发材料变色的外部刺激源，可分为光致变色材料、热致变色材料、电致变色材料、湿致变色材料和酸致变色材料等；根据变色材料的化学成分，可分为无机类变色材料和有机类变色材料等；根据变色材料存在的物态形式，可分为固体变色材料、液晶变色材料和液体变色材料；根据变色材料的应用领域，可分为变色纺织材料、显示技术用变色材料、记录用纸材料、防伪材料、传感器材料、建筑用材料、示温变色材料、能量转换材料等。智能变色材料在上述分类的基础上，可以根据其变色特性，细分为可逆和不可逆两种类型，其中可逆变色材料尤其受到研究者的关注。除此之外，智能变色材料还可按微观结构、制备方法等进行分类。但这些分类不是互相独立的，有些智能变色材料可能同时属于多个类别。

一、光致变色纤维

光致变色(Photochromic，PC)现象是一种特殊的光化学反应，当特定波长的光线作用于某种化合物时，会引发该化合物内部电子发生跃迁，导致一系列化学变化或物理效应，从而导致化合物的吸收光谱显著改变，化合物显现出与反应前截然不同的颜色。通常，这种变化具有可逆性，意味着在不同波长的光照或加热条件下，物质能够回复其原始状态。具有这种属性的材料被称作可逆光致变色材料。1867 年，Fritsche 首次报道了光致变色现象，他观察到黄色的并四苯在光照和空气作用下转变成一种具有光色的新物质，而这种物质在受热时又变回黄色的并四苯。此外，他还发现二硝基甲烷盐、锌颜料等物质在光照下能发生可逆的颜色变化。1950 年，Hirshberg 将上述现象定义为"Photochromis"，即光致变色。1999 年初，美国 Lowrence Berkelay 国家实验室的科研人员成功制备出一种由氧化钛和氢氧化镍混合形成的透明物质，当光照射在此物质上时，紫外线使得氢氧化镍中的电子流向氧化钛使其氧化，导致透明物质变为不透明态，当停止光照时，整个化学过程逆转，物质重新变为透明。基于此机理发明的窗用玻璃，可自动控制室内温度；在此机理上，还可以制造自动变色的太阳镜、新型光线感应器及新一代利用光推动处理器的计算机。中国台湾清华大学胡德教授发明了光致变色颜料用于合成纤维的技术，将光致变色颜色直接混入树脂，通过熔融拉丝法制造出光敏变色纤维。光致变色颜料分子含有双键，能够与乙烯基单体共聚合成高分子材料，适用于制造光敏变色眼镜等产品。

光致变色材料的应用非常广泛，涉及显示技术、传感器、光学防伪、建筑节能等领域。例如，在显示技术领域，智能变色材料用于制造可穿戴显示器、柔性显示器等，具有轻便、可弯曲、可折叠的优点；在建筑节能领域，智能变色玻璃可以根据外界光线的强弱自动调节颜色深浅，从而调节室内光线和温度，减少能源消耗。此外，光致变色材料还可用于制造各种传感器和防伪标签等。

(一) 光致变色的机理

从分子层面来解释光致变色的机理，可以概括为由于光的照射，物质的电子能级发生跃迁，导致分子结构变化，引起变色，如图 4-1(a)所示。物质的分子由原子构成，每个原子的中心包含质子和中子，而电子则在核心周围按照不同的能级层次排列。当物质暴露于特定波长的光线下时，物质吸收光能，促使电子从较低的能级跃迁至较高的能级。在这个过程中，电子的位置和能量发生变化，从而改变分子的结构和性质，进而导致物质的颜色发生变化。

在光致变色过程中，光的能量与物质分子之间存在相互作用，光子的能量被物质吸收后，会激发物质分子内部的电子。其间，光子的能量必须与物质分子的能级差匹配，才能被物质吸收。由于不同物质对光的吸收能力各异，物质呈现出不同颜色。光子被物质吸收后，物质分子中的电子迅速从低能级跃迁至高能级，此过程的完成时间通常只需要纳秒或皮秒(10^{-12} s)。在电子跃迁过程中，物质分子内部的电子受到周围分子的影响，引起分子结构发生变化，进而导致物质性质变化，物质颜色随之改变。

光致变色作用大多具有可逆性，在室温下褪色反应时间为几微秒至几个月，加热可大大缩短褪色时间。有些材料吸收光量子变色后可在另一种能量的光作用下回复到初始状态(光敏褪色)。

(二) 光致变色材料的种类

光致变色材料可以分为有机和无机两大类，其中有机类主要包括有机化合物材料和高分子材料，此类材料在光的作用下发生颜色变化，根本原因在于光敏感基团的分子结构发生变化，包括点开环-闭环、氧化还原、顺反异构、质子转移互变异构等[图 4-1(b)～(e)]，将光信号转变为化学信号。与此同时，聚合物自身的物理化学性质发生改变，导致基团的组成、偶极距或构象产生光学变化。目前常见的有机光致变色材料包括以下几种：

(1) 螺吡喃衍生物。此类材料属于螺环化合物，由两个或更多个环通过一个共同的原子连接形成。无色螺吡喃在紫外线照射下，其分子结构中的 C—O 键会断裂并开环，导致分子局部旋转并与吲哚形成共平面结构的部花青结构，从而产生颜色，其吸收光谱也相应地红移。但是，部花青结构在室温下会在几分钟到几小时的时间内自动回复为无色的螺环结构。另外，在可逆过程中，会发生光化学副反应，这可能会影响可逆变色循环次数，从而限制了螺吡喃在光分子开关领域的应用潜力。

(2) 俘精酸酐。作为丁二酸酐的衍生物，俘精酸酐是一类芳基取代的二亚甲基丁二酸衍生物，属于早期合成的有机光致变色化合物之一。其变色机制遵循标准的 π-π^* 电子跃迁过程，并涉及分子内环化反应的产生，表现出热不可逆性质。

(3) 二芳基乙烯类。此类材料的稳定性与其芳基种类有关。若材料的芳基为呋喃或噻吩等较低稳定性的芳环，光照后形成的闭环结构在热作用下稳定，且在暗处不会自发回复为原始的开环状态。当芳基为苯或吲哚等高稳定性芳环时，闭环结构在热作用下不稳定，材料在紫外线照射下能迅速从无色开环状态转变为有色闭环状态，同时会在可见光作用下可逆地回复至无色开环状态。这种有机光致变色材料的生产工艺繁琐，且成本较高，这在很大程度上限制了其更广泛的应用。

(4) 偶氮苯类。此类材料的变色机理主要基于光引发的偶氮基团的顺反异构化反应。在光照或热能的影响下，偶氮苯分子的顺式(Z 构型)与反式(E 构型)之间能够实现相互转换。此类材料的光致变色性能良好，同时展现出良好的热稳定性、化学稳定性，并具备极高的存储密度和非破坏性信息读出等特点。

无机类光致变色材料主要是无机化合物和过渡金属氧化物，其变色主要归因于晶格内部发生的电子跃迁和电荷迁移过程，包括掺杂单晶的 $SrTiO_3$、二氧化钛、二氧化钨、聚金属氧酸盐等。无机类光致变色材料能够克服有机光致变色材料在热稳定性、抗氧化性、耐疲劳性及环境敏感性方面的不足。但是，无机光致变色材料的发色和消色速度较慢，粒径较大，而且与有机基体的相容性差，这极大地限制了其在纺织领域的应用潜力。

对于光致变色材料的研究与应用主要集中在有机可逆的化合物，要求材料具备光响应速度快、光致变色效率高、疲劳性能好等特征。

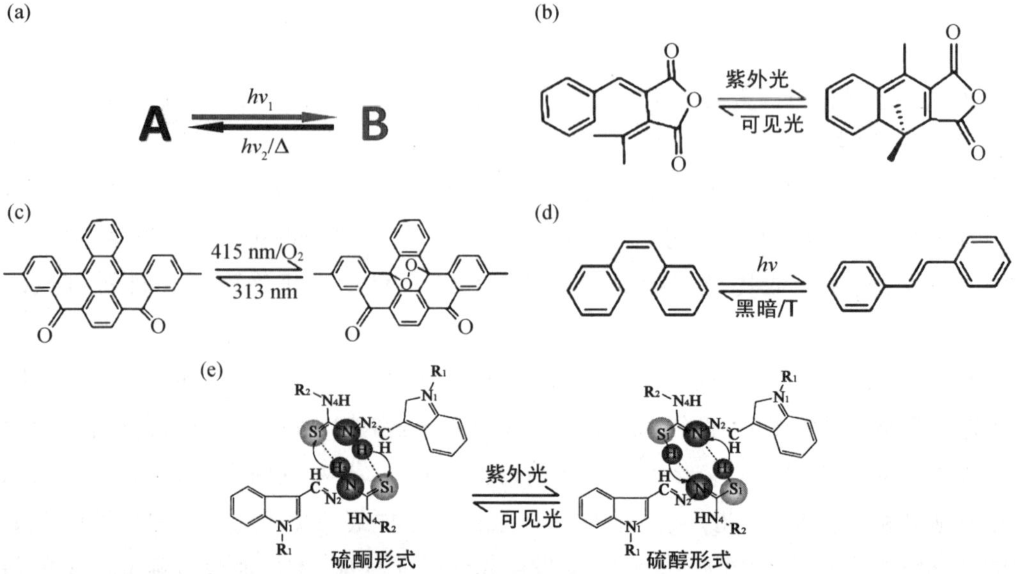

图 4-1　光致变色反应机理

(a) 光致变色反应机理；(b) 点开环-闭环变色机理；(c) 氧化还原变色机理；
(d) 顺反异构变色机理；(e) 质子转移互变异构变色机理

(三) 光致变色纤维的种类

尽管光致变色材料种类丰富，但多为小分子物质，难以将其直接制成变色纤维用于智能纺织品，通常将其与大分子基材相结合用于功能改性，功能小分子可以通过接枝、官能团反应等化学改性法连接到大分子基材上，也可以通过共混、涂层等物理改性法与大分子基材构成体系发挥功能。根据其加工过程与大分子基材间是否形成化学键，将光致变色纤维分为单一光致变色纤维和复合光致变色纤维。

1. 单一光致变色纤维

单一光致变色纤维可以通过对纺丝原料或已成型纤维的化学改性制得。在制造纤维的过程中，使用光致变色染料对纤维材料进行化学处理，这种方法不仅能够维持化学改性技术的优点，还能利用机械加工，确保染料在纤维基质中分布均匀。同时，可以利用光致变色染料中的活性官能团与纤维上的羟基、氨基等活性官能团发生反应，在纤维表层发生化学键合。这种结合能显著提高染料的附着牢固度，减少染料的脱落风险。例如，通过将纤维或织物浸入含有螺吡喃衍生物的单体溶液(如苯乙烯或醋酸乙烯)，可以实现单体在纤维内部的接枝，从而赋予纤维光致变色性能。韩国庆北大学研究团队通过将染料 II 与三聚氯氰反应，合成一种活性染料，并利用这种染料与聚酰胺纤维上的氨基反应，成功开发了具有光致变色特性的接枝染料型聚酰胺纤维。通过四氢呋喃的萃取实验,验证了接枝反应的成功。萃取之后,未与聚酰胺纤维形成共价键的染料不再具有光致变色效果,而那些通过共价键接枝的染料型聚酰胺纤维则保持显著的光致变色性能。

2. 复合光致变色纤维

复合光致变色纤维主要通过物理共混,如熔融纺丝、湿法纺丝或静电纺丝等成纤工艺,以及对已成型纤维进行浸渍、涂层等后整理加工制得。2018 年,青岛大学的朱平教授团队通过湿法纺丝技术,将螺吡喃类光致变色化合物与海藻酸钠混合制成溶液,成功开发了具有光致变色特性的海藻纤维。这些纤维不仅表现出优异的光致变色和褪色效果,还具有较高的断裂强力和出色的耐光性。2019 年,葡萄牙波尔图大学的 Cristina Freire 教授团队通过干-湿法纺丝技术,将 SiO_2@NPTs 光致变色材料与聚偏氟乙烯(PVDF)聚合物溶液混合,成功制备出了具有光致变色功能的 PVDF 纤维。纤维在紫外线和阳光照射下展现出快速的着色动力学和良好的光学对比度,并且在多次光照循环后仍保持光致变色性能。苏州大学的刘宇清教授团队将三氧化钨(WO_3)与聚乙烯醇(PVA)结合,将两者的混合溶液浸涂在棉纤维表面,成功开发出一种在紫外线照射下能够迅速着色,在红外加热下可逆褪色,具备良好的光致变色响应的连续纤维。这种光致变色纤维的变色机制在于当紫外线照射到纤维上时,会引起光致变色材料中的电子转移和晶格结构的变动,这些变化进一步导致纤维反射光的波长发生改变。采用这一方法制备的光致变色纤维能在紫外线照射和红外线加热下迅速且可逆地在浅黄色与深蓝色之间变换,具备优良的机械强度和洗涤性能,同时适合大规模制造,能被织造成多样的图案和织物,显示了其在开发智能纺织品方面的广阔应用前景。

二、电致变色纤维

电致变色(Electrochromic, EC)是指在外加电场作用下,材料的光学性质指标(如反射率、透过率和吸收率等)发生变化,表现出材料颜色可逆变化或外观透明度变化的特殊现象。电致变色材料通常由两种或更多种化学元素组成的复合物构成。其中,一种化学元素负责电导和一定程度的透明度,而另一种化学元素负责光学性质,如颜色和透明度。电致变色材料的一个典型例子是聚苯胺,它可以通过电化学过程或苯胺的化学氧化过程形成,其颜色可以根据氧化态的不同在淡黄色和深绿色/黑色之间变化。

电致变色材料的发展历史也反映着变色材料的发展,早在两个多世纪前,普鲁士蓝的发现就标志着对电致变色现象的早期观察,但当时还没有形成明确的概念。进入 20 世纪,对电致变色现象的研究开始得到重视。20 世纪 60 年代,国外学者 Plant 在研究有机染料的过程中,首次明确地观察并研究了电致变色效应。紧接着,S. K. Deb 于 1969 年首次观察到三氧化钨在常温下表现出电致变色特性,能够实现无色与蓝色之间的颜色变化。他利用三氧化钨开发了首个电致变色器件,这开启了电致变色科学和技术研究的新篇章。20 世纪七八十年代,电致变色材料的研究范围得到扩展。在这一时期,科学家们发现了多种新型电致变色材料,包括过渡金属氧化物,如氧化镍(NiO)、氧化钒

(V_2O_5)、二氧化钛(TiO_2)、三氧化钼(MoO_3),以及有机高分子材料,如聚苯胺(PANI)、聚吡咯、聚噻吩等。这些材料的发现为电致变色的应用提供了更多的可能性。20世纪80年代末,电致变色技术的研究取得新的进展。瑞典科学家C. G. Granqvist提出了电致变色智能窗(Smart Window)的概念,将电致变色技术与建筑节能领域结合。电致变色智能窗户能够根据外部光照条件自动调节颜色和透明度,以提高能源效率。这一概念的提出,使电致变色材料在商业领域有了更广泛的应用前景。

近年来,科技的进步推动着电致变色材料的应用领域的不断扩展。学术研究者们在不断探索新的电致变色材料和机制,以提高材料的性能和应用范围。例如,导电聚合物作为电致变色材料,因其高对比度、丰富的色彩选择以及记忆存储能力,在电子显示和存储行业展现出巨大的应用潜力。智能电致变色织物也成为研究的焦点,通过结合高科技传感器和传统材料,赋予织物智能变色功能。此外,电致变色技术的商业潜力正受到越来越多企业的关注和探索。一些国际知名企业,如美国的Gentex、德国的Merck等,在电致变色材料的技术研发、产能扩展和渠道建设等方面,都取得了显著成果。国内企业也在积极跟进,加强与高校和研究机构的合作,推动电致变色技术的国产化和市场化。例如,2008年波音787舷窗应用了EC技术,提高了乘客的舒适度。2017年,三星在智能眼镜上采用了电致变色技术,实现了VR/AR的实时切换。近年,OPPO、华为等手机厂商也开始发售应用电致变色技术的相关产品。

(一) 电致变色的机理

电致变色的实现主要依赖于材料电子能带结构的变化。当外加电场的强度改变时,材料电子的原始能级会经历一定程度的调整,这会导致材料的折射率和吸收系数发生变化,进而引发材料光学性质的改变。这种变化是稳定且可逆的,意味着一旦外加电场被移除,材料可以回复到原始的光学状态。

针对电致变色机理,研究人员提出一系列理论,在无机/有机材料中也有所差异。当前,普遍接受的无机材料变色机制是Faughnan的双离子注入/抽出模型,此外有Deb和Schiemer等模型。以WO_3为例,其变色原理如下:

$$WO_3(\text{无色}) + x(H^+ + e^-) = H_x W^{VI}_{(1-x)} W^{V}_x O_3(\text{深蓝色}) \tag{4-3}$$

这类阴极电致变色材料在受到负电压影响时,会吸引电子和阳离子的注入,导致材料着色;相反,在正电压作用下,电子和阳离子的释放则会使材料褪色。

有机材料的电致变色原理有多种,其中具备氧化还原活性的变色材料主要由杂原子和共轭环结构组成,紫罗精(1,1′-双取代-4,4′-联吡啶的季铵盐)是电致变色材料中的典型代表。在变色过程中,外加电场作用于这些材料时,电子会从透明的导电层转移到电致变色层,与此同时,电解质层中的电荷平衡离子也会向电致变色层迁移。在这一过程中,电子和离子的移动引发了电致变色材料内部分子或原子的氧化还原反应,这改变了材料中电子的能级状态。电子向更高能级跃迁时会吸收特定波长的光,而当电子回落到较低能级时，则会释放光能，导致材料颜色发生相应的变化。导电聚合物，作为一类有机高分子变色材料，其共轭 π 键的长链结构在电荷注入后会形成离域的共轭体系，促使电子在能级间发生跃迁，从而导致颜色变化。对于金属有机螯合物而言，其变色机制则是基于过渡金属的空轨道与有机配体的孤对电子之间的相互影响。这些材料在外加电场的作用下能够发生电子能级的跃迁或电子的得失之外，还需要具备与电解质或离子存储层中离子发生反应的能力，以实现颜色的变化。

着色效率(Coloration Efficiency, CE)是衡量电致变色器件(Electrochromic Device, ECD)性能的一个关键指标，它被定义为在特定吸收波长下，光调制程度与注入电荷量的比值，可按下式计算：

$$CE = \Delta T(Q/S)^{-1} \tag{4-4}$$

着色效率体现了单位面积上单位注入电荷产生的光调制效果。具体来说，式(4-4)中，ΔT 代表光调制范围；Q 表示注入的电荷量；S 表示器件的有效面积，通常等同于器件的几何面积。着色效率作为一个标准的性能评价参数，表明在相同的电荷注入条件下，CE 值较高的 ECD 能够实现更显著的光调制。换句话说，具备较高着色效率的 ECD，只需较小的电荷注入，就能达到相同的光调制效果，故而在能源利用上更为高效。这使得高 CE 值的 ECD 在节能应用中具有明显优势，如智能窗户和显示器等。

(二) 电致变色材料的种类

电致变色材料根据其组成和性质可分为无机和有机两类，常见的无机电致变色材料有氧化钨、五氧化二钒、氧化镍、二氧化钛等。有机电致变色材料主要分为有机小分子和高分子两大类。有机小分子电致变色材料，如紫精类化合物和三苯胺衍生物，在电极表面或溶液中能够发生颜色变化。与此同时，高分子电致变色材料以其多样化的形式和丰富的颜色变化而著称，典型例子包括聚苯胺、聚吡咯和聚噻吩等。

1. 无机电致变色材料

无机电致变色材料中，过渡金属氧化物利用其独特的电子结构展现出卓越的电致变色特性。在外加电场作用下，电子从价带激发至导带，产生电子-空穴对，这些电子和空穴的迁移会引起材料内部离子的重新分布。同时，过渡金属离子的价态也会发生变化，导致在同一材料中混合离子价态的共存。这种离子价态和浓度的变动会进一步引起材料颜色的变化。此外，过渡金属氧化物的电致变色过程也涉及氧化还原反应的发生。通电时，过渡金属氧化物会经历氧化还原反应，这导致材料内部离子的重新分布，改变了其对光线的吸收和反射特性，进而调节了材料的颜色与透明度。由于这一氧化还原过程是可逆的，通过调整电流的强度和方向，可以精确控制离子的排列，实现对材料颜色和透明度的调节。

拥有电致变色性质的过渡金属元素主要包括钛(Ti)、钒(V)、铬(Cr)、锰(Mn)、铁(Fe)、钴(Co)、镍(Ni)、铌(Nb)、钼(Mo)、铑(Rh)、钽(Ta)、钨(W)和铱(Ir)等，根据变色特性，它们可分为阴极型和阳极型两种。阴极型如三氧化钨（WO_3）在高价氧化态时透明，在还原态时显色。相对地，阳极型如氧化镍（NiO）在还原态时透明，在氧化态时着色。五氧化二钒（V_2O_5）因其既能作为阴极型也能作为阳极型电致变色材料而受到研究者的关注。这些元素在元素周期表中的分布如图 4-2(a)所示。

配位化合物也被称为络合物或配合物，是由中心原子或离子（通常称之为配位中心）和围绕它的配体完全或部分通过配位键结合形成的一类化合物。在配位化合物中，中心原子提供空轨道，配体提供孤对电子，其中用于电致变色材料的典型代表是普鲁士蓝（Prussian Blue, PB）。PB 的结构由 Fe(Ⅱ)和 Fe(Ⅲ)与氰基（—CN—）相互配位作用而构成，Fe(Ⅱ)和—CN—配位构成内配位层，通过离子键连接 Fe(Ⅲ)与 K^+ 组成的外配位层。这种结构赋予 PB 独特的电子排布和光学特性。放电时，PB 正极涂层通过钾离子（K^+）和电子（e^-）的共插入反应还原成无色的普鲁士白（Prussian White, PW）。其间，金属电负极失去电子并发生电化学剥离，以正离子形态进入电解液，以平衡正极反应过程中消耗的钾离子和电子，导致设备透明度增加或褪色。充电时，PB 涂层释放钾离子和电子，重新氧化成原始状态。同时，电解液中的正离子在外部电场作用下被重新电镀到金属电负极表面，设备颜色得以恢复。变色过程如下式所示：

$$Fe_4^{3+}[Fe^{2+}(CN)_6]_3(PB) + 4K^+ + 4e^- \rightleftharpoons K_4Fe_4^{2+}[Fe^{2+}(CN)_6]_3(PW) \quad (4-5)$$

2. 有机电致变色材料

有机电致变色材料通过电压调控其分子结构或官能团，实现颜色及光学调制范围的快速变化。这类材料以其快速的变色响应、显著的记忆效果、低能耗、丰富的色彩选择以及在不同状态下透过率的显著差异等优点而受到关注。代表性的有机电致变色化合物包括以下几类：

(1) 聚噻吩及其衍生物。这类有机聚合物拥有共轭结构，噻吩环通过 π 电子共轭体系连接形成分子链。其中，聚 3,4-乙撑二氧噻吩（PEDOT）是典型的电致变色聚噻吩材料。这种结构赋予了聚噻吩及其衍生物特殊的电子性质，允许它们在电场作用下发生氧化还原反应，引起电子得失和颜色的转变，通常表现出迅速的响应时间和高效的着色能力。

(2) 聚苯胺类化合物。此类化合物的分子链含有 π 电子离域，这些电子在主链的单双键交替结构中具有较大的离域范围。这种结构使得聚苯胺能够在电场作用下进行氧化还原反应，并伴随电子的转移。掺杂过程中，聚苯胺的电子数量保持不变，而是通过质子酸的掺杂引入 H^+ 和对阴离子（如 Cl^-、硫酸根、磷酸根等），这些离子与主链中的胺和亚胺基团的氮原子结合，形成极性结构，进而离域至整个分子链的 π 电子体系中。这一掺杂作用改变了聚苯胺的电子结构和光学特性，引起颜色变化。作为电致变色材料，聚苯胺以其可逆性、灵敏度、光电效应、原料易获取和合成方法简便等特性而受到重视。

(3) 紫罗精类化合物。此类化合物可呈现三种不同的氧化还原状态：全氧化态（透明无色）、半氧化态（带有分布的正电荷，颜色变化）及中性态。紫罗精分子接受一个电子时，会由全氧化态转变为半氧化态，即形成单价自由基阳离子。在此过程中，电子在分子中的特定原子（例如氮原子）间转移，引起电子结构和光学性质的变更，导致颜色的显著变化。这种颜色变化强烈依赖于取代基的种类和链长，使得研究者可以通过分子设计来调控紫罗精的电致变色效应。这类材料具有响应时间短、循环寿命长、色彩鲜艳、对比度高等优点。

(4) 四硫富瓦烯（Tetrathiafulvalene，TTF）。TTF 分子通过在富瓦烯的 2,2′-位引入硫原子，形成具有特殊电子特性的有机硫衍生物。这种独特的结构赋予 TTF 优异的电子性质，使其成为电致变色材料的理想选择。TTF 分子在还原态时可能呈现一种颜色，而在氧化态时则呈现另一种颜色。通过调控外加电场的强度和方向，可以控制 TTF 分子的氧化还原状态，从而实现颜色的可逆变化，而且这种颜色变化在外加电场移去后仍能保持稳定。这种材料通常具有较高的电化学稳定性和较长的使用寿命，因此在电致变色领域具有潜在的应用价值。

(5) 金属酞菁类化合物。这是一类具有金属离子和酞菁环结构的有机化合物，电场导致酞菁分子中的电子被激发至高能级，形成激发态。这种激发态的电子通过与金属离子之间的电子跃迁，将能量传递给金属离子。金属离子在获得能量后，会与其周围的分子或离子发生反应，产生光催化活性。这种光催化活性进一步促进了某种化学反应的进行，导致金属酞菁的颜色发生变化，这类材料通常具有良好的光电性能和稳定性。

(三) 电致变色纤维的分类

单一的电致变色层无法实现实际应用，需要组合基底层、电解质层等，构筑成电致变色器件。经典的电致变色器件结构如图 4-2(b)和(c)所示。目前的电致变色器件多为薄膜状和纤维状。薄膜状材料具有可控性高、能耗低、节能、材料种类和颜色变化丰富、可塑性强、反应速度快的优点，同时可能存在化学稳定性不好、透气性差及与基板无机材料黏附不牢等问题。纤维状材料具有高比表面积，可以负载更多变色单元，同时可以制备成纺织品，多孔结构可以提供透气性和舒适性，具有更广泛的应用。电致变色纤维根据其组成成分，可分为三类：单一电致变色纤维材料、复合电致变色纤维材料和纳米电致变色纤维材料。

1. 单一电致变色纤维材料

单一电致变色纤维材料是指直接将一种无机或有机的电致变色物质加工成纤维形态，形成电致变色装置。这种材料在制备过程中，通过特定的工艺，使得电致变色物质具备纤维状的结构，从而可以直接应用于电致变色设备。研究者通过设计纺丝工艺，调整参数，制备出性能稳定的六边形晶体 WO_3 纤维、单斜相氧化钨纳米棒 $W_{18}O_{49}$ 等电致变色纤维，或者将两性变色材料 V_2O_5 掺入甲基纤维素纺丝液，制成纤维膜，实现橙色、绿色、红色三色转换。除了无机材料，也有研究者采用静电纺丝技术将查尔酮衍生物制备

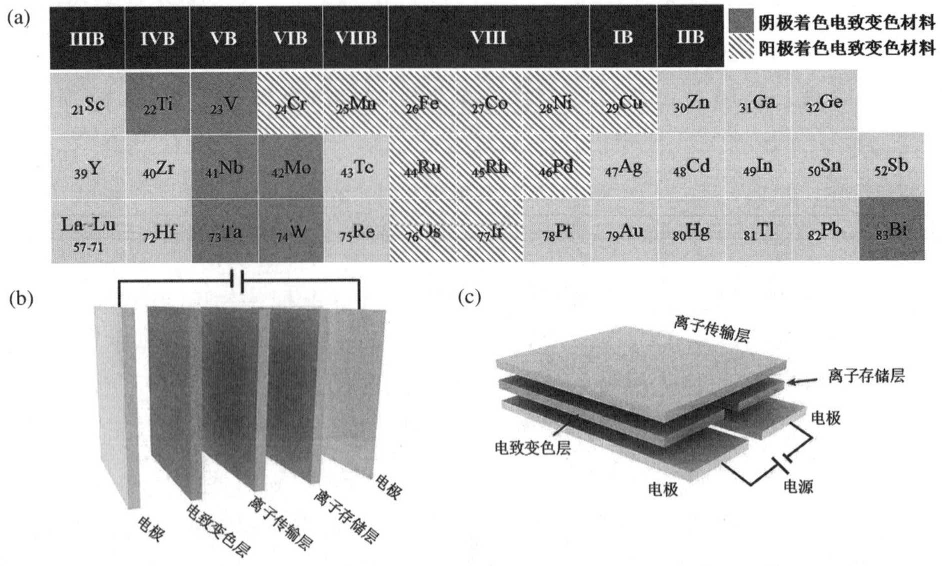

图 4-2 电致变色材料与器件

(a) 具有电致变色性能的过渡金属氧化物元素分布；(b) 经典的分层结构；
(c) 横向电致变色器件结构(五个功能层,包括两个电极、一个电致变色层、一个离子传输层和一个离子存储层)

成大比表面积的纳米纤维,这一纤维器件具有较短的离子扩散距离和较低的电荷转移电阻,响应速度快。但是,单一电致变色纤维器件的性能稳定性难以控制,大规模制备也难以实现,常需要复合其他材料,以弥补性能不足,优化电致变色性能。

2. 复合电致变色纤维材料

复合电致变色纤维材料是指由两种或两种以上物质构成的电致变色复合纤维体系。通过结构设计,这种材料能够融合各组分物质的优点,并通过组分间的协同作用,显著提升材料的循环稳定性与响应速度。研究者们通过掺杂无机金属氧化物,如 WO_3/TiO_2、WO_3/NiO、MoO_3/TiO_2 等,再化学沉积到纤维网上,其中像 WO_3 那样的多孔结构有利于电解质的渗透并减少机械应力,呈现出更为优异的电致变色效果。除了无机/无机体系,无机/有机复合体系也受到广泛关注,研究者们采用掩模逐层沉积法制备了并联式螺旋电致变色纤维,将 WO_3 和聚(3-甲基噻吩)(P3MT)分别沉积负载于聚氯乙烯(PVC)纤维上,再用高氯酸锂/聚甲基丙烯酸甲酯($LiClO_4$/PMMA)作为电解质覆盖整根纤维,实现了快速变色及出色的循环稳定性。

3. 纳米电致变色纤维材料

纳米电致变色纤维材料是将直径为纳米级的电致变色纤维嵌入电致变色器件,纳米材料的加入降低了电致变色器件变色层的刚性,同时纳米材料的高比表面积增加了电解质与变色材料的接触面积,表现为材料变色效率和循环稳定性的提升。研究者们将苯胺添加在电解质溶液中,构筑了电致变色器件,外加电流的作用使得苯胺在工作电极上聚合形成聚苯胺纳米纤维,其显著的高孔隙率和高比表面积提高了聚合物的掺杂率,进而提高了着色效率,同时极细孔径加速了变色反应,缩短了电致变色响应时间。

复合电致变色纤维材料解决了单一材料色速率相对缓慢、显色种类较为单一及电荷传输能力不足等问题,增强不同材料层间的黏合性是此类材料的研究重点,而高比表面积的纳米纤维材料则存在强度低、显色效果差的问题。

三、热致变色纤维

热致变色(Thermochromic, TC)现象描述的是某些特定物质在经历温度变化时,它们的颜色会出现变化,其变色类型有多种,如图 4-3(a)所示。背后的本质是材料内部包含一些特殊的发色团或结构单元,这些单元在特定的温度下会经历结构上的变化,如化学键的断裂与形成、分子间的排列与重排等。这些变化会影响物质对可见光的吸收和散射,导致其外观颜色产生相应变化。热致变色现象不仅与材料本身性质有关,也受到温度变化的幅度和速率及环境条件等因素的影响。

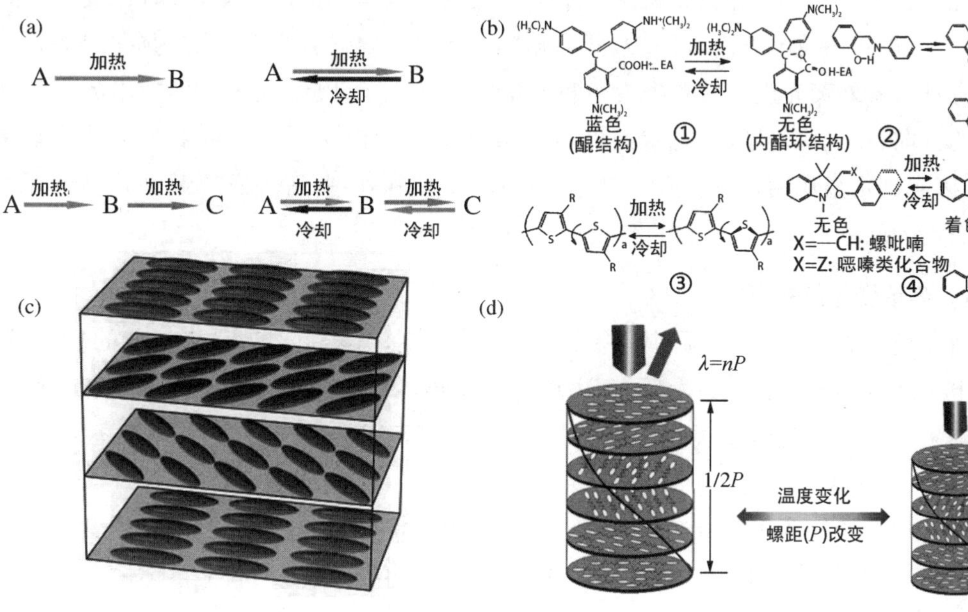

图 4-3 热致变色机理

(a) 热致变色材料的变色形式(A、B、C 分别代表三种颜色);
(b) 有机热致变色材料的分子结构变化机理,其中①结晶紫内酯的电子转移过程,
②n-水杨基苯胺的酮烯互变异构,③聚噻吩的构象变化,④螺吡烷的开环机理;
(c) 胆甾型液晶分子;(d) 胆甾型液晶热致变色机理

热致变色材料的研究起源可以追溯至 20 世纪三四十年代,当时德国首先开发了能够反映温度变化的涂料,这标志着热致变色材料研究的开端。随后,美国、日本、英国以及前苏联等国家也相继投入到热致变色材料的研制中,最初,热致变色材料的研究重点放在无机物、有机物、液晶、高分子聚合物和生物大分子这几类材料上。20 世纪 80 年代,

研究的重点逐渐转移到低温和可逆性热致变色材料上，特别是后者，因其在温度变化后能够回复原色而具有更高的实用价值和应用潜力。在中国，早期的研究主要集中在不可逆热致变色材料，主要用于温度指示。随着科技的进步和人们对热致变色材料性能要求的提高，研究者们也在不断探索和开发新型的热致变色材料。例如，江南大学王潮霞团队设计的新型茚并喹啉酮热致变色染料系统，可以通过更换溶剂，实现热致变色温度的调节，同时具备双重光学输出性能，进一步扩宽热致变色材料的应用。

随着科学技术的持续发展，热致变色材料的性能已经实现显著的提升。研究者们通过元素掺杂、多层膜结构设计、微结构设计等手段，有效解决了如本征相变温度较高、可见光透过率较低等技术瓶颈，从而提高了热致变色材料的耐候稳定性和颜色舒适度。同时，热致变色材料的应用也愈发广泛，极大地便利了我们的日常生产生活，例如，热致变色材料在智能窗户、智能玻璃等产品中可以根据外部光照、温度等条件实现自动调节，提供更好的舒适度和节能效果；随着电子汽车市场的不断扩大，热致变色材料在电子汽车领域的应用也逐渐增多。这些材料的使用不仅提高了汽车的能源效率，同时也提升了其智能化水平；在防伪技术方面，研究人员将光热致变色材料与激光全息防伪标签相结合，开发出既具有紫外荧光也具有热致变色特性的全息防伪烫印膜，这为防伪技术的进步开辟了新的方向；在光伏领域，在光伏组件内部或外部设置包含可逆热致变色材料的膜层或涂层，以起到示温作用，从而警示工作人员及时干预和处理，解决发热组件容易损坏甚至发生火灾的问题。

（一）热致变色的机理

热致变色现象，作为一种温度依赖性的光学特性变化，其原理是一个复杂的过程，涉及材料电子结构、分子结构、化学反应、物理相变及热传导性能等多个方面的变化。研究者们将热致变色机理大致归类为电子/质子得失机理、分子构型转变机理、几何结构变化、结晶水得失机理、液晶螺距变化等。

电子转移型的热致变色材料是该领域中应用最为广泛的，这类变色装置通常由电子供体（即热致变色染料）、电子受体（显色剂）和助溶剂构成。其中，电子供体的分子结构决定了材料在温度变化前后的颜色变化，电子受体的浓度影响颜色的深浅程度，而助溶剂的熔点则确定了变色的温度范围。显色剂和发色剂通过电子转移的平衡反应实现颜色的转变，例如结晶紫内酯（CVL）作为发色剂，双酚 A（BPA）作为显色剂，当溶剂熔融与凝固时，两者之间的电子转移会导致吸收光谱在紫外光区和可见光区移动，进而发生可见光范围内的颜色变化，如图 4-3（b）中①所示。当外界温度变化时，部分无机热致变色材料内部电子也会发生转移，新物质的生成伴随材料颜色的变化，例如升温会将 $PbCrO_4$ 的 Pb^{2+} 氧化成 Pb^{4+}，两者因晶型不同而表现出不同的颜色，而温度降低时 Pb^{4+} 又被还原，颜色恢复。大部分无机可逆热致变色材料是金属离子氧化物，并且相当一部分是重金属离子化合物，其变色机理多与晶格、配位体几何结构等有关。尽管具有变色/复色时间短、变色温度低等优点，但重金属离子化合物具有致癌可能性，不适用于功能纺织品。过渡金属复合物的变色主要源自电子的转移过程，这种转移可以归纳为四种主要形式：由配位场引起的电子转移（d-d 跃迁）、电荷转移（CT）、价层电子的跃迁（IT）以及成键与反键轨道间的电子移动（b-a 跃迁）。

除了电子转移，在温度上升过程中，材料中的质子迁移也会改变分子结构，从而引发一种可逆的热致变色效应。席夫碱化合物的变色现象正是基于这种机理而形成的。如图 4-3(b)中②所示，水杨醛乙酰胺这种席夫碱含有羟基（—OH），能够形成分子内氢键。当温度升高时，质子迅速从氧原子转移到氮原子，导致水杨醛乙酰胺的烯醇形态转变为另一种形态，进而引起颜色的变化。

共轭聚合物的变色通常由立体构型的变化引起，例如聚噻吩在较低温度下，分子内含有的五元杂环共轭结构保持在一个平面上。然而，随着温度升高，C—S 键开始发生扭曲，导致平面的共轭单元转变为三维空间结构，进而引起变色，如图 4-3(b)中③所示。

螺吡喃和噁嗪类化合物主要通过分子的开环和闭环反应来实现颜色变化，如图 4-3(b)中④所示。随着温度升高，这些分子中的 C—O 键断裂，促使碳原子从 sp^3 杂化状态转变为 sp^2 杂化，并构建起共轭体系，从而引起颜色的可逆转变。

部分含结晶水的金属盐，在升温过程中会失去结晶水，发生颜色变化，当温度降低后，会重新吸收结晶水，颜色恢复，实现对温度的响应。这类材料对环境温度的响应敏感，但易受湿度影响，且复色周期长。例如，硫酸铜晶体在升温过程中失去结晶水变为白色，温度降低时晶体吸水又恢复为蓝色，常用于环境温湿度检测。

胆甾相液晶的螺纹距与可见光波长处于同一数量级，因此在发生布拉格衍射时会反射特定波长的光，而温度变化会影响胆甾相内部螺距。严格来讲，胆甾型液晶的热致变色属于结构色变色。升温会加剧胆甾相螺旋程度，导致其反射光波长发生蓝移，颜色从红色向紫色渐变。相反，当温度降低时，胆甾相液晶的分子结构会发生解旋，导致反射波长发生红移，从紫色向红色渐变。

（二）热致变色材料的种类

热致变色材料的变色过程可逆与否，取决于引发变色的内在机制。当温度变化导致材料结构发生可逆性的调整，如晶胞的膨胀与收缩，或有机化合物分子结构的可逆转变时，热致变色现象便呈现为可逆，否则不可逆。除此之外，随着温度的连续变化，热致变色现象可以呈现出连续性的颜色变化。这种连续性变化通常归因于材料内部结构的持续调整，如晶胞尺寸的逐渐变化，或是分子间相互作用的微调，这一行为不仅展现了热致变色材料对温度变化的敏感性，同时揭示了其内部结构的动态调整能力。此外，在某些特定情况下，热致变色现象可能表现为在达到某一特定温度点时的突然颜色转变。这种突变通常与材料的相变过程相关，即材料在特定温度下发生从一种物理状态到另一种物理状态的转变。相变的发生往往伴随着显著的结构或电子态变化，从而导致颜色的突然转变。这种现象不仅增强了热致变色材料在温度感知方面的灵敏度，也为其在温度指示、热控制等领域的应用提供了可能。

除了按照颜色能否恢复区分为可逆/不可逆热致变色材料，热致变色材料还可根据变色发生的温度区间被划分为低温型（<100 ℃）、中温型（100～600 ℃）和高温型（>600 ℃），也可以根据材料在特定温度范围内发生颜色变化的次数分为单变色型和多变色型，但常见的是根据材料的组成和性质分为无机化合物、有机化合物、液晶类热致变色材料。

1. 无机化合物类

无机热致变色材料涵盖了金属碘化物、多种复盐、过渡金属的化合物、不同的金属合金以及金属氯化物等类型。其中，钒氧化物类材料是较为典型的一类。例如，二氧化钒（VO_2）在高温下会呈现出深蓝色，而在较低温度下则变为黄色至无色。这种颜色变化是由材料内部的电荷分布和电子态变化所导致的。类似地，钒酸铋（$BiVO_4$）等钒氧化物也表现出类似的热致变色特性。除了钒氧化物，碘化物类材料也是无机热致变色材料的重要组成部分。例如，碘化汞银（Ag_2HgI_4）、碘化汞（HgI_2）、碘化银（AgI）等化合物，它们的颜色变化通常与温度引起的化学反应或物理相变有关。此外，钙钛矿类材料也是一类具有热致变色效应的无机化合物。如氧化镧锰（$LaMnO_3$）和氧化钕镍（$NdNiO_3$）等，它们通过改变晶体结构或电子状态来实现颜色的可逆变化。

无机材料的热致变色机制是多样化的，主要包括晶型转变、配位几何体的变化以及配位溶剂分子数的变动。某些化合物的颜色变化可能还涉及到有机金属分子在溶液中的结构平衡或络合平衡的重新调整。这种平衡状态的调整可能会改变分子的电子结构，进一步影响其对光的吸收和反射特性。还有一些化合物的颜色变化则是通过物理或化学过程进行的，如升华、熔融、分解、化合以及氧化还原反应等。这些过程可能会改变物质的结构和性质，从而导致颜色的显著变化。

这类化合物通常具有良好的物理化学稳定性、耐久性、耐光性和加工性。尽管无机热致变色材料种类繁多，但大部分材料的热致变色温度较高（通常高于 100 ℃），这在一定程度上限制了它们在多功能智能窗、直接与皮肤接触的温度传感器等领域的应用。因此，研究和开发具有较低热致变色温度的无机材料是当前的一个研究热点。

2. 有机化合物类

有机类热致变色材料通常通过改变其分子结构或电子状态来响应温度变化，从而展现出不同的颜色，典型变色过程的分子结构变化如图 4-3(b)所示。有机热致变色材料主要包括螺环类、双蒽酮类、席夫碱类、荧烃类、三苯甲烷类等多种化合物。

有机材料中，一些化合物在受热时会发生组成或结构上的变化，从而产生可逆的颜色变化，这类物质可以单独作为热致变色材料，被称为单一组分化合物，如席夫碱、螺吡喃和噁嗪衍生物、含碳碳双键的多环芳烃化合物，以及一些具有共轭结构的聚合物。与此相对，另一类物质在受热时本身不发生颜色变化，但当它们与特定的其他化合物混合时，由于两者之间存在相互作用，故而会引发热致变色效应。这类混合物被称为多组分复合物材料。

螺环类化合物是较为常见的一类有机热致变色材料，它们随着温度的升高或降低，其分子结构会经历螺旋程度加剧或解旋的过程，从而导致反射波长的蓝移或红移，实现可逆的颜色变化。此外，一些有机分子含有特定的官能团，例如碳碳双键（C═C）和碳碳三键，这些官能团具有使酸性高锰酸钾溶液和溴水失去颜色的能力，并能与氢气、液溴等发生加成反应。这些官能团在温度变化时可能发生变化，从而影响化合物的颜色。尽管有机可逆热致变色材料以其敏感的颜色变化和多样的色彩而受到青睐，但它们在耐酸、耐碱、耐溶剂以及耐热性能上存在不足，在纺织品中的应用常需借助微胶囊技术，详见本节第五部分。

3. 液晶类

液晶是一种在一定温度范围内呈现出介于晶体和液体之间介晶态的有机化合物。在这种状态下，液晶分子有序排列，既有液体的流动性，又保留了部分晶体的光学特性和电学特性。胆甾型液晶属于液晶的一种独特形态，其分子在固态晶体中呈现扁平状，并且以层状方式排列，每层分子相互平行。在每一层中，分子的长轴都与层的平面保持平行对齐。相邻层之间，分子的长轴方向有细微的偏转，形成沿垂直于层方向的螺旋形排列，内部分子结构如图 4-3(c)所示。该类液晶的螺旋间距大约为 300 nm，与可见光谱的波长相近，且这一间距能够随着温度和电场的变化而调整，使其成为热致变色材料的一种。

热致变色液晶通常指胆甾型液晶，这类液晶对温度极为敏感，主要由胆固醇作为基础原料，再与油酸、苯甲酸、壬酸等有机酸反应生成的酯类物质。温度变化时，胆甾相液晶的螺距会发生可逆变化，如图 4-3(d)所示，颜色从低温下的红色逐渐转变为黄色、绿色、蓝色，最终成为高温下的紫色，这一过程是可逆的。这类材料变色灵敏、颜色恢复迅速，但成本高，同时易受化学物质影响。

（三）热致变色纤维的分类

热致变色织物在日常生活中的应用广泛，对其性能要求尤为严格。为确保织物的长期耐用性、安全性及变色特性与人体体温和大自然温度相契合，制备热致变色纤维时，通常优选可逆类、低温型的热致变色材料。这类材料能够在温和的温度范围内展现出显著的变色效果，且具备稳定的可逆性，使得织物在经历多次温度变化后仍能保持原有的变色性能。此外，这些材料的安全无害特性保证了其在日常生活中应用时不会对人体健康造成任何潜在威胁。根据纤维组分，将热致变色纤维分为以下三类：

1. 单一热致变色纤维材料

无机热致变色材料在纺织领域的使用受到限制，这主要是因为它们的变色反应通常需要在液态环境中发生，或者依赖于高温条件来激活，同时某些材料的颜色变化是不可逆的。理想的热致变色温区应覆盖人体穿着的常规温度范围（−10～35 ℃），以提供智能变色纺织品最佳的视觉效果和实用性。此外，无机类热致变色材料所使用的化合物多数具有毒性，因此其应用多局限于热指示涂料或试温笔等领域，而在纺织品中的应用则受到了较大限制。胆甾型液晶材料以其高灵敏的变色特性及丰富的颜色表现而备受关注，但成本较高不适合大规模生产应用，此外，液晶纤维的化学稳定性相对较差，容易受周围化学物质的影响，这进一步限制了其应用范围的拓展。相比之下，有机可逆热致变色材料不仅展现出同样灵敏的变色响应和快速的复色能力，而且具备低成本和人体无害的优点。因此，在制备功能纤维的过程中，有机类热致变色材料以其卓越的性能和成本效益成为了最佳选择。

在有机热致变色材料制备方面，研究者们探索了多种合成策略来制备有机热致变色纤维材料。他们通过精确控制有机分子的结构和组成，实现了对材料热致变色性能的精确调控。引入新的有机发色团或调整纤维的微观结构来提高了有机热致变色纤维的变色温度范围、色彩鲜艳度和稳定性。同时，他们还研究了纤维的力学性能和加工性能，以确保材料在实际应用中的可靠性和实用性。例如，上海科技大学凌盛杰团队基于天然蚕丝开发出可规模化生产的热致变色纱线，通过建立理论模型优化相关生产参数，达到不同种类表面涂层的均匀性的提升。在连续化纺丝过程中，研究人员还利用溶剂对蚕丝表面进行可控部分溶解，来增强热致变色涂料与蚕丝纤维的界面结合作用，提升复合纤维的界面稳定性，保持了原蚕丝纤维的主体结构和优异的力学性能。

2. 复合热致变色纤维材料

在材料制备方面，研究者们通过合成工艺改进和材料配方优化，致力于提高复合热致变色纤维的性能和稳定性。例如，通过精确控制纤维的微观结构，提高了响应温度的精确度和响应颜色的灵敏度。南开大学马儒军团队制备了一种可以连续化生产，具有核壳结构的热致变色导电纤维，采用湿法纺丝制备了高电导率的银-聚氨酯（Ag-PU）复合导电纤维，并通过电泳沉积制备了热致变色壳层实现温度分布的可视化。同时，研究者们还探索了复合热致变色纤维的功能多元化，尝试赋予其导电、抗菌等功能，从而实现在同一纤维上的多功能集成。除了传统的温度传感器和智能纺织品应用外，研究者们还探索了其在医疗、环保和军事等领域的潜在应用。例如，在医疗领域，复合热致变色纤维可用于制作能够实时监测患者体温的医用敷料或服装，为医护人员提供准确的体温数据，有助于及时发现并处理异常情况。或者是利用光动力/光热效应相结合的自消毒纺织材料，防止微生物感染。在环保领域，这种材料可用于制作能够反映环境温度变化的环保材料，如变色涂料、热敏纸等，从而实现对环境变化的实时监测和预警。在军事领域，复合热致变色纤维可用于制作伪装材料，通过改变颜色来适应不同的环境背景，提高军事装备的隐蔽性。

热致变色与电致变色经常结合使用，在电热致变色纤维材料的研究中占据重要地位。基于电热致变色机制的织物会在预织或绣有导电纱线的基布上涂覆热致变色涂料，其变色机制是通过在织物底层的导电纱线上施加电压，利用纱线产生的电阻加热效应，进而通过热扩散至导电纱线附近的热致变色涂层，促使涂层因受热而发生颜色变化。然而，这类织物的性能可能会受到环境温度等因素的影响。

3. 纳米热致变色纤维材料

纳米级热致变色纤维可通过静电纺丝工艺生产，如弗吉尼亚联邦大学的科研团队选择胆固醇苯甲酸酯(CB)、胆固醇壬酸酯(CP)和胆固醇油酸酯(COC)作为热致变色成分，结合聚乙烯吡咯烷酮(PVP)作为纺丝溶液的基础材料，并对比了共混静电纺丝技术和同轴静电纺丝技术。在共混电纺丝过程中，分子间的相互作用对于纤维的形成起到了关键作用。相比之下，同轴静电纺丝技术生产的纤维具有更高的额定纤维生产率，且所制备的纤维在变色灵敏度上表现出优越性。这项工作采用液晶与溶剂作为芯材的同轴静电纺丝技术成功制备了热致变色液晶纳米纤维，在纺丝过程中成功保留了液晶的热致变色特性。

静电纺纳米纤维具有通过负载相变介质或利用膜微孔尺寸与能量波长的相关性实现调温变色的特性，展现出丰富的颜色变化。然而，其微结构控制的困难以及产量低下等因素直接制约了其在广泛领域的应用。因此，尽管静电纺纳米纤维具有调温变色的潜力，但其在实际应用中仍面临诸多挑战。

四、其他变色纤维

除了常见的光学信号、电学信号和环境温度，智能变色纤维材料也常用于响应环境湿度和酸度等，同时可利用其结构对形变的颜色响应设计开发结构色变色纤维，用于感应力学、磁场及温度等环境信号。

(一) 湿致变色纤维

湿致变色材料，也称为湿度响应材料或水致变色材料，它在接触水分时，其光谱的吸收和发射特性以及颜色或荧光强度会发生显著变化。这种材料具有环境友好、易于清洁、高对比度色彩变化、响应快速以及应用范围广泛等特点，显示出巨大的应用前景。有机湿致变色材料通常包含能够与水分子发生作用的官能团，如水杨醛类化合物、含氮杂环化合物等。它们在吸水或水分子作用下会发生结构变化，引起颜色或荧光的变化。例如韩国忠南大学的研究团队合成了一种对称的二乙炔单体(DCDA-HC2)，该单体包含咪唑离子，对水分具有高灵敏度。通过喷墨打印制成涂布纸，可以实现自来水笔书写或水蒸气下图案的复现，如图 4-4(a)所示，变色机制在于与水分子相互作用引起的结构构象变化。此外，某些金属氧化物或氢氧化物在吸湿后会发生颜色变化，例如氧化铁、氧化铜等。有机-无机材料结合了有机和无机材料的优点，通过特定的化学设计，提高了湿致变色效果和稳定性。水分子引起变色的机理有多种，其中物理吸附通常涉及材料表面对水分的吸附，导致光学性质的变化，例如钙钛矿材料在接触水后发生相转变，引起荧光特性变化的现象；化学吸附是指材料中的官能团与水分子发生化学反应，导致结构和颜色的变化，例如碘化镍(NiI_2)材料在吸收水分后转变为 $NiI_2 \cdot 6H_2O$，从而发生颜色变化；氢键作用在湿致变色材料中起着关键作用，特别是手性液晶材料纤维素纳米晶，其变色原理基于手性分子各向异性的存在，材料的特性参数很容易受到湿度变化的影响，溶剂效应则是涉及水分子作为溶剂影响材料分子的排列和荧光发射。

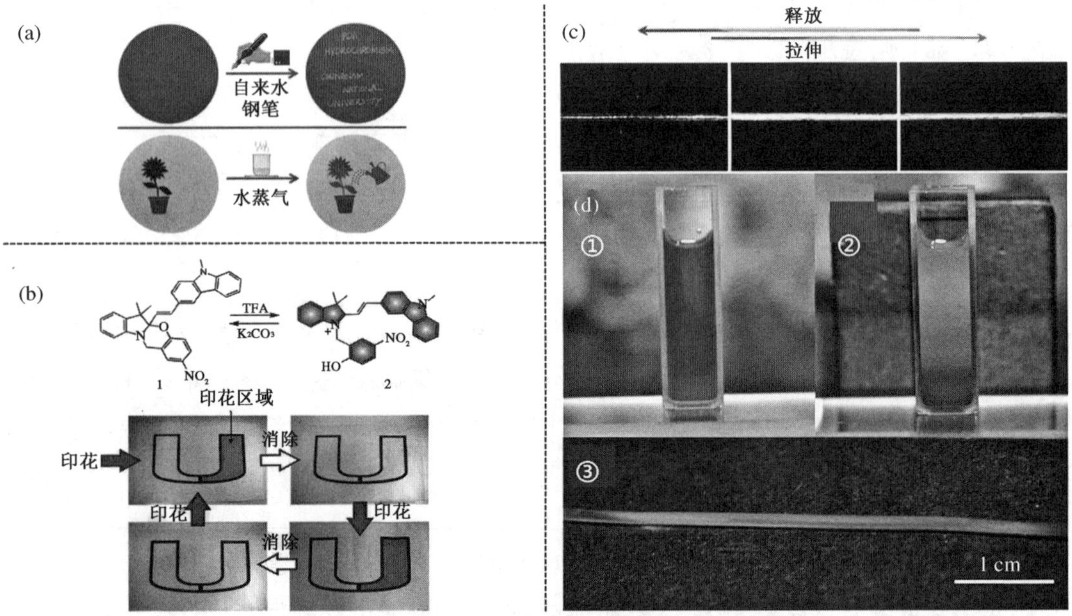

图 4-4　智能变色产品

(a)湿致变色涂布纸，可实现自来水笔书写和水蒸气显像；
(b) 噁嗪衍生物酸致变色机理及颜色变化；
(c) 纤维在拉伸回复过程中呈现颜色变化；
(d) ①没有施加外磁场，②施加 250 mT 外磁场下乙二醇中的 Fe_3O_4@C SCNCs，③宏观尺度的结构彩色纤维

将湿致变色材料制成纤维形态或染料用作织物涂层可以将这种智能材料应用到个性化健康监测和环境监测等智能纺织品领域。静电纺丝技术生产的纤维膜因其较大的比表面积，为分析物质的相互作用和信号传递提供了充足的活性位点，这使得它们非常适合用来制造高灵敏度、快速响应的湿度传感器。为了能够迅速接触到环境中的水分以提高灵敏度，湿敏变色材料更多地作为变色涂层应用于纺织品的印花加工，例如日本大日精化工业公司开发的 Seilkaduel Colour 产品，在干燥时呈现白色，而在湿润状态下能够展示出可逆的颜色变化。类似地，日本御国色素公司推出的 SAMedium9208 产品，在干燥状态下同样显示为白色，湿润后则变为透明，遮盖其下的图案。

(二) 酸致变色纤维

酸致变色材料能够在接触酸性或碱性环境时发生颜色或荧光强度等的变化，主要由分子间可逆质子交换以及酸碱反应的结构重排或构象变化引起的，这些变化通常与材料

分子结构中的酸碱敏感基团有关，例如氨基、吡啶基或其他含氮杂环等。酸致变色材料通常含有可逆质子化/去质子化的碱性部分，如吡啶、喹啉、喹喔啉、唑、胺衍生物等。它们在酸或碱的作用下，会发生结构变化，引起荧光光谱变化，其中恶嗪基分子最具代表性，其具有的C—O键在酸刺激下发生断裂开环，导致颜色变化，经碱性物质触发后分子重新回到原先闭环状态，如图4-4(b)所示。又如苯并噻唑基团在酸刺激下被质子化，会导致分子结构和荧光发射颜色的变化。甲酚红和百里香酚蓝是两种常用的酸碱指示剂，它们属于三芳基甲烷类染料，具有较小的变色范围、高灵敏度以及鲜艳的颜色。此外，从紫薯中提取的花青素作为一种天然的色素，因其可逆的变色特性、明显的视觉效果和对环境友好的特性，被用作一种绿色且环保的酸敏变色材料。

酸致变色材料常用作pH响应染料，可以直接涂覆在织物表面进行染色，采用交联等方法对纤维主链进行改性或者作为填料添加到纺丝过程中，实现酸致变色纺织材料的制备。染色作为简单直接的后整理方式常用于织物的功能改性，例如陈莉等人选择姜黄染料对蚕丝织物，随着pH值增加，织物的颜色会从黄色变到橙色再到红棕色，尤其在碱性环境中，颜色的转变更为显著。黄逸武等使用pH指示剂甲基橙、铬黑T对莱赛尔织物等进行染色，实现在不同pH值环境下的颜色响应。为了降低涂层对织物穿着舒适性的影响，同时减少染料的脱除，研究人员致力于在纤维层面实现酸致变色改性，采用化学方法将染料接枝到聚合物主链上或通过物理共混实现pH指示剂在纤维内部的分散。例如，冒海燕等将芦荟大黄素作为pH敏感基团共价键合到聚氨酯分子链中，增强了材料的光稳定性和pH值响应性能。

（三）结构色变色纤维

光线与物质的相互作用，构成自然界丰富的色彩，根据产生机理不同，广义上可将由于元素电子产生的颜色归纳为化学色，而由于结构对光的物理效应产生的颜色则被归纳为物理色。化学色即色素色，不同色素分子通过对特定波长（频率）的光线进行部分吸收，透射和反射，分子中的电子发生不同的化学行为并呈现不同的颜色（如蔬菜、水果、宝石及极光等的颜色）。色素分子对光的吸收和反射在各个方向是一致的，所以色素色没有角度依赖。一些色素分子在外界刺激下还会发生氧化还原态的转变，造成颜色变化，这一特性也被用来制备智能变色材料，但与此同时，色素分子容易发生化学反应而导致褪色。物理色也就是结构色，此类物质本身不含任何色素分子，单纯由其物理结构对光进行色散、折射、衍射、干涉而产生颜色。结构色可由光的干涉、衍射、散射、反射等产生，按物理结构可分为薄膜干涉（如肥皂泡）、多层干涉（如猫眼的绿光）、衍射光栅和光子晶体等几种光学现象。不难发现，光致变色、电致变色和热致变色多为化学色的变化，而由于外界刺激，物质内部结构发生变化，由此引起的物质颜色变化则是结构色的变化。结构色变化多发生在机械致变色以及磁致变色等智能材料中。为了解决色素色变色材料易褪色的缺陷，利用外界刺激源引起变色材料内部结构变化来构筑结构色智能变色纤维的思路,也受到广泛关注。

目前,大多数机械变色效应主要通过应力作用于光子晶体结构实现颜色的变化。对于机械变色纤维,其变色原理是由于拉伸、弯曲或按压等外力作用于纤维,导致纤维表面或内部结构发生相对位移。这种结构上的改变会引起纤维的布拉格反射光谱变化,进而产生视觉上的结构色差异。复旦大学彭慧胜团队基于此原理制备了一种新型机械变色纤维,该纤维通过在聚二甲基硅氧烷(PDMS)基材上沉积有序排列的碳纳米管(CNTs),并在其表面进一步沉积聚苯乙烯(PS)微球而实现,最后再次嵌入 PDMS,制备成机械变色光子晶体纤维。这种纤维具有独特的芯-鞘结构和弹性基质,拉伸和释放过程中能够在红色、绿色和蓝色之间快速变化,并且具有高灵敏度和完全可逆性,可以通过调整 PS 微球的直径以及微球之间的中心距,精确调控纤维的反射光谱,进而控制纤维的颜色,纤维可在拉伸回复过程实现颜色变化,如图 4-4(c)所示。英国埃克塞特大学的 Peter Vukusic 团队,受珍子木果实同心层状结构启发,采用玻璃纤维作为芯纤,外围缠绕不同折射率的聚二甲基硅氧烷(PDMS)与聚异戊二烯-聚苯乙烯三嵌段共聚物(PSPI)的交替层,制造出一种具有可调节光子带隙的柔性纤维。在去除或溶解作为内芯的玻璃纤维后,通过轴向拉伸,形成了由这两种弹性材料构成的中空光纤,该光纤能够发生弹性变形实现纤维的多系变色。该纤维展现出的机械柔韧性和弹性,以及其亮丽且可调的色彩特性,在开发智能化和色彩变化丰富的纺织材料方面展现出巨大潜力。

磁致变色技术基于光子晶体在外部磁场作用下,其有序结构会发生改变的原理。这种结构变化会改变光子在晶体中的传播路径,导致材料颜色的明显变化,因此该特性在磁场可视化响应方面有着广泛的应用。韩国国立首尔大学 Sunghoon Kwon 教授报道了一种创新的微流控光学合成方法,该技术能够制造出可以动态调整大小和颜色的磁性彩色微球。东华大学李耀刚团队制备了一种弹性的、具有可逆结构色的磁致变色纤维,利用外部磁场,Fe_3O_4@C 超顺磁性胶体纳米晶体团簇(SCNCs)形成一维链状光子晶体结构,并被固定在聚丙烯酰胺的聚合物矩阵中。当纤维在水平方向受磁场作用或应力作用而被拉伸或挤压时,纤维在垂直方向的尺寸减小或增大,从而可以通过基质的弹性变形可逆地改变链状结构中每个球体之间的中心距离,导致结构彩色纤维展现出从红色到绿色变化的鲜艳色彩,如图 4-4(d)所示。

当然,结构色变色并非只能用于机械致变色和磁致变色,利用物质热膨胀前后对入射光的折射行为的变化可以实现对温度的结构色响应。上海交通大学张旺的研究团队将蝴蝶翅膀封装在玻璃夹层中,注射乙醇用作折射率介质,提出通过外部热刺激调节蝶形光子晶体结构内部的环境折射率,实现了热致变色效应的可逆调节。智能变色材料可以用于可视化响应多种信号,制备成纤维纺织品被广泛应用于可穿戴领域,同时响应不同刺激源的智能变色纤维也各有优缺点。例如尽管电流刺激被广泛认为是一种能够主动精确控制颜色变化的技术,但变色纤维的制造过程却因多层结构而变得复杂。这些构造涵盖导电层、光催化层、热致变色层及封装层等,为纤维的连续化和大规模生产带来挑战。同时，这些纤维需要的驱动电压较高，往往超出安全电压标准，这进一步限制了它们的潜在应用场景。

综上，将这些智能变色纤维进行对比，总结出它们各自的优缺点（表 4-1）。

表 4-1　响应不同刺激源的智能变色纤维的优缺点

刺激源	优点	缺点
光致变色	可以自适应环境，变色抗电磁干扰，分辨率高	耐久性差
电致变色	可通过电信号精确控制颜色变化，响应快	驱动电压较高
热致变色	结构简单，变色范围广，用于温度警示等	易受环境干扰
湿、酸致变色	易于集成，无需能源输入	易受环境干扰，颜色选择有限
力致变色	可快速识别结构受力状态	要求纤维力学性能好，可重复受力
磁致变色	可远程控制，精准响应磁场	封装困难易泄露

五、变色纺织品的生产工艺

智能变色纤维的引入为纺织品生产带来了革命性的创新。这些纤维能够响应环境变化，如温度、湿度、光、pH 值或机械力，实现颜色或图案的变化，从而为传统纺织品增添了动态和互动的特性。在生产工艺中，变色纺织品的开发途径主要有两种，一是制备智能变色纤维再经由传统纺织技术开发成智能变色纺织品；另一种是采用染色或功能印花等后整理工艺赋予成型织物对光、电、热等信号的变色响应性。

（一）变色纤维的生产工艺

智能变色材料在可穿戴设备中有巨大的应用前景，而除了将其采用后整理结合到织物上，更重要的是将变色材料直接结合到纤维上，制备成智能变色纤维再进一步制成织物以最大程度保留材料的变色性能，减少后整理工艺等对织物服用性能的耗损。目前常用溶液纺丝、熔融纺丝、接枝聚合以及染料后整理等方法制备智能变色纤维。

在溶液纺丝过程中，可以将变色物质直接混入纺丝液，随后通过喷丝孔挤出并在凝固浴中固化，最终进行缠绕，以形成纤维；或采用同轴纺丝法，将变色物质引入纤维。例如美国弗吉尼亚联邦大学的研究团队制备了由胆甾醇苯甲酸酯、胆甾醇戊酸盐和胆甾醇油酸酯组成的三元热致变色液晶，将其作为芯层，同时将聚乙烯吡咯烷酮作为鞘层，通过同轴静电纺丝将热致变色液晶引入纤维，并且保持了液晶的热致变色性质。

熔融纺丝技术可以通过不同的方法实现，包括直接聚合、共混纺丝以及皮芯复合纺丝等。聚合法通过化学合成将光致变色化合物整合到高分子聚合物的分子结构中，随后利用纺丝织造工艺制成具有快速响应特性的纤维织物。共混纺丝技术涉及将变色性聚合物与常规聚合物如聚酯、聚丙烯、聚酰胺等混合，在熔融状态下进行纺丝处理。此外，还可以将可逆变色化合物均匀分散在与纺丝高聚物相容的树脂中，形成着色母料，随后与上述聚合物混合熔融纺丝。而皮芯复合纺丝工艺则采用含有热敏成分的芯材和普通纤维皮层,通过共熔纺丝工艺制备出具有热敏变色特性的皮芯结构复合纤维。这种方法能够结合不同材料的特性,创造出具有特殊响应性能的纤维材料。

染料后整理则是将变色基团或化合物通过化学键结合到聚合物的分子链上,或是涂层在纤维表面,使得纤维织物上覆盖有变色材料,这样制备的纤维能够在外部刺激下呈现颜色变化。该方法操作简便,对生产条件要求不高,对纤维的物理性能影响较小,但由于变色组分仅接枝在纤维表面,可能导致颜色变化效果的持久性不佳。近年来,在该方面的研究报道也有很多,例如上海科技大学凌盛杰团队利用溶剂对蚕丝表面进行可控部分溶解,增强热致变色涂料与蚕丝纤维的界面结合作用连续制备了热致变色纱线。

通过纺丝法生产的变色纤维虽然在触感上性能优异,但其快速响应特性可能会受到聚合物化学结构和织物微观结构的影响。因此,需要根据聚合物的类型和纤维的微观形态进行有针对性地选择和应用。熔融纺丝技术在生产过程中需在高温环境下操作,这要求所用的变色材料必须具备良好的耐高温特性,这一条件限制了可用材料的种类和应用范围。后整理技术则是通过将纤维浸泡在含有智能变色化合物的溶液中,利用价键作用在纤维表面形成涂层,从而使纤维获得智能变色的功能。后整理技术因其出色的耐疲劳性而受到青睐,该方法处理的纤维在常温下可维持至少半年的变色效果,适用于服装、纺织品等日常生活领域,为产品增添了视觉吸引力。这种方法是在纺丝之后对织物进行处理,避免了高温纺丝可能对变色化合物和聚合过程造成的不利影响,同时也减少了对织物力学性能的损害。然而,根据服装卫生标准的评估,通过这种方法处理的智能变色织物可能残留的化学助剂和试剂很难满足国家的规范标准,这限制了其在服装和家用纺织品行业的应用和发展,目前主要应用于工业用纺织品领域。

(二) 变色织物的生产工艺

由变色纤维制造的纺织品具有良好的触感和优异的耐洗耐磨特性,但其生产工艺相对复杂,通常需要经过常规机织、针织或编织等工艺实现智能变色纺织品的制备。当前主要的织物上色技术包括接枝、染色、印花和纺丝等方法。织物的接枝技术与纤维后整理染色过程相似,涉及将具有变色特性的官能团或分子通过化学键合固定在织物的高分子链上,赋予织物变色功能,使其在受到特定外界刺激时能够迅速改变颜色。

染色技术是一种历史悠久且操作简便的方法。它通过使用变色材料对织物进行染色处理,使其在特定外部刺激下发生明显的颜色变化。然而,各种变色材料对刺激的响应能力各不相同。为了获得理想的颜色变化效果,需要选择色变范围广、色泽鲜明的变色染料,并与常规染料混合以实现所需的色彩搭配。尽管基于染色法的变色材料应用不需要对现有的染色工艺和设备进行改动,但仍需面对染色牢度不足的问题。直接染色的变色材料在面对多变的环境条件及染整过程中使用的化学助剂时,其耐用性能可能会受到影响,导致穿着性能下降,某些油性的变色材料甚至难以直接染色到织物上。因此,在应用变色材料时，需要综合考虑其染色牢度和环境适应性，以确保最终产品的性能满足要求。

与染色法相比，印花法因其流程简洁和操作方便而更受青睐。它不仅易于控制印染材料的使用量，避免了不必要的浪费，而且不依赖于昂贵的设备，对织物的类型也没有特别的限制，是一种经济而高效的印染手段。这种方法主要将变色材料与黏合剂和增稠剂按比例混合形成印花糊，接着使用专门的印花模具将图案转印到织物上，从而使织物具有变色的特性[39]。这种方法对织物种类没有限制，适用于包括棉在内的多种面料，具有广泛的适用性。

由于外部环境的不确定性以及在不同溶剂条件下，如 pH 值、氧化作用、温度和溶剂极性等因素的影响，在整理加工过程中，变色化合物容易发生劣质变化，导致无法变色或产生不可逆转的颜色变化。这些问题会降低材料的耐疲劳性能和穿着舒适性，缩短智能变色材料的使用寿命，使其抗疲劳性差、稳定性低、色泽差异。为了克服这些耐用性问题以及将变色化合物有效处理到织物上的难题，国内外的研究人员采用了微胶囊化技术。通过将智能变色化合物封装在微胶囊内，可以有效地保护其不受外部环境因素的干扰，确保其在各种环境下的性能，这种方法是目前广泛采用的有效手段之一。

微胶囊技术在织物中的整合主要通过两种方法实现：一种是在纺丝过程中，将变色微胶囊整合到纤维内部。具体操作是，先将预制的微胶囊与聚合物混合至一定比例，制成纺丝溶液，随后采用标准的纺丝技术（如熔融纺丝或湿法纺丝）将微胶囊嵌入纤维结构。这种方法不仅可为微胶囊提供保护，还能增强其在后续处理过程中的稳定性，并提升智能变色织物的耐洗涤能力。另一种方法是通过浸轧或涂层技术将微胶囊应用于织物表面，涂层技术是将微胶囊与黏合剂混合，然后均匀涂覆在织物上并进行烘干处理，其中黏合剂的使用可能影响变色微胶囊对刺激源的灵敏度。浸渍法包括浸渍、轧压、烘干和皂洗等多个步骤，但微胶囊与织物基底间的作用力往往较低，使得这种方法制得的智能变色织物的耐洗牢度较差。这两种技术在操作层面都比较简单，但它们也给织物的触感、透气性和耐热性带来了挑战。

第三节　变色纺织品的应用及展望

智能变色材料正在逐渐渗透到我们生活的各个方面。从工业领域的传感检测到军工实战的伪装保护，从时尚产业的智能服装到建筑领域的自适应外墙，从生物医学中的指示剂到日常生活中的智能家居，智能变色材料的应用越来越广泛。

一、传感与检测

随着科学和人工智能的快速发展，智能传感技术在人机交互、智能电子、可穿戴设备等领域受到了科学家们的关注。传感器是一种能够将被测信号转换为电子信号或可测量的其他信号的测量装置，包括触觉传感器、温度传感器、压力传感器等。由于传统传感器常需借助大型分析仪器进行数据显示，集成与可视化成为研究的热点。视觉传感器在环境监测、医学检测、生化分析等领域具有很大的潜力，利用颜色或光的变化，我们可以通过肉眼判断信号并实现直接预报，这在有毒或危险物质监测中具有重要意义。同时，视觉传感器具有便携、高灵敏度、高稳定性和高分辨率等优点，为现场检测或实时监控提供了极大的便利。智能变色纺织品种类繁多、性能优异，为视觉传感器提供了大量的选择，尤其是在智能可穿戴领域。

（一）水质检测

在工业生产和日常生活中产生大量的重金属离子，并以溶液形式残留到环境中，给环境带来污染，给生物健康带来风险。由于大多数重金属离子，包括 Hg^{+}、Cu^{2+}、Pd^{2+}、Zn^{2+} 等，都能与电子对受体配合发生颜色变化，因此重金属离子的检测通常基于比色或荧光传感器。为了提高传感分子与目标离子的高效结合，更大限度地避免可能造成的污染，通常选择具有高比面积和丰富的官能团的纤维基基底用于传感分子修饰。此外，视觉传感器的单一检测应用不能满足预期，需要后续操作去除污染，因此同步实现重金属离子的检测与去除是智能变色传感器成为研究热点，而静电纺丝纳米纤维膜等三维纤维膜中的众多微孔通道，为重金属净化提供了一定的吸收效果和过滤能力。另外，利用织物、纸张等作为基底可以将重金属离子的视觉检测应用于可穿戴产品，支持便携式检测，如图 4-5(a)所示。

（二）食物品质监测

食物的新鲜度与我们的日常生活息息相关，因为它不仅会影响食物的味道，甚至会给健康带来威胁。食品变质是多种因素共同作用的结果，如微生物繁殖、酶促反应、物理环境变化等，尤其是细菌的污染。为了监测潜在的食品变质，特别是在微生物分解过程中感知变质副产品的产生是食品品质监测的普遍原则。例如，在肉类/水果的储存过程中，微生物活动会释放出胺/醇蒸气，因此胺/醇的存在与食品变质密切相关，例如采用静电纺丝纤维膜做包装，利用酒精/醋酸挥发导致膜透明度变化，可视化地监测水果变质过程，如图 4-5(b)所示。此外，乳酸和产生的挥发性碱氮会影响 pH 值，可以使用 pH 传感器进行监测。实际上，过去通常借助 pH 计等示数仪器在不同时间段检测数值，相当地费时费力，并且在检测过程中可能会引入原本不存在的污染或影响，所以食品包装也开始应用可以直观监控食品质量的标签。这些智能标签结合了比色法的视觉效果和高比表面积的柔性材料，可以通过包装上的标签或瓶盖的颜色变化直接监测食品品质。江苏大学申婷婷团队利用玫瑰花青素和肉桂精油对聚偏氟乙烯纤维膜进行改性，有效延长了猪肉保质期。

pH 值在很多领域都是一个重要的参数，它会影响农业作物的生长、伤口的生长愈

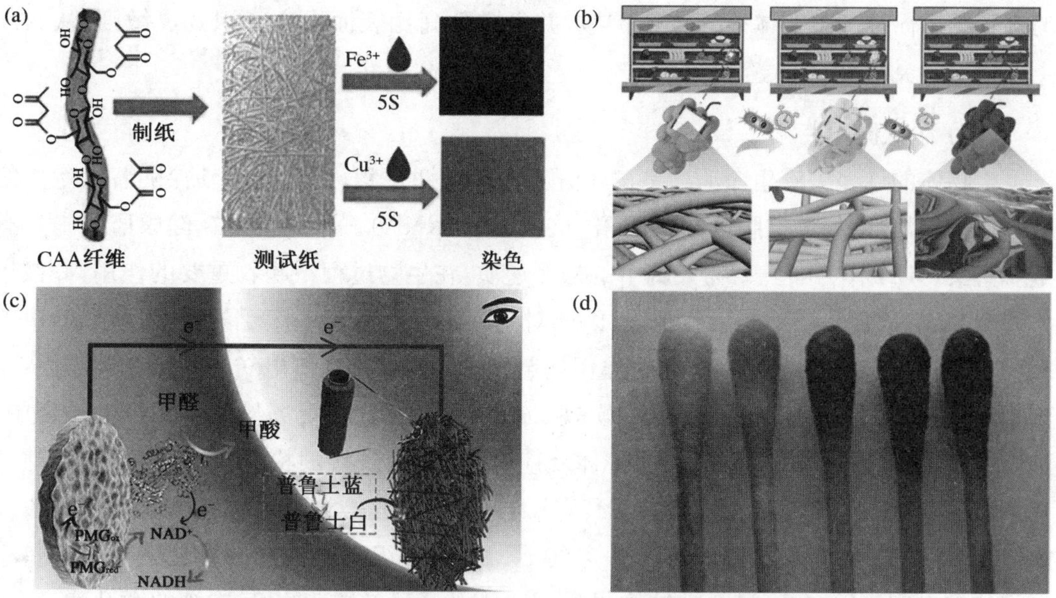

图 4-5　智能变色纺织品在传感与检测中的应用

(a)金属离子检测试纸的制备与响应；(b)对酒精快速透明度响应的食品包装；
(c)酶自供电生物传感器用于检测甲醛的工作机理；(d)改性棉签对不同 pH 值的颜色响应

合、健康时人体的代谢等。基于天然染料构建 pH 传感器是很常见的，它可以通过质子化和去质子化对不同的 pH 值进行颜色变化，而微生物的代谢活动会产生或消耗质子来影响大气的 pH 值，这不仅可以用于控制微生物发酵，还可以用于食品工业的新鲜度监测。然而，目前的 pH 试纸虽然制作简单，使用方便，但简单的染色存在泄漏的风险，同时迫切需要对极端酸度进行快速和精确的检测，因此将传感分子与纸浆基材共聚，构建传感分子与底物之间的稳定连接。

(三) 气氛监测

在化工生产过程中，不可避免地会产生大量有毒化学物质，如甲醛、硝基芳香族化合物、神经毒剂等，这些有毒化学物质在一定程度的暴露后会对人体健康造成不可逆转的损害。另外，有些化学品虽然没有直接的致死毒性，但长期接触是有危险的，如氯化氢、乙醇和一些抗菌添加剂，特别是含量超过临界值时。这些有毒/危险的化学物质通常是无色的，甚至是无味的，所以由传感分子和目标之间的反应产生的视觉信号可用于提供即时警报。例如，甲醛可以通过抑制伴有颜色变化的反应同时作为燃料在生物阳极被催化氧化，还原 PB 实现视觉检测，如图 4-5(c)所示。挥发性有机化合物(VOCs)是指对人体健康有危害的挥发性有机物，涵盖了许多有毒/危险的化学物质，包括氨气、硝基芳香族化合物、硫化氢等。在 VOCs 中，光气和神经毒剂因其高毒性而成为生化武器，其检测在军事层面具有重要意义。除气态挥发性外，有毒/危险化学品在液相中还具有流动性，两者都存在暴露风险。对于检测气体和液体分析物，纤维基膜具有很大的优势，因为它的多孔结构促进了整个体积的快速扩散，并且它的高比表面提高了识别灵敏度，从而产生了优异的灵敏度。

(四) 个人健康监测

生物体的许多关键生命活动都离不开正常的代谢过程，而代谢活动伴随着大量生物质的产生和消耗，如多巴胺(DA)、尿素、核糖核酸(RNA)、葡萄糖等，在健康监测中具有重要意义。DA 作为哺乳动物大脑中的神经递质，在生物过程中起着重要的作用，并被用作帕金森、抑郁症等疾病的治疗手段，因此对 DA 的检测引起了广泛的研究。例如，伊朗 Afra Hadjizadeh 团队利用静电吸附作用使金纳米颗粒固定在静电纺纳米纤维膜表面，基于金纳米粒子的表面等离子体共振，实现 DA 的即时比色和现场检测。在个人护理中，细菌或病毒的感染会带来一系列的身体反应，因此快速直接的检测具有重要意义，通过比色法检测细菌的代谢物和病毒的 DNA/RNA 可以完成检测，而 miRNA 的检测可以反映许多疾病的一些早期诊断。由于静电纺 NFM/黏胶织物中纤维的高比表面积使传感分子能够高密度固定，而且纤维结构提供了更多的界面连接和相互连接的微孔通道，可以促进分析物扩散，因此静电纺共聚和织物上的原位生长通常用于分子传感器的组装。为了方便检测，科学家制备了一种便携、经济、易于操作的传感分子平台，可以特异性识别前列腺特异性抗原、肝癌生物标志物、淀粉样蛋白-β、诺氟沙星等，并具有视觉读数，特别是结合微流控或分子印迹。此外，在伤口护理中，pH 检测也有广泛应用，这些天然染料包括花青素、溴甲酚紫、溴百里香酚蓝等，它们是从自然界中提取的，可以浸在纤维材料上作为伤口敷料、棉签等。图 4-5(d)显示了染料改性棉签暴露于一系列 pH 值(5.0、6.0、7.0、8.0)时的不同颜色。

精确检测肢体和肌肉动作的机械运动对于人机交互和个人运动监测至关重要，如实现自供电实时触觉感知的电子皮肤、实现手语翻译的手语转语音翻译传感器、识别实时脉搏波的可穿戴压力传感器等。监测关节和肌肉的动作通常依靠带 LED 读数的压力传感器来实现视觉感知，而大连理工大学牛文斌团队利用异质结构颜色构建了交互式电子纤维传感器，可以实时动态监测关节随颜色变化的运动。通过将压阻/压电传感器连接到电路中产生焦耳热，对机械运动的响应可以表示为热致变色油墨的颜色变化。由于纺纱、机织和针织的工业化技术，我们可以方便地将功能性纤维制成各种可穿戴的产品，如机织纺织品或针织手套，同时静电纺丝也是一种新兴的智能纺织品制备技术。

环境通常监测的参数包括湿度、静电、温度等，这些参数对机器的运行、食品或药品的储存、生物的健康和生长都有影响，因此一直受到人们的关注。水分的吸收会使纤维传感器膨胀，导致涂层的颜色变化或直接改变折射率造成结构色变化，而电信号的变化可以利用电致变色物质的变换通过颜色直观地读出。通过热致变色液晶-羟丙基纤维素或热致变色颜料可以直观地感知环境温度，也可以通过焦耳热交换实现应变/电流的直观读出。

二、自适应与个性化

(一) 军事掩护

智能变色纺织品在军事掩护中的应用主要体现在伪装隐身技术上,它们可以显著提升士兵在战场上的隐蔽性,从而提高生存率和战斗效率(详见本书第十一章)。军事用途涵盖潜伏、隐身、战术进攻、光信息存储、军事伪装等,其中迷彩训练服是智能变色军用纺织品的一个显著类别。迷彩伪装技术的核心在于使军事人员或装备的外观与周围环境相融合,通过迷彩图案的设计,打破装备或人员的整体轮廓,从而降低被敌方识别的可能性。然而,传统迷彩对环境的稳定性有较高要求,且其变色过程通常是被动的,不能根据环境条件自动调整。目前,我国正在研发一种先进的纳米隐身作战服,该作战服能够主动适应环境变化,实现自我变色,以适应不同的背景。这种新型隐身作战服不仅能够针对可见光进行隐身,还能够在红外和微光夜视仪等条件下实现隐身效果,为作战部队提供了一种多功能的智能变色装备,以满足其在现代战争中的需求。智能变色材料能够根据周围环境的变化而改变颜色,使得士兵的服装能够与周围环境融为一体,图 4-6(a)展示的自适应作战服可以在温度高于过渡温度时显示“沙漠”图案,织物温度低于过渡点时显示“叶子”图案。例如,导电高分子(Conducting Polymer, CP)电致变色材料,如聚乙炔、聚苯胺、聚噻吩、聚吡咯及其衍生物,它们展现出响应快速、色彩变化多样、对比度高、循环利用率高、稳定性良好及易于加工和设计的优点。

(二) 自适应内饰

智能变色纺织品可以设计成对环境因素(如光、温度、湿度等)做出响应,改变颜色或图案,以适应不同的环境条件或用户需求。在日常生活中,智能变色窗帘可以根据室内外光线的强度自动调整其透光率或颜色深浅,以控制室内的光线和热量。在阳光强烈时,窗帘可以变暗以阻挡部分光线和紫外线,而在光线较弱时则变亮以允许更多自然光进入室内。通过改变颜色或透明度,智能变色窗帘可以帮助调节室内温度。在夏季,窗帘可以反射更多的阳光,减少室内温度上升,在冬季,则可以允许更多阳光进入,帮助提高室内温度。除此之外,智能变色窗帘可以根据需要提供不同程度的隐私保护。例如,当需要隐私或休息时,窗帘可以变成不透明状态;而在需要欣赏外部景色时,则可以变得透明。通过智能调节光线和热量的进入,智能变色窗帘有助于减少对空调和暖气系统的依赖,从而降低能源消耗和电费支出。智能变色材料的应用在智能纺织产品领域取得了突破,这使得家居装饰、汽车内饰能够根据环境变化自动调整颜色,如图 4-6(b)所示,并通过编程设定色彩图案,从而为日常生活增添更多情调和个性化体验。

(三) 个性化服饰

智能变色纺织品在个性化服装中的应用,为时尚界带来了革命性的变化,提供了前所未有的定制化和互动体验。在时尚界,智能变色纺织品可以根据穿着者的体温、情绪

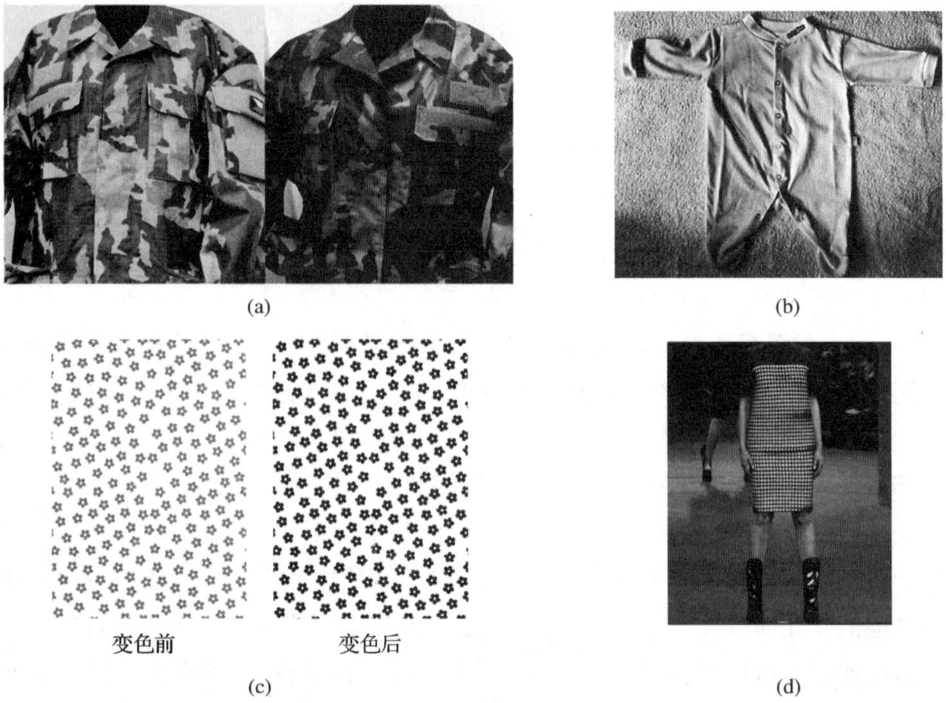

图 4-6　智能变色纺织品在自适应与个性化中的应用

(a)热致变色自适应作战服；(b)感光变色防紫外线面料；(c)婴儿智能变色服装；(d)热致变色面料时装

或环境变化改变颜色，为消费者提供独特的个性化体验。智能变色服饰可以根据环境条件（如电流、温度、湿度、光线等）改变颜色或图案，为穿着者提供独特的视觉体验。例如，英国设计师克里斯·埃贝设计了一种创新的婴儿智能变色服装，如图 4-6(c)所示，具有独特的温度感应功能：当宝宝的体温升高至超过 37 ℃时，衣服会逐渐变为白色，并且随着体温的进一步升高，颜色会变得更淡。亚历山大·王 2014 秋冬系列采用热致变色面料制成时装，在 T 台的热风作用下，原本黑色的服装呈现出各种色彩艳丽的装饰图案，如图 4-6(d) 所示。通过集成生物传感器，智能变色服装可以响应穿着者的情绪变化，如心率、体温或皮肤电导率，从而改变颜色以表达穿着者的情感状态。智能变色服装可以集成健康监测传感器，通过颜色变化来显示穿着者的健康状况，如运动时的心率变化或疲劳程度。智能变色服装可以与智能手机或其他设备连接，通过应用程序控制颜色变化，提供高度互动的穿着体验。可以根据自己的喜好定制智能变色服装，选择特定的颜色变化模式或图案，以展现个人风格。

三、总结与展望

智能变色纺织品是一种新兴的高科技材料，它们能够响应环境变化或外部刺激，如温度、湿度、光、压力或化学物质，从而改变颜色或图案。这种独特的性能使得智能变色纺织品在多个领域展现出巨大的应用潜力和发展前景。本章将智能变色材料及纺织品按照刺激源的不同分为光致变色、电致变色、热致变色、湿致变色和酸致变色等类别，详细介绍了材料内部的变色机理以及经典类别，也从不同维度介绍了智能变色纤维及纺织品的生产工艺。智能变色材料及纺织品因其优良的穿着性能和多样的色彩表现，被广泛应用于多个领域。在环保领域，它可以实现水体气氛中有毒有害物质的快速可视化检测；在人工智能领域，它可以用在可视化的人机交互上；在军事领域，它主要被用于实现军事伪装的目的；在民用领域，它也被用来制作变色窗帘实现智能调节或是织成流行时尚的变色服装实现个性化展示，此外智能变色纺织品还有许多的应用亟待开发。

当前，智能变色纺织品仍面临一些局限性，如适用于面料的变色染料种类有限，且市场应用尚未普及。这主要是因为变色染料的成本较高，且技术主要被少数国家或地区所掌握。此外，从性能角度来看，变色和褪色的速度较慢，耐用性和稳定性不足，也是制约其发展的重要因素。因此，人们迫切需要研发出更多具有耐光性、耐高温和持久性的新型优质变色材料。目前，大多数变色染料与纤维的亲和性不强，难以通过传统的染色和印花工艺进行加工。在熔融纺丝过程中，变色染料在聚合物中的分散性会受到聚合物分子和微观结构的影响，这就需要精心选择和控制聚合物类型及纤维微观结构，同时也受到纺丝条件的限制。尽管将光变染料制成微胶囊是一种应用方式，但由于染料的稳定性、耐光性和成本等问题，其商业化应用仍面临一些挑战。因此，在变色纤维材料的生产过程中，除了深入研究现有技术外，还需探索更多创新的着色方法。同时，随着新型纤维材料的不断出现，它们超越了传统的观念和审美标准。一些设计师可能过分追求新奇和风格，而忽视了实用性，导致设计仅停留在满足人们的好奇心上。在使用过程中，智能变色纺织品可能会受到外部环境因素的干扰，这可能会影响材料的稳定性和颜色变化的准确性。例如，在智能纺织品中嵌入的传感器和电子组件，如果没有适当的屏蔽，可能会受到其他电子设备信号的干扰。特别是电致变色器件，这可能导致数据收集不精确或颜色变化效果不佳。同样，热致变色和湿致变色材料也可能会受到周围环境温度和湿度等条件的影响。耦合问题通常指的是智能变色纺织品内各组件间的相互影响。在高度集成的智能服装系统中，电子设备、感应器、变色材料等必须协同工作，才能发挥其功能。但是，由于不同材料和组件可能在物理和化学特性上存在差异，这可能会导致耦合效果不佳，进而影响整体的性能表现。例如，电子元件的热效应可能影响变色材料的稳定性，或者材料间的相容性问题可能增加集成的难度。此外，不同变色材料在同一个集成设备中产生的颜色信号可能会互相干扰，这使得从不同刺激源中解耦信号变得困难，进而影响设备的功能集成。

智能变色纺织品的发展前景令人瞩目，它不仅能够推动纺织行业的创新转型，还有助于催生一系列突破性的新兴产业。展望未来，智能变色纺织品的发展方向主要包括以下几个方面：

(1) 纤维化电子元件的发展。与传统的平面或立体电子元件相比，纤维形态的电子元件具有一维结构，直径范围从几十微米到几百微米，它们以轻便、高柔韧性和易于编织等优点而著称。通过发挥这些智能变色纤维元件的可伸缩性、自愈能力以及形状记忆特性，可以将其织入纺织品，使纺织品在具备变色响应能力的同时能实现可弯曲、可变形及透气和耐水等功能，这代表了将服装转变为智能电子设备的主要趋势。

(2) 智能变色服装的集成化水平。实现服装智能化的关键在于提高其集成度，这涉及到跨学科的合作。早期的智能服装仅在衣物上附加电子元件，存在集成度不高和功能有限的问题。随着人工智能、大数据和信息化时代的到来，智能服装将与物联网结合，更紧密地融入人们的日常生活。当前智能变色纺织品的功能较为单一，未来将致力于将多种功能如生理监测、防水透气、温度调节等集成于一件产品之中，以实现功能上的多样化和完善。

(3) 智能变色纺织品的穿着舒适性。智能变色纺织品的研究目前还处于初步发展阶段，主要聚焦于增强其功能性。未来，需要进一步改善智能变色纺织品的洗涤性、折叠性以及穿着的舒适度，以提供更佳的穿着体验。在智能纺织品尤其是电子信息智能纺织品的设计中，必须减少对人体可能产生的潜在危害，如电磁辐射、触电危险等，并在生产过程中注重节能环保。

(4) 服装的科技化、功能化和个性化。在智能互联的背景下，智能服装需要解决续航问题并确保信息的安全性和可靠性。这需要建立一套统一的评价体系，推动智能服装向科技化、功能化和个性化的方向发展，并在纺织技术和电子信息技术之间建立沟通，以弥补各自的不足。

(5) 高新技术在智能服装中的应用。目前，国内在集成电路、芯片、电子信息等高新技术领域的创新能力尚有待加强，知识产权方面存在依赖问题。智能服装的发展需要与新兴科技如信息技术、新材料、电子器件、人工智能等领域进行深度融合，以创造多维度的发展空间。

参考文献

[1] Nassau K. The fifteen causes of color: The physics and chemistry of color[J]. Color Research & Application, 1987, 12(1): 4-26.

[2] Ma J Z, Yang Y Z, Valenzuela C, et al. Mechanochromic, shape-programmable and self-healable cholesteric liquid crystal elastomers enabled by dynamic covalent boronic ester bonds[J]. Angewandte Chemie International Edition, 2022, 61(9).

[3] Gu C, Jia A B, Zhang Y M, et al. Emerging electrochromic materials and devices for future displays[J]. Chemical Reviews, 2022, 122(18): 14679-14721.

[4] 郭洁芬，赵喜玲，曹喜云，等. 光致变色材料的制备、性能及变色机理[J]. 化学工程师，2021，35(9)：57-60+6.

[5] 郭静，胡钒，张红娟，等. 光致变色纺织品的制备方法及其应用[J]. 上海纺织科技，2022，50(12)：8-12+43.

[6] Son Y A, Park Y M, Park S Y, et al. Exhaustion studies of spiroxazine dye having reactive anchor

on polyamide fibers and its photochromic properties[J]. Dyes and Pigments，2007，73(1)：76-80.
[7] 卞雪艳，朱平，楚旭东，等. 光致变色海藻纤维的制备及性能研究[J]. 合成纤维，2018，47(8)：1-5.
[8] Pinto T V，Cardoso N，Costa P，et al. Light driven PVDF fibers based on photochromic nanosilica @naphthopyran fabricated by wet spinning[J]. Applied Surface Science，2019，470：951-958.
[9] Ling Z W，Liu K，Zou Q，et al. Continuous and rapid fabrication of photochromic fibers by facilely coating tungsten oxide/polyvinyl alcohol composites [J]. RSC Advances，2018，8 (50)：28581-28587.
[10] 王紫亭，余兰兰，聂志国，等. 电致变色材料的机理与研究进展[J]. 化工科技，2023，31(2)：82-86.
[11] Qiu M J，Zhou F W，Sun P，et al. Unveiling the electrochromic mechanism of Prussian Blue by electronic transition analysis[J]. Nano Energy，2020，78.
[12] 蒋何鹏，胡敏，涂虎，等. 电致变色纤维材料的研究进展[J]. 化工新型材料，2024，52(2)：11-15.
[13] 庄碧莹，汪浩，张倩倩，等. 电致变色材料的研究与应用进展[J]. 北京工业大学学报，2020，46(10)：1091-1102.
[14] Zhang W，Ji X Z，Peng B J，et al. High-Performance thermoresponsive dual-output dye system for smart textile application[J]. Advanced Functional Materials，2020，30(3).
[15] 李良，赵修贤，王彬彬，等. 热致变色过渡金属配合物的变色机理及应用[J]. 材料导报，2023，37(4)：183-193.
[16] 宋晓丽，李字明，陈靖文，等. 热致变色材料在智能社会中的发展现状及趋势[J]. 精细化工，2020，37(3)：452-461.
[17] Wang Y，Ren J，Ye C，et al. Thermochromic silks for temperature management and dynamic textile displays[J]. Nano-Micro Letters，2021，13(1).
[18] Yu S X，Zhang Q，Liu L L，et al. Thermochromic conductive fibers with modifiable solar absorption for personal thermal management and temperature visualization[J]. ACS Nano，2023，17(20)：20299-20307.
[19] Nie X L，Wu S L，Huang F L，et al. Smart textiles with self-disinfection and photothermochromic effects[J]. ACS Applied Materials & Interfaces，2021，13(2)：2245-2255.
[20] Mergu N，Kim H，Ryu J，et al. A simple and fast responsive colorimetric moisture sensor based on symmetrical conjugated polymer[J]. Sensors and Actuators B：Chemical，2020，311.
[21] Chen J K，Guo Y，Chen B，et al. Ultrafast and multicolor luminescence switching in a lanthanide-based hydrochromic perovskite[J]. Journal of the American Chemical Society，2022，144(48)：22295-22301.
[22] Xu W J，Chen K P，Zhang Y，et al. Two new Co(II) coordination polymers based on redox-active ligands：Structure，Chromism and Magnetism[J]. Journal of Molecular Structure，2021，1231.
[23] 王艺历，梁晨，刘欣悦，等. 湿敏功能材料的制备及应用研究进展[J]. 首都师范大学学报(自然科学版)，2021，42(4)：88-96.
[24] Sachdeva T，Gupta S，Milton M D. Smart organic materials with acidochromic properties[J]. Current Organic Chemistry，24(17)：1976-1998.

[25] Garcia-Amorós J, Swaminathan S, Raymo F M. Saving paper with switchable ink[J]. Dyes and Pigments, 2014, 106: 71-73.

[26] 陈莉,李潇.姜黄染色织物的 pH 值敏感变色性能[J].纺织学报,2017,38(4):80-84.

[27] 黄逸武,方虹天.国产莱赛尔 pH 值指示功能织物制备及性能表征[J].现代丝绸科学与技术,2020,35(5):1-4.

[28] 冒海燕,唐俊杰,何雪梅,等.pH 响应变色生物基聚氨酯的制备及性能[J].塑料工业,2021,49(12):29-33.

[29] Liu H, Zhang Y X, Jin M T, et al. Preparation of carbon fiber substrates with structural colors based on photonic crystals[J]. Dyes and Pigments, 2022, 203.

[30] Sun X M, Zhang J, Lu X, et al. Mechanochromic photonic-crystal fibers based on continuous sheets of aligned carbon nanotubes[J]. Angewandte Chemie International Edition, 2015, 54(12): 3630-3634.

[31] Kolle M, Lethbridge A, Kreysing M, et al. Bio inspired band — gap tunable elastic optical multilayer fibers[J]. Advanced Materials, 2013, 25(15): 2239-2245.

[32] Kim J, Song Y, He L, et al. Real-time optofluidic synthesis of magnetochromatic microspheres for reversible structural color patterning[J]. Small, 2011, 7(9): 1163-1168.

[33] Shang S L, Liu Z F, Zhang Q H, et al. Facile fabrication of a magnetically induced structurally colored fiber and its strain-responsive properties[J]. Journal of Materials Chemistry A, 2015, 3(20): 11093-11097.

[34] Wang W L, Wang G P, Zhang W, et al. Reversible thermochromic response based on photonic crystal structure in butterfly wing[J]. Nanophotonics, 2018, 7(1): 217-227.

[35] 车梦瑶,刘茜,楼焕,等.变色材料在智能纺织品中的应用[J].轻纺工业与技术,2023,52(2):50-53.

[36] Nguyen J, Stwodah R M, Vasey C L, et al. Thermochromic fibers via electrospinning[J]. Polymers, 2020, 12(4).

[37] 秦辉.变色纤维材料在服装设计中的应用研究[J].粘接,2020,44(11):67-69+130.

[38] 范菲.光致变色材料在纺织中的应用[J].棉纺织技术,2016,44(12):80-84.

[39] Li J, Li Y G, Song X L, et al. Photochromic printing and spectral properties of luminous polyester non-woven fabric[J]. Surface Innovations, 2020, 8(3): 138-144.

[40] Zhao M S, Yu J C, Ou Z Q, et al. Facile fabrication of photochromic poly(lactic acid)/poly(3-hydroxybutyrate-co-3-hydroxyvalerate) fibers via a scalable melt-spinning process[J]. ACS Applied Polymer Materials, 2023, 5(7): 4811-4819.

[41] Zhu H X, Guo W, Wang J, et al. Tuneable design of a pulp fibre-based colorimetric sensor and its visual recognition mechanism for ppb levels of Ag+[J]. Cellulose, 2019, 26(17): 9149-9161.

[42] Wang L J, Xu X C, Niu X H, et al. Colorimetric detection and membrane removal of arsenate by a multifunctional L-arginine modified FeOOH[J]. Separation and Purification Technology, 2021, 258.

[43] Girdthep S, Hanmeng O, Triamnak N, et al. Theoretical solvent selection for nanostructured

surface fabrication of reusable and colourimetric visual-eye sensor strips with rhodamine derivative-encapsulated polymeric membranes for highly sensitive and selective detection of Hg^{2+} [J]. Polymer Testing，2021，97.

[44] Guo L，Liu H C，Peng F，et al. Efficient and portable cellulose-based colorimetric test paper for metal ion detection[J]. Carbohydrate Polymers，2021，274.

[45] Xiao Y N，Xie F W，Luo H，et al. Electrospinning SA@PVDF-HFP core — shell nanofibers based on a visual light transmission response to alcohol for intelligent packaging[J]. ACS Applied Materials & Interfaces，2022，14(6)：8437-8447.

[46] Zhang J J，Huang X W，Zhang J N，et al. Development of nanofiber indicator with high sensitivity for pork preservation and freshness monitoring[J]. Food Chemistry，2022，381.

[47] Sun X X，Zhang H，Hao S，et al. A self-powered biosensor with a flake electrochromic display for electrochemical and colorimetric formaldehyde detection [J]. ACS Sensors，2019，4(10)：2631-2637.

[48] Nafady A，Al-Enizi A M，Alothman A A，et al. Design and fabrication of green and sustainable vapochromic cellulose fibers embedded with natural anthocyanin for detection of toxic ammonia[J]. Talanta，2021，230.

[49] Rostami A，Hadjizadeh A，Mahshid S. Colorimetric determination of dopamine using an electrospun nanofibrous membrane decorated with gold nanoparticles[J]. Journal of Materials Science，2020，55(18)：7969-7980.

[50] Cui K，Zhou C X，Zhang B W，et al. Enhanced catalytic activity induced by the nanostructuring effect in Pd Decoration onto doped ceria enabling an origami paper analytical device for high performance of amyloid-β bioassay[J]. ACS applied materials & interfaces，2021，13(29)：33937-33947.

[51] Gamerith C，Luschnig D，Ortner A，et al. pH-responsive materials for optical monitoring of wound status[J]. Sensors and Actuators B：Chemical，2019，301：126966.

[52] Zhang H M，Wang Y P，Zhang S F，et al. Heterogeneous structural color conductive photonic organohydrogel fibers with alternating single and dual networks[J]. ACS applied materials & interfaces，2022，14(49)：54936-54945.

[53] Yu Z C，Gong H X，Xue F Q，et al. Flexible and high-throughput photothermal biosensors for rapid screening of acute myocardial infarction using thermochromic paper-based image analysis[J]. Analytical Chemistry，2022，94(38)：13233-13242.

[54] Viková M，Pechová M. Study of adaptive thermochromic camouflage for combat uniform[J]. Textile Research Journal，2020，90(17/18)：2070-2084.

[55] 张海煊，黎淑婷，韩丽屏，等. 智能服装在军事领域的应用及研究进展[J]. 纺织导报，2020(2)：73-76.

[56] 方东根，朱志华，贺义军. 智能针织产品研究概述及在家具中的应用[J]. 针织工业，2019(3)：18-21.

[57] 黄颖颖. 浅析变色服装的研究与发展现状[J]. 国际纺织导报，2013，41(10)：64+66+68+70+76.

第五章 智能发光纤维及纺织品

第一节 引 言

能量的释放可以由不同的途径进行，而发光是其中非常普遍的一种方式。物质在受到外部因素(例如光照、电流、磁场、机械压力或温度变化等)的影响时会吸收能量，这一过程会扰乱其原本的稳定状态。随后，当物质从这种激发状态恢复到其原始的稳定状态时，会以光辐射的形式将之前吸收的能量释放，这就形成我们所知的发光过程。人类对发光现象和发光材料的研究已有 400 多年的历史，而随着现代信息技术的飞速发展，集功能性、时尚性、舒适性、智能性为一体的智能发光纤维及纺织品获得越来越多的关注和研究。简单来说，智能发光纤维及纺织品就是利用发光材料或/与纤维基质进行特殊工艺处理而制成的产品，它是指在外界条件激发下，发光中心发生电子跃迁而产生可见光的新型纤维及纺织品。它不仅具有发光材料优异的发光性能，而且兼具纤维材料质地柔软、长径比大、易于加工和编织、质量轻、弹性高、透气性好、穿着舒适性强、生物相容性好等优点，具有十分广泛的应用。

智能发光纤维及纺织品作为一类特殊的功能材料，其发展经历了从初期的基础研究到逐步商业化走向市场的过程。其研究历程可以追溯到 20 世纪中叶，当时的科学家们主要集中在探索发光现象并寻找合适的发光材料，研究如何将发光材料与纤维结合起来，以创造出一种具有智能发光功能的纤维。随着科技的不断进步，智能发光纤维逐渐从实验室走向市场，成为一种新兴的智能材料。20 世纪末至 21 世纪初，发光纤维开始在商业应用领域崭露头角，并在安全防护、装饰、照明和显示器件等诸多领域中获得应用。近年来，由于不可再生资源枯竭和环境污染危机的加剧，发光纤维因其优异的生物相容性、环境友好性以及在可降解、可回收利用方面的开发潜力成为可持续发展的重要组成部分，受到了广泛关注。

此外，在材料选择和制备方法方面，智能发光纤维及纺织品也经历了几个重要的阶段。在材料选择上，早期的发光纤维主要依赖于无机材料，但随着科学技术的发展，有机发光材料因其可调谐的发光特性、良好的加工性能和较低的制备成本而逐渐受到重视。在制备方法上，早期科学家们通过简单方法(如涂层法)将发光材料与纤维结合起来，但制备出的纤维发光性能较差，且发光材料容易脱落。随着研究的深入，越来越多的制备方法（如静电纺丝法、熔融纺丝法、溶液纺丝法等）被研究使用，从而开发出性能更好的发光材料和纤维。这些方法可以更好地控制纤维的形貌和结构，在提高发光性能的同时，也解决了发光材料易脱落的问题，使其获得更稳定的性能和更好的使用。

按照制造方法的不同，发光纤维可分为两大类：复合型发光纤维和结构型发光纤维。其中，复合型发光纤维的制作过程是以聚合物作为基材，通过掺杂发光材料或采用涂层技术来制造，从而赋予纤维发光的特性。通过选择不同的荧光粉，可以调节纤维发光的颜色，且这种方法操作简便，工艺成熟。然而，该方法通常会导致材料的力学性能下降，并且存在不同原料间的相容性问题。而结构型发光纤维则是通过化学键合的方式，在聚合物分子链上引入发光基团，使得整个聚合物分子具备发光属性。这类纤维的优点包括发光波长稳定、性能可靠，并且应用范围广泛，其发光效果也不容易受到外部机械应力的影响，但相比之下，其制备工艺更为复杂。不同的制备方法各有其优缺点，一般根据具体应用进行选择。

目前，智能发光纤维及纺织品的应用领域正不断扩大。除了传统的纺织品领域外，还被广泛应用于防伪识别、检测用传感器、柔性显示设备等领域。例如，智能发光纤维制备的防伪标签，实现了对信息安全的保护；智能发光纤维制备的可视化检测装置，可以用于环境监测，实时、可视化的监测、分析污染情况；智能发光纤维及纺织品还可以作为生物荧光材料，用于医疗诊断和治疗；其还可以用于制备柔性显示设备，实现智能可穿戴。随着多学科的交叉融合和可穿戴技术的快速发展，智能发光纤维及纺织品大有希望在时尚潮流、信息安全、医疗保健、功能服装等领域大放异彩。

第二节　智能发光纤维的设计方法

一、发光原理

发光现象可以根据其激发方式和特性进行多种分类，最常见的方法是按其激发能量的方式不同而分类，其包括光致发光、电致发光、力致发光、化学发光、热致发光、声致发光、放射发光、生物发光等多种类型。每种发光方式都有其独特的物理和化学机制，并在不同的应用领域发挥重要作用。

（一）光致发光

光致发光（Photoluminescence，PL）是指物体在外部光源照射下捕获能量，进而激发并发出光的现象。这一过程主要分为三个步骤：首先是光能的吸收，其次是能量在物质内部的迁移传递，最后是光的发射。在吸收和发射阶段，涉及电子在不同能级之间的跃迁，而能量传递则是激发态电子运动的结果。其基本原理是在物质吸收光子或电磁波后，会将其能量转移到电子上，导致电子跃迁到更高能级的激发态。随后，这些电子再返回到更低能级的基态，并在这个过程中释放出额外的能量，形成光子。光致发光根据延迟时间的不同可分为荧光和磷光。对于这两种基本形式的光致发光，其内在机制可以通过图 5-1 中的 Jablonski 图清楚地描述，图中的箭头显示了可能的电子跃迁。当光照射在物质上时，分子可以通过吸收能量匹配的入射光，在 $10^{-18}\sim10^{-15}$ s 内进入激发的单线态（S_1、S_2 等）。然而，分子不能稳定地保持在激发态，而是倾向于返回到较低的能量和更稳定的基态，这必须伴随着能量转移或耗散。耗散能量的主要方法包括振动弛豫、发射光子以产生荧光（$10^{-10}\sim10^{-7}$ s）或磷光（$10^{-6}\sim10$ s）、内转换、外转换以及系间跨越。其中，荧光是当电子从激发态（通常为 S_1）返回基态（S_0）时发射的光子，而磷光是电子从三重态（T_1）返回基态时发射的光子。相比于荧光，磷光的寿命更长，在激发停止后仍然可以发光，例如长余辉发光材料发出的光，便是一种典型的磷光。光致发光的强度通常与其材料的结构和成分有关，同时也受原子排列的影响。此外，光致发光过程中的能量传递和弛豫过程也是关键因素，它们确保了电子能够在适当的时机以合适的方式放出光子。

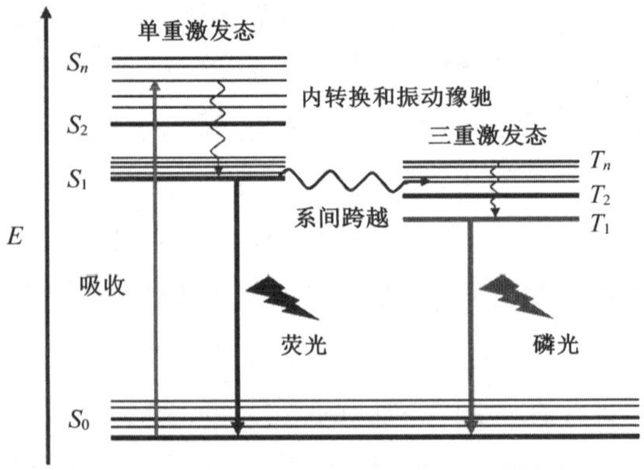

图 5-1 简化的 Jablonski 图

根据上述光致发光原理，光致发光纤维主要分为两大类：荧光型和夜光型。荧光纤维能够根据激发光源的特定波长进行分类，具体分为红外荧光纤维和紫外荧光纤维。夜光纤维则可以细分为两类，一类是能够自行发光的自发光纤维，另一类是能够存储光能并在暗处发光的蓄光纤维。由于荧光纤维具有在不同照射条件下呈现出不同颜色的特点，所以其在防伪方面的应用受到很多关注。夜光纤维，现多指蓄光型夜光纤维，能够吸收光源中的紫外线并且在光源移除后仍然可以产生发光现象。这种纤维材料由于具备无毒无害、可循环利用、无放射性等优点，被广泛应用在安全标识、儿童玩具、装饰用品、纺织品等各种产品中，以提供夜间或暗环境下的可见性。

（二）电致发光

电致发光（Electroluminescence，EL），或称电场发光、场致发光，是一种通过电场作用直接将电能转换为光能的发光机制。这一过程涉及在绝缘材料上施加强电场或从外部电路向半导体的导带（或价带）注入电子（或空穴），随后通过载流子的复合来产生光。电致发光的发光过程大致可以分为电场激发、能量转移到发光中心以及从发光中心发光三个阶段。根据所使用的发光材料和发光机制的差异，电致发光体系主要分为高分子电致发光、有机电致发光、量子点电致发光及交流电致发光等几类。

由于电致发光需要电流流过或电场影响才能实现，所以一般会将电致发光材料涂覆在基底表面，以制备相关器件。故而，基底的选择至关重要，它必须具有良好的导电性能，且最终产品的力学性能也对发光材料与基底之间的结合有严格的要求。20世纪中叶，随着透明玻璃的发明，"三明治"结构的电致发光器件得以确立，这种结构能够在电场作用下产生稳定的电致发光，促进了电子显示技术的进步。硫化锌(ZnS)作为一种具有直接跃迁特性的宽带隙半导体材料，其光学吸收率低、折射率高，是电致发光器件中广泛使用的材料之一。通过掺杂不同的金属元素，ZnS能够发出多种颜色的光，例如，掺铜的ZnS发出绿色光，掺锰的ZnS发出橙色光。

(三) 力致发光

日常生活中，摩擦两块石英晶体，会出现金黄色的光芒；将胶带用力撕开，会在撕口处出现蓝色光；敲打冰糖或者薄荷糖会出现荧光，这都是常见的力致发光(Triboluminescence, TL)现象。力致发光，也称为摩擦发光、压电发光、机械发光，是在摩擦、压缩、破碎、拉伸、振动等机械作用下，发光物质通过吸收机械能来激发其内部，然后发出具有该物质特性的光的现象。在力作用下，发光材料的晶体结构会随着力的大小而变化，轻微的力会导致弹性变形，而较大的力则会导致塑性变形，最终导致晶体的破裂。

力致发光材料通常需要嵌入特定的基质，以此来形成具备特定性能的发光材料。这些材料的应用范围很大程度上取决于所选用基质的特性。常见的基质材料包括环氧树脂、聚甲醛、聚甲基丙烯酸甲酯、聚氨酯、聚二甲基硅氧烷以及硅胶等。通过利用这些基质材料优异的力学性能、稳定性、耐化学腐蚀性或应力感应能力，力致发光材料在多个领域展现出广阔的应用潜力，包括应力检测、智能可穿戴设备、照明与显示技术、信息安全验证、生物成像以及航空航天等领域。尽管人类对力致发光现象的研究历史已有数百年，但对于其发光机制和过程还没有形成统一的理论框架，对力致发光材料和设备的研究依然任重道远。

(四) 化学发光

化学发光(Chemiluminescence, CL)是一种常见的光辐射现象，它与物质的化学反应同步发生。在这一过程中，某些物质(发光剂)在化学反应中吸收化学能，导致反应产物分子或中间态分子的电子跃迁至激发态。当这些电子从激发态回落至基态时，它们通过发射光子释放能量，从而产生化学发光。根据化学能转换机制的不同，化学发光可分为两大类：直接化学发光和间接化学发光。直接化学发光中，反应物直接参与生成发光体，该发光体在返回基态时产生光辐射。间接化学发光则涉及反应物首先生成激发态的中间体，然后通过化学发光共振能量转移(CRET)将能量迅速传递给另一个分子(如荧光团)，后者随后通过发光返回基态。

化学发光与荧光的主要区别在于激发能的来源不同：荧光是由分子吸收光能激发而产生的光，化学发光则是由分子吸收化学能激发而产生的光。通常，只有那些反应速度极快的放能反应(如氧化-还原反应),才能在可见光范围内观察到化学发光。此外,化学发光的强度还依赖于化学反应的速度、激发态产物的生成速度以及激发态物质的发光效率。总的来说,化学发光具有低检测限、宽线性范围、设备简单、操作便捷以及无背景干扰等优点,因此目前已被广泛应用于食品检测、生物化学分析、环境评估和疾病诊断等多个领域。

(五) 热致发光

热致发光(Thermoluminescence, TL),亦称为热释光或热发光,是一种无需外部光源的发光现象。在这一过程中,材料发光的能量并非直接来自外部热量,而是来自材料内部先前储存的能量。外部热量的作用是激发并释放这些储存的能量,使其以光的形式发出。这类热致发光材料多含有发光中心和陷阱。在外界条件作用下,材料内部生成的自由电子或空穴被陷阱能级捕获。随后,当材料被加热,原本被捕获的电子获得能量并逸出成为自由电荷载流子。当这些自由电荷载流子与发光中心的电离状态复合时,便会产生发光现象。目前,江南大学葛明桥教授团队对热致发光纤维进行了全面的研究,主要研究内容包括:(1)发光纤维的制备,先通过高温固相法制备发光材料,并将其加入纺丝基质,再通过熔融纺丝、静电纺丝等工艺制备发光纤维;(2)对发光纤维进行性能研究,改进制备方法,回收利用纤维等。

二、发光材料的选择

发光材料作为发光纤维及纺织品性能和应用的基础,一直以来都是被关注和研究的重点。一般情况下,发光材料根据化学成分和结构特征的不同,可以分为无机发光材料和有机发光材料两类。无机发光材料具有稳定性高、发光效率好、发光寿命长等优点,但其柔性差、成本高、可能含有毒元素等缺点在一定程度上限制了其应用。有机发光材料具有成本低、来源广、光谱范围广、可加工性好、分子设计相对灵活等优势,但是也存在稳定性差、寿命较短、合成复杂等问题。在发光纤维的制备过程中,发光材料的选择需要对比各类材料的优缺点和制备工艺,结合具体应用进行综合考虑。

(一) 无机发光材料

无机发光材料是指在一定的激发条件下能发光的无机材料,主要由基质和激活剂组成,但某些材料还包括敏化剂、助溶剂和电荷补偿剂等。基质是发光材料的主要成分,占发光材料质量的 90%以上。它的作用是承载激活剂并提供合适的晶体环境,使激活剂能够有效地发挥发光性能。基质的晶体结构、稳定性及其与激活剂的相互作用等因素,对发光材料的性能有重要影响。不同类型发光材料的基质各有其特点和应用领域,选择适合的基质对于提高发光性能至关重要。在无机发光材料中混合的少量甚至微量的光学活性杂质,被称为激活剂,也叫作活化剂,其含量通常为基质材料的 1/1000～1/10 000,甚至 1/100 000。尽管激活剂在材料中的含量不多,但其在发光反应中扮演着至关重要的角色，其通过激活基质材料并产生发光中心来发挥作用。激活剂的类型和比例对发光材料的各项特性，包括发光的色调、亮度及持久性，都有显著的影响。此外，助溶剂的添加有助于提高激活剂在基质中的分散性，而敏化剂则会促进激发能量向激活剂转移。

无机发光材料根据其是否含有激活剂可分为两类。一类是无外部激活剂发光材料，或称之为自激活发光材料。这类材料的基质自身就含有发光中心，可以是自身的基体缺陷，也可以是自身带有的发光酸根离子。另一类是有外部激活剂发光材料，其基质自身不发光或发光效果不好，需要引入其他离子，以实现发光。此外，当激活剂离子吸收太弱时，加入敏化剂可以使其能吸收能量并传递给激活离子从而产生发光现象，敏化离子也可以自身发光。

无机发光材料因其发光亮度高、热稳定性和化学稳定性好、使用寿命长、应用范围广而受到各行各业的青睐。许多方法可应用于无机发光材料的制备，如高温固相法、水热合成法、溶胶-凝胶法、燃烧法、微乳液法和化学沉淀法等。目前，它在医学、照明、成像、交通、防伪、纺织、服装等领域得到了广泛的研究和关注。下面从无机发光材料的组成方面进行介绍。

1. 发光中心

在无机发光材料中，通常在基质里掺杂稀土(Rare Earth, RE)离子、过渡金属(Transition Metal, TM)离子或其他杂质离子作为发光中心，其独特的电子结构使它们能够实现紫外到可见和近红外的宽光谱区域发射。

稀土作为一类特殊的不可再生的宝贵资源，具有诸多优良的、不可替代的物理和化学性质，被称作“新材料之母”，在现代尖端科学技术尤其是国防领域不可或缺。三价稀土离子(RE^{3+})具有独特的$[Xe]4f^n(n=0\sim14)$电子构型和众多的斯塔克能级，使掺杂稀土的发光材料从紫外到近红外光谱范围具有许多令人感兴趣的光学特性，包括斯托克斯位移大、激发/发射光谱可调谐、光稳定性优异、发光寿命长等。另外，稀土电子层结构特殊，导致物化性质独特，从而在光、磁、电和催化等方面具有优异性能。20 世纪 60 年代，由于提纯技术的突破，稀土发光材料成功地应用于灯具和阴极射线管。此后，随着稀土发光材料的研究不断取得重要进展，其应用领域也不断扩大，目前几乎应用于光子学和光电子学的各个方面。

过渡金属元素位于元素周期表中 d 区与 ds 区，电子组态为$[Ar]3d^n(0<n<10)$，d 层未完全填充。过渡金属电子运动易受晶体场和晶格振动影响，对局部化学环境较为敏感。多数过渡金属在地壳中的存在形式为氧化物或硫化物。在掺杂过渡金属的材料中，发光产生于 d-d 电子跃迁，过渡金属离子的光谱特性在很大程度上取决于基质材料的特性，特别是作用于掺杂离子的晶体场强度。一般，同一过渡金属离子具有多种不同的价态，可以占据不同的配位环境。因此，通过改变基质材料种类，可以调节发光的发射范围和温度猝灭速率。过渡金属离子的这些独特性质使其在电信、生物成像和发光温度计等应用领域极具潜力。

2. 基质材料

无机发光材料的基质材料特别丰富，种类繁多，包括硫化物、铝酸盐、硅酸盐、氧化物、氟化物、氮化物、硼酸盐等。部分基质可自激活发光，但大多数仍需要掺杂发光中心以激活或提高发光性能。

硫化物体系，主要由硫化锌、硫化锶、硫化钡、硫化钙等发光材料组成。硫化物发光材料通常掺杂稀土离子（如 Eu^{2+}、Dy^{3+} 和 Er^{3+}）作为激活剂，或使用非稀土离子（如 Cu^{2+}）作为辅助活化剂。其突出的特点是较高的发光效率、较长的发光寿命、明亮的颜色和从蓝色到红色发光颜色的多样性。硫化物体系丰富的发光颜色使其在发光材料中的地位是无与伦比的，目前已被工业化，并广泛用于手表指针、表盘装饰以及发光二极管中的黄色荧光粉。硫化物体系中，ZnS 得到了广泛的研究和应用，在很长一段时间内，都是发光材料研究的重点。发光材料中的典型例子为发出绿色光的 ZnS∶Cu 材料。通过引入放射性元素钴，该材料的余辉持续时间可以从 200 min 提升至 500 min。然而，该类发光材料中的大多数还存在许多不足，包括发光亮度较低、余辉持续时间较短、化学稳定性差，以及在紫外线照射下容易发生性能改变等问题。尽管掺杂放射性元素可以显著提高发光材料的发光性能，摆脱对外部能量的依赖，但放射性元素会对人体健康造成严重损害。

近年来，一种新型的节能、高效、稳定的发光材料——稀土离子掺杂碱土铝酸盐，受到了广泛关注。这种材料以碱土金属铝酸盐为基质，Eu^{2+} 作为激活剂，Dy^{3+} 和 Nd^{3+} 等重稀土离子作为辅助激活剂制备。与硫化物体系相比，这种铝酸盐基发光材料展现出更优异的余辉性能，余辉时间可超过 30 h，亮度和持续时间也有所提升，发光效率较高；同时，它们具有稳定的耐酸碱、耐气候和耐辐射的化学性质，以及强抗氧化能力，具备优良的温度猝灭特性，适合在空气和特定环境下长期应用；此外，这些材料不依赖放射性元素，确保了使用的安全性和环保性。然而，基于铝酸盐的发光材料仍然存在许多缺点：耐水性差，在潮湿环境或水溶液中容易水解；发射颜色单调，发射光谱范围窄，缺乏长波长发射颜色。尽管如此，碱土铝酸盐长余辉发光材料仍然具有目前最好的性能。

基于硅酸盐的发光材料由于具有良好的稳定性和使用低成本的原材料（高纯度二氧化硅）而长期受到重视。此外，硅酸盐基发光材料具备显著的性能优势，包括优异的化学稳定性、出色的耐水性、全面的发光颜色以及通过某些方式发射蓝光到红光的能力。虽然目前的硅酸盐发光材料的发光性能总体上仍不如铝酸盐材料，但其在发光陶瓷中的应用性能优异，甚至超过了铝酸盐材料，具有广阔的发展前景。

目前，氧化物作为稀土离子常用的主晶格已经被广泛研究，用以制备具有高量子产率且能发射多种颜色的磷光体。常见的氧化物除了上述的硅酸盐、铝酸盐、磷酸盐外，还有氧化锌（ZnO）、氧化锰、氧化铝、二氧化硅、氧化镓、氧化铈以及钙钛矿材料等多种类型。其中，ZnO 是一种宽带隙半导体材料，其发光性能优异，能够在紫外光激发下发出蓝绿色的光。目前，氧化物发光材料以其优良的化学稳定性、热稳定性和光学特性而著称，这使得它们能在多种环境中持续发光，从而具有广泛的应用领域，在显示技术中用于制造LED和荧光粉，在照明领域用于制造节能灯，在生物检测领域可以作为标记物，在传感器应用中也可以用来检测特定化学物质。

氟化物发光材料是一类具有高发光效率的无机发光材料，包含氟化钙（CaF_2）、氟化钡、氟化锶等，常掺杂稀土离子和过渡金属离子使用。CaF_2 作为一种常用的发光材料基质，具有良好的光学性能和化学稳定性，通过掺杂稀土离子（如 Eu^{2+}），可以实现不同颜色的发光。该类材料具有低声子能量和良好的光学透明性，使得电子在激发态能级上的寿命较长，从而提高了发光效率。现如今，氟化物发光材料已被广泛应用于显示技术、照明、生物检测、X射线增感屏等领域。

氮化物发光材料是一类具有高硬度、高热稳定性和良好光学性能的无机发光材料，其发光机制通常是基于半导体的电子-空穴复合。该类材料最为常见的有氮化铝（AlN）、氮化镓（GaN）、氮化硅等。其中，GaN是一种重要的半导体发光材料，具有优异的发光性能和稳定性，能够发出蓝光和紫外光，广泛应用于LED照明和显示技术。AlN也是一种宽带隙半导体材料，具有良好的发光性能和热稳定性，在紫外光激发下能够发出蓝光。该类材料因其独特的光电性质被广泛应用于LED显示、激光器、探测器、照明和太阳能电池等领域。

（二）有机发光材料

近年来，有机发光材料因其发光效率高、可调节性好、使用条件相对简单、色彩丰富等优点，在发光领域的研究越来越受到重视。有机发光材料种类繁多，化学结构多变，导致其发光性能更为丰富。材料结构中荧光基团的存在（如—C═O—、—C═C—、—C═N— 等）、共轭体系的数量和共轭链的长短，以及有无助色团（如—NH_2、—NHR、—OH、—OR、—NHCOR 等）的存在，都会显著影响其发光效率。根据其分子结构的不同，有机发光材料可以被分为以下几种：

1. 有机小分子发光材料

有机小分子发光材料，是由碳、氢、氧、氮等元素组成的具有发光性质的小分子有机化合物。其往往携带共轭杂环和各种生色团，能够通过电子的激发和退激发过程发出光。这类材料在光学和电学领域展现出独特且多样的性质，可用于光电显示、照明、化学/生物传感器等，还可以用作荧光增白剂、荧光染料、荧光颜料、油墨等，应用在工业、农业、医学、国防等众多领域。

有机小分子发光材料的特征及优势主要包括以下几个方面：

(1) 多样性和可调性。有机小分子发光材料种类繁多，可以根据需要设计和合成不同的分子结构，调节发光颜色、效率和稳定性，以获得特定的发光特性。

(2) 色纯度高、发光亮度好。有机小分子材料通常能发出高色纯度的光，适合用于显示技术和照明。

(3) 易加工性。许多有机小分子材料可以通过溶液加工的方式制成薄膜或涂层，便于制造和集成。

(4) 生物相容性好。某些有机小分子发光材料具有良好的生物相容性，适用于生物标记和成像领域。

(5) 环境敏感性。部分有机小分子材料的发光特性对环境变化敏感，可以用于化学和生物传感器。但同时，有机小分子发光材料存在易聚集导致荧光猝灭和光稳定性差的弊端，一定程度上限制了其发展应用。

2. 有机高分子发光材料

有机高分子发光材料是一类具有发光性质的聚合物材料，因其独特的物理化学性质和广泛的应用前景而受到科研和工业界的高度重视。根据分子结构的差异，有机高分子发光材料可以被划分为三个主要类型：①侧链型，其小分子发光单元连接在高分子的侧链上；②全共轭主链型，整个分子构成一个连续的大共轭高分子结构；③部分共轭主链型，发光中心位于主链上，但这些发光中心之间是分离的，并没有形成一个连续的共轭结构。

有机高分子发光材料的主要特点和优势如下：

(1) 结构多样性。有机高分子发光材料可以通过不同的单体和聚合方法来设计和合成，从而获得不同的发光特性。

(2) 便于加工性。由于其高分子的特性，这些材料通常具有良好的加工性能，可以通过溶液加工、熔融加工等方式制成薄膜或成型。

(3) 发光性能可调。通过分子设计，可以调节高分子的共轭长度、能级结构和电子分布，从而实现对发光颜色、亮度和效率的调控。

(4) 良好的力学性能。与小分子发光材料相比，高分子发光材料通常具有更好的机械强度和柔韧性。

目前，对有机高分子发光材料的研究主要集中在共轭聚合物上。共轭聚合物(Conjugated Polymers，CPs)是由一种或几种结构单元通过共价键连接而形成的一类具有共轭结构的聚合物材料。共轭聚合物的共轭主链上具有较大 π 电子体系，导致电子具有高度离域特性。它可以在外界光或电的激发下产生光电特性，因而又被称为半导体聚合物或光电功能聚合物。典型的共轭聚合物有聚噻吩、聚芴、聚乙炔、聚咔唑、聚吡咯、聚苯胺及其衍生物等。此外，通过调节主链的结构单元或在侧链上引入不同的功能性基团，也可以调节聚合物的能带隙、发光性能及溶解性能。其中，聚苯胺、聚吡咯、聚乙炔及其衍生物，因其固有导电性而被深入研究；而聚噻吩、聚芴、聚对苯撑乙烯以及聚对苯撑乙炔，因其特有的电致发光特性而被广泛研究。共轭聚合物具有易合成、结构可定制、可加工性好以及易通过兼容溶剂制造器件的优点，吸引了众多关注。目前，共轭聚合物的光电导特性已经被用于制造光探测器、摄像管中的光电变换材料、红外夜视仪、红外线医疗、导弹制导装置和反导弹预警装置等。

3. 有机配合物发光材料

有机配合物发光材料是由有机化合物与金属离子或金属原子配合形成的能够发光的材料。它的发光性能受配体和金属离子的影响，展现出多个显著的优势。

(1) 高稳定性。与普通的有机配体发光材料相比，这些配合物显示出更高的化学和物理稳定性。

(2) 可调节的发光波长。由于有机配体与金属离子之间的相互作用，配合物的发光波长可以被有效调节。特别是，稀土金属离子的加入有助于延长配合物的激发态寿命，同时，通过调整配体的结构，还能实现对发光颜色的调节。

(3) 高色纯度。某些有机配合物发光材料能够发出高色纯度的光，适合于高质量显示和照明应用。

(4) 发光多样性。金属离子和有机配体的不同组合可以产生多种发光颜色，覆盖从紫外到可见光甚至近红外区域的宽范围。目前，有机配合物发光材料以其独特的发光原理和优异的性能特点，在显示、照明、传感、生物成像、光动力治疗、智能材料、艺术装饰等领域展现出巨大的潜力。

稀土有机配合物发光材料结合了稀土元素的独特光学性质和有机配体的多功能性，具有量子效率高、颜色可调、稳定性好的优点，为光电材料的研究和应用提供了新的可能性。在稀土有机配合物发光材料中，稀土离子提供发光中心，有机配体提供稳定的化学环境和特定的功能。当稀土离子从基态被激发到激发态后，它们可以在返回基态的过程中发出特定波长的光。有机配体则负责通过化学作用稳定稀土离子，增强其发光性能。当前，三种主要的有机配体在各自的领域得到广泛的应用，包括β-二酮类、羧酸类及超分子大环类。β-二酮类配体因其广泛的研究和应用脱颖而出，其代表性成员包括乙酰丙酮、苯甲酰丙酮和二苯甲酰丙酮。羧酸类稀土有机配合物通常指邻苯二甲酸、苯甲酸等含芳香环的羧酸和氨基酸。大环类稀土有机配合物则涉及稀土配合物与配体之间通过非共价键(如静电作用、氢键和分子间力等)相互作用形成的大分子结构，涵盖大环聚醚、大环聚酮、卟啉类、酞菁类等多种类型。

(三) 其他材料

1. 量子点

量子点(Quantum Dots, QDs)是把激子在三个空间方向上束缚住的半导体纳米结构。其发光机制与传统半导体相似，即当电子在接收到超过其带隙能量的激发后，会从基态跃迁到激发态，形成电子-空穴对。随后，当电子回落到基态时，通常会通过发光来释放能量。

量子点是纳米尺度的半导体材料，其尺寸与电子的德布罗意波长相当或更小，因此表现出显著的量子尺寸效应。这些效应赋予量子点一系列独特的特性和行为。

(1) 表面效应。随着量子点粒径减小，比表面积增加，导致表面原子因缺少邻近原子的配位而形成悬挂键。这些悬挂键增加了量子点的活性,但同时也降低了稳定性,使其更易于与周围的原子或离子发生反应。此外,悬挂键的增多还会导致表面缺陷的增加,这些缺陷能够捕获载流子,进而影响量子点的发光效率。

(2) 量子尺寸效应。当量子点的尺寸减小到一定值时,其费米能级附近的能级会从准连续状态转变为离散状态,即能级的分裂或能隙的增大。随着尺寸的进一步减小,量子点的带隙逐渐增大,导致其荧光峰位向短波长方向移动,即发生蓝移,且粒径越小,蓝移现象越显著。利用量子点的这一特性,可以通过调整它的尺寸来实现特定发射波长的调控。

(3) 高量子效率。量子点具有较高的量子效率,它们能够将吸收的光能或电能高效地转换为光能,这使得它们在 LED 和太阳能电池等领域具有潜在应用。

(4) 宽吸收谱和窄发射谱。量子点具有宽泛的吸收光谱,这意味着它们可以吸收不同波长的光。同时,它们的发射光谱非常窄,这使得量子点在光谱分析和生物标记等领域具有优势。

(5) 良好的溶液加工性。尤其是有机量子点,它们可以溶解在多种溶剂中,通过溶液加工方法进行器件制造。

(6) 生物兼容性。量子点可以被表面修饰,使其具有生物兼容性,因此它们可以作为荧光标记物应用于生物检测和成像。除此之外,量子点还具有高稳定性、多激子效应、可设计性、量子隧穿效应等独特的物理性质和优势。

量子点可以是无机的,也可以是有机的,这取决于它们的组成材料。无机量子点(Inorganic Quantum Dots, IQDs)是当前非常多见的量子点类别。无机材料本身具有较高的稳定性,这使得它展现出较好的化学稳定性。这种稳定性主要体现在它们的荧光光谱对外部环境因素,如温度和 pH 值的波动,具有较小的敏感性,并且它们还具备较强的抗光漂白能力。此外,通过表面工程如表面配体修饰可以降低量子点的表面活性,防止团聚现象的发生,同时提高其量子产率和稳定性。改变表面配体也会改变量子点在不同有机溶剂中的分散性,使量子点表现出优异的溶液加工性。有机量子点(Organic Quantum Dots, OQDs),也称之为有机半导体量子点,由含有 π 共轭体系的有机分子或聚合物组成,如酞菁、卟啉类化合物或者聚噻吩、聚苯胺等。有机量子点具有良好的溶液加工性,可以溶解在多种溶剂中,并且可以通过化学合成方法进行功能化和尺寸调控。

碳量子点(Carbon Quantum Dots, CQDs)是目前研究较为成熟的一类量子点,尺寸为 1~10 nm,含有 200~10 000 个原子,表面由官能团固定,具有一系列独特的光学和电学性质,通常由核和外壳两部分组成。这种壳核结构有助于将发射和激发限制在核心上,保护核不受光漂白的影响,提高核心量子产率。与常规半导体量子点相比,CQDs 展现出一些独特的特性,包括化学组成简单、荧光发射可调、易于功能化、物理化学和光化学稳定性好及合成成本低等,在化学/生物传感、药物传递、光动力疗法以及光/电催化等领域展现出巨大的应用前景。

以硫醇作为配体的碲化镉量子点(CdTe QDs)一直是广泛研究的焦点,主要是由于它们制备方法简单,具有优良的光学性质,良好的水溶性以及功能化的官能团。与其他单核量子点相比,硫醇作为配体的水溶性 CdTe QDs 可以很容易地通过胶体合成方法获得,而不需要进一步耗时的功能化步骤,这些步骤会影响量子点的稳定性。考虑到合成简单、发射带宽和波长范围广,单核 CdTe QDs 具有很大的优势,可被用作传感器进行各种分析物的检测。

2. 生物材料

生物发光材料是一类特殊的材料,它们能够在没有外部光源的情况下发出可见光。它以生物分子或生物组织作为基质,具有独特的生物活性,具有自发荧光、高灵敏度、非侵入性等优点,可应用于生物成像、生物传感器、光遗传学、药物递送和照明等领域。此外,随着纳米技术的不断发展,生物发光纳米材料的应用也越来越广阔。

生物发光材料主要包括以下三类:

(1) 荧光蛋白。荧光蛋白是一类具有自发荧光特性的蛋白质,它们广泛存在于海洋生物中,如荧光鱼、荧光水母、荧光虫等。荧光蛋白具有绿色、蓝色、红色等多种颜色,而且其发光强度可以通过基因工程进行调控,在生物成像、疾病诊断和治疗方面有所应用。

(2) 生物发光菌。生物发光菌是一类能够发出生物荧光的细菌,如荧光假单胞菌、萤火虫体内的发光细菌。这些细菌通过生物发光过程产生光能,用于照明或与其他生物进行交流传递信号。

(3) 生物发光酶。生物发光酶是一类能够催化生物发光反应的酶。它们通常与底物一起使用,如荧光素酶与荧光素的组合。在适当的条件下,生物发光酶能够催化底物发生化学反应并产生光,在生物成像、环境监测和食品安全检测等领域有重要应用。

虽然生物发光材料具有许多优点,但它们在实际应用中仍面临一些挑战,存在发光效率低、稳定性较差、生物相容性等问题。因此,未来研究需要不断地克服困难,以实现生物发光材料更广泛的应用。

三、制备方法

智能发光纤维及纺织品的制备方法主要可分为纤维纺丝和后整理两方面。发光纤维的纺丝过程是将发光材料均匀混合于纤维基质中以获得纺丝液,再通过各种不同的纺丝技术制备发光纤维。通常选用的纺丝方法有熔融纺丝、溶液纺丝、静电纺丝、键合法等。熔融纺丝看似简单易行,但其对材料性能的要求十分严格,特别是对发光化合物的抗氧化性、耐高温性、粒径尺寸都要求很高。因此,这种方法的使用会受到材料性能的限制。与熔融纺丝技术相比,溶液纺丝在较低的温度下进行,因此不会引起材料的氧化或热解。然而,这种方法要求发光材料具有良好的溶解性,以确保它们能够均匀地溶解在纺丝溶液中。键合法和高速气流冲击法因其加工工艺繁琐复杂,纺丝难度大,所以研究较少。相比之下,静电纺丝能够在较短时间内将聚合物转化成纤维,制备过程相对简单,对材料的要求较少。此外，静电纺丝采用高电场的方式制造纤维，制造出的纤维细度相对较小，均匀性好。但静电纺丝法受环境的影响较大，发光纤维的性能稳定性较差，目前规模化生产也存在困难。

已经成形的无发光性能的纤维可以通过浸渍涂覆法来具备发光能力。浸渍涂覆法的工艺流程相对简单、可操作性强。然而，发光材料仅覆盖在纤维表面，导致其在酸性或碱性环境下易于分解，耐久性、耐洗涤性、耐摩擦力以及耐溶剂性能都较差。织物的发光后整理，主要包括织物涂层和织物印花。相较于通过织造过程集成发光纤维来制造发光织物的方法，采用发光涂料和印花技术来生产发光织物具有生产过程简便、工艺流程短、能耗低等优势。但由于这种方法涉及在纺织品表面涂覆发光材料，可能会导致织物的手感和穿着舒适性下降，并且在洗涤过程中容易发生剥落，损害其发光效果。此外，这类织物的耐光性、耐摩擦和耐气候性通常不尽如人意，随着时间的推移，发光效果会逐渐减弱。因此，在开发发光织物时，选择合适的发光材料、涂层配方以及辅助添加剂是非常关键的。

总地来说，智能发光纤维及纺织品的设计是一个复杂的过程，首先需要根据发光原理、性能、用途选择合适的发光材料，在此基础上，选择与之匹配的纺丝基质，以确保后续纤维的力学性能、柔韧性和稳定性符合要求，最后进行纤维的结构设计，包括纤维的直径、形状（如同轴、空心、Janus 结构等）以及制备工艺的选取。除此之外，智能发光纤维及纺织品的应用环境、生物相容性、绿色安全性、成本效益和美学时尚，也是需要考虑的重要因素。

第三节　智能发光纤维及纺织品的应用

作为一种基础材料，发光纤维已与各种技术相结合，制备出多种产品。首先，由于其独特的光学效果和丰富多彩的颜色，发光纤维及纺织品广泛应用于时尚服装、家居用品、发光防护服防护带以及工农业制品；此外，由于其独特的颜色变化和猝灭现象，在防伪识别中也备受关注；结合传感技术，发光纤维还可以用于各类气体、金属和重金属离子、爆炸物、有机溶剂等化学物质的检测，以及人体体液、生理信号、基因等生物检测，还可以用作温度、湿度、压力传感器，实现小型便携和可视化传感；在显示设备和智能可穿戴领域，发光纤维也具有迷人的吸引力。

一、发光织物及制品

目前，发光纤维已被制成各类发光织物和产品，在纺织服装领域得到广泛应用。首先，在时尚服装和家居领域，发光纤维已被制成发光夹克、发光内衣、刺绣产品、地毯、挂毯、帐篷、鞋带等，获得大量消费者的青睐。此外，发光纤维还可以制成工业用的发光电缆电线，海洋捕鱼业用的发光渔网、防护网，消防、运输、工业用的发光安全带、警示带和防护服等。将发光材料与服装配饰合理的结合，可以拓展设计空间，激发发光纤维的潜力，为时尚产业带来创新和活力。

（一）时尚服饰、舞台服装

随着生活标准的提升和消费理念的演进，人们对服装的期望已经超越基本的保暖和遮体需求，越来越多的消费者开始寻求具有多样化风格和附加功能的衣服。发光纤维具有独特的性能和视觉效果，通过巧妙地应用，可以显著增强发光织物及制品的视觉吸引力，为人们带来一种独特且难忘的发光体验。在受到光线激发时，发光纤维可以发出红、绿、蓝、黄等不同颜色的光，而且通过调整发光材料的化学成分和结构，可以实现多种发光效果，如持续发光、闪烁、渐变等，为服装增添更多的动态视觉感受。

发光纤维的这种引人注目特性使其在时尚服饰领域有所应用。利用发光纤维制备的发光 T 恤、背心、内衣、牛仔裤、风衣等纺织产品，实现了发光纤维的色彩多样性和织物的穿着舒适性的有机融合，拓展了服装设计的空间，也推动了时尚服饰的发展。此外，在音乐节、派对等夜间活动中，人们穿着时尚的发光服装可以在黑暗中熠熠生辉，展现出独特的个性和风格。使用发光纤维制造的织物不仅保留了其原始的柔软度和舒适性，还能与各种其他类型的纱线结合，创造出多样的图案和纹理，以增强服装的展示效果和视觉吸引力。

发光舞台服装是指在舞台表演服装的设计过程中融入发光纤维或发光材料，并将其作为核心设计要素，以创造出使表演者在舞台上呈现发光视觉效果的服装。众所周知，舞台服装对舞台表演效果有着举足轻重的影响。科技与艺术相结合产生的新型发光舞台服装，可以展现科技美和艺术美的统一，对人物塑造、情感表达、风格展示、动作演绎、故事表述都至关重要。发光舞台服装的巧妙使用，可以展现出强烈的艺术感染力，为观众带来更好的视听体验。

（二）警示性功能服装

应急照明和疏散指示系统是建筑和公共场合中至关重要的消防安全设备，它们在火灾或其他紧急情况下发挥着至关重要的作用，通过向受困人群提供清晰的疏散路径和指示，保障人们的生命财产不受损害。在火灾等紧急情况下，消防人员穿着的发光消防服能够在充满烟雾的环境中或在电力中断的情况下，增强消防队员的可见度。这不仅有助于他们快速救援受困者，同时也能更好地保障自身的安全。通过在消防设备上附加发光纺织品，或在灭火器背后设置夜光标志，可以显著增强这些设备的可见性，让人们在需要时更容易发现并使用它们。发光交通警示服解决了传统反光材料仅在车辆灯光照射下才能反光的问题。它们能够在缺乏其他光源的情况下持续发光，从而极大提升了交通警察和巡逻人员的作业安全性。此外，发光纤维和纺织品也可用于矿工等地下工作人员的工作服中，帮助他们在黑暗的地下环境中相互识别，并在发生事故时便于救援工作的开展。发光纤维和纺织品还适用于远洋船舶工作人员的服装、夜跑装备以及学生的校服，以提高夜间活动的安全性，起到警示作用。

（三）家居用品

发光纺织品在家庭装饰领域的应用非常普遍，涵盖了窗帘、门帘、鞋带、地毯、沙发套、刺绣线等众多产品。这些由发光纤维制造的产品，如窗帘和地毯，在昏暗环境中依然能够保持高可见性，为夜间活动的人们提供便利。发光纤维也可用于各种毛绒玩具和刺绣产品的设计，使其兼具观赏娱乐的视觉效果和实用的应用性能。

由发光纤维制造的玩具，即使在夜间也能保持色彩斑斓，广受人们喜爱。随着现代社会的进步，玩具不再局限于儿童使用，而是成为广泛接受的娱乐产品。将发光纤维应用于毛绒玩具，可以为产品增添独特的个性化特征。这些玩具在白天看起来与普通玩具无异，但在暗处能发出明亮的光芒，在增加玩具趣味性的同时，还能为害怕黑暗的孩子提供安全感，有助于改善他们的睡眠。

近年来，刺绣艺术品作为一门优秀的中国民族艺术，其发展受到一些限制。一个重要原因就是在材料使用方面，民间工匠习惯于使用丝绸、棉线、天鹅绒等传统材料，而对新纤维材料的接受和运用较少。作为一种新型的纤维材料，发光纤维因其独特的视觉效应而备受关注，将其融入具有民族特色的刺绣技术中，可以创造出多样化的刺绣艺术作品，包括服装图案、品牌标识以及艺术挂画等，这有助于推动刺绣产品的创新，并大幅提升其艺术性、商业价值和观赏性。同时，发光刺绣的应用也可以扩展到时装设计、办公用品、家居装饰等多个领域，作为装饰元素，它们具有很好的美化效果。

（四）工农业产品

发光纤维和纺织品在工业和农业领域也找到了它们的用武之地。在农业应用中，荧光纤维因其在吸收紫外线和发出可见光方面的卓越能力而备受青睐。通过将这些特殊荧光纤维编织成薄膜，可以创造出用于光能转换的农业用薄膜。含有稀土元素的发光材料能够高效吸收阳光中的紫外线，并将其转换为对植物生长有益的红光和橙光，有助于增强植物的光合作用，促进作物的生长和成熟。在工业领域，蓄光纤维制成的绳索在夜间救援行动中发挥了重要作用，增强了救援人员的安全性；蓄光纺织品还可用于全天候卫生包，使卫生工作者能在黑暗环境中迅速进行医疗保障和救援；在渔业发达的国家，蓄光纤维已经被用于制造渔网，利用某些鱼类对光的趋向性，在一定程度上增加了捕鱼的产量。

二、产品防伪识别

假冒和伪造的产品，尤其是伪造的货币、药品、食品、文件、服装服饰，可能会对经济、政府、公司、客户的健康和财产安全造成巨大损失。为了有效遏制假冒伪劣产品的蔓延，科研工作者开发出各种防伪技术及产品，例如市面上常见的防伪二维码和标签、光学/温度可变油墨、全息防伪技术、射频识别技术、条形码和简单的数字水印技术等。然而，容易复制、高成本的设备、相对复杂的识别过程和验证分析方法在很大程度上限制了防伪材料在实际生活中的应用。因此，提出高度可扩展、生态友好、易于验证、成本低廉的反欺诈技术，仍然是一项挑战。

得益于发光纤维的独特属性，其在防伪领域的应用变得日益重要。这些纤维能够被用来制造具有防伪特性的纺织品、纸张和标签等，具有以下特点：

(1) 辨识度高。发光纤维与产品完美融合，使得真伪鉴别变得极为简便，普通消费者也能轻松区分，鉴别过程无需复杂技巧，方法简便快捷。

(2) 制备工艺简单，成本低廉。防伪产品通常在制备过程中加入发光纤维，以提供防伪功能，无需额外的生产设备，生产成本较低。

(3) 效果显著。制备的防伪产品安全耐用、识别度高。

荧光防伪纤维，亦称作安全纤维，由发光材料制成，主要分为红外荧光纤维与紫外荧光纤维两类。当红外荧光纤维受到红外光照射时，能够放射出多样色彩的光，其激发波长通常在 0.7～1.6 μm。这种纤维具备将低能量光转换为更高能量光的能力，加之其激发源是不可见的红外光，因此拥有特殊的应用优势，在身份证件、金融票据、品牌标识等防伪领域有着广泛的应用。紫外荧光防伪纤维通常含有能够吸收紫外光并发出可见光的荧光物质，当紫外光照射到这些纤维上时，荧光物质会被激发并发出特定波长的光，从而产生明显的荧光效果。紫外荧光防伪纤维可以分为长波长荧光纤维和短波长荧光纤维。这种纤维广泛应用于货币、护照、重要文件、品牌服饰标签、安全标识等需要高安全性防伪的场合。它们可以作为验证真伪的重要手段，提高了伪造的难度。

目前，常用有机染料、稀土配合物、无机稀土离子、金属有机框架、碳量子点以及钙钛矿材料来制备智能发光纤维及纺织品，以实现防伪识别功能。

(一) 有机染料

有机染料因使用方便、化学性能稳定、发光性能好、生物相容、无污染等特点，在防伪领域备受关注。常见的有机荧光染料主要包括香豆素、卟啉、罗丹明及其衍生物、噻吩、花青等。Baatout 等使用荧光素，通过浸渍法建立了一种简单、快速、绿色的荧光棉纱线制备方法。鉴于荧光素的高荧光量子产率、在可见光场中的高吸收、低毒性和在水中的溶解度等优点，将其应用在棉纤维上，可以实现纺织品如成分标签、刺绣徽标甚至接缝的防伪识别。当以特定的紫外线波长激发时，可以检测到其在纺织品中的存在，从而使得这种材料对于追踪和检测假冒物品非常有效。

(二) 有机稀土配合物

在光学防伪应用中，有机稀土配合物因其荧光效率高、颜色纯正、光热稳定性好、发光寿命长、制备简单、发光强度高、光谱带发射窄等优点，广受欢迎。有机稀土配合物与聚合物材料间具有良好的相容性，所以通过简单的物理混合即可将稀土配合物均匀分散在聚合物基体中，再利用浇注涂膜或纺丝工艺便可获得基于聚合物的发光纤维及纺织品。稀土配合物在聚合物基体中的均匀分散可以抑制稀土离子因聚集引起的发光猝灭。因此，这些发光纤维材料不仅具有稀土配合物优异的发光防伪性能，而且具有聚合物良好的柔韧性和可加工性。

基于聚苯乙烯、聚乙烯吡咯烷酮、聚甲基丙烯酸甲酯、聚丙烯腈和聚乙烯醇等的稀土配合物发光纤维材料在防伪和信息加密领域显示出巨大的应用潜力。然而，这些发光纤维只能在特定波长的光下发射出单一颜色的荧光，实际应用中容易被伪造。因此，开发具有更高防伪安全性的聚合物基稀土配合物荧光防伪材料，具有重要意义。Fan 等提出一种制备紫外激发双模多色发光材料的有效方法。使用具有优异溶解性和可纺性的再生聚苯乙烯作为聚合物基体，并掺杂 Eu^{3+} 络合物和 Tb^{3+} 络合物作为发光组分，通过静电纺丝技术开发了荧光纤维膜。它可以实现 UV 激发的双模发射，并在袜子、电脑鼠标和酒瓶的防伪中得到应用，如图 5-2 所示。

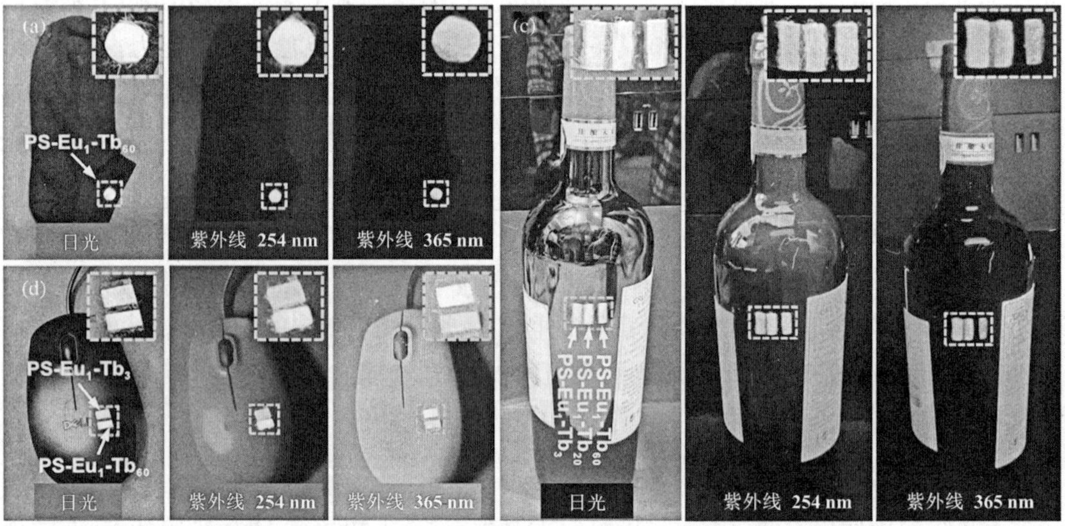

图 5-2　紫外光激发的双模发光电纺纤维膜的防伪应用

(a)袜子；(b)电脑鼠标；(c)酒瓶

(三) 无机稀土离子

无机稀土离子在防伪领域的应用主要是基于它们独特的光学性质，包括长寿命的激发态、丰富的电子能级和多样的发光特性。江南大学葛明桥教授团队使用稀土发光磷光体($SrAl_2O_4$：Eu^{2+}、Dy^{3+}和 Y_2O_2S：Eu^{3+}、Mg^{2+}、Ti^{4+})作为发光源，光致变色黄色微胶囊作为可逆光致变色材料，以聚丙烯腈为基体，制备了光致发光纤维，如图 5-3 所示。该纤维对紫外线刺激表现出快速且可逆的颜色反应，具有优异的可逆光致变色行为和持久发光性能。制备的纤维在可见光下是白色的，当它暴露在紫外线下 5 s 时，纤维的颜色变为黄色，然后将纤维移到黑暗的环境中，纤维会发出明亮的绿黄色光。最后，将其移到可见光下时,纤维的颜色又会变回白色。这种可逆的光致变色和发光过程使得制备的纤维易于识别,难以模仿,可应用于高水平的防伪。

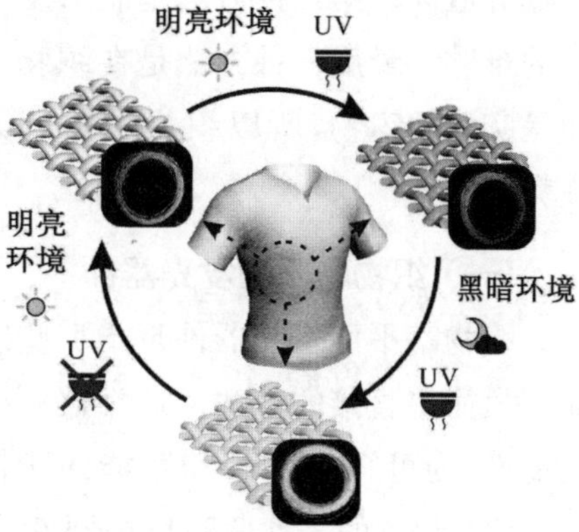

图 5-3 光致变色发光纤维的数码照片及应用

华南理工大学陈广学等以聚乙烯吡咯烷酮(PVP)为偶联剂,在漂白硬木纸浆纤维素纤维表面原位化学沉积稀土离子,制备了一种光致发光材料。该材料表现出优异的发光性能,通过在水介质中加入适量 La^{3+} 和 Eu^{3+},可以简单地控制其荧光强度。此外,该材料已被用作块体,通过抽吸过滤程序形成光致发光纸,它具有优异的发光性、高柔性、良好的可写性和可打印性,且整个过程在没有有毒试剂的温和环境中进行。他们提出的这种简单、绿色和低成本的技术,在防伪纤维及纺织品领域有很大的应用空间。

(四) 荧光碳量子点

作为一种非金属发光材料,荧光碳量子点具有良好的水溶性、优异的光学性能、生物相容性、抗光漂白性、低毒性及尺寸小等优点。由于碳量子点具有流动性好、不容易堵塞的特点,可以将其封装在喷墨打印机或者中性笔中,打印出不同的防伪图案或者书写出各种防伪字体,因而展现出潜在的防伪价值。同时,碳量子点也可以与二维码技术相结合,实现双重防伪。随着对碳量子点防伪应用的研究逐步深入,将其掺杂到纺丝液中制备成发光纤维,或结合 3D 打印技术,实现柔性防伪将成为可能。

除此之外,金属有机框架因化学可调谐性和多种发光特性,在防伪应用中显示出诱人的应用前景。无机金属卤化物钙钛矿因其卓越的光电特性,在防伪技术的研究中得到广泛关注。

三、织物显示屏

现如今,人类接收的外部信息中有很大一部分是通过视觉显示设备获取的。作为人机交互的界面,这些显示设备极大地促进了信息时代社会的进步和发展。与此同时,人们对显示设备也不断提出新的要求和期望,轻薄且贴近人体的可穿戴显示设备应运而生。织物显示屏是一种新型的显示技术产品,它将电子显示设备与柔性纺织品相结合,既具有显示功能,又保持了纺织品的柔软透气、可弯曲、可穿戴特性。它的出现,为可穿戴设备和智能纺织品的发展提供了新的可能性,并开启了包括智能服装、通信服装、汽车配件、家居用品和装饰性材料在内的全新应用领域。

现阶段,实现织物显示屏功能的方式主要有三种。首先,可以将显示面板连接到一块织物上,这是最直接、最简单的方法,但它对织物的柔韧性有负面影响,会大大削弱其穿戴舒适性。第二种方法是制造发光纤维，但基于纤维的晶体管编织和集成仍然是未解决的难题。最后一种方法是在织物上直接制造发射器件，因其基板不是由塑料制成的，而是实际的织物，所以织物材料的柔韧性不会受到显示面板很大的影响，具有一定的优势。

（一）织物基平面发光器件

织物基平面发光器件是指那些以织物为基底或与织物集成的发光器件，是实现织物显示最简单直接的方法。这类器件结合了纺织材料的柔韧性、可拉伸性以及发光材料的功能性，为可穿戴设备和智能纺织品提供了新的可能性。当前，利用有机发光二极管（OLED）制备的柔性薄膜显示器件已在多个领域实现应用。然而，大多数使用的织物基底因表面不平整，不适用于 OLED 的制作。为了解决这一问题，科研人员采用了在这些织物基板上通过热压或紫外光聚合技术引入聚合物层的方法，实现了将原本微米级凹凸不平的织物表面转化为纳米级平整表面，从而成功构建了性能优异的织物发光器件。这些改进后的织物基 OLED 在常规环境下显示出与薄膜器件相媲美的性能，表现出稳定的工作寿命，足够的机械耐久性以承受人类运动造成的变形，并且即使在下雨、出汗或洗涤等水条件下也能保持其光电性能。

相比之下，交流式发光器件因其对基底的平整度要求不高，能够使用导电性的织物。这样的织物不仅充当电极，也作为器件的基底。研究人员通过在这些织物上使用涂覆或印刷技术，添加上发光材料 ZnS 并制成连续且均匀的膜层。他们还利用银纳米线、聚乙撑二氧噻吩-聚苯乙烯磺酸盐（PEDOT：PSS），或者是导电凝胶材料，来制造透明的电极，进而开发出能够交流发光的织物。

（二）发光纤维

使用超薄基板制备获得的发光器件因其薄而显示出非常高的灵活性，但同时存在容易撕裂、磨损、分层的缺陷。与此同时，表面平坦化工艺可能会导致织物丧失透气性、热湿舒适性等性能。相比之下，基于纤维的可穿戴显示器具有更强的竞争优势，现如今也进入了快速发展的阶段。

1. 无机发光二极管纤维

无机发光二极管以其稳定的性能和较低的成本优势，已经被广泛采用。集成这些二极管到纱线上，成为研究显示织物屏的首选方案。然而，这些二极管本身缺乏柔韧性，这限制了它们在可弯曲的织物显示领域的使用和发展。研究者们普遍采用的解决方案是，利用柔韧的纤维电极与硬质封装的微型无机发光二极管相连，从而创造出局部刚性而整体柔韧的发光纤维。

在早期研究中，研究者们通过直接焊接技术将无机发光二极管与导线相连，但这种方法不仅使生产过程复杂化，难以实现高效率的连续生产，同时还会降低纤维的柔韧性。为了克服这些难题，研究者们发展了基于热拉伸工艺的批量生产技术，即将发光二极管和金属细丝嵌入到热塑性聚合物中，加热后拉伸形成纤维。在拉伸过程中，金属丝与硬质发光二极管逐渐靠近并最终实现电接触，得到的纤维直径大约为 500 μm。利用这种技术生产的发光纤维能够被编织入纺织品中，显示出在智能感应和光通信领域的应用前景。然而，此类纤维结构使得织物发光形态呈现分散的点状，若发光点过于密集，则可能降低织物的柔韧性，一定程度上限制了它在显示领域的应用。

2. 有机发光二极管纤维

与无机发光材料相比，有机发光材料的固有柔韧性是一个显著的优点，这使得它们成为制造轻巧、柔韧的纤维状发光器件的理想选择。然而，由于有机发光二极管的薄膜仅有纳米级厚度，其发光性能极易受到微小缺陷的干扰，因此，在纤维表面制造出高质量的功能薄膜是该领域研究面临的一个重要难题。

与易于结晶且膜层力学稳定性不足的有机小分子发光材料相比，聚合物发光材料展现出更优的柔韧性，并且可以通过溶液涂覆的方式，连续地在纤维表面形成薄膜，这使得它们更适合于构建发光纤维。研究人员采用溶液法，成功制备了有机发光二极管纤维，在柔性聚酯纤维表面依次浸涂 PEDOT∶PSS（作为阴极）、聚乙烯亚胺/氧化锌纳米粒子（作为电子传输层）、超级黄色聚合物（作为共轭发光层）。最后，通过蒸镀的方式在纤维一侧沉积铝/氧化钼电极，另一侧纤维表面用于向外发射光。在这一构造中，PEDOT∶PSS 不仅作为阴极，还充当平坦化层，为器件提供了更好的稳定性。结合高质量的电子传输层，这些因素共同确保了纤维的优良发光性能。该类有机发光二极管纤维不仅具有良好的柔韧性和可编织性，而且其直径可以缩小至 90 μm。它们能够在 3.5 mm 的弯曲半径下承受高的拉伸应变，通过手工编织方法还可以制成纺织品和针织服装，进一步进行字母显示。

尽管取得了一些进展，但该类器件还存在制造工艺复杂、成本较高的缺陷，连续化生产也存在困难。

3. 聚合物发光电化学池纤维

聚合物发光电化学池器件由于不需要金属电极与发光层之间进行严格的能级匹配，因此避免了使用金属电极和真空蒸镀技术。其发光机制依赖于原位电化学掺杂，这使得对发光层的平整度要求降低，进而在连续制造和织物集成方面展现出显著的应用潜力。

研究人员开发了一种新型聚合物发光电化学池纤维，具有同轴结构，中心是不锈钢丝（作为导电核心）。通过涂层技术，依次在其表面形成 ZnO 纳米粒子层和蓝色发光聚合物层，外层包裹高电导率的碳纳米管薄膜。这种纤维在 13 V 电压下，亮度高，电流效率大，而且具有良好的抗弯曲性能。可缠绕不同颜色纤维或编织成织物，实现颜色变化和文字显示。然而，由于发光层 P-I-N 的结构稳定性较差、聚合物电解质易降解，聚合物发光电化学池纤维的使用寿命较短。此外，在实际应用中，纤维会频繁遭受挤压、摩擦等外力作用。碳纳米管电极薄膜以及纳米级厚度的聚合物电解质发光层是否可以耐受外力作用，这些问题需进一步研究和评估。

4. 交流电致发光纤维

在粉末交流发光器件的设计中，通常利用橡胶和树脂作为聚合物基质与发光材料混合，以形成发光层。这种方法得到的器件在机械稳定性方面，相较于直流发光系统有显著提升。由于依赖于场致发光原理，交流粉末发光层在不同厚度下也能稳定工作，且对膜层的平整度要求不高，适合与纤维或织物结合使用。此外，该器件在长时间运行时产生的热量较低，这也为它们在可穿戴设备领域的应用带来了优势。

根据器件结构的不同，交流电致发光纤维主要分为两种类型：缠绕型和同轴型。在缠绕型结构中，涂覆有发光层的复合纤维与金属纤维电极相互缠绕形成器件。该类器件中，金属纤维电极虽然电导率高，能够有效地沿纤维长度方向上传递电场，但其不透光的特性会严重遮挡发光效果，导致器件发光亮度低，而且缠绕结构会导纤维部分发光，故而在一定程度上限制使用。为了解决缠绕型结构的弊端，研究人员在带有发光层的复合纤维表面涂覆透明导电层，构建了同轴结构的交流电致发光纤维。同轴结构可以显著提高器件的发光性能，使纤维在长度方向和圆周方向都能均匀发光。

为了进一步提高可穿戴器件的穿着舒适性和稳定性，研究人员采用本征可拉伸材料，开发了一步法挤出获得弹性交流电致发光纤维。采用的冷冻交联凝胶在挤出-固化过程中不发生体积变化，没有氧阻聚现象，确保了电极材料和发光层之间的稳定界面。后续可以将其编织成弹性发光织物，制备织物显示屏。

(三) 经纬交织显示织物

平面动态图像显示是通过输入行列电信号调控微型发光单元(即显示像素)阵列的程序化启亮来实现的。作为一种线状光源，当将发光纤维编入织物中时，通常只能展现简单的、既定的编织图案，这限制了它们显示复杂信息的能力，使其难以进一步发展和应用。

受到传统平面显示器像素阵列布局的启发，复旦大学彭慧胜教授团队提出一个策略：在织物的经纬交织点上集成微型发光器件，如图 5-4 所示。该团队开发了含有交流电致发光层的复合经纱和透明的导电纬纱，通过编织将它们结合在一起，形成发光像素网。通过熔融纺丝技术，制造了一种低模量、高弹性的透明导电纤维，这种纤维在交织点能够自适应地发生形变，形成紧密的接触面，确保了在高曲率接触区域的均匀电场，从而使发光器件稳定工作。这种方法不仅统一了编织与显示技术，还实现了大规模的显示织物生产。该织物包含高达 5×10^5 个电致发光单元，长度达 6 m，宽度为 25 cm。且这些发光单元发光均匀，亮度差异小，具有良好的稳定性，能耐受上万次弯折和上百次机洗。通过集成电源、输入设备和无线通信模块，这种智能织物显示系统在物联网导航、便携通信、辅助沟通等领域展现出巨大的应用潜力。

四、传感器

传感器是指能够以良好的灵敏度和选择性对分析物或外部环境做出响应而不会对

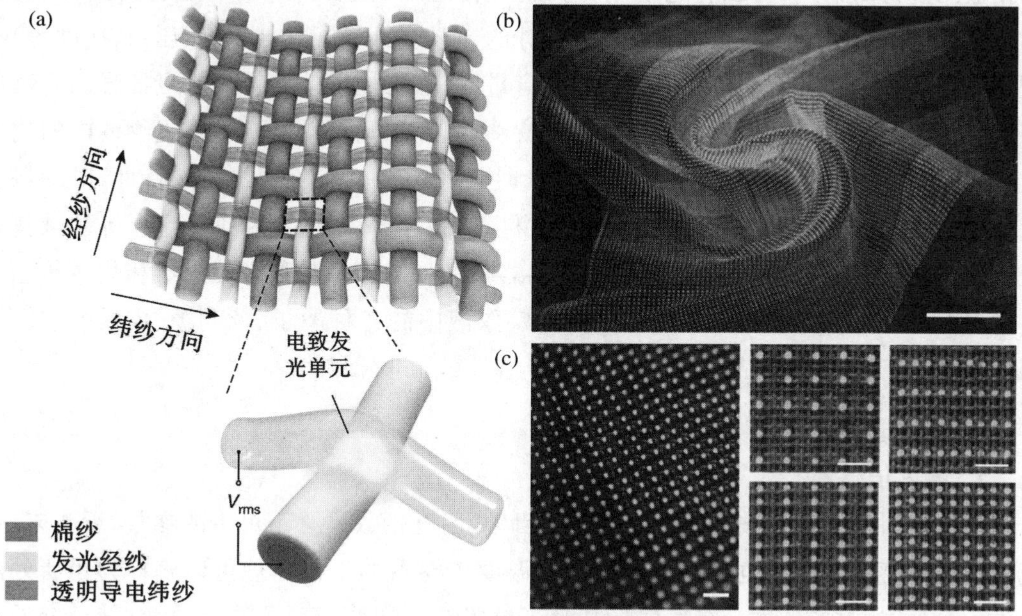

图 5-4　经纬交织显示织物

(a)显示纺织品的编织，每个接触的发光经线和透明导电纬线间形成电致发光单元(插图)；
(b)功能性多色显示纺织品在复杂变形(包括弯曲和扭曲)下的照片，不同颜色通过用铜和锰掺杂 ZnS 来实现；
(c) 来自(b)的多色显示纺织品的放大照片和通过改变编织参数获得的间隔不同距离的电致发光单元的照片

分析物产生大的干扰或污染的设备。传感器输出的信号可以通过光学现象进行响应，如荧光增强(OFF-ON 型)、荧光猝灭(ON-OFF 型)以及双荧光强度变化(比率型)，也可以通过其他耦合的电气读出设备进行监测。光学传感器通常遵循各种传感机制，如构象变化、链聚集、荧光共振能量转移、内部滤波效应、金属配合物形成或分子间电荷转移等，以产生各种肉眼光学响应。

发光纤维在传感器领域具有多种应用，其发光特性使得它们能够实现对各种物理和化学量的检测与转换。由发光纤维制成的传感器有其独特的优势。

(1) 可以快速、高效、连续、大量地进行生产，制备效率高，且产品易于操作，便于携带。

(2) 通过调控制备发光纤维的方式和参数可以很好地构建各种形态结构，如核壳、中空、多孔、纳米蛛网等，具有较高的比表面积。

(3) 聚合物纤维易于表面功能化、固定化和其他后处理等。

因而，由发光纤维制备的传感器在检测 pH 值、金属离子、有机溶剂、挥发性有机化合物、爆炸物、温度、湿度等领域有了众多研究，并且在呼吸监测、人体汗液和尿液检测、心电检测等方面也有大量探索。

传感器能够根据不同的传感机制，对物理、化学或生物目标进行精确的检测和监控。

根据被测量物的不同，可以将它们划分为物理传感器、化学传感器和生物传感器三类。物理传感器是依据物质的物理属性变化设计的，它们可以检测（如温度、压力、速度等）物理量。化学传感器基于化学物质的组成或含量变化，将化学信号转化为电信号。生物传感器利用生物分子或生物体的特定生物学特性，识别和测量生物分子或生物体内的化学成分，甚至是生命体征。这些传感器在设计时会考虑到目标检测物质的特性，以确保它们能够提供准确和可靠的测量结果，进而在科研、医疗、环境监测和工业生产等领域获得应用。需要指出的是，由于部分生物型传感器所测量的指标与物理传感器和化学传感器重合，如人体温度、湿度属于物理指标，汗液、尿液中的各种离子、葡萄糖、皮质醇、乳酸、氯化物等属于化学指标，故而不再在生物传感器部分进行叙述。

（一）物理传感器

1. 温度传感器

在自然科学和工程技术领域的许多项目中，温度指数是必不可少的参数，近年来，市场对温度传感器的需求也日益增加。荧光温度传感器的工作原理可以解释为当所处温度发生改变时，材料的发光特性（强度、光谱位置、衰减时间等）可能会改变，甚至会导致荧光猝灭。通过探索这些特性变化的方式和结果可以确定研究对象的温度变化。目前，已有多种材料应用于荧光温度传感器，例如 SiO_2、稀土离子、金属离子、量子点、染料、蚕丝等。其中，稀土离子掺杂的上转换发光材料由于具有优良的可重复性、光稳定性、热稳定性和化学稳定性等优势，已经成为纳米荧光测温应用中非常受欢迎的选择。

除工业应用外，温度传感器也在医疗保健领域具有重要地位。作为广受关注的生理参数之一，人体温度反映了身体的代谢情况，是监测健康状况和疾病的重要指标。能够实时连续监测体温的可穿戴温度传感器，可为高效的健康跟踪和医疗保健质量改进提供新的机会。研究人员制备了一种柔软、可拉伸、生物相容性好的光学温度传感器，该传感器通过在可拉伸聚合物基光纤中加入温度敏感的上转换纳米颗粒来制造。光纤由有机聚二甲基硅氧烷材料制成，具有优异的拉伸性。同时，为了有效地限制光，采用具有阶跃折射率分布的芯-包层结构制造光纤。以 $NaYF_4$：Yb，Er 做核层及 $NaYF_4$ 做壳层，合成核壳结构的热敏上转换纳米颗粒，并通过前体掺杂将其掺入光纤。在近红外激发下，上转换纳米颗粒产生热敏双波长发射，实现温度传感的比率读出。相应的热特性显示，该传感器可以准确检测出 25～70 ℃的温度变化，具有良好的线性相关性和灵敏度。此外，即使在承受高达 80%的外加应变时，该传感器也能稳定保持其性能，适用于人体运动阶段。该传感器可用于实时监测人体内部和表面温度，如口腔、鼻子呼吸和手部皮肤的温度，有望在可穿戴健康监测中发挥作用。

除无机材料掺杂制备外，发光纤维与温度响应性聚合物结合，可以开发出温度响应传感器。此类器件在特定温度下会发生荧光特性的变化，从而在各种智能系统中发挥作用，但相关研究较少。

2. 湿度传感器

湿度是指水蒸气，即气态水，它在维持人类舒适度以及农业、食品、气象、汽车、医药等许多技术应用中发挥着重要作用。发光纤维在湿度传感器领域的应用主要基于其独特的光学特性，即在不同湿度条件下，发光纤维的荧光颜色和强度会发生明显变化。这种变化可以用来检测和量化环境湿度，具有高灵敏度、快速响应和可逆性的特点。具有代表性的一个例子是由东华大学朱美芳院士团队和香港科技大学唐本忠院士团队合作开发的光学纤维传感器。这款传感器可以迅速并可逆地对周围环境的湿度变化做出反应，可以通过荧光颜色变化直观地展示出来。该研究采用了高效的溶液纺丝技术，以基于供体-受体型(D-A)的聚集诱导发光(AIE)荧光分子作为发光中心，并结合商业化的亲水性高分子材料作为水分子的捕获网络，成功连续制造了 AIE/聚合物复合纤维(图 5-5)。

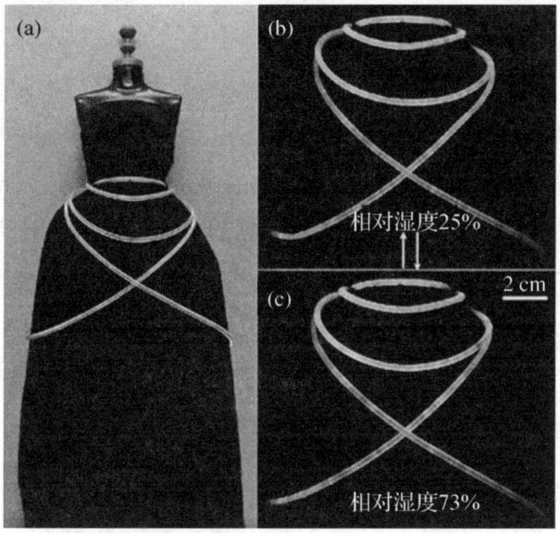

图 5-5 湿度传感器与连衣裙集成装置及不同相对湿度下的织物传感器

(a)装置实物；(b)相对湿度 25%；(c)相对湿度 73%

这种湿度感应机制基于分子内部运动对荧光属性的影响。在干燥条件下，由于水分含量较低，聚合物基体的刚性限制了 AIE 分子的活动，这导致发射光的波长较短且发光强度较高。相反，在高湿度条件下，聚合物基体吸收水分后膨胀，为 AIE 分子提供更多的活动空间，从而促进四苯基乙烯(TPE)单元内部苯环的旋转。这种增加的分子运动通过非辐射途径耗散激发态能量，导致荧光强度降低。同时，膨胀的聚合物基体也能促进 TPE 单元与吡啶基团之间的旋转，形成扭曲的分子内电荷转移状态。这些因素的相互作用导致 AIE/聚合物纤维的荧光发生红移和发光强度降低。在湿度变化过程中，AIE/聚合物纤维能够产生可逆的颜色变化，并且颜色变化与相对湿度值成线性关系，实现了对环境湿度的定量可视化监测。通过优化纤维结构和调整聚合物的化学结构，可以增强荧光响应特性，加快水分子在纤维中的扩散速度。

3. 压力传感器

压力传感器是一种能够检测并响应压力变化的设备，它能够根据特定的转换规律，将感受到的压力变化转化为电信号输出。这类传感器在诸多应用场景中扮演着关键角色，包括质量识别、手机触控、工业生产以及医疗健康监测等。尽管传统上的压力传感器多采用金属的电阻应变效应或半导体材料的压阻效应进行设计，且这些技术已经相对成熟，但它们固有的刚性特点，如不可弯曲和无法延展，严重限制了其在可穿戴领域的应用。针对可活动生物体表面的脉搏、血压、呼吸、肢体运动等生理活动产生压力信号的检测，刚性传感器往往因无法贴合表面、体积较大、穿戴不适、不易携带等而受限。相比之下，纤维基柔性压力传感器具有轻便、舒适、透气、可穿戴和耐用等优异性能，可以将关节弯曲、血压和心跳等生理信号转换为电信号或光信号，在运动信号监测、健康监测、人机交互领域有巨大的应用潜力。对于可穿戴平台，压力传感器的实时反馈性非常重要，它可以帮助人们降低因外界因素而错过最佳治疗时间的风险。故而，光学信号作为传递信息过程中最直观、最有效的方式，为实现压力传感器的可视化反馈提供了重要方向。

研究人员以微图案化聚合物复合中空纤维作为鞘层，以纤维电极作为芯层，制备了具有同轴结构的纤维状发光压力传感器。他们在鞘层嵌入电致发光荧光粉，既作为压力传感层又作为发光层。得到的纤维状传感器不仅具有 16.81 N^{-1} 的高电容灵敏度，而且可以通过电致发光实现力刺激的实时强度和分布的可视化。在反复的大变形下，该传感器保持较好的稳定性和发光性能。将该传感器编织成智能纺织品并直接穿戴在人体皮肤上，可以监测和显示手指运动和面部表情等活动。该类型的纺织品可视化传感平台有助于推动人体运动监测和个人医疗保健的进一步发展。

（二）化学传感器

化学传感器是一种能够检测化学物质并将其浓度变化转化为电学信号的设备。这类传感器建立在分子识别技术之上，具备高灵敏度和高选择性的特点，便于进行现场分析，因此在环境监测、生物检测、医疗诊断、疾病治疗、石油化工、信息科学和材料科学等领域有广泛应用。

依据识别方法和工作原理的不同，化学传感器主要分为光化学传感器、电化学传感器、热化学传感器、质量传感器、磁传感器等。其中，光化学传感器的检测机制通常涉及受体分子与目标化学物质之间的分子或离子作用，这种作用能够引起受体分子的荧光强度、发射/吸收波长、量子产率或荧光寿命等光学特性的变化，从而实现对目标物质的检测和识别。由发光纤维制备的光化学传感器结合了纤维的柔性、高表面积、可穿戴等性能和光化学传感器的光增强、猝灭和变化性能，可以实现检测设备的小型化、便携性和快速检测，可进行快速识别的视觉传感。它可用于检测各种化学物质和性质，如 pH 值、有害气体、挥发性有机化合物、金属离子、重金属离子、爆炸物、微量水等。

现如今，爆炸物的生产、储存和泄露带来了巨大的环境污染问题，同时对动物和人类健康造成严重的威胁，例如硝基芳香炸药的短期或长期暴露可能造成贫血、癌症、肝功能异常、白内障发病以及皮肤刺激等疾病。因此，爆炸物的检测必不可缺。目前，常用的实验室检测系统，如气液-质谱联用谱、离子迁移谱、拉曼光谱等，因仪器存在可携带性差、操作复杂、样品提取繁琐、成本较高等缺点，很难用于现场检测。相比之下，荧光传感器不仅操作简单、成本低，灵敏度和选择性也高，而且携带方便，易于进行现场检测，因此被广泛地应用到爆炸物检测领域。

重金属离子对水体的污染已成为威胁环境安全和人体健康的突出问题。许多疾病都是由人体中重金属积累导致的。与其他毒性物质相比，重金属离子（如 Cu^{2+}、Cd^{2+}、Pb^{2+}、Zn^{2+} 和 Ni^{2+}）的危害具有隐蔽性、长期性、不可逆转性等特点。因此，水中重金属离子痕量检测已成为一个关键环节。人体中，Cu^{2+} 是一种必需的营养物质，它在维持细胞内代谢平衡方面发挥着重要作用。Cu^{2+} 水平异常或失调会产生不良影响，导致一系列疾病，如儿童肝硬化、帕金森病、门克斯综合征、威尔逊病等。人体内 Cu^{2+} 水平过高，则会导致神经退化，损伤肾脏或肝脏。

此外，汞对于人类健康是极具威胁的，即使是很少量的接触也会导致严重的健康问题，并对发育中的婴儿和儿童产生严重的副作用。最重要的是，它会通过生物富集形式在食物链上放大浓度，在人体内积累并最终对人体产生脑损伤、认知和功能紊乱以及水俣病等危害。随着荧光化学传感器的发展，除 Cu^{2+}、Hg^{2+} 之外，发光纤维在 Fe^{2+}、Co^{2+}、Cd^{2+}、Pb^{2+}、Zn^{2+}、Ni^{2+} 等金属或重金属离子的检测领域获得越来越多的研究和应用。

（三）生物传感器

生物传感器，是一种对生物物质敏感并将其浓度转换为电信号进行检测的仪器，是由固定化的生物敏感材料作识别元件（包括酶、抗体、抗原、微生物、细胞、组织、核酸等生物活性物质）、适当的理化换能器（如氧电极、光敏管、场效应管、压电晶体等）及信号放大装置构成的分析工具或系统。生物传感器的工作原理在于其能特异性识别生物体分子或细胞。当目标生物体与生物传感器的识别元件相互作用时，会产生特定的信号响应，这一响应随后被转化为可测量的电信号或光信号，从而实现对生物分子和生命体征的监测和测量。

基于荧光猝灭原理的光纤生物传感器因其出色的抗干扰能力和实用性，成为目前该领域研究的重要方向。近年来，基于核酸的生物传感器被研究的越来越多。它们提供了快速检测微生物对食物和水源污染情况的有效途径。在细菌的检测过程中，核酸生物传感器可以通过仅检测微生物整个基因组的特定序列就来确定特定细菌种类的数量。除此之外，通过研究药物与脱氧核糖核酸的结合，可以实现对遗传疾病的早期诊断。基于酶的光学生物传感器已成为目前最受欢迎的设备之一，因为酶催化大量不同的化学反应，可以检测许多没有简单指标的分析物。酶的突出优势如低成本、选择性广、反应敏感、高度专一性等，为我们提供了使用不同转导原理的可能性。在临床和兽医领域，已经开发了许多针型生物传感器来测量血糖。此外，通过将固定化酶与不同类型的传感器集成，已经生产出用于重金属离子检测的各种生物传感器。

除了上述应用，生物传感器还广泛应用于生物医学、环境监测、食品安全以及国防军事等多个重要领域。在生物医学方面，生物传感器可以实现对体液中的微量蛋白质、小分子有机化合物、核酸等生化成分和疾病指标的检测，这对于疾病的早期诊断和治疗具有重要意义。在环境监测方面，与传统的监测设备相比，光纤生物传感器能够提供连续、在线、快速的现场监测和解决方案，可以实时监测环境中的污染物浓度，为环境保护工作提供关键数据。在食品安全领域，生物传感器能够检测食品中的有害成分，保障食品的安全性和品质。而在军事和国防领域，便携、快速、适合野外使用的生物传感器可以用于侦测生物战剂以及各种细菌、病毒和毒素，以确保人员的安全。这些应用展示了生物传感器在现代社会中的多方面价值和重要性。

参考文献

[1] 高晗，迟祥，宋晓雪，等. 发光纤维的研究进展[J]. 功能材料，2021，52(2)：2085-2097.

[2] 张志豪，杨雪，辛斌杰. 发光纤维的研究现状及应用[J]. 功能材料，2023，54(2)：2100-2108.

[3] 赵彩霞，高雪妮，冯岚清. 发光纤维在针织面料上的应用[J]. 江苏丝绸，2012(5)：35-38.

[4] Li Q Q, Tang Y H, Hu W P, et al. Fluorescence of nonaromatic organic systems and room temperature phosphorescence of organic luminogens: the intrinsic principle and recent progress[J]. Small, 2018, 14(38).

[5] 周燕，吴惠英，刘采梦，等. 稀土发光材料在纺织领域的研究与应用现状[J]. 棉纺织技术，2019，47(11)：75-78.

[6] Wang L D, Zhao Z F, Wei C, et al. Review on the electroluminescence study of lanthanide complexes[J]. Advanced Optical Materials, 2019, 7(11).

[7] 苏艳，杨朝龙，李又兵. 红光铕配合物电致发光材料研究进展[J]. 材料科学与工程学报，2018，36(02)：324-330.

[8] 李港华，吕治家，韦继超，等. 基于 ZnS 材料的纺织基交流电致发光器件研究现状及展望[J]. 丝绸，2023，60(1)：29-39.

[9] 余吉宏. 基于力致发光粒子的柔性电容式压力传感器设计[D]. 南京：南京邮电大学，2022.

[10] Huang W J, Dai K, Zhai Y, et al. Flexible and lightweight pressure sensor based on carbon nanotube/thermoplastic polyurethane-aligned conductive foam with superior compressibility and stability[J]. ACS Applied Materials & Interfaces, 2017, 9(48): 42266-42277.

[11] Yang W, Li N W, Zhao S Y, et al. A breathable and screen-printed pressure sensor based on nanofiber membranes for electronic skins[J]. Advanced Materials Technologies, 2018, 3(2).

[12] Bao L K, Xu X J, Zuo Y, et al. Piezoluminescent devices by designing array structures[J]. Science Bulletin, 2019, 64(3): 151-157.

[13] Yang M W, Huang J G, Fan J L, et al. Chemiluminescence for bioimaging and therapeutics: recent advances and challenges[J]. Chemical Society Reviews, 2020, 49(19): 6800-6815.

[14] Sun Y L, Wang X Y, Xu H, et al. A chemiluminescence aptasensor for thrombin detection based on aptamer-conjugated and hemin/G-quadruplex DNAzyme signal-amplified carbon fiber composite [J]. Analytica Chimica Acta, 2018, 1043: 132-141.

[15] Bos A J J. Thermoluminescence as a research tool to investigate luminescence mechanisms[J]. Materials, 2017, 10(12).

[16] 王美璐，李育珍，黄志慧，等. 有机、无机及纳米复合荧光材料的研究进展[J]. 化学研究与应用，2015，27(6)：788-795.

[17] 张小萍. 静电纺丝法制备稀土/聚合物发光纳米纤维复合材料及其结构与性能的研究[D]. 北京：北京化工大学，2011.

[18] 夏磊. 荧光纤维用稀土发光材料的合成及其性能研究[D]. 天津：天津工业大学，2008.

[19] 马梦姣. 多功能 PET 纳米稀土发光纤维的制备及研究[D]. 天津：天津工业大学，2018.

[20] 赵菊梅，高小亮. 稀土长余辉发光材料在纺织上的应用[J]. 轻纺工业与技术，2010，39(06)：38-40.

[21] 张薇薇，袁志磊，蔡佳仕，等. 蓄光纺织品的研究现状与应用[J]. 印染助剂，2019，36(6)：6-8.

[22] 胡艳琼，郭冰洁. 发光材料在可穿戴服装中的应用分析[J]. 西部皮革，2023，45(24)：65-67.

[23] 钱丽婧，张技术. 稀土发光纤维在纺织领域的应用[J]. 轻纺工业与技术，2021，50(10)：83-85.

[24] 李莹，刘鹏，黄怡婧. 稀土发光纤维发展历程及研究现状[J]. 针织工业，2022(1)：27-31.

[25] 赵欢，潘力. 稀土铝酸盐发光材料在纺织领域的应用研究[J]. 山东纺织科技，2019，60(04)：45-50.

[26] 宋舒苹. 磁性防伪纸专利技术综述[J]. 中华纸业，2018，39(14)：57-60.

[27] Baatout K, Saad F, Baffoun A, et al. Luminescent cotton fibers coated with fluorescein dye for anti-counterfeiting applications[J]. Materials Chemistry and Physics, 2019, 234: 304-310.

[28] Fan Y J, Su H Y, Li P F, et al. Upcycling waste expanded polystyrene into UV-excited dual-mode multicolor luminescent electrospun fiber membranes for advanced anti-counterfeiting[J]. RSC Advances, 2023, 13(15): 10123-10134.

[29] Shen X Y, Ge M Q, Jin Y. Facile development of novel photochromic luminescent composite fiber for anticounterfeiting and wearable UV detector[J]. Journal of Luminescence, 2022, 252.

[30] Wang Q, Chen G X, Yu Z H, et al. Photoluminescent composites of lanthanide-based nanocrystal-functionalized cellulose fibers for anticounterfeiting applications[J]. ACS Sustainable Chemistry & Engineering, 2018, 6(11): 13960-13967.

[31] Hu Z Y, Nie K, Wang X Y, et al. Facile synthesis strategy for cesium tin halide perovskite crystals toward light emitting devices and anti-counterfeiting flexible fiber[J]. Nanoscale, 2023, 15 (10): 4893-4898.

[32] 施翔，王臻，彭慧胜. 织物显示器件的研究进展[J]. 纺织学报，2023，44(1)：21-29.

[33] Jeong S Y, Shim H R, Na Y, et al. Foldable and washable textile-based OLEDs with a multi-functional near-room-temperature encapsulation layer for smart e-textiles [J]. npj Flexible Electronics, 2021, 5(1).

[34] Rein M, Favrod V D, Hou C, et al. Diode fibres for fabric-based optical communications[J]. Nature, 2018, 560(7717): 214-218.

[35] Kwon S, Kim H, Choi S, et al. Weavable and highly efficient organic light-emitting fibers for

wearable electronics: a scalable, low-temperature process[J]. Nano Letters, 2018, 18(1): 347-356.

[36] Zhang Z T, Guo K P, Li Y M, et al. A colour-tunable, weavable fibre-shaped polymer light-emitting electrochemical cell[J]. Nature Photonics, 2015, 9(4): 233-238.

[37] Shi X, Zuo Y, Zhai P, et al. Large-area display textiles integrated with functional systems[J]. Nature, 2021, 591(7849): 240-245.

[38] Veeramuthu L, Venkatesan M, Liang F C, et al. Conjugated copolymers through electrospinning synthetic strategies and their versatile applications in sensing environmental toxicants, pH, temperature, and humidity[J]. Polymers, 2020, 12(3).

[39] Guo J J, Zhou B Q, Yang C X, et al. Stretchable and temperature-sensitive polymer optical fibers for wearable health monitoring[J]. Advanced Functional Materials, 2019, 29(33).

[40] Jiang Y M, Cheng Y H, Liu S J, et al. Solid-state intramolecular motions in continuous fibers driven by ambient humidity for fluorescent sensors[J]. National Science Review, 2021, 8(4).

[41] 娄永胜. 基于纳米碳纤维的柔性电阻式压力传感器制备与性能研究[D]. 成都：电子科技大学,2024.

[42] Zhou X F, Xu X J, Zuo Y, et al. A fiber-shaped light-emitting pressure sensor for visualized dynamic monitoring[J]. Journal of Materials Chemistry C, 2020, 8(3): 935-942.

[43] 孙小飞. 荧光化学传感器传感机理的理论研究[D]. 长春：吉林大学,2020.

[44] 薛伟. 有机聚合物复合荧光纤维及其传感性能研究[D]. 南京：南京邮电大学,2022.

[45] 平欣妮. 荧光探针检测金属离子的研究进展[J]. 分析化学进展,2023,13(2): 97-104.

[46] Yang J L, Qin Y L, Li D S, et al. Ultrasensitive detection of flap endonuclease 1 using a chemiluminescence optical fiber biosensor with hybridization chain reaction[J]. Sensors & Diagnostics, 2024, 3(2): 274-280.

第六章 智能调温纤维及纺织品

外界环境温度是影响人类生理活动的重要因素之一。作为恒温生物，人体的体温必须维持在一个狭窄的范围内。然而，当外界的极端环境超出人体自身调节能力时，人体需要借助增减衣物来平衡外界温度的变化，以保持热平衡。否则，温度会破坏人体内环境稳态，免疫力降低，进而引发感冒、发热等健康问题。因此，纺织品在人体热调节中扮演着至关重要的角色。传统的纺织品由于其恒定的隔热性能，对热调节的能力有限。在全球温室气体排放导致全球变暖的今天，人类仍然依赖热通风和空调来调节体温，这不仅会消耗大量能源，还可能加剧温室效应。随着建筑能耗的增加和极端气候的频发，具有个性化热管理功能的纺织品引起了广泛关注，根据环境温度和人体感知自动调节纺织品温度，使人体皮肤能够在不同环境下保持稳定的热舒适性。同时，这种具备智能调温的纺织品采用高品质的纤维材料和先进的织造技术，在满足热舒适性的同时兼具柔软舒适性，以及采用具备环保健康的材料和工艺，使用过程中不产生任何的有害物质和异味，保障人体的健康和安全。

智能调温纤维及纺织品在服装、家纺、户外装备等领域都有广泛的应用。智能调温纤维能够提供舒适的温度环境，改善人们的睡眠质量；在户外服装中，智能调温纤维可以防止躯干、头部、手脚等部位出现强烈的温度变化，保护人们免受寒冷或炎热的侵袭；在医疗用品中，智能调温纤维可以用于制作恒温绷带等产品，为病人提供更加舒适的治疗环境。因此，智能调温纺织品具有广泛的应用前景，能够为人们带来更加舒适、便捷、健康的穿着体验。

第一节 概述

一、智能调温纺织品的定义

智能调温纺织品是一种具备出色温度调节功能的新型纺织品。它集成了先进的技术与材料，能够在不同环境条件下提供热舒适的穿着体验。这些纺织品结合了智能材料、传感器和温控技术，能够精准感知环境温度和人体温度的变化，并通过调整纤维与纺织品的结构和相，灵活改变其热传导或保温性能，从而有效实现温度调节。智能调温纺织品的出现，不仅显著降低了对外部环境的依赖，还极大地减少了能源消耗，为应对极端环境提供了更为舒适和节能的解决方案。

二、智能调温纺织品发展现状

人类的身体是一个温度调节的有机体，通过食物的新陈代谢、细胞呼吸和肌肉收缩等活动，身体不断的产生水、热量及其他物质。人体的核心温度被严格调控在较狭窄的阈值范围内，因此释放和产生热量必须维持动态平衡，稳定的内环境对于调节代谢和主要器官系统的功能至关重要。虽然人体对环境温度变化的适应大部分是由皮肤完成的，但异常的波动可能会致命，因为它可能导致颤抖、严重出汗、鼻分泌物等，以维持机体体温调节。然而在一些恶劣的环境中，人体的自身调节对维持正常的体温有限。为了继续满足个体的热舒适性，现代建筑内部常采用供暖和制冷系统，补偿人体调节的不足。然而，调节整个建筑物或者车辆等的温度需要花费相当多的能量，由此产生的住宅和商业建筑的能量消耗约占全球总用电量的 40%，这给环境保护和可持续能源带来了严峻考验。更重要的是，制冷和供暖系统无法满足全部个体对热舒适性的需求，这些需求因人而异。个性化体温调节包括对人体-衣物微环境和人体-环境宏观环境的精确温度调节，原始时代的服装通过基本的体温调节促进了人类的生存和发展。传统服装保护人体避免直接暴露在恶劣的环境中，在寒冷的环境中保持温暖和炎热的气候下屏蔽阳光的辐射。然而，传统的服装难以适应周围环境的温度波动，这可能会导致出汗或颤抖的不舒适的状态。例如，棉质衣服可以通过吸收人体的红外辐射来降低散热，但在炎热的天气里可能会导致中暑。同时，吸湿性高的衣服容易被汗水和雨水浸湿，在寒冷的天气里容易结冰。因此人们致力于构建能够感知、适应和响应来自生态或人体的外部刺激的独特纺织产品，这种纺织品具有很强的适应性和智能维持个性化热生理舒适的能力。

智能调温纺织品包含被动调控红外热辐射、热传导和通过电加热、热电效应来实现降低和提高身体的温度，在面对环境温度的波动时维持人体体温的稳定并满足个人热舒适性的需求。相比于建筑物的供暖和制冷系统，智能调温纺织品大大减少了能量的损耗，并将其适用性扩展到各种户外场景智能纺织中。目前，被动式和主动式温度调节纺织品温度调节范围分别扩大到 6.5 ℃和 14 ℃，并且温度调节过程中无能量损耗。智能调温纺织品的广泛发展将有效地推动人类文明发展的可持续道路，缓解日益严重的全球变暖和能源危机。新兴的物联网技术在人体上构建互联设备，这些设备能够持续搜集湿度、温度和太阳强度等环境因素和心率、核心体温和皮肤水分等生理数据。随着世界进入物联网时代，个性化智能调温纺织品正在逐步向交互式、夺不走、多环节的方向发展，将纺织品的热调节策略与强大的物联网技术结合，实现多个互联设备和数据处理传输模块，将赋予调温纺织品对环境变化的自适应能力，图 6-1 所示为用于个人热管理的先进纺织品的发展线路。

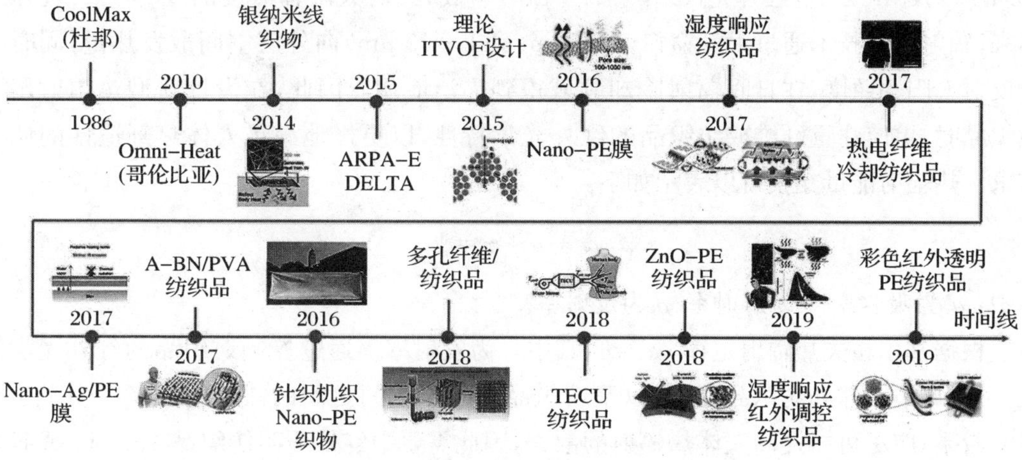

图 6-1 用于个人热管理的先进纺织品发展线路

第二节 智能调温纤维分类及调温机理

保持热舒适性对人体的健康至关重要,人体的核心温度范围为 36.3～37.3 ℃,体温达到 37.3～38.3 ℃及以上的高热状态或 35.0 ℃以下的低温状态,都会影响人体的代谢和器官的紊乱和功能降低,甚至对生命健康构成威胁。人体产生代谢热并持续向周围环境进行散热,以保持体内温度的平衡。如图 6-2 所示,一般情况下,人体与环境之间存在热辐射、热传导、汗液蒸发和热对流四种热交换过程,但是这四种方式在不同情况下的贡献并不相同。比如说,当人们静止处于室内环境时,通过中红外波长范围的热辐射散热占据总热量损失的主要部分,而在剧烈运动时,人体的大部分热量则会被汗液蒸发与空气对流耗散,纺织品作为介质层在人体和环境之间的热交换中发挥着重要的作用。在全球气候问题日趋严重的情况下,极端的环境对人体自身的体温调节能力带来了严峻的挑战,用于个人热管理的智能调温纺织品受到人们的广泛关注。通过材料创新、纤维工程、先进的整理技术、新结构设计和服装结构设计等多种途径来提高人体的热舒适性。在本节中,我们根据人体不同的散热途径将先进调温纺织品分为四大类:被动辐射控制型纺织品、被动导热控制型纺织品、主动冷却/加热纺织品和响应型纺织品。本节着重探讨这四类调温纺织品的基本原理、纤维和纺织品结构设计以及性能研究。

一、被动辐射控制型纺织品

辐射冷却技术是一种极具潜力的被动型热管理技术,无需额外的能量输入即可实现散热。人体皮肤是一个天然的红外发射体,发射率约为 0.98,主要在中红外波段(7～14 μm)发出热辐射,其中峰值强度出现在 9.5 μm。太阳光谱主要由可见光

(0.4～0.75 μm)和近红外光(0.75～2.5 μm)组成,共占太阳辐照度的93.4%。近几十年来,辐射冷却技术通过大气窗口(3～5 μm和8～13 μm)向外层空间散发热量,同时结合反射太阳辐照度,在日间辐射冷却领域得到广泛应用。因此,在设计新型热辐射调温纺织品时,更应注重纤维或纺织品的红外光学特性,以更好地满足人体热舒适性的调节需求。热辐射能量交换可以表示如下:

$$a+\rho+\tau=1 \tag{6-1}$$

式中:a为吸收率;τ为透射率;ρ为反射率。

根据基尔霍夫热辐射定律,$a=\varepsilon$,其中ε为发射率。通过控制纺织品的红外光学特性,可以调节人体和纺织品之间,以及纺织品与外层空间之间的热辐射交换。为了达到降温效果,应尽可能提高人体热辐射的散失,因此需要中红外透明纺织品($\tau=1$)或者高发射率纺织品($\varepsilon\sim1$),暴露在太阳辐射下需要高反射率纺织品($\rho\sim1$),这些方法在不额外消耗能量的前提下,有效地促进热量通过热辐射方式散失。另一方面,在中红外波段使用低反射率纺织品($\varepsilon\sim0$)可以实现辐射保暖效果。不论是降温还是保暖,在实际使用需求中,纺织品要在可见光波长范围内不透明。

图6-2　人体散热途径

近些年来,基于光子晶体结构和超材料等结构设计的日间辐射冷却材料在热管理领域展现出巨大的潜力,然而,这些材料在可穿戴性方面仍存在一些挑战,导致其实用性受限。由于这些材料往往具有复杂的结构和特殊的制备工艺,它们可能较为厚重、僵硬或不透气,从而影响穿戴的舒适性和便利性。此外,这些材料在长时间使用或频繁弯曲、拉伸等情况下,其性能可能会受到影响,导致冷却效果下降或失效。因此,为了提高日间辐射冷却材料的可穿戴性,需进一步研究和优化其结构设计、制备工艺及材料性能,以满足实际应用的需求。陶光明等利用形态分级学设计,实现了具有电磁辐射调控能力的光学超材料织物。顶层为具有随机分布的散射体TiO_2的超材料织物,下层为由复合纤维织造的织物,其丰富多孔结构与特色编织结构不仅保证了良好的透气性,还增强了力学性能。相较于传统商用棉织物,这种织物在覆盖人体时能实现约4.8 ℃的降温效果,为智能纺织品及被动辐射冷却技术带来了巨大的应用优势。同样,许多研究人员已经将被动辐射制冷技术用于可穿戴个人热管理。除了个人温度调节应用之外,被动辐射制冷技术还致力于增强各种发电模块,如太阳能电池和热电发电机。其中,可穿戴热电发电机(TEG)广泛采用被动辐射制冷结构,以最大化TEG的热梯度,提高能量收集效率,为可穿戴电子设备提供持续稳定的电力供应。在这方面，Khan 等成功地将聚偏氟乙烯-六氟丙烯(P(VDF-HFP))辐射冷却薄膜集成到可穿戴 TEG 中。这种通过相分离法制备的多孔 P(VDF-HFP) 薄膜在红外光范围展现出高反射率(96.7%)和高发射率(97.47%)，能够在白天有效降低温度，比环境温度低 6 ℃。将 TEG 集成到这种多孔膜中，由于其极薄的厚度(约 800 μm)，它可作为高效的散热片，同时保持柔性和耐磨性。与商用翅片式散热片相比，这种薄膜在白天的温差提高了 1.37 ℃，并达到可观的发电量(约 12.48 $\mu W/cm^2$)。

此外，为了实际应用被动辐射制冷技术，研究者们还聚焦于开发兼具太阳能加热功能的辐射冷却器，使其能够根据环境条件灵活切换工作模式。例如，Luo 等成功研制出一种可穿戴的双功能 Janus 纺织品，它能够动态调节人体温度，实现太阳能加热与辐射冷却的双重功能。Janus 纺织品的设计既具备加热功能，也具备冷却功能。加热部分由铜和锌纳米粒子构成，由于等离子体共振效应，其太阳光吸收率高达 80%以上，而中红外光发射率较低，约为 16%。冷却部分则采用多孔聚甲基丙烯酸甲酯(PMMA)覆盖在铝层上的膨胀聚四氟乙烯结构，有效提升了太阳光反射率(约 91%)和中红光外发射率(87%)。凭借这些出色的光学特性，Janus 纺织品在加热模式下能够模拟人体皮肤的温度变化，为个性化温度管理提供了新的可能。

二、被动导热控制型纺织品

在不消耗外界能量的情况下调节人体热量的产生和耗散的被动式调温技术，正在蓬勃发展，以实现超越传统纺织品的热调节能力。被动式热调节在传热和传质的过程中主要侧重于通过调节纺织品的热学、空气动力学、光学、结构和润湿性来控制热传导、辐射、湿度和透气性。

人体上的织物层的导热系数和厚度是调节皮肤温度的重要参数。导热系数指在稳定的传热条件下，单位时间内通过单位面积传递的热量。简单地调整衣服的数量和类型，仍然是实现相对热舒适的生理状态的直接和有效的方法。然而，通过材料设计、纤维微观结构和织造宏观结构调节纺织品的导热系数，可能是实现温度调节更方便、更可靠的替代方法。传统纺织纤维具有较低的导热系数，如聚酯纤维的导热系数为 0.14 W/(m·K)，棉的导热系数为 0.07 W/(m·K)，羊毛的导热系数为 0.05 W/(m·K)，散热慢，一旦人体运动出汗，就会产生闷热躁动的感觉。因此，导热系数高的材料能够有效传递热量，并且能够从环境中快速吸收热量。碳纳米管和石墨烯作为良好的高导热系数材料，其导热系数与金属材料相当。石墨烯的理论导热系数高达 2000～5000 W/(m·K)，单壁碳纳米管的导热系数高达 3500 W/(m·K)，是传统纺织纤维的 10^4～10^5 倍。碳材料作为导热填料制备复合材料的研究已引起广泛的关注，将石墨烯和碳纳米管涂覆在织物或纤维表面或者嵌入纤维，可增强导热性。例如，将质量分数 50%的多壁碳纳米管(MWCNTs)涂覆在棉纤维表面，改性后棉织物的导热性提高 151%。质量分数 50%MWCNTs 涂层棉织物的表面平衡温度比普通棉织物低 3.9 ℃。涂层的 MWCNTs 含量增加，冷却速率增加，人体产生的热量经高导热系数的织物传递，然后通过辐射和热对流散发到周围的环境中，含有 MWCNTs 涂层不仅具有高热导率，也增加了其表面的发射率。同时，涂层会影响织物的疏水性、柔性和透气性，间接影响织物的热舒适性。

利用具有独特微纳米结构的材料，可以进一步改善热调节纺织品的冷却效果。迄今为止，超细纤维、中空纤维和气凝胶纤维等新材料具有轻质、高孔隙率和高比表面积等优点，可以有效抑制热辐射和热对流。气凝胶自 20 世纪 30 年代发明以来，已广泛应用于各种工程领域，如绿色建筑、储能装置、催化剂载体等。然而，由于气凝胶的易碎性和加工性差，在纺织品的实际应用中不可避免地会产生不可逆的结构塌陷，从而导致隔热性能的丧失。虽然目前已经有研究将气凝胶混合到编织或非织造织物中，但由于高掺杂含量时加工性差或低掺杂含量时隔热效率低，气凝胶在隔热纺织品中的应用受到严重限制。除了在纺织品中掺杂或涂覆气凝胶外，还需开发具有优异保温性能的气凝胶纤维。例如，许多由二氧化硅、石墨烯、碳纳米管、氧化钛和纤维素制成的气凝胶纤维已经通过各种方法制备，包括湿法纺丝、反应纺丝和溶胶-凝胶法。虽然一些气凝胶纤维取得了更好的力学性能，但是其强度和柔韧性仍不足以进行织造或编织而成为纺织品，特别是难以大量制备。此外，这些气凝胶纤维无法经受机洗，在水下或潮湿的环境中很容易失去隔热能力。因此，设计和制造具有优异保温性能和多功能的针织和编织气凝胶纤维，仍然是一个挑战。

三、主动冷却/加热纺织品

相对于被动体温调节，主动体温调节指的是在外部辅助能量输入的情况下对人体进行保暖和制冷。可以直观的优化个人热舒适度，以适应更加宽的环境温度范围。在过去，风冷和液冷背心是最常用的商业冷却方式，用于清洁工人、建筑工人、交通警察和消防员等在极热环境下工作的人。风冷背心通过内置的电风扇或鼓风机，将空气直接拂过人体表面，加速汗液蒸发的同时形成空气对流，有效地吸收并带走体表的热量，为穿着者带来清凉舒适感。液冷式服装采用循环管设计，管内充满水或乙二醇等热对流介质，用以吸收人体热量，从而维持介质的冷却效果。通常配备散热器或冷却器冷却并循环加热后的液体，实现高效的散热性能。相较于风冷服装，液冷服装的散热器设计更为复杂，且长期使用中机械损坏导致泄漏的风险较高。尽管风冷和液冷服装都具备用户可控性，但它们同样显得较为笨重，主要是为了满足特定群体的使用需求而设计。因此，它们更多地被用作冷却人体的工具，而非个性化的调温纺织品。相比之下，热调节纺织品与固体冷却技术的结合，通过电热、热电、磁热、弹性热和气压热等方式，有望在保持结构简单、质轻和机械稳定性的同时，实现能够适应各种环境的个性化热管理。尽管固态冷却技术仍处于发展初期，但随着材料科学和现代技术的不断进步，它们已展现出巨大的竞争力和广阔的发展前景。电热效应是电流通过导体时产生的热现象。当电流在导体中流动时，电子与导体内部的原子或分子发生碰撞和摩擦，导致电能转化为热能。

(一) 电热效应

电热效应是电流通过导体时产生的热现象。通过将电能转化为热能,为人体提供适宜的温度。焦耳加热是通过电子的动能转移来提高电导体的温度,其装置中的核心组件是电导体。当电流在导体中流动时,电子与导体内部的原子或分子发生碰撞和摩擦,并最终产生一定量的热能。由于电子的总动能与电流和电压成正比,因此发热功率与两者的乘积成正比:

$$P \propto VI = \frac{V^2}{R} \tag{6-2}$$

式中:V 为电压;I 为电流;R 为电阻。

尽管焦耳加热装置无法实现双向热管理,即同时加热和冷却,但由于其结构简单、性价比高、易获取等优点,已经成为众多可穿戴设备中备受青睐的形式。研究人员一直努力制造透明加热器。高透明度的加热器能够具备多种实用功能,如在进行热疗时便于观察热疗区域的温度变化,防止热疗过程中个体对疼痛的敏感度差异而造成皮肤烫伤。另外,加热单元的柔软性、可拉伸性和透气性,能实现可穿戴的热管理单元同样尤为重要。为了实现这一目标,研究者们努力探索一种方法,确保在机械变形过程中温度变化最小化。这种方法的关键在于实现变形过程中电阻的最小变化,因为加热功率与加热器的温度直接相关,并受相同电压下电阻的直接影响。例如,Yun 等提出可转移的具有网格结构的透明液态金属电极,用于加热器。制造具有极窄线宽的网格结构的不透明材料是赋予器件透明度的典型方法之一。他们利用直接打印的方法制作了线宽小于 5 μm 的液态金属网格。由于线宽小,透光率高达 90.1%。由于其低片电阻,制造的加热器在 2.5 V 的输入电压下获得 272 ℃的温度。在最大机械应变为 100%的情况下,加热器工作无故障。它甚至能够在−30 ℃环境中工作,在 1.4 V 的输入电压下保持 89 ℃,这种加热器有望在窗户热管理膜的应用领域发挥重要作用。Won 等展示了另一个基于焦耳加热机制制备的透明加热器,它用银纳米线渗透网络制备而成,其固有的透明度是该选择的关键所在。此外,结合"Kirigami-patterning"技术,实现薄膜材料的精准切割与折叠,进而打造出具有个性化图案和卓越拉伸性的加热器。这款透明且可拉伸的加热器能够适用于腕部加热,能够在各种机械变形条件下保持稳定工作。值得一提的是,即使在承受高达 200%的应变下,它仍能维持稳定的加热性能,仅需 9.0 V 的输入电压,加热温度就可达到 80 ℃以上。这种加热器在可穿戴热触觉、伤口愈合监测以及个人热管理等众多领域,特别是在需要透明度和可拉伸性的场景中,展现出巨大的应用潜力。为了满足更加广泛和灵活的应用需求,人们不再满足于电加热器仅具备单一的加热功能,而是追求结合多种先进技术和创新设计。例如,Zhao 等设计了一款集湿度响应与焦耳加热功能于一体的智能多功能织物,可用于医疗领域。这种织物具有智能系统,可以用作细菌治疗,用于愈合感染性伤口。内置的低温烧伤报警系统确保了使用的安全性。将 MXene 涂在无纺布纤维素纤维上，赋予织物出色的透气性和机械稳定性。研究团队进一步设计出一款织物集成的护颈垫，其舒适贴合的设计使得它成为颈部护理的理想选择。他们利用湿度-温度抵抗关系来制造智能和安全的加热器系统，并开发了一个内置报警器，当加热器温度超过安全阈值时，LED灯便会自动亮起，起到及时的预警作用。此项研究不仅证实了焦耳加热在热调节可穿戴设备中的重要作用，也揭示了该机制在拓展加热器应用范围，尤其是在医疗领域的巨大潜力。随着新技术的不断涌现，如无线智能控制系统、节能材料的应用等，电加热器的性能和使用便捷性得到了进一步提升，从而在市场上获得了更多的竞争优势。Kim 等用铜纳米线（Cu NW）为基础的加热器在虚拟现实（VR）空间中复制了热感。将容易氧化的 Cu NW 用聚氨酯丙烯酸酯（PUA）封装，以提高器件的稳定性和抗氧化性。蛇形结构的加热器图案具有高拉伸性和小电阻变化，能够精确控制温度。在 7 V 的输入电压下，平均温度为 120 ℃，在无明显温度变化的拉伸条件下也表现出稳定性。进一步在尼龙手套上安装 12 个加热器，制成热感手套，并通过实验验证了其模拟触摸铜和木头时的热流传递效果。通过调整输入电压，该装置能模拟不同热感，如接近火源和手持杯子时的感觉。尽管该研究侧重于 VR 应用，但相同的材料和制造技术可直接应用于制造具有温度调节功能的数字化加热器。

（二）热电效应

热电效应在主动热管理中的应用具有极大的潜力。热电效应的应用主要体现在热电制冷方面，这是一种利用珀耳帖效应（Peltier Effect）的制冷方法，也被称为温差电制冷或半导体制冷（图 6-3）。这种制冷方式由 n 型或 p 型半导体材料组成的结处产生热流，受热物体中的电子（或空穴）在温度梯度下从高温区向低温区移动，产生电流或电荷堆积，从而实现制冷效果。高效的热电纺织品应该在没有散热器的情况下将泵送的热量散发到周围环境中。一种创新型的可穿戴冷却背心集成了无机、高质量系数（ZT）支柱与可拉伸弹性体片，其传热系数仅为 30 W/(m·K)，相较于传统的单层人体冷却装置，降低了 50%。这款装置在 22～36 ℃的环境温度范围内，能够同时实现加热和冷却模式，使皮肤温度维持在 32 ℃。此外，热电装置与柔性电池模块的结合，使其在室内和室外各种对流及代谢条件下均可稳定工作长达约 6 h，展现了较宽的热舒适范围和良好的适应性。然而，该装置在透气性方面尚存不足，与皮肤紧密贴合可能导致佩戴时的不适感。为了提高耐磨性，基于电纺丝聚合物纳米纤维芯，制备了一种柔性轻质热电纱。该热电纱芯涂覆了通过金电极互连连接的 n 型/p 型半导体护套，纱线可以之字形、吊带针或平纹结构串联或并联编织。平纹结构的热电织物可以在 55 ℃的温差下提供更高的输出功率。其他柔性和无毒的聚苯乙烯磺酸掺杂聚（3，4-乙烯二氧噻吩），掺杂碳纳米管片和石墨复合材料也是有希望的替代品，以提高个性化热调节纺织品的可穿戴性。虽然热电效应在主动热管理的应用中具有潜力，但其效率可能受到多种因素的影响，包括材料的热电性能、系统的设计和运行环境等。因此，在实际应用中，需要根据具体的需求和条件进行优化和调整，以实现最佳的制冷效果。

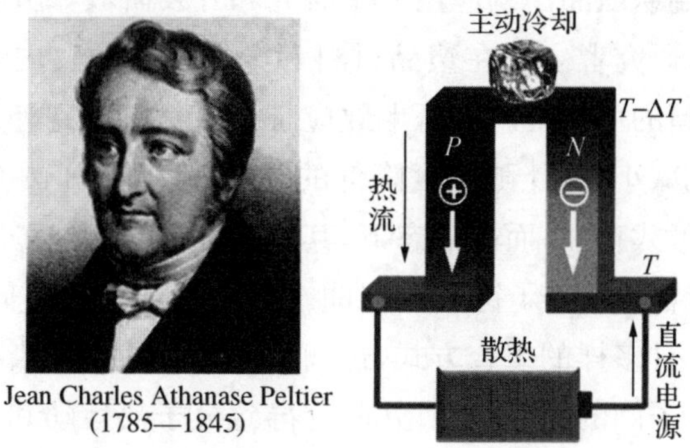

图 6-3　法国物理学家 Jean Charles Athanase Peltier 及珀耳帖效应

（三）电卡制冷机理

部分极性材料在电场作用下，材料因极化状态改变而产生的可逆温变实现制冷。在绝热条件下对极性高分子施加电场，其内部的电偶极子由原本无序状态向电场方向偏转，逐渐变得有序。极化过程中，电偶极子的有序排列减少了系统的微观状态数，即减少了系统的混乱度。在热力学中，混乱度或无序度与熵直接相关，熵是衡量系统无序程度的物理量。因此，随着电偶极子的有序排列，材料的熵减小。根据热力学第二定律，一个孤立系统（绝热条件意味着系统孤立）的熵不会自发减小。因此，为了补偿熵的减小，系统必须通过其他方式增加其混乱度或能量。在这种情况下，系统通过增加其内能（即温度上升）来补偿熵的减小，这一过程展示了电场与材料热力学性质之间的相互作用。在绝热条件下，当撤去施加在极性高分子上的电场时，原本有序排列的电偶极子开始失去电场力的约束，逐渐恢复到无序状态，电偶极子的无序排列增加了系统的微观状态数，即增加了系统的混乱度。与极化过程相反，此时材料的熵开始增加。在绝热条件下，系统无法与外界交换热量。因此，为了维持系统的能量守恒，当熵增加时，系统必须通过其他方式减少其内能，导致温度降低。在电卡制冷循环中，利用电介质极化/退极化过程中的可逆焓变，实现热力学循环。这种制冷方式具有环境友好、能量转化效率高的特点。常见的具有电卡效应的极性材料有无机电卡陶瓷材料，如高钛酸铅、钛酸钡等钙钛矿类，无机电卡高分子聚偏二氟乙烯（PVDF）、聚偏二氟乙烯-三氟乙烯（P（VDF-TrFE））及 PVDF 的多元共聚物。尽管电卡制冷机理在调温纺织品中的应用展现出广阔的前景与巨大潜力，但在实际应用过程中，也面临诸多挑战。首要挑战在于如何确保纺织品在长时间使用中维持稳定的制冷效果，这对于保证用户体验的持久性至关重要。其次，平衡纺织品的透气性与调温性能同样是一个需要攻克的难题，这对于提升穿着舒适度至关重要。最后，降低生产成本也是推动电卡制冷机理在调温纺织品中广泛应用的关键因素。

(四) 庞压卡效应

庞压卡效应在调温纺织品中的应用处于研究和开发阶段，还没有报道将庞压卡效应应用于纺织品。目前，研究者主要在塑晶材料和金属材料中发现了这一效应，这为调温纺织品的研发提供了新的可能性。庞压卡效应是指材料在受到外力作用时，其内部微观状态发生变化，导致熵减小，并伴随温度降低的现象。例如，如图 6-4 所示，固态正构烷烃分子主要以直链的形式存在，而在液态下，其分子链上的部分 C—C 键会围绕其最近邻的 C—C 键旋转 120°，导致长分子链发生扭曲。由于分子链上不同位置的 C—C 键都能发生相对扭转，形成多种多样的组合方式，进而产生巨大的熵。当在液态下施加压力时，分子间的距离缩小，分子间的相互作用增强，这导致分子热运动和链扭曲受到抑制，分子构象数量也相应减少。随着压力逐渐增大至临界值，液-固相变发生，此时分子几乎全部转变为直链形态，并呈现有序排列。这一过程中，构象熵被充分抑制，产生巨大的熵变，从而引发显著的热响应。

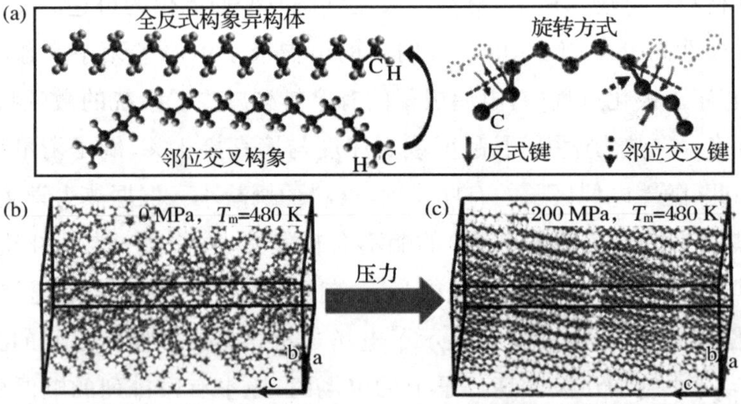

图 6-4　不同压力环境中正构烷烃分子的构象转变

(a) 正构烷烃分子构象；
(b) 零压力环境中正构烷烃分子构象；
(c) 200 MPa 压力环境中正构烷烃分子构象

四、响应型纺织品

潜热储存(LHS)是一种高效的热量存储方式，其原理是将热量转化为存储介质中粒子间的势能，通过相变过程实现热量的储存。在潜热储存过程中，尽管热量被大量储存，但存储介质的温度不会发生显著变化。计算潜热蓄热容量时，通常采用特定的方法，以准确评估其热量储存能。

$$Q = my \tag{6-3}$$

式中：y 为潜热，kJ/kg；m 为质量，kg。

存储介质的储能密度可表示如下：

$$\frac{Q}{V}=\rho\gamma \tag{6-4}$$

式中：V 表示存储介质的体积，cm^3；ρ 表示存储介质的密度，kg/cm^3。

近年来，LHS 技术被用于可穿戴设备的热管理。其中，相变材料（PCM）发挥着至关重要的作用。PCM 在遇冷或受热后发生固相-液相的可逆相变，从而释放或吸收热量，达到调节温度的作用，在相变的过程中能够高效储存大量的热量，并且展现出色的热稳定性和兼容性，因此，PCM 在 LHS 中的应用日益广泛。LHS 作为一种高能密度存储技术，能够维持与 PCM 相变温度相匹配的稳定温度，这使其相较于其他热能储存技术具备显著优势，不仅热量储存量大，而且温度控制更为精准。在纺织品中应用的 PCM，如石蜡、聚乙二醇和脂肪酸衍生物等，其相变温度在 18～36 ℃，在固-液相转变过程中，能够释放和吸收大量的潜热，从而实现对温度的智能调控。最初，PCM 被嵌入航天服的纤维之中，以吸收和释放热量，进而保护仪器和宇航员免受太空中极端温度波动的不利影响。在纺织品中加入 PCM 显示出一种热调节作用，当人体感到寒冷时，PCM 能够释放存储的热量，帮助穿着者保持温暖；而当人体过热时，PCM 能吸收多余的热量，维持适宜的体温。这种智能的调节机制使得纺织品能够应对不断变化的环境温度，为穿着者提供持续的热舒适。为了保持最佳的调温效果，用于纺织品的 PCM 的相变温度应设定在接近人体体温的范围内。例如，填充聚乙二醇（PEG）1000 的气凝胶纺织品，其熔点温度为 32 ℃，结晶温度为 28 ℃，具有较高的储能性能，相变焓为 162 J/g。另外，为了推进相变材料个性化热调节纺织品领域，需要考虑和精细调控多个关键参数，包括材料的相变温度、相变焓、毒性、可洗涤性。在发生泄漏的情况下，即使材料没有液相变化，也能进行有效的封装。Qi 等开发了一种柔性 PCM 薄膜，以解决传统 PCM 的固体刚性和液体泄漏的问题。通过三聚氰胺、甲苯-2，4-二异氰酸酯和聚乙二醇合成具有优异的自支撑性、柔韧性和形状自适应的 PCM 薄膜。柔性的 PCM 薄膜和石墨烯薄膜作为热源的集成可以实现优异的温度调节和电热光热的转换，通过精细调控 PEG 的化学成分，展现出 5～60 ℃ 的可控相变温度，潜热高达 118.7 J/g，即使经过 1000 次相变加热循环，依然能够保持结构完整性。研究者将 PCM 集成到柔性石墨烯薄膜中，进一步验证其储能能力。施加 1.5 A 的电流下，其电热转换效率高达 94%，这一结果充分证实了其在可穿戴热管理领域的潜在应用。此外，通过巧妙的结构设计，相变材料得以成功封装。Luo 等提出具有三明治结构的储能复合材料，它基于两种不同的 PCM 凝胶材料构建。将无机 PCM 十水硫酸钠和有机 PCM（十八烷）包封，不仅提高了形状稳定性和循环稳定性，还赋予材料自修复性和生物相容性。作为储热材料，复合材料在无过冷情况下具有 158.65 J/g 的潜热。除了优异的热性能，该材料还显示出高稳定性（200 次加热和冷却循环），能有效防止无机 PCM 的泄漏问题。此外，得益于非共价键和共价键（如氢键、离子键和范德华力）的协同作用，这种材料还具备自我修复功能，进一步提升了其实际应用价值。通过在人体上安装 PCM 复合材料并监测体温变化，成功证实了其出色的储热能力。这一研究成果为可穿戴设备的热管理提供了新的解决方案,并有望推动该领域的进一步发展。尽管PCM在可穿戴热管理领域表现出良好的热性能,但其低热扩散率仍是一个亟待解决的问题。这一内在限制阻碍了热量在PCM矩阵内的均匀分布,导致热量集中在局部点,无法有效扩散至整个矩阵。为了突破这一局限,有研究者提出一种介于人体皮肤和可穿戴设备之间的界面层设计,由银片和聚二甲基硅氧烷(SPS)构成的蛇形结构以及基于醋酸钠的水凝胶基质(SAHM)组成。结合SPS的高热扩散率和SAHM的高储热能力,既保证了热量的均匀分布,为皮肤提供了可靠的热保护,同时降低了设备因过热而出现故障的风险。通过引入水凝胶基质,SAHM在保持与石蜡相当的热容量(94.29 J/cm^3)的同时,实现了模量变化的显著降低,这一特点使其与传统PCM相比更具优势,它能够与可变形表面保持紧密的保形接触,进一步增强了其在可穿戴热管理应用中的潜力。综上所述,储热材料特别是PCM在可穿戴热管理设备中展现出理想的应用特性。通过不断的研究与创新,有望克服传统PCM的局限性,如相变过程中的机械模量变化、泄漏和低热扩散率等问题,从而推动可穿戴热管理技术的持续发展。

第三节　智能调温纺织品的制备方法

智能调温纺织品的制备涉及多种纺丝技术,其中以湿法纺丝、熔融纺丝及静电纺丝为主导。纺丝方法的选择对纤维的结构、形态及力学性能产生显著影响,从而决定最终纺织品的功能特性。本节介绍智能调温纺织品的多种成型技术、性能及其应用场景。

一、静电纺丝

静电纺丝利用了静电场力将高聚物溶液或熔体拉伸成微纳米级纤维。共混静电纺丝是制备超细调温纤维的基本工艺之一,其过程涉及将两种或多种聚合物,或聚合物与无机纳米材料进行混合,形成均匀的复合溶液。带电液滴克服表面张力从喷丝口喷射出来,射流在电场的作用下发生相分离,溶剂挥发并在接收板上形成直径从几微米到几十纳米的微纳级纤维。影响静电纺丝纤维形貌和直径的因素主要有纺丝原料溶液的黏度、导热系数、表面张力等性能参数、纺丝条件(如电压、喷丝器与收集基板之间的距离、流量)及环境参数(如温度和湿度)等。一般来说,提高纺丝原液的浓度会增加纤维直径,而增加电压会导致纺丝射流对相变纤维(PCF)表面的不稳定和局部坍塌。此外,纺丝原液中PCM的质量分数必然会影响PCF的形态和力学性能,使纤维光滑的柱状结构不稳定,容易弯曲。随着纺丝原液黏度的增加,纤维中PCM含量随着纤维直径增加而增加等。通过调控这些因素可以得到不同结构的纤维,如多孔纤维、超细纤维、核壳纤维等。

多种具有优异潜热、化学稳定性和热稳定性的有机PCM,如石蜡、长链脂肪烃、聚乙二醇及共晶长链脂肪酸等,可作为静电纺丝制备PCF的关键材料。在高压静电场下,聚合物溶液克服表面张力，喷射出的带电流体在静电作用下被拉伸，最终在集热器上干燥成纤维垫或纳米纤维。这些静电纺丝纤维因具有高比表面积、小直径和优异的机械强度等特点，在许多领域得到广泛应用。Agarwal 等通过研究揭示了纳米纤维的一维约束特性，它限制了电子在垂直纤维轴上的扩散距离，从而使得纳米纤维在锂离子电池、太阳能电池及燃料电池等领域展现出广泛的应用前景。Ding 等进一步指出，得益于其单分子灵敏度等特定尺寸效应，这些纳米纤维的高比表面积和孔隙率特别适用于超灵敏传感器的需求。单轴静电纺丝是一种相对简单的方法，一般是将聚合物与 PCM 共混在溶液中进行纺丝制备。Ji 等以聚乙二醇为相变介质，氧化石墨烯为导热填料，聚乙烯吡咯烷酮为纤维基体，通过静电纺丝的方法，开发了聚乙二醇/氧化石墨烯复合 PCFs，提高了热调节智能纺织品的结构稳定性和导热性。当氧化石墨烯添加量为 0.5%时，合成的复合 PCFs 的最大熔化焓为 103.6 kJ/kg，最大冻结焓为 101.1 kJ/kg。更重要的是，经过 100 次 DSC 热循环后，相变焓没有明显变化。

随着技术的不断进步，各种静电纺丝方法得到发展和创新。其中，同轴静电纺丝作为静电纺丝的一种重要发展，利用两个直径不同的同轴毛细管组成的喷丝口，制备出具有中空或核壳结构的纤维。这种方法制备的芯-鞘结构的 PCF，内部毛细管可装载溶液或熔融 PCM，而外部喷嘴则装载聚合物，为材料科学领域带来新的可能性和机遇。Lu 等利用同轴静电纺丝技术，以石蜡为核心层，聚甲基丙烯酸甲酯（PMMA）为鞘层，并添加 CNTs，成功制备出具有芯-鞘结构的 PCFs。这些纤维的平均直径在 450～620 nm，展现出高达 58.25 kJ/kg 的潜热。与同轴静电纺丝类似，多流体静电纺丝是通过改造 PCM 喷嘴，将溶液或熔融 PCM 渗透到 PCF 的单独通道中实现的。Wang 等通过温度控制的简易一步多流态复合喷射纺丝技术，分别以十六烷和二十烷为相变介质，聚乙烯醇吡啶酮（PVP）为壳层，制备了可逐步储存和释放热能的多组分 PCF，这种多响应效应得益于一种特殊的多通道管状微观结构，可以控制地将不同的相变材料独立地封装到通道中。它在 17 ℃和 36 ℃时的潜热分别为 11.5 kJ/kg 和 11.8 kJ/kg。

静电纺丝技术不仅能够制备出具有优异潜热性能的 PCF，还能赋予其光、热、电响应等多样化功能属性，为智能面料的信息化和军事化应用提供了无限可能。在制备过程中，长链脂肪烃、石蜡、聚乙二醇和多共晶脂肪酸等材料均展现出良好的应用前景。已有大量研究深入探讨了静电纺丝 PCFs 的高比表面特性，发现其平均直径受到大分子 PCM 含量、电压强度及纳米颗粒添加等多重因素的影响。具体而言，大分子 PCM 含量的增加和电压强度的提升会导致直径增大，而纳米颗粒的加入则有助于减小直径。这背后的原因在于纳米粒子和电压强度对溶液电导率的调控作用，为柔性专用智能织物的制备开辟了新途径。然而，静电纺丝技术在复合纤维生产中也面临一些挑战。一方面，生产效率较低，难以适应大规模工业化生产的需求。另一方面，纺丝过程对环境因素和溶液电导率的变化高度敏感，同时高压电场的使用带来了一定的安全隐患。因此，从实验室研究到工业制备的转化过程中，需对技术做进一步的优化和改进，以确保其在实际应用中的稳定性和可靠性。

二、熔融纺丝

熔融纺丝是将聚物加热至熔融状态后通过喷丝孔挤出形成纤维。然而，鉴于某些相变材料的耐热性能相对较弱，传统熔融纺丝工艺所制得的纤维熔融温度较低。该方法的核心在于熔融的材料通过喷丝器进行拉伸，最终卷绕打包。聚合物基体的热性能与用于能量储存的相变材料有着显著差异，后者在储能领域得到了广泛应用。在纺丝过程中，高温处理对基体材料而言不可或缺，这无疑给熔融纺丝法制备相变纤维带来了巨大挑战。采用熔融纺丝工艺的相变材料应具有良好的热稳定性和化学稳定性，否则在高温挤压过程中相变材料会被破坏和脱落。此外，相变材料在纺丝过程中的含量会直接影响纤维的力学性能，含量越高，纤维的力学性能越易受损。为了改善熔融纺制得的调温纤维的力学性能，研究者们已经进行大胆的尝试与探索。例如，Yang 等将单壁碳纳米管嵌入聚乙二醇接枝的热塑性聚氨酯，然后将熔融纺丝得到的相变材料通过 3D 打印制备调温织物。3D 打印的织物不仅透气防水，而且具有很强的热稳定性和抗拉伸抗折叠性。Zhao 等通过熔融纺丝，将聚乙二醇 2000 作为相变介质加入聚氨酯纤维，得到相变材料的潜热为 67.09 kJ/kg、熔融温度为 34.34 ℃的储能织物。该织物的抗拉强度达到 19.75 MPa，透气率达到 1151 mm/s 左右，在调节温度的同时保证了织物的透气性。

三、湿法纺丝

湿法纺丝工艺是一种传统的制造智能调温纤维的有效方法，例如，湿法纺丝的高含量的碳纳米管复合纤维现已成功投入市场。在湿法纺丝过程中，选择的基体材料的熔融温度需要接近其自身的分解温度，以确保相变微胶囊材料能够顺利嵌入纤维内部，而不损害基体的完整性。为了确保纺丝过程的顺利进行，聚合物基体通常需要溶解在稳定且不易挥发的溶剂中，聚合物基体可以完全的封装相变微胶囊。长链烷烃如石蜡（PW）具有广泛的相变温度范围，多元醇如聚乙二醇是湿法纺丝相变介质的常见候选。然而，湿法纺丝工艺也面临一些挑战。目前，相变材料和聚合物基体主要通过简单的共混纺丝方式结合，这种方法虽然简单，但会导致纤维的焓值和强度相对较低。这意味着在相变过程中，单位质量的相变纤维能储存或释放的能量较少，而且在纤维弱节容易发生断裂，影响了纤维的整体性能和使用寿命。因此，优化纺丝工艺，提高纤维性能，是湿法纺丝领域亟待解决的问题。Bao 等利用原位湿纺丝工艺成功制备了壳聚糖（CS）接枝聚乙二醇单甲醚（mPEG）纤维。这种纤维具备固-固相变特性，其分子间的纠缠和氢键作用显著提升了纤维的力学性能，抗拉强度高达 1.36 cN/dtex，相比于 CS 纤维，其强度提升 3 倍以上。此外，该纤维的稳定性也得到显著增强，能在环境温度高于 46 ℃时吸收热量，并在温度低于 26 ℃时释放热量，从而有效维持人体的热舒适状态。

四、离心纺丝

离心纺丝是一种较新的微纳纤维制备技术，具有很大的发展潜力。从理论上而言，只要聚合物拥有足够大的相对分子质量且具备可溶性，都可以通过离心纺丝法进行纺制。纺出的材料既可以是液态，也可以是熔融态。利用高速旋转装置产生的强大离心力，聚合物溶液或熔体得以从装置的纺丝孔中迅速甩出，形成纤维。通过精确调控纺丝参数，能够实现对纤维形态的有效控制。相较于静电纺丝，离心纺丝不仅产率高、能耗低，还对聚合物浓度没有限制，从而减少溶剂的使用量和生产成本。离心纺丝过程中的纺丝液受到表面张力、黏性力和离心力的共同作用，聚合物在纤维表面纠缠，形成珠状而不是光滑的纤维。此外，随着 PCM 在纤维中含量的不断提升，原本光滑均匀的圆柱形纤维结构逐渐变得不规则和弯曲，这不可避免地影响了 PCF 的力学性能。为了改善这一状况，研究者们通过精细调控纤维分子间的纠缠程度和氢键相互作用，从而优化 PCF 的力学性能。

尽管离心纺丝对原料的限制较为宽松，但目前的研究主要聚焦于以聚乙二醇为原料的 PCFs，对于长链烷烃和脂肪酸等其他材料的研究报道较少。这在一定程度上限制了离心纺丝技术的应用范围，因为聚乙二醇的亲水性可能导致纤维回收能力较差。此外，目前的研究中普遍缺乏对纤维力学强度的深入探讨，这也是当前离心纺丝技术工业化初级阶段亟待解决的问题之一。因此，未来的研究需要进一步改进离心纺丝工艺，拓展原料选择范围，并加强对纤维力学性能的研究，以推动离心纺丝技术的更广泛应用和发展。

第四节　智能调温纺织品的未来发展趋势

智能调温纺织品融合了相变蓄热技术与纤维纺织品制造技术的一种先进智能纺织品，其具有自动吸收、储存、分配以及散发热量的功能。作为一种智能纺织品，智能调温纺织品能够响应外界环境温度变化实现自主调节人体体温，防止身体、头部、手脚等部位出现强烈的温度变化，满足人体热舒适性的特点。正因如此，智能调温纺织品在特种行业，如消防、探险、宇航、医疗等领域，以及汽车内衬、电池隔板、窗帘、恒温绷带等多种产品中，都发挥着至关重要的作用。随着高新技术的飞速发展，智能调温纺织品向着大规模产业化、高性能、高技术水平的方向发展。在国内，智能调温纺织品相关企业有青岛雪达集团、青岛益泉针织服装、青岛荣海服饰等；国际市场上，这一领域的研究和生产活跃，其中美国 Outlast 公司、Mid6 技术公司、Triangle 公司，以及葡萄牙的纳米技术和智能材料中心(CeNTI)等都是知名公司。尽管如此，实验室规模的示范和可行的产业化之间仍然存在很大的差距。智能调温纺织品在进入市场之前还有很长的路要走。大多数定制智能热调节纺织品仅基于人体-纺织品微环境和人体-环境宏观环境的单一传热传质参数进行优化。因此,仍需对协同参数下的智能温控纺织品进行研究。从系统的角度来看,智能热调节纺织品需要在四个方面进行充分的研究,以促进实际应用领域的发展:热调节能力、可穿戴性、商业性以及性能评估标准。

一、热调节能力

智能热调节纺织品所面临的挑战尤为显著,主要问题在于其有限的热调节能力和效率。以室内双模被动式辐射冷热纺织品为例,在空调辅助下将热生理舒适区扩大6.5 ℃,但面对室内/室外、早/中/晚温度变化等复杂的环境波动时,它难以满足个性化体温调节的需求。此外,当环境温度低于或高于设定值时,穿着红外透明辐射冷却纺织品可能会引发热不适感。而热电纺织品虽然能够主动实现更宽温度舒适范围,但这一功能的实现依赖于持续的电力供应,且要求设备与人体皮肤紧密贴合以实现良好的热传导,然而牺牲了穿着的舒适度。对于长期在恶劣环境中工作的环卫工人、建筑工人或锅炉工人等群体而言,随时随地获得个性化的热生理舒适,至关重要。因此,必须优化智能热调节纺织品的材料选择和结构设计,以拓宽其使用温度范围和增强适应性。为了从根本上提升智能热调节纺织品的热调节能力,需要构建一个多目标的传热传质优化模型,它能够协调被动和主动热调节策略,以应对微环境和宏观环境的变化。例如,通过微结构工程将被动蒸发、主动传导、动态控制发射和主动电致动传输等机制巧妙结合,可以显著提升被动辐射制冷纺织品的热调节性能。同时,为了优化材料选择、纤维微观结构和纱线编织,引入多物理场模拟也至关重要。因此,通过多种主动和被动策略的协同结合,智能热调节纺织品可以实现更广泛范围的热调节和更高的适应性,确保人们在各种环境中都能享受到个性化的热生理舒适。

二、可穿戴性和商业性

纺织品的可穿戴性和用户舒适性体验是提高智能调温纺织品的市场竞争力的关键。除了温度调节效率外,其他因素在决定个人可穿戴舒适性和商业应用的美学吸引力方面也至关重要。以用户目的为导向,开发具有透气性、排汗吸湿、柔软性、耐用性、色彩美观性以及绿色化学等为一体的智能纺织品,以确保终端用户体验最终产品不仅穿着舒适,更具备生物相容性—即消除可能引发的刺痛、瘙痒、炎症、静电和毒性问题,同时保持优异的透气性和触感体验。此外,成本效益与美观的颜色或图案设计同样不可或缺。在这一过程中,绿色化学将发挥关键作用,它采用科学的方法,从产品的生命周期之初便考虑材料对环境的影响,直至产品使用周期的终结。

在商业领域,智能温度调节纺织品的设计,必须充分吸纳用户的反馈,实现预期调温等功能,并精准把握目标消费群体的切实需求,确保最终产品能够满足用户的个性化热舒适需求。在智能体温调节纺织品发展初期,开发小型、单一功能的产品,如智能帽子、智能手套和智能袜子等。另外,红外透明辐射冷却纺织品作为前沿技术,其在带来舒适体验的同时，也必须重视在红外摄像机下对穿戴者隐私的保护。

三、性能评估标准

尽管各类智能温控纺织品已纷纷问世，且性能均按照相关特征进行了评估，但目前仍缺乏一个统一且广泛认可的评价体系。因此，需要建立一套通用的评估准则，以确保采用多样化的实验设备、参数和控制方法来科学评价智能热调节纺织品的性能。特别是针对最新的实验室概念产品，新兴智能温度调节纺织品的基线评估标准，必须涵盖人体温度调节性能、可穿戴性、市场潜力及客户满意度等关键维度。例如：①在真实人体环境下进行测试；②覆盖不同调节和穿着条件下的温度范围；③与市场上同类但采用不同材料、厚度和尺寸的传统纺织品进行横向对比。

此外，对于智能温度调节纺织品而言，确保其具备高度的可穿戴性至关重要，这包括但不限于耐洗性、透气性和生物相容性。同时，实现智能温度调节纺织品的大规模生产能力，对于其广泛的市场应用具有决定性作用。面向消费者开发一个用户体验为中心的系统显得尤为关键。该系统需涵盖适应性问卷调查，并长期追踪用户体验，以确保产品在可穿戴性和个性化需求方面均能满足用户期待。

四、智能温度调节系统

传统纺织品和最新的智能热调节纺织品仍然难以实现自主调温，满足以个人为中心的热生理舒适。随着物联网技术的蓬勃发展，人体纺织微环境和人体环境宏观环境的数据可以快速收集、分析，并通过移动终端将这些数据实时传输至云端。基于多目标优化模型，可以适当部署不同的基于纺织品的主动和被动温度调节策略。并且，随着纺织发电机、电池和电容器等技术的不断进步，这些设备将能够自主运行，无需依赖外部电源。因此，可以设计一种创新的自动化纺织品温度调节系统，旨在实现未来的个性化温度调节，为用户带来前所未有的舒适体验。

具体来说，人体织物区域的传感器网络能够不间断地监测微环境和宏观环境的细微变化，并将收集到的数据通过无线技术实时传输至云数据中心。先进的人工智能算法和大数据挖掘技术将对这些长期累积的环境和身体状态数据进行深度分析，以精准判断不同条件下个体的热生理舒适度。基于这些分析，系统能够智能地建立个性化的热生理异常警报基线，并激活多目标体温调节优化系统，实现体温的自主控制，从而确保个性化的热生理舒适。此外，移动终端作为重要的数据节点，不仅有助于个体更好地了解自身的热状态，还能为即时健康指导和临床预防医学提供直接的数据支持。在这种情境下，智能热调节纺织品将扮演一个高度智能化的平台角色，具备出色的适应性（图 6-5）。它通过协同的主动和被动热调节策略，自动响应微环境和宏观环境的变化，因此能够根据每个个体的具体情况进行实时的精准调节，优化个性化的热生理舒适度。个性化体温调节的智能纺织品能够自己“思考”，为物联网时代下的热生理舒适提供新的生活方式。

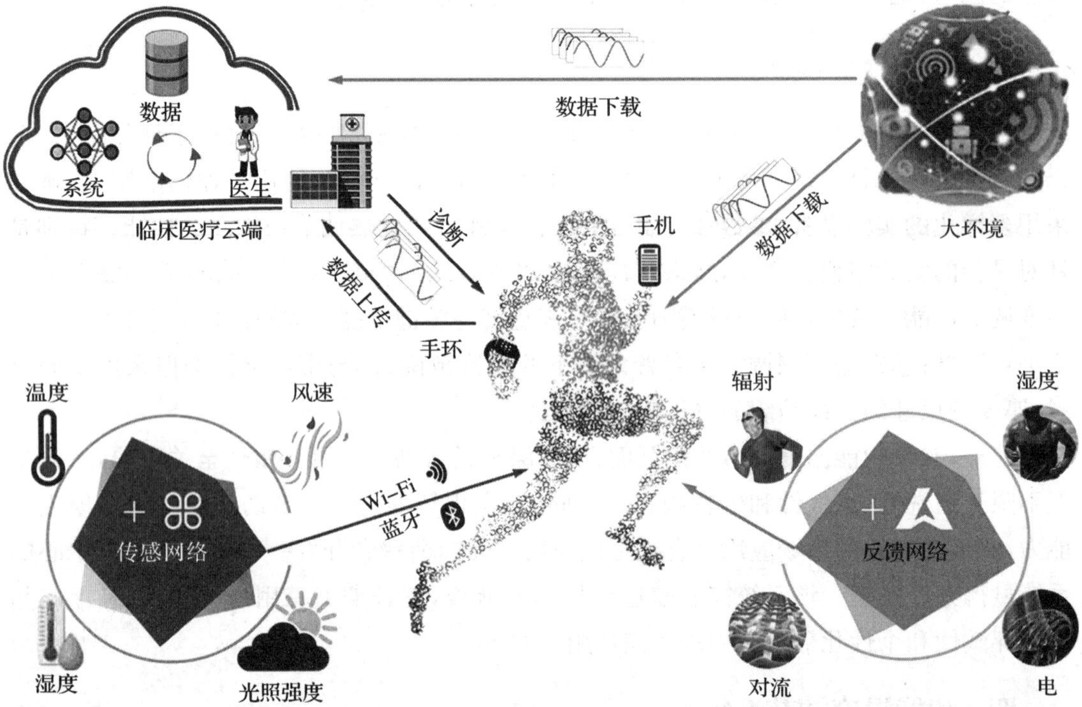

图 6-5 物联网时代的主动调温系统

参考文献

[1] Peng Y C, Cui Y. Advanced textiles for personal thermal management and energy[J]. Joule, 2020, 4(4): 724-742.

[2] Tian R M, Liu Y Q, Koumoto K, et al. Body heat powers future electronic skins[J]. Joule, 2019, 3(6): 1399-1403.

[3] Mandal J, Fu Y K, Overvig A C, et al. Hierarchically porous polymer coatings for highly efficient passive daytime radiative cooling[J]. Science, 2018, 362(6412): 315-319.

[4] Chan A P C, Yi W. Heat stress and its impacts on occupational health and performance[J]. Indoor and Built Environment, 2016, 25(1): 3-5.

[5] Lee J, Jung Y, Lee M J, et al. Biomimetic reconstruction of butterfly wing scale nanostructures for radiative cooling and structural coloration[J]. Nanoscale Horizons, 2022, 7(9): 1054-1064.

[6] Peng Y C, Chen J, Song A Y, et al. Nanoporous polyethylene microfibres for large-scale radiative cooling fabric[J]. Nature Sustainability, 2018, 1(2): 105-112.

[7] Zeng S N, Pian S J, Su M Y, et al. Hierarchical-morphology metafabric for scalable passive daytime radiative cooling[J]. Science, 2021, 373: 692-696.

[8] Liu Y J, Hou S H, Wang X D, et al. Passive radiative cooling enables improved performance in wearable thermoelectric generators[J]. Small, 2022, 18(10).

[9] Liang J, Huang M Z, Zhang X F, et al. Structural design for wearable self-powered thermoelectric modules with efficient temperature difference utilization and high normalized maximum power density[J]. Applied Energy, 2022, 327.

[10] Chen C, Wang R, Li X L, et al. Structural design of nanowire wearable stretchable thermoelectric generator[J]. Nano Letters, 2022, 22(10): 4131-4136.

[11] Khan S, Kim J, Roh K, et al. High power density of radiative-cooled compact thermoelectric generator based on body heat harvesting[J]. Nano Energy, 2021, 87.

[12] Shi M K, Song Z F, Ni J H, et al. Dual-mode porous polymeric films with coral-like hierarchical structure for all-day radiative cooling and heating[J]. ACS Nano, 2023.

[13] Fei J P, Han D, Ge J Y, et al. Switchable surface coating for bifunctional passive radiative cooling and solar heating[J]. Advanced Functional Materials, 2022, 32(27).

[14] Luo H, Zhu Y L, Xu Z Q, et al. Outdoor personal thermal management with simultaneous electricity generation[J]. Nano Letters, 2021, 21(9): 3879-3886.

[15] Abbas A, Zhao Y, Wang X G, et al. Cooling effect of MWCNT-containing composite coatings on cotton fabrics[J]. Journal of the Textile Institute, 2013, 104(8): 798-807.

[16] Wang Y J, Cui Y, Shao Z Y, et al. Multifunctional polyimide aerogel textile inspired by polar bear hair for thermoregulation in extreme environments[J]. Chemical Engineering Journal, 2020, 390.

[17] Hsu P C, Liu X G, Liu C, et al. Personal thermal management by metallic nanowire-coated textile [J]. Nano Letters, 2015, 15(1): 365-371.

[18] Zhan L, Han Z H, Shao Q, et al. Rapid joule heating improves vitrification based cryopreservation [J]. Nature Communications, 2022, 13(1).

[19] Lee S Y, Hwang J Y. Transparent heater with meshed amorphous oxide/metal/amorphous oxide for electric vehicle applications[J]. Scientific Reports, 2020, 10(1).

[20] Yun I Y, Lee Y K, Park Y G, et al. Transferable transparent electrodes of liquid metals for bifacial perovskite solar cells and heaters[J]. Nano Energy, 2022, 93.

[21] Jung Y, Kim M, Kim T, et al. Functional materials and innovative strategies for wearable thermal management applications[J]. Nano-Micro Letters, 2023, 15(9).

[22] Won P, Park J J, Lee T, et al. Stretchable and transparent kirigami conductor of nanowire percolation network for electronic skin applications[J]. Nano Letters, 2019, 19(9): 6087-6096.

[23] Zhao X, Wang L Y, Tang C Y, et al. Smart $Ti_3C_2T_x$ MXene fabric with fast humidity response and joule heating for healthcare and medical therapy applications[J]. Acs Nano, 2020, 14(7): 8793-8805.

[24] Kim H, Choi J, Kim K K, et al. Biomimetic chameleon soft robot with artificial crypsis and disruptive coloration skin[J]. Nature Communications, 2021, 12(1).

[25] Zhang X, Zhao L D. Thermoelectric materials: Energy conversion between heat and electricity[J]. Journal of Materiomics, 2015, 1(2): 92-105.

[26] Hong S, Gu Y, Seo J K, et al. Wearable thermoelectrics for personalized thermoregulation[J]. Science Advances, 2019, 5(5).

[27] Lee J A, Aliev A E, Bykova J S, et al. Woven-yarn thermoelectric textiles[J]. Advanced Materials, 2016, 28(25): 5038-5044.

[28] Lin J C, Tong P, Zhang K, et al. Colossal and reversible barocaloric effect in liquid-solid-transition materials n-alkanes[J]. Nature Communications, 2022, 13(1).

[29] Nomura T, Sheng N, Zhu C Y, et al. Microencapsulated phase change materials with high heat capacity and high cyclic durability for high-temperature thermal energy storage and transportation [J]. Applied Energy, 2017, 188: 9-18.

[30] Qi X D, Zhu T Y, Hu W W, et al. Multifunctional polyacrylamide/hydrated salt/MXene phase change hydrogels with high thermal energy storage, photothermal conversion capability and strain sensitivity for personal healthcare[J]. Composites Science and Technology, 2023, 234.

[31] Luo Y Y, Wu H J, Qiao J, et al. Self-repairing thermal energy storage gels demonstrating superior thermophysical properties and wearability towards personal thermal management in static and dynamic modes[J]. Chemical Engineering Journal, 2023, 457.

[32] Jung Y T, Ha I, Kim M, et al. High heat storing and thermally diffusive artificial skin for wearable thermal management[J]. Nano Energy, 2023, 105.

[33] Li J L, Cai J Y, Yu J Y, et al. The rising of fiber constructed piezo/triboelectric nanogenerators: from material selections, fabrication techniques to emerging applications[J]. Advanced Functional Materials, 2023, 33(44).

[34] Zhu M M, Yu J Y, LI Z L, et al. Self-healing fibrous membranes[J]. Angewandte Chemie-International Edition, 2022, 61(41).

[35] Agarwal S, Greiner A, Wendorff J H. Functional materials by electrospinning of polymers[J]. Progress in Polymer Science, 2013, 38(6): 963-991.

[36] Ding B, Wang M R, Wang X F, et al. Electrospun nanomaterials for ultrasensitive sensors[J]. Materials Today, 2010, 13(11): 16-27.

[37] Ji R, Zhang Q F, Zhou F X, et al. Electrospinning fabricated novel poly (ethylene glycol)/graphene oxide composite phase-change nano-fibers with good shape stability for thermal regulation [J]. Journal of Energy Storage, 2021, 40.

[38] Lu Y, Xiao X D, Zhan Y J, et al. Core-sheath paraffin-wax-loaded nanofibers by electrospinning for heat storage[J]. ACS Applied Materials & Interfaces, 2018, 10(15): 12759-12767.

[39] Wang N, Chen H Y, Lin L, et al. Multicomponent phase change microfibers prepared by temperature control multifluidic electrospinning [J]. Macromolecular Rapid Communications, 2010, 31(18): 1622-1627.

[40] Sun S X, Xie R, Wang X X, et al. Fabrication of nanofibers with phase-change core and hydrophobic shell, via coaxial electrospinning using nontoxic solvent[J]. Journal of Materials Science, 2015, 50(17): 5729-5738.

[41] Yang Z P, Ma Y Y, Jia S M, et al. 3D-printed flexible phase-change nonwoven fabrics toward multifunctional clothing[J]. ACS Applied Materials & Interfaces, 2022, 14(5): 7283-7291.

[42] Zhao Z, Tong N N, Song H, et al. Preparation and characterization of phase-change energy

storage nonwoven fabric[J]. Journal of Industrial Textiles, 2022, 51(4_SUPPL): 7089S-7103S.

[43] Li X X, Li Q, Hu J, et al. Core-sheath phase change fibers via coaxial wet spinning for solar energy active storage[J]. Composites Part B-Engineering, 2022, 247.

[44] Bao D, Liu L S, Sun T, et al. Solid solid phase change (SSPC) chitosan-g-mPEG fiber with improved mechanical performance via in-situ wet spinning process[J]. Carbohydrate Polymers, 2020, 240.

[45] Zhang W L, Zhang X G, Xu Y G, et al. Flexible polyethylene glycol/polyvinylpyrrolidone composite phase change fibres: Preparation, characterization, and thermal conductivity enhancement[J]. Polymer, 2021, 214.

[46] Fang Y S, Chen G R, Bick M, et al. Smart textiles for personalized thermoregulation[J]. Chemical Society Reviews, 2021, 50(17): 9357-9374.

第七章 自愈合纤维及纺织品

第一节 概 述

可穿戴电子器件在机械损坏后，其功能的恢复能力对于实现高度耐用的电子产品至关重要。大多数材料在长期使用过程中，其内部结构会出现裂纹，而裂纹很难被检测和修复，即使是一个细小的裂缝，它也会延展扩大，进而导致材料的物理力学性能损失和最终破坏，甚至引发发生重大事故，威胁人类的生命和财产安全。总而言之，细微的裂纹通常是导致复合材料结构使用寿命终结的开端。材料发生破坏的原因和形式多种多样，其中破坏的原因可以是机械性的外力冲击和拉伸、划刻、摩擦、磨损及各种光、热辐射；与之对应，材料的破坏形式十分多样，包括表面裂纹、开放裂纹甚至穿孔等。这些受损的材料通常难以修复，或者修复费用太高，以至于需要完全更换相应的设备，而有用的修复材料则可能造成相当大的环境污染。自发修复是所有生物共有的自然过程，它为延长自身寿命和提高自身生存能力提供了必要条件。受到生物体自修复机制的启发，近年来，人们做了大量努力，开发出一系列具有在损伤后能够自发修复的材料，这种材料被统称为"自愈合材料"。自愈合材料属于智能材料的一种，是以模仿生物体损伤后能自我愈合为原理，具有感知和激励双重功能的材料，其内部一旦产生缺陷，即使在无外界作用条件下，也能够自我修复，从而消除隐患，提高材料的机械强度，延长材料的使用寿命。随着人们对可持续发展关注度的不断提升，自愈合材料已成为热门的研究方向之一，广泛应用于超级电容器、太阳能电池、电子皮肤传感器、生物成像、组织工程等前沿领域。

随着科技的进步和社会需求的不断增长，材料科学领域得到蓬勃发展，当代科学家致力于探索并创新解决方案，不断提升材料性能，克服当前技术瓶颈，更好地应对日益多样化的挑战。当前，自愈合材料多为基于微胶囊法制备的薄膜材料。薄膜类自愈合材料通过成膜物质将囊内与囊外空间隔离开，形成特定几何结构的微型容器，其愈合机理是当基体内的微胶囊产生裂纹时会发生破裂，因此释放出愈合剂，其通过毛细作用到达材料表面，接触到包埋在基体内的催化剂，引发聚合反应，进而修复裂纹。此类材料的优点在于对微裂纹具有快速响应性，并且能实现裂纹的迅速愈合。但是，导电型自愈合材料的愈合过程不可重复，材料只能完成单次愈合。此外，加入微胶囊对材料的力学性能影响较大，所以对微胶囊的尺寸和外壳强度的要求较高。大多数微胶囊的长度在几十微米左右，长度较大的微胶囊与自愈合材料的特性尺寸不相符，结构上难以协同，并且微胶囊在周边基质中分布不均匀，存在胶囊之间连接不良、制造成本高等问题。因此，同时实现材料的力学性能与自愈合性能的大幅提升是自愈合材料未来发展的重要方向。在众多的研究方向中，自愈合纤维及纺织品因其独特的自愈合能力及其在众多应用领域的潜力而备受关注。开发高性能的自愈合纤维可以有效避免上述与微胶囊相关的问题。与微胶囊相比，纤维直径可以实现在纳米至毫米范围内高度可控，并且纤维间存在相互缠绕的关系，在长度方向的均匀性和连续性都好，力学性能也更加优越，愈合剂能够通过纤维形成的三维网络实现有效的运输。此外，自愈合纤维材料在制备轻质、透明复合材料方面具有无比的优越性。这些复合材料能够在受到机械损伤后自动恢复原有性能，这对于提高材料的耐久性、安全性和降低维护成本具有重要意义。尽管自愈合纤维及纺织品的研究已取得一定进展，但如何高效地实现自愈合功能、优化纤维的分类与特性以及开发其实际应用，仍面临挑战。

近年来，相关研究的主要目的在于填补自愈合材料在实体科技领域的研究空白，如电子封装、柔性器件、智能涂层等，以及提出解决现有自愈合材料在力学性能与自愈合能力间的矛盾性的新策略。自愈合纤维及纺织品是极具革命性的材料，它们可以模仿生物体的自我修复能力，在遭受物理损伤后能够自动恢复原有功能或结构。依据自愈合行为分类，自愈合纤维材料的愈合过程可以分为自主愈合体系和非自主愈合体系。非自主愈合体系的自愈合行为需要外部条件触发，如光、热、pH 值或化学试剂等；而自主愈合体系能够在没有任何外部刺激的情况下启动自愈合过程。此外，根据自愈合特征，自愈合纤维材料涵盖两大类：外源型自愈合纤维和本征型自愈合纤维。外源型自愈合纤维，也称之为液态纤维，依赖于储存在纤维内部的愈合剂，一旦纤维受损，这些愈合剂会被释放到损伤处，启动修复过程。本征型自愈合纤维，例如聚硅氧烷基纤维，其自愈合能力源于纤维本身，能够在没有愈合剂参与的情况下自行修复。以上技术的科学基础来自材料科学、化学及分子工程的学科交叉，尤其是对分子间相互作用和高分子网络的深入理解和研究。通过操纵聚合物的分子结构，可以设计出具有本征自愈合特性的纤维。这些纤维在损伤后能够通过分子运动和化学键重组实现自我修复。

基于自愈合聚合物制备的纤维材料具有轻质、易于功能修饰、制造可行性高、多功能性、低成本等独特的特点，未来会成为航空航天、智能机器人以及传感器等领域的重要候选材料，并且这类材料能延长产品寿命、降低维护成本并提高材料的安全性能，因而成为当前自愈合领域的热点。然而，要实现其商业化应用，还需要在提高自愈合效率、优化材料性能和降低成本等方面突破挑战。随着纺织与材料科学的进步及创新技术的革新，高效能和可持续发展已成为自愈合纤维及纺织品研发的未来发展方向。

第二节 分类及特性

一、外源型自愈合纤维膜

当前，大多数遭受物理损伤后可以实现自愈合的纤维材料，都是外源型自愈合纤维膜，主要分为两类：第一类是纤维内部封装愈合剂的同轴纤维膜；第二类是纤维外部覆盖愈合剂的纤维膜。这里详细介绍两种外源型自愈合纤维膜的结构设计及其自愈合性能。

（一）基于内部封装愈合剂的外源型自愈合纤维膜

对于外源型自愈合纤维材料，常见的制备方法是将愈合剂封装在纤维中，其自愈合的前提条件是愈合剂中至少有一个为流体。当纤维材料发生机械损伤和开裂时，愈合剂将通过毛细作用流到发生破损的区域，通过物理或化学的相互作用修复裂痕，并恢复材料原有的力学性能。该类外源型自愈合纤维多为核壳结构。图 7-1 所示为外源型自愈合纤维断裂修复机理。

图 7-1 外源型自愈合纤维断裂修复机理

目前，基于内部封装愈合剂的外源型自愈合纤维材料主要通过三种方法制备：同轴纺丝、乳液纺丝及溶液吹纺。同轴纺丝法采用同轴纺丝针制备核壳结构的外源型自愈合纤维材料，树脂和愈合剂通常作为纤维的芯层材料被封装在纤维内部。当纤维膜因受到机械损伤而发生破裂时，纤维内部的树脂和愈合剂将流出，实现裂缝的自愈合。Yoon 等采用同轴纺丝与共轭静电纺丝技术联合的方法，制备了两种核壳纤维，其壳层均为溶解在 N，N-二甲基甲酰胺（DMF）中的聚丙烯腈（PAN）溶液，芯层分别为液态固化剂（甲基氢二甲基硅氧烷）和环氧树脂。这种方法解决了此类材料在成型前只能采用乳化静电纺丝，而不能采用同轴静电纺丝的问题，并将两种相互缠绕的纤维嵌入两种柔性透明基质，进而形成透明柔性自愈合复合材料。

另一种策略是构建三轴结构的外源型自愈合纤维，其中树脂和催化剂同时封装在三轴纤维中，当纤维膜发生破裂时，封装在纤维内部的树脂和愈合剂将流出，修补裂缝。Yildiz 等采用三轴静电纺丝技术，通过一步法工艺制备出多壁自愈合纤维，把 DCPD 愈合剂封装在由两层不同亲水性聚合物组成的静电纺丝纤维中，由内向外分别是聚丙烯酰胺(PAM)以及含金属催化剂的聚甲基丙烯酸甲酯(PMMA),纤维内部聚合物与愈合剂之间的低亲和力限制了愈合剂与周围介质的相互作用,降低了愈合剂在纤维壁中的扩散速率,从而增强了纤维的自愈合性能,延长了纤维的使用寿命。此外,纤维内PAM的存在会阻碍催化剂与DCPD愈合剂的直接接触。通过将催化剂集成在纤维外层而不是复合基体中的方式,减少了昂贵且有毒的催化剂的用量,防止了催化剂在纤维制备过程中的活性丧失,并延长其使用寿命,即使在裂缝区域也有催化剂,从而实现高效自愈合。

此外,对于乳液纺丝技术,无需采用特殊的同轴针头,即可获得核壳结构的自愈合纤维。将两种不相溶的液体进行预混,然后将分散相通过均质分散到连续的不相溶相中,形成亚稳态的乳液,经过单喷嘴静电纺丝后,分散相形成核壳纤维的芯层,连续相形成核壳纤维的壳层。该技术操作方便,纺丝技术的可控性好,当前也被用于构建外源型自愈合纤维材料。Yoon等设计了纤维基自愈合分层材料,首先利用乳液静电纺丝技术,制备以甲基氢二甲基硅氧烷固化剂作为芯层、PAN作为壳层的核壳结构纤维膜,随后将纤维膜包裹在环氧树脂乳液中。当该材料被破坏时,固化剂从核壳纳米纤维的芯层流出,树脂单体基体材料中释放出来,经过聚合固化,实现自愈合(图7-2)。其次,将双乳液静电纺丝与共轭静电纺丝相结合,以溶解在正己烷溶液中的DMS树脂和液体固化剂作为芯层材料,将PAN溶解在DMF中作为壳层材料,并将芯层材料分别乳化在PAN溶液中,然后将两种乳液分别从不同的针头喷出,制备双组分纳米纤维膜,最后用PDMS进行固化。在材料受到破坏时,树脂和固化剂会迅速从纤维中释放出来,在室温下迅速发生聚合反应,实现自愈合。

溶液吹纺可以利用高速气流对聚合物溶液拉伸细化使其形成纤维,是一种能够大规

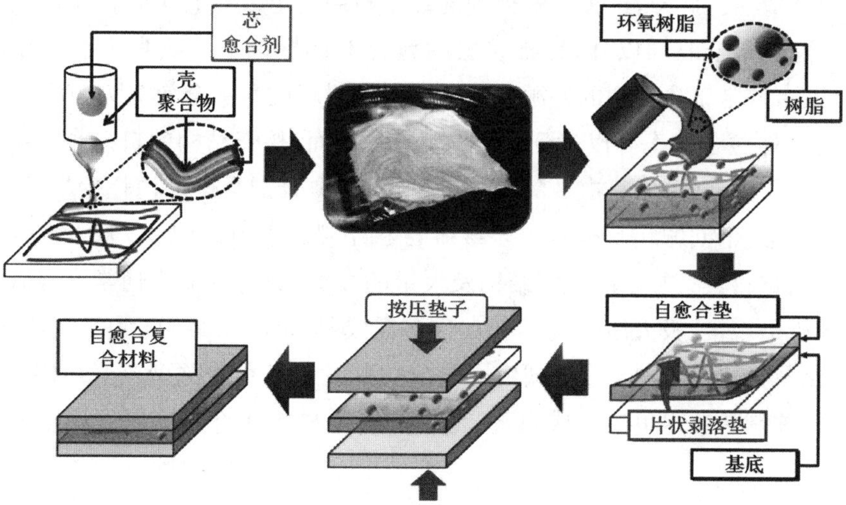

图7-2　采用乳液静电纺丝技术制备核壳纳米纤维的工艺流程

模生产直径在微米到纳米级纤维的新技术，具有制备效率高、设备结构简单、制备过程安全性高等特点。如图 7-3 所示，Yarin 等利用同轴喷丝头将环氧单体和固化剂嵌入微米纤维与纳米纤维芯层，以 PVDF 溶液作为壳层，通过压缩空气对纺丝液的拉伸细化作用，使环氧树脂纤维和固化剂纤维均匀沉积在纤维膜中。与同轴静电纺丝相比，溶液吹纺能够实现相对快速的固化响应，并且制备的材料力学性能优异、可大批量生产。

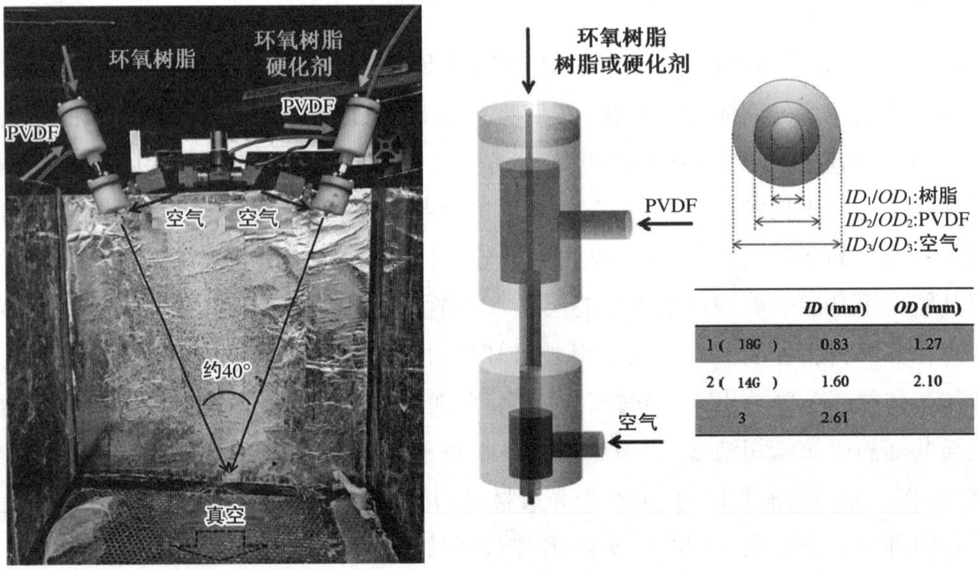

(a) 实验装置　　(b) 同轴喷嘴的结构设计

图 7-3　溶液吹纺工艺

上述基于愈合剂的外源型自愈合纤维材料多为核壳结构，其设计策略和制备技术通常比较简单和成熟。此外，这种方式得到的纤维材料能够实现自愈合而不改变聚合物的分子结构。除了愈合时间以外，纤维芯层的愈合剂选择也是影响自愈合效率的重要因素。目前，大多数基于愈合剂的外源型自愈合纤维材料的自愈合效率为 80%～100%，迄今已实现的最佳愈合效率可以达到 124%。另一方面，核壳结构的自愈合纤维材料也存在一些缺点。首先，随着修复次数的增加，材料中的愈合剂会逐渐消耗殆尽，因此其修复周期受到限制，这个问题在此类自愈合纤维材料中普遍存在。其次，基于愈合剂的外源型自愈合纤维材料具有复杂的微观结构及大量的孔隙，愈合剂流出通常会导致纤维膜失去原始的纤维形貌，这极大地限制了其在许多需要精细结构纤维膜领域的应用，如纤维膜分离、净化及传感等方面。尽管研究人员成功开发出各种外源型核壳结构自愈合纤维材料，并且相关制备技术也较为成熟，但是这些纤维材料在许多应用领域依然受到一定的限制。

（二）基于修复涂层的外源型自愈合纤维膜

外源型自愈合纤维材料主要有两种设计策略和制备方法，分别是层层自组装法和表面涂层法。层层自组装法通常利用静电作用在纤维表面组装自愈合聚电解质壳层，如聚丙烯酸（PAA）和支化聚乙烯亚胺（bPEI）。Lu 等采用静电纺丝技术制备了具有亚微米孔径的纯 PAN 纤维膜，随后多次浸涂 bPEI 溶液和 PAA/HA 溶液，成功制得自愈合 PAN@PPH 复合纤维膜，当纤维膜受到机械作用的损害时，在水的作用下，包裹纤维表面的聚电解质的静电相互作用实现裂缝的自愈合。此外，该材料对油和水具有优异的选择润湿性，渗透通量可达 1850 L/(m^2 · h)，具有良好的抗油污性能和自愈合性能。然而，位于内部纤维的机械损伤无法修复，且愈合后的纤维材料无法恢复到原始的机械稳定性等问题，愈合效率有限。

若要提高愈合效率，可以增加具有自愈合功能的聚电解质涂层的数量，然而过量的聚电解质涂层会堵塞纤维膜的孔隙，导致纤维膜失去纤维形貌和多孔结构。因此，对于基于修复涂层的外源型自愈合纤维材料，需要权衡其自愈合性能与聚电解质涂层数量间的关系。对于孔径较大的纤维材料，如织物，可以通过增加组装次数来实现优异的自愈合性能。因此，尽管层层自组装技术相对成熟且简单，并广泛应用于纤维膜材料表面的功能修饰，但通常很难制备出具有优异自愈合性能的自愈合纤维材料。

采用修复涂层策略制备的外源型自愈合纤维材料通常可以基于涂层材料的可逆动态键实现自愈合功能，例如通过 Diels-Alder(DA)反应。密歇根大学的 Sodano 团队选择蒽-马来酰亚胺自愈合体系，将甲基环己二胺（HTDA）和六亚甲基二异氰酸酯（HDI）反应，制备了含双异氰酸酯基团的黏流性和可流动的预聚物，再用来制备聚氨酯材料，并将液态的自愈合材料作为基体，应用于纤维增强的聚合物复合材料。以单向碳纤维织物为原料，采用自愈合聚氨酯（0.8HTDA1T）的真空辅助树脂转移模塑（VARTM），制备了自愈合纤维增强复合材料（CRFP），聚合体系在 240 ℃下也未发生降解，解决了热可逆 DA 反应受限于聚合物使用温度的问题。这些液体预聚物可以扩展聚合物及其复合材料的潜在应用，能够在短时间内实现重复愈合。此外，该材料具有优异的热稳定性，以及和结构级环氧树脂及其纤维增强复合材料相当的强度、刚度和韧性。然而，当修复涂层材料的含量增加时，纤维膜的孔隙结构将被完全堵塞，材料将失去其原有的多孔结构，不再具有透气性，失去了纤维膜的特性。

一般来说，基于修复涂层的外源式自愈合纤维材料的机械愈合效率取决于涂层的含量。然而，为了保持良好的多孔结构以满足其在特定领域的应用要求，通常不能在纤维表面附加过量的修复涂层，否则会引起愈合效率低下，甚至很难检测到。无论是层层自组装技术还是表面涂层技术，都更适合制备自愈合织物，因为织物的孔径远大于纤维膜材料，可以提供更多空间以容纳愈合剂，在保证织物透气性的前提下，实现材料优异的自愈合性能。因此，仅依靠修复涂层无法开发出愈合效率优异的自愈合纤维膜材料。

二、本征型自愈合纤维膜

与外源型自愈合材料不同，本征型自愈合材料不需要愈合剂就可以实现多种可逆愈合。本征型自愈合纤维材料避免了愈合剂在基质中的封装和分散等复杂问题，具有更稳定、更可靠的自愈合能力。本征型自愈合纤维膜通过分子链运动和分子间相互作用而不是外部的修复剂来实现自愈合。本征型自愈合纤维材料通常可以修复物理断裂并恢复其功能。依据修复机制，本征型自愈合纤维材料主要分为两类，即基于分子链相互扩散的本征型自愈合材料与基于化学键的本征型自愈合材料。

（一）基于分子链相互扩散的本征型自愈合纤维材料

基于分子链相互扩散的本征型自愈合材料多采用热塑性聚合物作为原材料，例如聚己内酯(PCL)。通过掺杂的方法，将纳米颗粒引入纤维内部或表面区域作为“纳米加热器”。当前广泛使用的纳米颗粒是金、石墨烯及金属-有机骨架。尽管本征型自愈合材料具有自愈合功能，但是其愈合过程不是自发的，需要外界光照或局部加热来修复裂缝。特别是，如果纤维膜受到机械损伤，可能需要激光照射裂缝，将具有光热效应的“纳米加热器”装载于纤维中，将光学能量转化为局部热量，对于热塑性纤维来说，当其局部温度高于其玻璃化转变温度时，分子链便能相互扩散，进而实现纤维膜裂缝的修复。香港理工大学费宾团队将还原氧化石墨烯(rGO)和银纳米线(Ag NWs)沉积在含金纳米粒子(Au NPs)的 PCL 电纺丝纤维膜上，制备了光触发可愈合的高导电性膜。此纤维膜经切割后，采用 532 nm 光照射 5 min，利用 Au NPs 产生的局部加热，可实现纤维膜选择性自愈合，电导率恢复 91.3%。通过控制激光强度、照射时间和纳米加热器的含量可以实现裂缝的精准局部修复。此外，在纤维膜的相同位置也可实现重复切割-愈合过程，即使经过 9 次切割-愈合循环，纤维膜的表面导电性和抗拉强度仍保持良好，未来在自愈合和智能光电器件中具有广阔的应用前景。因此，基于分子链相互扩散的本征型自愈合纤维材料的力学性能与其功能都可以得到修复。

基于分子链相互扩散的本征自愈合纤维材料具有以下优点：

由于光的传播距离远且可以传递到特定的位置，因此可实现裂缝的精准局部修复与远程激活。另外，控制光作为触发愈合过程的“开关”，可实现愈合过程的开启与暂停。截至 2024 年，基于分子链相互扩散的本征型自愈合材料的最佳修复效率为 90.7%。然而，对于基于分子链互扩散的内源性自愈合材料来说，其愈合效率与装载“纳米加热器”的含量、外部光照强度和时间密切相关。调控上述参数以获得最佳的愈合效率，被认为是一个相当复杂的过程。纤维膜的力学性能受装载“纳米加热器”含量的影响。此外，当光照时间过长时，热塑性聚合物纤维的局部分子链流动性增加，愈合部位的纤维膜会发生形态变化，进而影响本征型自愈合纤维材料的功能。因此，基于分子链相互扩散的本征自愈合纤维材料的愈合效果会受到外部环境的干扰。

(二)基于分子间作用的本征自愈合纤维材料

为了解决基于分子链相互扩散的本征自愈合材料无法独立修复的问题,将可逆共价键或非共价键相互作用引入本征自愈合纤维材料,进而实现可重复自愈合。与非共价键相比,可逆的动态共价键拥有更高的键能,赋予自愈合聚合物卓越的力学性能和稳定的自愈合能力,常用的可逆共价键主要包括亚胺键、二硫键、酰基肼键、碳-碳双键以及脲键等。但是,由于共价键的形成速度较慢,多数基于可逆共价键的自愈合聚合物往往需要外部刺激,如热、光或 pH 值的变化。相比之下,可逆的动态非共价键,包括氢键、π-π 堆积、疏水相互作用、主客体相互作用以及金属配位键等,倾向于形成可逆的解离,且形成不需要消耗大量能量。依赖于可逆非共价键的自愈合过程实际上是一种超分子组装过程。当超分子自愈合聚合物受到机械损伤时,断裂表面存在大量的动态超分子自由基,这些自由基通过与聚合物链的运动相互作用,进而实现裂纹的修复。通过调控可逆的非共价键、分子缔合常数以及聚合物链的迁移率,不仅可以调节自愈合的状态、速率和效率,还能调控相应聚合物的模量、黏度和流动性,从而实现对材料性能的精准调控。

基于分子间作用的本征自愈合纤维已经通过静电纺丝、干法纺丝或是湿法纺丝成功制备出来。这些纤维的直径大多集中在 3 μm～1 mm,其中,这些自愈合纤维通常由于氢键和静电相互作用而表现出优异的自愈合功能。除了纤维内部的自愈合功能以外,纤维界面的愈合功能也可通过主客体组装实现。Chen 等以 β-环糊精为宿主分子、n-乙烯基咪唑为客体分子,采用微流控纺丝技术制备了自愈合超分子水凝胶纤维,并通过主客体的相互作用组装成多维度(二维平面、三维体和三维螺旋纺织)材料。由于主客体作用,织物具有优异的柔韧性、强度和耐拉伸性。该材料可为发光二极管供电,也可用于构建自愈合的导电复合线和超级电容器。与单纤维不同,纤维直径减小会导致自愈合纤维膜中纤维间的黏结点数量急剧增加,由于自愈合聚合物之间共价键和非共价键的相互作用,纤维相互黏附,导致材料的纤维结构与多孔结构消失。从热力学角度解释,与薄膜材料相比,由于纤维结构具有更大的比表面积,光散射更多,因此随着纤维结构的消失,宏观上会伴随着从不透明到透明的颜色变化。纤维结构的稳定性是本征自愈合纤维材料发展的瓶颈,因此,开发结构稳定的本征自愈合纤维材料已成当前亟待解决的问题。

随着纳米纤维的制备与自组装技术的快速发展,东华大学丁彬、李召岭团队提出"组装界面隔离"的保护策略,并首次制备出分级限域结构本征自愈合纳米纤维,其纤维形貌稳定性可维持 75 天。解决纤维材料融膜问题的关键是防止单纤维间的超分子作用。在原始本征自愈合纤维材料的外部自组装了一个封闭的保护屏障[图 7-4(a)],这阻止了纤维之间的氢键相互作用,但不影响纤维内尿素分子间的氢键作用。在自愈合纤维表面包覆聚丙烯酸(PAA)和支化聚乙烯亚胺(bPEI),通过静电作用自组装形成"保护屏障"。该本征自愈合纤维膜愈合后的 SEM 图像如图 7-4(b)所示。皮肤创面的愈合主要包括两个过程,分别是皮肤表面结痂和内部纤维肉芽组织增生,结痂形成的过程主要起到保护伤口创面的作用,而纤维肉芽组织增生则是促进伤口创面的愈合。制备的本征自愈合纤维

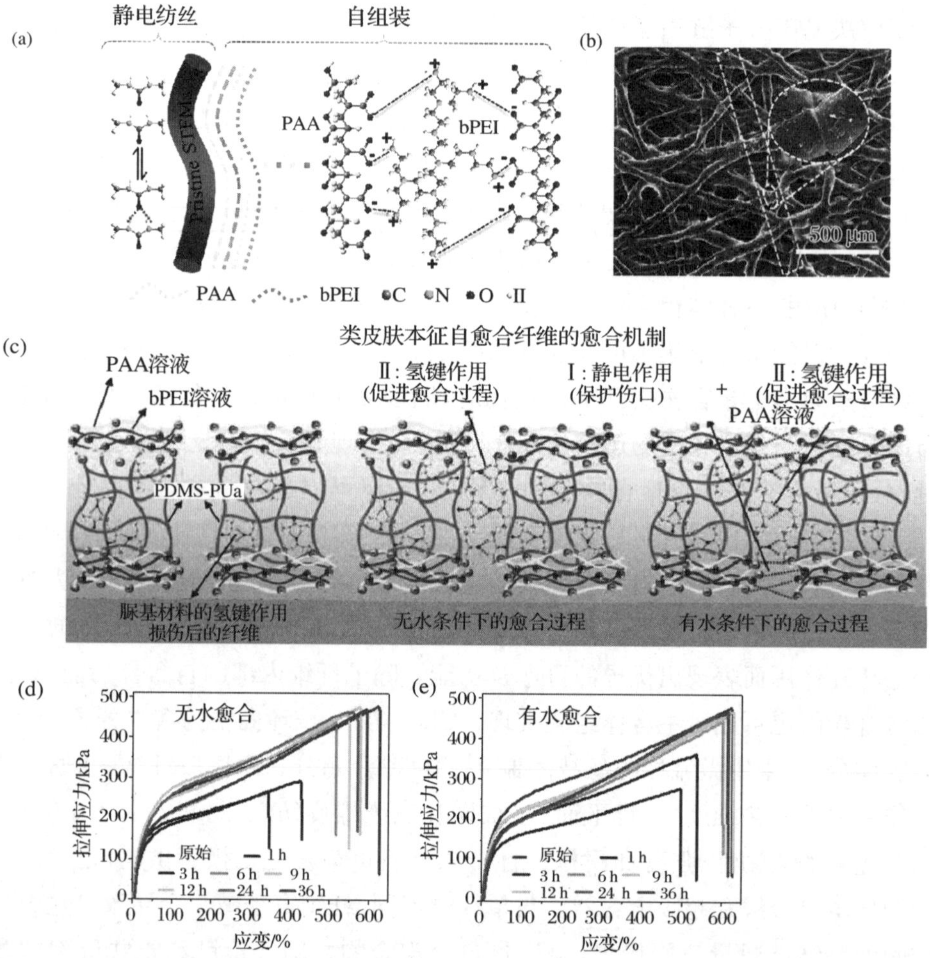

图 7-4　基于氢键的本征型自愈合纤维膜的制备工艺、愈合机理及性能表征

(a) 制备工艺；(b) 愈合后 SEM 图像；(c) 愈合机制；(d) 无水条件下应力和应变愈合效率；
(e) 有水条件下应力和应变愈合效率

膜在水中的愈合过程与皮肤类似，也包括两个相似的过程，即外层限域结构的静电作用和内部氢键相互作用[图 7-4(c)]。与皮肤的结痂形成类似，在本征自愈合纤维膜中，外层限域结构主要起着保护纤维形态的作用。与皮肤内部纤维肉芽组织增生的过程类似，自愈合过程的主要促进因素来自本征自愈合纤维膜内部氢键的相互作用。本征自愈合纤维膜自愈合后的电镜图，清晰地证实了其自愈行为。被切割的纤维膜在无水条件和有水条件下均可实现自愈合，在愈合 12 h 后，愈合效率基本不发生变化；在无水和有水条件下，应力自愈合效率分别为 95.67% 和 98.09%，伸长率自愈合效率分别为 95.15% 和 98.23%[图 7-4(d)、(e)]。除了愈合时间和外部愈合环境外，这种本征自愈合纤维材料的自愈效率主要取决于聚合物的类型和纤维密度。但是，由于分子间作用力强与分子链彼此缠结，纤维直径仍制约着本征自愈合纤维材料在其他领域的应用。

（三）自愈合机制研究

本征型自愈合纤维材料可以通过响应外部刺激实现愈合或自主愈合。从热力学角度分析，本征型自愈合纤维材料的关键驱动因素是链长、聚合物的 T_g、损伤后聚合物构象熵的变化以及高分子链的动力学活性。发生机械损伤后，整个材料体系进入亚稳态（高焓和低熵），自愈合纤维裂缝的完全愈合将实现新的热力学平衡。低 T_g 聚合物能够更有效地促进分子链运动，利用动态可逆化学性质和自愈合纤维的物理特性，可实现超分子网络的重建和修复。自我修复有两种机制：化学机制和物理机制。

物理自愈合机制主要包括链间扩散、形状记忆恢复、相分离形态的形成以及活性添加剂引发的响应。其中，链间扩散是指高分子链在聚合物表面的相互渗透以及它们在发生机械损伤时的流动行为。链间扩散深度取决于聚合物的 T_g 值和裂纹区域的 T_g 梯度，通过溶剂和热刺激来改变聚合物的自由体积，较强的分子间相互作用降低了自由结合能，最终自愈合过程停止。形状记忆恢复是指弹性体受到机械变形的刺激后实现原始形状的回复。形状记忆聚合物主要由构象熵变化驱动，最小熵值不能抵消损伤时的焓损失。该机制分为黏弹性形状记忆恢复机制和表面能机制两部分。黏弹性形状记忆恢复与聚合物的力学性质相关，对愈合效率有很大影响，表面能机理与聚合物化学官能团的理化性质以及聚合物分子链结构有关。此外，通过引入具有特定的双相结构的材料产生相分离现象，本征自愈合材料可以触发自愈合并克服材料的力学性能与自愈合性能之间的矛盾性，具有橡胶弹性和热塑性。富有动态的大分子网络可以增强链的迁移率，进而实现自愈合，聚合物中嵌入的活性添加剂，如纳米颗粒和纳米纤维，可以通过热或电磁辐射等物理反应触发自愈合过程。通常情况下，为减少剪切应变引起的损伤，添加剂在化学结构和性能上与聚合物基体应当相匹配。

可逆的共价键和非共价键是化学自愈合的两种机制。与非共价键相比，共价键的活化能更高，自由能更低，因此形成化学键后的稳定性更高。非共价键比共价键更有动力，提高能量耗散性能。非共价键可以分为金属配位键、离子键、π-π 堆叠或分子间相互作用（氢键、偶极子相互作用和范德华相互作用）。动态共价自愈机制包括 D-A 反应、硼酸酯、动态席夫碱、二硫化物和尿素反应。这些反应的结合强度影响聚合物的韧性和愈合时间。链的解离能和自愈合响应时间影响材料完全自愈合所需要的时间。上述机制均可用于制备无需外部刺激、可靠稳定的自愈合纤维材料，可以依据实际应用需求合理选择。

第三节 自愈合纤维基电子器件

在长期使用可穿戴电子器件时，透气性对于避免皮肤炎症和瘙痒至关重要。目前，生产透气弹性体的方法已经得到一定的发展，传统的电子器件衬底可以被各种弹性体材料所替代，但是并不能满足透气电子皮肤的严格要求。纤维材料通道多、接触点少，具有固有的透气性，因此有望用于电子器件。可穿戴电子器件在长期穿戴过程中，外界刺激的不规则性和反复的运动会导致不可避免的永久性损伤，而自我愈合能力是不可或缺的，也是极具吸引力的。

对于纤维膜来说，使用愈合剂或者涂层可能会破坏原有的纤维形态，即电子元件的形态会发生显著变化，导致传感性能不稳定、失去透气性。此外，依靠自愈合涂层的自修复效率并不令人满意。理想的本征自愈合纤维材料具有高效、内在自愈合性、透气性。但是由于纤维之间的分子间作用，纤维结构不稳定，导致纤维逐渐融合，纤维膜进一步转化为无孔膜，透气性较差，这与使用纤维膜制备柔性透气电子皮肤的初衷相矛盾。因此，如何赋予柔性电子器件自愈性和透气性，仍然是一个挑战。

一、自愈合电极

应用于软电子和电子皮肤的电极和导体应该具有高透光性、导电性和机械柔韧性。然而，大多数电极较硬且脆，这极大地限制了它们在柔性电子设备中的适用性。柔软灵活的电极可以使用聚合物纳米纤维和纳米线为基体，如聚氨酯（PU）、PVA 和尼龙 6，并加入导电掺杂剂进行制备。电极材料的修复旨在恢复其电导率，通常将自愈合材料集成到电极中，对裂纹造成的机械损伤进行修复，使装置的导电性能得以恢复。与传统的平面状或者大尺寸线状结构相比，由多根细小纤维组成的断裂电极的重新连接的难度和挑战性大得多，这会直接影响损伤后电导率的恢复。

基于纱线的超级电容器与传统纺织品的相容性好，成为可穿戴储能器件的重要发展方向。Huang 等开发了一种磁辅助机械和电愈合的纱线超级电容器，通过将磁性电极包裹在自愈性聚氨酯（PU）的壳层材料里制成（图 7-5）。一旦超级电容器受到机械损坏，通过自愈合壳的外部运动使得受损区域接触并自主实现机械自愈，而断裂的磁电极在磁力

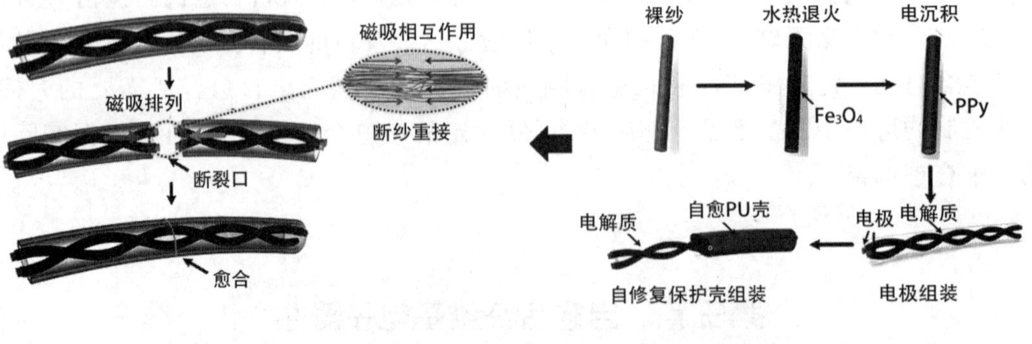

图 7-5　磁辅助自愈电容器的结构与自愈合机理

的作用下可以重新连接并对齐。断裂的纱线电极之间的强磁力有利于纱线电极在自愈过程中重新连接，从而为恢复导电性提供有效的策略。经过四次断裂/愈合循环，比电容可以恢复到 71.8%，并且整个设备的力学性能得到很有效的维护(图 7-6)。这可为开发具有损伤管理能力的理想纱线基超级电容器提供重要参考。

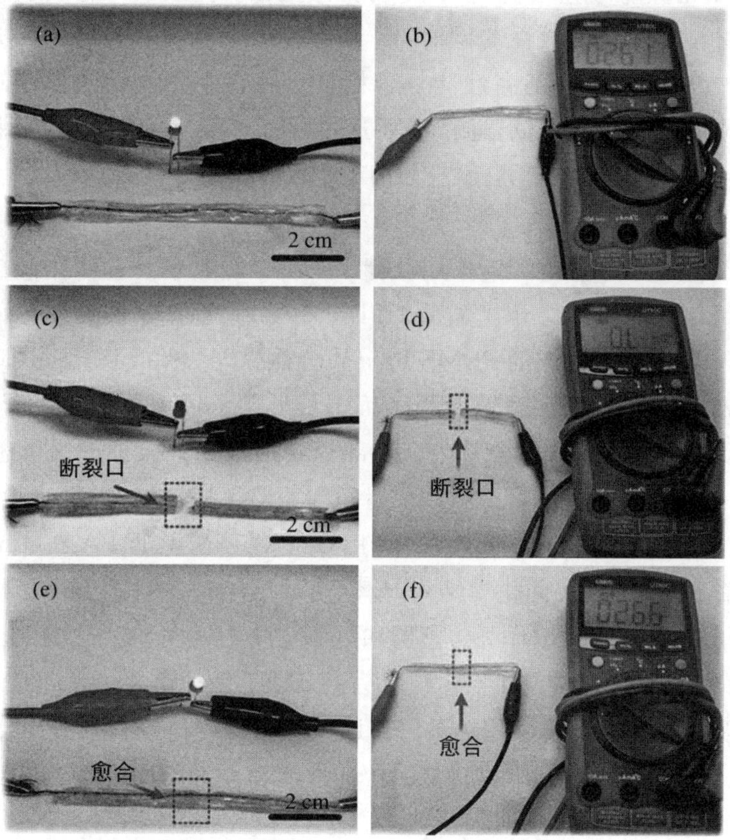

图 7-6　磁辅助自愈电容器的自愈合性能

(a)、(c)、(e) 带 LED 灯泡的电路中自愈合外壳包裹电极在断裂前、断裂后和愈合后的照片；
(b)、(d)、(f) 自愈合外壳包裹电极在断裂前、断裂后和愈合后的电阻

二、自愈合电子皮肤

电子皮肤是一种高度集成和巧妙的电子系统，它可以将压力、变形和湿度等各种外部刺激转换成电信号。它还可以模仿人类皮肤的一些基本功能，包括拉伸能力、自修复能力和多种感官，在可穿戴医疗传感器、触觉设备、机器人人造皮肤、假体和植入式医疗设备等方面显示出巨大的潜力。然而，在拉伸、扭曲、切割、压缩和过度使用等多种因素的作用下，不可避免地会造成电子皮肤的磨损、退化或机械损伤，削弱了其性能，导致失效，可靠性严重降低，使用寿命缩短。电子皮肤的高集成度使其在损坏后的维护变得困难和昂贵。此外，电子皮肤的广泛应用会产生大量的电子垃圾，造成环境污染。因此，设

计具有自我修复能力的电子皮肤是解决这些问题的理想方法。

自修复电子皮肤大部分都是以密封薄膜的形式制备的，缺乏透气性，在长时间佩戴后会引起瘙痒或者皮肤炎症。纤维材料具有很高的舒适性、耐磨性和透气性，因此成为制备柔性可穿戴传感器的理想材料。对于大多数刺激响应材料，其功能性高度依赖于功能填料（种类、填充含量、分布形态等）。一种方法是在功能层引入可自我修复的聚合物基板，使复合材料具有高灵敏性的同时，赋予基板自愈合能力。另一种方法是将功能填料引入自愈合聚合物中制备高性能复合材料。后者中功能填料由于缺乏界面相互作用，可能会导致力学性能降低，通常需要通过界面超分子交互设计来制备高性能自愈合智能材料。功能填料由于界面交互作用的引入而参与自愈过程，极大地促进功能的修复。

Zhu 等基于超分子和静电相互作用设计了一种本征型自愈合纤维结构（STFM），如图 7-7 所示。将异佛尔酮二异氰酸酯（IPDI）和氨基丙基端聚二甲基硅氧烷（NH_2-PDMS-NH_2，ATPDMS）合成的 PDMS-PUa 聚合物静电纺丝成膜，通过静电作用将聚电解质 PAA 和聚电解质 bPEI 沉积在纤维表面形成外部限域保护层。通过内部氢键的相互作用促进组织再生，达到自愈合效果。外部约束结构起着保护纤维形态的主要作用，限制了每个纤维接口的融合。纤维膜在长时间内能够保持良好的纤维形态，纤维直径也几乎保持不变，具有非常优异的稳定性。利用 STFM 界面上的 PAA 和 bPEI 之间的分子间氢键，调整 STFMs 的表面化学结构，构建全纤维结构的自愈合电子皮肤。以 PAA 为最外层约束层的纤维膜可以作为传感层和电子皮肤的衬底，基于接触通电和静电感应耦合，提供自供电的压力感应功能（图 7-8）。以 bPEI 为约束层的纤维膜可作为电极衬底，通过真空吸滤将银纳米线沉积在 STFMbPEI 上，最终得到自愈合纤维电极。此外，所制备的自愈合纤维膜还具备非常优异的拉伸性能和良好的回弹性，这对柔性电子皮肤的制备非常有利。

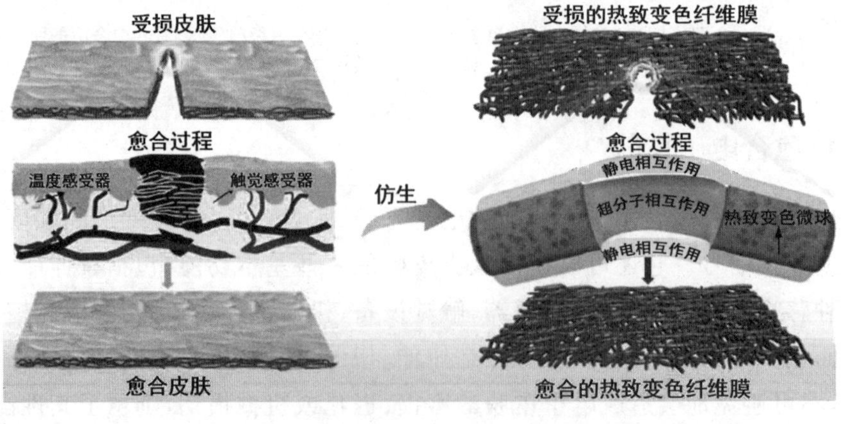

图 7-7　具有自愈特性的生物皮肤和本征型自愈合纤维结构

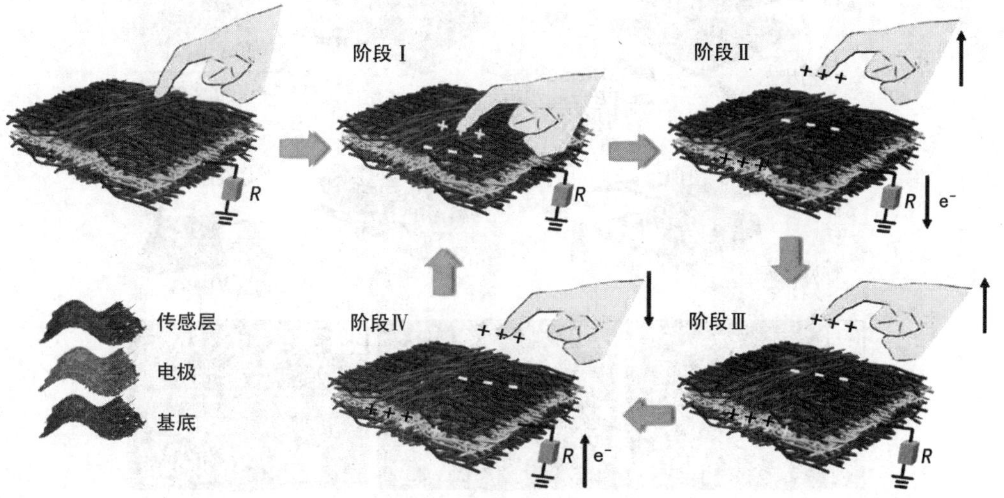

图 7-8 本征型自修复电子皮肤的传感机理

三、自愈合摩擦发电

摩擦纳米发电机(TENG)是一种非常有前途的能量收集技术,能有效地收集微机械能并将其转化成电能,在很多应用领域具有显著的优势,特别是医疗保健和医学领域。对于 TENG 中产生电荷的摩擦层来说,需要具备一定的比表面积、高电荷积累能力,以保证优异的摩擦效率。基于薄膜结构的 TENG 表现出非常好的能量收集性能,但由于缺乏透气性,长期使用会导致不适,并不适合可穿戴传感应用。因此,理想的可穿戴 TENG 还必须具有透气、耐用、可洗涤和自愈合等特性。此外,摩擦层需要与各种服装兼容,保证在应用过程中的稳定性和可靠性,使其能够承受变形,如折叠和拉伸。

聚丁二烯基聚氨酯(PBU)因其优异的自愈合和拉伸性能,常被用于制备 TENG。PBU 包含马来酰亚胺和糠基成分,以及激活 Diels-Alder 反应的氢键,有助于其自我修复,使 TENG 设备即使在损坏恢复后,也保持最佳性能并继续有效运行。此外,这种聚氨酯含有大量的羰基和胺基,在聚合物的刚性和柔性部分都产生偶极矩,这种特性通过促进接触材料之间的电子转移,对 PBU 的摩擦效率产生积极影响,具有高输出性能。Meena 等采用 PBU 微纤维和 MXene($Ti_3C_2T_x$)分别作为正、负摩擦电层,设计了一种可穿戴式 TENG 传感器(图 7-9)。经过损伤自愈过程后,该 TENG 的输出电压仅出现轻微下降,在接触分离模式下的 1000 次循环过程中,器件性能保持良好(图 7-10)。

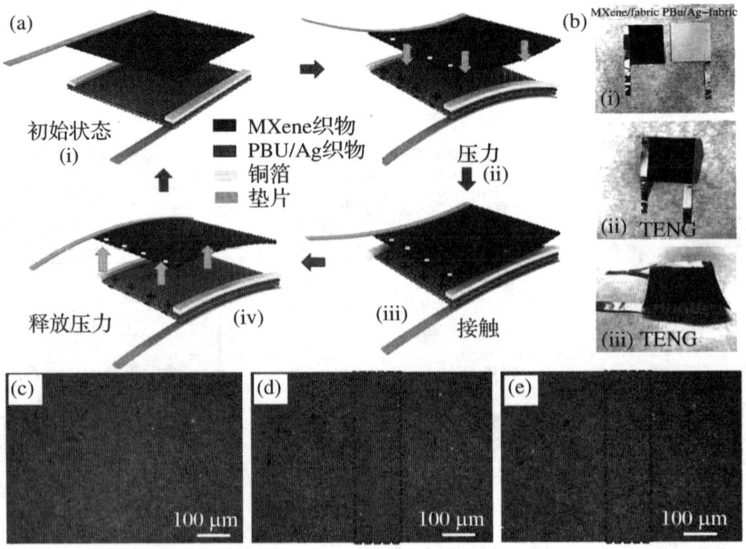

图 7-9　自愈合 TENG 结构与自愈合机理

(a) 基于 MXene 涂层织物和 PBU 纤维沉积镀银导电织物构建的 TENG 装置及其工作原理；
(b) TENG 装置照片，原始 PBU 静电纺纤维表面俯视；(c) 原始状态；(d) 被切口标记物理损坏后；(e) 自我愈合后

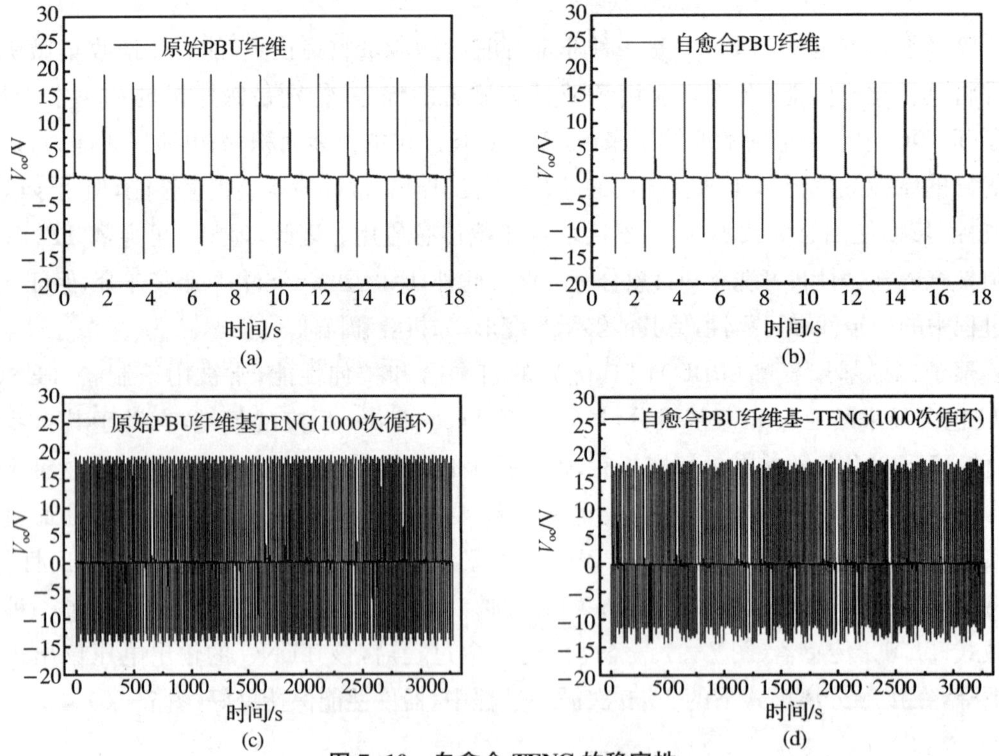

图 7-10　自愈合 TENG 的稳定性

(a) 使用原始 PBU 纤维制成的 TENG 的 V_{oc} 输出值；(b) 使用自愈合 PBU 纤维制成的 TENG 的 V_{oc} 输出值；
(c) 使用原始 PBU 纤维制造的 TENG 在接触分离模式下经 1000 次循环的 V_{oc} 输出值(损坏前)；
(d) 使用自愈合 PBU 纤维制成的 TENG 在接触分离模式下经 1000 次循环的 V_{oc} 输出值

第四节 总结与展望

尽管自愈合纤维材料的概念已经提出多年，但仍处于起步阶段。目前，大多数自愈合纤维材料仍处于实验室研究阶段，距离大规模商业化应用还有一定距离。虽然自愈合纤维材料能够自动修复损伤，但其修复的速度和效果仍然是一个挑战。在某些极端条件下，材料可能无法及时或完全修复损伤。另外，自愈合纤维材料的生产成本较高，这限制了其在一些对成本敏感的应用领域的推广。因此，降低生产成本也是亟待解决的问题。此外，自愈合纤维材料的修复机制可能受到环境因素的影响，如温度、湿度等，提高材料在不同环境下的修复能力和稳定性，也是未来重要的研究方向。

当前利用自愈合纤维制备的电子器件是柔软、灵活和可持续的。然而，良好的电学性能、通用性、一致性和湿表面黏附性必须在不影响自愈合能力的情况下实现。大多数软质自愈合材料是无定形的；相比之下，电子活性材料通常具有高结晶度、较差的局部抗损伤性和脆性力学性能。因此，集成导电材料的软自愈聚合物往往在界面处具有非均匀的应力分布。研究人员目前还尚未实现自愈合效率、电子效率和力学性能之间的最佳平衡。除了这种内部失配引起的损伤外，动态操作环境也会极大地影响器件的使用寿命，进而阻碍自愈合纤维电子器件的大规模发展。总之，基于自愈合纤维的电子器件必须能抵抗环境变化，具有优异的弹性与自愈合性能，并能适应人体的不同运动方式。自愈合材料应具有柔韧性、机械弹性和透光率，从而能适应软电子器件的实际应用，同时在不降低电子性能的情况下保持局部快速修复能力。

在过去的二十年里，自愈合聚合物的合成技术取得了很大的进展，随之自愈合材料的应用发展也取得了重大进展，主要是弹性体材料、塑料材料和水凝胶材料。与其他自愈合材料相比，功能纤维膜是更加优越的，因为它具有透气性、可洗涤性和高多孔性，并且易于改性。随着研究者对自愈合纤维材料开发的极大关注，自愈合材料的种类和范围被极大地拓展。加快或深入高性能自愈合聚合物和刺激响应型自愈聚合物材料的改进与优化，不仅可以推动自愈合纤维材料的发展，还可以拓展其在智能可穿戴、传感、催化、柔性电子与能量储存等领域的功能特性优化。自愈合纤维材料无疑将成为未来智能纤维材料的重要分支。随着科学技术的不断发展，自修复纤维材料的研究将更加深入。未来，我们有望看到更多具有高效自愈合性能的纤维材料问世，这些材料不仅修复速度更快，而且修复效果更佳。此外，自愈合纤维材料的研究将促进多学科、多领域的交叉融合。例如，纳米技术、生物技术、化学工程等领域的最新成果被应用于自愈合纤维材料的研发，从而推动这些领域的技术突破。自愈合纤维材料的研发和应用也符合环保和可持续发展的趋势，通过减少材料更换和维修的频率，降低资源消耗和废弃物产生，从而为环境保护贡献一份力量。

参考文献

[1] Utrera-Barrios S, Verdejo R, López-Manchado M A, et al. Evolution of self-healing elastomers, from extrinsic to combined intrinsic mechanisms: A review[J]. Materials Horizons, 2020, 7(11): 2882-2902.

[2] Sumerlin B S. Next-generation self-healing materials[J]. Science, 2018, 362(6411): 150-151.

[3] Gai Y S, Li H, Li Z. Self-healing functional electronic devices[J]. Small, 2021, 17(41).

[4] Chen D D, Wang D R, Yang Y, et al. Self-healing materials for next-generation energy harvesting and storage devices[J]. Advanced Energy Materials, 2017, 7(23).

[5] Khatib M, Zohar O, Haick H. Self-healing soft sensors: from material design to implementation [J]. Advanced Materials, 2021, 33(11).

[6] Talebian S, Mehrali M, Taebnia N, et al. Self-healing hydrogels: the next paradigm shift in tissue engineering? [J]. Advanced Science, 2019, 6(16).

[7] Spera N C M, Salazar-Castro C, Álvarez de Eulate P C, et al. Self-healing core-shell nanofibers for corrosion protective coatings for offshore structures[J]. Progress in Organic Coatings, 2024, 191.

[8] Li J L, Cai J Y, Yu J Y, et al. The rising of fiber constructed piezo/triboelectric nanogenerators: from material selections, fabrication techniques to emerging applications[J]. Advanced Functional Materials, 2023, 33(44).

[9] Zhu M M, Yu J Y, Li Z L, et al. Self-healing fibrous membranes[J]. Angewandte Chemie International Edition, 2022, 134(41).

[10] Fu X, Du W B, Dou H X, et al. Nanofiber composite coating with self-healing and active anticorrosive performances [J]. ACS Applied Materials & Interfaces, 2021, 13 (48): 57880-57892.

[11] Sinha-Ray S, Pelot D D, Zhou Z P, et al. Encapsulation of self-healing materials by coelectrospinning, emulsion electrospinning, solution blowing and intercalation[J]. Journal of Materials Chemistry, 2012, 22(18): 9138-9146.

[12] An S, Liou M, Song K Y, et al. Highly flexible transparent self-healing composite based on electrospun core-shell nanofibers produced by coaxial electrospinning for anti-corrosion and electrical insulation[J]. Nanoscale, 2015, 7(42): 17778-17785.

[13] Lee M W, An S, Lee C, et al. Hybrid self-healing matrix using core-shell nanofibers and capsuleless microdroplets[J]. ACS Applied Materials & Interfaces, 2014, 6(13): 10461-10468.

[14] Lee M W, Yoon S S, Yarin A L. Solution-blown core-shell self-healing nano-and microfibers[J]. ACS Applied Materials & Interfaces, 2016, 8(7): 4955-4962.

[15] Roels E, Terryn S, Iida F, et al. Processing of self-healing polymers for soft robotics[J]. Advanced Materials, 2022, 34(1).

[16] Cai Y H, Chen D Y, Li N J, et al. Self-healing and superwettable nanofibrous membranes for efficient separation of oil-in-water emulsions[J]. Journal of Materials Chemistry A, 2019, 7(4): 1629-1637.

[17] Banerjee P, Kumar S, Bose S. Thermoreversible bonds and graphene oxide additives enhance the flexural and interlaminar shear strength of self-healing epoxy/carbon fiber laminates[J]. ACS Applied Nano Materials, 2021, 4(7): 6821-6831.

[18] Ma W J, Li Y S, Gao S T, et al. Self-healing and superwettable nanofibrous membranes with excellent stability toward multifunctional applications in water purification[J]. ACS Applied Materials & Interfaces, 2020, 12(20): 23644-23654.

[19] Chen L, Guo K, Zeng S L, et al. Cross-stacking aligned non-woven fabrics with automatic self-healing properties for electromagnetic interference shielding[J]. Carbon, 2020, 162: 445-454.

[20] Zhang P F, Li G Q. Advances in healing-on-demand polymers and polymer composites[J]. Progress in Polymer Science, 2016, 57: 32-63.

[21] Chen X X, Zhong Q Y, Cui C H, et al. Extremely tough, puncture-resistant, transparent, and photoluminescent polyurethane elastomers for crack self-diagnose and healing tracking[J]. ACS Applied Materials & Interfaces, 2020, 12(27): 30847-30855.

[22] Wang S L, Liu N S, Su J, et al. Highly stretchable and self-healable supercapacitor with reduced graphene oxide based fiber springs[J]. ACS Nano, 2017, 11(2): 2066-2074.

[23] Wu Q H, Zou S B, Gosselin F P, et al. 3D printing of a self-healing nanocomposite for stretchable sensors[J]. Journal of Materials Chemistry C, 2018, 6(45): 12180-12186.

[24] Li Q, Xu Z, Du X F, et al. Microfluidic-directed hydrogel fabrics based on interfibrillar self-healing effects[J]. Chemistry of Materials, 2018, 30(24): 8822-8828.

[25] Choi S, Eom Y, Kim S M, et al. Food safety: A self-healing nanofiber-based self-responsive time-temperature indicator for securing a cold-supply chain[J]. Advanced Materials, 2020, 32(11).

[26] Zhu M M, Li J L, Yu J Y, et al. Superstable and intrinsically self-healing fibrous membrane with bionic confined protective structure for breathable electronic skin[J]. Angewandte Chemie International Edition, 2022, 61.

[27] Tolvanen J, Nelo M, Hannu J, et al. All-around universal and photoelastic self-healing elastomer with high toughness and resilience[J]. Advanced Science, 2021, 8(24).

[28] Huang Y, Huang Y, Zhu M S, et al. Magnetic-assisted, self-healable, yarn-based supercapacitor [J]. ACS Nano, 2015, 9: 6242-6251.

[29] Chen J J, Wang L, Xu X G, et al. Self-healing materials-based electronic skin: Mechanism, development and applications[J]. Gels, 2022, 8.

[30] Meena J S, Khanh T D, Jung S B, et al. Self-repairing and energy-harvesting triboelectric sensor for tracking limb motion and identifying breathing patterns[J]. ACS Applied Materials & Interfaces, 2023, 15: 29486-29498.

第八章 传感纤维及纺织品

第一节 概 述

智能产品与设备是智能制造和服务的价值载体、技术前提和物质基础。传感器作为信息系统的来源，是智能产品与设备中决定系统特性和性能的关键部件，在产业升级和智能化进程中扮演着关键角色。相较于传统的嵌入式刚性传感器，纺织基柔性传感器具有质量轻、柔韧性好、舒适性高以及透气性佳等诸多优势。传感纤维及纺织品的研究推动了柔性传感器的开发，有利于智能产品与设备的功能和性能的提升，为智能医疗、运动检测和人机交互等诸多领域的建设和发展奠定基础。

一、传感纤维及纺织品概述

在国家标准 GB 7665—2005 中，对传感器的定义是：能感知被测量并按照一定的规律转换成可用输出信号的器件或装置，通常由敏感元件和转换元件组成。敏感元件能够直接感知被测量，并输出相应的物理量信号，而转换元件可以将敏感元件输出的物理量信号转化为电信号，以便进行数字化处理、存储或传输。

基于金属或半导体材料构建的传感器通常具有刚性高、灵敏度低、拉伸能力不足等弊端，在智能可穿戴应用中会影响身体的自由度和灵活性，并可能产生不适或刺激感，从而限制了该类传感器在现实应用中的普及。因此非常希望通过合理的材料选择和结构设计来提高器件的灵活性，从而确保器件无缝地适应多种可变形场景下的任何物理形态。近年来，采用柔性基材构建的新型柔性传感器可以很好地适应多种曲面，提供优异的舒适度和自由度，并且更能抵抗外部冲击。特别是纤维及纺织品，由于其固有特性，如优异的透气性、柔软性、吸湿性等，在智能传感领域备受瞩目。

传感纤维是一种具有传感功能的特殊纤维材料，能够实现对各种生理、环境和运动参数的实时监测和测量。传感纺织品具有多种尺度形态结构，如短纤维、长纱线、2D 织物、3D 织物等，其制造方法因形态和材料而异，但主要包含三种方法：织造、织物基材改性和纺丝。织造技术是一种将导电元素（如金属覆盖的纱线或其他导电纱线）或其他传感元件通过刺绣、编织等方式嵌入纺织基材的方法。织物基材改性技术指的是通过化学或物理方法改变纺织品的表面或内部结构，如采用涂覆、浸渍或接枝等方法，在纺织品表面引入具有特定功能的材料，使其具备导电、压敏或温敏等特性，在不改变纺织品原有形态的基础上，赋予其传感功能。纺丝技术是一种直接、高效且可扩展的技术，主要包含静电纺丝、熔融纺丝、湿法纺丝等，可实现传感元件与纤维的完美结合。基于纤维和纺织品的柔性传感器的应用多种多样，并且正在迅速扩展。在医疗保健领域，传感纺织品可以用于监测患者的生命体征、睡眠质量和疾病追踪，为医疗机构提供了更加便捷和精准的远程监护服务。在运动健康领域，传感纺织品可以帮助运动员实时监测运动状态、预防运动损伤，并提供个性化的运动训练方案。在智能穿戴和智能家居领域，传感纺织品的应用可以实现与智能设备的无缝连接，为用户提供更加智能、便捷的生活体验。总而言之，传感纤维及纺织品的研究推动了纺织产业智能化、数字化和个性化的趋势，在智能可穿戴领域具有重要的应用前景和市场潜力。

二、传感纤维及纺织品的分类

纺织基传感器是一类以纺织品或纤维材料为基底的能够感知或检测外部或内部环境条件的传感器件。为了推动纺织基传感器的标准化和规范化，有必要对其进行适当的分类。纺织基传感器通常可以从被测量、传感机制、感知功能和纺织基底等方面进行分类。纺织基传感器的分类方法主要有以下几种：

（1）按照被测量分类，可分为物理量传感器、化学量传感器、生物量传感器。物理量传感器用于测量物理量，如压力、应变、温度等。化学量传感器用于检测化学物质的浓度、气体、液体的成分等。生物量传感器用于检测生物体内的生理参数或生物标志物，如pH值、酶等。

（2）按照传感机制分类，可分为电阻式传感器、电容式传感器、压电式传感器等。

（3）按照感知功能分类，可分为热敏型传感器、光敏型传感器、气敏型传感器、力敏型传感器、湿敏型传感器、声敏型传感器、放射线敏感型传感器等。

（4）按照纺织基底分类，可分为短纤纱基传感器、长丝纱基传感器、复合纱基传感器、机织物基传感器、针织物基传感器、非织造布基传感器等。

第二节 触觉传感器

触觉传感器通常由应变和压力传感器构成，可将机械刺激有效转换为电信号，主要包含电阻式、电容式、压电式和摩擦电式。在已开发的传感器中，传统电子产品通常由刚性和笨重的金属和固体复合材料组成，不满足轻便和灵活的应用需求，工作范围狭窄也限制了它们在人体运动检测等领域的普及。以纤维/纱和织物形式存在的纺织品基触觉传感器显示出独特的优势，包括优异的透气性、对不规则表面的适应性、出色的柔韧性和可拉伸性以及额外附加功能的可调控性，因而在多个新兴领域具有广泛的应用前景。

一、压阻式触觉传感器

压阻式触觉传感器通过将机械刺激转化为电阻变化来实现检测。该传感器通常采用导电或半导电材料，其压阻效应可表示如下：

$$\frac{\Delta R}{R}=(1+2\lambda+\pi E)\varepsilon \tag{8-1}$$

$$R=\frac{\rho L}{S} \tag{8-2}$$

式中：R 为电阻；ΔR 为施加应变后的电阻变化；λ 为物质的泊松比；π 为压阻系数；E 为杨氏模量；ε 为纵向应变；ρ 为电阻率；L、S 分别为电阻的长度和截面积。

通过电阻变化获取触觉感知信息的机制主要有两种。一种是传感器的结构受到外力作用时，根据泊松比发生拉伸和变形，总电阻会发生变化。另一种是通过对压阻式触觉传感器施加应力的方式，可以改变材料内部的带隙，引起载流子的迁移率和密度改变，从而使电阻率发生显著变化。例如，在石墨烯、硅和碳纳米管中可以观察到由能带结构变化引起的压阻性。因此，当对传感器施加压力时，多孔基质中导电材料之间的面积或导电材料与电极之间的面积增加，从而引起电阻变化。压阻式触觉传感器具有灵敏度高、器件结构简单、制作工艺简便等优点，且不易受噪声影响，相邻单元之间的串扰或场相互作用较少，是阵列配置的更好选择。然而，压阻传感器具有严重的滞后，表现出较低和较差的频率响应。因此，它只能用于有限空间分辨率的动态测量。

针对这一问题，一种行之有效的策略是充分利用那些能够通过几何变化对机械刺激作出反应的新型材料。其中，多种纳米材料由于其自身优异特性得到了人们广泛的关注，如零维(0D)材料(如金属纳米颗粒)、一维(1D)材料(碳纳米管和金属纳米线)和2D材料(MXene和还原氧化石墨烯)。纳米材料的引入可以提高压阻传感器的灵敏度，使其能够在生物医学应用领域检测低浓度的生物分子或低量的生物信号，从而拓宽传感器的应用领域。柔性纺织品和新型2D导电材料的结合为可穿戴智能传感器的制备开辟了新的可能性。

传感层活性材料微观结构的构造和设计对传感器的灵敏度和工作范围也具有显著的影响，具体效果可表示为三点：(1)当施加微小载荷时，微结构与电极的接触面积显著增加，可使电阻发生显著变化，从而提高灵敏度；(2)随着负载的增加，传感层的导电网络仍然保持稳定的连接，电阻继续增加直至饱和，从而实现了较宽的传感范围；(3)去除荷载后，微结构的弹性变形迅速恢复，响应时间短。其中，传感层通过在电极和敏感层之间提供粗糙的接触面积，可在低压范围有效地提高灵敏度。传感层要求在渐进变形下，电阻具有高且连续的变化，从而提供较宽的压力检测范围以提高线性度。考虑到这些问题，微金字塔、微皱、互锁、微凸等微结构被引入柔性压力传感器的制备过程。这些微结构通常可以通过特定的方法制造，如激光刻蚀、仿生复制、模板转移、丝网印刷等。但设计和制备传感器微结构的复杂性、易用性和成本，也是在其实际应用中必须考虑的关键问题。近年来，以低廉和简便的纺丝技术制备微结构丰富的柔性传感器，已引起人们广泛的关注。

Wang 等利用静电纺丝的不稳定喷射法制备了具有层次化内部和表面微结构的三氟醋酸银/热塑性聚氨酯（$C_2AgF_3O_2$/TPU）复合纳米纤维薄膜。然后，通过在纳米纤维膜表面原位生长银纳米粒子（AgNPs），最终获得具有微观结构的 AgNPs/TPU 纳米纤维膜。所得膜的微观结构主要由表面排列的微丘、不同大小的孔隙和内部丰富的纤维结构组成。与没有独特微结构的普通传感器相比，该 AgNPs/TPU 压阻式传感器在传感灵敏度、检测范围和响应时间等方面均有显著提高。

除了提高灵敏度和检测范围外，稳定性是压阻式触觉传感器需要考虑的另一个关键问题，特别是在实际应用中。稳定性问题主要来自两个方面。首先，大多数压阻材料的电阻易受温度变化的影响，这给在不同温度环境下的压力传感带来了困难。其次，纺织结构作为触觉传感器的衬底会对设备的电气和机械稳定性产生影响，可能导致压力传感过程中的信号偏差。

二、电容式触觉传感器

电容式传感器通常包括中间介电层和两端导电电极，机械刺激通过两个电极之间重叠面积或距离的变化转化为电容。这类传感器具有宽压力范围的高灵敏度、低压力检测阈值、快速响应时间、耐用性等特点。电容可以描述如下：

$$C=\frac{\varepsilon_0\varepsilon_r S}{d} \tag{8-3}$$

式中：ε_0 为自由空间的介电常数；ε_r 为介电材料的相对介电常数；S 为两个平行电极的有效重叠面积；d 为两个平行电极之间的间隙。

电容式传感器通常具有出色的频率响应、高空间分辨率和大动态范围，但由于场相互作用和边缘电容的影响，它们容易受到噪声的影响，因此需要精密的电子设备来滤波噪声。科学家们已经使用多种策略来实现电容传感器的灵敏检测。

纳米材料的加入和各种微观结构（金字塔、球体、圆柱体等）的构建是提高电容式传感器灵敏度的主要策略。Qu 等提出具有三层芯-护套结构的电阻-电容混合响应纤维压力传感器（HFPSs），通过模型分析和实验验证，混合响应的触发机制和灵敏度增强机制得到了充分的讨论。调整混合响应的灵敏度增强范围，可以显著缓解高通量纤维放大器的灵敏度衰减，使该系统具有响应快、滞后小、响应频率宽、信号漂移小、耐用性好等特点。

除了应当具备的传感性能外，电容式触觉传感器的透气性（允许空气通过的能力）也是必须考量的关键因素。良好的透气性，能够迅速地将水蒸气及热量排出，从而利于皮肤干爽状态的保持。这一特性不仅有助于提升佩戴者的整体舒适度，更能够显著降低长时间佩戴引发的皮肤炎症和瘙痒等风险。Yu 等报道了一种基于微图案纳米纤维介电层的透气全织物网络，即全织物电容式传感器 AFCS（图 8-1）。AFCS 在呼吸跟踪、肌肉活动检测、指尖压力监测和空间压力分布等方面显示出良好的潜力，为舒适的电容式触觉传感器类电子产品铺平了道路。

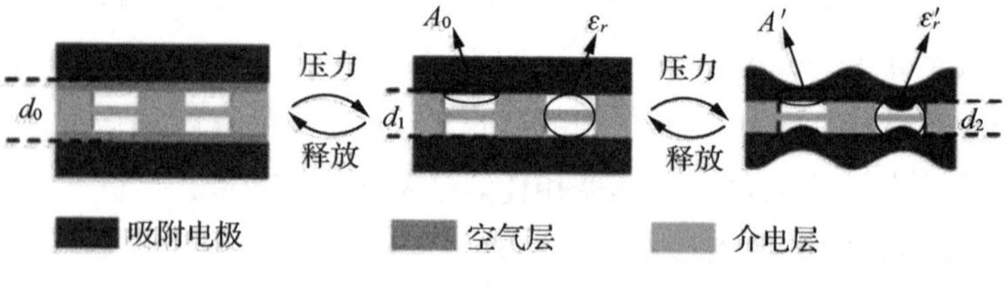

图 8-1　电容式压力传感器的工作机理

三、压电式触觉传感器

压电式触觉传感器的传感机理是在应变过程中，压电材料的自变形产生电子流并诱导电压变化。当压电材料处于初始弛豫模式，即没有任何额外的外力作用时，材料内部的介电晶体不会发生极化，因此不会产生电荷。然而，当压电材料在压力下变形时，基于空间分离的极化电荷中心的相对位移，电偶极子发生变化，导致两个相对的表面积聚相反符号的电荷。为了保持电势平衡，电极上的电子被电势驱动流过外部电路，从而产生电能。相对而言，当压力释放时，压电材料表现为电中性，外部电路输出相反的电流（图 8-2）。

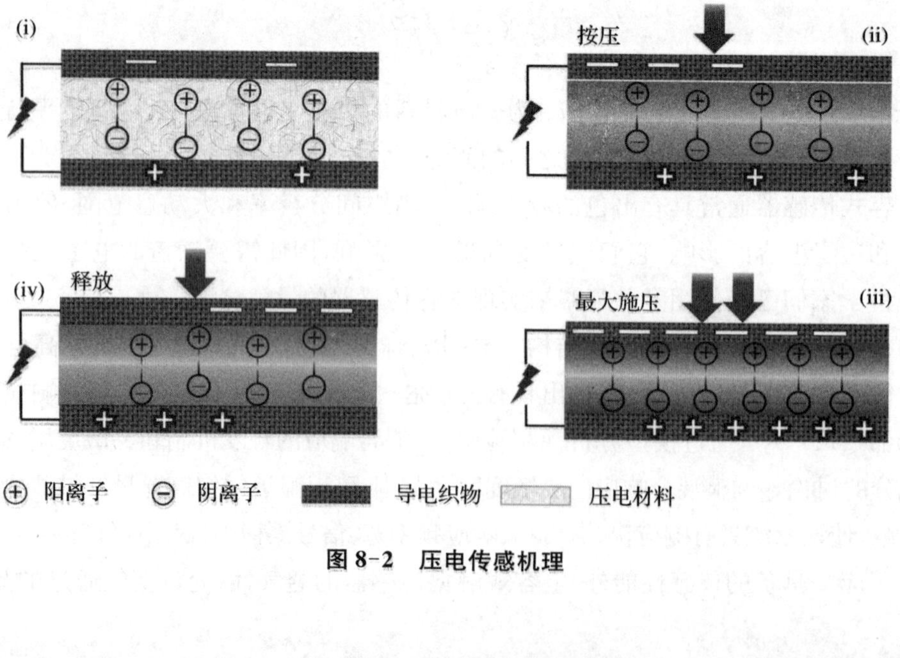

图 8-2　压电传感机理

如式(8-4)所示,输出压电电压 (V) 与压电系数(g_{33})、外加压力(P) 和压电材料厚度(t) 有关。

$$V=g_{33}tP \tag{8-4}$$

与电容式和压阻式传感器相比,压电式传感器是自供电的有源传感器,可以将机械输入转化为电压/电流信号,不需要任何额外电源。通常,压电式触觉传感器由夹层结构组成,夹层结构中沉积有压电材料。用于柔性压电触觉传感器的压电材料包括压电陶瓷、压电聚合物和压电复合材料。其中,压电陶瓷被称为无机压电材料,主要包括三氧化钛钡(BTO)、氧化锌(ZnO)、钛酸铅(PT)、钛酸锆铅(PZT)等,具有良好的转换效率、优异的机械强度、较高的压电电荷和化学惰性常数等优点。然而,压电陶瓷也存在固有的缺点,如硬、脆、重等,这使得其在柔性电子产品中的应用具有一定的限制。相对而言,聚偏氟乙烯(PVDF)、聚丙烯(PP)、聚酰胺(PA)、聚乳酸(PLA)和聚偏氟乙烯-共六氟丙烯(PVDF-HFP)等压电聚合物具有良好的力学性能、生物相容性和耐化学性,是柔性自供电压电纳米发电机的主要材料。特别是 PVDF,作为一种半结晶聚合物,具有柔韧性、质量轻和耐用性等显著优点,包括 α、β、γ、δ、ε 五种晶相。与其他相位相比,β 相位极化最大,压电响应最高。PVDF 的压电性能高度依赖于其 β 相数,因此,将其他相位转换为 β 相位是至关重要的。此外,压电常数(d_{33})可以用来量化压电材料将机械载荷转化为压电势的能力。通常情况下,压电无机材料具有高 d_{33} 和相对较低的柔性,而压电聚合物具有高柔性和低 d_{33},需要通过电极化方式来解决此问题。目前常用的技术有热拉伸、机械拉伸、电场极化、电晕极化等。其中,具有成本效益和简单特点的静电纺丝技术是制备纺织基压电式触觉传感器的有效策略。Ghosh 等设计了一个由采用静电纺丝技术制备的结构稳定的鱼明胶纳米纤维构成的可穿戴的仿生压电式压力传感器。该传感器具有质量轻、柔韧性好、价格低廉和对环境友好等优点,是未来电子皮肤应用的绝佳选择。

虽然压电陶瓷具有较大的压电常数和介电常数,但难以应用于可穿戴电子领域,原因是触发它们产生压电效应需要较大的外力。相反,压电聚合物硬度低,可加工性和柔韧性好,且压电系数小。因此,许多研究者尝试开发具有高 d_{33} 的柔性压电触觉传感器,如使用压电聚合物或无机/聚合物复合材料与柔性衬底相结合构建压电式触觉传感器。不幸的是,压电式触觉传感器的电输出性能会受到环境温度和湿度的影响。当温度高于转变温度时,压电材料将失去其永久偶极子。随着温度的降低,被热激活的掺杂位点减少,载流子浓度降低。而随着湿度的增加,压电材料的电导率增大,输出电性能下降。因此,对于压电式触觉传感器的发展,仍然存在许多瓶颈问题亟待解决。

四、摩擦电式触觉传感器

摩擦电纳米发电机(TENG)于 2012 年由王中林纳米研究团队首次推出。由于其在能量密度和瞬时转换方面的高性能,TENG 已被广泛应用于能量收集和智能穿戴领域。

近年来，许多研究者利用摩擦电效应开发了不同类型的摩擦电触觉传感器。在两种摩擦电极性不同的接触材料之间，通过接触通电和静电感应的耦合作用，存在一种有效的机-电转换机制，可将外界运动产生的机械能转化为电能，从而产生电信号。从理论上讲，任何两种不同的材料，甚至是同一种材料，都可以通过频繁的摩擦而带电。但是摩擦电材料的选择还是主要取决于材料在摩擦序列图中的位置，这对其电性能起着至关重要的作用。根据电子亲合力，在摩擦过程中容易获得电子且带有负电荷的材料称为负摩擦电材料。同时，容易失去电子并带正电荷的材料是正摩擦电材料。当两种材料在摩擦序列图中距离较远时，在接触和分离过程中产生的电荷越多，产生的电输出越高。柔性对于摩擦电材料来说也非常重要，这决定了摩擦电触觉传感器在智能可穿戴设备中的应用。PVDF、聚四氟乙烯(PTFE)、PET 和 PDMS 是最常用的负摩擦电材料，而正摩擦电材料主要由尼龙 66(PA66)、丝绸和纤维素制成。考虑到不同的结构设计和配置，TENG 可以分为四种典型的工作模式：垂直接触分离(CS)模式、横向滑动(LS)模式、单电极(SE)模式和独立式摩擦电层(FT)模式(图 8-3)。

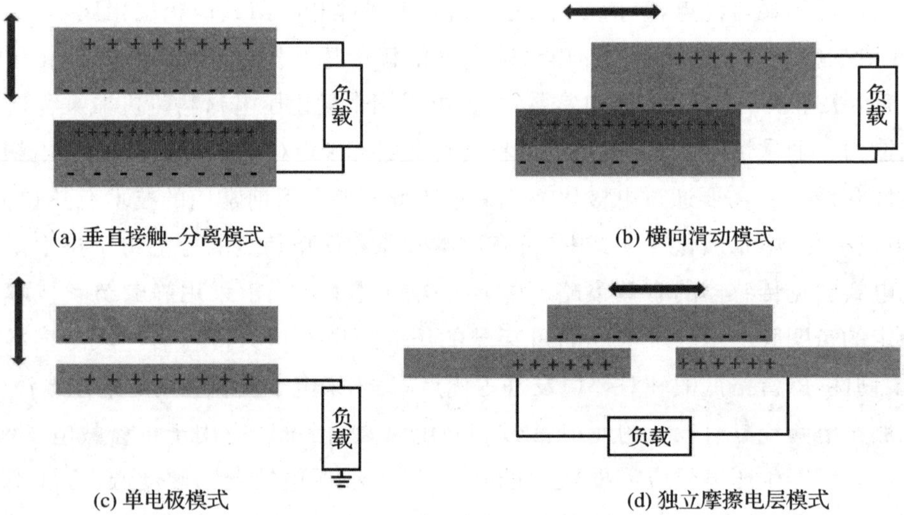

图 8-3 TENG 的四种典型运行模式

一般来说，每种工作模式都有自己的结构特点和应用优势。CS 模式由两种摩擦电极性不同的材料和两个电极组成。在压力的作用下，两种材料相互接触，在表面产生相等的电荷，分别表现为正电位和负电位。当力被释放时，两种材料逐渐分离并产生电位差，促使自由电子在两个连接的电极之间流动并产生瞬态电流。随后，当再次施加外部压力时，感应电荷流回其原始电极，并且可以检测到反向电流。如果 CS 过程被重复，TENG 会相应地产生周期性的电输出。LS 模式的结构和工作原理与 CS 模式相似。该模态的相对位移由原来的垂直方向转变为与界面平行的方向，具有更高的能量收集率。与上述两种模式不同，SE 模式本身的结构发生了变化，只有一个电极和一个摩擦电层。

以地面为参比电极，当外界物体移动时，电流就会在电极和地面之间流动。这种模式虽然结构简单，但由于单电极的存在，输出较低，因此更倾向于应用于指尖驱动能量收集等领域。最后，FT 模式由两个固定电极和一个摩擦层组成。摩擦层沿着电极前后移动（可能与电极直接接触也可能不直接接触）产生不平衡的电荷分布。为了平衡局部电位分布，感应电子将在两个电极之间流动。该模式性能优良，无掩蔽效应。

值得注意的是，摩擦电触觉传感器和压电触觉传感器有相似之处，一是压电效应和摩擦电效应都产生静电效应，利用电荷变化响应外界信号。另一个是两者都具有低功耗和自供电的特点，具有非常广阔的应用前景。然而，两者对于触觉感知的机制明显不同。摩擦电触觉传感器的传感机理是利用两层电极性质不同的薄层材料之间的摩擦效应发生电荷转移，从而在外界刺激下形成两者之间的电位差，而压电触觉传感器的传感机理是施加外界压力使压电材料变形，导致偶极子密度变化，从而引起电压变化。为了使摩擦电触觉传感器具有功能多样性和宽泛的应用范围，大量的商业材料，包括塑料、橡胶、弹性体和金属等已得到了广泛使用，特别是纺织品以其优异特性而得到研究者的青睐。

虽然基于纺织品的摩擦电式触觉传感器具有多种优势，可通过材料选择来显著提升能量输出，但是为了满足实际使用需求，还需要进一步提升输出功率。为了提升摩擦电式传感器的性能，主动电荷激励、电荷泵浦、引入电路管理器件等都是可行的策略。经实验证明，提高电荷密度与减少电荷损耗是提升能量收集与传递效率最直接的手段。此外，改变纺织品的制备方法，调整纤维的排列方式，并引入微纳米结构，可以较好地提高表面粗糙度和接触面积。通过选取极性相差较大的材料，可提高电荷密度，增强和维持摩擦电输出性能。此外，通过引入电荷俘获层和增加电荷传输层来控制电荷损耗，将产生的电荷有效收集并提高输出性能，也是摩擦电领域的一大研究热点。

第三节　温/湿度传感器

温度和湿度作为两大关键环境参数，不仅影响着我们的日常生活，还与我们的健康状况息息相关。体温、皮肤湿度和呼出的空气湿度，这三者共同构成人体主要的生命体征，为医学诊断提供了宝贵的个人健康信息。近年来，随着智能纺织技术的迅猛发展，具有温/湿度传感功能的纤维基电子纺织品应运而生。这些先进的纺织品提供了非侵入式且美观舒适的实时监测方法，能够准确、实时地检测人体温度和湿度的变化，在可穿戴电子产品和智能机器人领域得到了广泛的关注和应用。

一、温度传感器

环境温度，作为影响人类生理活动的最关键的环境因素之一，对于维持人体正常生理功能发挥着不可或缺的作用。当环境温度过高或过低时，人体内的热稳态平衡便会受到严重干扰，从而引发一系列生理反应，甚至威胁到生命健康。极端温度条件下，人体会迅速启动多种生理、自主和行为反应，以应对外部环境的变化。这些反应包括皮肤血管的收缩与扩张、汗液的分泌与蒸发、呼吸频率的调整等，旨在维持体内温度的相对稳定。同时，体温作为反映人体健康状况的重要指标，其变化往往能够揭示出诸如发烧、寒冷、低血流量、肌肉疲劳等身体异常状况。因此，准确、实时地监测周围环境及人体温度变化，并进一步地与智能医疗系统相结合，对于疾病预防、健康维护、生活质量提高等多方面具有重要意义。对于高精度的温度测量，最好直接接触人体。然而，传统的刚性温度传感器，如水银温度计和红外温度计等，无法实现与不平整表面的保形接触。因此需要开发具有柔软、灵活、生物相容性、轻质、耐用和无刺激性的温度传感器，以满足可穿戴要求。同时，温度传感器作为监测环境温度的关键工具，其性能的稳定性和准确性直接关系到监测结果的可靠性。所以，温度传感器也需要在灵敏度、精度、响应速度、稳定性等方面不断取得突破，以满足多场景应用下全时长的精准监测需求。

一般来说，柔性温度传感器主要由衬底层、主动传感层和导电电极层构成[10]。衬底层作为柔性温度传感器的直接接触层，不仅承载着整个传感器的主体结构，更是实现传感器可穿戴特性的关键所在。衬底层所采用的材料必须具备出色的柔性、可拉伸性和机械稳定性，以应对实际应用中弯曲、折叠乃至拉伸等复杂形变及外部环境中的物理冲击和摩擦，而不影响其内部结构的稳定性和电性能的连续性。同时，衬底应当具有优异的透气、透湿性能，能够在穿戴过程中进行热湿调节，营造更好的穿戴环境。主动传感层，作为柔性温度传感器中的核心元件，通常由具备显著温度敏感特性的材料组成。当温度发生变化时，这些材料的电阻率会发生明显的变化，或产生热电势的波动，亦或展现其他形式的物理性质改变。这些变化被精准地捕捉并转化为与温度紧密相关的电信号，为后续的温度测量和分析提供了直接且可靠的依据。主动传感层所选用的材料不仅需要具备高度的温度敏感性，还需保证其在不同温度条件下的稳定性与一致性，以确保传感器能够准确、可靠地反映环境温度的变化。导电电极层，作为柔性温度传感器的信号传输模块，承担着与外部电路精确、高效连接的关键任务。为了确保传感器功能性的稳定可靠，导电电极层必须具备一系列的卓越特性。首先，高导电性是导电电极层不可或缺的基础性能，它保证了电极在传输电信号时能够高效、快速地完成电子的传递，减少信号损失和失真，从而快速且准确地反映温度变化。其次，良好的拉伸性也是导电电极层必须具备的重要特性，这能够确保传感器在受到弯曲、拉伸等形变时，电极依然能够保持稳定的电连接，避免因形变导致的信号中断或性能下降。这些直接决定了整个传感器是否具有稳定的电气性能和长时间的耐用性。温度传感器一般可分为热阻式、热敏型、热电偶式和光纤式。

(一) 热阻式

热阻式温度传感器，也被称为热电阻传感器，是一种常见的柔性温度传感器。其工作机理主要基于材料对电阻的温度依赖性。温度变化改变了自由电子的活动能和电子的运动方式，从而改变电阻，通常表现为正相关系数。热阻式传感器具有高精度、线性度和快速响应特性。电阻温度系数（TCR）被定义为分析材料温度敏感性的关键参数，如下式所示：

$$\mathrm{TCR}=\frac{1}{R(T_0)}\frac{R(T)-R(T_0)}{T-T_0} \tag{8-5}$$

式中：$R(T)$ 为温度 T 时的电阻；$R(T_0)$ 为被测样品在温度 T_0 时的初始电阻。

TCR 值越高，表示精度越高。然而，为特定应用设计最合适的热阻式温度传感器设备，不是一个容易的过程。为了提供所需的传感器性能，应从材料、尺寸、精度、配置、耐用性和温度系数等多个方面，进行综合考虑。

（二）热敏式

热敏式温度传感器的工作原理是基于感测层电阻随温度的变化而变化，可分为正温度系（PTC）和负温度系数（NTC）型热敏温度传感器两种。如式（8-6）所示，基于半导体的热敏电阻表现出 NTC 行为。

$$\beta=\frac{\ln R(T_0)/R(T)}{\dfrac{1}{T_0}-\dfrac{1}{T}} \tag{8-6}$$

热指数（温度常数，β）是表示电阻式温度传感器测量能力的一个标准。这个参数也取决于温度和输出公差。β 数值高表示高温稳定。PTC 热敏电阻的阻值与温度呈正响应关系，即阻值随温度的升高而增大。用于 PTC 热敏电阻的主要材料是导电填料，它可以嵌入或涂覆在聚合物中。PTC 热敏电阻的增强需要可控制的导电填料浓度，使聚合物复合材料在渗透状态下发生导电行为。在这种情况下，电荷在填料和基体之间的通道运输，而不与导电填料接触。此外，聚合物复合材料的电阻取决于导电填料的距离。温度升高会导致聚合物基体膨胀，进而使距离增大。

（三）热电偶式

热电偶是一种由两种不同的热电元件（导体、半导体或两者的组合）组成的温度传感器，在塞贝克的热电现象中产生电位差或电压。基于塞贝克效应，当器件顶部结被加热而底部结被冷却时，两个不同导电或半导体材料的结之间会产生温度梯度。随后，在加热端通过吸收热量产生电子-空穴对，电子-空穴对在冷端重新组合并释放热量。由于电子-空穴对的迁移性，两端之间产生塞贝克电压，从而产生电流。

（四）光纤式

光纤温度传感器也是一类具有代表性的温度传感器。这些传感器通常由一段光纤组成，该光纤涂有热敏材料或具有附在上面的温度敏感元件。热梯度导致光纤的光学特性发生变化，从而反映出温度的变化。根据测温原理，光纤传感器可分为黑体辐射传感器、荧光传感器、干涉传感器、光纤布拉格光栅传感器（FBG）和分布式温度传感器（DTS）。光纤温度传感器与传统温度传感器相比，具有精度高、响应时间快、抗电磁干扰等优点，可广泛应用于航空航天、汽车和医疗监测等领域。

目前大多数柔性温度传感器都是在薄膜衬底上构建的，如 PDMS 和 PET。这些材料致密紧实、透气性差，当长时间附着在人体皮肤上时，可能导致汗液积聚，甚至在极端情况下引起人体不良反应，如瘙痒、炎症等，在很大程度上阻碍了其在智能可穿戴设备上的发展。纤维材料由于其本征轻质、柔软、透气、结构可控的优越特性，在可穿戴传感领域受到了广泛的关注。此外，通过涂层、沉积、结构转变、印刷、纺丝和组装等策略对纤维材料进行改性处理，还可赋予其抗菌、导电、拒水、阻燃、防紫外线等多种功能。这极大地拓宽了纤维基柔性温度传感器的应用领域。温度敏感纤维的感温材料包括金属（银、铜和铂等）、碳基材料[碳纳米管、氧化石墨烯（GO）和 rGO 等]和导电聚合物[聚（3，4-乙烯二氧噻吩）-聚（苯乙烯磺酸盐）（PEDOT：PSS）、聚苯胺（PANI）等]。Fan 等采用湿法纺丝技术与浸渍技术相结合，一步制得一种具有皮芯结构的 PU/石墨烯封装 PEDOT：PSS 温敏复合纤维。这种纤维具有优异的力学性能，可以将其与棉纱编织在一起，形成对温度敏感的织物，放置在腋下位置，可以实现日常活动中的实时体温监测，而且通过蓝牙无线传输，可以将信息传递给相关人员或监护人（图 8-4）。该功能纤维制备的温度传

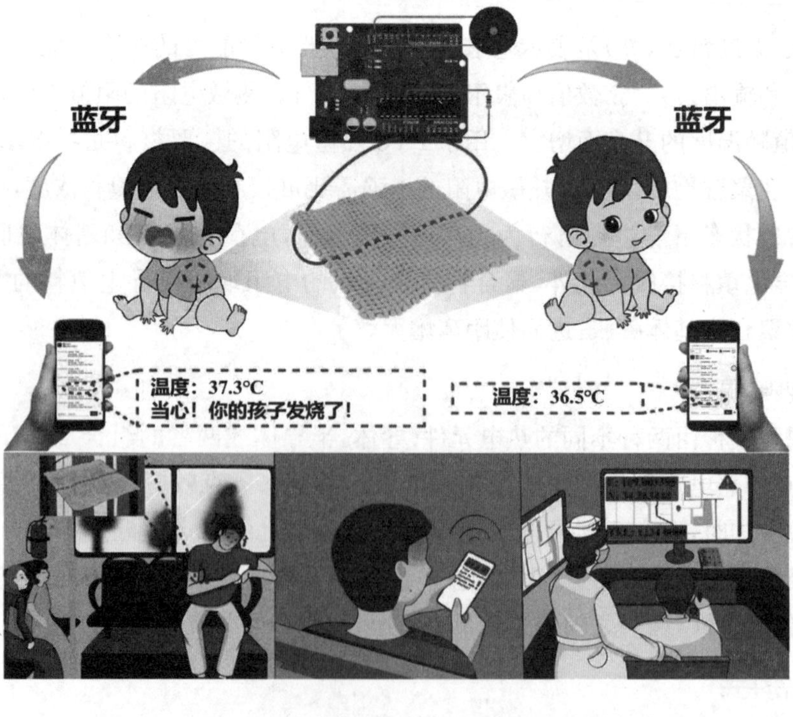

图 8-4　温度传感器在多场景中的应用

感器在各种场景具有潜在的优势，包括温度检测和COVID-19等流行病的疾病预防。此外，它还可以用于长跑运动员和从事特定职业的工人，如海底工人，监测他们的体温，以确保他们的安全和健康。

目前，虽然柔性温度传感器已经取得许多研究成果，但其稳定性和灵敏度需进一步提高。多组分复合、新型材料研发、特殊结构设计等策略，对新型高性能柔性温度传感器的研发具有战略意义。此外，单一工作模式的传感器已经很难满足复杂环境下多种测试参数的要求。因此，亟待开发多模传感器，用于多种刺激，如心跳、脉搏、湿度等的同时监测。同时，应当取代传统的外部电源和电路，以自供电器件收集自然界乃至人体的能量，并转化为电能，支撑传感器的长时间运行。总之，要想实现柔性温度传感器的广泛应用，未来还有很多难点需要攻克。

二、湿度传感器

湿度检测已逐渐成为日常生活中至关重要的环境感知因素之一。湿度表示空气或其他气体中水蒸气的含量，而相对湿度作为表征湿度常用的参数，其数值的大小不仅与人体的舒适度、健康状况乃至生命特征具有直接关联，还对产品培育、食品储存、材料开发、生物研究等新兴领域有重要影响。为了实现RH的精准检测和控制，研究人员研制了能够将水的相对分子质量转化为便于处理、显示、记录的电信号的湿度传感器。基于不同的工作机理，有电阻式、电容式、阻抗式、石英晶体微天平（QCM）、场效应晶体管（FET）、表面声波（SAW）、兰姆波和光纤（OF）等类型的湿度传感器。

（一）电阻式湿度传感器

在各种湿度传感器中，基于直流（DC）模式的电阻式湿度传感器因其测量方法简单、稳定而受到广泛的研究。电阻的变化主要由水分子在器件表面的吸附和解吸引起。此外，热能可激活稳定水层中的移动载流子，因此温度因素也需要考虑在内。其电阻（R_{sensor}）可表示如下：

$$R_{sensor}=R_0 e^{\alpha(\Phi-\Phi_0)}-R_t e^{\beta(t-t_0)} \tag{8-7}$$

其中：R_0 为起始电阻；α 为湿度常数；R_t 为起始电阻；β 为温度常数。

湿度传感器电阻与环境相对湿度（RH）和环境温度（t）之间，呈现指数函数关系。

根据载流子的不同，电阻传感材料可分为电子导电性和离子导电性。电子导电材料具有很强的产生电子和空穴对的能力。自由电子在外加电场中的迁移随后形成稳定的电流。在质子跳跃过程中，基于Grotthuss机制，液态氢是与电子导电性相关的主要载流子。对于离子导电材料，电导率取决于分布在聚合物中的液体电解质。液体电解质是一种导电化合物，可以在水溶液或熔融状态下产生自由离子。与电子导电材料的载流子是自由电子不同，离子导电材料的电流是由电离的阳离子和阴离子感应产生的。

（二）电容式湿度传感器

电容式湿度传感器是另一个典型的类别，与电阻式湿度传感器具有相同的基本机制。不同之处在于，电容式湿度传感器是基于介电常数的变化检测湿度的，其电容（C_{sensor}）的计算公式如下：

$$C_{sensor}=\frac{\varepsilon_e S}{4\pi kd} \tag{8-8}$$

其中：S 为电极面积；d 为介质厚度；ε_e 为介质的介电常数；k 为静电力常数。

当 S 和 d 固定时，C_{sensor} 与 ε_e 成正比。由于水的介电常数高达 78.36 F/m，大大高于湿敏材料，当水分子进入介质层时，介质的介电常数增大。因此，湿度传感器的电容值会随着湿度变化而变化。

此外，电容式湿度传感器的湿度响应可通过以下公式计算：

$$Sc=\frac{C_{max}-C_0}{RH_{max}-RH_0}\times 100\% \tag{8-9}$$

式中：Sc 为相对饱和度；C_{max} 为最高 RH 时的电容；C_0 为初始 RH 时的电容。

由于湿度与传感材料的介电常数（ε）密切相关，因此这种介电层的设计具有重要意义。通常，该传感器由两个电极和一个中间传感层组成。

（三）阻抗式湿度传感器

传感器阻抗输出与相对湿度和频率高度相关。原则上，阻抗随相对湿度和工作频率的增加而逐渐减小。阻抗曲线在较大频率处趋于变粗，表明阻抗与 RH 无关。这是由于水分子的极化很难赶上电场在更高频率下的快速变化导致的。一般情况下，湿度灵敏度在频率较低时表现较好。因此，阻抗式湿度传感器要应用于实际监测，寻找最佳工作频率是非常重要的。

（四）石英晶体微天平湿度传感器

QCM 传感器是一种高分辨率、低成本、高灵敏度、高精度（可达纳克级）的声学传感器，主要由石英晶体板、金属电极、支架和引线组成，谐振频率一般为 4～15 MHz。它适用于湿度检测，遵循质量灵敏度原理，满足 Sauerbrey 方程：

$$\Delta f=-2.26\times 10^{-6}\frac{f_0^2}{A}\Delta m \tag{8-10}$$

式中：Δf 为频率偏移量，Hz；f_0 为 QCM 空载时的共振频率，Hz；Δm 为膜在晶体表面吸附的质量，g；A 为电极在晶体表面的面积，cm^2。

（五）场效应晶体管湿度传感器

FET 是一种利用场效应控制电流的半导体器件，它由源极、漏极、栅极、电介质和槽型材料组成，具有制造工艺简单、体积小、成本低等优点。FET 型湿度传感器的传感机理是传感材料做功函数的变化。水分子在 FET 传感器表面产生偶极子，改变了敏感材料的功函数。

（六）表面声波湿度传感器

SAW 传感器主要由数字间换能器、压电衬底和敏感区组成，具有体积小、抗干声、频率稳定、功耗低等优点。基于 SAW 的湿度传感器利用声表面波在传感表面层上的传播特性来预测湿度。声表面波是一种沿着介质表面传播的弹性波，其振幅随离表面的深度增加而迅速衰减，受传感表面层上水分子的吸收影响。声速的变化会导致频率响应出现正频移或负频移，这分别与质量载荷、弹性载荷和电载荷（电导率）参数有关。

（七）光纤湿度传感器

光纤湿度传感器具有灵敏度高、损耗低、体积小、抗电磁干扰能力强等优点，与电子湿度传感器相比，更适合于易燃易爆或强电磁干扰的工作。光纤湿度传感器主要是通过在光纤传感结构表面涂覆湿度敏感材料来实现湿度监测。在吸附和解吸水分子的过程中，材料的有效折射率发生变化，影响光的传播。光纤湿度传感器通过测量光信号的幅度、波长和相位参数来检测湿度。

原则上，大多数柔性湿度传感器的基本机理可以用 Grotthuss 链式反应解释，通常将其简化为质子跳跃过程（$H_2O+H_3O^+ \rightleftharpoons H_3O^+ + H_2O$），即在一定 RH 下活性物质之间的动态电荷转移过程。湿度敏感层对水分的吸附会导致湿度传感器电信号强度的变化。通常，水分子的吸收过程可分为两个步骤：首先，第一层水分子通过与羟基或表面缺陷形成化学键，吸附在活性材料表面；其次，当 RH 增加时，通过物理吸附在敏感膜上形成更多层的水分子。由于水分子在静电场中容易电离，水合氢离子自发产生并在相邻的水分子间转移。这极大地方便了载体的转移，从而改变湿度传感器的输出信号。

柔性湿度传感器通常由衬底上的数字间电极、敏感层和保护层集成而成。不同的参数，如电阻、电容、阻抗、电压等，可以记录为相对湿度水平的函数。其中，活性材料是构建湿度传感器件的核心部分，其特性直接影响着传感器的灵敏度，响应速度及稳定性等关键性能。近年来，随着纳米科学技术的快速发展，大量的低维、超分子工程材料因其高表面体积比和表面敏感特性而在柔性湿度传感器的活性材料中脱颖而出，包括 0D 系统（如金纳米颗粒）、1D 系统（小分子和聚合物）和 2D 系统（金属有机框架/共价有机框架、石墨烯和相关材料），它们可以与特定受体功能化，从而成为理想的传感组件，更好地集成到柔性传感设备中。虽然这些材料作为湿度传感器有许多潜在用途，但基于单一活性材料的柔性湿度传感器，不可避免地存在灵敏度较低、生物相容性差、响应恢复时间长、滞后性高等缺点，阻碍了其在更多场景中的使用。因此，亟需探索提升活性材料性能的可行方法。其中，通过对材料化学掺杂/改性处理、特殊结构设计及与焦耳加热的有效结合，是非常好的策略。

Lin 等展示了一种高性能的 RH 传感器，其是通过将分子筛咪唑酸框架－90（ZIF-

90)衍生的多孔氧化锌(ZnO)负载到光学微光纤 Sagnac 干涉仪(OMSI)上制成的。实验结果表明,在 500 ℃条件下制备的多孔 ZnO 光纤传感器具有最佳的湿度传感性能。此外,Z500-OMSI 传感器的信号随不同呼吸模式的变化而变化,表明人体呼吸监测的可能性(图 8-5)。该研究为 RH 监测提供了一个可靠的候选系统,在医学诊断、工业生产、环境检测和人体健康监测等方面具有潜在的应用前景。

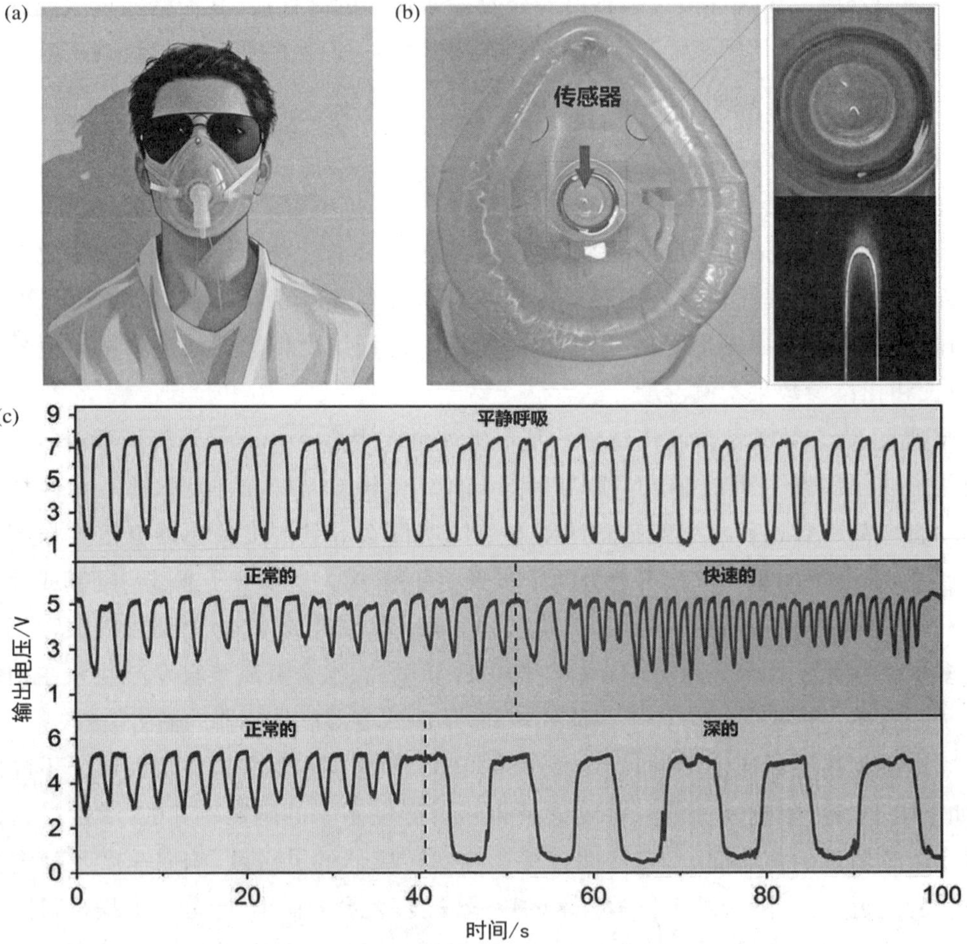

图 8-5　柔性湿度传感器的典型案例

(a) Z500-OMSI 传感器集成到面罩上,用于实时人体呼吸监测的照片;
(b) 掩模的反面和微纤维的放大图像;
(c) 呼吸时输出电压的实时变化

虽然在制造高灵敏、快响应/恢复速度、强稳定性纺织品湿度传感器方面已取得一定的进展,但仍存在重大挑战。水分-材料相互作用的非共价性质需要充分利用以保证快速响应和信号恢复。材料的特殊分子设计也可用来确保高选择性的实现,以推进下一代传感材料的发展。在不同的工作原理中,电传感设备(包括电阻式、阻抗式和压阻式)由于制造方法与工业实践兼容、低成本、适应不同类型电路等优点,在湿度传感市场占据了主导地位。除此之外，光学传感器的发展也显示出巨大的潜力，是一个亟待深入探索的新兴领域。当下，几何形状、电极配置、材料厚度和衬底亲疏水性等因素已被证明是实现高性能湿度传感器制备的关键。但根据最近的发展趋势，关注的重点不再局限于新材料的制造，而是拓宽到传感器在灵活性、可降解性和耐用性方面的进步。随着基材材料、功能油墨和工艺技术的进一步发展，具有高灵敏度和宽响应范围的柔性湿度传感器将成为研究的热点。传感元件具备的可弯曲或拉伸性能，是其在可穿戴领域的核心竞争力。随着可穿戴传感器的发展，实时健康监测功能将逐渐成为用于疾病早期预防、诊断和治疗的重要手段。用于制造柔性湿度传感器的典型工艺技术，已经充分利用喷涂和卷对卷制造技术的优势，显著缩短了生产周期，并降低了生产成本。另一方面，与传统的材料相比，新型材料的纳米结构展现出的多功能和多响应特性，为开发具有多功能性的设备提供了关键性的优势。此外，理论研究与计算模拟的有效结合也为下一代更为合理的高性能湿度传感器的设计提供了强有力的支持。

第四节 汗液传感器

近年来，可穿戴电子设备发展迅速，可以准确测量心率、体温、血压等生命体征。然而，这些生物物理参数缺乏关于人体动态生化和代谢过程的直接信息。生物体液（如汗液、眼泪、唾液或组织液）由于易采样而成为分析物，能够揭示人体更深层次的生物分子状态，在提供连续、实时生理信息方面表现出巨大潜力。与其他生物体液相比，汗液富含可以反映身体生理信息的分析物，并且与血液水平密切相关而受到广泛关注。可穿戴式汗液监测平台可以在汗液产生的部位进行汗液收集和分析，进而实现自主、连续、实时的传感功能，对于监测人体生理健康状况和诊断疾病具有重要意义。

一、汗液传感器的分类

大多数可穿戴式汗液传感器都基于光学和电化学检测机制（图 8-6）。

（一）光学传感器

光学传感器通常通过监测吸光度（比色法）、发射（荧光或发光）或散射（等离子体）来检测生物标志物。这些光学传感器通常与微流控平台相结合，用于长时间、连续的汗液监测。

基于比色传感的可穿戴式汗液传感器具有结构简单、成本低等优点。此外，它在检测过程中不消耗电能，使得构建无电源的可穿戴汗液传感设备成为可能。在可穿戴比色传感器中，目标分析物和比色底物之间的化学反应产生的产物引起光波长或强度的可量化变化，导致比色试剂中发生可见的颜色变化。人们可根据产生的颜色反应对目标分析

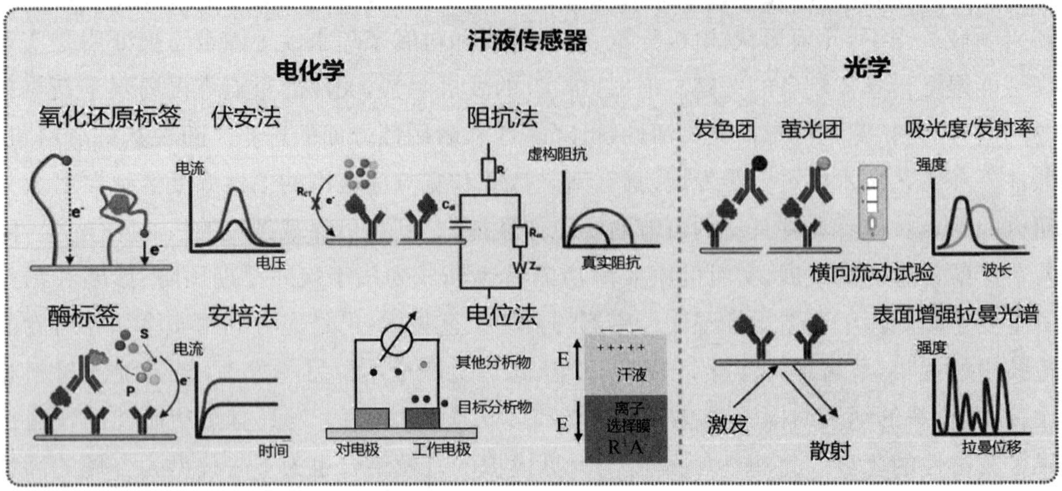

图 8-6　基于光学和电化学检测机制的汗液传感器

物进行定量分析。根据刺激机制的不同，显色试剂的变色过程可分为电致变色（用于酶促反应中的电子转导）、离子致变色（用于靶离子检测）或盐致变色（用于 pH 值感应）。荧光成像也是可穿戴光学传感器领域的一种有效手段。荧光传感器主要利用目标分析物引起纳米材料荧光强度或激发发射峰位置的变化，对目标分析物进行定性和定量分析。在荧光传感的光学图像采集过程中，为了确保采集结果的准确性和可靠性，可以采用一种优化方法，以最小化环境光强度对图像质量的影响。具体而言，可以定制一个暗箱，并在其中嵌入一个稳定的光源，在相同光源照明下捕获比色图像，可以有效减轻环境光变化的影响，这已被研究人员广泛应用于环境检测和药物分析等领域。此外，还有一些可穿戴光学传感器采用了等离子体检测，如表面增强拉曼光谱（SERS）。SERS 是一种基于拉曼光谱的监测方法，利用电磁场和等离子体金属纳米结构来增强信号。在 SERS 中，需要纳米级的粗糙金属表面和激光源。激光激发纳米表面将激发高度局域化的表面等离子体。当目标分子被金属表面吸收后，可以观察到拉曼信号的增强。

可穿戴式比色传感器的一个关键缺点是，在特定分析物的检测过程中，颜色变化一旦发生便无法恢复，因此很难区分汗液分析物的动态。一种解决方案是使用被动毛细管爆破阀，它将时间和空间上的测量分离到一系列反应室中，进行连续的比色分析。该传感器的另一个挑战是定量准确性，因为照明条件不受控制和不可预测及图像失真，检测结果的准确性受到干扰。此外，可穿戴荧光传感器需要额外的光源和光学附件才能获取荧光，在长期佩戴过程中，对功率的要求很高。基于荧光的传感器还会受到太阳光等环境光的影响，并且需要不透光的外壳来检索准确的荧光信号。对于可穿戴式等离子体传感器，分析物的检测依赖于外部 SERS 设备，不适合日常佩戴和长期监测。

(二)电化学传感器

1. 电化学电位传感器

电位测定法一般指开路电位(OCP)试验,其中分析物的浓度通过双电极系统中测试工作电极和参比电极之间的电位差表示。这种电化学传感器由一个用目标敏感成分修饰的传感电极和一个在不同溶液(如汗液)中保持稳定电位的参比电极组成。大多数可穿戴电位传感器都是基于离子选择电极(ISEs),它使用一种无损测量方法,将离子信号转换为电位。测得的电位信号遵循著名的能斯特方程:

$$E = E_0 + \frac{RT}{nF}\ln a_I \tag{8-11}$$

式中:E 为电池电动势;E_0 为 $a_I=1$ 时的电池标准电动势;R 为通用气体常数;T 为热力学温度;n 为参与电子数;F 为法拉第常数;a_I 为反应中各反应物和各生成物的离子活度商。

ISEs 具有成本低、操作简单、测量可靠、连续等优点,已广泛应用于金属、药物、有机物质等的检测。

ISEs 的典型结构由夹层结构组成,包括电子导电电极衬底、离子-电子转导层和离子选择膜(ISM)层。研究人员研究了多种固体接触 ISE 材料作为离子-电子换能器,主要分为两类:使用电活性材料的氧化还原电容和使用纳米材料的双层电容。ISMs 通常包含离子载体、亲脂性阴离子位点和聚合物基质及其增塑剂。为了提高离子-电子转导效率,人们提出许多不同尺寸的纳米材料来最大化界面接触面积,包括球形碳富勒烯、碳纳米管(CNTs)、石墨烯、金属纳米颗粒、金属-有机框架(MOF)等。

尽管可穿戴式电位传感器取得了重大进展,但为了满足实际的可穿戴应用,许多限制仍未得到解决。ISE 电位的稳定性取决于化学稳定性和可逆跃迁。ISM 中的离子载体和离子交换器在长期运行中发生化学浸出,或 ISM/导电基板界面上的水的形成,这都可能导致其功能的失效。因此,为 ISM 基质选择高度疏水性和低吸水性的材料至关重要,这可以保证衬底和 ISM 之间获得有效的机械黏附,从而形成一个保护良好的离子-电子转导层,以实现稳定和长期的运行。

2. 电化学安培传感器

可穿戴式安培传感器在恒定的施加电位下,测量从目标衬底到产品过程中氧化还原反应的电流信号。这种电化学传感器通常由三个电极组成:固定目标敏感元件的工作电极(WE)、形成封闭电路的对电极(CE)和一个具有稳定电位的参比电极(RE)。

常见的安培传感器是酶传感器,根据直接/间接检测和电子传递机制的不同,酶传感器分为三代。第一代酶传感是一种间接监测方法,氧化酶反应依赖于氧作为电子受体的使用。一旦溶液中的氧浓度波动,就会出现读数错误。为了消除对氧的依赖,第二代酶传感器用合成的介质代替氧作为电子受体,将电子从葡萄糖氧化酶传送到电极上。一种代表性的介质是普鲁士蓝(PB),由于其在 O_2 存在条件下对 H_2O_2 还原的高电催化活性(相对于传统电极,如铂)以及其在 0 V 左右的低氧化还原电位而被广泛采用。第三代酶传感器不含介质,可以在酶和电极之间直接进行电子转移,从而减少了介质变质的影响。这通常是通过使用 CNTs 和 MOF 等纳米材料实现的。许多可穿戴酶传感器已经被用于不同的可穿戴应用,如监测汗液中的天然代谢物、食物和药物的摄入量以及潜在的环境危害等,并且可穿戴式安培传感器可以与可穿戴式电位传感器组合,实现代谢物和电解质的同时监测。

3. 直接电氧化传感器

除了计时电位法和计时安培法之外,方波伏安法(SWV)、差分脉冲伏安法(DPV)、循环伏安法(CV)等电化学技术也已开发出来。CV 是常见的一种伏安法,一般通过靶向氧化酶(葡萄糖氧化酶、乳酸氧化酶)选择性地监测生物标志物,如多巴胺、尿酸、葡萄糖、乳酸等。其中,在常规伏安法上增加小幅度方波电压以消除充电电流称为 SWV;当方波进一步改变为更小宽度的脉冲时,称为 DPV。SWV 和 DPV 都是检测电活性材料的常用方法。与安培配置类似,基于 DPV/SWV 的传感涉及一个三电极系统,包括具有高材料稳定性和高表面积的工作电极、形成闭合电路的对电极和具有稳定电位的参比电极。该方法对电极制造的工艺和选择性要求不高,即使电极仅使用碳或金等碱性材料,也可以从氧化还原峰对应电位的位置确定待测物质。目前,直接氧化法已广泛应用于汗液中电活性分子,药物摄入和重金属的监测。然而尽管直接氧化法在检测汗液中低浓度电活性分析物方面取得了重大进展,但持续可穿戴监测实践仍存在一些挑战。DPV 和许多直接氧化法都需要较长的扫描周期才能获得可靠的定量结果。因此,与电位法和安培法相比,这种方法的效率和连续性较差。此外,复杂生物流体中存在许多干扰分析物,如色氨酸和酪氨酸,具有重叠峰的相似氧化还原电位,这可能会极大程度上影响该类传感器的选择性。因此,在处理汗液分析时,开发峰分离算法或新的电化学技术至关重要。

二、汗液传感系统的集成

对于可穿戴电化学汗液传感器集成系统,通常涉及汗液的诱导与采集、分析、无线数据采集、传输与显示以及可持续自供电等方面。

(一) 汗液的诱导与采集

出汗可以通过各种方式产生,如热刺激、运动、自然分泌和离子导入。热刺激和运动引起的出汗具有较高的出汗率,但需要对受试者的身体状况和测试环境施加约束。另一方面,自然分泌的汗液,也被称为“背景汗液”,发生在日常活动中,其出汗率较低,大约比运动出汗低 10 倍,这限制了监测的长期连续性。近来,通过离子导入刺激局部出汗的技术已经得到成熟的发展。这种方法使用一种含匹罗卡品的凝胶,并对其施加电压。在此电压下,匹罗卡品能够诱导局部汗液分泌。它可以根据需要获取汗液,同时方便无法通过运动增加汗液量的人群，如患者、婴儿和老年人等。但值得注意的是，汗液的成分可能因汗液诱导方法而异。

当汗水到达皮肤表面时，汗水的采集对于实现可靠的传感至关重要。利用吸汗材料直接收集汗液，并将汗液输送到传感器，方便且适应不同的设备，但汗液和污染物的混合往往会影响传感数值的准确性。微流控系统将汗液储存在储液器中，并通过微流控通道进行转移，可以实现连续监测，并从根源上降低污染风险。但可惜的是，该体系不能控制汗水流速和流动的方向。并且由于在转移之前需要储存大量汗水，因此会出现滞后问题。被动和主动流体驱动方法（即阀门系统）的提出以及超疏水/超亲水材料的灵活应用可有效解决以上两大问题，但仍不可避免地存在一些限制。例如阀门需要复杂的结构或外部控制来驱动，较为繁琐。而传统的塑料薄膜或有机硅虽然为流体取样提供了出色的设计，但这些材料通常以单片附着在皮肤上，缺乏透气性，无法长时间应用。并且当通道方向与水平面垂直时，重力可能会对通道内的汗液流动造成影响。为此，一些新颖的策略已被提出。基于纸张的微流体器件无需外部泵送，利用毛细力便可使流体流动，并且由于纤维网络具有优越的透气性，为气泡的消除提供了便利。通过在通道和腔内合理地放置滤纸，可实现腔内的连续填充，并表现出优异的排芯性能和最小的回流。进一步地，该纸还可以与水凝胶相结合，将渗透泵和毛细管抽芯作用结合到同一采样方案中。含有高浓度渗透剂溶液的水凝胶会产生化学梯度，推动渗透作用，并帮助汗液直接进入系统，使得汗液沿着纸条流向蒸发垫。随着汗液从纸垫中蒸发，毛细作用会继续驱动液体流动。然而，当水凝胶渗透压随时间变化时，流体流动性会逐渐退化。并且许多纸质微流体与皮肤直接接触，在汗液取样过程中也存在污染风险。另一方面，是对现有的 PDMS 材料进行改性处理。PDMS 本质上是疏水的，但它的表面亲水性可以通过等离子体处理、表面涂层、亲水性聚合物的混合或表面微观结构进行调节。然而，PDMS 与亲水性聚合物之间的相分离导致其长期稳定性差，并且处理后的 PDMS 仍存在成本问题。值得一提的是一种超亲水性两性离子聚合物表面被设计，以增加 PDMS 的亲水性和润湿性，并用于解决以上问题。此外，Janus 层（具有不对称润湿性的界面：一面超疏水，另一面亲水）可以在重力作用下实现液体从一侧到另一侧的定向运输。疏水层和亲水层的厚度和孔径适当时，水可以从疏水侧渗透到亲水侧，而不能从反方向渗透。

为了实现有效的汗液感应，应考虑评估合适的汗液感应和采样方案。通过选择最优的汗液诱导方法，可以根据期望的汗液刷新率、传感器响应时间和检测时间框架，缩小可行的汗液采样材料和方法范围。随着微/纳米技术的不断进步和人们对汗液生理的不断了解，可以预期未来汗液诱导和取样装置的改进可以实现。

（二）汗液分析

各种电化学测量技术已被用于量化汗液中的生物标志物水平。安培测量通常与酶促电极配对，用于检测汗液中的代谢物，如葡萄糖和乳酸，而伏安测量通常用于直接检测氧化还原活性生物标志物，如尿酸和酪氨酸等。通常，使用两个低输入偏置运算放大器（运放）来构建恒电位器电路，以尽量减少流入不希望参考电极的电流。控制放大器利用数模转换器（DAC）产生的电压使基准电极相对于工作电极偏置，跨阻放大器（TIA）将流过计数器和工作电极的合成电流转换成由模数转换器（ADC）获取的电位。恒定电位在参考电极和工作电极上应用于安培测量，而各种频率的动态电位波形应用于伏安测量。通常，伏安技术的电压扫描速率对于 DPV 可达 50 mV/s，对于 CV 可达 500 mV/s，对于 SWV 可达 5 V/s，对于 FSCV 可达 500 V/s。因此，虽然安培测量可以使用低带宽运算放大器和较长的 ADC 测量间隔来实现低功耗，但使用更高频率信号的伏安测量需要更高带宽的运算放大器和较短的 ADC 测量间隔，这与增加的功耗相关。

阻抗测量通常用于汗液速率和汗液离子强度传感器。与恒电位电路一样，阻抗测量电路在传感器电极上施加交流电压信号，然后测量产生的电流波形，以计算阻抗的幅度和相位角。然而，阻抗测量可能需要处理频率高达 200 kHz 的交流信号，因此需要具有更高带宽和复杂性的电路，以及快速和频繁的 ADC 转换。此外，由于难以传输大量由此产生的 ADC 数据，阻抗测量电路通常采用离散傅立叶变换（DFT）引擎来进行基于硬件的阻抗数据处理。

开路电位法（OCPT）具有简单、低功耗等优点，是可穿戴式汗液传感器中最常用的电化学技术之一，通常用于选择性检测汗液中的电解质。OCPT 需要一个高阻抗电压表来测量参比电极和工作电极（ISE）之间的电位。由于电位传感器的源阻抗可能很高，它们必须与高输入阻抗电压缓冲器接口，以尽量减少通过电极的电流。通常，缓冲参考电压设置参考电极的电势，然后使用仪表放大器缓冲和放大参考电极和工作电极之间的电位差，然后由 ADC 获取该电势。对于汗液电解质测量，传感器响应通常是稳定的，因此低带宽仪表放大器和长 ADC 测量间隔可以满足连续监测的要求，从而实现低功耗和小占地的仪表。对于需要同时进行电位测量和安培测量的多路复用传感器，来自恒电位器电路的控制放大器可以共享，以对共享参考电极和对电极进行偏置。

（三）能量供给

市场上的传感设备主要由锂离子或碱性电池供电，但其刚性、笨重的特性极大地阻碍了其可穿戴特性，并且锂电池通常含有有毒的重金属和易燃的电解质，会造成潜在的安全隐患和处理负担。因此，从长远来看，设计出具有生物相容性和可持续性的动力系统，是至关重要的。由能量收集模块和能量存储模块组成的可穿戴电源系统具有灵活、可拉伸、可清洗和可持续发展的特点，备受追捧。这些创新不仅为可穿戴传感器的日常用户提供便利，而且可以在传统设备无法充电的紧急或军事场景中发挥重要作用。在人体和环境中存在着丰富的能量，如来自汗液生物燃料的生化能量、来自身体的热量或运动的动能以及来自太阳或人造光的太阳能，都可以被收集并转化为电能，为可穿戴设备提供动力。对于可穿戴式传感应用，开发紧凑和保形的能量收集模块是必不可少的，这些模块可以舒适地佩戴，同时为电子数据采集和无线通信提供足够的功率。各种能量收集模块，如生物燃料电池（BFCs）、TENGs、PENGs 和光伏电池（PV）等，已被报道用于为可穿戴式汗液传感器供电。

三、纺织基汗液传感器

近年来，纺织品基传感器的研究报道层出不穷，展现出迅猛的发展势头。纺织品，无论是由天然纤维还是人造纤维制成的，都具备透气性、耐用性、可持续性和灵活性等优势，可与汗液传感器无缝集成，不会对日常生活造成负面影响。与传统导体材料相比，可穿戴纺织品基汗液传感器凭借其出色的柔韧性、轻盈以及低廉的成本脱颖而出。

纺织品表面的毛细效应高，有利于汗液的吸收，能够直接作为汗液的输送通道。此外，对柔性衬底材料的特定位置进行选择性的超疏水和超亲水处理，可以实现有针对性的汗液取样和定向输送。此外，Janus 面料具有两个表面，一面亲水，另一面疏水，并且表现出优异的透气性和透汗性。在穿着过程中，Janus 织物的亲水一面通常是向外的，而疏水一面直接与皮肤接触。通过利用两种织物表面在润湿性能上的显著差异，也可以有效地将皮肤表面的汗液以不可逆的方式从疏水侧转移到亲水侧。此外，光刻等新兴技术也可用于在织物上创建与疏水区域穿插的图案亲水通道，从而产生适合定向汗输送的图案亲水通道。

另一方面，基于纺织品的高孔隙度，有利于固定化生物传感器的活性材料，如生物受体（例如酶、仿生酶和抗体等），因此也可以作为传感元件。进一步地，研究者将多功能光纤传感器集成到具有编程功能的印刷电路板中，构建了无线连续汗液监测系统。这种利用信号采集和通信单元的精密集成设计有望促进个性化诊断和生理健康的实际应用。

目前，基于纺织品的汗液传感器的研究已经取得显著的进展，在材料科学、生物医学工程及人机交互等多个领域展现出广阔的应用前景，但仍然面临诸多挑战与亟需突破的瓶颈，如：目前的排汗技术在排汗量和排汗时间上仍然存在较大的人际差异或不足；现有传感器的灵敏度、选择性和稳定性有所欠缺；汗液生物标志物的确切分配机制和血液相关性尚未明确；多模态、多参数、无线的可穿戴汗液传感器的抗干扰集成和信号识别技术存在不足等。因此，需要科研工作者们不断攻坚克难，提出创新性的解决策略，以促进汗液传感器在现实应用中的普及。

第五节　多模态传感器

随着物联网、人工智能等技术的快速发展，对于环境感知和信息处理的能力要求日益增强。单一模态的传感器往往存在局限性，如易受环境干扰、灵敏度和测试范围不足等。多模态传感器通过集成多种感知模态，如视觉、听觉、触觉、味觉以及嗅觉等，模拟生物体感知器官对多源信息的精准捕获与处理，可实现多种感官的同时交互。通过将不同模态的信息进行融合，多模态传感器能够为我们提供更为全面、立体的环境感知。特别是纺织基多模传感器，具有高度的灵活性、可拓展性和可定制性，能够满足不同应用场景的需求。因此，深入研究多模态传感器的设计原理、优化方法以及应用场景，对于推动传感技术的发展和智能化应用的进步具有重要意义。未来，随着技术的不断进步和应用场景的不断拓展，多模态传感器有望在更多领域发挥重要作用，为人类创造更加智能、便捷的生活。

一、纺织基多模态传感器

为了获取更为详尽的环境与生理数据，研究人员致力于模拟人体皮肤的感知系统，通过集成不同功能的器件，制备出具有对多种刺激响应能力的多模态传感器，旨在提升感知系统的综合性能，从而实现对环境和生理信息的全面捕捉与分析。

一方面，将具有不同传感机制的同类别传感器件进行整合，制备多模态传感器，是进一步提高和丰富传感性能的一种策略。例如，Zhu 等提出一种多模态自供电电子皮肤的制备方法。采用静电纺丝法制备多壁碳纳米管/聚偏氟乙烯纳米纤维膜（MWCNTs/PVDF NFM），用作压电层，并利用荷叶作为模板构建摩擦电层，将 PDMS 预聚物和交联剂制备的均相溶液沉积在荷叶表面，然后清洗干燥，以备将来使用。上述两个传感层最终与电极和衬底垂直集成到电子皮肤中，如图 8-7(a)所示。由于摩擦电传感器和压电传感器具有互补效应，可以响应整个接触、分离、变形和恢复过程，可用于接触式和非接触式应用，如监测人体脉搏、呼吸、声带振动等。此外，基于电化学的多模态传感器可以同时检测汗液中的多种生物标志物，如葡萄糖、酒精、咖啡因、乳酸等，以期更全面地了解用户的健康状况。

同时，压力、应变、温度、湿度以及电化学等不同类别传感器之间的灵活组合也可很好的拓展电子器件的应用领域。例如，将血压和心率的生命体征传感已经成功地与包括乳酸、酒精、葡萄糖和咖啡因在内的生化传感器相结合，显著地促进了医疗领域的进步。心电图以其在心血管健康方面的应用而闻名，而乳酸可以作为身体疲惫的指标。将这两条信息结合到一个设备中，可以让健康专业人员同时了解来自乳酸的组织氧合情况和来自测量心率的运动情况。此外，人体及周围环境温湿度的监测也具有重要意义。Wang 等以掺杂氧化锌纳米颗粒的压电聚偏氟乙烯纳米纤维膜（PVDF/ZnO NFM）为感压层，以局部石墨结构的热阻碳纳米纤维（CNF）为感温层，制备了一体化自供电电子皮肤。结果表明，电子皮肤能够同时准确感知压力和温度的变化，并做出快速响应，实现环境温度检测、触觉空间映射等功能，如图 8-7(b)所示。Wang 等还构建了一种自供电柔性湿度传感装置。采用常压化学气相沉积（APCVD）技术在聚对苯二甲酸乙二醇酯（PET）衬底上沉积了单层二硒化钼（$MoSe_2$）。得益于压电效应，该组件可以收集身体不同部位产生的能量并将其转化为电能，这种多模态传感系统可以同时检测人体的机械运动、皮肤湿度和环境湿度。值得一提的是，温湿度是影响传感准确性的重要因素。多模态传感器能够自校准可穿戴设备上的其他传感器，从而使整个可穿戴系统更加精确。例如，目前大多数汗液传感器依赖于酶的传感，这可能受到操作温度的影响。因此，汗液传感器与温度传感器集成，可以起到双重作用，既可以测量皮肤温度、用于诊断，也可以校准传感器读数。

图 8-7 代表性纺织基多模态传感器

(a) 混合电子皮肤的单体结构；(b) 压力和温度传感用双模纺织品原理

二、多模态传感器的开发

纺织品已被用于集成各种可穿戴式的功能电子元件。与传统的刚性材料相比，基于纺织品的集成电子系统包含离散的电子元件，可以避免在身体上附着大型和刚性的电路，有效地提高了器件的穿戴舒适性。此外，将分散的组件以更高的集成度组装到纺织品上，可以在集成电子设备和身体之间提供良好的接触，确保精确的传感数据与最小的噪音或漂移。基于纺织品的典型多模态可穿戴电子系统主要包括几个功能部件，如具有导电互连的纺织基板、传感器、执行器、能源供应单元、数据处理单元、传输和通信单元以及数据分析模块等。

(一) 纤维器件的装配和连接

集成可穿戴系统的设计涉及将包含功能电子元件的电子纤维、纱线或织物组装到纺织系统中。纤维装置可以通过各种技术组装成纺织品，例如编织、刺绣、印刷和黏合等。织造作为纺织工艺的一种核心技术，通过经纬线的正交交织，可形成具有均匀结构、高度稳定性和耐用性的织物。为了将纺织品与电子技术相融合，制造电子纺织品，可以将导电纱线和功能纤维巧妙地嵌入到经纬线中，构建出一个相互连接且功能集成的网络。机织织物因其独特的物理特性，在可穿戴电子设备领域受到广泛研究。这种织物不仅能够承受日常磨损，而且在多次使用后仍能保持稳定的电气性能，使其成为可穿戴电子设备的理想材料。与机织相比，编织则是一种通过纱线互锁环的过程来制造织物的方法。这种工艺赋予了织物高度的拉伸性和一致性，使得编织物在应对大变形时仍能保持结构的完整性。因此，编织物在涉及复杂形变和动态应用的可穿戴电子设备中展现出独特的优势。刺绣是一种将纤维电子器件组装到纺织系统中的通用技术。它可以应用于在纺织基板上创建柔性和可拉伸的互连电路和定制图案。此外，刺绣还可用于将纤维器件组装成织物，如超级电容器、存储器阵列、晶体管阵列等。通过刺绣集成的电路线路和图案器件与纺织基材和单个器件具有牢固的连接，从而形成具有良好灵活性的耐用的集成系统。相对而言，印刷可以在纺织品上创造更光滑和均匀的图案，这对于制造高精度和高分辨率的导电电路和图案设备非常有用。除了丝网印刷和喷墨印刷等传统印刷方法，转移印刷结合高精度光刻技术也可以在纤维纺织基材上产生微图案。黏合技术，如层压或热黏合，可用于将制备的电子设备连接到织物上。将纤维电子设备组装成纺织系统后，将建立各个设备之间的互连，以便在系统中的电子模块之间创建电通路。连接纤维电子器件的典型方法包括线/线键合、焊接和导电黏合剂。这些方法允许形成功能组件的网络，这些组件可以相互通信并实现集成可穿戴系统的所需属性和功能。总而言之，装配工艺的选择取决于集成装置的具体应用。

(二) 电路集成

传统的硅基集成电路(IC)芯片比柔性薄膜或可拉伸的纤维基 IC 芯片性能更高，适合集成到纺织电子系统中。IC 芯片的封装类型可以根据其安装方式分为两类，即通孔技术(THT)和表面安装技术(SMT)。SMT 比 THT 更常用，因为表面贴装器件(SMD)组件相对更小更轻，使其成为小型化设备的理想选择。SMD 也更便宜，可以直接安装在印刷电路板(PCB)的两侧，无需钻孔，有利于自动化微加工工艺。此外，由于 SMD 集成纺织品的制造简单和穿着舒适，因此将 SMD 组装到织物上与纺织工业兼容。为了实现集成电路的整体一致性和机械可靠性，必须进一步小型化集成电路芯片。然而，为了在纺织品上集成微型电子产品，由于引脚距离较窄，需要更高分辨率的互连和键合点。

数据的传输和通信是可穿戴电子产品的关键技术。由传感单元收集的数据被传送到微控制器单元(MCU)进行处理。模数转换器(ADC)需要将模拟信号从电子转换为数字形式，使微控制器能够读取和处理数据。此外，为传感单元和单片机供电的能量可以由各种能量采集器或能量存储装置提供。这允许数据采集-处理-传输周期在电子系统内的电源供应下执行。在可穿戴系统中，用于供电、处理和通信单元的传统有线连接可能会导致安全和维护问题，并且限制了穿戴的舒适性和便携性。因此，无线传输技术对于紧凑的可穿戴电子系统是非常可取的。传感单元可以通过导电互连（例如导电线和印刷图案）连接到电源、处理器和通信单元。然后，数据可以无线传输到便携式设备或上传到云端进行数据分析和存储。这些独立的功能单元可以作为智能电子纺织系统的一部分独立组装，可以直接附着在皮肤上或集成到衣服中。纺织品的缝制工艺和各种电气元件的电气互连的合理设计是需要考虑的必然因素。虽然单层柔性和可拉伸电子产品可以提供多功能应用，但它们的电子集成空间有限。具有高集成度、功能密度和空间分辨率的多层可拉伸器件是小型化多功能系统的关键。

（三）数据收集及处理

多模态传感器使用多种不同类型的传感器来收集数据，如何有效地将这些来自不同源的数据融合成一致、准确的信息是一个重要的挑战。首先，数据融合是多模态传感器数据收集和处理的核心环节。由于每种传感器都有其独特的感知能力和局限性，这涉及到数据格式的转换、数据同步、噪声过滤、特征提取等多个方面。因此，为了获得更全面准确的环境感知信息，数据融合的过程通常涉及对原始数据的预处理、特征提取和决策制定等步骤。其中，预处理包括去噪、滤波和数据同步等操作，以提高数据的质量和一致性。特征提取则是从预处理后的数据中提取出有代表性的特征信息，为后续的决策制定提供基础。决策制定是基于融合后的数据，结合具体的应用场景和需求，做出准确的判断和决策。

然而，不同传感器之间可能存在相互干扰的问题。这种干扰可能来自物理上的相互作用，比如电磁干扰或机械振动，也可能来自数据层面的冲突，比如不同传感器对同一目标产生的数据不一致。为了解决这些问题，需要采取一系列措施来减少干扰。例如，可以通过优化传感器的布局和安装方式，减少物理上的相互作用；同时，通过数据预处理和校准，可以消除或降低数据层面的冲突。信号解耦是多模态传感器数据处理中的另一个重要环节。由于不同传感器可能同时对同一物理量进行感知，因此它们的输出信号可能包含相互重叠的信息。信号解耦的目的就是将这些重叠的信息分离出来，以便更好地理解和利用每个传感器的数据。常用的信号解耦方法包括主成分分析、独立成分分析等，这些方法可以有效地将混合信号分解为独立的成分，从而提高数据的可用性和准确性。校准也是多模态传感器数据处理中不可或缺的一步。由于不同传感器的性能和特性存在差异，因此需要对它们进行定期校准，以确保数据的准确性和一致性。校准过程通常包括确定传感器的基准值、测量误差的估计和补偿等步骤。通过校准，可以消除或降低传感器自身的误差和偏差，从而提高数据的可靠性和稳定性。

综上所述，数据融合、不同传感器之间的干扰、信号解耦以及校准是多模态传感器数据处理中的关键方面。通过合理的数据融合方法、减少传感器之间的干扰、有效的信号解耦和定期的校准，可以确保多模态传感器数据的准确性、可靠性和一致性，为后续的决策和应用提供坚实的基础。

（四）封装

有效的封装策略可使电子设备免受机械应力、化学腐蚀的损害，并可有效避免对穿戴者造成潜在危害。此外，纺织品的松散性质会导致纤维移动，因此对电子元件进行适当的封装处理，对于提高其集成密度和分辨率也至关重要。

对于可穿戴应用，纺织电子产品的封装材料需要具有良好的柔软性、可拉伸性和生物相容性。其中，以 PU、TPU、PDMS 和 Ecoflex 为例的典型弹性体已广泛应用于可穿戴电子领域。这些保护材料也可以作为黏合层，将功能部件集成到纺织品上。PU 是纺织品整理常用的保护层。疏水聚氨酯可以通过改变其结构来改善其水分散性能。通过在 PU 预聚物中加入亲水性单体，可以合成环保型水性 PU 乳液，该乳液可用作防水透气的纺织封装剂。例如，Yang 等使用 UV 固化防水 PU 将丝网印刷的 Ag 轨道封装在织物上，该结构由防水界面层和黏附界面层组成，用于光滑织物表面，使印刷银轨道具有良好的导电性，并由黏附封装层和防水封装层组成，作为保护层和电绝缘体。这种结构结合了疏水性 PU 的防水优点和亲水性 PU 的黏结性能。采用该设计制备的导电银轨具有优异的防水性能和柔韧性。总而言之，通过合理的结构设计、材料制备、传感器组装和性能评估，开发具有多模态传感能力的柔性电子，具有重要战略意义。

第六节　传感纤维及纺织品的应用

在当今快速发展的科技时代，传感纤维及纺织品的应用已成为智能材料领域不可忽视的焦点。纳米材料、微电子技术和人工智能的快速发展为基于纤维及纺织品的可穿戴传感器的实际应用铺平了道路。通过将先进的材料科学与制造方法有机结合，使得纺织品能够感知和响应外界环境的变化。同时，结合无线传输和传感器阵列技术，促使这些传感纺织品能够实现实时数据传输，为用户提供更加精准的信息反馈。此外，在强大的机器学习算法的辅助下，这些传感纺织品能够逐渐适应用户的个性化需求，并提供更加智能的服务。在智能穿戴方面，传感纤维及纺织品的应用使得衣物不仅仅是简单的覆盖物，更是一个与用户密切互动的智能工具。展望未来，传感纤维及纺织品有望在医疗健康、环境检测、人机交互等领域发挥更重要的作用。

一、医疗健康

近年来，人们注重健康的全周期管理，倡导预防为主、个性化诊疗、信息数字化等理念的新兴医疗体系逐渐崭露头角。基于纤维及纺织品的传感器能够收集各种与健康相关的数据，包括活动水平、生理状态、生物标志物浓度、药物代谢物、睡眠模式等。通过实现对这些指标的连续和及时监测，可穿戴传感器可以协助健康监测、疾病诊断和治疗干预。因此，这种即时护理和个性化的健康监测系统，将有效缓解传统医疗服务中存在的费用高、时间限制严格、信息管理效率低、患者体验差和专业医务人员需求量大等问题。

常见的生理信号主要包括生物物理、生化和生物电信号。生物物理信号是评估个人健康和身体状况的基本指标。人体活动引起的机械刺激，包括脉搏跳动、胸颈起伏、面部表情、手指屈曲、语音振动和关节弯曲等，都可以通过柔性可穿戴式应变和压力传感器检测。关节的运动、机械负荷，以及足底压力和步态的监测均可反映运动异常情况，以实现例如关节炎和帕金森病等疾病的诊断、预防或康复。同时，传感纤维及纺织品还可用于检测呼吸速率、脉搏、心跳等生命信号，通过对这些生命信号的深入分析，可用于现场搜救、睡眠监测、疾病诊断等多个方面。Zhang 等通过结合应变传感器阵列和深度学习辅助算法开发了一款可穿戴、用户友好、智能的健康监测系统，用于监测血压和心脏功能(图 8-8)。将六个高性能应变传感器组成的传感器阵列放置在腕部动脉附近，可实现高精度、特征丰富的脉搏波采集。将深度学习神经网络集成到传感器阵列系统中，消除了对精确定位和专业知识的需求，使用户可以快捷地评估心血管功能。此外，人体的温度、湿度和呼出气体也是重要的体征，伤口周围的局部温度可作为监测炎症状况的重要因素，为医疗诊断提供与个人健康状况相关的有效信息。总之，通过将纺织物理传感器集成到日常服装中，可以不断收集和分析人类活动水平和生物物理信号，从而创建一个重要的个人数据库，用于长期健康监测和改善生活方式。

人体内生物分子与疾病之间存在着紧密而复杂的关系。生物分子，如蛋白质、核酸、糖类和脂类，是构成和维持生命活动的基础。它们功能的正常化对于维护人体健康至关重要。当这些生物分子的结构、功能或数量发生异常时，便可能引发各种疾病。例如，糖类和脂类的代谢紊乱会诱导心血管疾病、糖尿病等慢性病；乳酸的水平异常升高可能引发乳酸中毒等严重病症；而核酸的突变则是遗传性疾病和肿瘤发生的关键。因此，及时高效地检测这些生物分子的浓度对预防和治疗具有重要意义。血检是常用诊断方法，但这种方法所需时间成本高昂，对测试人员的要求苛刻，并且采样过程中存在感染风险。因此，亟需一种非侵入式、便携式的可穿戴设备，以实现对生物液体中生物分子的准确和可靠的测量。近年来，基于纺织品的生物传感器在监测汗液中所含生物分子方面的应用取得了相当大的进展。Zheng 等创新性地通过纺织光刻技术在纤维上实现了连续均匀的金属涂层，为生物传感器的制造提供了理想的纺织平台。该组在铜图案织物上设计并制造了多路电化学生物传感阵列，包括用于 pH 值、钠(Na^+)和钾(K^+)分析的离子选择性电位传感器，以及用于葡萄糖和乳酸跟踪的酶安培传感器(图 8-9)。除了检测汗液生物分子外，检测人体呼吸过程中呼出的气体分子和皮肤气味是另一种有趣的疾病指标检测途径，但这方面的研究相对较少，仍需进一步的探索。

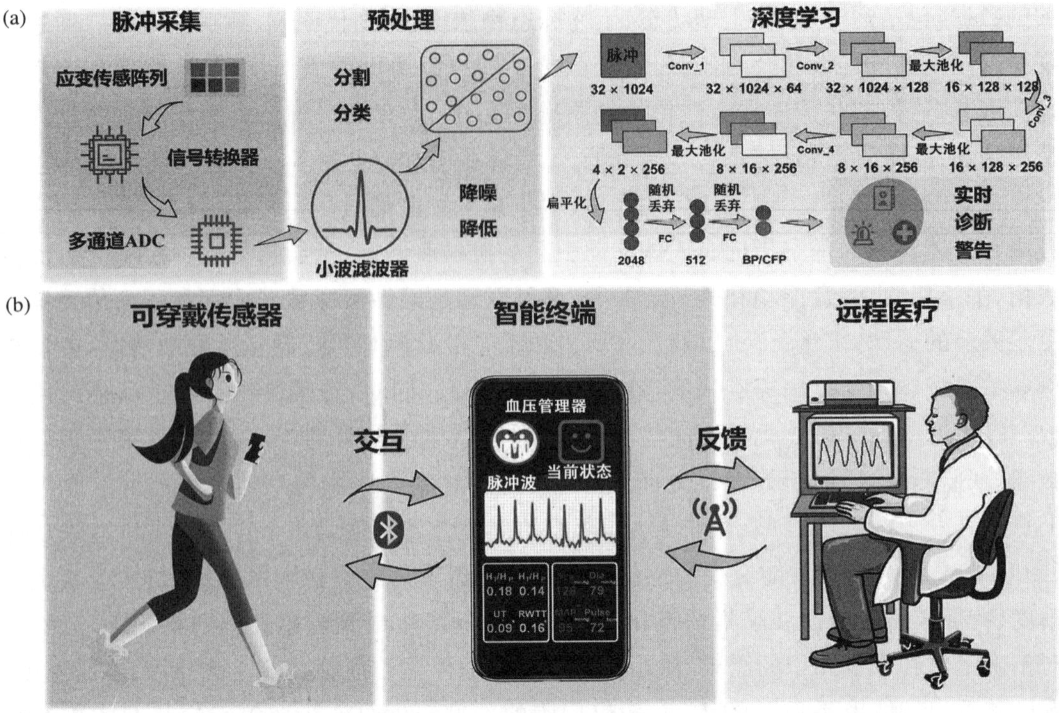

图 8-8 健康医疗领域监测生物物理信号的代表性传感纤维及纺织品

(a) 系统,包含脉冲采集、预处理和深度学习模块;(b) 系统应用场景

电生理信号,如通过心电图(ECG)、肌电图(EMG)和脑电图(EEG)获得的信号,是人体神经肌肉系统中可兴奋细胞膜上可测量的生物电位调节的结果。在心律失常的诊断中,ECG 能够捕捉到心脏电活动的异常模式,如心房颤动、室性心动过速等,可凭此及时指导诊断和治疗,并有效避免心脏病发作或中风等危险情况发生。EMG 则能够评估肌肉功能和激活模式,对于针对性的康复方案和假肢控制策略的发展具有重要意义。EEG 是记录大脑电活动的一种方法,对于理解大脑功能和诊断神经系统疾病具有关键作用,常用于研究睡眠障碍、认知障碍等神经系统疾病的发病机制,为疾病的预防和治疗提供科学依据。常见的电生理信号记录方法是非侵入性的,即从皮肤表面记录。在这种方法中,电极被放置在与身体接触的位置,作为导电接口,获取电生理信号。但随着智能服装在持续健康监测方面的普及,亟需新一代的功能纤维来统一传统凝胶电极的功能与纺织品的固有特性,如透气性、柔韧性、拉伸性、可洗涤性、耐用性和舒适性。其中,纺织电极和纺织互连(导电纤维,可将电极连接到连接器并最终连接到电子电路板)是用于电生理传感应用的智能纺织品的主要组成部分。其可以隐藏式地集成到服装中,保持服装的穿着舒适性,这对于需要长期连续电生理信号记录和监测的应用是极具吸引力的。

此外,传感纤维及纺织品在实现传感的同时,往往还可以作为电加热等器件帮助疾

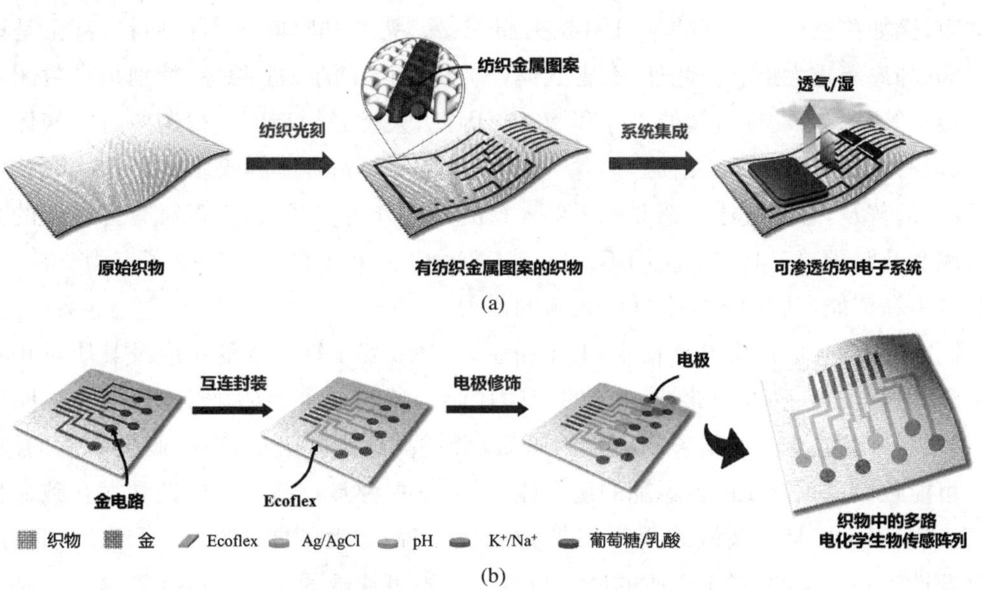

图 8-9　健康医疗领域生化信号监测的代表性传感纤维及纺织品

(a) 纺织光刻技术；(b) 织物中生物传感器阵列的制作过程

病的治疗。热疗是一种有效且广泛应用于治疗肌肉僵硬、关节损伤和关节炎的物理疗法。局部热传递可以实现病灶的靶向治疗，同时避免了对周围健康组织的不良热分布。此外，基于焦耳加热药的物释放系统最近受到了极大的关注，因为它允许无创、方便和延长药物的施用。按需表皮药物释放可以提高治疗效率，防止多药耐药，并最大限度地减少药物对健康细胞的毒性。值得注意的是，焦耳加热产生的局部热量会破坏癌细胞的完整性，阻碍其增殖或引发细胞死亡，从而有效地阻止复发肿瘤的再生。这种结合热疗和化疗的协同方法在体内研究中被证明可以显著抑制肿瘤生长。

尽管材料合成和器件制备的技术障碍仍然存在，但大面积、分布式、多功能的传感纺织品终将在医疗健康领域得到广泛应用。这有助于构建更智能、个性化的医疗体系，为患者提供更好的医疗体验，同时推动医学研究迈向更深层次的发展。

二、环境检测

现有能源危机和环境污染问题致使低能耗和可扩展的环境检测技术的发展迫在眉睫。然而，大多数有害气体和微生物传感器存在电源供应需求大、维护繁琐及体积庞大等问题，极大地限制了它们的应用范围。传感纤维及纺织品在环境检测方面的应用是新兴的研究领域，它将传统的纺织品转化为具有智能感知能力的新型材料，以实现对环境参数（空气质量、水质、土壤）的实时监测和数据传输。

当下，无论是人类的生活起居、交通出行还是工业生产，都不可避免地产生 H_2、NH_3、C_2H_6O、NO_2 以及挥发性芳烃等有害气体。这些气体会从多个层面影响人类的身体健康，例如接触微量浓度的苯可引起头痛、头晕、恶心和呕吐等不良症状，甚至是诱发白血病、肺癌等重大疾病。此外，有害气体还会构成严重的安全隐患，特别是在封闭的矿场和隧道等空气流动性较差的工作环境下。因此，人类必须高度重视这些有害气体的存在，采取有效的监测和防控措施，确保人们的生命安全和身体健康。随着物联网技术和5G通信的普及，智能气体传感器有望融入家庭及户外等多场景，实现对有害气体的高精度监测和及时预警。其广泛应用不仅为工人安全工作场所的构建提供了有力支持，更为智慧城市和智能家居领域的发展注入新的活力。

同时，由于环境污染以及农业、工业和住宅问题，安全饮用水的供应及其质量正在稳步下降。这会给人和动物带来严重的健康风险。特别是水中的微生物污染物（原生动物、病毒和细菌）、重金属离子和化学物质等，会提高感染呼吸道疾病、肠道疾病的风险，甚至可能致命。霍乱弧菌是霍乱的病原体，霍乱是一种具有高度传染性和潜在致命性的腹泻疾病；而大肠杆菌菌株，特别是某些致病性变种，如大肠杆菌 O157：H7，可引起严重的食源性疾病。因此，对于水质的监测与评价是不可或缺的。Alhamss 等提出一种光子晶体光纤（PCF）传感器模型，用于检测以上两种水媒细菌。这种双重检测能力在需要同时监测多种细菌污染物的情况下是有利的。PCF 以其高灵敏度而闻名，这是由于在其微结构核心内发生强烈的光-物质相互作用。这种增强的灵敏度允许检测甚至低浓度的细菌，提高水质监测的准确性。基于 PCF 的传感器可以实时监测水样中的细菌。这对于早期发现饮用水源中的细菌污染、帮助预防水传播疾病和确保公众健康至关重要。除此之外，一些用于监测水流速度、水位、水浊度的传感纤维及纺织品也得到较好的发展。

此外，传感纤维及纺织品也可用于土壤监测领域。传感器可以感知和测量土壤的各种物理和化学参数，如土壤湿度、温度、pH 值、电导率等，从而反馈监测土壤的状态和变化。这对于农业生产、土地管理、环境保护以及预测和防范自然灾害（山体滑坡、泥石流）等领域都具有重要意义。Wu 等将主动加热光纤布拉格光栅（AHFBG）与人工神经网络（ANN）技术相结合，开发了一种连续测量原位土壤热-水利（TH）行为参数时空变化的光纤传感系统。利用该系统在黄土高原进行了岩土工程测量。对 9 个月监测数据的分析使我们能够精确地指出季节冻结黄土在不同深度和水迁移阶段的不同 TH 行为模式。特别指出了冰-水相变、潜热和热对流对黄土中热量和质量输运的显著影响。气温是影响部分冻结黄土温度变化的主要大气因子，而降水和气温对未冻结黄土温度变化具有双重影响。通过野外调查，初步获得了考虑湿温不均匀性的原位黄土的 TH 参数。这项研究的发现为陆地-大气相互作用提供了独特的见解，为破译潜在地质灾害的触发因素提供了有价值的信息。

传感纤维及纺织品在环境检测领域展现出卓越的应用潜力，以其高灵敏度、快速响应和可穿戴性等特点，实现对环境参数的实时、分布式监测。这些材料和技术不仅拓宽了环境监测的范畴，提高了数据的准确性和时效性，还为灾害预警和环境保护提供了有力支持。然而，稳定性、耐久性及环境适应性等挑战仍需克服。未来，随着研究的深入和技术的完善,传感纤维及纺织品在环境检测领域的应用将更加广泛和深入。

三、人机交互

人机交互(HMI)系统是多学科综合的产物。首先将传感器采集到的压力、温度、代谢等生理生化信号的高维不规则多模态数据,与原始数据集中的其他离散数据、时间序列数据和图像数据,进行采集、清洗和归一化处理。随后,基于当前大数据和算法优化的进步,机器学习(ML),特别是深度学习技术,可以用来分析和解释数据,然后生成智能决策,并由机器执行特定的动作。

传感器作为构建智能系统的基本要素之一,在柔性选材和特殊结构设计层面赋予其多功能特性,有利于数据采集量和质量的提高,从而优化最终的预测结果。通常,人类可以通过触觉感知与机器人合作,识别手势和动作,操纵物体以及将符号翻译成语音。这无疑是令人兴奋的,因为这些技术将用于解决数字医疗、假肢控制、虚拟通信和社交网络等特定领域的关键问题。Lu 等通过静电纺丝、炭化和超声波三重工艺制备了聚丙烯腈基支棒状碳纳米纤维。然后将其与炭黑混合,沉积在热塑性聚氨酯(TPU)薄膜上,制成灵敏度高(GF 为 18.7)、响应时间快(67 ms)、工作范围宽(0.1%～1000%)的应变传感器。随着智能系统的整合,传感器被附着在人体上,当志愿者做出特定的手势时,机器人手会做出相应的手势。传统人机界面需要与人体直接接触或靠近传输信号,与之相比,非接触模式人机界面呈现出更好的应用前景。特别是在医院和高传染性疾病流行等特定情况下,显得尤其重要,因为它可以大大降低细菌或病毒交叉感染的风险。

扩展现实(XR)技术,包括 VR 和 AR,通过提供身临其境和逼真的体验,彻底改变了人们与数字环境互动的方式,已在娱乐、医疗、培训、导航、旅游和教育等领域得到广泛的应用。目前,VR/AR 体验主要通过使用耳机或护目镜实现,使用户能够探索由计算机创建的丰富的视觉和听觉信号的数字环境。然而,这种方法存在一定的局限性。首先,耳机和护目镜往往是刚性笨重的,会给用户带来不适,特别是在需要长时间佩戴的情况下;其次,对视觉和听觉信号的依赖很大程度上限制了沉浸式体验。因此,开发灵活、轻便、轻薄的交互设备将是提高佩戴舒适度的关键。此外,其他感官输入,如触觉、嗅觉和温度在我们对现实世界的感知和理解中也起着至关重要的作用。因此,将这些额外的感官元素结合到 XR 设备中可以提高沉浸感,使体验更加真实。因此,广泛的研究工作一直致力于探索柔性和可穿戴电子产品在 VR/AR 设备中的潜在应用。在 VR 和 AR 系统中,有两个基本组件:输入设备和输出设备。输入设备负责收集来自物理环境和用户的信息;而输出设备则产生来自处理器的信号或反馈,并通过适当的信号转导刺激用户的感官系统。在这方面,纺织电子产品是捕捉物理信号并产生可以复制真实感觉的反馈的绝佳平台。值得注意的是,具有多种功能的可穿戴传感器能够实时监测身体和环境条件例如,织物中嵌入的纺织应变传感器和压力传感器,可以准确地检测人体运动、移动姿势和外部触摸等。Zhang 等将摩擦电纺织传感器集成到袜子中进行步态分析,并演示了以智能袜子为控制界面的 VR 健身游戏。结合深度学习数据处理，智能袜子可以通过复制用户的动作创建虚拟人物，作为智能家居和智能教室应用的功能部件（图 8-10）。

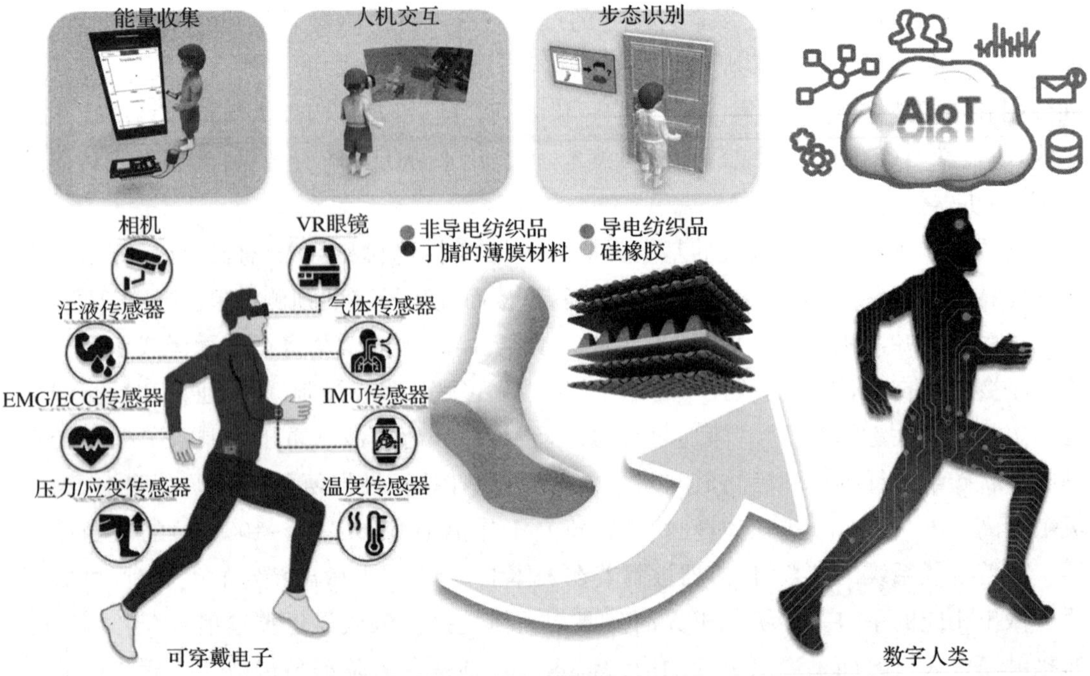

图 8-10 基于深度学习的袜子的工作原理和未来展望

脑科学与人工智能的融合，使得脑机接口（BMI）技术成为公共领域争论最激烈的高科技话题之一。电子皮肤捕获的脑电波数据通过神经接口、神经解码、神经控制和神经反馈的完整闭环控制，绕过感官和肌肉，实现高效的人机协作。这使得电影中经常出现的用意念控制物体的科幻场景成为现实。这些技术将对现有的人类生活产生颠覆性的影响。脑机交互和传感器件的结合可以帮助患者修复、改善甚至补偿受损的神经部分。使用脑机接口来控制假肢可以作为残疾人身体缺失部分的现实延伸，帮助他们以自己无法体验的方式进行运动、学习和游戏。然而，大脑作为人体的精密部件，其膨胀和收缩的特性对有创或无创传感器部件的材料选择、数量、兼容性等参数的要求非常高。未来，基于传感纤维及纺织品的先进器件有望用于制备满足神经元界面的脑机接口元件。

随着纺织电子技术的不断进步和技术的日益融合，预计集成 HMI、VR/AR 和 BMI 功能的智能纺织品在不久的将来会成为现实。这一进步有可能使人类更接近智能世界，彻底改变人类感知周围世界和与之互动的方式。然而，要实现这一目标，仍然存在许多挑战，需要研究人员、工程师和行业专家的系统工作和协作努力，以优化设计和功能，确保可靠性和用户友好性，从而为智能纺织品在各领域的广泛应用铺平道路。

参考文献

[1] Qu J T, Mao B J, Li Z K, et al. Recent progress in advanced tactile sensing technologies for soft grippers[J]. Advanced Functional Materials, 2023, 33(41).

[2] Wang C Y, Ma C G, Wu X Y, et al. Electrically conductive AgNPs/TPU-electrospun fibers with hierarchical microstructures by a one-step method for a high-performance flexible pressure sensor [J]. ACS Applied Electronic Materials, 2023, 5(11): 6334-6344.

[3] Meng K Y, Xiao X, Wei W X, et al. Wearable pressure sensors for pulse wave monitoring[J]. Advanced Materials, 2022, 34(21).

[4] Qu X Y, Li J, Han Z L, et al. Highly sensitive fiber pressure sensors over a wide pressure range enabled by resistive-capacitive hybrid response[J]. ACS Nano, 2023, 17(15): 14904-14915.

[5] Yu P T, Li X, Li H Y, et al. All-fabric ultrathin capacitive sensor with high pressure sensitivity and broad detection range for electronic skin[J]. ACS Applied Materials & Interfaces, 2021, 13 (20): 24062-24069.

[6] Mousavi A, Rahimnejad M, Azimzadeh M, et al. Recent advances in smart wearable sensors as electronic skin[J]. Journal of Materials Chemistry B, 2023, 11(43): 10332-10354.

[7] Ghosh S K, Adhikary P, Jana S, et al. Electrospun gelatin nanofiber based self-powered bio-e-skin for health care monitoring[J]. Nano Energy, 2017, 36: 166-175.

[8] Bu T Z, Xiao T X, Yang Z W, et al. Stretchable triboelectric-photonic smart skin for tactile and gesture sensing[J]. Advanced Materials, 2018, 30(16).

[9] Dong K, Peng X, Wang Z L. Fiber/fabric-based piezoelectric and triboelectric nanogenerators for flexible/stretchable and wearable electronics and artificial intelligence[J]. Advanced Materials, 2020, 32(5).

[10] Cai J Y, Du M J, Li Z L. Flexible temperature sensors constructed with fiber materials[J]. Advanced Materials Technologies, 2022, 7(7).

[11] Kuzubasoglu B A, Bahadir S K. Flexible temperature sensors: a review[J]. Sensors and Actuators A: Physical, 2020, 315.

[12] Liu R P, He L, Cao M J, et al. Flexible temperature sensors[J]. Frontiers in Chemistry, Frontiers, 2021, 9.

[13] Shi X L, Chen W Y, Zhang T, et al. Fiber-based thermoelectrics for solid, portable, and wearable electronics[J]. Energy & Environmental Science, 2021, 14(2): 729-764.

[14] Ha H, Suryaprabha T, Choi C, et al. Recent research trends in textile-based temperature sensors: a mini review[J]. Nanotechnology, 2023, 34(42).

[15] Fan W, Liu T, Wu S J, et al. An antisweat interference and highly sensitive temperature sensor based on poly (3, 4 - ethylenedioxythiophene)-poly (styrenesulfonate) fiber coated with polyurethane/graphene for real-time monitoring of body temperature[J]. ACS Nano, 2023, 17 (21): 21073-21082.

[16] Peng Y, Zhao Y, Chen M Q, et al. Research advances in microfiber humidity sensors[J]. Small,

2018, 14(29).

[17] Huang L, Hu Q C, Gao S, et al. Recent progress and applications of cellulose and its derivatives-based humidity sensors: A review[J]. Carbohydrate Polymers, 2023, 318.

[18] Lu Y Y, Yang G, Shen Y J, et al. Multifunctional flexible humidity sensor systems towards noncontact wearable electronics[J]. Nano-Micro Letters, 2022, 14(1).

[19] Lin W F, Huang Y, Li Z R, et al. ZIF-90-derived porous ZnO coated optical microfiber interferometer sensor for enhanced humidity sensing and breath monitoring[J]. ACS Applied Materials & Interfaces, 2023, 15(26): 32057-32065.

[20] Min J H, Tu J B, Xu C H, et al. Skin-interfaced wearable sweat sensors for precision medicine [J]. Chemical Reviews, 2023, 123(8): 5049-5138.

[21] Xiao J Y, Liu Y, Su L, et al. Microfluidic chip-based wearable colorimetric sensor for simple and facile detection of sweat glucose[J]. Analytical Chemistry, 2019, 91(23): 14803-14807.

[22] Hou Z C, Liu X H, Tian M W, et al. Smart fibers and textiles for emerging clothe-based wearable electronics: materials, fabrications and applications[J]. Journal of Materials Chemistry A, 2023, 11(33): 17336-17372.

[23] Zhu M M, Lou M N, Yu J Y, et al. Energy autonomous hybrid electronic skin with multi-modal sensing capabilities[J]. Nano Energy, 2020, 78.

[24] Wang Y B, Zhu M M, Wei X D, et al. A dual-mode electronic skin textile for pressure and temperature sensing[J]. Chemical Engineering Journal, 2021, 425.

[25] Wang D Y, Zhang D Z, Li P, et al. Electrospinning of flexible poly(vinyl alcohol)/MXene nanofiber-based humidity sensor self-powered by monolayer molybdenum diselenide piezoelectric nanogenerator[J]. Nano-Micro Letters, 2021, 13(1).

[26] Yang K, Torah R, Wei Y, et al. Waterproof and durable screen printed silver conductive tracks on textiles[J]. Textile Research Journal, 2013, 83(19): 2023-2031.

[27] Ding Y C, Jiang J X, Wu Y S, et al. Porous conductive textiles for wearable electronics[J]. Chemical Reviews, 2024, 124(4): 1535-1648.

[28] Li S, Wang H M, Ma W, et al. Monitoring blood pressure and cardiac function without positioning via a deep learning-assisted strain sensor array[J]. Science Advances, 2023, 9(32).

[29] Wang P W, Ma X H, Lin Z Q, et al. Well-defined in-textile photolithography towards permeable textile electronics[J]. Nature Communications, Nature Publishing Group, 2024, 15(1).

[30] Alhamss D N, Taya S A, Almawgani A H M, et al. Numerical analysis of a photonic crystal fiber-based biosensor for the detection of vibrio cholera and escherichia coli bacteria in the THz regime [J]. physica status solidi (a), 2024, 221(2).

[31] Wu B, Zhu H H, Cao D F, et al. Fiber optic sensing-based field investigation of thermo-hydraulic behaviors of loess for characterizing land-atmosphere interactions[J]. Engineering Geology, 2023, 315.

[32] Robinson D A, Foster M E, Bennett C H, et al. Tunable intervalence charge transfer in ruthenium prussian blue analog enables stable and efficient biocompatible artificial synapses[J]. Advanced

Materials, 2023, 35(37).

[33] Lu X Y, Qin Y F, Chen X Z, et al. An ultra-wide sensing range film strain sensor based on a branch-shaped PAN-based carbon nanofiber and carbon black synergistic conductive network for human motion detection and human-machine interfaces[J]. Journal of Materials Chemistry C, 2022, 10(16): 6296-6305.

[34] Zhang Z X, He T Y Y, Zhu M L, et al. Deep learning-enabled triboelectric smart socks for IoT-based gait analysis and VR applications[J]. NPJ Flexible Electronics, 2020, 4(1): 1-12.

第九章 智能驱动纤维及纺织品

第一节 概　述

受自然界中生物对外部刺激表现出响应行为的启发，大批科学工作者致力于软驱动器的研究。其中，纤维及纺织品以其出色的设计自由度、优异的比表面积、值得称赞的力学性能，在该领域扮演着不可或缺的重要角色。

智能驱动纤维及纺织品由可以感知外部环境刺激，判断并做出响应行为的智能材料构成，能够在电、光、热、溶液/蒸汽以及磁场等刺激下实现应力输出或变形。典型的智能材料包括水凝胶、形状记忆聚合物（SMP）、液晶聚合物（LCP）、介电弹性体等。根据纺织品的材料及结构特性，其响应机理主要分为三种（图 9-1）：（1）聚合物分子链的取向/有序性变化，比如半结晶结构高度取向时，纤维长度方向会收缩，而纤维直径方向会膨胀；（2）材料随温度改变发生胀缩现象，或通过其与环境间的物质交换来实现体积的变化，如

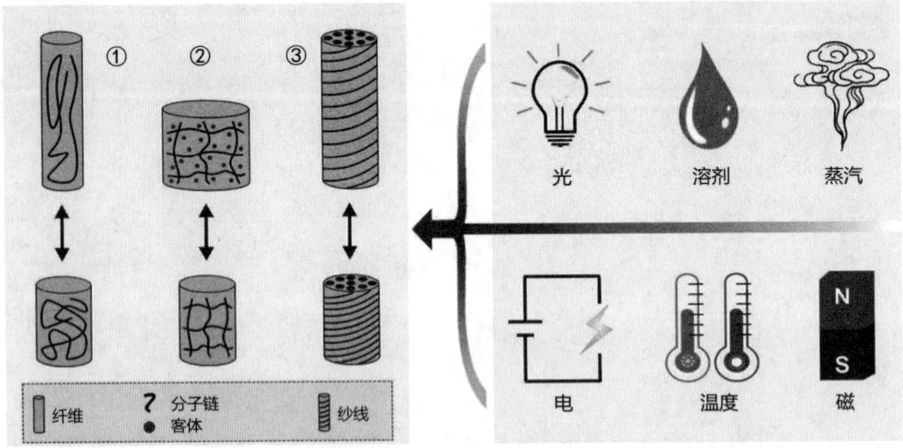

(a)　　　　(b)

图 9-1　纤维/纱线驱动器的驱动机制和不同刺激

(a) 三种可逆变形原理，其中，① 取向/有序性变化，② 体积变化，③ 距离变化；
(b) 驱动刺激

电子、离子或小分子的输送；(3)纱线伸缩和扭转会导致材料内部纤维间距发生变化。例如，导电纤维间存在静电引力和斥力，通过电流控制纤维间距及纱线体积变化，从而驱动纤维及织物。

纤维驱动器具有柔性、多自由度、连续变形等优点，可以作为人工肌肉，广泛用于仿生机器人。比如驱动仿生机械手去抓取物体或实现屈伸运动，其响应速度、功率密度都和人体肌肉相当。因其纤维属性，该驱动器很容易制成智能响应衣物，根据人体生理状态和外界环境变化实现主动热交换和动态防护，为使用者提供更好的舒适度。此外，通过整合纤维驱动器和纤维传感器，可以得到类似于人类反射弧的应激智能系统。

当前的纤维驱动器存在一系列问题，包括在实际应用中的稳定性和可靠性受环境影响较大，制备工艺复杂导致生产效率和成本问题，以及驱动性能如带宽和共振频率等方面的局限性、刺激源苛刻、刺激选择性单一等。目前，纤维驱动器正致力于提升性能稳定性、优化制备工艺以降低成本，同时朝着多功能化和智能化方向发展，并努力拓展其在航空、航天、舰船、自动控制等多个领域的应用。

第二节 分类及特性

一、电驱动

纤维基电驱动器在外加电场的作用下，材料中电场力、库仑力、离子的移动或传输，将电信号转化为电活性聚合物及其衍生复合物自身结构/尺寸上的驱动变形。变形的频率、相位和幅度都可以通过一些电气特性(包括电流、电荷和电压)实现精确调控。当电流流过导体时，会产生热量，从而激活纤维驱动器。在具有扭曲结构的驱动器中，热刺激会引起各向异性材料膨胀，导致内部纤维展开并引起线性或扭转驱动。纤维基电驱动器的电信号大小易于调节，频率选择范围广，并且与传统的电池及电极材料具有很好的相容性，因此可以通过简单的方法将其与电容器、传感器等能源器件组合，实现智能一体化操作。在众多功能材料中，电致伸缩材料、介电弹性体和导电聚合物常被用于设计和制造纤维基电驱动器。

(一)电致伸缩驱动器

电致伸缩通常是表示应变和电极化之间二次耦合的术语，是指电介质在电场中发生弹性形变的现象，存在于所有电介质中。对于所有对称晶体的介电材料，在外部电场的作用下，其晶格中的原子或离子会产生位移，这种现象被称为极化。极化不仅包括晶格中原子或离子的位移极化，还包括电子云在原子内部的位移(称为电子极化)和分子中正负电荷中心的相对位移(称为取向极化)。这些极化机制共同决定了介电材料的介电性质。对于某些聚合物材料，电致伸缩效应表现的尤为显著，足以在宏观水平上产生不可忽略的变形。当外部电场作用于这些电致伸缩聚合物时，材料内部的电畴会发生旋转，以使其极化方向与外电场方向尽可能一致，从而导致材料沿外电场方向的长度发生变化。材料中正负电荷发生自由移动、分子间作用力或化学键发生破坏和重建匀可能产生电致伸缩行为。

铌酸铅镁(PMN)、铌酸铅镁-钛酸铅(PMN-PT)和锆钛酸铅镧(PLZT)等铅基陶瓷属于高度电致伸缩的弛豫铁电体。以非极化陶瓷 PMN 为例，其具有中心对称的晶胞，可以在低居里温度下工作。居里温度是指铁电体在无外界电场作用时失去其极化的温度。换句话说，当温度接近居里温度时，铁电体的极化趋向于减小，并最终在居里温度达到零。居里温度是铁电体从具有自发极化状态转变为无自发极化状态的临界点。基于 PMN 的驱动器通常表现出 3%左右的滞后，优于特定温度范围内的压电陶瓷驱动器。研究表明，除陶瓷外，聚合物也可以表现出电致伸缩。铁电类聚合物材料大多为结晶性聚合物，其晶体结构在电场诱导下容易产生极化状态的改变，从而使材料内部产生内应力。其中，高能电子辐照聚偏氟乙烯-共三氟乙烯(P(VDF-TrFE))共聚物、电致伸缩接枝弹性体、P(VDF-TrFE)基三元共聚物具有高介电常数(室温附近可达 60)，优异的纵向应变(在 9 MV/m 的条件下为 12%)、稳定的频率响应性(100 kHz)等，因而在电致伸缩聚合物的研究中占据重要地位，并得到广泛使用。

(二) 介电弹性体驱动器

介电弹性体驱动器结构简单、柔软、响应快速，可以通过电场激励产生较大的应变。对稳定初始弯曲状态的介电弹性体施加静电电压时，其稳定初始状态被打破，能量的改变致使弯曲角度发生变化，形成新的稳定结构，并在角度变化过程中产生输出驱动力。

麦克斯韦应力导致介电弹性体在宏观上表现出平面方向的扩张和厚度方向的压缩。这种形变是由电介质上的有效压力引起的，该压力与施加的电压大小和材料的介电性能相关。假设电介质被压缩时体积不变，长度和/或宽度的膨胀将导致厚度的变化。可以推导出电介质上的有效压力表达式：

$$P_{\text{eff}}=\varepsilon_{\gamma}\varepsilon_{0}\left(\frac{V}{t}\right)^{2} \tag{9-1}$$

其中：ε_{γ} 为相对静态介电常数(又名介电常数)；ε_0 为真空介电常数；V 为外加电位；t 为介电材料的厚度。

如式(9-1)所示，在恒定的施加电压下，当电介质的厚度因有效压力增加而减小时，电场强度会增加。这种正反馈循环会导致电介质弹性体由于电介质层过度变薄而发生电击穿。该现象通常被称为电机械或“吸合”不稳定。通过控制电荷量可以防止“吸合”效应。这样可以避免电场过度增长，从而防止电介质弹性体的击穿现象。这种技术最初由 Roentgen 在他的无电极弹性体驱动器中使用。其他有效策略，包括对电介质弹性体进行机械预拉伸，或者利用具有高度预拉伸的第一组分的互穿聚合物网络，也能提高电介质弹性体的稳定性和可靠性。

麦克斯韦应力与弹性体的介电常数和施加的电场成正比，而施加的电场受材料电击穿强度的限制。因此，介电常数和介电强度是选择弹性体的重要考量因素。对于电极材料的选择，考虑到电极在激发态和松弛态下具有高度导电性，并能够在数百万次循环中很好地保持其功能稳定性的需求。电极通常采用碳基材料或金属材料制备。金属是良好的电子导体，但由于刚度大，它们产生的应变较小。图案化的金属电极/金属薄膜虽然在一定程度上解决了这个问题，但应变仍然低于100%。因此，具有高离子电导率的水凝胶、单壁碳纳米管和银纳米线可代替金属作为介电弹性体的电极材料。此外，电极的选择还需要考虑材料的拉伸性和杨氏模量。大多数活性材料由低杨氏模量的高变形弹性体制成，如聚丙烯酸酯、聚硅氧烷、聚氨酯、硅橡胶以及它们的复合材料。

基于介电弹性体器件的工作机制，其工作电压通常非常高(在 kV 范围)，机械输出主要是面内扩展。受自然界或生物系统中存在面外驱动的复杂变形启发，常用能量损耗大和动态响应能力有限的刚性约束结构，可将面内膨胀转化为面外驱动。因此，控制和编程介电弹性体驱动器件的形状变形曲率，已成为拓宽其实际应用的重要课题，需要进一步开发降低工作电压并将机械输出耦合到面外驱动的方法。

(三) 电化学驱动器

聚合物材料一般表现为良好的绝缘性，但是在掺杂供体或受体离子时可表现出导电行为。例如，具有共轭链状结构的聚合物能够通过氧化/还原(掺杂)过程而具有导电性。常见的导电聚合物材料有聚吡咯、聚苯胺、聚噻吩、聚乙炔及其衍生物等。由于驱动过程主要通过氧化/还原(掺杂)过程实现，因此驱动器具有较高的氧敏感性，在循环使用寿命及循环稳定性上有待优化提高。

诱导聚合物在未掺杂时大多表现出半导体行为(带隙＞2 eV)，而在掺杂供体或受体离子时表现出导电行为。掺杂过程可以通过电化学或化学过程进行。当在电化学电池中受到电位影响时，导电聚合物的结构可以提供或接受来自金属电极(如金、铂等)的电子。为了保持导电聚合物结构的电荷中性，来自电解质的离子(阴离子或阳离子)扩散到聚合物结构中。这种离子插入/解插入通常与结构内的体积膨胀或收缩相关。一些导电聚合物(如聚吡咯)可以被 p 掺杂(电子离开聚合物链并使其带正电)，这意味着从电解质中插入阴离子会中和聚合物结构中的电荷。下式描述了此类导电聚合物的氧化/还原过程：

$$(M)_n - me^- + mA^- \leftrightarrow (M)_n^{m+}(A^-)_m \tag{9-2}$$

其中：(M) 为单体；m 为转移的电子数；A^- 为负责维持电中性的阴离子。

相反，一些导电聚合物(如噻吩及其衍生物)可以被 n 掺杂(电子被注入聚合物结构中，使分子链带负电)，这需要阳离子来实现聚合物结构内部的电荷中性。下式描述了此类导电聚合物的氧化/还原过程：

$$(M)_n + me^- + mA^- \leftrightarrow (M)_n^{m+}(A^+)_m \tag{9-3}$$

载荷下导电聚合物的驱动行为可以用胡克定律解释。在等渗条件下，当导电聚合物驱动器受到拉力 F 时，产生的拉伸应变 ε_f 为空载条件下的拉伸应变之和 ε_0 与初始状态 K 和最终状态 K' 之间的刚度变化引起的应变：

$$\varepsilon_f = \varepsilon_0 + F\left(\frac{1}{K'} - \frac{1}{K}\right) = \varepsilon_o + \sigma_E\left(\frac{1}{Y'_E} - \frac{1}{Y_E}\right) \tag{9-4}$$

其中：Y_E 和 Y'_E 分别为初始状态和最终状态下的工程杨氏模量；σ_E 为工程施加的应力(初始状态下，在横截面积上归一化的力)。

根据实验结果，对于约 1% 的应变，提出一个将电荷密度 ρ 和应变 ε 联系起来的简单模型：

$$\varepsilon = \alpha \cdot \rho + \frac{\sigma}{E} \tag{9-5}$$

其中：α 为应变电荷比($\approx 10^{-10}\ \mathrm{m^3/C}$)；$\sigma$ 为施加的应力；E 为弹性模量。

由于电荷密度与应变和应力之间存在相关性，因此通过增加孔隙率获得的高电容导电聚合物可以产生更大的应变和应力。与有机或离子液体电解质相比，水性电解质通常具有更高的离子电导率(例如，1 mol 硫酸的离子电导率为 73 S/m)，但离子液体的大离子半径可以产生大的峰值应变和应力。

基于离子聚合物-金属复合材料(IPMC)的电化学驱动器极具代表性，它通常由两个电子导电电极和离子导电膜组成。在低电压(通常为 1～5 V)的激励下，阳离子和阳离子的迁移诱导了阴极电极周围高浓度阳离子的膨胀效应，从而在阳极侧产生收缩效应。这种不平衡应力导致结构弯曲。离子导电膜(IP)包含电解质，通常由全氟聚合物构成。相比之下，磺化烃聚合物和生物聚合物(如纤维素衍生物和壳聚糖)易于制造，具有成本效益、良好的离子导电性和环境友好性，可以替代全氟聚合物用于驱动器。基于水电解质的 IPMC 具有良好的离子电导率，响应速度快，但执行器存在水泄漏问题，并且电解质蒸发会对响应速度和形变能力造成负面影响，因此其应用范围受到限制。在最近的 IPMC 设计中，由于非水电解质(如 1-乙基-3-甲基咪唑鎓四氟硼酸盐)中阳离子和阴离子的离子半径存在巨大差异，在弯曲的梁厚度方向产生了所需的应力梯度。因此，由于阳离子富集簇中水分子的反向扩散，驱动器不会发生松弛现象。

基于传统贵金属电极的 IPMC，具有低驱动电压、良好的导电性、大输出位移、优秀的延展性等特征，但仍存在贵金属电极循环稳定性差和能量转换效率低的难题。相对而言，二维纳米材料表现出优异的电化学循环性能和对电化学过程的高效结构响应，为解决上述问题提供了灵感。其独特的层结构和高表面体积比为离子迁移提供了通道，赋予

IPMC 柔性特征、高响应速度、高能量密度和优异稳定性。例如，基于多孔碳、聚(3，4-乙烯二氧噻吩)-聚苯乙烯磺酸(PEDOT∶PSS)、黑磷等材料，可以设计出可控的微观结构，用于快速电子传导和离子扩散。Foroughi 等展示了一种电解质填充的扭转碳纳米管纱线人造肌肉，其静压驱动系统与自然界中肌肉静液压器相同。此外，扭转肌肉也可以反向驱动，以便将机械能转化为电能，例如用于产生指示施加机械扭矩或扭转旋转角度的电信号的传感器，如图 9-2(a)、(b)所示。此外，石墨炔作为电化学驱动器的电极材料，烯烃-炔烃络合物转变效应可引起键长发生变化，从而导致电极中出现宏观机械应变。二维二硫化钼(MoS_2)纳米片具有高比表面积，能够存储大量的电化学电荷，可实现低工作电压下驱动，并在宽频率范围保持高度稳定。特别是二维过渡金属碳化物和/或氮化物 MXene，以其高弯曲应变、高稳定性、高耐久性，在储能器件、透明导电电极、电磁干扰屏蔽、柔性驱动器等领域中展现出良好的发展前景。

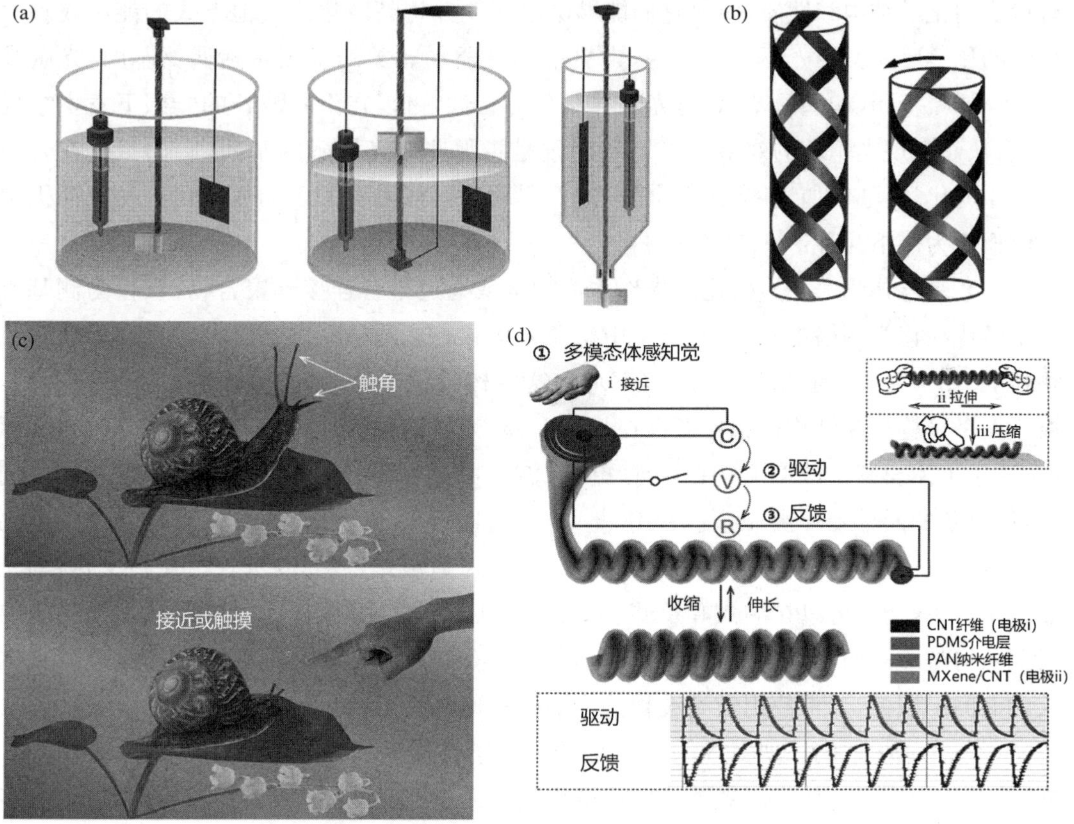

图 9-2　电化学驱动器的结构设计及工作机理

(a) 用于表征扭转驱动或扭转和拉伸驱动组合的电化学电池配置，其中 Ag/Ag^+ 参比电极，驱动 MWCNT 纱线电极和 Pt 网状反电极从左至右显示；
(b) 纱线体积膨胀对纱线长度、纱线直径和纱线捻度的影响，其中左图和右图分别为体积增加前后，色带长度近似恒定，纱线体积膨胀时纱线解捻量用箭头表示；
(c) 蜗牛触须的感知和收缩；(d)集成感知-驱动-反馈功能的人工神经肌肉纤维设计结构及工作机理

尽管人工肌肉的驱动性能已经被广泛研究，但用于适应环境变化和追踪驱动路径方面的感官功能整合尚有欠缺。Dong 等为了提高人工肌肉纤维的稳定性、感知多体感兴奋信号、降低智能系统的传感和驱动单元的复杂性，采用自适应聚丙烯腈纳米纤维层动态桥接聚二甲基硅氧烷（PDMS）驱动层和 MXene/CNT 传感层，开发了具有巧妙的感觉-判断-行为智能系统的人工神经肌肉纤维，如图 9-2(c)、(d)所示。这种一体化的人工神经肌肉纤维可以降低智能结构和系统的传感和驱动单元的复杂性，从而促进下一代智能机器人的发展。

二、光驱动

光作为一种清洁、安全且广泛存在的能源物质，在使用过程中几乎不会对资源环境造成负担。光响应驱动器因其远程和非接触式可控性、微纳米尺寸可操作性、快速驱动响应、精确定位和宽频率范围等优点而广受欢迎。对光信号产生响应的有机官能团，具有特定的化学结构和性质，使得它们能够吸收光能并将其转化为其他形式的能量或触发特定的化学反应。在光驱动技术中，常见的与光驱动有关的基团包括偶氮基团、光敏基团等。偶氮基团，如偶氮苯，具有光致异构化的特性，可以在不同波长的光照下发生结构变化，从而实现光驱动的效果。光敏基团则是指那些对光敏感的基团，它们可以在光照下发生光化学反应，如光解、光聚合等，进而驱动材料或系统的运动或变化。光驱动机制可以概括为以下几种：

(1) 光异构化。光异构化是指作为添加剂或通过聚合连接到聚合物链（作为侧基或沿主链或在化学网络中）的有机分子中构象异构状态之间的光激活转变。存在于软聚合物衬底[如水凝胶和液晶弹性体（LCE）]的这些构象状态的改变，可以触发光机械变形。由于两种异构体在结构构象方面存在显著差异，光异构化往往伴随着分子尺度的大变形（取决于主体材料的模量）。在不同（更高）波长的光照下，这些响应通常是可逆的。例如，偶氮苯的两个苯环由一个偶氮键（—N—〈s：1〉—N—）分开，属于可逆的光开关类化合物，可以进行光异构化。在波长为 365 nm（反式到顺式）或 450 nm（顺式到反式）的光照射下，光异构体可以在顺式和反式构象之间切换。通过热松弛效应（系统损失热能的时间），可从顺式回复到反式（更稳定）的状态，但要实现整个转变，可能需要数小时到数天的时间。因此，通常使用较高波长的光照来加速顺反切换。

(2) 光诱导取向。偶氮苯的一个特殊光化学性质是在偏振光照射下产生光诱导取向，这被称为维格特效应。光诱导取向被广泛应用于控制液晶（LC）分子的排列方向。当反式偶氮苯分子的跃迁偶极矩（即其长轴）与线偏振光的偏振方向相吻合时，该分子能有效地吸收光能，从而进入激发态。进入这一状态后，分子会发生从反式到顺式的异构化转变。然而，若偶氮苯分子的过渡偶极矩与偏振方向垂直，它便无法吸收光能，因此也就不会发生异构化过程。通过不断的反式—顺式—反式异构化循环，反式偶氮苯分子的跃迁偶极矩最终会调整至与光的偏振方向垂直的状态。当达到这种状态时，分子对入射光的响应会显著降低，从而停止异构化过程。此外，还有一种光致取向过程，称之为面外取向，它涉及分子在空间中的特定排列和取向。当用非偏振光或圆偏振光照射含偶氮苯的LCP时，只有一个方向（传播方向）垂直于光的电场矢量。因此，偶氮苯容易沿入射光的传播方向与分子轴对齐。通过改变入射光的方向，可在三维空间内对偶氮苯进行精确和可控的操作或调节。

（3）光诱导相变。它是光驱动变形的机理之一。偶氮苯具有杆状的反式异构体和弯曲的顺式异构体两种异构体状态。反式异构体呈现杆状结构能够有效地维持LC相的稳定性；顺式异构体则表现为弯曲的形态，这种弯曲的结构可能会破坏液晶相的稳定性，导致LC相的结构发生变化。偶氮苯的反式顺式异构化通常由紫外光照射引起，并且这种构象变化和光化学相变是可逆的。通过光化学或者光热效应，LCP中光异构化分子（如偶氮苯）发生反式-顺式异构化，LCP经历从LC态到各向同性状态的相变。光热效应是将光转化为热的有效手段，它使系统温度升高到LC各向同性相变温度以上，然后破坏液晶基元的排列方向。当一个光致变色分子或片段被引入LC体系时，在光照射后，光致变色分子的光化学反应会等温触发相变，因此被设计于驱动器中。

（4）光热效应。光子能量转换为热能，然后用于驱动系统。从本质上讲，光热驱动是指通过嵌入/包覆物质（添加剂）将光直接转化为热，导致宿主聚合物材料内部发生某种机械变形（如收缩或膨胀或两者兼而有之）。系统的升温和降温受许多因素的影响，包括热传导、热容等材料参数和环境条件（对流、流量等）。在光驱动装置中，由光热效应产生的热量可以通过两种不同的机制进行传输，即声子传输和电子传输。Zhao等提出一种由聚丙烯（PP）胶带和MXene改性聚酰胺长丝（M@PA）构成的双晶型纺织致动器，该致动器可以用传统的纺织路线扩展地制造，并由阳光自动触发，如图9-3(a)～(c)所示。通过利用MXene，该驱动器具有优异的光热性能、良好的界面接触和高导热性，能够实现可逆的阳光触发致动，表现出在智能窗帘以及智能温度调节运动服方面的良好应用前景。此外，受哺乳动物骨骼肌肉具有强大且持久的收缩驱动能力的启发，Kim等报道了一种基于石墨烯的单轴液晶矩阵，可以实现具有大工作容量和快速响应的光热驱动，如图9-3(d)所示。石墨烯填料由于中尺度结构的热力学构象转变而产生的可逆渗透现象，可以通过电切换实现原位监测。这种动态渗透行为有效地增强了驱动器纤维的力学性能，特别是在收缩驱动状态下，使得这种人工肌肉具有类似于哺乳动物肌肉的可靠可逆驱动能力。光电驱动器通过光化学或光热效应将光转化为功。与电场、磁场和化学能等刺激相比，光代表一种理想的控制模式，因为它以指定的波长和偏振进行长距离传输。光热驱动器通常在毫米到厘米尺度上表现出快速驱动的优异性能，并且仅用单一波长的光即可表现出高度可逆的响应。

光化学驱动SMP主要包含光化学反应基团或分子作为聚合物网络中的“分子开关”。分子开关包括肉桂酸（CA）分子、偶氮苯分子和螺吡喃。对于CA分子，当波长大于260 nm时，聚合物链中的两个CA分子发生多环化反应形成环丁烯，具有固定的临时形

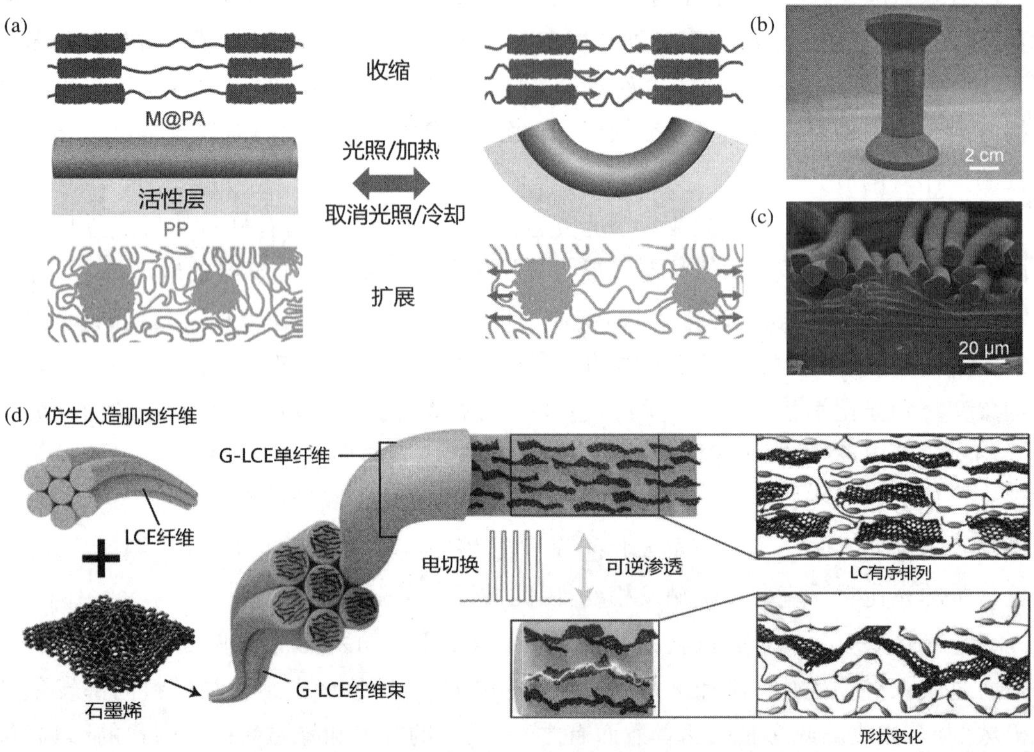

图 9-3 光驱动纺织驱动器的结构设计及工作机理

(a) 光驱动纺织驱动器的可逆弯曲变形,PA 和 PP 的不同聚集结构在轴向产生相反的热应力,引起收缩和膨胀;
(b) 缠绕在筒子上的纱线型纺织驱动器的光学图像;
(c) 纺织驱动器横切面的 SEM 图像;
(d) 具有可逆渗流的 G-LCE 复合纤维的形状变化机理

状。当波长低于 260 nm 时,环丁烯发生光解反应,聚合物恢复到初始状态。对于偶氮苯分子,在 366 nm 紫外光照射下,偶氮苯基团转变为顺式结构,导致聚合物链由向列相结构转变为各向同性结构,在宏观上表现出形状弯曲行为。当波长大于 540 nm 的可见光照射下,聚合物由各向同性相转变为向列相,相应的表现出形状恢复行为。这通常被认为是光化学驱动 SMP 的典型单向形状记忆效应机制。此外,另一种光致形状记忆机制可以描述为螺旋体在紫外光的激发下,分子结构中的 C—O 键断裂,形成开环结构。这些开环结构削弱了聚合物分子链的相互作用力,有利于非晶态区和软段结晶区的变形和聚合物的形状恢复。对于具有双向形状记忆效应(2 W-SME)的 SMP 在响应外部刺激时表现出临时形状和初始形状之间的可逆转换,根据操作条件将其分为准双向 SMP 和双向 SMP。准双向 SMP 是指在恒定外力(即 $F\neq0$)下具有 2 W-SME 的聚合物,其特性与熔融诱导收缩和结晶诱导伸长率的特性有关。这种准双向 SMP 包括 PCL、EVA、PE、聚酯聚氨酯(PEU)等。相比之下,双向 SMP 在没有外力的情况下具有可逆的形状记忆效应。目前研究较多的光响应性柔性驱动器多集中在 LCP 以及凝胶类材料中。

(一) 液晶类光驱动器

LC是最常见的光响应材料,具有快速和可逆变形的优点。液晶聚合物网络(LCN)和弹性体能够实现在机械应用中生成平面和厚度方向局部或整体变化的设计。在外界光照刺激下,驱动器中的光敏性分子由于光异构化反应导致LC相发生转变,进而引起驱动器宏观尺度上的驱动变形,且这些形变会受光照强度、光照时间、光源波长等因素的影响。相变引起的LC系统变形一般是可逆的,因此具有独特的变形可控性。

早期,如偶氮苯类的光致变色分子通常通过共价键连接到聚合物中以制备光致变色软材料。偶氮苯衍生物具有许多独特的特性,包括易于合成、对光照快速响应、良好的机械稳定性以及在光照下机械强度的大幅和可逆变化。1970年,Angolini和Gay首次观察到偶氮苯功能化芳香族聚酰亚胺受光照时的收缩或膨胀现象,并证实了偶氮苯官能化聚合物材料在光照射下能够做出形状自适应响应。此后,大量关于偶氮苯官能化LCN光学可控驱动的研究陆续开展。

当下,许多研究人员致力于改进光驱动器的加工性能。其中,后交联法作为制备直径易于控制、取向度高的偶氮苯LCP纤维的一种常用方式,备受青睐。池田等制备了交联LCP纤维,通过控制光源可以精确控制纤维驱动器在三维空间中的表现,实现可编程的驱动行为。光致弯曲时,该纤维产生的应力可达到210 kPa,与人体肌肉中的应力相似。此外,响应刺激的动态共价键(DCB)能够使LCP材料具有重塑、增强韧性、自我修复和形状记忆等独特的性能。由于DCB的响应和由此产生的结构可以通过特定的反应性、取代基和成键反应进行微调,因此各种DCB已被整合到大分子和材料中。Lu等使用动态化学键增强含有偶氮苯基团的LCP材料的可加工性。通过实验发现,光能可以转化为机械能,在宏观尺度上驱动连续可调的运动。然而,化学交联网络与现有工业加工方法的不相容性,限制了LCP驱动器的应用与发展。

光致变形的种类有收缩和扩张、拓扑变形、弯曲运动、扭转和滚动驱动。传统的液晶取向技术可以用于制备易产生平面排列、扭曲向列、各向同性和伸展几何构型的单畴和多畴LCN材料。LCN的晶体取向和几何形状可以被设计用于由热和光触发的独特机械响应,表现出弹性或形状固定的二维和三维弯曲扭转。通过调控光的强度和波长,可以实现LCE或液晶网络在微观尺度上的精确操控。此外,液晶分子对光具有快速响应能力,这些材料的变形行为也具有很高的响应速度,可以在毫秒甚至微秒级别内完成。

(二) 凝胶类光驱动器

凝胶类光刺激响应性柔性驱动器因其在光照射下可引起体积的剧烈变化而备受关注,在生物医学和软机器人领域具有广阔的应用前景。水凝胶中的光驱动机制可归为两大类别:一是光驱动实体在受到辐照时发生异构化,这种变化能够引发凝胶性质的显著转变,比如亲水性、充电状态或交联密度的调整;二是水凝胶中嵌入的光响应剂因光照而产生光热效应,进而促使水凝胶发生体积变化。相对而言,前者实现光异构化的分子合成过程通常较为复杂且耗力，而后一种策略易于实施和控制，并且可使用光响应剂的多功能组合，包括 PPy、氧化石墨烯(GO)、螺吡喃和 CNT。

通过光响应添加剂进行光热转导，为控制水凝胶在可见光或近红外光辐射下的体积和形状提供了有效的平台。近红外光响应水凝胶具有精度高和渗透性好等优点，是重要的柔性仿生驱动器之一。当下，GO、MXene、CNT、Fe_3O_4 纳米颗粒等具有光热转换性质的材料常常被用来与水凝胶结合，制备近红外光响应水凝胶驱动器。

三、其他驱动

(一) 热驱动

热驱动 SMP 的一个典型单向形状记忆机制如下：

首先，通过加热至高于其形状记忆转变温度(T_{trans})，对 SMP 进行热处理，并在外力作用下塑形为预定的形状。接着，当 SMP 冷却至 T_{trans} 以下时，它能在无需外部力量的持续作用下够保持这一临时形状。将 SMP 再次加热至 T_{trans} 以上，便能自动恢复。具体来说，在微观尺度上，当温度超过 T_{trans} 时，SMP 中可逆相的所有分子链会从冻结状态转变为活跃状态。同时，静止相分子链中的交联网络点确保了材料的永久形状得以维持。在分子链处于活跃状态时，可以对 SMP 进行塑形。一旦温度降低至 T_{trans} 以下，可逆相将回到冻结状态，从而固定住这一临时形状。当需要恢复原始形状时，再次将 SMP 加热至 T_{trans} 以上，那些原本冻结的分子链会重新转变为活跃状态，并释放内部应力，从而驱动 SMP 恢复到其原始形状。通常，核壳结构的聚环辛烯-丙烯酸酯弹性体、两种组分的交联双网络聚合物 PCL-PTMEG 和晶体聚合物 SBS-PU，以及化学交联和物理交联的结晶聚合物 EVA 具有很宽的熔融转变温度范围以及热致动的 2 W-SME。此外，随着温度的变化，结合预拉伸弹性体和 SMP 的双向 SMP 复合材料也表现出 2 W-SME。例如，Fan 等首先合成了化学交联聚(乙烯-醋酸乙烯)(cPEVA)2 W-SMP，并基于固溶体反应加工成前驱纤维并施加捻度制造出电化学驱动人工肌肉，如图 9-4(a)、(b)所示。

热响应纤维驱动器主要是基于材料在纤维轴向上的伸缩形变，并通过取向、加捻、编织等方式来放大驱动效果。热驱动纤维可以通过电焦耳加热和光热效应实现驱动。热驱动纤维主要基于分子链的有序变化，如玻璃化转变和体积变化以及膨胀和熔化。其中，液晶材料、碳材料和尼龙在纤维热驱动器中应用广泛，各自具有独特的优势。

对于 LC 材料来说，而当温度攀升至玻璃化转变温度之上时，热膨胀现象会显著加剧，导致其体积迅速增大。LCP 交联密度与聚合物链构象的各向异性的降低有关，影响其热膨胀行为。在 LCP 驱动器中，焦耳加热和感应加热作为两种主要的机制，分别通过电流和电磁感应的方式实现对液晶聚合物基体的加热。这两种加热技术都可以通过精确控制加热速度和温度分布实现对驱动器形状和性能的设计。焦耳加热已经被广泛用于编程液晶弹性体结构中的加热分布，但直接电流加热方式在某些受限或封闭的环境中可能受到限制。然而，感应加热技术能够通过高频磁场穿透物体，从而实现对封闭或受

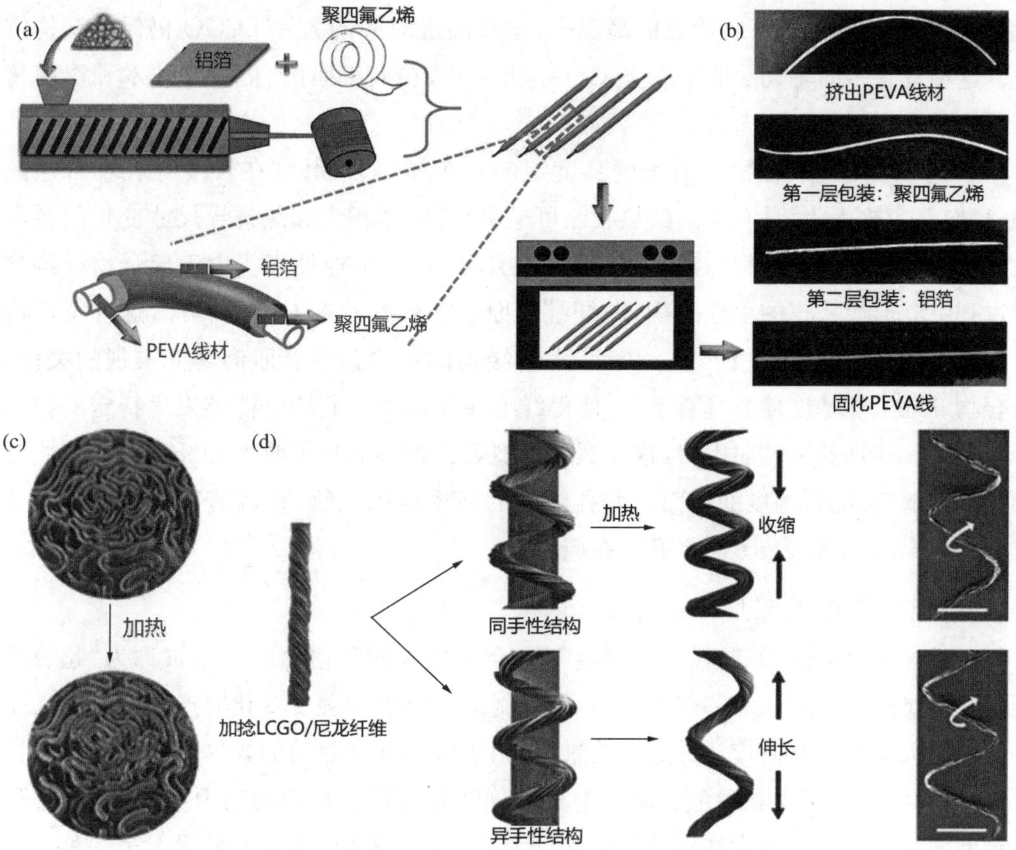

图 9-4　热响应纤维驱动器的结构设计及制备工艺

(a) cPEVA 纤维的合成与制作，包括挤出、双层包绕、固化工艺及包绕 PEVA-DP 固溶体丝的细节，电线用特氟龙胶带包在内层，然后用铝箔包在外层；(b) cPEVA 线的每一步的数字图像；(c) 加热前和加热后的截面结构；(d) 用于制备 LCGO/尼龙拉伸驱动器的工艺

限空间内液晶弹性体的非接触式驱动。

当碳纳米材料被掺入软材料中时，可以在保证材料柔韧性的同时实现电光热活化。Yuan 等采用湿法纺丝技术制备了具有高强度和高韧性的单壁碳纳米管和 GO 掺杂的聚乙烯醇基 SMP 热驱动纤维。此外，利用先进的碳纳米管(CNT)纱线作为驱动器的新理念，已经引领出电化学和热能驱动的纱线式肌肉。这种设计通过一种独特的制造过程实现，首先将扭曲的 CNT 纱线淬火至室温以稳固其结构。当温度超过其特定的热转变范围时，一端被固定的纤维会通过解旋动作，使其自由端恢复到原有的平衡形态。基于材料的热膨胀系数，热量会导致体积变化，进而产生所需的驱动力。这一创新技术为纱线式肌肉的开发提供了新的可能，展示了 CNT 纱线在智能材料和驱动器领域中的巨大潜力。Kim 等通过湿纺工艺简单制备了尼龙 66/GO 纤维，这些纤维可以扭曲形成扭转驱动器，进一步盘绕形成拉伸驱动器，如图 9-4(c)、(d)所示。通过对扭曲并螺旋成形的

LCGO/尼龙纤维进行加热和冷却，发现其变形具有约 80%的可逆性，且没有滞后现象。此外，即使在高于尼龙纤维熔点的高温下，这些高度对齐的大片 LCGO 仍保持结构完整性。这种具有多向驱动功能的新型 GO 基驱动器，在人工肌肉、机器人技术和温度传感等领域具有广泛的应用潜力。

尼龙纤维内的聚合物链沿长度高度定向。在加热时，纤维在长度上表现可逆热收缩，径向上为热膨胀，具有轴向的热收缩可逆、热膨胀体积大和热诱导尺寸变化的各向异性大等特性。热驱动过程与温度线性相关，且滞后小，可控性高。由于聚合物纤维在加捻过程中会形成特定的手性结构，即纤维的原子排列具有非对称的特征，这种特征使得纤维无法与其镜像对称相重合。因此，手性结构的形成是扭转肌肉功能实现的关键，对聚合物纤维施加捻度使其具有手性，使得纤维在受到外部刺激时能够发生特定的扭转或弯曲运动。在加热手性肌肉时，这些螺旋构型聚合物链的长度收缩和纤维直径膨胀都会导致纤维解扭，随着温度变化而改变孔隙度的新型纺织织物，在调节人体的热湿舒适度或者耐高温的急救服装方面具有潜在应用。

(二) 溶液/蒸汽驱动

自然界中，蜘蛛丝暴露在一定湿度下时会突然收缩和扭曲的现象被称为“超收缩”。通过模仿蜘蛛丝的超收缩和扭曲行为，可以制造出能够在湿度变化时产生响应的人工肌肉。这种人工肌肉具有广泛的应用前景，常用于多种湿度驱动的软体机器人和传感器的设计中，为智能纺织品和绿色能源发电机等创新领域提供强大的动力支持。Liu 等研究了湿致扭转驱动行为与蜘蛛丝的超收缩行为，做出两种结构变化的假设。第一种变化是当达到高相对湿度时，取向结构转化为卷曲结构。然而，实验中纤维没有产生松弛现象，而是表现出伸长行为。第二种结构变化是含脯氨酸段的结构由直型转变为扭型。试验证明了独特的扭转特性源于 MaSp2 中的脯氨酸环有助于分子中的空间排斥和氢键的破坏作用。此外，动物毛发中存在的角蛋白从 α 相到 β 相的转变和各向异性组织的取向也对研究人员设计形状记忆纤维驱动器给予了启发。Cera 等探索角蛋白二级结构的亚稳态重构机制，从动物毛发中非破坏性地提取角蛋白原纤维，设计出具有生物相容性和可打印性的高强度形状记忆材料。该材料具有灵敏的刺激响应驱动性能，可以进行复杂的微纳米结构设计，在智能服装和生物工程方面具有广泛的研究和应用价值。

一些金属有机骨架(MOFs)、共价有机骨架(COFs)等无机-有机杂化材料也具有湿度响应特性。利用 MOFs 和 COFs 的多孔结构制备湿度/溶剂响应驱动器已被证明是可行的。Lv 等报道了一种溶剂响应式驱动器，采用湿法纺丝制备 PDMS 纤维作为纤芯，然后在 PDMS 纤维表面涂覆掺杂 MIL-88A(MOF 的一种)的 PVDF 溶液作为壳层。在溶剂刺激下，壳层中的 MIL-88A 膨胀并激活纤维驱动器。

碳基材料因其高灵敏度、快速响应、良好稳定性以及在湿度变化中展现出的高效能量转换能力，在湿度响应驱动领域经常被作为关键材料。通过对已填充客体的碳纳米管纱线施加捻度或卷曲，可以制作出具有出色性能的碳纳米管混合纱线人造肌肉，但其价格昂贵，大批量生产受到限制。研究者们已经通过多种纺纱方法成功制备了 GO 纤维。例如，采用湿法纺丝制备 GO 凝胶纤维，然后通过扭转得到螺旋结构的 GO 驱动器。基于 Mu 等采用廉价的纱线取代碳纳米管纱线作为人工肌肉卷曲芯上的鞘，开发了一种具有全新的主客结构的乙醇蒸汽驱动人工肌肉。其中，GO 表面和末端具有大量的官能团，能够有效地吸附水分。GO 驱动器在湿度刺激下可进行逆扭转驱动，纤维/纺织品的驱动可以利用单个或多个刺激实现，如图 9-5(a)、(b)所示。

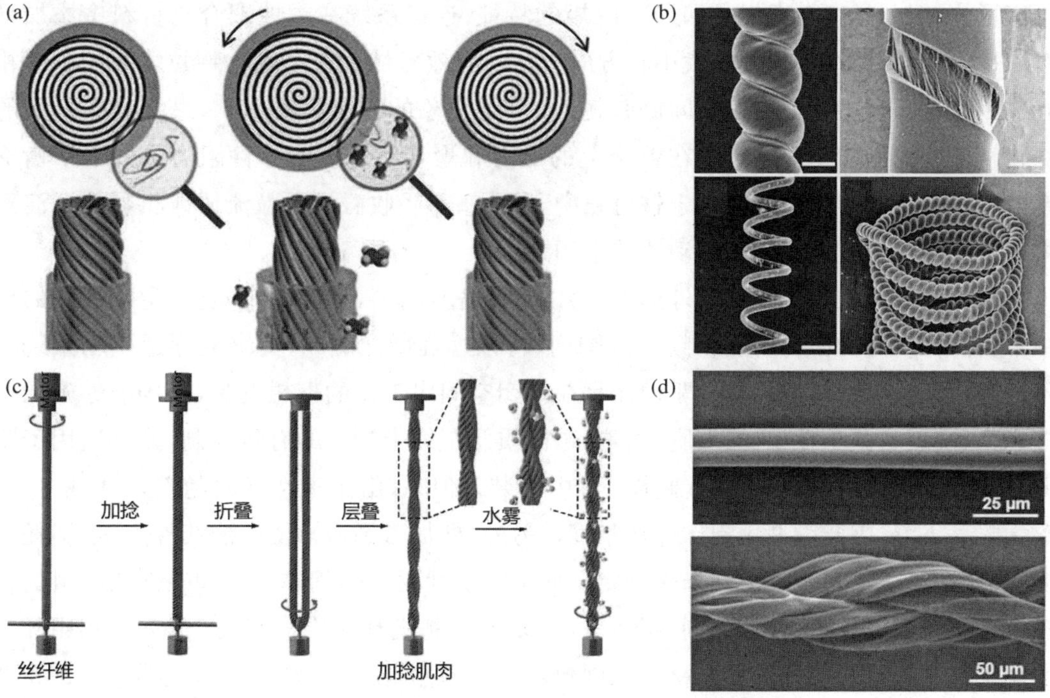

图 9-5 溶液/蒸汽驱动器的结构设计及制备工艺

(a) PEO-SO_3 SRAM 在蒸汽暴露前和蒸汽吸收和解吸期间，分别导致纱线解捻和加捻；
(b) 用于扭转和拉伸驱动的肌肉结构；
(c) 两层扭力平衡丝扭力肌制备过程；
(d) 长丝纤维的 SEM 图像

溶剂/湿度是触发水凝胶变形的基本刺激因素。当溶剂浓度发生变化时，水凝胶对某些物质的溶胀能力和交联状态会发生变化。因此，水凝胶与环境之间发生显著的质量交换，水凝胶在宏观尺度上会膨胀或收缩。水凝胶由于独特的交联结构而不会溶解，最终体积与水凝胶的吸水量和交联密度密切相关，较高的交联密度通常有助于降低体积膨胀。如果将吸收的水用乙醇和丙酮等其他溶剂代替，水凝胶的体积会减小。Cui 等通过主客体相互作用，使用被囊状纤维素纳米晶体增强的水凝胶，并利用 Fe^{3+}/$-COO^-$ 离子配位锁定扭曲或者卷曲结构，制备了具有大驱动应变和形状记忆特性的水凝胶肌肉。

天然纺织材料因其成本低、舒适等优点已被广泛应用于纤维驱动器。例如，丝绸来源丰富，丝绸肌肉将在智能纺织品和软机器人等应用中开辟更多的可能性。Jia 等利用脱胶蚕丝纤维展示了由高性能水雾和湿度驱动的扭转和拉伸蚕丝人工肌肉，实现了无系绳的可逆驱动，如图 9-5(c)所示。

（三）磁驱动

磁性软材料的设计和制造赋予磁性纤维驱动器高柔性和远程可控性等独特优势，推动了其在多个领域的应用。根据复合结构的不同，磁性软材料可以分为离散系统和连续系统。离散系统有一个或几个有限大小的磁铁或一些磁性复合材料贴片附着于或嵌入可变形体，因此具有高度集中和局部磁矩的特征；连续系统在柔性聚合物材料中添加具有磁性的材料，使聚合物形成大小和方向可变的有效磁域。由于磁性颗粒之间的磁性相互作用以及颗粒与聚合物链之间的强键合，分子构象的变化不断累积，最终导致形状的变化。最终的形状是通过作用在粒子上的磁力和聚合物基体的弹性阻力之间的平衡确定的。将磁性颗粒简单的混合于软材料中，多孔基材吸收磁性颗粒流体或将颗粒沉淀到纳米纤维网络上是制作磁性驱动器的常用方法。

磁场作为与软物质相容的外部场，可以穿透各种材料，提供一个安全、生物友好的操纵平台。在广泛的驱动场强和频率范围内，可以远程增加磁场，安全的穿透生物系统而不会造成任何不利影响。磁性驱动器是在封闭空间内工作的理想选择，磁场能够施加扭矩和力，实现对微小颗粒，如细胞、病毒、蛋白质乃至纳米颗粒的有效控制，尤其适用于靶向药物输送、显微外科手术、微流体和体内组装。但是，由于磁性材料随着尺寸减少，其磁力显著下降，因此微型化制作存在难度。另外，外加磁场通常由电磁线圈产生，消耗能源较高，还需要进一步改进。未来需要全面了解磁性驱动的基本原理和磁性软材料的物理性质和行为，以优化设计原则、制造方法、掌握控制机制和传感方式。Lee 等利用纤维基驱动器和磁性弹性体的复合材料来创建由单向场控制的 3D 磁性软体机器人。该新型复合材料可以承受超过 600％的应变，并能够用于制作与运动平面正交的磁场中行走的 3D 机器人。这种磁性软体机器人的可扩展制造和控制方法使其在复杂条件和受限环境中具有广阔的应用前景。磁驱动导丝的远程磁转向能力使其在封闭的微创医疗中的应用具有潜力。磁驱动导丝的远程磁转向能力使其在封闭的微创医疗中的应用具有潜力。Tiryaki 等利用光纤棒作为弹性芯和远端的磁性元件相结合组成超高频磁导丝，展示了与生理相关的三维血管幻象的磁转向能力(图 9-6)。

磁性，作为一种基本物理属性，源于电子的轨道磁矩和自旋磁矩。在材料科学领域，多种过渡金属(如 Fe、Co 和 Ni)、镧系元素(如 Nd)及其氧化物因其固有的磁性而被广泛用作填充纤维的磁性材料。为了制造这些磁性纤维，研究者们探索了多种方法，包括但不限于成型、热拉伸和直接墨水书写的 3D 打印技术。Lee 等采用热拉伸技术，制备了具有微通道的纤维(图 9-7)，他们在这些微通道中注入磁性复合材料，并进行固化处理。得到的纤维由苯乙烯-乙烯-丁烯-苯乙烯和环烯烃共聚物弹性体构成，其中环烯烃共聚物

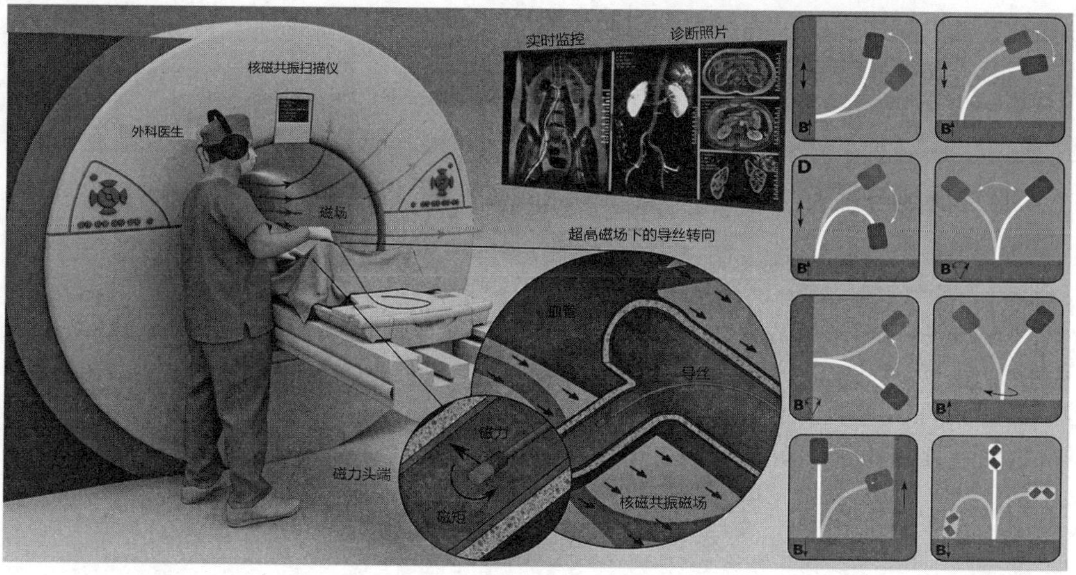

图 9-6　磁共振成像扫描仪内超高频磁导丝驱动概念

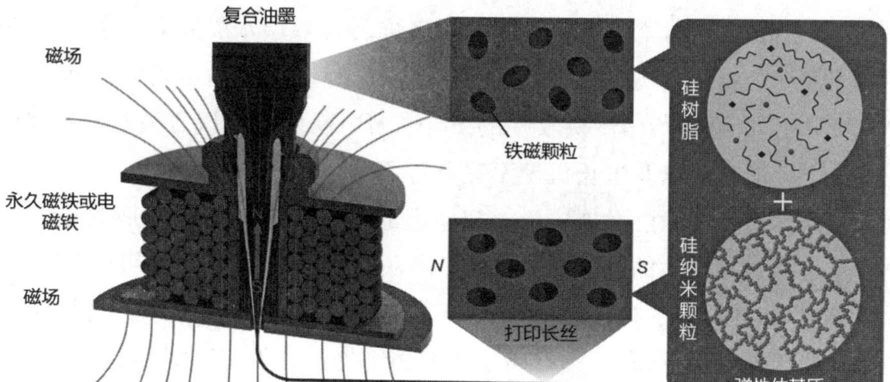

图 9-7　磁驱动器的印刷工艺及材料组成

的塑性变形能力超过苯乙烯-乙烯-丁烯-苯乙烯，这使得纤维在制备过程中能够自然形成盘绕结构。当纤维被磁化后，螺旋驱动器展现出显著的磁响应性。这一特性使得螺旋执行器在简单的单向磁场作用下，能够完成爬行、行走、游泳等多种复杂运动。这种简化的磁控制方案不仅提高了磁致动器的实用性，还有效避免了复杂磁控制装置的使用。此外，Kim 等报道了一种直接墨水书写系统，可挤出硅-磁颗粒复合纤维。纤维的磁畴可以通过打印方向和外加磁场方向调节。这种带有图案磁畴的印刷细丝，其形状在外部磁场的作用下会迅速改变。不同类型的平面结构用特定设计的铁磁畴印刷出来，可以定制各种变形效果。例如，平面结构根据折纸设计，在磁力作用下，弯曲折叠成复杂的三维形状。此外，笔者设计了负泊松比的三维结构磁性超材料，其长度和宽度在磁场作用下都呈现缩小趋势。

四、制备与集成

（一）纤维驱动器的制备

制备方法的选择和优化是提升纤维驱动器性能的关键所在，为其在各领域的应用提供坚实的技术支持。传统的涂覆、模板成型、自组装等方法，适用于生产具有特定结构和功能的纤维驱动器。目前，纺丝、微流控和3D打印是制备纤维驱动器的主流方法。

纺丝过程可以诱导纤维驱动器大分子链的取向，这在基于序变的驱动行为中起着关键作用。熔融纺丝适用于熔融温度远低于分解温度的聚合物。在熔融纺丝过程中，挤出的熔体流逐渐冷却，凝固成连续的纤维。与需要使用大量溶剂的湿法纺丝和干法纺丝相比，熔融纺丝通常具有生产速度快、不产生废料等优点。扭曲或者加捻的纤维具有能够响应外部刺激的特殊结构，与其他功能材料集成具有更理想的驱动性能。然而，拉伸纺丝制成的纤维长度有限、纤维直径尺寸不均匀、拉伸速度不易控制等问题需要被进一步改进。静电纺丝制造纤维驱动器具有工艺简单、材料多样性、纤维结构可控等优势。Wei等通过使用静电纺丝技术，开发了一种高强度各向异性双层水凝胶驱动器。为将可编程的双/多响应性结合以实现仿生协同驱动，设计了具有远距离输运提供磁响应导航的P(NIPAM-ABP)层和超高光热转换效率的Fe_3O_4/PAN层。但该方法存在产量低、纤维结构单一、力学性能有限以及生长机理不完善等不足，亟待改进。

目前，微流体纺丝技术已发展成为一门新兴的技术。微流控纺丝是在传统湿法纺丝的基础上，结合微流控技术的层流效应，加工出从纳米级到数百微米级的纤维。通过调节流体的驱动力和受料器的拉伸力，微通道可以定制纤维的尺寸和形态以制备具有多样性结构的纤维。Zhu等受到海参真皮和攀爬植物结构的启发，使用微流控制备出含有硅藻土的湿度敏感纤维驱动器。通过精准定制可变形元件的结构和特性，能够使其完美符合各类应用需求，进而为软机器人领域的发展注入强大动力。

此外，3D打印也被广泛应用于纤维状结构和相应的纤维驱动器的连续制造。高度的设计自由度为实现构建复杂和可控的结构提供了可能。将墨水直写动态4D打印与数字光处理打印技术相结合，使得在可移动支架上打印LCE纤维可以实现，制备具有可调稳定性的空间晶格驱动器。这一策略为软机器人、智能结构、活性超材料和智能可穿戴设备等应用提供了新的设计自由度和制造能力。

（二）纤维驱动器与传感和响应的集成

生物系统具备一种令人惊叹的能力，即感知外部环境中的各类刺激并据此作出相应的反应，这种相互作用的机制使得生物体能够灵活而高效地适应自然环境。当下，人们也致力于模仿生物体的这种感知与响应能力，以期通过人工材料和技术实现类似的功能。

在纤维驱动器的设计中，实现自传感能力是一个重要的研究方向。通过利用活性材料或器件内在的传感特性，可以将传感能力直接集成到纤维驱动器中，从而大大降低集成系统的复杂性。这种自传感机制的实现得益于活性材料（特别是压电纤维复合材料）本身具备的压阻性质，使得纤维驱动器在发生形变时能够同时产生电信号，因此无需额外应变传感设备即可实现固有的传感功能。此外，将传感元件与纤维驱动器集成也是实现自传感功能的一种替代方法。通过在纤维驱动器中嵌入各种传感元件，使得纤维驱动器在复杂环境中能够更加准确地感知外部刺激，并做出更加精确的响应。例如，人工肌肉模仿了生物肌肉的基本力学性能，与传感和响应电子元件的结合，赋予其感知外部刺激并做出响应的能力。这种能力使得人工肌肉能够像生物体一样，对外部环境的应变、压力、温度等刺激进行感知，并做出相应的反馈。这种反馈机制极大地缩小了人工材料与实际生物体以及人类与环境交互之间的差距，使得纤维驱动器在智能机器人、仿生学、假肢等领域具有广阔的应用前景。

从生物系统的通信方法中汲取灵感，以颜色变化和声学输出等响应功能与驱动的集成，可以实现智能和交互式机器人系统的有效交互和通信。例如，海马这类生物，它们能够巧妙地利用肤色变化恐吓潜在的捕食者，或者传达自身的情绪状态。同样，变色龙也是一种以改变皮肤颜色来伪装成周围环境的生物，这种能力使它们能够在捕食与逃避捕食的过程中游刃有余。

其中，颜色变化可以通过许多不同的方式实现，可以分为自发光和非自发光方法。近年来，可拉伸发光器件的研究取得了显著的进展。这些器件通过将传统的刚性发光组件巧妙地组装到弹性基板上，或者将超薄发光器件黏附在预应变的弹性基板上，从而实现发光器件的可拉伸性。此外，科学家们还通过开发基于发光电化学电池的本征可拉伸发光材料，以及交流电致发光（ACEL）材料，进一步推动可拉伸发光器件的发展。这些可拉伸 ACEL 器件具有结构简单、在机械应变下具有出色的发射稳定性等优点，因此成为与软执行器集成的理想选择。

利用材料反射或者透射的光的变化可以调制非发光器件的颜色，例如已经报道的电致变色（EC）器件、机械变色器件、热致变色器件和光致变色等。电致变色技术通过材料在外加电场作用下的电化学氧化还原反应，实现颜色的可逆变化。这种技术为纤维驱动器提供了动态的颜色调节能力，使得纤维驱动器能够根据需求改变颜色，增加了产品的多样性和个性化。在智能纺织品、可穿戴设备等领域，电致变色纤维驱动器可以为用户提供更加丰富的视觉体验，同时实现信息的传递和交互。在对机械变形、温度变化和光照射等外部刺激做出反应的众多颜色转换材料中，机械变色材料由于化学键的重新排列、染料聚集的变化或机械变形下光子路径长度的变化而改变其光学性能。在人工肌肉的相关性中，机械变色学因其内在的一致性以及直接从软致动器中收集机械变形以进行颜色调制的能力而特别令人感兴趣。热致变色和光致变色则分别利用温度和光照作为触发条件，使纤维驱动器能够根据环境自动调整颜色，为温控服装和热成像等领域带来了创新性的解决方案。

第三节 应用及展望

最新的研究进展表明了具有优异的力学性能、生物相容性以及智能响应特性的纤维驱动器在人工肌肉、柔性机器人、细胞支架以及智能服装领域的应用正日益受到人们的关注。纤维驱动器通过模拟肌肉的收缩与舒张功能，为机器人、假肢等提供动力。其高度的灵活性和可变形性等特点，赋予柔性机器人在不同环境下的自适应运动能力。此外，纤维驱动器作为细胞支架为细胞提供稳定的支撑结构，模拟细胞外基质的微环境，促进细胞的黏附、增殖和分化，并且为组织工程和再生医学提供新的解决方案。将具有温度、湿度等传感功能的纤维驱动器与智能服装集成，根据环境条件自动调节服装的透气性和保暖性，提高穿着舒适度。这有助于制备具有智能响应特性的运动装备，如智能运动鞋、智能手套等，为运动员提供更好的支持和保护。

随着材料科学和制备技术的不断发展，纤维驱动器的性能将得到进一步提升，其应用领域也将不断扩展。例如，优化纤维驱动器的结构以进一步提高其驱动性能和生物相容性；与其他智能材料的结合以实现纤维驱动器在更复杂环境中的智能响应和自适应调节。此外，随着人工智能和物联网技术的快速发展，纤维驱动器在智能穿戴、智能家居等领域的应用也将迎来新的发展机遇。

一、人工肌肉

自然界中动物的肌肉，作为动物能够实现复杂精密运动的驱动器，本身具有受刺激反应快、驱动力大并且能够产生较大机械能的特点。随着科技发展和可穿戴设备的兴起，刚性强、质量和体积大、噪声大的传统驱动器已经无法满足人们的需求。相较之下，新型的人工肌肉轻便，并且能够根据外界刺激（如电、光、热、溶液、磁场等）迅速产生可逆的扭转、伸长、弯曲、收缩等运动，因此备受青睐。制备人工肌肉的材料经过多年的发展，存在形式也十分丰富，包括形状记忆合金、形状记忆聚合物、介电弹性体、电活性聚合物、碳纳米管和石墨烯等。人工肌肉在使用过程中的实际效果依赖于多种性能，如工作稳定性、可控性、安全性、对环境的适应性。如何提高人工肌肉的上述一种性能或者将多种性能结合，成为研究者们亟待解决的问题。

通过巧妙的设计和技术创新，将多种刺激的传感功能紧密集成到纤维驱动器中，可以制备出对光、热、电、磁等多种刺激高度敏感的人工肌肉。这种人工肌肉不仅具备优异的响应性能，还能在复杂的环境中灵活适应和精准控制，为实现高效能、多功能的智能设备提供了有力支撑。Chen 等研究了一种基于小分子的分级超分子组织的肌肉状体系。这种体系解决了水中的协同非共价相互作用是否可以沿多长度尺度放大光诱导响应的问题。该体系由两亲性分子马达连接一个带有两个羧基的十二烷基链组成上半部分，增强水溶性，并连接两个烷基连接体构成下半部分，赋予纳米纤维组装结构灵活性，从而促进水介质中的微相分离和分子重排(图 9-8)。为了避免复杂的过程(如结晶)，可使用钙离子和剪切流的静电筛选形成一串单向排列的纳米纤维束。光照引起分子马达的旋转运动，这种运动的传播和积累导致纤维向光源收缩。该人工肌肉在水溶液和空气中均能实现光控驱动，而局部驱动实验也证实它能够实现对线形状的精确控制。原位小角 X 射线散射研究表明，从马达的纳米尺度运动到线的宏观光致动行为之间存在紧密的联系。这个独特体系的显著特征包括发现光响应非高聚物基分子的非共价相互作用可以在水中维持类似肌肉的运动。该人工肌肉支持大振幅运动、快速响应、形状精确控制以及水中和空气中的光控驱动。因此，这种材料的高度动态性和光的非侵入性触发能为未来生物等领域带来更多的便利。

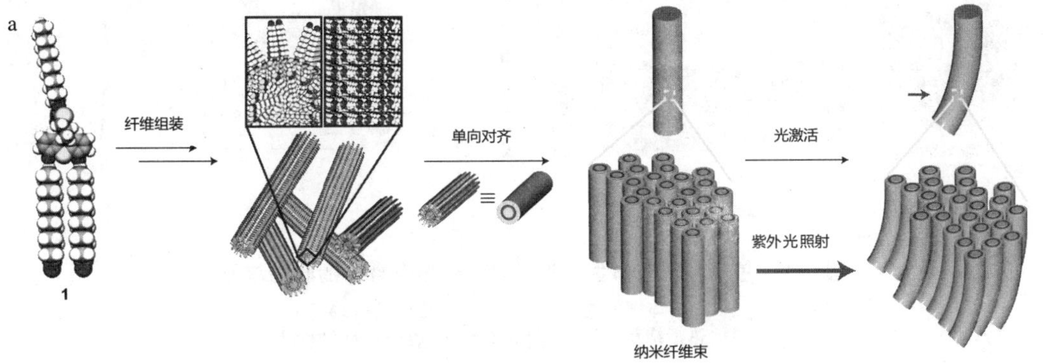

图 9-8 光响应旋转马达的结构及其自组装成纳米纤维

人工肌肉在面对多变环境时无法发挥较好的性能，这是其在应用中的一大难题，已有研究人员从自然界的植物中找到相关灵感。植物具有丰富的纤维素聚合物并且可以利用自然条件的变化来触发自主运动，例如向日葵面朝太阳、捕蝇草捕获昆虫等，这种性质被称为植物趋向性。图 9-7(a)所示螺旋状植物卷须能对自然刺激做出响应，人们根据这种自然现象制备了多种多样的螺旋状形状仿生人工肌肉。Aziz 等模拟了植物的微结构记忆，有效地将螺旋植物的向水性和向热性复制到其微纤丝水平，从而克服了仿生人工肌肉的限制，使人工肌肉具有天然的智能性和对多变环境的适应性。当纱线的单个微丝被水凝胶镶嵌并进一步扭曲成线圈状的分级结构时，可以获得快速运动的大行程。由此开发的人工肌肉在扩张和收缩周期时，能够分别提供约 5.2%/s 和 3.1%/s 的平均驱动速度，是现有同类驱动器中最快的。研究表明，这些人工肌肉纱线可以在潮湿的气候条件下实现自主膨胀与收缩,甚至能够完成关闭窗户等复杂动作。纤维-凝胶界面增强材料的存在促使人工肌肉具有高度耐用性和可洗性,适用于创建持久和可重复使用的智能设备,如图 9-9(b)所示。

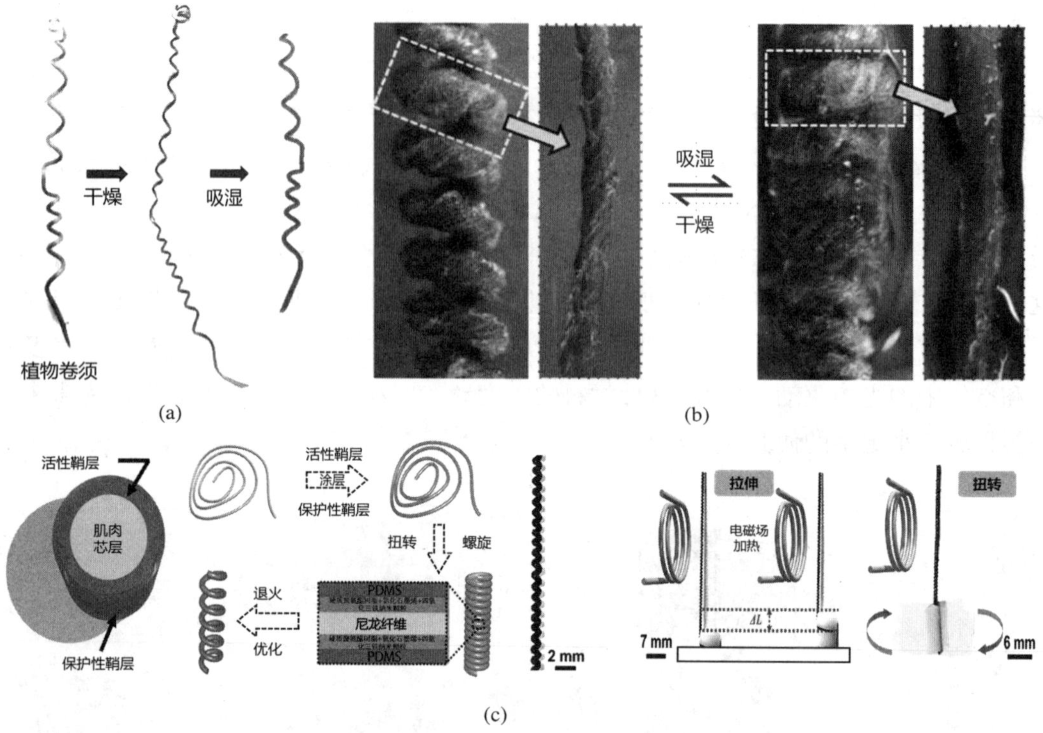

图 9-9 植物卷须与仿生人工肌肉在干湿条件下的收缩与膨胀

(a) 活体植物卷须;(b) 仿生人工肌肉纱线;
(c) 磁加热盘绕肌的设计、制造工艺、驱动模式及驱动机制

固然,人工肌肉具有质量轻、体积小、循环寿命长、效率高、驱动力大等特点,但是很少有人工肌肉能做到将以上的多种性能参数集成在一起。然而,尼龙作为一种优质的人工肌肉材料,其独特的柔韧性和耐久性使其在上述性能方面表现出显著的优势。尼龙沿长度高度取向时,具有各向异性的热膨胀行为,而当纤维高度扭曲和卷曲时,可以实现相对较大的线性拉伸驱动。Mirvakili 等通过将高度取向的尼龙长丝辊压成矩形或方形截面梁,并对这些结构的一侧施加热,可以制成弯曲或多方向变形的人工肌肉。这种独特的方法利用尼龙驱动器本身的材料特性实现弯曲,因此不需要机械传动机构提高尼龙人工肌肉的可扩展性和可控性。加捻高取向尼龙长丝可以最多提高 49%的拉伸应力,而由这类尼龙长丝制备的尼龙束有着高达 125%的位移长度比但是输出力较低。为了克服当前微型软执行器的输出力小和工作能力低的限制,研究者们将盘绕的人造肌肉与无线微型软医疗设备集成,实现了高工作能力和无束缚驱动的集成。Li 等报告了一种小型软驱

动器，他们利用卷曲的人工肌肉和射频磁加热之间的协同作用，设计了一个芯鞘结构的三态螺旋驱动器，如图 9-9(c)所示。由尼龙纤维组成的芯层 ($d=0.45$ mm)，注入氧化石墨烯和超顺磁性纳米颗粒 Fe_3O_4 的聚氨酯并在内层表面涂上 PDMS 的鞘层制成，具有大输出力(约 3.1 N)和高工作能力(3.5 J/g)。其中，Fe_3O_4 纳米颗粒用于实现基于磁场的射频(RF)无线加热，PDMS 保护层保护内层免受外部环境的机械和热效应的影响。卷曲肌肉的工作能力是生物骨骼肌的 50 倍，并且可以提供超过其自身质量 1000 倍的力输出。通过定制肌肉前体纤维的成分或结构其输出力和工作能力，有望推动其在机器人、假肢中的应用。

二、细胞支架

由于组织损伤的高发生率和高患病率，组织工程一直是生物医学领域研究人员关注的重要方向。组织工程领域旨在通过开发生物替代物来引导受损组织的再生，以恢复、维持或改善组织功能。细胞支架是指能与活体细胞结合并能植入生物体的不同组织，并根据具体替代组织具备的功能的材料。为了使种子细胞增殖和分化，需要提供一个由生物材料所构成的细胞支架，而这个支架材料相当于人工的细胞外基质。生物材料通过提供支持框架并促进这类细胞向组织特异性细胞类型分化来促进细胞的附着和迁移。根据其化学组成，可用于组织工程的生物材料有金属、陶瓷和玻璃陶瓷、天然或合成聚合物以及它们的复合材料。根据其功能，可以分为骨组织工程支架材料、神经组织工程支架材料、血管组织工程支架材料、皮肤组织工程支架材料以及其他组织工程支架材料，如角膜、韧带、肌腱等。

渗液管理对改善慢性伤口愈合至关重要。受具有非对称润湿性的 Janus 结构荷叶的启发，Qian 等通过静电纺丝技术和短纤维建模，制备了 Janus 静电纺丝短纤维支架。该支架由亲水的 2D 载有姜黄素的静电纺丝纤维和疏水的 3D 短纤维通过层层组装和静电相互作用组成，通过亲水和疏水纤维之间的多个接触点将伤口渗出液从疏水层泵送到亲水层，同时触发上层 2D 静电纺丝纤维中姜黄素的级联释放。具有高孔隙率和疏水性的 3D 短纤维通过自发泵与亲水性 2D 静电纺丝纤维复合后，可在 30 s 内快速聚集渗出液。这种独特的生物活性 Janus 支架为慢性伤口愈合提供了一种有效解决方法。

三、智能服装

多类别驱动器和传感器与织物的集成，赋予服装智能特性，可实现热湿管理、人机交互、个性化医疗等功能。区别与传统的刚性致动器，纤维柔性致动器以其优异的特性在智能服装领域大放异彩。在智能服装的织造过程中，纤维基柔性致动器以织入而不是植入的方式存在于纺织品中，使纱线和织物保留易变形的潜能。纺织品的许多固有优势如：可穿戴性、柔软性、高表面积等，使得纤维基柔性致动器有更低的弯曲刚度、更小的模量以及更好的服用性能，保证了人体穿着的舒适性。

微电子、人工智能和材料科学的技术革命使机器人、外骨骼和假肢等领域实现了飞跃式的发展。研究者们已经创造出半自主仿生机器人，并在照顾老龄人口方面表现出良好的应用前景。它能够增强人体性能并且帮助残疾人士行走和独立生活。然而这些装置由不同类型的电动机或气动系统驱动，虽然能提供快速响应和高功率密度，但存在笨重、僵硬和嘈杂等缺点。因此，人们非常需要新型的、轻量级的驱动器，能够与穿戴者良好贴合，在不影响人体运动和危害人体健康的前提下完成各类复杂动作。Maziz 等将纺织工艺和电活性聚合物结合，通过无金属沉积法在织物表面涂覆导电聚合物聚吡咯，制备了可穿戴的柔性人工肌肉驱动器(图 9-10)。这些驱动器通过单根纤维的平行组装来放大力，并使用可拉伸图案来放大应变。对驱动器施加 1～2 V 的低电位，聚吡咯在电化学氧化或还原后会发生体积变化，因为离子和溶剂在聚合物基质中运动会引起可逆的体积变化。通过机织的方法可增加织物输出的力，力与织物中纱线的数量成线性关系。为了扩大应变，研究者们编织了一种可拉伸的针织物，织物结构增加了驱动器的机械稳定性。这种柔软、舒适的织物驱动器有望应用于智能可穿戴设备，如智能假肢、外骨骼等。

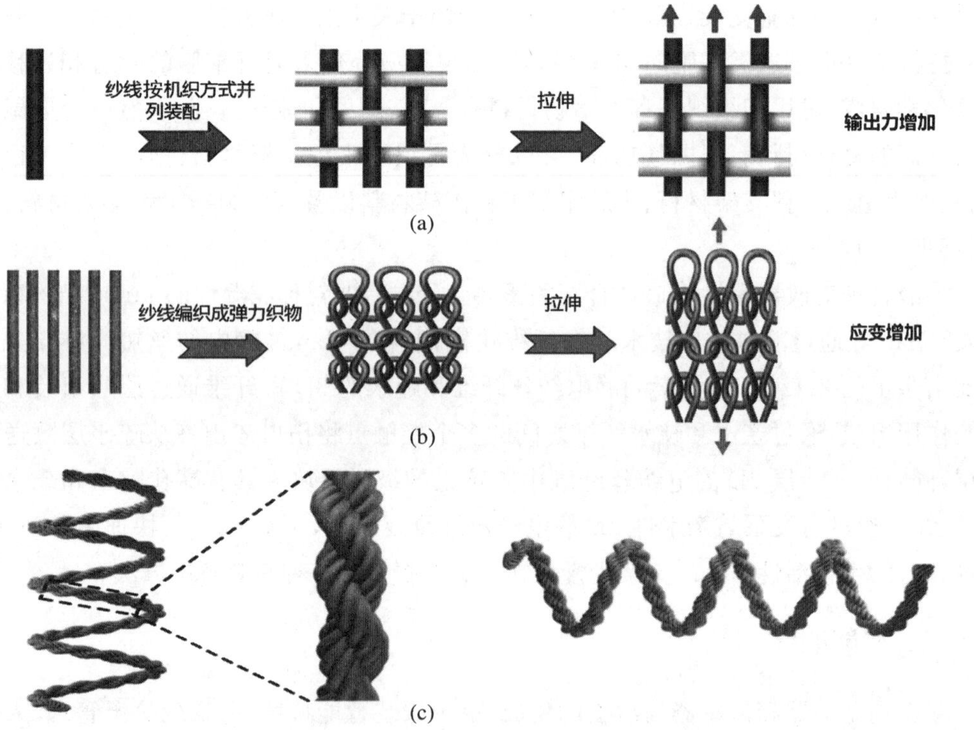

图 9-10　纺织驱动器在智能服装领域的应用

(a) 机织机通过单根纱线的平行织造放大应力；
(b) 针织机通过使用可拉伸的针织图案放大应变；
(c) 由双股扭转丝肌制成的卷曲拉伸丝肌

第四节 本章小结

电驱动纤维驱动器响应快，易于控制和集成到现有的电子器件中，拥有巨大应用潜力。在高电压下，介电弹性体或压电聚合物受静电压力而变形；其响应特点是大应力、小应变、高频率。另外在较低偏压调控下，带电粒子迁移进入电极材料导致体积变化，也可实现驱动效果；此类驱动器与电池的结构和原理类似。值得注意的是，碳纳米管纤维也能直接由电流驱动，当电流流过加捻后螺旋排列的碳管时，其产生的电磁场相互排斥，使得碳管间间距变大而实现纤维的伸缩和旋转。光驱动纤维驱动器的优点是可以远程无线控制。液晶材料是最常见的光响应材料，可以在光照下快速、可逆的变形。控制光斑照射不同部位，液晶纤维可以精准的弯曲成不同的形状或显示图案。此外还可以实现趋光运动和周期自振荡运动。热驱动纤维驱动器可以由焦耳热和光热效应实现驱动，兼顾了电和光驱动的优点。热驱动可以由玻璃化转变促发，如形状记忆材料和尼龙等；或由熔化过程体积膨胀驱动（如石蜡等）。热驱动的不足是升温和降温过程较缓慢。溶液/蒸气驱动纤维驱动器主要通过吸附溶剂分子从而实现材料体积变化。通过调控材料对不同溶液的亲疏性能，可编辑定制驱动过程，这在生物体液环境中靶向药物输送和控制释放应用上有重要前景。此外，还有磁场和气压驱动，依赖于外加磁场或气压，容易实现大应力、大应变及快速精确的响应。

在纤维驱动器的发展过程中，面临着许多挑战。首先，纤维驱动器的性能受到材料性能的限制。材料的热膨胀/热收缩性能、电导率、热导率等都会影响纤维驱动器的驱动性能和响应速度。开展新型多功能复合材料的研究，以提高纤维驱动器的性能。这些不同的材料选择会直接影响纤维驱动器的性能，如驱动速度、驱动力、响应频率等。其次，设计出具有优异驱动性能和稳定性的结构、保证结构的可制造性和可扩展性是纤维驱动器在实际应用中需要解决的关键问题。通过引入不同的功能成分，如聚合物、小分子、二维纳米材料，可以促进纤维驱动器对外部刺激的快速反应。这些功能成分的引入方式和比例，都需要通过精细的制造过程来实现。纤维驱动器需要持续的能源供应才能保持其驱动状态。此外，在一些需要长时间形态固定的应用场景，能源消耗大是一个重要的问题。研究如何降低能源消耗或引入新的能源供应方式也是一个亟待解决的问题。最后，纤维驱动器在实际应用中可能会受到各种环境因素的影响，如温度、湿度、光照等。这些因素可能会影响纤维驱动器的性能和稳定性。因此，需要研究如何提高纤维驱动器的环境适应性。

参考文献

[1] Hu L, Wan Y, Zhang Q, et al. Harnessing the power of stimuli-responsive polymers for actuation [J]. Advanced Functional Materials, 2020, 30(2).

[2] Linghu C H, Zhang S, Wang C J, et al. Universal SMP gripper with massive and selective capabilities for multiscaled, arbitrarily shaped objects[J]. Science Advances, 2020, 6(7).

[3] Zhu M M, Wang W J, Zhang C H, et al. Photo-responsive behaviors of hydrogen-bonded polymer complex fibers containing azobenzene functional groups[J]. Advanced Fiber Materials, 2021, 3(3): 172-179.

[4] Li T F, Li G R, Liang Y M, et al. Fast-moving soft electronic fish[J]. Science Advances, 2017, 3(4).

[5] Mirvakili S M, Hunter I W. Multidirectional artificial muscles from nylon[J]. Advanced Materials, 2017, 29(4).

[6] Xiong J Q, Chen J, Lee P S. Functional fibers and fabrics for soft robotics, wearables, and human-robot interface[J]. Advanced Materials, 2021, 33(19).

[7] El-Atab N, Mishra R B, Al-Modaf F, et al. Soft actuators for soft robotic applications: a review[J]. Advanced Intelligent Systems, 2020, 2(10).

[8] Zhu J, Andres C M, Xu J D, et al. Pseudonegative thermal expansion and the state of water in graphene oxide layered assemblies[J]. ACS Nano, 2012, 6(9): 8357-8365.

[9] Ask A, Menzel A, Ristinmaa M. Electrostriction in electro-viscoelastic polymers[J]. Mechanics of Materials, 2012, 50: 9-21.

[10] Casalini R, Roland C M. Highly electrostrictive poly(vinylidene fluoride-trifluoroethylene) networks[J]. Applied Physics Letters, 2001, 79(16): 2627-2629.

[11] Keplinger C, Kaltenbrunner M, Arnold N, et al. Röntgen's electrode-free elastomer actuators without electromechanical pull-in instability[J]. Proceedings of the National Academy of Sciences, 2010, 107(10): 4505-4510.

[12] Mirvakili S M, Hunter I W. Artificial muscles: mechanisms, applications, and challenges[J]. Advanced Materials, 2018, 30(6).

[13] Foroughi J, Spinks G M, Wallace G G, et al. Torsional carbon nanotube artificial muscles[J]. Science, American Association for the Advancement of Science, 2011, 334(6055): 494-497.

[14] Dong L Z, Ren M, Wang Y L, et al. Artificial neuromuscular fibers by multilayered coaxial integration with dynamic adaption[J]. Science Advances, 2022, 8(46).

[15] Zhao H T, Qi X J, Ma Y L, et al. Wearable sunlight-triggered bimorph textile actuators[J]. Nano Letters, 2021, 21(19): 8126-8134.

[16] Kim I H, Choi S, Lee J, et al. Human-muscle-inspired single fibre actuator with reversible percolation[J]. Nature Nanotechnology, 2022, 17(11): 1198-1205.

[17] Agolini F, Gay F P. Synthesis and properties of azoaromatic polymers[J]. Macromolecules, 1970, 3(3): 349-351.

[18] Lee K M, Tabiryan N V, Bunning T J, et al. Photomechanical mechanism and structure-property considerations in the generation of photomechanical work in glassy, azobenzene liquid crystal polymer networks[J]. Journal of Materials Chemistry, 2011, 22(2): 691-698.

[19] Yoshino T, Kondo M, Mamiya J, et al. Three-dimensional photomobility of crosslinked

azobenzene liquid-crystalline polymer fibers[J]. Advanced Materials, 2010, 22(12): 1361-1363.

[20] Lu X L, Guo S W, Tong X, et al. Tunable photocontrolled motions using stored strain energy in malleable azobenzene liquid crystalline polymer actuators[J]. Advanced Materials, 2017, 29(28).

[21] Bhatti M R A, Kernin A, Tausif M, et al. Light-driven actuation in synthetic polymers: a review from fundamental concepts to applications[J]. Advanced Optical Materials, 2022, 10(10).

[22] Chen L, Wei X S, Sun Y, et al. A bamboo/PNIPAM composite hydrogel assembly for both programmable and remotely-controlled light-responsive biomimetic actuations [J]. Chemical Engineering Journal, 2022, 446.

[23] Fan J, Li G. High performance and tunable artificial muscle based on two-way shape memory polymer[J]. RSC Advances, 2017, 7(2): 1127-1136.

[24] Yuan J K, Neri W, Zakri C, et al. Shape memory nanocomposite fibers for untethered high-energy microengines[J]. Science, 2019, 365(6449): 155-158.

[25] Kim H, Moon J H, Mun T J, et al. Thermally responsive torsional and tensile fiber actuator based on graphene oxide[J]. ACS Applied Materials & Interfaces, 2018, 10(38): 32760-32764.

[26] Cera L, Gonzalez G M, Liu Q H, et al. A bioinspired and hierarchically structured shape-memory material[J]. Nature Materials, 2021, 20(2): 242-249.

[27] Lv S J, Shuai L Y Z, Ding W F, et al. Flexible humidity sensitive fiber with swellable metal-organic frameworks[J]. Advanced Fiber Materials, 2021, 3(2): 107-116.

[28] Mu J K, Jung De Andrade M, Fang S L, et al. Sheath-run artificial muscles[J]. Science, 2019, 365(6449): 150-155.

[29] Cui Y D, Li D, Gong C, et al. Bioinspired shape memory hydrogel artificial muscles driven by solvents[J]. ACS Nano, 2021, 15(8): 13712-13720.

[30] Jia T J, Wang Y, Dou Y Y, et al. Moisture sensitive smart yarns and textiles from self-balanced silk fiber muscles[J]. Advanced Functional Materials, 2019, 29(18).

[31] Kim Y, Zhao X H. Magnetic soft materials and robots[J]. Chemical Reviews, 2022, 122(5): 5317-5364.

[32] Lee Y, Koehler F, Dillon T, et al. Magnetically actuated fiber-based soft robots[J]. Advanced Materials, 2023, 35(38).

[33] Tiryaki M E, Elmacıoğlu Y G, Sitti M. Magnetic guidewire steering at ultrahigh magnetic fields [J]. Science Advances, 2023, 9(17).

[34] Kim Y, Yuk H, Zhao R K, et al. Printing ferromagnetic domains for untethered fast-transforming soft materials[J]. Nature, 2018, 558(7709): 274-279.

[35] Wei X S, Chen L, Wang Y F, et al. An Electrospinning anisotropic hydrogel with remotely-controlled photo-responsive deformation and long-range navigation for synergist actuation [J]. Chemical Engineering Journal, 2022, 433.

[36] Zhu P A, Chen R F, Zhou C M, et al. Bioinspired soft microactuators[J]. Advanced Materials, 2021, 33(21).

[37] Xue E B, Liu L M, Wu W, et al. Soft fiber/textile actuators: from design strategies to diverse

applications[J]. ACS Nano, 2024, 18(1): 89-118.

[38] Wang J X, Gao D, Lee P S. Recent progress in artificial muscles for interactive soft robotics[J]. Advanced Materials, 2021, 33(19).

[39] Chen J W, Leung F K C, Stuart M C A, et al. Artificial muscle-like function from hierarchical supramolecular assembly of photoresponsive molecular motors[J]. Nature Chemistry, 2018, 10(2): 132-138.

[40] Aziz S, Zhang X, Naficy S, et al. Plant like tropisms in artificial muscles[J]. Advanced Materials, 2023, 35(51).

[41] Li M T, Tang Y C, Soon R H, et al. Miniature coiled artificial muscle for wireless soft medical devices[J]. Science Advances, 2022, 8(10).

[42] Qian S T, Wang J, Liu Z M, et al. Secretory fluid-aggregated janus electrospun short fiber scaffold for wound healing[J]. Small, 2022, 18(36).

[43] Maziz A, Concas A, Khaldi A, et al. Knitting and weaving artificial muscles[J]. Science Advances, 2017, 3(1).

第十章 用于能量转换与储存的纤维及纺织品

第一节 引　言

自人类社会进入电气时代，电能在人们的日常生活和工业生产中发挥着越来越不可替代的作用，它的产生主要通过化石燃料的燃烧。然而，化石燃料的燃烧会产生大量有毒的气体以及温室气体，导致空气污染和全球变暖。同时，化石燃料（如煤炭、石油和天然气）是不可再生的资源，不是取之不尽、用之不竭的。因此，考虑到能源危机、环境污染和公众健康等问题，寻找可再生、可持续和清洁的能源是现代社会可持续发展的必然要求。此外，随着第四次工业革命的推进，物联网（IoTs）、大数据、机器人、人工智能（AI）、无线传感器网络等新兴领域正在以爆炸式的增长速度发展。虽然这些新兴的电子设备为社会带来了巨大的变革和机遇，极大地改变了传统的通信方式和生活方式，但是这些设备在供能上存在巨大的挑战。具体来说，随着人们对个性化电子产品需求的增加，小型化、多功能、自供电、可穿戴或可植入等特征成为这些产品未来发展的方向，这对设备的能源模块提出了更高的要求。传统的能源器件大多为平面刚性结构如塑料基，虽然坚固耐用，但难以满足轻量化和柔性化的要求，这正是目前开发能源器件所要突破的瓶颈问题。一些基于柔性薄膜的能源器件，通常只能在一个维度下进行弯曲和产生轻微变形，在扭曲或其他严重变形下经常会出现失效的问题。因此，亟需开发新型能源转换和储存器件，以保证柔性电子设备更加智能、便携和持久，进而推动其进一步的发展和应用。用于能量转换和储存的纤维或纺织品或许是一个理想选择。它们通常质量轻且非常灵活，足以适应复杂的变形，同时能与不规则表面紧密接触，而且由纤维状器件组成的纺织品具有高孔隙率和大比表面积，透气性也好。与传统的储能和转换设备相比，基于纤维/纺织品的设备具有几个明显优势：一是装置直径通常在微米至毫米级，这使得它们的尺寸更小、质量更轻；二是柔韧性出色，故而具有可穿戴的舒适性以及在机械变形条件下的稳定性能；三是纤维可以进一步编织成具有透气性和良好耐磨性的可变形纺织品，供大规模使用。由于上述独特的性能，基于纤维/纺织品的能量转换和存储设备已引起人们的极大关注。

用于能量转换和储存的纤维及纺织品种类繁多，来源广泛。根据新型纤维基能源器件的发展历程，可将它们分为以下几种：天然纤维、金属纤维、聚合物纤维和碳基纤维。

一、天然纤维

天然纤维主要包括棉、羊毛、麻和蚕丝，已被用于制造成各类服装服饰，以保护人体和维持人体的热平衡。天然纤维可以从动物或植物中收集，可再生，而且环保。天然纤维通常表现出理想的力学性能，但大多数不导电，因此需要添加功能材料来增强其电气性能。近年来，已经开发出许多基于天然纤维的能源设备，例如利用天然纤维制备的纱线电极，可用于纺织超级电容器。天然纤维的表面粗糙度可以为其提供高表面积，有利于活性材料的高负载。此外，天然纤维凭借其良好的生物相容性和可控降解性在生物电子设备领域得到广泛的应用，特别是在植入式器件的开发中。因此，即使存在低导电性的缺点，天然纤维也有望在未来纤维基能源器件的设计中发挥重要作用。

二、金属纤维

金属具有高质量密度和优异的导电性。通常，金属线、金属纳米材料杂化/复合纤维和金属涂层聚合物纤维广泛用于制造纤维和纺织电子设备。金属线作为许多电气设备的连接部件，被认为是早期制造纤维设备的首选。金属线显著的高导电性使它们可用作各种能源器件的电极，例如钛丝可用于制备太阳能电池的电极。类似地，由于金属线的电化学活性有限，因此有必要将活性材料涂覆在金属线上，并进一步制备具有多孔表面的金属线，以提高负载量。考虑到金属线的质量密度高、柔韧性低、耐疲劳性差等特点，研究人员开发了金属纳米材料与其他导电纤维的杂化/复合纤维材料。由于纳米材料的小尺寸效应，金属纳米材料与宏观金属线相比表现出更高的性能。此外，在轻质、廉价和柔韧的聚合物纤维上涂覆金属开发的纤维电极，也可用于柔性能源器件的制造。

三、聚合物纤维

聚合物纤维通常具有易调控、低密度和高度柔韧性等特点。然而，由于纯导电聚合物的电导率较低和力学性能较差，单一聚合物纤维电极不适合直接用于构建电子设备。因此，在大多数情况下，聚合物纤维电极是通过将导电聚合物（如聚吡咯、聚苯胺）涂覆在商业纱线上或加入碳纳米管和金属等导电材料，再与其他导电纤维复合制备而成的。聚合物纤维可用作柔性或可拉伸能源器件的重要基材，例如通过将储能纤维缠绕在可拉伸的合成纤维上制备的储能器件在可穿戴设备中应用广泛。

四、碳基纤维

碳基纤维凭借其卓越的电气、电化学、力学和热学性能，是目前纤维基电子器件非常受欢迎的材料之一。其中，碳纳米管、石墨烯、碳纤维及其杂化/复合材料被研究人员广泛探索以开发纤维能源电极。例如，碳纳米管纤维的抗拉强度可以达到几千兆帕，电导

率为 10^3 S/cm，在分层和螺旋组装后，具有接近软组织弯曲刚度的柔韧性，而且其高比表面积有利于活性材料的负载。石墨烯材料因其二维结构和高比表面积，在二维和三维电子器件中具有广泛的应用。石墨烯纤维的合成相对容易，并且成本更低，但其柔韧性较差。碳纤维已经在市场上大量使用，然而它具有低比表面积的固体结构，刚性较强，并且导电性不如碳纳米管和石墨烯纤维，因此在纤维基能源器件如太阳能电池中应用有限。

未来，智能纺织品可能会具备更多感知和交互功能，如语音识别、手势控制等，并根据需求进行个性化的定制。从这个目的出发，实现能源的自给自足具有十分重要的意义。能源器件可分为能量收集装置和储能装置。在日常生活中，太阳能、人体机械动能、温差、生物体液等各种形式造成的能量损失，未被充分利用。为此，纳米发电机、太阳能电池和生物燃料电池等能量收集装置应运而生。能量收集纤维设备有望编织成织物并集成到日常服装中，将来自环境和人体的能量转化为电能以作为可穿戴设备的电源。因此，与其他类型的纤维设备相比，能量收集纤维设备面临着更严格的要求，例如高功率转换效率、安全性、灵活性和可拉伸性。与此同时，随着无数柔性电子器件的出现，开发出安全、环保、高效的柔性储能器件，备受关注。为了更好地与织物或其他智能可穿戴电子产品结合，可弯曲、可拉伸和可变形的纤维基储能器件，如超级电容器、锂离子电池和金属-空气电池等，有望得到很好的设计和开发。此外，利用能量收集纤维和储能纤维开发集能量收集和储存于一体的可穿戴能源系统，是十分有必要的，可实现智能纺织电子设备的可持续电力供应。

第二节　纺织纳米发电机

一、概述

随着智能可穿戴电子产品的快速发展和普及，智能手表、谷歌眼镜、运动手环和体内植入器件等具有多功能性的便携式电子设备，越来越受到人们的关注。这些可穿戴设备的开发具有小尺寸和轻量化的设计趋势，以提高佩戴在人体上的舒适性。然而，要驱动这些超便携电子设备工作，轻巧和连续稳定的电源是必不可少的。传统的能量转换和存储装置由于其固有的刚性，无法安装在身体上或与纺织品集成，这将严重限制可穿戴电子产品的发展。值得注意的是，人体作为可穿戴电子器件的承载主体可以提供丰富的能量来源，主要包括机械能和体热能。有研究指出人体力学运动，如血流、呼吸、上肢运动、手指打字和行走，可以分别释放大约 0.93 W、0.83 W、3.0 W、6.9 mW 和 67 W 的能量。从这个角度来看，捕获人体产生的能量并将其转换为电能在解决智能可穿戴电子设备供电问题上具有很大的前景。随着纳米技术的进步与发展，纳米发电机（NGs）横空出世，它们可以直接收集机械能或热能并将其转化为电能。2006 年王中林院士在 *Science* 上发表了一篇基于 ZnO 纳米线阵列的压电纳米发电机，之后越来越多的 NGs 被开发出来，用于机械能或热能的收集，电气输出性能逐渐提高。目前，研究人员开发的 NGs 工作机制包括电磁效应、压电效应、静电效应、摩擦带电和热释电效应等。此外，先进的纳米发电机技术与纺织技术的融合促进了基于纺织的纳米发电机的出现，这将促进可穿戴电子产品和多方位人工智能系统的快速发展和广泛应用。

纤维/纺织品与纳米发电机的结合凭借其诸多突出的优势受到了越来越多人的关注。纤维材料通常具有成本低、质量轻、机械强度高、透气、结构可调等特点，若将纳米发电机技术与纤维材料结合，有助于开发可以适应各种机械变形并保持良好热湿舒适性的电子器件，这在长时间佩戴的能量转换器件中意义重大。在不久的将来，基于可穿戴纺织品的 NGs 将为可穿戴电子产品带来新的活力和更多的可能性，引领人们的生活走向更加功能化、信息化、人性化、智能化的发展方向。根据工作机理的不同，纤维/织物基纳米发电机可以分为压电纳米发电机（PENG）、摩擦电纳米发电机（TENG）、热电发电机（TEG）、其他类型纳米发电机和混合式发电机（HG）。

二、压电纳米发电机

压电效应是指某些特定的材料在受到机械应力或压力作用时，会产生电荷分布的变化，从而产生电势差和电场。在这个过程中，机械运动被转化为电能。基于压电效应，发明了压电纳米发电机，因其可以将机械能转化为电能而广泛应用于能量收集装置。

（一）压电材料

自 1880 年居里兄弟首次发现压电效应以来，越来越多具有压电效应的材料被陆续报道。常见的压电材料可分为压电陶瓷、压电聚合物和压电复合材料。其中，压电陶瓷被称为无机压电材料，主要包括半导体纳米材料（如 ZnO、GaN、CdS、InN 和 ZnS）、铅基陶瓷（如 PZT、$PbTiO_3$ 和 $PbZrO_3$）、无铅陶瓷（如 $BaTiO_3$、$KNbO_3$、$LiNbO_3$、$LiTaO_3$ 和 Na_2WO_3）。它们具有理想的转换效率、优异的机械强度、化学惰性及高的压电电荷常数等优点。然而，压电陶瓷硬、脆、重的显著缺点限制了其在柔性电子设备中的应用。压电聚合物，如聚氯乙烯（PVC）、聚酰胺 11（PA-11）、聚丙烯（PP）、聚乳酸（PLA）、聚偏氟乙烯（PVDF）及其共聚物聚偏二氟乙烯-三氟乙烯（PVDF-TrFE）和聚偏二氟乙烯-共六氟丙烯（PVDF-HFP）等，具有独特的柔韧性、生物相容性和耐化学性，因此易于将其制造成纤维形状，以构建纤维基纳米发电机。有机压电聚合物中，PVDF 因其柔韧性好、可加工性强和较高的压电灵敏性，在纳米发电机中显示出广阔的前景。PVDF 是一种半晶聚合物，包括五种不同的晶相，分别是 α、β、γ、δ 和 ε 。相比于其他晶相，β 相拥有最大的极化和最大的压电响应，这在很大程度上决定了 PVDF 的压电性能，因此将其他相转化为 β 相至关重要。与压电陶瓷相比，PVDF 的压电性能有待提高，可以通过电极化方式增加 β 相，从而解决压电常数低的问题。常用的技术有原位极化、热拉伸、机械拉伸、电场极化、电晕极化、高压退火和研磨等。此外，PVDF-TrFE 是一种常见的铁电聚合物，相比于 PVDF，其具有确定的居里转变温度和足够大的机电耦合系数，这赋予其良好的机电转换性能。为了使压电材料同时具有柔韧性和高压电系数，将压电陶瓷和压电聚合物结合起来制备压电复合材料，是压电纳米发电机发展的一个重要方向。例如在 PVDF 纤维中掺杂 ZnO、$BaTiO_3$ 等无机纳米粒子，复合材料的压电系数大大提高，压电响应性能得到实质性的改善。

（二）工作原理

压电现象是由于某些晶体的结构特性所引起的。这些晶体在未受到压力时，呈现出对称的电荷分布。但当施加机械压力或压力变化时，晶体的结构发生微小变化，导致晶体内部的正负电荷分布发生变化，从而在晶体的表面上形成电荷分布。这种表面电荷分布受到机械压力的影响，可以通过电场测量或电荷收集器获取。图 10-1 显示了压电纳米发电机的工作原理。在施加电场之前，压电材料中的电偶极子在两个电极之间随机对齐。当施加压力时，压电材料内的电荷分离，电极表面顶部和底部之间发生极化，正电荷和负电荷分别积聚在电极的底部和顶部，产生正压电信号。释放压力后，累积的电子以相反的方向流动，产生负压电信号。压电势源于压电材料中自由电荷的运动和积累。

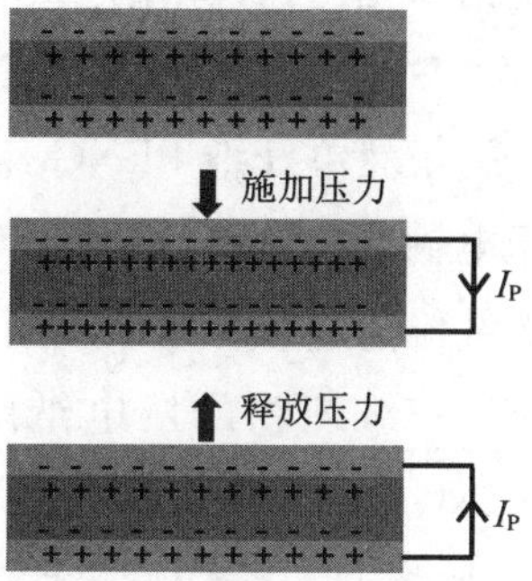

图 10-1 压电纳米发电机的工作原理

（三）纺织基压电纳米发电机

由于 PENG 具有环境适应性强、结构简单、质量轻等特点，将其与纺织品相结合已成为一种开发舒适、灵活、方便和可持续电力输出的电子设备的有效方法。压电材料的选择、纳米发电机结构的设计以及输出性能的提高是纺织基压电纳米发电机研究的重点。根据器件配置和制备方法，目前纺织基 PENG 通常采用层叠和纱线交汇两种方法构建。具体来说可分为单纤维型、纱线交织型和多层堆叠型织物基压电纳米发电机。

1. 单纤维基压电纳米发电机

纤维作为纺织结构中的基本结构，是纱线、织物的组成单元，对开发纺织基纳米发电机具有重要意义。基于单纤维的 PENG 起源较早，王中林院士于 2008 年首次提出了纤维基 PENG。通过用 Kevlar 纤维作为 ZnO 纳米线的支撑材料，然后通过磁控溅射进一步将 Au 覆盖在表面制备出导电材料。自那时起，越来越多的单纤维基 PENG 被开发出来。起初，压电材料只是被简单地包裹在高强、高模的纤维基底上，并和具有导电功能的纤维进行缠绕而制备 PENG，但是力学性能和长期使用稳定性通常很差，不利于日常使用。为此，研究人员试图采用同轴结构组装纤维基 PENG，一种方法是将压电材料夹在内电极和外电极之间。例如，将 ZnO 薄膜夹在内部碳纤维和外部银浆之间。另一种方法是将导电纤维用作内部电极，并将压电材料涂覆或生长在其表面，然后将纤维或薄膜集流体作为外部电极封装在纳米发电机中。例如，在碳纤维径向生长 ZnO 纳米线，然后进一步用氧化铟锡(ITO)电极层覆盖。

利用压电陶瓷与压电聚合物的协同作用是开发高性能纤维基 PENG 一种有前途的方法。Lee 等报道了一种由 ZnO 纳米线阵列、PVDF 聚合物和两个电极组成的杂化纤维纳米发电机，输出电压、电流密度和功率密度分别达到 0.1 V、10 nA/cm^2 和 16 W/cm^2。其中，ZnO 纳米线用作压电材料和添加剂来增强表面接触面积，使得浸涂过程中纤维周围能够形成均匀的 PVDF 层。此外，无机卤化铅钙钛矿因其优异的光学和电子性能，已成为现代光电和电子纳米器件的新兴材料。无机 $CsPbBr_3$ 钙钛矿具有优异的介电和电学性能，在 PVDF 纤维上原位生长其纳米晶，可以提高 PENG 的稳定性。还可以将修饰铯铅卤化物钙钛矿的 PVDF 纳米纤维沉积在不锈钢纱线上，以组装柔性压电纱线。

2. 纱线交织结构的二维/三维织物基压电纳米发电机

虽然单纤维 PENG 组装简单易于使用，但是由于单位面积中压电纤维数量有限，其压电输出功率相对较低，无法满足可穿戴能源需求。为了提高输出功率，可以将这些压电纤维通过各种纺织成型技术，包括编织、机织、针织、非织造等制成织物。目前，基于二维和三维织物的压电纳米发电机被广泛报道。其中，二维织物基 PENG 中，机织物 PENGs 的应用广泛。机织压电织物一般是由压电纤维和导电纤维分别作为经纱和纬纱组成的，具有结构稳定性强、耐磨性好的优点。最简单的机织 PENG 仅由一种压电纤维制成。例如，通过熔融纺丝获得高性能的钛酸钡(BT)/PVDF 压电纤维，然后利用针织、机织和编织技术将这些纤维制造成发电机可用于各种传感响应，如图 10-2(a)所示。此外，利用涂有 PEDOT 的 PVDF 静电纺纳米纤维制造的纱线可用于开发织物基 PENG。织物压电纳米发电机的制备示意图和照片如图 10-2 的(b)和(c)。虽然由一种纤维体系制成的织物基 PENG 结构简单且易于制备，但输出功率不能满足应用需求。因此，大多数基于二维机织物的 PENG 由两种或三种纤维制成。

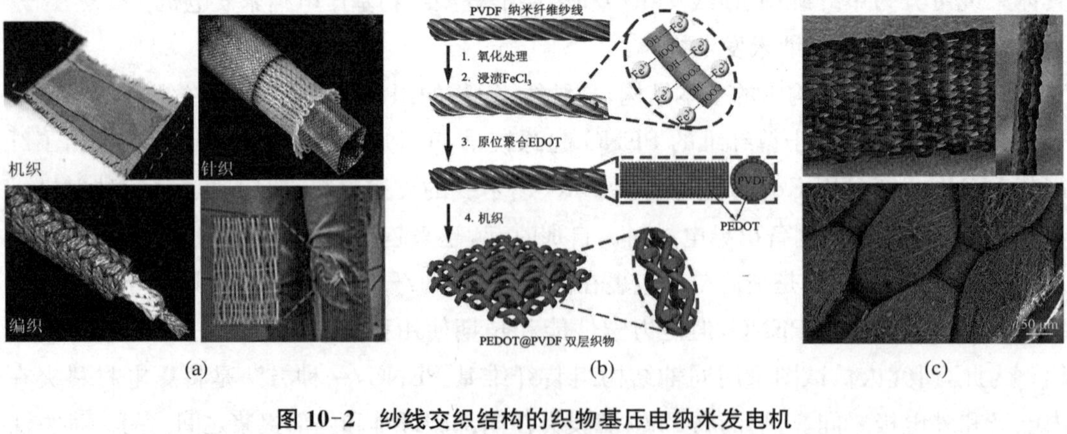

图 10-2　纱线交织结构的织物基压电纳米发电机

(a) 机织、针织和编织结构的织物压电发电机与用于膝套的实物照片；
(b) PEDOT@PVDF 纳米纤维机织物的制备；(c) PEDOT@PVDF 纳米纤维织物的光学图像和 SEM 图像

尽管二维织物型 PENG 的压电输出性能有了很大的提高，但仍需进一步增强。为了优化织物型 PENG 的能量收集能力，沿第三个方向(即厚度方向)增加压电纱线来制造三维织物型 PENG 是有效的方法。根据成型工艺的不同，PENG 织物可分为 3D 机织物的 PENG 和 3D 针织物的 PENG。三维机织物是将多层二维机织物通过打结纱线连接在一起的织物，在高能量输出的前提下表现出独特的力学性能，如结构稳定性强、耐磨性好。而且 3D 机织物可以通过传统的织机进行大规模生产。与 3D 机织物相比，3D 针织物柔软、透气，并具有优异的平面弹性和横向压缩性，纺织成型技术引起了人们对构建具有更高柔韧性、透气性和耐磨性的纺织基 PENG 的浓厚兴趣。然而，功率输出不足和纱线制造复杂，是未来需要深入研究的主要方向。

3. 多层堆叠结构的织物基压电纳米发电机

织物基 PENG 不仅可以通过传统的纺织成型工艺制造，还可以通过多层堆叠方法获得。多层织物堆叠结构中压电材料可以直接生长或覆盖在织物基材表面，因此典型的多层堆叠 PENG 一般包含三层，即压电材料层夹在两层电极之间。目前，利用传统的水热法已经将 ZnO 纳米线、纳米棒或纳米花阵列成功地生长在纺织电极上。例如，在两个镀金织物电极之间垂直生长 ZnO 纳米线可以获得多层结构的 PENG。然而，这种配置可能会降低 PENG 的机械坚固性，尤其是在受到连续拉伸和扭曲时。将压电材料平放在织物电极之间的 PENG 可以解决这一问题。相较于压电陶瓷材料，压电聚合物可以满足平放条件，因为它可以通过静电纺丝和其他技术被制造成纳米纤维膜。例如，Du 等利用静电纺丝制备了高取向 $Pb(Zr_{0.52}Ti_{0.48})O_3$/PVDF(PZT/PVDF)纤维的多层多孔结构压电复合材料，并采用层压法获得了高性能 PENG，如图 10-3(a)所示。纳米纤维基 PENG 可以采用全纳米纤维结构制造，而不是使用普通织物或聚合物膜作为基材。全纳米纤维基 PENG 的一个潜在优势是与膜状结构相比，它们可以在压电元件和导电材料之间提供更高的接触概率和良好的透气性。Kim 等采用低温水热法在静电纺丝 PVDF 纳米纤维表面生长 ZnO 纳米棒，开发了一种新型透气压电织物，如图 10-3(b)所示。在不影响透气性和柔韧性的情况下，显著改善了 PENG 的压电响应。此外，具有随机和混沌取向压电纤维的无纺布压电层也可以将生物力学能转化为电能。例如，以静电纺丝 PVDF 纳米纤维为压电元件，以静电纺丝 TPU 为基材，以 PEDOT：PSS/PVP 纳米纤维和碳纳米管为电极，开发了一种柔性无纺布基 PENG。

三、摩擦电纳米发电机

摩擦电是指通过反复接触(例如滑动)产生电荷，这种现象通常被称为静电，大约在 2500 年前由希腊哲学家泰勒斯首次发现。当两种不同的材料反复接触时，就会发生摩擦电效应。从能量的角度来看，通过将产生的静电荷收集的方式，制造了早期的静电发电机，如“摩擦机”和“范德格拉夫发电机”。现代摩擦纳米发电机通过摩擦电效应和静电感应的结合而工作，王中林院士是第一个阐明摩擦纳米发电机概念的人。摩擦纳米发电机

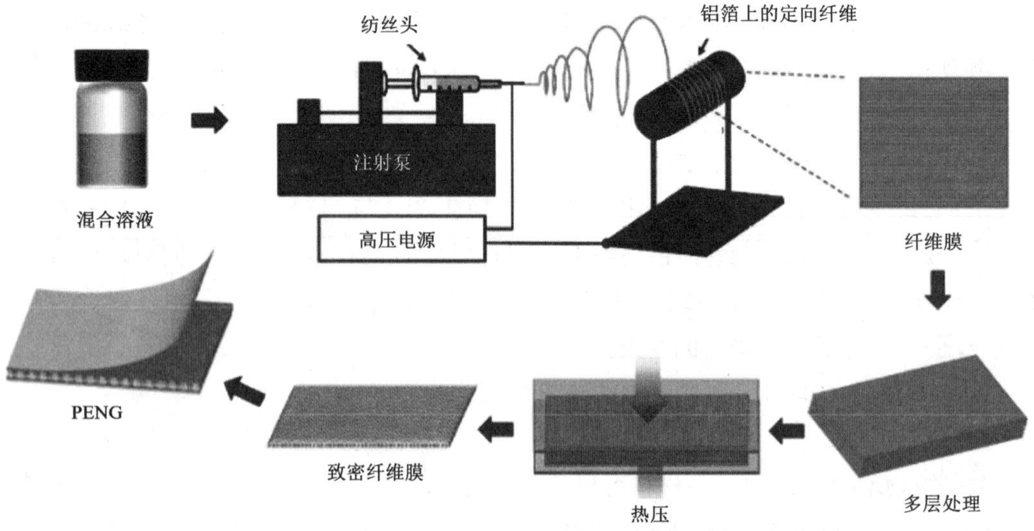

(a)

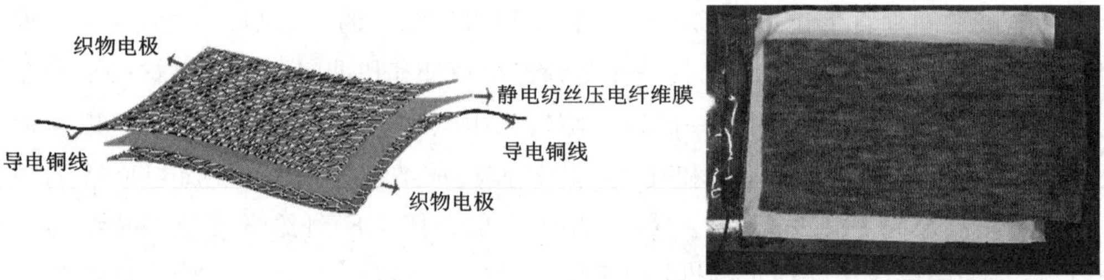

(b)

图 10-3　多层堆叠结构的织物基压电纳米发电机

(a) 多层堆叠式 PENG 的制备工艺路线；(b) 透气的纤维基压电纳米发电机和实物照片

主要收集不同形式产生的废弃机械能，在日常生活中发挥了极其重要的作用。

（一）摩擦电材料

目前，研究发现多种材料都具有摩擦电特性，并且可用于摩擦纳米发电机的开发。摩擦电材料的选择取决于材料在摩擦序列中的位置，这对摩擦电纳米发电机的性能起着至关重要的作用。根据电子亲和力排序，在摩擦过程中容易获得电子并带负电荷的材料，称为负摩擦电材料。同时，倾向于失去电子并带正电荷的材料，称为正摩擦电材料。摩擦电材料可以根据其极性和电荷密度进行排列。摩擦电序列由约翰·卡尔·威尔克于 1757 年首次发表。当两种材料在摩擦序列图中具有更远的距离时，在接触和分离过程中产生的电荷越多，产生的电输出越高。具有摩擦电特性的材料序列如表 10-1 所示。PVDF、聚四氟乙烯（PTFE）、聚对苯二甲酸乙二醇酯（PET）和聚二甲基硅氧烷（PDMS）是常用的负摩擦电材料，而正摩擦电材料主要是尼龙 66（PA 66）、蚕丝和纤维素。摩擦材料的选择与纤维特性相结合，是得到高性能、多场景应用的纤维基 TENG 的高效途径。

表 10-1　用于 TENG 的摩擦电材料序列

摩擦电材料	电子亲和性/（$nC \cdot J^{-1}$）		摩擦电材料	电子亲和性/（$nC \cdot J^{-1}$）
聚氨酯泡沫	+60	+	聚氨酯橡胶	+58
头发，油性皮肤	+45		固态聚氨酯	+40
氟化镁	+35		尼龙，干性皮肤	+30
机油	+29		Nylatron（商品名）	+28
苏打玻璃	+25		纸张	+10
木材（松木）	+7		棉	+5
丁腈橡胶	+3		羊毛	0
聚碳酸酯	−5		丙烯酸	−10
环氧树脂	−32		丁苯橡胶	−35
聚酯薄膜	−40		EVA 橡胶	−55
纯胶	−60		聚苯乙烯	−70
聚酰亚胺	−70		有机硅塑料	−72
乙烯基	−75		低密度聚乙烯	−90
聚丙烯	−90		高密度聚乙烯	−90
硝酸纤维素	−93		超高相对分子质量聚乙烯	−95
聚氯丁烯	−98		聚氯乙烯	−100
天然橡胶（乳胶）	−105		氟橡胶	−117
环氧氯丙烷橡胶	−118	−	Santopeme（商品名）	−120
海帕龙橡胶	−130		丁基橡胶	−135
三元乙丙橡胶	−140		聚四氟乙烯	−190

（二）工作原理

TENG 起源于麦克斯韦位移电流，由王中林院士团队于 2012 年首次发明。从那时起，越来越多的研究人员开始对 TENG 进行探索，TENG 的重要性日益增加。TENG 的原理是通过摩擦材料之间周期性的接触分离或摩擦运动，将压力、剪切、振动等机械信号转换为易检测的电信号。根据不同的结构和工作方式，TENG 可以分为四种工作模式，接触分离（CS）、滑动模式（SM）、单电极（SE）和独立式（FS）模式，如图 10-4 所示。由于每种工作模式的核心内涵是一致的，因此只对接触分离模式 TENG 的工作原理进行阐述。在接触分离模式下，当两个材料表面通过外力接触时，一个材料表面失去电荷带正电，另一个表面获得电荷并带负电，电荷数量相等，但极性相反。当它们逐渐分离时，由于静电感应效应，电极上感应出正电荷和负电荷。随着产生的电荷越来越不平衡，它们之间累积的电势差促使电子流动，产生瞬时电流。当再次接近时，两个材料表面之间的间隙减小，电位差将下降，电流将沿相反方向流动以补偿电位差，整个系统恢复到初始状态。因此，随着接触分离过程的循环往复，TENG 将产生交流电。

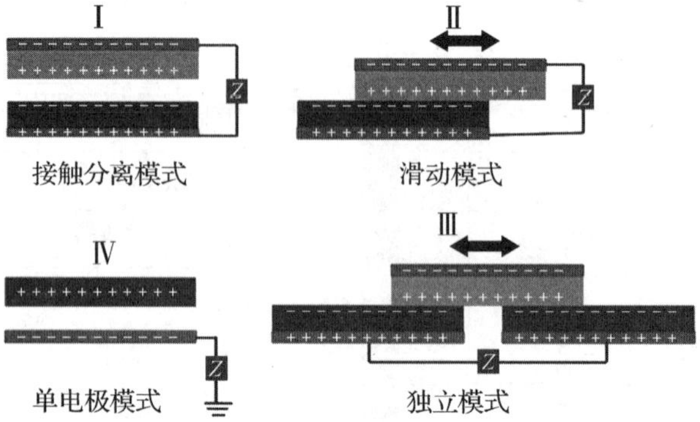

图 10-4　摩擦电纳米发电机的工作原理

(三) 纺织基摩擦电纳米发电机

基于纺织品的 TENG 正在被广泛研究，用于从人体运动、风流、雨滴等不同来源收集机械能。纺织基 TENG 非常适合可穿戴能量收集设备，这种新型可穿戴电子设备可以适应复杂的非平面形状，同时保持令人满意的性能、可靠性和集成度。相较于非纺织 TENG，纺织基 TENG 的性能还需要进行改进。TENG 的电气性能主要取决于摩擦电织物/纱线/纤维材料接触或滑动引起的电荷转移以及电荷在电极上的静电感应。根据结构特点和制备方法，纺织基 TENG 可以分为单纤维基 TENG、具有纺织成型结构的二维/三维织物基 TENG 和具有多层堆叠结构的织物基 TENG。

1. 单纤维基摩擦电纳米发电机

单纤维基 TENG 因其质量轻、柔韧性好、结构简单、易洗性等特点，比其他纺织形式的 TENG 更具优势。目前已经尝试了多种方法开发纤维基 TENG，例如在传统纺织纤维和静电纺丝纤维上进行浸涂或者喷涂功能材料。此外，根据工作模式的不同，单纤维 TENG 可分为基于 SE 模式和基于 CS 模式的两类 TENG。通常，SE 模式下的单纤维 TENG 由外部封装层和内部电极材料组成，其中外部的外壳用作支撑材料和电介质层。CS 模式单纤维 TENGs 具有瞬时能量输出高、制备容易、结构简单等优点。在分离过程中，开路电压由两种摩擦电材料之间的距离决定，而短路电流主要取决于两种摩擦电材料的接触和分离速率。CS 模式下的单纤维 TENGs 通常为芯壳结构，内芯柱和外壳管之间有空气层，如图 10-5 所示。

与 SE 模式单纤维 TENG 相比，CS 模式单纤维 TENG 对电信号和力学性能的响应更加完美。为了实现高性能单纤维 TENG 的制备，可以将不同的工作模式结合起来，优势互补，进一步提高力学性能和功率输出性能。随着制造技术的发展，单纤维 TENG 在

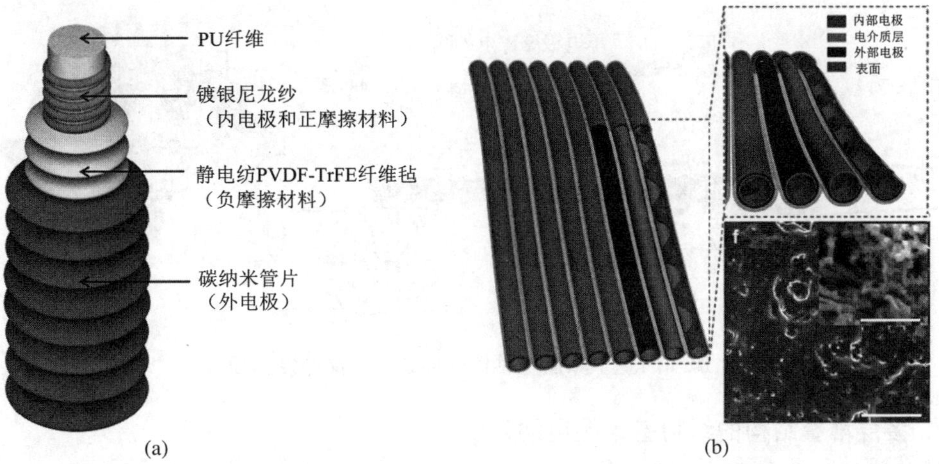

图 10-5　单纤维基摩擦电纳米发电机

(a) 可拉伸摩擦电纤维电极结构；(b) 管状 TENG 纤维的结构和局部放大效果

未来的自供电传感设备、可穿戴医疗保健、个性化医疗和人机界面方面具有广阔的应用前景。

2. 纱线交织结构的二维/三维织物基摩擦电纳米发电机

尽管基于单纤维的 TENG 因其柔韧性和可拉伸性具有相当大的优势，但它们可以产生的摩擦电输出较低。为了提高电输出并促进其广泛应用，基于纺织品的 TENG 通常以织物形式存在。通过各种纺织成型技术，可以将导电或介电纤维加工成织物。为了便于制备和增加有效接触面积，基于织物的 TENG 最初是由窄薄膜带或布条制备的。这种 TENG 具有制备方法简单、输出性能高、力学性能稳定等优点。然而，其只适用于传统的手工织造，而不适用于其他纺织成型方法，与目前的大规模工业化生产不相容，这在很大程度上限制了其广泛应用。基于纱线交织而成的二维织物 TENG 更有可能实现大规模的工业化生产。例如，基于平纹结构的机织织物的 TENG 具有良好的拉伸性，可满足大规模生产的要求。Hou 等通过将一种高度可拉伸的摩擦电纱线和加捻的双层导电纤维交织成平纹结构，制造了一种机械稳定、高度可拉伸和可大规模生产的能源纺织品，如图 10-6 所示。

二维纺织成型结构相对简单，易于制备，并且与现有的纺织加工技术兼容，使其在智能纺织品的设计中很受欢迎。然而，由于结构尺寸在厚度方向上的限制，传统二维纺织结构的输出功率仍然较低。为了进一步提高能源纺织品的输出性能，3D 纺织结构已逐步得到应用。3D 纺织结构不是在横向增加接触面积，而是在厚度方向增加层数，从而提供更多的接触和分离空间。具有固有内部空间和优异回弹性的 3D 间隔针织结构可以提供足够的接触和分离空间，因此被广泛用于设计 3D 织物基 TENG。此外，直接利用 3D 间隔针织织物作为基材，同样可构建性能优异的 3D 织物基 TENG。

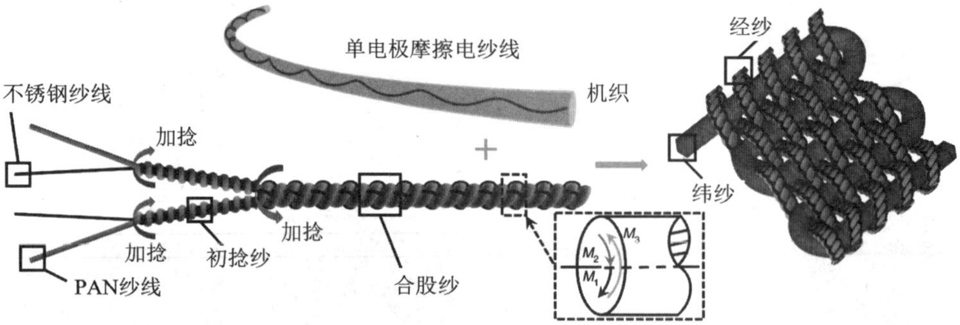

图 10-6　基于摩擦电纱线的能源纺织品的结构设计

3. 多层堆叠结构的织物基摩擦电纳米发电机

与传统纺织成型方法获得的织物基 TENG 相比，通过将多层功能织物直接堆叠在一起来获得织物基 TENG 更加方便和高效。纺织品的粗糙表面有利于增强摩擦电效应，从而获得更高的电力输出。最简单的结构仅由导电织物和介电织物组成，如将介电层和电极层进行垂直层压。此外，纳米颗粒或纳米纤维可以直接喷涂在织物表面，而不仅仅在织物基材上生长纳米棒。Lee 等开发了一种可清洗的皮肤触摸驱动的纺织基摩擦电纳米发电机，用于从身体运动中收集机械能，如图 10-7 所示。这种全纺织摩擦纳米发电机可集成到服装中与皮肤贴合，并可以捕获无意识下细微摩擦产生的低输出，从而实现对低强度身体运动下的能量收集。多层织物堆叠是一种简单、方便、高效的制备织物基 TENG 的方法。纤维的多级结构和织物的大表面积为功能纳米材料提供了优良的黏合载体，还可以通过缝合方法改善织物之间的界面黏合。未来实现其应用价值的关键问题

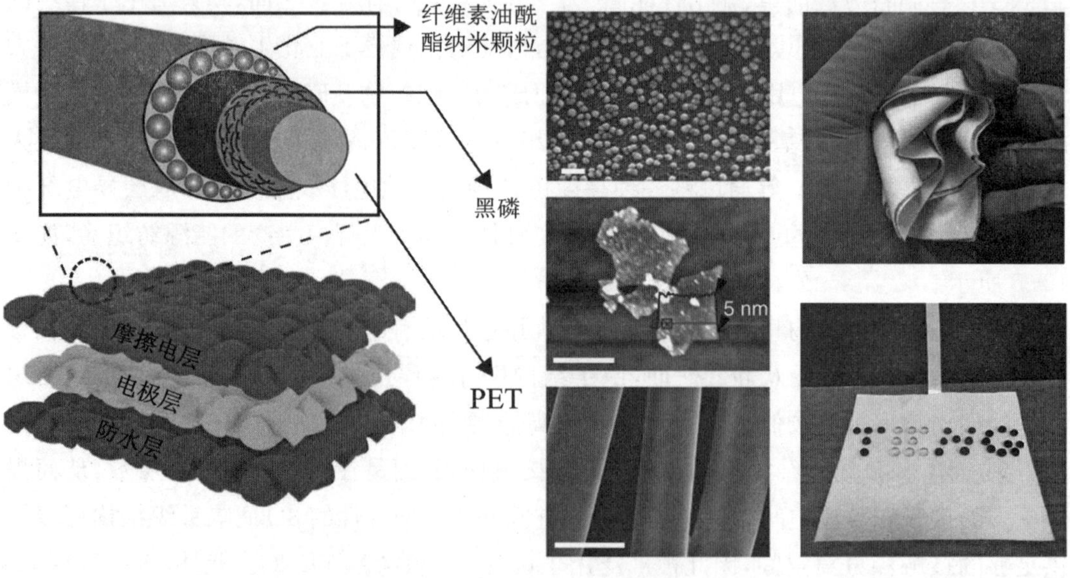

图 10-7　基于 PET 织物的纺织摩擦纳米发电机的结构及其可水洗、可变形能力

在于，它与人体的贴合性以及当前的纺织工业技术能否满足其大规模生产。

四、热电发电机

热电效应是一种物理现象，受热物体中的电子因温度梯度由高温区往低温区移动时产生电流或电荷堆积。热电发电机是没有运动部件或工作流体的固态设备，受益于热电(TE)材料，利用空间温差可直接将热能转换为电能。热电发电机可靠、安静且不会产生振动，但是热电器件的低效率限制了其在某些领域的应用，例如制冷、热回收和可再生能源。人体与周围环境的空间温差可以持续产生高达 10 mW/cm^2 的热流，因此热电发电机在收集人体周围的热能中展示出广泛的前景。

(一) 发电原理与热电材料

自 1821 年 Seebeck 发现热电以来，研究人员一直在试图理解和控制这种现象。佩尔蒂埃在 1834 年发现了相反的效应。进入 20 世纪，1909 年埃德蒙首次正确地计算了现在称为品质因数(ZT)的热电发电机的能源效率，两年后又正确计算了冷却模式下的热电的能源效率。TEG 通过基于塞贝克效应、珀耳帖效应和汤姆逊效应的三种 TE 机制运行。在这三种机制中，塞贝克效应是大多数 TEG 用来将热能转化为电能的根本机制。根据 TE 效应，样品的温差可以使电荷载流子从高温区域向低温区域传输而产生电压。TE 材料的能量转换效率由无量纲品质因数 ZT 决定：

$$ZT = S^2 \sigma T / K \tag{10-1}$$

其中：S 为塞贝克系数；σ 为电导率；T 为绝对温度；K 为导热系数。

提供高塞贝克系数、高导电性和低导热系数，对于获得高性能 TE 材料至关重要。热电材料可分为 n 型(电子电荷载流子)和 p 型(空穴电荷载流子)。在相同的温差下，n 型材料和 p 型材料将具有相反极性的积聚电势。因此，多对 n 型和 p 型热电材料可以串联，以提高 TEG 的整体输出性能。

选择合适的 TE 材料对纺织 TEG 的输出性能至关重要。理想的 TE 材料应具有较高的能量转换效率、高载流子迁移率和适当的载流子浓度。同时，这些材料应具有理想的热性能和力学性能，并且易于在低温或室温下使用低成本材料制造。常见的无机 TE 材料包括铋碲合金、方钴矿化合物、半 Heusler 化合物、金属硅化物、金属硫族化合物和一些高 ZT 氧化物。其固有的脆性和刚性不能承受人体运动引起的强烈磨损，限制了其作为纺织基 TEG 的应用。在柔性基材(纸张、织物、碳纳米管等)上沉积无机 TE 材料、与柔性材料混合或者合成低维结构材料是解决该问题的有效途径。有机 TE 材料具有成本低、材料丰富、导热系数低、质量轻、柔韧性高等优点，包括聚苯胺(PANI)、聚(3，4-乙烯二氧噻吩)-聚苯乙烯磺酸盐(PEDOT：PSS)、聚吡咯(PPy)和聚乙炔(PA)等。然而，相较于无机 TE 材料，其低塞贝克系数、低电导率以及低功率因数限制了其应用。为了提高其热电性能，研究人员通过与高导电碳/金属材料的混合来提高这些聚合物的导电性。

总之，深入了解有机和无机 TE 材料的约束条件和相应的解决方案，是构建纺织 TEG 系统的重要前提。

（二）纺织基热电发电机

当 TEG 附着在人体皮肤上时，由空间温度梯度感应，热电材料中的电荷载流子从皮肤侧扩散到周围环境中而产生电流。随着智能设备和高质量的热电材料的发展，将 TEG 与纺织品相结合以收集体热能量已成为可穿戴发电的良好选择。由纤维、长丝、纱线或织物组装而成的纺织基 TEG 凭借优异的力学性能、热湿舒适性以及通过成熟的纺织工业技术可达到具有成本效益的大规模生产，在可穿戴应用中非常有前途。

1. 一维结构的纺织基热电发电机

为了设计一维 TE 纱线，可以将 TE 材料涂覆在各种纱线上，包括碳纤维纱、玻璃纤维纱、棉纱，或者通过纺纱技术直接纺成纱线。传统的无机 TE 材料刚性和脆性，很难直接制造成柔性和独立的一维纺织材料。结合材料的不溶性，可以采用热蒸发和磁控溅射等物理沉积方法将无机 TE 材料涂覆到纱线/长丝/纤维基材上。例如，利用热蒸发方法将镍和银作为相邻的条带沉积在硅纤维上，该器件的塞贝克系数约为 19.6 μV/K。

2. 二维/三维结构的纺织基热电发电机

一维 TE 材料是人体热能收集的基本功能单元。为了提高输出功率，构建二维纺织 TEG 是一种有效的方法。2002 年，Yamamoto 和 Takai 利用针织工艺将铝线和铬线交织在一起作为热电偶，报道了第一个基于纱线交叉的 TEG 设备。之后，各种二维纺织 TEG 被开发出来，以满足实际应用需求。通常情况下，纺织基 TEG 通过有两种结构，即纺织品作为基材的多层结构和纱线作为构建单元的交织结构。与使用商业纱线/长丝/纤维制备 TE 纱线/长丝/纤维类似，2D 纺织 TEG 可以通过在传统的织物，例如棉、丝绸和尼龙基针织、机织物和无纺布上涂覆有机或无机 TE 材料来获得。Ding 等报道了一种将 n 型 Ag_2Se 薄膜涂覆在尼龙织物上而形成的 TEG，具有超高的功率因数，在 300 K 下为 987 $\mu W/(m \cdot K^2)$，并且表现出优异的柔韧性，在 1000 次弯曲循环后，电导率几乎不下降。此外，利用纺织成型技术将 TE 纱线组装成二维纺织品，是获得高性能 TEG 有前途的方案。

从人体与周围环境之间的温度梯度中构建三维纺织 TEG，可以进一步收集人体热能。在这种设计中，纺织品的厚度和多孔结构中捕获的空气可以阻挡机体热量损失并保持温差，从而获得更高的能量。制备的柔性 TE 纱线/长丝/纤维可以针织、机织或刺绣成 3D 纺织品。Sun 等利用热电纱线的交替互锁结构，开发了一种无需基材的 3D 纺织 TEG。与传统的需要基材的 TEG 相比，它表现出更好的力学性能，并能产生更高的温差，如图 10-8 所示。相较于嵌入服装的 TEG，它实现了在不牺牲灵活性和输出功率的前提下与人体运动兼容，大大提高了可穿戴 TEG 的实用性。

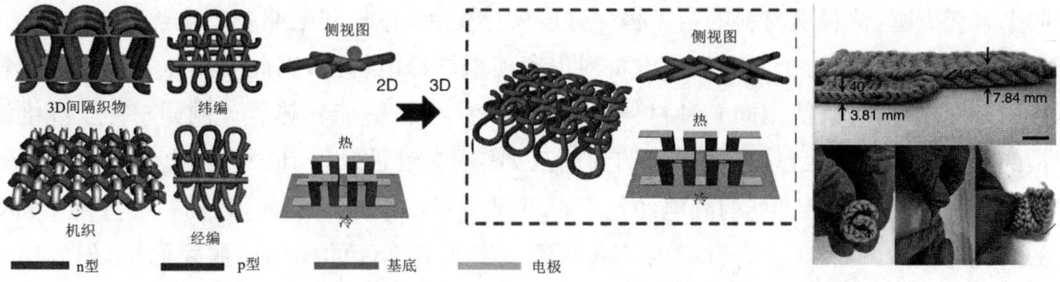

图 10-8　有基材支撑和无基材支撑的的 3D 纺织 TEG 的结构比较和光学照片

五、其他纺织基纳米发电机

除了常见的 PENG、TENG、TEG，纺织基发电机还有基于其他原理的能量转换装置。例如，可以收集机械能的电磁发电机（EMG）、收集热能的热释电纳米发电机（PyNG）和利用水蒸气发电的湿气发电机（MEG）等。这些器件同样可以与纺织品结合，达到出色的机械强度和令人满意的电输出性能，在可穿戴电子设备能源供应领域发挥出重大作用。

（一）电磁发电机

电磁发电机的机理是基于法拉第电磁感应定律，其中闭环上的电压由回路的磁通量随时间变化成比例感应产生。由于能量转换效率高，EMG 在现代农场中被广泛采用，用于集中式和大规模发电。同时，EMG 也可以被开发为分布式和小规模能源装置，用于从各种机械振动和人体运动中收集原位能量。EMG 通常表现出小阻抗，电流大，电压输出小的特点。EMG 可以用于收集人体行走产生的能量，其基本思想是利用人体运动使永磁体和感应线圈进行相对运动以输出电力。此外，如今射频能量遍布全球，由数十亿个无线电发射，因此可以从周围环境收集这部分能量。特别是在人口稠密的城市地区，环境中可用射频的功率密度大大增加。将用于射频能量收集的纺织天线集成到智能服装中是一种值得研究的思路。纺织天线通常由重叠的导电层和介电层组成，要求具有薄、轻、坚固耐用、耐洗、易于维护和低成本的特性。例如有研究提出一种用于射频能量收集的三频环形织物天线，其导电部件使用了表面电阻率为 0.02 Ω/m^2 的电磁屏蔽织物。此外，纺织天线可以通过层压和刺绣技术制造，可以更好地保持材料的电磁性能。未来可以探索其他技术生产基于电磁发电的纺织天线，例如直接转移、丝网印刷和喷墨印刷。这种基于 EMG 的纺织天线的创新概念为服装开发和可持续通信开辟了新的视野。

（二）热释电纳米发电机

热释电纳米发电机的运行机理是基于材料的热释电效应。热释电效应与热电效应不同，电荷极化是由随时间变化的温差所产生的。通常，当温度没有随时间变化时，热释电材料的自发极化强度将保持不变，无论温度高低或空间上有没有温度。一旦温度随时间上升或下降，热释电材料的自发极化强度就会变化，在外部电路中产生热释电电流，直至达到新的平衡。由于大多数压电材料也表现出热释电特性，因此利用压电和热释电特性的协同作用，可以使用同一种材料来收集环境中的机械能和热能。例如一种全纤维结构的 PyNG 具有高灵敏度，可以检测到低至 2K 的温度波动。其中热释电元件由具有铁电 β 相和 γ 相的随机排列的静电纺丝 PVDF 纳米纤维制成。然而，目前基于纤维 PyNG 的研究还较少，薄膜和复合材料由于高断裂强度在 PyNG 的构建中脱颖而出，但其通常不透气，难以满足可穿戴要求。基于聚合物的 PyNG 具有适合可穿戴电子设备的结构，因为它们具有柔韧性、可拉伸性和生物相容性。另一方面，陶瓷基 PyNG（如 PZT）具有显著的高热释电系数，比聚合物基 PyNG 具有更高的输出功率。若通过纤维结构设计和添加纳米材料或许可以实现灵活性，为基于纺织基 PyNG 的研究提供新的思路。由于人体表面温度随时间变化不大，基本保持在 33.5 ℃左右，PyNG 对收集身体热能的效率较低。而呼吸过程中口腔周围会出现明显的温度波动。将 PyNG 放置在嘴周围，这些温度波动产生的极化变化将产生电位。为此，Xue 等报道了一种集成在呼吸器上的可穿戴 PyNG，其由人类呼吸活动驱动，展示了可持续能量收集和自供电呼吸监测的能力。其中，由于柔性 PVDF 薄膜良好的热释电性能，组装的 PyNG 可以分别产生 42 V 的开路电压和 2.5 μA 的短路电流。PyNG 的输出电信号与环境温度呈线性关系，作为温度传感器也能表现出出色的性能。

（三）湿气发电机

湿气发电是水伏技术中发展最快、潜力最大的一种水电捕获技术，它利用环境大气中几乎无穷无尽的、零污染的水蒸气资源为能源，直接将空气中水汽分子蕴含的能量转化为电能。然而，当前湿气发电技术存在两大主要制约因素。一是吸湿材料昂贵，器件构筑复杂。目前，MEG 吸湿材料昂贵，主要为石墨烯、碳纳米颗粒、金属氧化物纳米颗粒、聚电解质等，并且器件制作与组装过程复杂。二是器件不能实现持续电能输出。当前，这些基于碳纳米材料的 MEG 装置，只能产生瞬时的湿气响应电压或电流，通常小于 50 s。研究发现，布类织物中存在显著的蒸发发电现象。Wang 等开发了一种纺织基蒸发驱动的 MEG，在完全润湿的情况下可以持续高效地产生电力。该 MEG 的输出高达 0.65 V 和 8 μA，产生的电力足以运行一个带 LED 屏幕的数字钟或点亮一个 LED 灯泡，而且该 MEG 通过对具有优异亲水性的棉纺织品进行修饰，构建了不对称的微纳米分层毛细管系统。当水滴遇到这种纺织基 MEG 时，水在毛细管作用下自发流动，不需要外部电源。纺织基湿气发电机从无处不在的水分中获取可持续的电力，是智能纺织电子产品的有前途的候选者。

总而言之，身体运动、热量和生化能都是可穿戴设备容易获得的能量来源。利用电磁、摩擦电、压电、水电、热电和热释电几种发电机制收集能量，也在研究中得到证明。当然，还存在其他未提及的方法，例如气动能量收集。Daniel 等开发了一种基于纺织品的能量收集系统，该系统使用直接集成到用户鞋垫中的纺织泵来提取用户在行走过程中脚部撞击产生的气动能量，如图 10-9 所示。该系统转换效率超过 20%，最大平均功率达到 3 W，性能优于电磁、压电和摩擦电系统，并用于可穿戴手臂提升设备和机械臂供电，以为上半身功能受限的人提供帮助。该能量收集系统由两个关键组件组成，每个组件均由纺织品制成：一个鞋垫气动泵为能量收集装置(EHD)，以及一个可穿戴气动蓄能器为储能囊(ESB)。因此，基于纺织品的能量收集系统可以为可穿戴设备提供轻质、低成本的解决方案，这将推动智能可穿戴领域的快速发展。

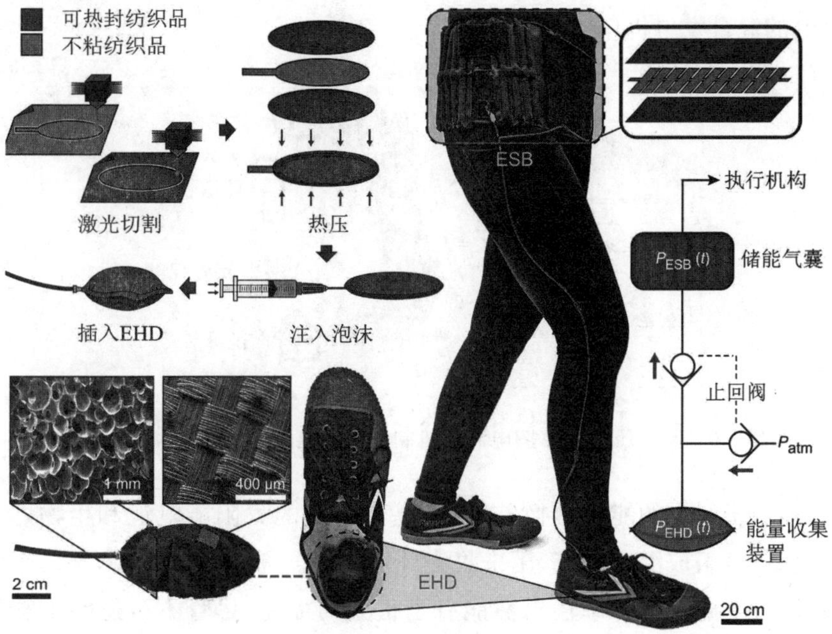

图 10-9　基于纺织品的气动能量收集系统的制造和穿戴

六、混合发电机

各种基于不同类型能量转换机制的发电机已被开发出，用来收集人类活动中散失的能量。在大多数情况下，周围环境中的能量以多种形式存在。由于单一类型能量形式的强度可能会发生显著变化，因此采用单一能量转换机制的发电机在不同场景下可能存在能源不稳定、能源利用率低、转换效率低、适应性低等问题。而利用集成多种机制的混合发电机可以更有效地收集单一类型和多类型能量。通过协同设计，混合发电机可以弥补各个单一机制的不足，提高能源利用率。因此将这些不同的设备组合成一根纤维或纺织品，以在人体内部或周围收集各种能量。

将压电和摩擦电纳米发电机组合成一个系统，已引起研究人员的极大兴趣。PENG

和 TENG 具有匹配的阻抗和相似的结构特征，更重要的是，它们都具有将机械能转化为电能的能力。通过适当的结构设计和偏振方向调制，压电和摩擦电混合纳米发电机可以结合高压电输出电流和高摩擦电输出电压的优点，在未来可穿戴电源中显示出广阔的应用前景。例如，Zhu 等通过将基于 PEDOT：PSS 涂层织物的 TENG 和基于 PZT 的 PENG 集成，开发了一种自供电和自功能棉袜，可以实现能量收集和感知各种生理信号，如图 10-11 所示。此外，由于 EMG 和 TENG 具有相似的触发形式，两者都是通过不同组件的相对运动，因此 EMG 和 TENG 结合的混合发电机也是良好的选择。另外，有研究将 EMG、TENG 和 PENG 三种结合的混合发电机用于高效振动能量收集和自供电无线监测系统中。此外，混合发电机可以用于自供电传感器中以监测各种信号，例如基于摩擦电和热电的混合发电机用于电子皮肤。

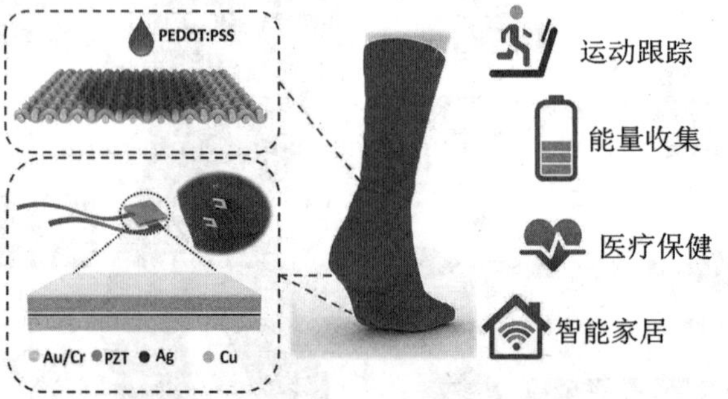

图 10-10　基于压电和摩擦电混合机制的自供电棉袜的结构和应用场景

此外，其他基于纤维的能量转换装置，如基于纤维的太阳能电池和生物燃料电池也可以与发电机结合，组成混合系统，用来收集环境能量。需要指出的是，与单个发电装置相比，纺织基混合发电机的功率输出性能有了很大的提高，尽管不可避免地会增加结构复杂性、设计成本和制造难度，但已经朝着真正实用的自供电纺织品迈出重要的一步，值得进一步研究和大规模推广。

第三节　纺织基太阳能电池

一、概述

太阳能作为一种清洁可再生的能源，具有无限的潜力。随着技术不断进步，太阳能的利用效率越来越高，成本也在不断降低，逐渐成为人们关注和采用的新型能源。在应对能源紧缺、环境污染等问题方面，太阳能的发展具有重要的意义。太阳能可以通过多种方式利用，其中常见的方式是利用太阳能光热和光伏技术来产生热能和电能。光热技术是利用聚光器聚焦太阳光线来加热液体，并将热能转换成电能或者直接用于供暖，这样的技术被广泛应用于太阳能热水器、太阳能热发电等领域。而基于光伏技术的太阳能器件就是我们常说的太阳能电池(SC)。太阳能电池的工作原理是通过光伏效应直接将光能转化成电能。光伏效应是指当太阳光子与半导体材料中的原子相碰撞时，会把原子中的电子打出来以形成自由电子-空穴对(即载流子)。载流子可以在半导体内部移动，并在两端形成电势差，如果把半导体两端连接一个外部电路，就可以形成一个闭合回路，从而产生电流。这些半导体材料被称为光敏材料，常见的有硅、镓、砷等。太阳能电池有着悠久的历史，可以追溯到 1839 年光伏效应的首次发现，研究人员在液体电解质中使用金属电极时，观察到了微小的电流，但是他们当时无法完全解释这种现象。1873 年，威洛比・史密斯在研究电报电缆材料时发现了阳光对硒及其光电导率的影响。1883 年，美国发明家查尔斯・弗里茨通过将硒夹在两个金属电极之间来制造 SC，然而这些 SC 只有 1%的能量转换效率。1954 年，贝尔实验室推出一种功能性硅基 SC，标志着光伏发电的转折点。时至今日，硅基 SC 占全球太阳能收集板的 90%以上。因此，根据光敏材料的不同，太阳能电池通常分为三代。第一代是基于单晶硅、多晶硅的太阳能电池。第二代太阳能电池是基于硅和半导体化合物的薄膜材料，例如碲化镉、非晶硅和铜铟镓硒。第三代太阳能电池包括染料敏化太阳能电池(DSSC)、钙钛矿太阳能电池(PSC)和有机太阳能电池(OSC)等。硅太阳能电池由于效率最高，目前在市场占据主导地位，在几十年前就实现了商业化。然而，硅太阳能电池的大规模应用一直受到生产过程中高成本和污染的阻碍。此外，半导体化合物基太阳能电池受到稀有金属来源有限和合成高纯度半导体材料困难的阻碍。因此，第三代光伏器件因其具有灵活性、质量轻、原材料丰富、易于制造和低成本等引人注目的特点而受到越来越多的关注。此外，功率转换效率(PCE)是光伏器件发展的关键因素，对于太阳能电池尤为重要。高功率转换效率可以保证器件的电力输出满足应用需求。

可穿戴电子产品的快速发展，推动了太阳能电池向小型化、柔性化、便携化、可穿戴化方向发展。利用纺织品和太阳能电池组合构建的柔性太阳能电池不仅可以作为可穿戴和便携式电子设备的发电设备，形成自供电系统(图 10-11)，还可以保持纺织品的穿着舒适性和优良的柔韧性，以适应实际应用中的复杂变形，满足可穿戴电子技术的发展要求。纺织基太阳能电池有纤维型和织物型，与传统扁平刚性结构的太阳能电池相比，纤维或织物结构的太阳能电池表现出显著的柔韧性和变形性，几乎可以编织成任何形状以匹配人体部位的不规则形状和变形，并且质量轻，具有透气和舒适等特征。此外，纤维结构可以有效地利用来自各个方向的入射光，从而提高功率转换效率。

二、染料敏化太阳能电池

DSSC 是一种特殊类型的太阳能电池，基本原理是利用光敏材料来模仿植物中叶绿素的光合作用，并最终将太阳能转化为电能。DSSC 的历史始于 1960 年，当时人们发现

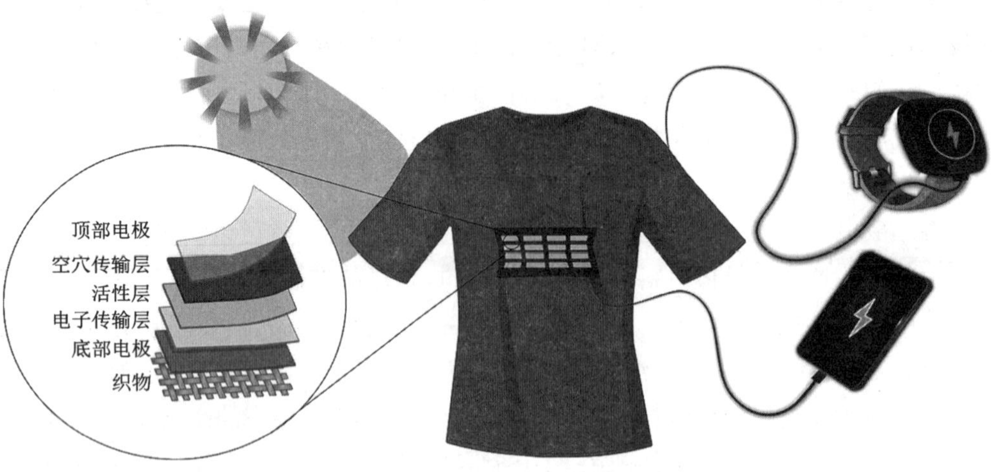

图 10-11　用于为可穿戴和便携式设备供电的纺织太阳能电池

发光的有机染料可以用作电化学系统进行发电。1972 年，科学家通过将激发的染料分子注入半导体材料，成功开发了用于发电的叶绿素敏化氧化锌电极。直到 1991 年，加州大学伯克里分校的 Grätzel 首次将其用于光伏设备。典型的 DSSC 通常具有三明治结构，涂有一层多孔半导体金属氧化物（如二氧化钛）的透明导电玻璃（即氟掺杂氧化锡）用作光阳极，而另一种涂有铂的导电玻璃用作对电极，如图 10-12 所示。氧化还原电解质（通常含 I_3^-/I^-）填充到两个电极之间的空间中。DSSC 对辐射、阳光的入射角和环境温度变化的敏感度要低得多，可以在不同强度的光照下工作，即使在清晨、傍晚或阴天也能产生能量。DSSC 因其效率高、环保、制造工艺简单、成本低而受到广泛的研究。柔软、柔韧和可拉伸的 DSSC 是制造可穿戴设备的基础。为了拓宽其应用领域，DSSC 已被开发为具有纤维或织物形状的结构。

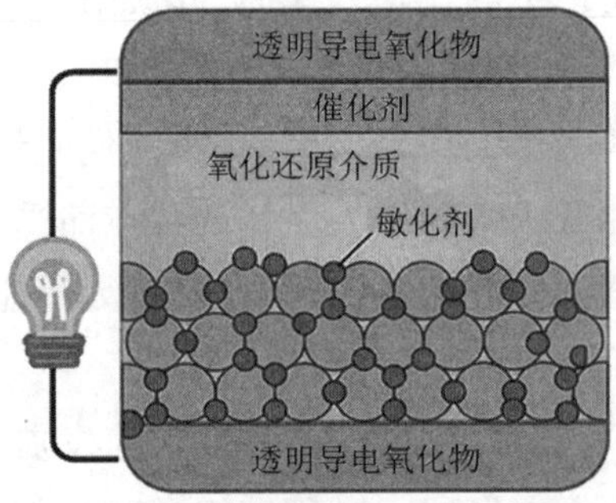

图 10-12　染料敏化太阳能电池结构原理

（一）纤维型染料敏化太阳能电池

纤维基 DSSC 具有出色的柔韧性、可缝合性、易集成性以及可编织到织物中的能力，因此在多功能纤维和电子织物中具有巨大的应用潜力。根据电极层和功能层之间的配置和空间相互作用，一维纤维形状的 DSSC 可以进一步分为基于单根纤维的芯鞘结构和基于两根纤维的扭曲结构。纤维基 DSSC 最初是通过在导电纤维上涂覆光敏材料和电极来制造的，并显示出多层的芯鞘结构，如图 10-13(a)所示。相对于传统的光阳极，碳纤维在液体电解质中具有柔韧性、导电性和稳定性，并且可以提供较大的表面积，这对于基于纳米结构的光伏技术至关重要。为了进一步提高 PCE，可以在纤维上生长锐钛矿

TiO_2 纳米线。锐钛矿 TiO_2 树状纳米阵列具有高比表面积、合适的孔隙率以及可进行连续电荷传输等优点，故而被广泛应用，如图 10-13(b)所示。

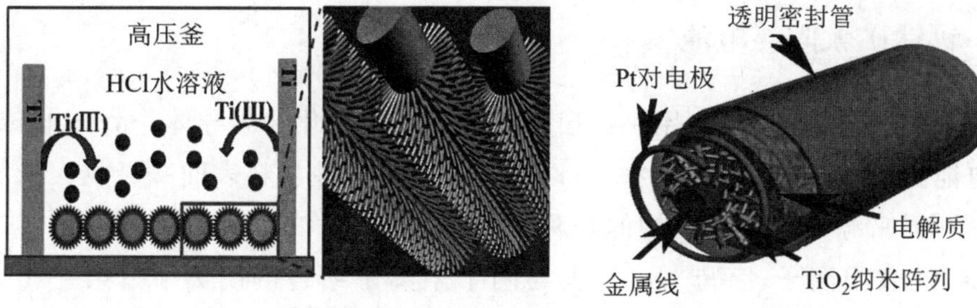

图 10-13　纤维型染料敏化太阳能电池

(a) 通过“溶解和生长”方法在碳纤维上生长 TiO_2 建立的纳米棒阵列；
(b) 基于锐钛矿型 TiO_2 纤维状 DSSC 的结构原理

(二) 织物型染料敏化太阳能电池

大多数纺织品，例如衣服、帐篷等都是直接暴露在阳光下的，若 DSSC 能够直接与织物集成，将极大地提升其使用的便捷性。基于织物的 DSSC 通常有两种形式：一是直接将织物用作构建层进行组装，通常称之为堆叠结构；二是利用纺织成型技术将纤维/纱线交织成织物。由于典型的太阳能电池是电极层和光敏材料层组成的多层结构，因此层堆叠是一种简单而有效的构建 DSSC 的方法。这通常涉及两种构建方法：一是将组装好的 DSSC 垂直转移到织物上；二是在织物上逐层涂层/印刷功能材料。直接转移方法会导致 DSSC 与织物之间的界面不稳定，从而影响器件的性能。与直接转移技术相比，逐层结构具有稳定的界面，从而确保 DSSC 的长期稳定性，如图 10-14 所示。然而，直接转移和逐层涂覆在纺织品上，都在很大程度上阻碍了织物基太阳能电池的透气性，并可能带来佩戴不适，而且在堆叠配置中，电极的透明度受到限制，可能会影响光吸收，从而降低能源转换效率。通过纺织成型技术将功能性纤维/纱线组装成织物来构建纺织基 DSSC，可以很好地解决这些问题。

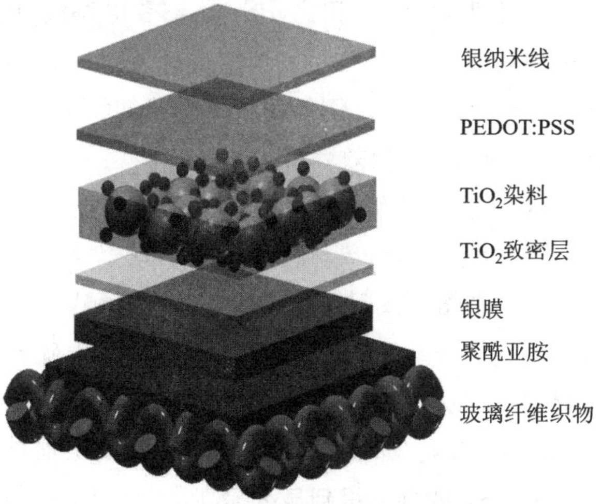

图 10-14　基于纺织品的 DSSC 的结构

总之，随着 DSSC 性能的不断提高，纺织基 DSSC 越来越受欢迎。然而，DSSC 的发展目前仍然存在一些挑战，包括 DSSC 对贵金属具有依赖性和使用液体电解质带来的耐久性和稳定性问题，尤其是在温度变化的情况下。此外，电解液在低温下会结冰，而导致性能降低。因此，迫切需要解决这些问题并延长 DSSC 的使用寿命，以使其成为商业市场上具有竞争力的设备。

三、钙钛矿太阳能电池

钙钛矿太阳能电池是指利用钙钛矿型的有机金属卤化物半导体作为光电转换层的太阳能电池。钙钛矿是一类化合物，可以有效地覆盖其他材料表面并吸收大量的阳光。"钙钛矿"一词来源于其晶体结构的昵称。钙钛矿的化学式可以写成 ABX_3，其中字母"A"和"B"代表阳离子，字母"X"代表与两个阳离子结合的阴离子。第一个 PSC 由 Kojima 等人首次报道，其中有机-无机钙钛矿作为光捕获材料。典型的 PSC 通常由衬底、透明导电层、电子传输层（ETL）、钙钛矿活性层、空穴传输层（HTL）、底部接触电极层组成，如图 10-15 所示。PSC 的制造通常是在低温下利用卷对卷工艺实现的，这对大规模开发柔性太阳能电池十分有利。近年来 PSC 经历了巨大的发展，为了提高转换效率，研究人员对电荷传输材料的低温沉积技术，新型透明电极材料的开发等进行了大量的研究。同时，这为低温下卷对卷和大面积制备铺平了道路，从而降低了生产成本，而且 PSC 的效率从 2009 年的约 3%大幅提高到 25%以上。与其他光伏器件相比，PSC 具有低成本、高效率和较好的柔韧性等优点，成为可穿戴和便携式光伏器件的候选者。

图 10-15 钙钛矿太阳能电池结构原理

（一）纤维型钙钛矿太阳能电池

与纤维基 DSSC 相比，PSC 不需要电解液，更容易密封，安全性更高，规模化成本低。根据应用要求，PSC 也可以被制造成同轴和扭曲结构。为了提高 PCE，可以对设备的材料和结构进行优化。例如使用扁平状的钙钛矿层和连续排列的 CNT 片作为电极，纤维状 PSC 的功率转换效率可达到 9.49%。平坦的界面增强了钙钛矿层的覆盖度和晶体尺寸，连续的碳纳米管片具有柔韧性、机械强度和导电性，可作为电极和空穴提取层。此外，采用静电纺丝纤维作为将 PSC 的三个核心组成部分（光吸收剂、空穴和电子传输材料），为制造微型太阳能电池和优化器件配置奠定了基础。Mathur 等报告了一种静电纺丝三轴结构纤维基 PSC，其空穴传输材料由硫氰酸铜纤维组成，氧化锌纤维作为电子传输材料，光吸收剂钙钛作为中间层。各组件纤维的形貌、器件的结构以及三轴喷丝头如图 10-16 所示。如前所述，通过对钙钛矿层器件结构和材料形貌控制方面的优化，同轴纤维形 PSC 的性能得到显著提高。然而，金属线电极具有柔韧性不足、耐腐蚀性差、表面积小等缺点，将其编织成纺织品具有挑战性。与同轴纤维形 PSC 相比，双扭曲结构为

PSC 的集成提供了相对较高的表面积，而且其与外部电路连接方便，故而更有利，展示出广泛的应用前景。

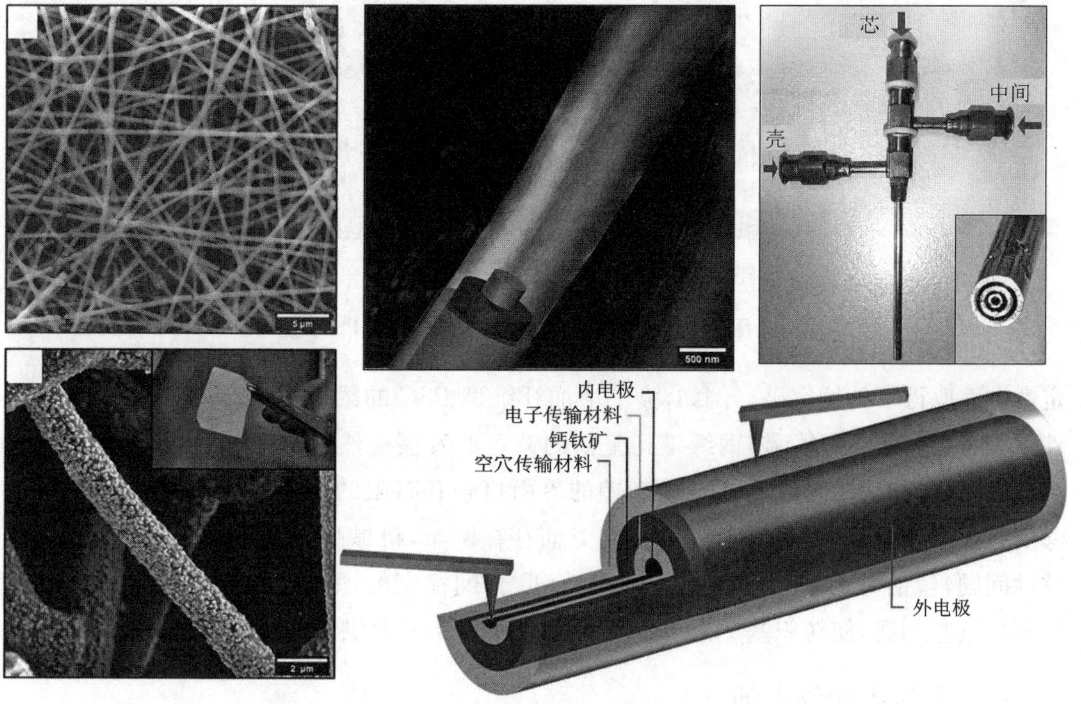

图 10-16 三轴钙钛矿复合纤维基柔性钙钛矿电池

(二) 织物型钙钛矿太阳能电池

由于高效率、高稳定性以及易于加工制造的特性，织物基 PSC 被视为极具发展潜力的器件。此外，PSC 与柔性基板展现出更高的兼容性，进一步拓宽了其应用范围。将直接制造好的 SC 转移到织物上是一种简单有效的构建纺织基太阳能电池的方法。Lam 等制造了一种纺织基柔性 PSC，选择具有强附着力、优异隔离性和柔韧性的弹性体封装材料替代传统的塑料封装材料制造的柔性 PSC，提高了器件的环境稳定性和可清洗性，如图 10-17 所示。

目前，许多 PSC 是铅基的，而铅是一种有毒的重金属，对人类和生态系统中的其他生物会造成严重的健康危害。对于可穿戴设备的光伏纱线和织物，用无毒和低毒的材料代替铅是一种可行的思路，但前提是确保替代品在寿命和性能方面不受影响。此外，值得注意的是，在织物制造过程中，纱线之间会发生大量的摩擦和弯曲，这会损坏钙钛矿太阳能纱线，进而破坏其接触点而导致短路。这需要通过优化制备工艺来减小编织纱线的细度。为使织物基 PSC 更好地满足可穿戴需求，出色的拉伸性、防潮和高效能量转换是需要努力探索的方向。

近年来，通过材料和器件制备方面的创新，纤维型和织物型 PSC 在效率、灵活性和稳

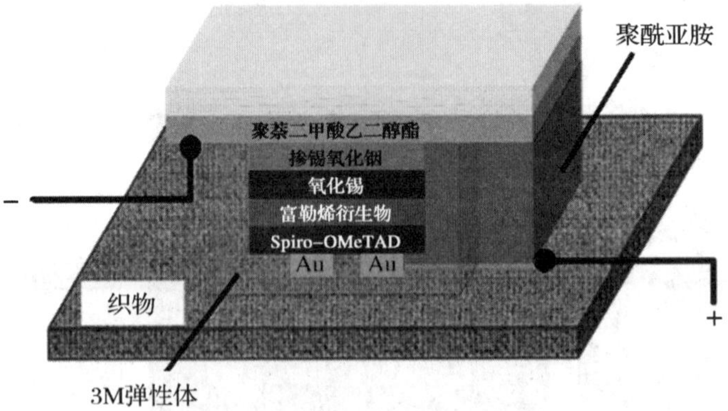

图 10-17　基于功能封装层的织物型 PSC

定性方面取得了持续突破。例如，为了增加纤维型 PSC 的柔韧性、抗拉强度和机械稳定性，基底材料经历了从不锈钢纤维到坚韧的钛丝的发展。然而，在实际应用中仍面临许多挑战，例如同轴纤维形 PSC 具有较差的界面接触和有限的表面积，使电荷的提取和转移变得困难；织物基 PSC 的折叠和扭曲方面存在困难，机械耐久性相对不足。还有一些共性问题，包括对无铅 PSC、大规模电池阵列、长期稳定的钙钛矿材料的研究。因此，亟需解决这些问题，使纺织基 PSC 成为可穿戴电子设备能源供应的理想替代品。

四、有机太阳能电池

有机太阳能电池是一种利用有机半导体材料将光能转化为电能的太阳能电池。OSC 一般由电荷传输层、电极层和吸收层组成，如图 10-18 所示。其中，吸收层由有机半导体材料组成，通常是一些聚合物，例如聚 3 -己基噻吩- 2，5 -二基（P_3HT）和有机小分子，例如苯并二噻吩（BDT）以及富勒烯衍生物（PCBM）等。OSC 最初是在 1950 年开发的，但当时未被广泛采用。这是因为有机材料相对硅材料具有较低的光电转换效率和较短的寿命。近年来，随着对材料的不断改进和制造工艺的优化，OSC 的转换效率已从不到 1%提高到 20%以上。尽管相较于传统的硅基太阳能电池，有机太阳能电池的转换效率还有待提高，但其具有质量轻、半透明、出色的灵活性和与可穿戴设备的兼容性，适合应用在曲面和柔性器件中，这表明它们在柔性和可穿戴电子设备中具有巨大的潜力。柔性 OSC 的基本组成与刚性 OSC 几乎相同，只是柔性 OSC 使用的透明导电电极是柔性的。目前，氧化铟锡（ITO）因其出色的导电性和高透光率而成为柔性 OSC 合成中广泛使用的电极。然而，铟作为一种稀有元素，成本较高，因此 ITO 无法满足对透明导电膜日益增长的需求。用半导体聚合物、碳纳米管和金属线等

图 10-18　有机太阳能电池结构原理

其他导电材料代替 ITO 是解决当前问题的可行方法。此外，柔性 OSC 的导电基底通常是聚对苯二甲酸乙二醇酯(PET)和聚萘二甲酸乙二醇酯(PEN)等塑料薄膜。然而，这些薄膜存在一些劣势，例如无法承受扭曲、折叠等大幅度变形，无法实现与人体皮肤的紧密贴合，较差的透气性等大大影响了佩戴舒适性。这些基底的固有缺点促使研究人员寻找满足可穿戴应用要求的其他柔性材料。一般来说，基于纺织品的柔性 OSC 目前有两种主要形式：纤维型和织物型。

(一) 纤维型有机太阳能电池

通常，OSC 的一个显著优势在于其可以制成基于塑料/薄膜导电基底的柔性结构，这一特性赋予了其在多样化应用场景下的潜力和灵活性。然而这种基材的热稳定性低，在制造过程中无法承受半导体金属氧化物的高烧结温度，极大地限制了其光伏性能。为了实现高效率和高稳定性，采用无机/有机纤维作为基材的结构设计是一种切实有效的解决方案。纤维型 OSC 器件可以通过逐层构建同轴结构或扭曲纤维电极而制造。最初开发的 OSC 是同轴结构，通过将 P_3HT：PCBM 光活性层和导电铟锡氧化层依次涂覆在玻璃纤维上，然后通过热蒸发法将铝层沉积在外表面而获得的。除玻璃纤维外，聚酰亚胺涂层二氧化硅纤维和聚丙烯纤维等也可以用作 OSC 的纤维基板，但涂层的导电金属层的厚度要求小于 20 nm，以便吸收入射光。除了质量轻、柔韧性和稳定性外，纤维状 OSC 还必须具有其他理想的特性，例如可拉伸性和耐磨性，才能用于实际的可穿戴应用。通过扭曲两个纤维电极得到 OSC，也被研究人员广泛探索，与直接涂覆导电材料作为阳极不同，扭曲结构的 OSC 通常引入另一种纤维电极进行缠绕。纤维基 OSC 凭借独特的优势，如全固态、易于制造、环境友好和稳定性被认为是可穿戴电子设备电源开发最有希望的候选者之一。然而与 DSSC 和 PSC 相比，纤维基 OSC 的能量转换效率低得多，因此许多研究致力于提高纤维形 OSC 的 PCE。研究发现，OSC 的性能很大程度上取决于有机半导体的性能。先前报道的大多数纤维基 OSC 采用有机半导体共混物，以聚合物基供体和富勒烯基受体为光吸收材料。由于传统活性层的光吸收范围一般局限于可见光范围(小于 700 nm)，富勒烯基有机光伏器件的效率很难超过 10%，这严重限制了富勒烯基 OSCs 的性能。近年来，非富勒烯受体(NFA)材料发展迅速，极大地促进了有机光伏器件的发展，如图 10-19 所示。在标准辐照条件下器件的 PCE 可高达 9.40%，是目前效率最高的纤维基 OSC 之一。然而，构成纤维型 OSC 的纤维芯的表面很容易引起涂层缺陷，如光敏层上的断裂、穿孔和起皱，这将削弱电极的载体转移和机械稳定性。因此，需要进一步研究在弯曲纤维表面进行可控和精确涂覆光敏材料的工艺，以推进具有耐久性和高功率转换效率的 OSC 的开发。

(二) 织物型有机太阳能电池

纤维型 OSC 在智能可穿戴纺织品的应用中发挥了重要作用。然而在加工过程中，器件结构极有可能损坏，从而降低 OSC 的机械稳定性和光伏性能，限制了 OSC 在工业应

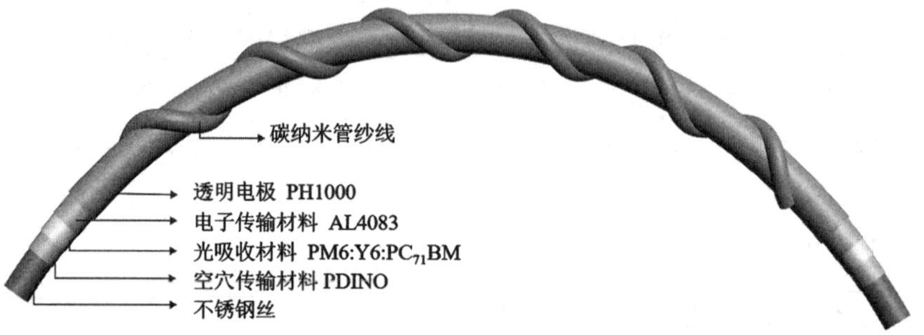

图 10-19 基于 NFA 的纤维状有机太阳能电池的结构

用中的进一步发展。因此，近年来的研究重点转向直接制备基于织物的 OSC。类似地，织物基 OSC 有三种制备方法：一是通过直接转移方法将 OSC 直接黏附在织物表面；二是在织物表面逐层涂覆不同的光伏功能层；三是将柔性纤维状的 OSC 编织成织物状。常见的直接转移方法包括湿法转移、热熔胶黏附、缝合等，如图 10-20 所示，将超柔性 OSC 作为功能性贴片直接附着在织物表面，大大改变了织物的质地，使织物变刚性，而且涂在织物表面的金属膜几乎是不透明的，织物的导电性在机械变形过程中可能会降低。在织物表面逐层涂覆的方法包括织物印花、丝网印刷、喷涂、喷墨打印等工艺。织物印花是一种常见的制造技术，能够在传统织物上添加功能层。喷涂作为一种非接触式沉积工艺，可以实现在纺织品上制造更均匀的薄功能层，是旋涂工艺的替代物。将金属纤维与高分子纤维进行编织是提高织物基材导电性、优化光伏功能层与织物基材表面附着力的有效方法。例如将钼丝和聚合物纤维编织成网状的精密织物，该高精度编织织物电极可以实现柔性高效 OSC 的制备。然而，基于纺织成型结构的 OSC 也存在一些问题。例如，与光滑导电透明玻璃和 PET 塑料薄膜基材不同，织物结构的表面粗糙度和毛细作用力会限制织物电极与光伏活性层之间的有效接触，从而会降低织物基 OSC 的 PCE 和稳定性。因此，高性能织物电极的设计以及界面接触的优化，是近年来柔性织物基 OSC 研究的重点。

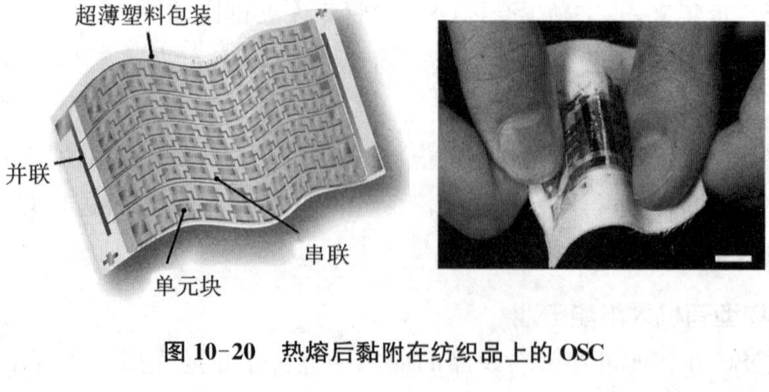

图 10-20 热熔后黏附在纺织品上的 OSC

尽管纺织基OSCs的PCE和稳定性得到显著提高，但未来研究仍存在许多挑战。目前，基于纺织品的OSC的PCE依然低于15%的商业标准值。光伏系统中使用的一些共轭聚合物和富勒烯衍生物等材料存在成本高、合成步骤复杂、制备规模化困难等问题。纺织基材和高分子光伏材料的界面黏附也存在问题。而且目前报道的OSC寿命相对较短，稳定性不足，难以实现商业生产和应用。因此，探索适用于纺织基材的低成本和高性能光伏材料，以及设计和优化器件结构以达到优异稳定性，是纺织基OSC下一步研究的重点。

第四节 纺织基柔性超级电容器

一、概述

为了更好地满足智能可穿戴电子产品的多功能需求，人们对储能技术提出了更高的要求。在各种储能设备中，超级电容器(SC)因其具有充放电速率快、功率密度高、循环稳定性好、结构简单、性价比高等优点而脱颖而出。超级电容器又称电化学电容器，是介于传统电容器和电池之间的一种新型储能器件，相比传统电容器具有更高的能量密度，而相比电池具有更高的功率密度和更长的循环寿命。基于液体电解质的传统SC通常具有体积大，质量重，柔韧性不足等缺点，在实际可穿戴应用存在挑战。例如，传统SC使用的有毒液体电解质需要高标准的安全封装材料和技术来防止其泄漏，而且只能组装成纽扣或圆柱体的形状，难以与电子主板上的其他功能系统集成在一起。为了克服这些限制，柔性超级电容器近年来引起了人们的广泛关注，其主要优势是使用固态凝胶电解质和柔性电极。

柔性超级电容器通常由柔性正负电极、电解质、隔膜以及封装层几部分组成。柔性正负电极不仅可以为离子的吸脱附提供场所和为法拉第反应提供活性物质，还可以使超级电容器具有柔性。电解质的作用是为电容器提供离子和传输介质，准固态/固态柔性超级电容器往往采用凝胶状电解质。隔膜是不导电的材料，位于正负电极之间，作用是避免电极接触发生短路和保证电解质离子在电极之间的交换。封装层的作用则是为了避免电解液的泄露，保证器件工作时的稳定与安全。

根据储能机理，超级电容器通常可以分为双电层、赝电容和混合型三类。双电层超级电容器利用充电过程中正、负电荷在电极材料与电解质两相界面上的有序聚集而储存能量。这是一个静电吸附过程，不涉及法拉第反应，因此拥有充放电速度快和功率密度高的优点，如图10-21(a)所示。双电层超级电容器的储能机理决定了电极材料的选择要求，即比表面积高、孔隙大小合适、导电性好。碳基材料，包括商业活性炭、碳基气凝胶、碳纳米材料，如碳纳米管和石墨烯是双电层超级电容器使用和研究都非常广泛的活性材料。赝电容超级电容器通过在电极表面或近表面发生快速可逆的吸脱附或氧化还原反应而储存能量。除了通过静电吸附电荷以外，赝电容超级电容器还通过发生氧化还原反应存储电荷，因此拥有更高的电荷储存量和能量密度，如图 10-21(b)所示。常用的赝电容材料是过渡金属氧化物(RuO_2、MnO_2、Co_3O_4、NiO 等)、具有含氧和含氮表面官能团的碳材料和导电聚合物(PANi、PPy、PEDOT 等)。对于过渡金属氧化物材料，储能过程主要是氧化还原反应，而对于导电高分子材料，储能过程主要是掺杂和脱掺杂反应。混合型超级电容器是将具有不同电荷储存机理的双电层和赝电容电极材料融合到一个体系中。可以通过两种途径实现：一是将双电层电容材料和赝电容材料复合得到复合电极，然后组装成器件；二是将双电层电容材料作为负极功率源，赝电容材料作为正极能量源，组装成混合型电容器。混合型兼具两种电容器的优势，具有高功率密度和高能量密度，是未来储能器件发展的一个重要方向。

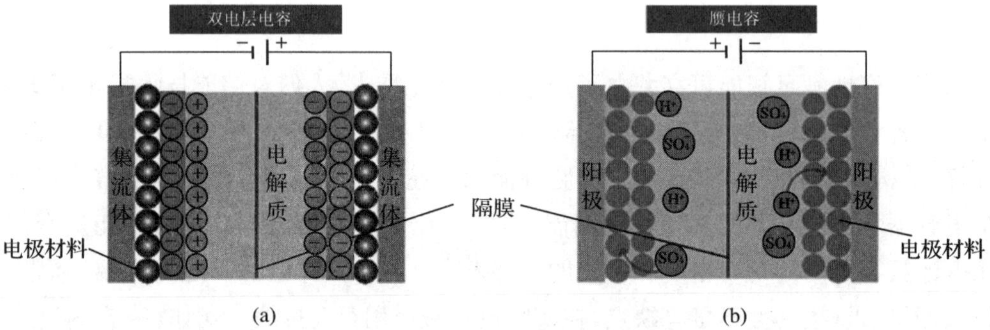

图 10-21　超级电容器储存机制

(a) 双电层型超级电容器储能机制；(b) 赝电容型超级电容器储能机制

基于塑料和金属网等基材的柔性超级电容器，在电子皮肤和植入式传感器等小型化电子产品中已取得一些进展。然而，人体的汗液和空气通常不能在柔性超级电容器中自由流通，这限制了其在可穿戴智能纺织设备中的大规模应用。而基于纤维/织物的柔性超级电容器凭借良好的贴合性、耐磨性、舒适性和生物相容性更适合集成到电子纺织品中。根据电极的形式，纺织基柔性超级电容器通常可以分为一维结构的纤维状超级电容器和二维结构的织物状超级电容器。纤维状超级电容器具有轻质柔软、长径比大、可编织和集成等特点，可与传感器、纳米发电机和发光器件等其他电子设备结合，广泛应用于可穿戴电子领域。然而，由于纤维状超级电容器体积和表面积较小，储存电容量有限，因此需串联/并联多个纤维状电容器以拓宽电压窗口和提高电容量。相比之下，二维织物状超级电容器具有较大的体积和表面积，从而具有更高的电容量。

二、纺织基超级电容器性能指标评价

超级电容器的基本性能指标主要包括比电容、能量密度、功率密度、电化学阻抗谱和循环寿命等。对于纺织基超级电容器，除了评价上述性能外，对器件的柔软性和生物相容性等还有一定的要求，以满足可穿戴的需求。

(1) 比电容，它是指单位长度/面积/体积/质量的电极或电容器的电容，其计算公式如下：

$$C_m = I\Delta t / mU \tag{10-2}$$

其中：C_m 为质量比电容，F/g；I 为电流，A；Δt 为放电时间，s；m 为电极/器件的质量，g；U 为电压，V。

(2) 能量密度，它是指单位长度/面积/体积/质量的电容器存储的能量，其计算公式如下：

$$E = C_{SC}U^2/2 \tag{10-3}$$

其中：E 为单位质量能量密度，W・h/kg；C_{SC} 为器件的质量比电容，F/g；U 为电压，V。

(3) 功率密度，它是指单位长度/面积/体积/质量的电容器给出的功率，其计算公式如下：

$$P = E \times 3600/\Delta t \tag{10-4}$$

其中：P 为单位质量功率密度，W/kg；E 为单位质量能量密度，W・h/kg；Δt 为放电时间，s。

这里只给出了质量比电容和单位质量的能量密度和功率密度，若想得到相应的长度、面积和体积的比电容、能量密度和功率密度，将以上公式中的质量换成长度、面积、体积即可。

(4) 电化学阻抗谱，它是用于研究电极反应动力学及电极界面现象的电化学方法。测试频率范围：0.01 Hz～100 kHz；交变电压振幅：5 mV。

(5) 循环寿命，它是指在连续多次循环伏安或恒电流充放电循环后性能的衰减和保持情况。电极或器件经历一次充电和放电，称之为一次循环。

柔软性目前尚无统一的指标参数，一般指柔性超级电容器在多次弯曲(不同角度)状态后的电化学性能的衰减情况。对于可穿戴电子产品，材料的生物相容性被认为是一个关键因素，要求器件在使用时不会对人体产生危害。

三、纤维状超级电容器

纤维状 SC 在柔韧性、轻量化和结构多样性方面表现出一些独特的优势，在过去几年中引起了极大的关注纤维状 SC 结构多样。例如，一种设计是在柔性基底上将两个涂有凝胶电解质的纤维电极平行配置。这样的设计易于串联或并联集成到 SC 中，以满足设备的功率和能量要求。但由于仍然使用柔性基底作为支撑，因此这不是真正意义上的纤维状 SC。真正的纤维状 SC 应为纱线型或电缆型，即将两根电极进行加捻成螺旋结构或者组装成单根同轴结构的纤维/纱线。纱线型 SC 通过将一根纤维电极缠绕在另一根纤维电极上，中间填充凝胶电解质组成。其可承受拉伸、弯曲、折叠、缠绕等机械变形。然而，这种结构设计可能会破坏凝胶电解质而影响性能，例如两个电极在弯曲时会相互分离。此外，由于纤维电极直接接触，可能会导致短路和漏电问题。因此，应设计更好的结构以提高机械稳定性。在两根纤维电极之间引入一根间隔线则可以解决问题。这不仅可以防止弯曲过程中的短路，而且在有效传输离子方面起着关键作用。此外，同轴结构的纤维状 SC 同样受到研究人员的青睐，它通过纤维芯电极、固态电解质和外电极层的逐层组装来实现。相较于加捻的螺旋结构，同轴结构的设计在两个电极之间提供了更大、更有效的界面面积，而且在弯曲时也更稳定。然而，在技术上精确控制高长径比纤维的逐层组装具有挑战性，这可能会限制同轴的纤维状 SC 的大规模制备。总之，无论采用哪种结构设计，避免两个电极短路从而确保 SC 的有效运行是关键。更重要的是，SC 必须表现出良好的机械稳定性并存储足够的能量来满足可穿戴应用。

各种纤维已被用于制备柔性 SC，包括金属纤维、碳纤维、碳纳米管纤维、石墨烯纤维、导电高分子纤维和导电材料改性聚合物纤维。通常，金属纤维、碳纤维和导电材料改性聚合物纤维由于其比表面积小而被用作集流体，而碳纳米管纤维、石墨烯纤维和导电聚合物纤维既可以用作电极材料，也可以用作集流体。集流体是一种收集电极反应产生的电流的器件，可以将电极反应产生的电流集中到一起，并引向外部负载。电极材料主要负责电化学反应，而集流体则负责收集和输送电流。与有机纤维和无机纤维相比，金属纤维具有更高的弹性、柔韧性、耐磨性、耐高温性、耐腐蚀性、导电性和导热性，是高性能柔性 SC 的理想集流体。然而，金属纤维的光滑表面不利于功能材料的高负载，可以通过改性来增加其表面粗糙度。碳纤维由于石墨微晶结构沿纤维轴线的高取向而具有高抗拉强度、模量以及高电子电导率，是开发 SC 的良好选择。与碳纤维相比，碳纳米管纤维具有更大的比表面积和多孔结构，有利于实现更高的能量存储。石墨烯纤维因其体积小、柔韧性、质量轻、强度高和能够编织到织物中等优点成为柔性电极的有希望的候选者。然而，在制备过程中，石墨烯片之间的强 π-π 相互作用会导致不可逆的团聚，难以达到理论上的比表面积，故而影响性能。因此，通过结构设计制备具有多孔结构和高比表面积的石墨烯纤维成为其在 SC 中应用的重要任务。对于导电高分子纤维，由于其高导电性和赝电容，可直接用作柔性电极材料。然而，其复杂的制造工艺和高昂的制造成本限制了其在柔性 SC 中的实际应用。此外，通过合理的结构设计将金属纤维和碳纳米管纤维/纱线杂化而得到的材料可以融合各自的优势，以制备高性能的 SC。

四、织物状超级电容器

基于织物的超级电容器具有体积可控、结构多变、固有的拉伸性/弯曲性/可折叠性、易集成性和耐水洗性等特点，在可穿戴柔性储能器件领域表现出巨大的潜力。由于织物本身不具有导电性，因此需要将电活性材料引入织物结构去获得织物电极。正如前面所提到的，功能纳米材料，如碳基材料（炭黑、碳纳米管）、导电聚合物（PANi、PPy、PEDOT、PEDOT：PSS），金属氧化物（MnO_2、Fe_2O_3 等）和二维材料（石墨烯、MXene）等被广泛用于织物基 SC 电极的构建中。利用这些功能性纳米材料对织物表面进行功能化处理必须采取相应的制造方法。通常包括模板法、激光蚀刻法、喷墨印刷法、丝网印刷法、原位化学沉积/聚合法、化学气相聚合/沉积法和热转印法等。模板法主要包括硬模板法和软模板法两种。硬模板法主要采用多孔阳极氧化铝、二氧化硅、碳纳米管和经过特殊处理的多孔聚合物薄膜作为模板。软模板法主要集中在表面活性剂的介孔相上，即以棒状胶束和微乳液为模板。激光蚀刻法是指利用高功率激光将电极材料直接蚀刻成所需结构。它具有效率高、设计灵活、无模板、操作简单、成本低等优点，但需要高精度才能使器件更加精细，并且只能在有限的活性材料上工作。喷墨打印技术可实现对电活性材料和柔性基材的直接和灵活复合。活性材料可以通过喷墨打印机直接准确地打印在织物上，而无需提前准备活性电极材料。丝网印刷主要基于刮刀将电活性油墨层压在织物上的技术。丝网印刷技术生产的织物基 SC 具有灵活的微图案设计、操作简单、无织物损伤等特点，结合纺织品的高拉伸性，在可穿戴能源领域具有广泛的应用。原位化学沉积是指在织物表面原位沉积电活性物质。与电化学沉积不同，它不需要额外接通电源，可以大规模生产。化学气相聚合是将单体在气态下进行聚合形成导电均匀薄膜的方法，操作简单方便。热转印是一种常见的纺织品印花技术，通常在足够的温度下将图像打印在热转印纸上，然后将纸张剥离，再转印到纺织品基材上。热转印技术具有工艺简单、印刷效果多样、图案耐用、使用寿命长等优点。

织物状超级电容器从结构上通常可以分为机织物、针织物和无纺布三种类型。基于机织结构的 SC 是研究最广泛的类型。与其他织物结构相比，机织结构具有低孔隙率、高结合点和坚固耐用的特性。由于在机织织物表面可以修饰多种功能材料而实现具有可调表面特性的分层微观结构，因此 SC 表现出卓越的超电容性能和出色的循环稳定性。与机织物不同，针织物具有高孔隙率、良好的悬垂性和出色的贴合性。针织物高度有序的多孔结构有利于功能性材料的生长，其固有结构可以承受较大的机械变形。研究表明，针织织物基 SC 电极在保持电容性能的同时还具有出色的拉伸性。因此，针织结构对于制造高度柔性和可拉伸的 SC 电极是非常理想的。弹性纤维通常被引入针织结构中以增强织物的可拉伸性。例如，利用简单的浸渍和干燥方法将石墨烯纳米片组装到腈纶/氨纶混纺纬编针织织物上，从而得到具有高度柔韧性的 SC。与纬编结构相比，经编结构具有高度多孔、质量轻且可在多个方向进行拉伸等优点，也广泛用于构建针织物基 SC。无纺布具有高表面积、低成本和不规则孔隙率，是制造可穿戴 SC 电极的新兴基材。然而，较差的力学性能阻碍了其在柔性电极开发中的广泛应用。由于纤维之间的不规则和不均匀结合，基于无纺布结构的 SC 的耐久性不如机织或针织结构。这可以通过加热、机械作用和化学改性等方法提高器件的整体机械耐久性。

总地来说，纺织基柔性超级电容器尽管取得一些令人瞩目的进展，但在未来应用中还存在一些挑战。可以从几个方面概括潜在的问题和未来前景：首先，目前开发的纺织基 SC 在能量密度和功率密度方面还无法与作为微型储能设备的电池相竞争，因此需要开发具有高性能的电极，例如在纳米尺度上创新性地设计纤维电极材料。其次，目前缺乏评估设备性能的标准化方法，这需要从事相关工作的同行一起建立标准化的指南。最后，开发低成本、易制造的制备方法用于电极构建、器件组装以及与其他电子元件的集成是实现纺织基 SC 大规模应用的重中之重。当然，还有一些其他问题值得深入探索，例如新型凝胶电解质的开发、器件的安全性等。

第五节　其他纺织基能量转换与储存装置

如前文所述，纺织基纳米发电机、太阳能电池和柔性超级电容器可以有效满足可穿戴设备微型化、便携化、集成化的发展需求，在智能可穿戴领域表现出广泛的前景。除此之外，还有一些纺织基能量转换与储存装置，如锂离子电池、生物燃料电池、金属-空气电池等，凭借独特的优势同样得到了广泛的研究。纤维和纺织品在构建这些器件中发挥了不可替代的作用，不仅提供了必要的结构和支撑，还通过集成各种功能材料和技术，实现了能量的高效转换和储存。但同时也面临着新型材料不足、器件性能不稳定、能量转换效率低以及制造成本高等多方面的挑战。为了克服这些挑战，需要开展深入研究，推动纤维和纺织品在能源领域的应用和发展。

一、锂离子电池

锂离子电池是一种二次电池（可充电电池），凭借高能量密度、质量轻、循环稳定性好、运行环保等优势被广泛应用于电动汽车、电动工具以及移动电源等领域，为计算机、办公设备、智能家居产品等提供电力。锂离子电池主要由正极、负极、电解质、隔膜以及电池壳等部分组成。正极通常由含锂的过渡金属氧化物、磷化物或导电聚合物等材料构成，如 $LiCoO_2$、$LiMn_2O_4$（LMO）、$LiFePO_4$（LFP）。这些材料是嵌锂化合物，负责在充放电过程中储存和释放锂离子。常见的负极材料是石墨、活性炭、CNT 或石墨烯等碳基材料，其作用是在充电时接收正极释放出的锂离子，并在放电时释放这些锂离子。电解质是锂盐的有机溶液、聚合物或无机固体，在正负极之间起到传递离子的作用，确保锂离子在充放电过程中能够在正负极之间自由移动。隔膜位于正负极之间，是一层微孔结构的薄膜，能够防止正负极直接接触，防止电池内部短路。电池壳作为电池的封装部分，通常由金属制成，用于保护电池内部组件并维持电池的形状。锂离子电池主要依靠锂离子在正极和负极之间移动进行工作，它的工作原理是基于锂离子的嵌入和脱嵌过程。在充电时，正极的锂离子通过电解质迁移到负极并嵌入其中，负极处于富锂状态，同时电子通过导线流向负极，形成充电电流。放电时，过程相反，负极的锂离子通过电解质返回正极，电子通过导线流向正极，为设备提供电能。

近年来，柔性锂离子电池的设计和制造取得了重大进展，柔性电极的开发与新颖的结构设计赋予了其优异的可弯曲性和可拉伸性，大大拓宽了锂离子电池在柔性电子领域的应用范围。相较于基于硬质金属材料的传统锂离子电池，纺织基柔性锂离子电池引起了人们越来越多的关注和探索。通常，纺织基锂离子电池根据电极类型可分为纤维状锂离子电池和织物状锂离子电池。目前，基于纤维的锂离子电池是通过将活性材料沉积到两个纤维电极中，然后将纤维平行放置或者加捻扭曲在一起制造的。此外，以石墨为负极的纤维基锂离子电池存在能量密度相对较低、耐久性差和安全性不足等问题，因此必须探索新的电极和封装材料来解决这些问题。硅具有高容量的特点，是一种很有前途的负极材料，但在锂嵌入和脱嵌过程中较高的体积变化对硅电极稳定性构成严重挑战。碳纳米管因其高循环稳定性而被用于电池中的电极材料，但它受到低容量的限制。因此，碳纳米管/硅复合材料有望结合其各自的优势，提供高比容量和循环稳定性，从而提高锂离子电池的性能。例如，一项研究将排列的碳纳米管/硅复合纤维扭曲在一起作为阳极而开发出具有高循环稳定性的新型柔性锂离子电池。此外，对于柔性纤维基锂离子电池来说，其在拉伸和发生变形时会存在电极短路而产生大量热量，从而导致燃烧的安全性问题。因此，开发具有优异可拉伸性的锂离子电池至关重要。可以将纤维阴极和阳极缠绕在弹性基板上以构建弹簧结构从而实现可以承受高拉伸变形的锂离子电池。织物状锂离子电池通常是在织物上涂覆活性材料或者将纤维形电极进行纺织成型来获得织物电极，然后组装以形成最终的器件。尽管织物状锂离子电池在灵活性、集成度方面展现出巨大的潜力，但其在实际应用中仍然面临着诸多挑战。

事实上，传统锂离子电池已经实现商业化，并广泛应用在各行各业。然而，纤维基锂离子电池的大规模应用较为困难。这种限制通常表现在两个方面：一是受限于制备工艺和方法，目前大多数锂离子电池的纤维电极制备停留在实验室阶段；二是更长的纤维通常具有更高的内阻，这会严重影响电池的电化学性能。为了解决以上问题，以实现纤维基锂离子电池的大规模生产，复旦大学彭慧胜课题组证明了纤维锂离子电池的内阻与纤维长度具有双曲余切函数关系，随着长度的增加，内阻首先减小，然后趋于平稳。然后通过优化的可扩展工业流程生产了长度为数米的高性能纤维锂离子电池，能量密度高达85.69 W·h/kg，经100 000次弯曲循环后，仍保持80%以上的容量。同时，纤维锂离子电池可以利用工业剑杆织机织造成安全且可清洗的大面积纺织品，用于手机充电和为集成了传感器和显示器的夹克供电。此外，目前通过逐层镀膜的工艺制造纤维电池的生产效率较低，无法满足实际应用的要求。为此，彭慧胜课题组提出了一种通用溶液挤出方法，可以在工业规模上连续生产纤维电池。设计的三通道的工业喷丝头以高生产率同时挤出纤维电池的阴极、阳极和电解液，将生产的纤维锂离子电池利用商业织机可编织成面积约为10 m^2 的柔性、稳定、耐用、安全的纺织电池。这种方法将促进纤维基锂离子电池的大规模生产和实际应用。

总而言之，纺织基锂离子电池，尤其是纤维锂离子电池，在为可穿戴设备供电等领域具有巨大的应用潜力。然而，它仍面临一些挑战和限制，这也决定了未来的研究方向。纺织基锂离子电池的生产和制造涉及复杂的工艺，包括纤维的制备、电池的组装等，需要进一步优化技术以实现产业化。此外，其能量密度、循环寿命、安全性和稳定性等性能仍需进一步提升，尤其需要解决在弯曲、拉伸等变形条件下可能出现的性能衰减和安全隐患。未来需要更多深入的研究拓宽其应用领域，而且随着市场的扩大和需求的增长，纺织基锂离子电池的产业链有望进一步完善，包括原材料供应、生产设备、制造工艺、检测标准等方面，最终形成完整的产业链闭环。

二、生物燃料电池

生物燃料电池是一种特殊的燃料电池，它利用有机物作为燃料，并通过直接或间接利用酶作为催化剂进行工作。因其在反应过程中不涉及燃烧，所以能量转换不受卡诺循环的限制，具有高效、洁净、环境友好的特点。生物燃料电池的工作原理主要基于微生物或酶与电极之间的相互作用，将有机物质中的化学能直接转化为电能。这个过程可以分为氧化反应和还原反应两个主要步骤。一是氧化反应阶段，生物燃料（如葡萄糖、乙醇等有机物质）在阳极室中被微生物或酶催化氧化。这个过程中，有机物质被分解成电子、质子和相应的产物，电子随后通过外部电路流向阴极，而质子则通过质子交换膜传递到阴极。二是还原反应阶段，阴极上的氧气与从阳极传递过来的质子以及通过外部电路流过来的电子结合，发生还原反应，生成水。

根据工作原理，生物燃料电池可以分为微生物燃料电池和酶生物燃料电池。微生物燃料电池利用微生物的代谢活性将有机物质氧化成电子，通过电子传递链将电子转移到电极上，从而产生电能。酶生物燃料电池则利用特定的酶催化剂来促进燃料的氧化反应，从而产生电能。用作生物燃料电池燃料的有机物质来源广泛，例如可再生的生物质材料，包括食品浆渣、动物粪便等。若只考虑从人体中获得能量，这些燃料通常来自于人类的体液，包括汗液、眼泪、血液、唾液和间质液等。其中一些有机物，如葡萄糖、果糖、乳酸、脂肪酸和酒精（外源性物质）等，可以作为燃料，收集人体中的生化能。在应用领域方面，生物燃料电池作为一种新型绿色能源技术，具有广泛的潜力。在环保领域，它可以用于垃圾处理、农业废水处理等方面，将废弃物直接转化为电能，减少环境污染。在医药领域，生物燃料电池可以用于体内电力源的研究，如心脏起搏器等医学器械，为患者提供长期稳定的电力供应。若涉及纺织可穿戴领域，目前研究大多集中于为可穿戴电子设备供电。利用较多的是酶生物燃料电池，由于其较高的生物燃料转化效率及其与纺织品结合后拥有的诸多特点，在柔性可穿戴场景中引起了人们的极大关注。

纺织品具有天然的微/纳米级粗糙度，易于酶负载，是构建生物燃料电池的理想基材。具体来说，纺织基材具有柔韧性、渗透性，并符合皮肤曲率，可以大规模并紧密接触和吸收体液，从而促进高电力输出。在纺织基材，如丝绸、羊毛、棉和涤纶等上涂覆或印刷电极是生产纺织基酶生物燃料电池的有效方法，其表面粗糙度和微观结构为酶负荷和固定提供了场所。然而用于酶负载的表面积仍然有限，这会抑制氧化还原反应速率并导致能量转换效率降低，因此需要更多的研究工作来解决酶负载以提高效率问题。此外，利用纱线作为构建块开发的生物燃料电池可以实现更高的酶负载和固定化，在体液中收集生化能量方面表现出巨大的潜力。然而，设计出能够利用当前纺织工业对纺织生物燃料电池进行大规模生产的纱线电极仍然是一个巨大的挑战。此外，生物燃料电池作为植入式生物医学设备（如心脏起搏器、神经刺激器和药物输送泵）的电源意义重大，但通常受到低功率输出和短寿命的限制。研究发现，将互连的酶和氧化还原介质固定在高导电的多孔电极中，可以提高其与电解质的相互作用，并减少燃料和氧化剂的扩散距离，从而提高功率密度。

总的来说，生物燃料电池具有许多优点，但也存在一些限制和挑战。例如它的性能和发电效率还有待提升，生物燃料电池的性能和效率受到多种因素的影响，包括燃料的类型、微生物或酶的种类和活性、电极材料的性质以及反应条件等。因此，在实际应用中，需要对这些因素进行优化和控制，以提高生物燃料电池的能量转换效率和稳定性。此外，其商业化应用仍然面临许多技术挑战和成本问题。

三、金属-空气电池

金属-空气电池是一种利用金属（如锌、铝、锂、钠、镁、钙、铁等）和空气中的氧气/纯氧进行电化学反应来产生电能的储能技术，通常由金属阳极、空气阴极和电解质组成。金属-空气电池具有诸多优点。首先，它的能量密度比锂离子电池和燃料电池要高，这主要得益于其阳极的金属材料含有丰富的电子。其次，金属如锌、铝等在地壳中储量丰富，易于获取，因此制造成本相对较低。此外，在密封良好的情况下，金属空气电池的自放电率较低，可以长时间保存而不损失电力。总之，金属-空气电池以其高能量密度、低成本和长保质期等优点，正在逐渐受到人们的关注和重视。目前，金属-空气电池已广泛应用于交通运输、储能和消费电子等领域。另外，金属空气电池的尺寸可以缩小至纽扣或硬币大小，非常适用于手表、助听器等便携式充电设备。

金属-空气电池在储能纺织品中的研究主要集中在对纤维状电池的开发中。具体说来，是在柔性电极、电解质和密封材料这三个关键部分。与纤维状锂离子电池和超级电容器的电极结构配置不同（平行、扭曲等多种），纤维状金属-空气电池的柔性电极通常是同轴结构，这是由金属-空气电池的反应机理决定的。以含水电解质的金属-空气电池为例，其放电过程如下（M 通常为 Zn/Al/Mg/Fe）：

金属阳极：$M + nOH^- \longrightarrow M(OH)_n + ne^-$

空气阴极：$O_2 + 2H_2O + 4e^- \longrightarrow 4OH^-$

在这个过程中，氧气是反应中不可或缺的物质。此外，锂、钠、钙等金属作为电极时，由于其较为活泼可以与水发生剧烈反应，因此通常使用非水的有机或无机电解质。虽然它们的反应过程会有区别，但氧气仍是反应的关键。因此，与扭曲或平行结构相比，同轴结构可以提供最大的氧气吸附面积。目前，基于纤维的同轴结构的金属-空气电池有两种组装方案：第一种是阳极在内部的电池。首先构建纤维状金属阳极，然后用空气阴极将其包裹，中间再用凝胶电解质隔开。这种结构可以有效地防止阳极被环境中水分或气体腐蚀，而且直径较大的外层空气阴极层可以完全暴露在周围空气中，以提高反应的电流密度。第二种是阴极在内部的电池。空气阴极被放置在最里层以允许空气进入，然后用作为外部阳极的涂有电解质的柔性金属纤维将其包裹起来。由于纯氧可以直接从气体容器泵打入管状的空气阴极中，所以该结构对于需要纯氧作为反应物的金属-空气电池十分有利。

通常，用于纤维状金属-空气电池的空气阴极应同时具有高催化活性、柔韧性和力学性能，以实现高能量密度和高结构稳定性。空气阴极通常用喷涂、浇注涂层和原位合成等方法制造。此外，纤维状金属-空气电池的电解质最好选择非液体的电解质，因为基于液体电解质的金属-空气电池在反复变形时容易泄漏，导致电池故障甚至安全问题。而且电解质还需要满足高离子电导率、高氧溶解性和扩散性、高电化学稳定性和高柔韧性等条件。为此，基于准固体聚合物的凝胶电解质因其可以满足这些条件而广泛应用。纤维状金属-空气电池的封装材料通常具有良好的柔韧性、适当的机械强度和相对较低的质量密度，以保持结构完整性，耐受各种变形。对于这种半开放式结构的电池，封装材料应与其他组件高度兼容。目前，铝塑薄膜、热塑性材料和 PET 等已被广泛用于柔性金属空气电池的封装。

总之，纤维状的金属-空气电池高度灵活性和高能量密度使其成功应用在新兴的柔性电子设备供电领域。然而，仍需要优化纤维结构配置以提高电池的电化学性能、开发更好的金属阳极和电解质以保证电池的安全性以及探索更适合的工艺和制备方法以实现规模化、低成本的可扩展生产。

第六节　用于能量转换与储存的纤维及纺织品的应用和展望

一、应用

近年来，用于能量转换和储存的纤维及纺织品的研究取得了显著的进展。由这些纤维/纺织品构建的各种器件，包括纺织基纳米发电机、纺织基太阳能电池、纺织基超级电容器、纤维基锂离子电池等在航空航天、汽车工业、信息电子、智能服饰和智能家居等领域发挥了重要的作用，尤其是在柔性可穿戴和植入式电子设备中提出了创新性的能源解决方案。如图 10-22 所示，从宏观角度看，随着对连续生产技术的深入研究，这些功能性纤维被赋予出色的柔韧性和可编织性，这对于解决大面积智能纺织品的供电和储能问题至关重要。从微观角度看，这些纤维基能源器件有望提供与传统能源设备相当的能量，同时具有体积小、质量轻的优点，这有利于为生物医学电子中一些植入式微型设备供电。

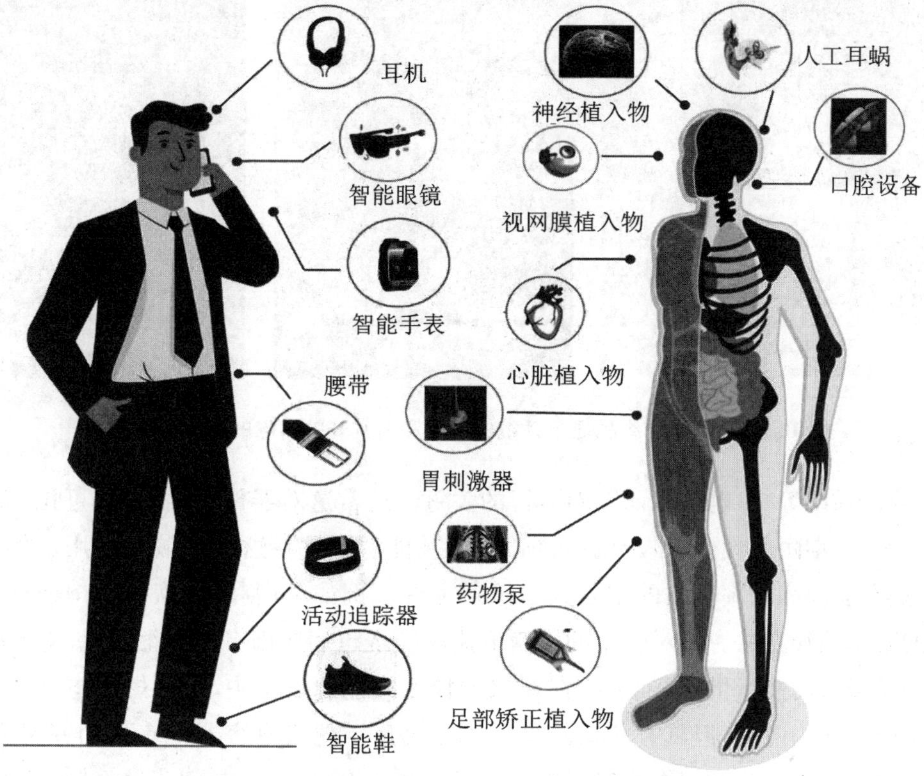

图 10-22　基于能量转换和储存的纤维及纺织品的可穿戴和植入式电子设备

随着柔性电子和互联网技术的发展，纺织品正在向电子纺织品或智能纺织品发展，其通常可以实现额外的功能，如运动监控、智能响应、无线通信和自供电等。此外，人们已经认识到，传统刚性的电子能源器件无法有效地直接集成到可穿戴产品中。因此，投入大量精力开发纤维基设备，可以直接与传统纺织品结合，或者利用纺织成型技术织造成纺织品，从而获得所需的智能纺织品。纺织基能源器件在智能纺织品中的应用是十分有前途的。例如，纤维基锂离子电池和超级电容器可以为传感器、致动器、晶体管和发光二极管等电气元件供电，还可以存储从太阳能电池和发电机等设备收集的能量以供后续使用。Kim 等开发了一个完全可操作的 46 英寸智能纺织品照明/显示系统，该系统由多种功能纤维基设备组成，能够同时进行无线电力传输、触摸感应、光检测、环境/生物信号监测和储能，如图 10-23 所示，这种系统设计和集成策略为实现大面积高性能智能照明/显示纺织品奠定了基础，未来有望在智能家居和物联网展示出革命性的应用。

在植入式生物医学电子中，持续地为电子设备(如心脏起搏器、神经刺激器、人工耳

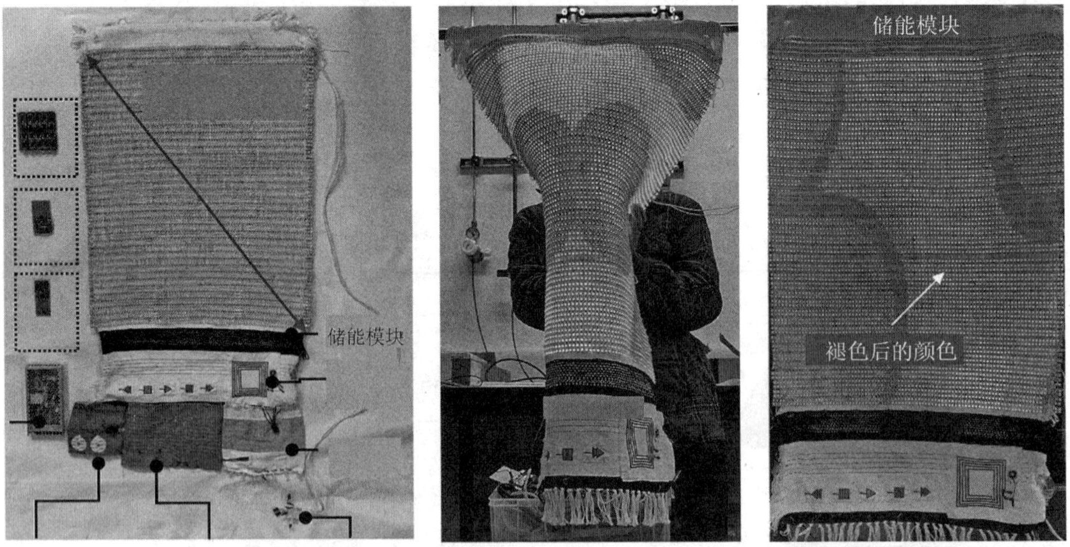

图 10-23　智能纺织品显示系统的设计和为其开关供电的储能组件

蜗、药物输送系统等)供电是保证它们运行的关键。通常这对器件的柔韧性、可拉伸性和生物相容性、长期耐久性要求较高。目前,纤维基能源器件在这一领域的应用还较为欠缺,尤其是在需要高功率输出的植入式电子产品中。例如,电刺激是恢复肌肉或神经运动功能的常用治疗方法。相对较高的刺激电流是实现患病肌肉有效收缩的基本要求,因此通常需要强大的能量供应。此外,在新兴的植入式能源设备中,生物燃料电池可以直接将化学能转化为电能,但具有相对较低的功率密度。超级电容器具有高功率密度,但在植入后难以充电。生物超级电容器兼具能量收集和存储功能,是解决这个问题的有效途径。例如,一种具有高功率密度的植入式纤维基生物超级电容器可以实现对大鼠坐骨神经的有效电刺激。通过将生物燃料电池的阳极和阴极纤维与超级电容器纤维多股加捻集成在一起,制备了纤维基生物超级电容器。这种扭曲结构赋予内部多个通道和高电化学活性区域,可在不同纤维之间实现有效的质量扩散和电荷转移,从而有利于高功率输出,最大功率密度为 22.6 mW/cm^2。

二、展望

在过去的十年中,纤维基能源设备经历了快速的发展并在柔性可穿戴电子领域展示了广阔的应用前景。然而,大多数研究仍处于早期阶段,这些纤维器件要进入市场并影响人类社会,还有很长的路要走。

(一) 性能有待提升

基于纤维和纺织品的能源电子器件具有较好的柔韧性,与传统刚性、薄膜基设备相比,其输出性能相对较差。纤维基纳米发电机提供的能量还较弱,纤维状太阳能电池的功率转换效率较低，纤维基超级电容器的功率密度和能量密度还不够等，这严重限制了它们的应用，尤其是在大规模应用的情况下。导致性能不佳的主要原因之一是纤维电极通常很薄，与平面电极相比，其电导率较低。目前，可以通过引入高导电材料和优化结构对器件进行改进。但需要注意的是，在提高电气性能的同时，其力学性能仍不可忽视。例如，功能活性材料在反复变形过程中容易从纤维电极上脱落，甚至导致电极断裂。为此，开发具有拉伸性的电极至关重要，以确保器件在使用过程中能够适应剪切变形。此外，需要对不同的设备进行针对性的性能提升，以满足各自的应用需求。例如，纤维状锂离子电池和金属-空气电池对电解质和封装材料要求较高，需要寻找新的、高效的材料和方法来保证电极和电解质的稳定性和安全性。对于高功率密度储能纤维，需要解决纤维基超级电容器的自放电问题。

（二）多个器件的集成和多功能性

必须开发新的制造技术，以更安全、更方便的方法将能量收集设备、储能设备和其他器件（如传感器、驱动器等）集成在一起用于开发智能服装和电子纺织品。例如，将太阳能电池、超级电容器和传感器集成到同一个设备中以构成自供电系统，可以在不使用外界电源的情况下实现对人体健康的监测。尽管将多种器件集成到纺织品中已经有许多实例，但器件在材料、结构、组装等方面的差异仍然是其高效应用的关键障碍。此外，纤维基能源器件需要具备多功能性从而易于编织到纺织电子产品中。例如，超级电容器和纤维电池的可拉伸性、自愈合功能和耐洗性等使其在智能纺织品的开发和长期使用中具备更大的优势。

（三）可扩展和连续制造

目前，使用工业设备实现高性能纤维基能源器件的可扩展和连续制造仍然具有挑战性。这些设备大多是在实验室规模上手工设计和制造的，并且没有自动的生产程序和技术。复旦大学彭慧胜课题组开发了一套小型生产线可用于纤维锂离子电池的连续化制备，但实现低成本和高效率的规模化生产和应用还需要大量时间和努力。同样，在纤维基太阳能电池的制造中，在不考虑昂贵、稀缺、有毒的材料和复杂的加工条件下，使用工业织机获得大面积纺织品是一个巨大的难题。此外，柔性能源电子器件的连续制造要解决活性材料和纺织纤维之间界面不稳定的问题，这是相当有挑战性的。器件的开发通常涉及到两个界面接口：第一个是活性材料和纤维电极之间的界面，这是通过在电极上涂上均匀的活性材料来构建的。然而由于体积小、曲率高的问题，制造均匀的活性材料涂层具有挑战性。第二个是活性材料与周围环境之间的界面。电解质与活性材料界面的稳定性对于纤维器件与周围环境之间进行能量转换至关重要。例如，对超级电容器和纤维电池的表面性能进行改性，使其从亲水性变为疏水性的时候，会导致活性材料/电解质界面不稳定，进而影响电子或离子传输。总之，迫切需要开发通用和有效的连续化制造方法，以低成本、高通量的大规模生产来制造具有实用价值的纤维基能源器件。

(四) 安全性

一些纤维形状的储能器件如电池，往往需要使用易燃有毒的有机电解质，这会导致在变形过程中发生短路和泄露的现象从而引起火灾和爆炸的问题。因此，需要使用安全环保的固态和凝胶电解质来代替液态有机电解质。此外，一些用于生物医学电子设备的能源装置通常是是超薄的、有弹性的、与皮肤接触的，甚至可以在肌肉和器官中进行生物降解的，因此长期使用中的安全性和生物相容性至关重要。这需要寻找和开发新型的生物友好型材料用于器件的构建。

(五) 标准评价体系

目前，纺织基能源装置缺乏标准化的评价体系和测试方法，这使得比较不同器件的性能变得具有挑战性。通常，纤维基能源器件的参数是通过多种方法计算而得的，性能指标根据不同的单位以不同的形式表示。以纤维状超级电容器为例，其性能评价指标涉及到质量/体积/面积/线性的比电容、能量密度和功率密度，这些不同单位的指标是从单个电极或多个个电极系统中计算得到的，这在比较不同单位性能时容易造成混淆。此外，弯曲、扭曲、拉伸等柔韧性特性是能源电子器件的独特指标，但目前还没有形成统一的评价体系。因此，未来需要各学科共同努力，制定标准化的评价体系，用于评估纤维基能源装置的性能，从而加速柔性和可穿戴电子设备在数字化、智能化和人类健康领域的应用。

参考文献

[1] Starner T. Human-powered wearable computing[J]. IBM Systems Journal, 1996, 35(3/4): 618-629.

[2] Wang Z L. Towards self-powered nanosystems: from nanogenerators to nanopiezotronics[J]. Advanced Functional Materials, 2008, 18(22): 3553-3567.

[3] Li Z T, Wang Z L. Air/liquid-pressure and heartbeat-driven flexible fiber nanogenerators as a micro/nano-power source or diagnostic sensor[J]. Advanced Materials, 2011, 23(1): 84-89.

[4] Lee M, Chen C Y, Wang S, et al. A hybrid piezoelectric structure for wearable nanogenerators [J]. Advanced Materials, 2012, 24(13): 1759-1764.

[5] Mokhtari F, Spinks G M, Fay C, et al. Wearable electronic textiles from nanostructured piezoelectric fibers[J]. Advanced Materials Technologies, 2020, 5(4).

[6] Zhou Y M, He J X, Wang H B, et al. Highly sensitive, self-powered and wearable electronic skin based on pressure-sensitive nanofiber woven fabric sensor[J]. Scientific Reports, 2017, 7(1).

[7] Du X X, Zhou Z, Zhang Z, et al. Porous, multi-layered piezoelectric composites based on highly oriented PZT/PVDF electrospinning fibers for high-performance piezoelectric nanogenerators[J]. Journal of Advanced Ceramics, 2022, 11(2): 331-344.

[8] Kim M, Wu Y S, Kan E C, et al. Breathable and flexible piezoelectric ZnO@PVDF fibrous nanogenerator for wearable applications[J]. Polymers, 2018, 10(7).

[9] You M H, Wang X X, Yan X, et al. A self-powered flexible hybrid piezoelectric-pyroelectric nanogenerator based on non-woven nanofiber membranes[J]. Journal of Materials Chemistry A, 2018, 6(8): 3500-3509.

[10] Bairagi S, Shahid-ul-Islam, Kumar C, et al. Wearable nanocomposite textile-based piezoelectric and triboelectric nanogenerators: progress and perspectives[J]. Nano Energy, 2023, 118.

[11] Sim H J, Choi C, Kim S H, et al. Stretchable triboelectric fiber for self-powered kinematic sensing textile[J]. Scientific Reports, 2016, 6(1).

[12] Wang J, Li S M, Yi F, et al. Sustainably powering wearable electronics solely by biomechanical energy[J]. Nature Communications, 2016, 7(1).

[13] Gong W, Hou C Y, Zhou J, et al. Continuous and scalable manufacture of amphibious energy yarns and textiles[J]. Nature Communications, 2019, 10(1).

[14] Xiong J Q, Cui P, Chen X L, et al. Skin-touch-actuated textile-based triboelectric nanogenerator with black phosphorus for durable biomechanical energy harvesting[J]. Nature Communications, 2018, 9(1).

[15] Yadav A, Pipe K P, Shtein M. Fiber-based flexible thermoelectric power generator[J]. Journal of Power Sources, 2008, 175(2): 909-913.

[16] Yamamoto N, Takai H. Electrical power generation from a knitted wire panel using the thermoelectric effect[J]. Electrical Engineering in Japan, 2002, 140(1): 16-21.

[17] Ding Y F, Qiu Y, Cai K F, et al. High performance n-type Ag_2Se film on nylon membrane for flexible thermoelectric power generator[J]. Nature Communications, 2019, 10(1).

[18] Sun T T, Zhou B Y, Zheng Q, et al. Stretchable fabric generates electric power from woven thermoelectric fibers[J]. Nature Communications, 2020, 11(1).

[19] Xue H, Yang Q N, Wang D Y, et al. A wearable pyroelectric nanogenerator and self-powered breathing sensor[J]. Nano Energy, 2017, 38: 147-154.

[20] Xie J H, Wang Y F, Chen S G. Textile-based asymmetric hierarchical systems for constant hydrovoltaic electricity generation[J]. Chemical Engineering Journal, 2022, 431(3).

[21] Shveda R A, Rajappan A, Yap T F, et al. A wearable textile-based pneumatic energy harvesting system for assistive robotics[J]. Science Advances, 2022, 8(34).

[22] Zhu M L, Shi Q F, He T Y Y, et al. Self-powered and self-functional cotton sock using piezoelectric and triboelectric hybrid mechanism for healthcare and sports monitoring[J]. ACS Nano, 2019, 13(2): 1940-1952.

[23] Ali I, Islam M R, Yin J, et al. Advances in smart photovoltaic textiles[J]. ACS Nano, 2024, 18(5): 3871-3915.

[24] Guo W X, Xu C, Wang X, et al. Rectangular bunched rutile TiO_2 nanorod arrays grown on carbon fiber for dye-sensitized solar cells[J]. Journal of the American Chemical Society, 2012, 134(9): 4437-4441.

[25] Chu L, Li L Y, Su J, et al. A general method for preparing anatase TiO_2 treelike-nanoarrays on various metal wires for fiber dye-sensitized solar cells[J]. Scientific Reports, 2014, 4(1).

[26] Liu J Q, Li Y L, Yong S, et al. Flexible printed monolithic-structured solid-state dye sensitized solar cells on woven glass fibre textile for wearable energy harvesting applications[J]. Scientific Reports, 2019, 9(1).

[27] Zhang N N, Chen J, Huang Y, et al. A wearable all-solid photovoltaic textile[J]. Advanced Materials, 2016, 28(2): 263-269.

[28] Bohr C, Lê K, Fischer T, et al. Triaxial perovskite composite fibers spinning the way to flexible solar cells[J]. Advanced Engineering Materials, 2022, 24(1).

[29] Lam J Y, Chen J Y, Tsai P C, et al. A stable, efficient textile-based flexible perovskite solar cell with improved washable and deployable capabilities for wearable device applications[J]. RSC Advances, 2017, 7(86): 54361-54368.

[30] Bedeloglu A (Celik), Demir A, Bozkurt Y, et al. A photovoltaic fiber design for smart textiles [J]. Textile Research Journal, 2010, 80(11): 1065-1074.

[31] Zhang Z T, Yang Z B, Wu Z W, et al. Weaving efficient polymer solar cell wires into flexible power textiles[J]. Advanced Energy Materials, 2014, 4(11).

[32] Lv D, Jiang Q Q, Shang Y Y, et al. Highly efficient fiber-shaped organic solar cells toward wearable flexible electronics[J]. NPJ Flexible Electronics, 2022, 6.

[33] Xu X M, Fukuda K, Karki A, et al. Thermally stable, highly efficient, ultraflexible organic photovoltaics[J]. Proceedings of the National Academy of Sciences, 2018, 115(18): 4589-4594.

[34] Khadem A H. Recent advances in functional fabric-based wearable supercapacitors[J]. Advanced Materials Interfaces, 2024, 11(7).

[35] He J Q, Lu C H, Jiang H B, et al. Scalable production of high-performing woven lithium-ion fibre batteries[J]. Nature, 2021, 597(7874): 57-63.

[36] Liao M, Wang C, Hong Y, et al. Industrial scale production of fibre batteries by a solution-extrusion method[J]. Nature Nanotechnology, 2022, 17(4): 372-377.

[37] Teymoory P, Zhao J Z, Shen C W. How practical are fiber supercapacitors for wearable energy storage applications[J]. Micromachines, 2023, 14(6).

[38] Choi H W, Shin D W, Yang J J, et al. Smart textile lighting/display system with multifunctional fibre devices for large scale smart home and IoT applications[J]. Nature Communications, 2022, 13(1).

[39] Qian Z Y, Yang Y Q, Wang L Y, et al. An implantable fiber biosupercapacitor with high power density by multi-strand twisting functionalized fibers [J]. Angewandte Chemie International Edition, 2023, 62(28).

第十一章 智能隐身纤维及纺织品

第一节 引　言

一、电磁波的分类及特性

磁场变动能够催生感应电流，电场交替又能引发新的磁场，二者互为因果，不断转换，最终缔造出复杂的电磁场。电磁波，作为电磁场的一种动态表现，是变化的电磁场以特定形式在空间中传播的结果。自然界中任何温度高于绝对零度的物体，都会自发地向外发射电磁波，且随着温度攀升，其辐射量不断增加，波长则相应缩短。中波与短波主要通过在地面上的多次反射实现传播，而长波则具备绕过障碍物的特性，其传播更为灵活。电磁波自身也携带能量，无需依赖介质进行传播，但在穿越不同介质时，会产生反射、绕射、折射、吸收等多种物理现象。依据频率高低，电磁波可分为无线电波、微波、红外线、可见光、紫外线、X 射线和 γ 射线等多个频段，其丰富的频谱特性如图 11-1 所示。

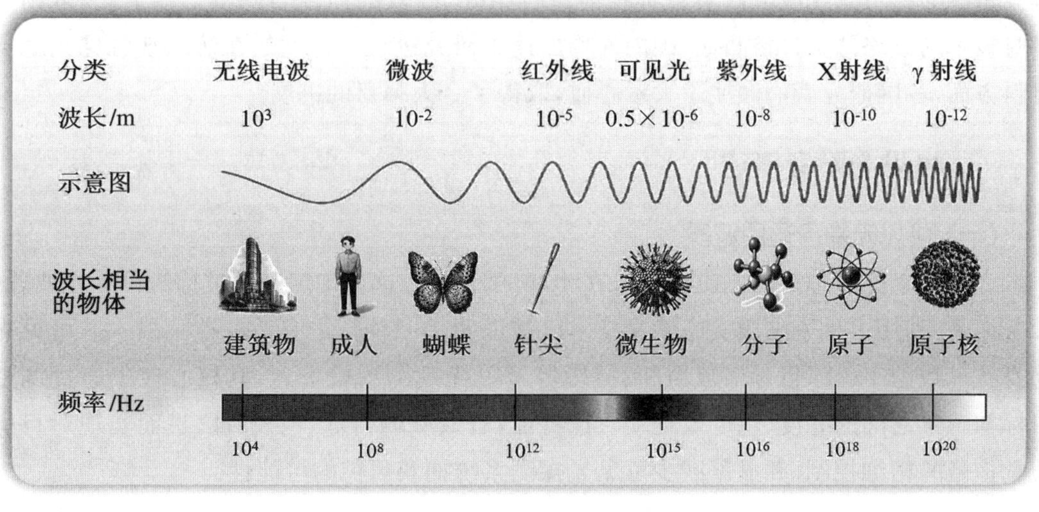

图 11-1　电磁波频谱划分

二、隐身纤维及纺织品的分类及特性

隐身技术与探测技术两者相互抗衡，均聚焦于目标物体与背景环境的对比研究。探测技术旨在通过放大目标与背景间的差异来精准定位与识别目标，而隐身技术则力求使目标与背景的相关特性趋于一致，以减少被探测到的可能性。因此，隐身并非绝对意义上的不被发现，而是一个相对概念，也可称之为低可探测技术。随着探测设备的智能化、多功能化进程加速，作战单兵等军事目标在战场上的暴露风险日益加剧，面临发现即摧毁的严峻形势，隐身技术迅速成为全球科研人员的关注焦点。纺织品以其质轻、柔软、透气性好、形状自适应性等特点，成为制备隐身装备的理想基材。根据目标辐射信号的不同，隐身纤维及纺织品可分为可见光隐身、红外隐身、雷达隐身以及多波段兼容隐身等多种类型，以满足多样化的隐身需求。

第二节　可见光隐身纤维及纺织品

自古以来，人类便精通在战斗中施展伪装、隐藏和欺骗技巧，从而有效掩盖自身行踪。正因如此，隐身技术在军事领域始终占据重要地位。而可见光探测技术，包括目视观察和可见光成像技术，凭借其直接性和有效性广泛应用于探测与隐身对抗的研究中。随着科技的日新月异，可见光探测技术及其相关手段，以及各类反隐身技术，均取得长足的进步。如今，无论是坦克、车辆，还是光学成像卫星和侦察飞机，都配备了先进的探测设备，如潜望镜、瞄准镜、多光谱照相机、高分辨率电视摄像机和微光夜视仪等。这些尖端设备能够在可见光波段内对目标物体进行精确、高效的侦察与探测。鉴于此，可见光隐身技术的战略意义日益凸显，国内外均加速了研究进程。特别是在纺织基可见光隐身材料方面，各国研究者们倾注了大量心血，取得了令人瞩目的进展。

一、可见光隐身概述

（一）可见光隐身适用波段

人类肉眼能够感知的电磁波波长在 400～780 nm，这一特定区间被称为可见光波段。长久以来，利用可见光波段实施隐身技术已被证明是一种行之有效的欺骗战术。可见光隐身技术致力于确保目标不被照相、摄影等可见光观测手段发现，其核心在于通过调整目标与背景之间的亮度、色度及运动对比特征，有效减弱目标自身特征，进而实现对目标视觉信号的精细控制，并显著减少可见光探测系统捕获目标的可能性。

（二）可见光隐身原理

在可见光范围内，探测系统的效能主要受色度、亮度及运动三要素的影响。其中，亮度因素尤为关键，它直接决定了目标物体在探测系统中的显现程度。当目标物体表面发生光反射，特别是镜面反射时，如军事应用中的照明及信号灯光等，它们与背景之间的亮度差异显著，从而易于被探测系统捕捉。然而，当目标与背景在亮度上相近时，色度对比的重要性便突显出来，成为探测过程中不容忽视的视觉线索。更进一步地，当亮度和色度上都存在显著差异时，这种双重对比效应不仅增强了目标的视觉显著性，还极大地提升了探测系统对其的感知能力，从而使得物体在运动时更易被识别捕捉。为了实现可见光隐身，关键在于减小目标物体在这三个方面的对比特征，从而降低被探测器发现的概率。从理论层面看，可以采取以下策略：

一方面，通过在目标表面覆盖遮蔽物或涂层，可以有效改善其反射特性，进而实现可见光隐身。例如，目前已成熟应用的伪装网和迷彩服等隐身纺织品，它们利用彩色颜料模拟草地、山地、滩涂和沙漠等不同背景环境，使目标在可见光下难以被察觉。这种方式对材料要求相对较低，对物体原有性能影响较小，易于实施且适合量产。另一方面，利用透明材料作为目标的结构材料，能够允许背景光线顺畅地透过目标，从而在可见光波段实现完全隐身。此外，变换光学隐身技术作为一个前沿领域，正逐渐展现出其巨大的潜力。该技术运用透镜等光学结构使光线发生弯曲，进而形成视觉盲区，有效隐藏目标。上述两种方法在实际应用中仍存在一些限制，如需要改变物体的外形和重要构件的分布，因此目前尚未得到广泛应用。

（三）可见光隐身性能测试方法

在实际应用中，由于目标背景与总体背景在特定位置上存在差异，可见光隐身技术难以实现完全同色的效果。为了应对这种差异，包括 GJB 798—1990《伪装涂料漆膜颜色》、GJB 452.1—1988《伪装服可见光近红外伪装性能指标》以及 GJB 874—1990《防目视、微光、近红外观察伪装服》在内的一系列标准明确规定，色差控制在 3L＊a＊b 单位以内，且可见光亮度对比小于等于 0.1，即可认为符合可见光隐身技术要求。同时，为了准确评估可见光隐身效果，GJB 5010.2—2003《伪装遮障设计定型试验规程　第 2 部分：光学伪装性能试验》详细列出了可见光隐身效果的多种测试方法，主要分为两大类。一类是外场测试外场判读法。这种方法主要依赖相关人员采用摄像机等光学侦察手段，对实施可见光隐身的目标进行现场观察，通过观察统计目标的发现、识别概率等关键指标，做出对隐身效果的综合评价。另一类是外场测试室内判读法。该方法的首要步骤是在野外环境条件下，对实施了可见光隐身技术的目标及其所处背景进行详尽的实地拍摄；随后，在室内组织相关人员对上述图像资料进行判读和分析，并依据一定的评价标准对隐身效果进行评估。

二、可见光隐身技术途径

早期可见光隐身技术主要借助伪装网和迷彩服装等有效手段，使目标物体的光反射特性与周围环境尽可能融合，进而有效减小被探测和发现的风险。尽管这些隐身纺织品能够有效地覆盖目标表面，但它们要求目标保持极低的运动速度，甚至需要目标保持静止状态，才能确保理想的隐身效果得以实现。为了兼顾良好的隐身效果和目标的机动性能，科研人员正致力于研发能够根据环境自动调节亮度和色度的可见光智能隐身材料。这类材料通过智能感知和响应周围环境的变化，实时调整自身的光学特性，使目标在各种环境条件下都能保持最佳的隐身效果。

（一）传统静态可见光隐身

1. 伪装网

伪装网作为一种高效且实用的伪装遮障器材，通过覆盖在军事建筑或装备上，成功实现了大型军事目标的可见光隐身。这项技术不仅成本经济、轻便易携、适应范围广，还具备防水耐腐的优异性能，能够迅速且大面积地遮蔽目标物体，从而确保军事行动安全顺利地开展。然而，伪装网也存在一定的局限性，如它在使用时会限制目标的机动能力，其隐身原理在于利用低可探测性的隐身织物构成障碍，从而有效减弱武器装备的光学反射特征。传统的伪装网还能够模仿不同环境（如林地、沙漠）的可见光反射光谱，使目标在视觉上难以被察觉。我国自主生产的制式伪装网自 20 世纪 60 年代诞生以来，历经数十载不懈努力与科研攻关，已成功打造出三代及多种型号的伪装网，技术水平跻身世界前列。其中，65 伪装网作为我国第一代光学伪装网的杰出代表，以 PVC 塑料单丝为基材编织而成，两面还设计了独特的迷彩图案，不仅在近红外侦察中展现出超凡的隐身功能，而且实现了耐用性与隐蔽性的完美结合，能够灵活适应我国大部分地区不同季节的背景变化。如今，我国已经构建一套相对完善的防多波段侦察伪装网体系，包括 84 伪装网、81 伪装网、87 伪装网和 95 伪装网等多款产品。这些伪装网在隐身性能与轻便性等方面均取得显著突破，为我国军事隐身领域的发展奠定了坚实的技术基础。它们以卓越的性能和广泛的应用，充分展现出我国在军事隐身领域的强大实力和创新精神。

2. 迷彩服装

迷彩伪装作为可见光隐身领域的研究重点，已广泛应用于作战士兵等需高度隐身的目标之上。通过穿戴具备隐身功能的迷彩服装和装备，士兵能够有效对抗可见光探测技术，巧妙融入背景环境，从而达到混淆敌人视线的目的。在第二次世界大战期间，德国纳粹国防军率先引入了带有棕色与绿色多棱角图案的作战军装。随后，研发了一系列与自然环境高度融合的伪装迷彩，如悬铃木迷彩和豌豆迷彩等。这些创新的迷彩设计有效地降低了部队的伤亡率，提升了作战效能。在迷彩服装设计中，表面图案斑块的颜色及其形状大小是决定隐身效果的关键因素。可见光隐身领域提供了丰富多样的颜料选择，如黄色、深绿色、浅绿色、棕色、褐色、黑色、氧化铬绿、咔唑紫及氧化铁系等颜料，以满足不同环境和背景下的隐身需求。1943 年，德国为部分士兵精心配备了三色迷彩服，其特色在于不规则形状的三色斑块设计。这些斑块在视觉上巧妙地分割和模糊人体外形，实现了出色的伪装变形效果。这一成功实践迅速引发了各国军队的广泛关注与效仿。进入21世纪，随着科技的飞速发展，美军率先研发并全面换装新式数码迷彩作战服，其陆军和空军亦紧随其后，共同迈入迷彩伪装技术的新纪元。鉴于空中、地面和水上战地环境的多样性，陆海空三军装备的迷彩图案和颜色也各有特色。自建军以来，我国军服经历了多达12次的调整改革，其中"07式军服"无疑是最为全面、系统且顺利的一次革新。此次改革的一大瞩目之处，在于推出了五种迷彩效果的作训服——丛林迷彩、林地迷彩、城市迷彩、海洋迷彩及荒漠迷彩。这些迷彩作训服均巧妙运用四色组合的数码迷彩设计，以及色彩的搭配与选择都围绕作训服使用的环境因素进行，以确保士兵在各种环境中都能实现最优的伪装效果。同时，印花染料的搭配使得迷彩图案更加逼真、自然，与自然环境的融合度达到新的高度。这使得士兵在战场上能够更好地隐匿身形，减少被敌人发现的可能性，从而极大提升了作战的安全性和成功率。

(二) 智能自适应可见光隐身

可见光智能隐身材料，宛如自然界的"变色龙"，展现出卓越的变色特性。通过在智能纺织品上涂敷或掺杂该类隐身材料，其表面能够敏锐地响应光、电、热等外部刺激，实现颜色的变化和亮度的精准调节，从而降低目标与背景间的特征差异，达到卓越的隐身效果并提升机动性能。目前，科研人员已研发出多种自适应变色的智能隐身方式，包括光致变色、热致变色、电致变色以及光学超材料等。这些创新性的隐身方式不仅拓宽了可见光隐身技术的应用范围，更为军事目标的安全防护提供了强有力的支持。展望未来，随着技术的持续进步和应用领域的不断拓宽，可见光智能隐身材料必将在隐身领域发挥更加举足轻重的作用。

1. 光致变色自适应隐身

光致变色自适应隐身纺织品巧妙地运用光致变色材料对光的独特吸收特性，实现了目标颜色随外部光照的灵活变化，从而高效地达成可见光自适应隐身的目的。其变色机制在于光的作用下，材料的分子结构发生转变，进而引发对光吸收峰即颜色的相应调整，且这种变化通常是可逆的。光致变色材料主要分为无机和有机两大类。无机光致变色材料具有反应迅速、热稳定性好、变色时间长等优势，目前研究较多的有金属氧化物、卤化物和金属盐水化合物等。然而，无机材料在多彩变换和可控性方面存在局限，这在一定程度上限制了其应用范围。相对而言，有机光致变色材料如螺恶嗪、螺吡喃、俘精酸酐类、二芳基乙烯类和偶氮苯类等化合物在隐身领域受到更多关注。这些有机材料能够进行分子设计，但合成制备过程较为复杂。近年来，有机-无机杂化光致变色材料融合了无机材料的高强度、热稳定性与有机材料的轻量、柔软等优势，推动了智能隐身技术的快速进步。Li等运用原位发酵法，实现了螺噁嗪、螺吡喃等光致变色材料在细菌纤维素(BC)内的均匀分布和高负载量，成功研制出结合牢度与光响应效果俱佳的光致变色纺织品。发酵后的BC在紫外线和可见光的照射下，能够在ON和OFF状态之间可逆地迅速切换，显示出明显的变色循环。凭借其出色的柔性、耐久性以及可宏量制备的特性，BC 在智能可穿戴纺织品领域，特别是可调谐颜色切换系统设计、信息存储及日光、紫外线预警等方面展现出独特且显著的优势。Wang 等通过引入具有紫外线响应的杂化三氧化钨纳米粒子，成功制备出可大规模生产的光致变色海藻酸盐纤维（WO_3@Ca-Alg）。该纤维在紫外光照射下 30 min，便能从白色转变为深蓝色。同时，其色度可根据光照时间的长短进行精准调控，且颜色稳定性极佳，长时间内不易褪色。这一创新成果不仅展示了光致变色纤维的优异性能，也为未来的纺织和隐身技术领域带来广阔的应用前景。

2. 热致变色自适应隐身

热致变色自适应隐身技术，其核心在于利用热致变色材料随温度变化而展现不同颜色的特性。该技术能够精准捕捉背景环境的色度和亮度特征，并利用控制系统调节纺织品表面温度，使目标完美融入背景，实现高效的隐身效果。热致变色材料主要分为无机和有机两大类。无机热致变色材料通常包含 Ag、Cu、Hg 等元素的碘化物、络合物及过渡金属配合物，其变色机理多样，如结晶变化、化学反应和热分解等。尽管这类材料合成简单、成本低廉，但变色温度范围较窄，且色差较小，在一定程度上限制了其应用范围。相比之下，有机热致变色材料则展现出更为灵活多变的特性，由发色剂、显色剂和溶剂组成，并通过杂化态转变、pH 值变化等方式实现色态的调整。

尽管热致变色材料研究已取得一定进展，但仍面临颜色变化种类有限、亮度可控范围窄以及变色温度多集中在高温区等挑战。未来研究需进一步拓展材料的变色范围和亮度可控性，以满足更广泛、更高效的隐身需求。Xiang 等受到暹罗猫毛发颜色随温度变化的启发，成功研发出基于聚偏二氟乙烯-六氟丙烯（PVDF-HFP）纤维和变色微胶囊材料的新型热致变色纤维膜（RTFM），如图 11-2(a)所示，其能够根据温度波动在黑白两色之间自动切换，从而引发显著的光学特性变化。此外，制备的 RTFM 不仅表现出优异的耐用性和稳定性，而且采用的静电纺丝工艺具有大规模生产的潜力，可以满足不同领域

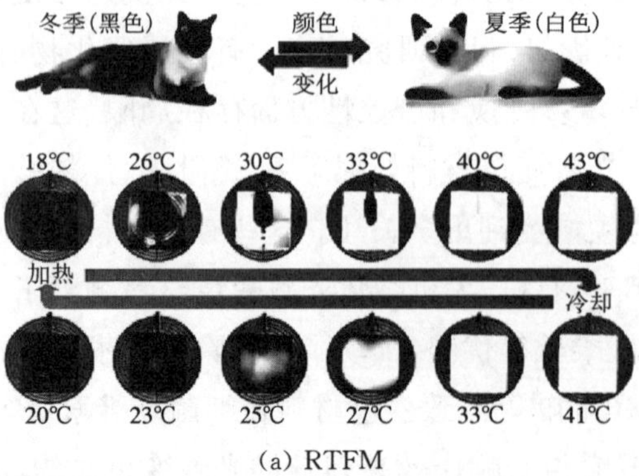

(a) RTFM

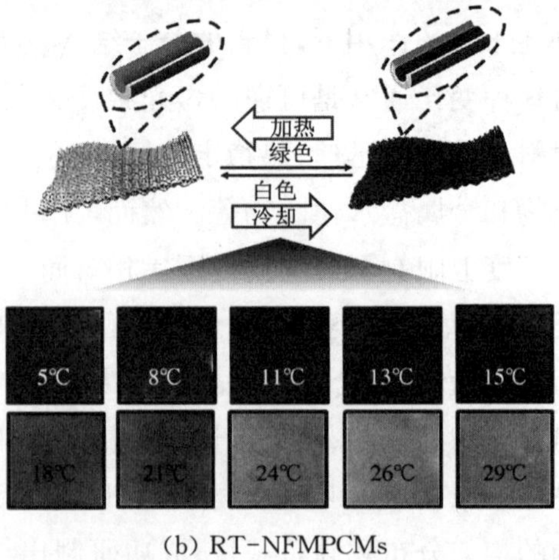

(b) RT-NFMPCMs

图 11-2　不同类型的可逆热致变色纤维膜光学特性随温度变化情况

的需求。Wu 等采用绿色染料 GN-2 作为发色剂，并配以双酚 AF 作为显色剂，通过同轴静电纺丝技术成功研制出具有卓越可逆热致变色性能的纳米纤维膜(RT-NFMPCMs)。该纤维膜的显色性能优异，其亮度和颜色均能随温度的上升发生显著变化，展现出极高的温度敏感性，如图 11-2(b)所示。特别地，当环境温度升至 29 ℃时，纤维膜的颜色会转变为白色并保持稳定，为热致变色材料的应用领域提供了新的可能性。

3. 电致变色自适应隐身

电致变色自适应隐身技术，借助外部电场的精细调控作用，促使电致变色材料经历氧化还原或离子嵌入脱出过程，实现了颜色持久且可逆的变化，同时有效缩减了目标物体与背景环境间的视觉差异。该技术不仅为织物显示器带来前所未有的色彩变化体验，还为可穿戴设备与便携式电子产品等领域开辟了全新的应用前景。在材料分类上，电致变色材料主要分为有机和无机两大类。无机材料主要通过电场作用下的电子交换或电化学过程引发着色或变色现象。WO_3 作为杰出代表，已广泛应用于电致变色器件并实现产业化。有机电致变色材料以多样化的颜色选择、可调的响应速度及优良的加工性能而备受瞩目。目前，紫精类(含吡啶盐)、芳香胺类(包括聚苯胺)、稀土二酞菁类化合物以及导电高分子类等有机材料的研究已相对成熟，为电致变色技术的进一步发展奠定了坚实基础。Fan 等通过融合电致变色活性材料(如紫精)和独特的设备设计(平行双电极结构)，规模化制备了具备远程可控性和多环境稳定性的智能电致变色纤维，如图 11-3(a)所示。得益于平行双电极结构电场分布的均匀性和电子转移的迅速性，纤维颜色变化的均匀性得到显著提升。此外，变色纤维结构如图 11-3(b)所示，在金属导电电极上涂覆 ITO 层，有效地强化了纤维的电化学稳定性。保护层的加入极大地增强了变色纤维在多种复杂环境因素(如机械应力、洗涤及热稳定性测试)下的稳定性。制备的变色纤维具备较强的实用性，能够编织成各种大型智能纺织品。如图 11-3(c)所示，该纤维能够植入商业纺织品，形成丰富多样的复杂图案。在施加不同电压时，这些图案会展现出多样化的颜色转变，从而充分展示了变色纤维在可见光自适应隐身领域的巨大应用潜力。Zhu 等通过浸渍技术，将 Ag NWs、PEDOT：PSS 和 WO_3 依次涂覆于纤维表面，成功制备出了柔性电致变色尼龙纤维。在此过程中，$CaCl_2$ 和海藻酸钠的加入显著提升了 Ag NWs 在纤维基底上的黏附性，从而确保变色纤维的稳定性和耐用性，即使经受 300 次弯曲循环和 30 次剥离循环，依然保持快速的颜色切换能力(变色和恢复时间分别为 2.4 s 和 9 s)和高光学调制效率(633 nm 处 65.5%)；以及在反复的机械变形甚至打结的情况下，纤维依然展现出卓越的颜色对比度。

4. 光学超材料

超材料，作为人工合成的复合材料，因其超越常规物理性质的特性，在电磁、通信和红外隐身等领域展现出巨大的应用潜力。其中，光学超材料凭借其特殊的微纳结构能够对光传输进行特定调控，从而赋予材料独特的光学性质，达到可见光隐身的效果。依据维度的差异，光学超材料可划分为二维与三维两大类。二维超材料以光学超表面为典

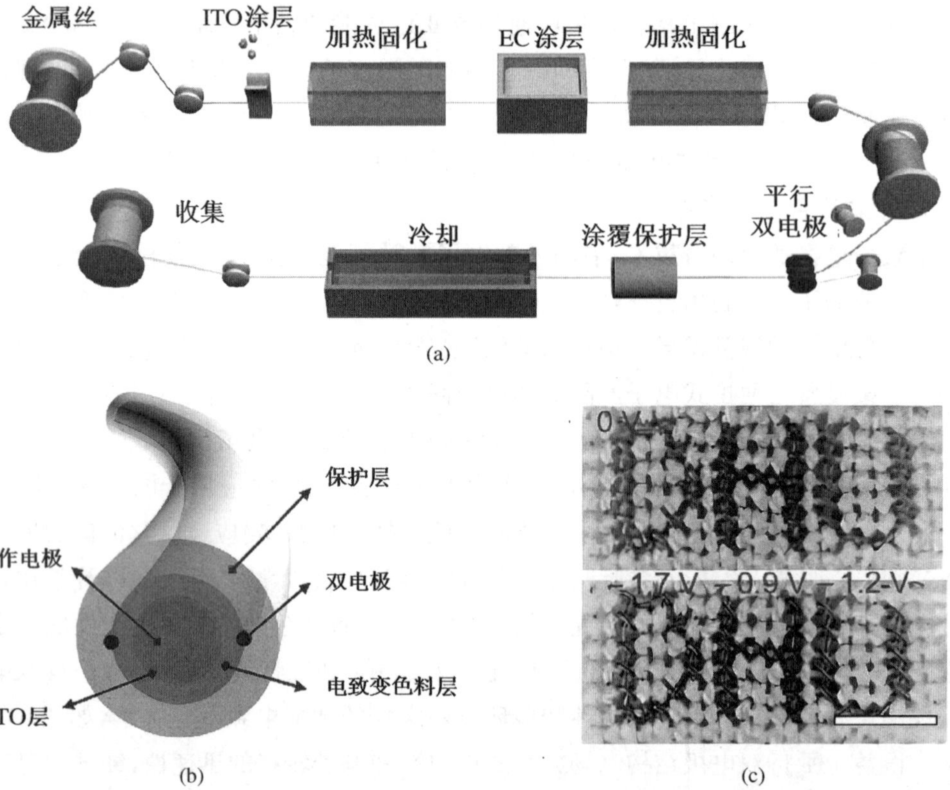

图 11-3　基于平行双电极结构的电致变色纤维

(a) 规模化制备流程；(b) 结构；(c) 用于可穿戴显示的智能纺织品光学图像

范，其独特之处在于能够通过极薄的亚波长结构层，实现对入射光的细致调控。与三维超材料相比，光学超表面在加工技术方面展现出显著优势，它能够完美融入传统的平面化半导体微加工技术，因此成为当前研究的热点与前沿。三维光学超材料的制备主要依赖自组装技术、多层纳米结构的构建及激光 3D 打印等先进技术手段。此外，结构色作为光学超材料的另一重要研究方向，其光泽源于光的波长，依赖于材料自身的结构而非化学物质，因此具有出色的颜色可调性、持久性和稳定性。在大自然中，孔雀羽毛的绚丽色彩、蝴蝶翅膀的斑斓光泽以及甲虫体壁的金属光泽等，都是结构色的生动体现。这一研究方向不仅丰富了光学超材料的内涵，也为材料科学和设计领域带来了新的启示和可能性。受蜘蛛纺丝工艺的启迪，Liu 等运用微流控技术，成功在原位形成的水凝胶鞘内自组装了纤维素纳米晶体（CNCs），进而制备出具有芯-鞘结构的分层超液晶（LMC）纤维。这种纤维展现了从纳米至宏观尺度的多层次复杂结构，包括长程胆甾序、3D 拓扑缺陷以及芯-鞘结构。海藻酸钠与 Ca^{2+} 的迅速交联作用，构筑了一个稳定且连续的水凝胶鞘层，为组装过程提供了理想的环境。在 LMC 纤维的芯层中，长程胆甾相液晶构筑了独特的 3D 拓扑构型，兼具径向放射状和轴向"麦穗状"的拓扑结构。正是这种特殊的拓扑结构，赋予了LMC纤维出色的光学效果。顺时针旋转时，纤维的颜色周期性地从蓝色变为红色。旋转至180°时，红色和蓝色条纹的位置与初始状态相反，形成了鲜明的对比。LMC纤维的制备不仅展示了人类智慧与自然界灵感的完美结合，也为可见光隐身开启了一个全新的研究方向。Zhao等运用磁控溅射技术的高方向性特质，在碳纤维材料的曲面上设计，得到具有周期性梯度Janus结构的的光子纳米层，成功制备出兼具绚丽结构色和出色力学性能的光子Janus碳纤维(PJCFs)。PJCFs的光子纳米结构独具特色，其厚度从顶部逐渐减薄至纤维弯曲表面，使其在可见光范围内展现出结构颜色的梯度。当倾斜角从0逐步增加至50°时，其结构颜色呈现出从橙色到黄色、绿色、青色、蓝色直至紫色的连续变化。值得一提的是，PJCFs不仅色彩丰富多变，还具备出色的机械稳定性和耐洗性，即便经受频繁的往复摩擦与洗涤，其独特的光学特性依旧保持如初，充分展示了其在实际应用中的耐用性。这一显著优势使得PJCFs在基于织物的动态彩色显示以及可见光隐身等领域展现出巨大的应用潜力。

第三节 红外隐身纤维及纺织品

科技的飞速进步显著改变了现代战争的形态，信息化、隐形化、智能化成为其主要特征。在此过程中，单兵等目标物体因其自身固有的热量而不断向周围环境释放红外线，极易成为红外探测设备的捕捉目标，对其生命安全构成严重威胁。为应对这一挑战，红外隐身纤维及纺织品的研发显得尤为重要。它们能够显著减小单兵与环境背景之间的辐射差异，提升其在战场上的隐蔽性和生存概率。因此，军事领域对红外隐身纺织品的需求日益迫切，已成为各国竞相研究的重点。

一、红外隐身概述

(一) 红外隐身适用波段

任何温度高于绝对零度的物体都会自发地向周围环境释放红外线。然而，红外线在传播过程中会受到大气中水汽、二氧化碳等气体分子以及杂质、气溶胶等悬浮颗粒的选择性吸收和反射。因此，只有特定波段的红外线能够较好地穿透大气进行传播，这些波段主要包括1～2.5 μm(近红外)、3～5 μm(中红外)以及8～14 μm(远红外)，它们被称为“大气窗口”。当前，各国在红外制导技术领域的探测器研发和应用主要聚焦于3～5 μm波段，而红外侦查使用的热成像系统更多关注8～14 μm波段。鉴于此，国内外红外隐身材料的研发工作主要围绕这两个关键波段展开，力求实现更精准、高效的隐身效果。

(二) 红外隐身原理

红外隐身技术旨在以特定手段减少或调整目标物体向周边环境发射的红外线强度，

进而减小其与环境之间的红外辐射对比差异。通过这种技术,目标物体能够更好地融入背景环境,从而降低被红外探测设备识别和定位的风险。目标物体单位面积内的红外辐射强度 M 符合 Stefan-Boltzmann 定律:

$$M = \sigma \varepsilon T^4 \tag{11-1}$$

式中:M 为目标物体的辐射强度,W/m^2;σ 为波尔兹曼常数,$5.670\ 3 \times 10^{-8}$ $W/(m^2 \cdot K^4)$;ε 为目标物体的红外发射率;T 为目标物体的绝对温度,K。

红外辐射强度与目标物体的发射率和表面温度密切相关。当目标表面的发射率和温度上升时,其红外辐射强度亦会相应增强。因此,可采取三种策略实现红外隐身:首先,降低目标物体表面的红外发射率,减少其红外辐射的产生;其次,调节目标物体表面的温度,使其与环境温度接近,从而减少温差带来的红外辐射差异;最后,通过阻隔目标物体辐射红外线的传播途径,减少红外探测设备对其的捕捉。这些措施可有效减少目标物体在红外波段的暴露,提高其在战场或其他应用场合的隐蔽性。

(三)红外隐身性能测试方法

红外隐身纤维及纺织品的性能测试核心在于评估其发射率和表面温度两大指标。发射率的测量手段多种多样,包括发射率法、量热法以及辐射能量法等。目前,广泛应用的 IR-2 型双波段红外发射率仪就是基于反射率法的测试原理测量目标物体的发射率的。对于不透明的样本而言,反射率与吸收率之和恒等于“1”。该仪器通过向透射率为“0”的被测面投射已知强度的辐射能量,并依据能量守恒定律与基尔霍夫定律,利用反射计精确测量反射出的能量,从而计算出样品的反射率,并最终将其转换为发射率。至于表面温度的测量,则普遍采用非接触式的红外热成像仪。这种仪器能够以“面”的形式对目标物体进行实时成像,不仅能精确量化探测到的热量,还能将其转换成直观的热图像以及具体的温度值。这种测量方式不仅高效准确,而且避免了接触式测量可能带来的误差和干扰。

二、红外隐身技术途径

(一)传统静态红外隐身

1. 通过控温实现隐身

Stefan-Boltzmann 定律揭示了目标物体红外辐射强度与表面温度的四次方之间的密切关系,表明红外辐射对温度变化高度敏感。因此,有效调控目标物体表面温度能够显著降低其红外辐射量,这也促使控温材料成为研究的热点。可采用隔热、控温等方式精准控制物体表面温度,进而减小目标物体与环境背景之间的红外辐射差异,使目标在红外探测设备面前更加难以被识别和定位,从而达到红外隐身的目的。

(1)隔热材料。隔热控温主要利用热导率较低的静止空气有效阻隔目标物体产生的热量。热量在纺织品内部积聚,有助于纺织品表面温度与环境背景温度保持一致。这一方法旨在以降低目标物体表面温度的方式提高其隐蔽性，从而达到红外低可探测的目的。常见的隔热材料包括中空纤维、气凝胶和中空微珠等。其中，中空纤维已成为仿生材料领域的研究焦点，深刻体现了人类对自然界生物智慧的精妙借鉴。其独特的中空设计不仅有效减轻了纤维质量，还使其能够容纳大量静止空气，从而赋予纤维轻质且保暖的特性。同时，由中空纤维制成的织物触感柔软，干爽舒适，透气、透湿性能优异，作为可穿戴设备基材使用时具有巨大的发展潜力。受撒哈拉银蚁毛和北极熊毛的启发，Hu 等采用同轴湿纺技术，创新地研发出一种以 Al 片为皮层的 PU 中空多孔纤维。纤维内部独特的中空多孔结构赋予了其卓越的隔热性能。在 80 ℃的热板上，其表面温度与热板之间的温差高达 25.5 ℃，充分显示出优异的表面温度降低效果。同时，纤维的皮层附有低发射率的 Al 片，使得纤维表面的发射率显著降低至约 0.36。该仿生纤维凭借其出色的隔热性能与低发射率的协同作用，展现出强大的红外隐身潜力。Cui 等运用冷冻纺丝技术，成功将丝素溶液连续制备成具有中空结构的仿生纤维。这种仿生纤维所编织的织物具备卓越的隔热性能，被仿生纺织品覆盖的兔体由于其表面温度与背景温度极为接近，在红外热摄像仪下难以被察觉。这一特性使得采用仿生多孔纤维编织的纺织品在红外隐身方面具备巨大的应用潜力。Wang 等研发出一种具有卓越隔热性能的中空 TPU/聚丙烯腈仿生纤维。在纺丝过程中，射流中的气泡通过扩散和成核作用促使纤维内部形成复杂的多空腔结构，进而通过调控发泡剂二氟二苯基甲烷二异氰酸酯（MDI）的含量，实现了对纤维结构和导热性能的调整。由低导热率的仿生纤维制备的织物展现出优异的隔热性能。在 0 和 80 ℃的环境温度下，织物表面与热板间的温差分别高达 17.9 ℃ 和 34.9 ℃。这表明中空 TPU/聚丙烯腈纤维低导热率的特点有助于缩小织物表面与环境背景之间的红外辐射差异，从而实现红外隐身效果。此外，它为制备兼具结构与功能特性的隔热纺织品提供了新的思路，有望在未来推动纺织行业的创新与发展。

而气凝胶则以其独特的三维网络空间结构脱颖而出，这种多孔材料不仅密度低、导热系数小，而且拥有极高的比表面积。气凝胶内部的小块空气层使得热传导路径变得复杂且漫长，从而有效抑制热量的相对流动，实现出色的隔热效果。Liu 等巧妙地结合了冻融（FT）与冷冻纺丝技术，成功制备出形态规整、多孔结构沿冷冻方向有序排列的聚乙烯醇（PVA）气凝胶纤维。FT 处理形成的致密交联网络极大地提高了 PVA 前体的可纺性，从而实现高强度、高柔性的连续多孔纤维的大规模制造。制得的气凝胶纤维具有卓越的力学性能，能够方便地编织成各种复杂纺织品，其独特的多孔结构还赋予纤维非凡的隔热性能。具体来说，纤维内部呈现出的大量树枝状空腔结构将空气分隔在各个独立的空腔内，有效抑制了气凝胶纤维的热对流，较小的空腔因接近空气中气体分子的平均自由程，对热对流的抑制效果更加明显。同时，由于空气的热传导率远低于 PVA，因此气凝胶纤维的高孔隙率结构赋予材料优异的隔热性能。此外，整齐排列的树枝状多孔结构提供了丰富的反射面，通过“多重反射效应”有效反射红外光，可进一步抑制气凝胶纤维的热辐射。在 −20 ℃和 60 ℃的环境温度下，通过多层织物叠加，织物两侧温差分别高达

24.6 ℃ 和 22.9 ℃，充分展示了卓越的隔热性能。这一创新成果为气凝胶纤维在纺织品领域的应用开辟了广阔的前景。Lin 等成功设计并制备了一种聚氨酯/二氧化硅（OPU/SiO_2）气凝胶涂层棉织物。该气凝胶涂层均匀覆盖在棉织物表面，显著提升了织物的力学性能和热稳定性。同时，OPU 与 SiO_2 间的协同作用促使涂层棉织物的导热系数大幅降低，使其在 46 ℃热板上加热时，升温速率更为平缓，表面温度比未涂层棉织物低约 4 ℃。这一创新设计赋予棉织物卓越的保暖和隔热性能，为红外隐身纺织品的制备提供了新的思路。

中空微珠因其空心结构和超微小孔隙的特性，具备轻量化和低导热系数的优势。作为隔热材料使用能显著减少热量的传递，进而降低目标物体的红外辐射强度。Ma 等采用水热和高温煅烧技术，成功制造了一种轻质、隔热且高红外反射率的纳米氧化钇包覆中空玻璃微球（HGMS@Y_2O_3）。随后，他们以聚丙烯无纺布作为基底，设计并制备出具备夹层结构的红外隐身复合织物，其中铝、HGMS@Y_2O_3 和聚丙烯无纺布分别应用于低发射率层、隔热层和自清洁层。该复合织物可实现出色的红外隐身效果，在 80 ℃ 热板上加热至 62.8 ℃的物体，其在红外热摄像仪下检测的温度仅为 32.4 ℃，成功降低了 30.4 ℃。Pakdel 等利用二氧化钛纳米颗粒（TiO_2）和中空玻璃微珠（HGM）在棉织物表面开发新型多功能涂层，并采用热成像技术和防汗热板测试对织物的隔热性能进行全面评估。含 HGM 的涂层赋予棉织物卓越的隔热性能，与未处理的棉织物相比，涂层棉织物的热阻大幅提升了 78%。涂层中 HGM 的存在显著降低了织物通过对流和传导两种方式传递的热量，进而有效提高了涂层织物的热阻。同时，HGM 含量的提高加大了热源与织物表面间的距离，从而有助于在织物表面形成较低的热通量，使得织物的表面温度和红外辐射强度明显降低。这极大地增强了其在红外探测设备前的隐身能力，为实际应用提供了有力的技术支撑。

（2）相变材料。调节温度主要有吸热和散热两种方式，而实现这一目的的关键在于利用能够存储和释放热量的相变材料。相变材料通过循环控温机制，使织物表面温度与环境温度保持接近并维持相对稳定，从而实现红外隐身效果。根据隐身机理的不同，相变材料可分为固液相变材料和固固相变材料两大类。固液相变材料因种类繁多且潜热值更大等优点，具有较高的实用价值。Ahn 等利用聚氨酯/氧化锡（PU/SnO_2）复合中空微管编织出一款兼备疏水性能的红外隐身斗篷，旨在有效阻隔目标物体发出的红外线和热辐射。对织物的疏水性处理防止了雨水或水润湿导致的微管膨胀，进而避免了红外和热辐射屏蔽特性失真。当复合中空微管内填充水或石蜡油等相变材料以代替空气时，其热辐射屏蔽性能得到显著增强，实现了出色的红外隐身效果（图 11-4）。

然而，固液相变材料在相变过程中，其状态的转变可能导致材料泄露和脱落等问题的出现。这使得对相变材料与纤维的结合方式提出了极高的要求。为了克服这一难题，目前常将固液相变材料以相变微胶囊的形式嵌入纤维内部或涂覆在纤维/织物表面。这一举措不仅提高了固液相变材料的稳定性和耐久性，还为其在更多领域的应用提供了无

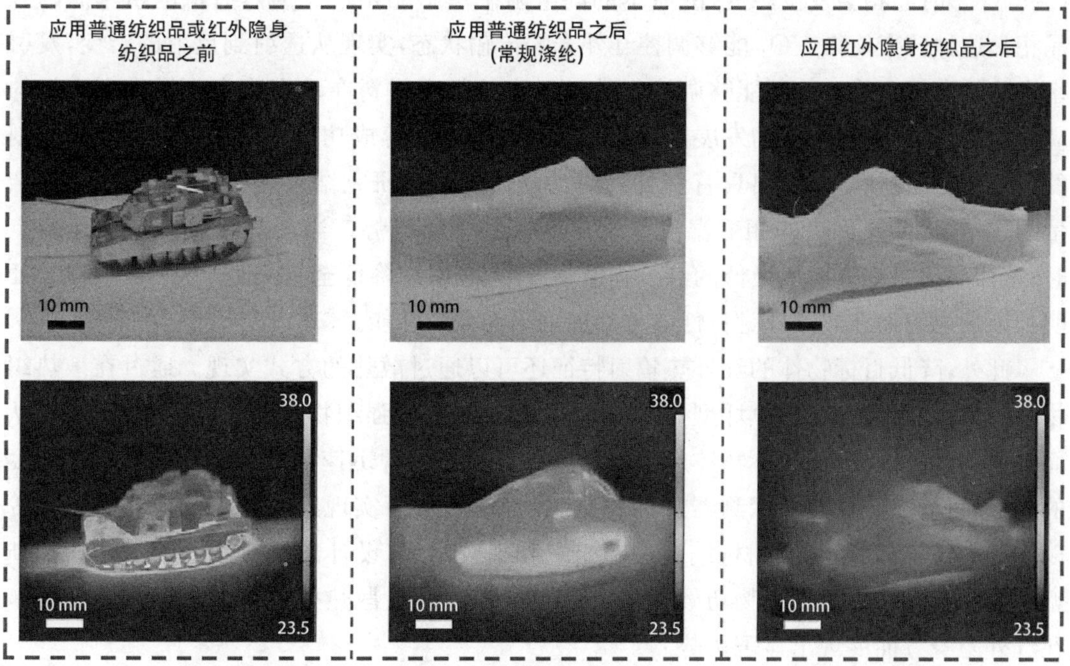

图 11-4　坦克模型表面覆盖常用织物及红外隐身织物前后的光学和红外图像

限可能。Xu 等选用相变材料石蜡作为微胶囊的芯材，脲醛树脂作为壁材，通过原位聚合的方式成功制备出相变微胶囊。随后，将其涂覆在棉织物上，制成具有红外隐身功能的织物。在 60 ℃的加热环境下，红外隐身织物的表面温度相较于未处理棉织物显著降低 5～10 ℃，同时其红外发射率也得到有效控制，约降低 0.25。这表明制备的隐身织物具有出色的温度变化调节能力，可有效降低红外热辐射强度。其调温机理为，当红外隐身织物的一侧有热源时，热辐射传导至织物表面，部分热量被织物反射，一部分热量被相变材料和织物吸收，仅有少量的热量能够透过织物继续传递，从而有效地抑制了红外热辐射的散发。相变微胶囊与纤维之间卓越的兼容性使得它们能够紧密结合，共同发挥作用。更为重要的是，相变微胶囊能够迅速响应温度变化，根据环境温度的升降自动调整其状态，从而有效地进行温度调节。这一特性使其在红外隐身领域展现出巨大的潜力。然而，尽管相变微胶囊具有诸多优点，但在实际应用中仍面临一些挑战。例如，其温度调节范围相对有限，可能无法适应极端温度条件下的需求。此外，相变微胶囊在使用过程中可能出现失效的情况，导致温度调节效果下降。因此，未来需进一步研究和改进相变材料，以克服这些限制，推动其在红外隐身领域的应用。

固固相转变材料的特性在于其转变过程主要由温度变化所驱动。在接近其相变温度时，材料的晶相结构和光学性质会发生骤变，导致红外发射率的大幅降低。这一独特的性质使固固相转变材料在红外隐身领域展现出巨大的应用潜力。其中，二氧化钒（VO_2）作为典型的代表材料具有非凡的红外发射率调节性能。当 VO_2 达到其相变温度

(约 68 ℃)时晶相会发生转变,由原本的高电阻率单斜晶相转变为具有低电阻率的四方晶相。这种转变使得 VO_2 能够调控红外光的传输状态,实现从透射到反射的转变,发射率也随之发生变化。这种能够调控红外发射率的相变材料在动态隐身领域具有广阔的应用前景,也为隐身技术的发展提供了有力支持。Mao 等成功地在棉织物表面涂覆自制的掺钨氧化钒材料,开发出具有红外隐身功能的织物。研究结果显示,随着金属钨掺杂量的递增,掺钨氧化钒的相变温度呈现出明显的下降趋势。当加热温度超过其相变点时,该涂层棉织物表现出极低的红外辐射强度,其发射率降低至 0.752。这一发现充分证明了该涂层织物在热红外隐身性能方面展现出的卓越性能。

此外,降低目标物体的红外热辐射特征还可以通过散热的方式实现。通过在散热织物表面设计三维树叶型、草坪型等特殊结构,能够有效增强织物表面气流的对流效果,从而促进热量的散失,使目标物体产生的热量在流动空气中迅速消散。随着织物表面温度的降低,目标物体在红外探测器下的暴露风险减小,从而实现红外隐身的效果。张磊等以 55.6 tex 涤纶长丝为基材,结合透孔组织和平纹组织,设计出具有三层组织结构的新型篷盖用立体织物。该织物巧妙地在内部空层形成辐射散热效应,大幅减少垂直辐射,在红外隐身方面展现出显著优势。

2. 通过降低红外发射率实现隐身

在军事应用中,武器装备的发动机通常是其主要热源,其性能直接关联于工作温度。确保发动机具备足够的推力,通常需要将其工作温度维持在较高的范围内。鉴于类似上述难以大幅度降低温度的情况,一种更有效的红外隐身策略是控制目标表面的发射率,使其在红外探测设备下呈现出与背景相近的"表观"温度。依据制备工艺的差异,实现这一目标主要有两种方法:一种是在织物表面涂覆低发射率涂层;另一种是选用低发射率纤维进行织物加工。由于涂层法操作简便且成本相对较低,因此它在红外隐身技术中得到广泛采用。

(1) 低红外发射率涂层。在织物表面涂覆低发射率材料可有效削弱其红外辐射强度。涂层通常融合了黏合剂与特定的低发射率填料,如金属或半导体。其中,黏合剂不仅是涂层的关键成膜材料,还会影响涂层的红外隐身性能。理想的低发射率涂层黏合剂应具有出色的力学性能、相容性、耐腐蚀性和耐老化性。特别是在大气窗口中,黏合剂应展现出红外透明特性。目前,环化橡胶、丙烯聚氨酯、氯化聚苯乙烯、氯丁橡胶及乙丙橡胶等树脂材料,因其在热红外区的透明性而受到广泛研究。

涂层填料常选金属粉末,如铜、铁、银、镍、铂、铝等,原因在于这些金属在红外波段拥有极低的发射率。金属填料的发射率受粒子形态、含量、尺寸及粒径分布等因素影响。研究表明,呈鳞片状的金属粒子能有效降低涂层的发射率,以及金属粒子的添加量需适度控制,过多则可能失去对发射率的调控能力,甚至影响涂层的形成。Miao 等利用磁控溅射技术,在棉和涤纶织物表面成功沉积了 200 nm 厚度的铜粉。相较于未处理织物,铜涂层织物的红外发射率降低至约 0.7,红外反射率提升 20%～30%。这一显著变化表明了其在红外隐身方面的性能。然而，伴随金属填料低发射率特性出现的高反射率会显著增强其对雷达波和可见光的反射效应，从而不利于实现与可见光或雷达的多频段兼容性隐身。因此，涂料中金属填料的添加量一般控制在40%以下，通常维持在20%左右，以确保涂料的性能稳定且符合隐身要求。尽管市面上存在众多金属种类可供选择，但基于成本效益和性能优化的综合考量，Al 粉往往成为首选的填料材料。

半导体填料通过引入其他元素进行掺杂，实现对红外隐身性能的精准调控。此类填料主要由金属氧化物（作为主体）和掺杂剂（作为载流子给体）构成。半导体由于其禁带宽度超过红外线波长，无法对其进行本征吸收，因此载流子供体在红外线的吸收和反射过程中占据主导地位。随着载流子浓度的提升，金属离子被逐渐取代，电子发生转移，进而电导率得到增强。在红外线的影响下，掺杂的半导体材料实现从半导体到导体的转变，在红外波段展现出独特的低吸收、高反射特性。常见的半导体填料材料包括掺锑氧化锡（ATO）、掺锡氧化铟（ITO）和掺铝氧化锌（ZAO）等。尽管与金属填料涂层相比，半导体填料涂层的发射率稍高，但其耐温性能出色，以及通过精心设计可实现与可见光或雷达兼容隐身的潜力，这使得半导体填料在涂层领域具有极为广阔的应用前景。Xu 等采用热压法，设计了一种具有夹层结构的聚酰亚胺（PI）/碳纳米管掺杂气凝胶（CNTAs）复合织物，并在其外表面涂上低发射率的 ZAO。得益于 ZAO 的优异性能，该复合织物的表面发射率成功降低至 0.5 以下。特别地，相对于空气及其他传统织物，中间层的气凝胶导热率低至 0.013 W/(m·K)。因此，以 PI 织物为基础的功能材料具有巨大的应用潜力，不仅可以作为红外隐身服使用，还可作为高温工作人员的热防护材料，为他们在极端环境下的工作提供安全保障。

红外涂层制备工艺相对简便，且不受限于织物基材的种类。然而低红外发射率涂层织物仍面临一些挑战，涂层的附着可能影响织物的穿着舒适性和使用性能。当隐身织物应用于军事领域时，存在的问题尤为突出。首先，野外战场环境极为恶劣，在穿着使用过程中织物表面涂层容易脱落，大大缩短了其使用寿命。其次，当目标物体表面温度较高时，温度便成为影响红外辐射强度的主导因素。尽管降低目标物体发射率能在一定程度上实现红外隐身效果，但随着其表面温度的上升，这种隐身效果会逐渐减弱。更值得注意的是，金属填料长时间暴露于空气中会逐渐氧化，导致涂层发射率发生变化，最终导致隐身效果失效。因此，在追求红外隐身效果的同时，还需关注涂层织物的实用性能和环境适应性。

（2）低红外发射率纤维。低红外发射率纤维以其轻质柔韧的特性，在红外隐身领域获得广泛的关注。当前，该类纤维的制备方法主要集中在两个方向：一是通过纺丝技术，将具有低红外发射率的导电金属化合物、碳基材料等粉体与普通成纤聚合物溶液混合纺丝，进而纺制成低发射率纤维。二是采用金属粒子等特定材料对原材料进行改性处理，使最终制得的复合纤维具备低红外发射率的特性。这两种方法均为提升纤维的红外隐身性能提供了有效途径。Fang 等利用静电纺丝技术，成功制备出 Al/MWNTs/PA6 复合纳米纤维。由于 Al 和 MWNTs 的协同增效作用，纤维膜的发射率显著降低至 0.69。不仅如此，该纤维膜还展现出卓越的力学性能，因此在隐形斗篷、隐蔽帐篷等领域具有广阔的应用前景。Fang 等运用静电纺丝技术，制备了聚偏氟乙烯（PVDF）纤维膜，并通过引入单壁碳纳米管（SWNT），实现了 PVDF 纤维膜的改性，得到了 SWNT/PVDF 纤维膜。随后，他们利用 Au 纳米颗粒对两种纤维膜进行修饰。实验结果表明，Au 纳米颗粒能够稳定地附着在纤维膜表面，经 Au 修饰的 PVDF 和 SWNT/PVDF 纤维膜的红外发射率分别显著降低至 0.76 和 0.68。这项研究不仅简化了降低静电纺丝纤维膜红外发射率的方法，还展示了其在红外隐身领域的广阔应用前景。

随着纺织技术的不断进步，上述单一功能的纺织品已难以满足现代社会的多元化需求。在这种背景下，设计一体化结构复合材料显得尤为重要，它不仅能够实现多种功能的集成，还能提升材料的整体性能。同时，用于隐身的低发射率纤维制品也呈现出多样化的发展趋势，不仅具备出色的隐身性能，还在材料结构、制备工艺等方面取得了显著进展。这种多样化的发展不仅丰富了隐身纤维制品的种类，也为不同应用场景提供了更多选择。Ye 等运用热压工艺，将改性纤维加工成具备红外隐身、抗菌、疏水等多重功能的掺锑氧化锡/银/竹片（ATO-Ag-BFs）复合织物。得益于 ATO 与 Ag 纳米颗粒接触所形成的肖特基结，复合织物的红外发射率显著降低至 0.68。肖特基结结构能够产生内部电场，使得光生电子和空穴在接触界面处朝不同方向移动，进而减少空穴和电子的复合概率，并提升了载流子浓度。金属表面载流子浓度提升，又会促使局域表面等离子体共振的共振波长发生红移，从而显著增强 ATO-Ag-BFs 复合织物的红外隐身性能。此外，当这种复合织物被应用于人体手指表面时，其有效地屏蔽了人体产生的红外线和热辐射，使得织物表面的温度相较于手指降低约 6 ℃。随着热源温度升高，织物表面降温效果愈加显著，这充分证明了该织物协助目标物体完美融入环境背景中的卓越能力。进一步地，对复合织物的抗菌和疏水性能进行了深入探究，从而展现出其全面的功能性。这一创新策略有效地解决了纺织品功能单一的问题，同时，可再生竹材的利用也为开发环保、可持续的生物基红外隐形织物提供了全新的视角和途径。Zhang 等基于低发射率和保温双模块协同工作的原理，研制出具有卓越红外隐身性能的一体化结构复合材料。该复合材料由低发射率表面和保温层两部分组成。低发射率表面采用镀银静电纺热塑性聚氨酯（Ag-TPU）薄膜，而保温部分则选用水性聚氨酯/纤维素纳米纤维（WPU/CNF）气凝胶。在制备的 WPU/CNF 溶液上放置 Ag-TPU 纤维膜，再通过不附加黏合剂的冷冻干燥处理便可获得该理想的复合材料。Ag-TPU 薄膜的红外发射率可低至 0.286（3～5 μm）和 0.226（8～14 μm），因此有望成为一种理想的低发射率柔性材料。然而，气凝胶表面的不均匀性导致红外线辐射路径从单一界面的理想状态转变为多个界面，这在一定程度上将 Ag-TPU@WPU/CNF 在 3～5 μm 和 8～14 μm 处的发射率分别提高至 0.294 和 0.292。尽管如此，发射率有微小损失，保温性能却得到显著提升。在 100 ℃热源下，Ag-TPU@WPU/CNF 复合材料表面的温度仅为约 41 ℃，与纯气凝胶相比，温差高达

21～22.9 ℃。这一优异表现主要归功于 Ag-TPU 表面连续致密的银层，它作为红外辐射的有效反射层，能够将更多的红外辐射从热源反射回去，从而降低复合材料对红外辐射的吸收和发射能力，进而实现出色的隐身性能。

采用上述高电导率、高磁导率材料对纤维表面进行掺杂或改性处理，能显著提升其红外隐身性能。然而这也会增加后续颜料着色的难度，特别是在进行三色迷彩染色时，染色后出现的色差问题尤为突出。此外，鉴于织物需要长期暴露于紫外线下并受到空气氧化的侵蚀，对织物的物理力学性能也提出极高的要求。因此，在追求红外隐身性能的同时，需综合考虑织物的着色效果和耐久性。

(二) 智能自适应红外隐身

为了增强目标物体的隐身性能，必须确保目标具备优秀的环境适应性，能够灵活调整自身特性以应对不同环境，以实现在各种条件下的背景融合，展现出动态伪装的能力。智能自适应红外隐身材料则是实现这一目标的关键，通过特殊处理方法，使原本红外隐身效果欠佳的材料具备隐身功能。这些智能材料能够主动或动态地调整红外辐射特征，尽管目前多数仍处于研究阶段，但它们无疑是隐身技术领域的新兴力量。

1. 热学超材料

超材料的研究历程可追溯至 1968 年，当时苏联物理科学家 Veselago 首次提出左手材料的概念，为超材料的发展奠定了基础。随后，我国复旦大学黄吉平教授团队率先提出热隐身超材料的概念，进一步推动了超材料在隐身技术领域的创新与发展。超材料中的光子晶体，这一概念由 Yablonovitch 和 John 于 1987 年同时提出。光子晶体是一种人工结构晶体，其构建原理是将具有不同折射率的介质材料按照特定的周期排列。根据介质材料的空间排列方式，光子晶体可分为一维、二维和三维三种类型。其周期性结构所产生的光子禁带，能够有效反射对应频段的电磁波以及抑制其自发辐射。进一步地，可通过精细调节光子晶体结构的方式使其光子禁带处于特定波段，从而在红外波段实现高反射率与低发射率特性。这一特性使得光子晶体在改变目标红外辐射特性方面展现出巨大潜力。特别值得一提的是，可变折射率光子晶体红外隐身材料借助模块化设计，能够实时调整并动态匹配目标物体的红外辐射特性，从而使其与周围环境保持高度一致，难以被红外探测设备识别。

相较于传统静态红外隐身材料，光子晶体在红外隐身领域展现出三大优势。首先，光子晶体的禁带特性使其能够在特定波段上实现极低的发射率，这一指标远低于传统隐身材料，从而满足了高温目标物体在热红外波段的隐身需求。其次，光子晶体解决了传统红外隐身材料与雷达隐身材料难以共存的挑战。由于光子晶体隐身材料无需使用金属，对微波呈现透明状态，将其覆盖在雷达隐身材料表面时不会干扰其吸波性能。最后，光子晶体在实现红外隐身的同时，还巧妙地解决了热目标的散热问题。它仅在两个大气窗口具备低发射率，而在其他波段则表现出较高的发射率，这使得目标物体的热量能够顺利透过大气窗口之外的波段散发，确保了热目标的稳定散热。

热学超材料，作为超材料领域的重要分支，是通过人工合成的方式创造出具有各向异性和非均一性结构特性的新材料。相较于自然界中的均质材料，热学超材料在热学性能上表现出独特的优势。其能够通过精细设计的人工结构，实现热导系数的按需分布，进而达到高效的红外隐身目的。通过精细的人工结构设计，热学超材料能够实现热导系数的按需分布，进而有效屏蔽物体温度场，实现高效的红外隐身目标。尽管超材料以其独特的光学或热学性能为红外隐身材料的设计开辟了新的路径，然而，其对材料结构控制的高要求却使得制备过程面临诸多挑战。受限于制备设备的复杂性、原材料价格的高昂以及生产环境的特殊要求，目前热学超材料的制备还局限于实验室环境，仅能实现中小规模的制备，大规模生产是一个亟待解决的问题。

2. 电致变隐身材料

电致变隐身材料是一类特殊的材料，其能够在电场或电流的影响下实现材料组分或结构的可逆变化，进而引发红外发射率或透射率的显著调整。在这一领域，导电聚合物（如 PANI）和金属氧化物（如 WO_3）因其出色的性能而备受瞩目，成为电致变智能隐身材料研究和应用中的佼佼者。Chandrasekhar 等利用 PANI 和离子液体成功制备出一种电致变色薄膜，其发射率展现出显著的可调性，能够在 0.19～0.90 的宽广范围进行灵活变化，这为其在多种应用场景中的广泛运用奠定了坚实的基础。

3. 热致变隐身材料

热致变隐身材料凭借其独特的温度响应特性展现出显著的优势。这种材料能够智能地根据环境温度变化灵活调整自身的红外发射率，从而有效适应不同隐身需求。相较于电致变隐身材料，热致变隐身材料无需外部驱动附件，即可实现红外发射率的大幅度变化。这一特点不仅简化了材料的使用流程，也提高了其在实际应用中的便捷性和可靠性。此外，热致变隐身材料还具备响应速度快、隐身效果好等优点，使得它在红外隐身领域具有广泛的应用前景。目前，钙钛矿氧化物和 VO_2 因其在调控红外发射率方面的出色表现而备受关注。值得一提的是，VO_2 具备独特的相变特性，其状态能够在绝缘体和金属之间灵活切换。具体而言，VO_2 在室温下表现为绝缘体，而一旦温度升至 68℃以上，则转变为金属导体。这一转变源自其原子结构在接近相变温度时发生的显著变化，从而使得其性能得以调整与改变，并获得较低的红外发射率。此外，通过掺杂金属或金属氧化物，可以进一步调整 VO_2 的相变温度，以满足不同应用场景的需求。通过深入探索热致变隐身材料的性能及其多样化应用，有望为军事隐身技术、热管理等前沿领域注入更多创新活力，实现技术的重大突破与飞跃。Fang 等以聚丙烯腈（PAN）作为聚合物基体，以 ATO 和 VO_2 作为填料，通过静电纺丝技术制备了 ATO/PAN-VO_2 纤维膜复合材料。得益于 ATO 和 VO_2 的协同作用，在 25～90 ℃的温度范围，该纤维膜的红外发射率展现出持续下降的趋势，特别是在 VO_2 的相变温度附近，红外发射率发生突降。ATO 使得纤维膜红外发射率随温度升高而不断降低，这与价电子电离度的增大密切相关。

VO_2 在约 68 ℃时，其晶相结构发生转变，从而导致红外发射率急剧下降。此外，研究者还对纤维膜的力学性能进行了深入的探讨，为这种结合红外隐身和力学性能的热适应材料提供更多的应用可能性。Hao 等巧妙地以五氧化二钒和草酸为原料，通过一步水热法成功合成 VO_2 纳米棒。随后，他们利用丝网印刷技术，在涤纶织物表面制备了 VO_2 涂层。这种涂层织物展现出卓越的热致变色性能，能够自适应地调整表面发射率。经过两次印刷的涂层织物，其发射率能够降低 0.19，显示出良好的环境适应性。这一成果为军用帐篷、伪装网等装备的制作提供了有力支持，有望在未来的军事应用中发挥重要作用。

第四节　雷达隐身纤维及纺织品

一、雷达隐身概述

（一）雷达隐身适用波段

电磁波吸收主要聚焦于微波频段，致力于实现对 GHz 频段的高效吸收。微波波段划分如表 11-1 所示。值得注意的是，电磁波的传播是无需任何介质的，即使在真空中，其传播速度也能与光速相匹敌。这一特性使得电磁波在通信、雷达等领域具有广泛的应用。比如，在 S 频段（2～4 GHz）的微波设备、C 频段（4～8 GHz）的无线局域网络、X 频段（8～12 GHz）的卫星传输，以及 Ku 频段（12～18 GHz）的雷达系统等，电磁波都发挥着举足轻重的作用。

表 11-1　微波波段划分

波段名称	频率范围/GHz	波长范围/mm
L 波段	1～2	300.00～150.00
S 波段	2～4	150.00～75.00
C 波段	4～8	75.00～37.50
X 波段	8～12	37.50～25.00
Ku 波段	12～18	25.00～16.67
K 波段	18～27	16.67～11.11
Ka 波段	27～40	11.11～7.50
U 波段	40～60	7.50～5.00
E 波段	60～90	5.00～3.33
F 波段	90～140	3.33～1.24

（二）雷达隐身原理

雷达隐身技术作为最早应用的隐身技术之一，其核心原理在于减少目标对电磁波的反射。当雷达探测系统向特定空间发射高频电磁波时，目标经过该区域会将部分电磁波反射回雷达系统，使其被探测系统识别。若能有效缩短目标的雷达最大探测距离，减少电磁波反射，则能成功实现雷达隐身。目标物体的雷达最大探测距离 R_{max} 的计算公式如下：

$$R_{max}=\sqrt[4]{\frac{P_tG_tG_\gamma\lambda^2\delta}{(4\pi)^3P_{min}}} \tag{11-2}$$

式中：R_{max} 为雷达最大探测距离，m；P_t 为雷达发射功率，W；G_t 为发射天线增益，dB；G_γ 为接收天线增益，dB；λ 为雷达工作波长，m；δ 为目标散射截面积(RCS)，m^2；P_{min} 为雷达可检测的最小接收功率，W。

据此可知，R_{max} 不仅与雷达探测系统的特性参数等不可控因素紧密相关，还与目标物体的 RCS 成正比关系。因此，为了有效缩短目标物体的 R_{max}，降低其自身的 RCS，不失为一种有效方法。目前，缩减目标物体 RCS 的技术主要聚焦于通过外形设计改变散射波方向以及使用雷达吸波材料吸收电磁波，以期减少目标物体的雷达回波，使得敌方雷达难以探测或识别目标。然而，尽管外形隐身技术能带来一定的隐身效果，但其往往受限于空气动力等多种因素，且生产难度和成本均较高，因此，当前雷达隐身技术主要聚焦于材料方面的创新。相对而言，吸波材料能够有效弥补这些缺陷，为雷达隐身技术的创新发展开辟全新的可能性。近年来，纺织基雷达隐身材料也因其轻质、出色的自适应形变能力、以及卓越的热湿舒适性等诸多优势，受到广泛的关注和深入研究。

（三）纺织基雷达隐身材料吸波原理

当入射电磁波抵达织物表面时，会经历透射和反射两种物理过程。由于空气与织物表面的阻抗不匹配，一部分电磁波会被反射回空气。与此同时，另一部分电磁波则能够穿透至织物内部，借助织物固有的磁损耗或介电损耗机制，将电磁能转化为热能或其他形式的能量，从而实现能量的耗散。在织物内部，那些未能转化的电磁波会经历多重反射损耗，继续衰减其能量。最终，经过多重损耗仍未被衰减的电磁波会从织物内部透射出，返回至自由空间。

（四）吸波性能评价指标

在吸波织物对电磁波的吸收过程中，电磁参数、反射损耗、阻抗匹配及衰减特性这四个核心参数尤为关键。电磁参数是衡量织物与电磁波相互作用程度的关键指标，而反射损耗则成为评估织物对电磁波吸收能力的有效标准。此外，为了深入理解吸波机理，需要对阻抗匹配和衰减特性进行深入研究与分析。

1. 电磁参数

吸波织物的电磁特性通过介电常数和磁导率来体现，二者有效描述了电磁波与织物之间的相互作用。在交变电磁场的影响下，织物内部会发生多种极化和磁化过程。若极化过程无法及时响应外加电场的变动，便会产生极化弛豫，导致电位移与电场强度间出现相位偏差，从而使得介电常数表现为复数形式。同理，当磁化过程滞后于外部交变磁场的变动时，会出现磁滞现象，使得织物的磁感应强度与外磁场强度之间产生相位差，因此磁导率亦表现为复数形式。其定义如下：

$$\varepsilon_r = \varepsilon' - j\varepsilon'' \tag{11-3}$$

式中：ε_r 为吸波织物的复介电常数；ε' 为复介电常数实部；j 为复介电常数和复磁导率虚部系数；ε'' 为复介电常数虚部。

$$\mu_r = \mu' - j\mu'' \tag{11-4}$$

式中：μ_r 为吸波织物的复磁导率；μ' 为复磁导率实部；μ'' 为复磁导率虚部。

ε' 揭示织物在传播和储存电场方面的能力，ε'' 反映织物损耗和吸收电场的能力；同理，μ' 和 μ'' 分别描述吸波织物在传播、储存磁场以及损耗、吸收磁场能方面的特性。在提升织物性能的过程中，增强电磁参数的实部，即 ε' 和 μ'，有助于提升织物中电磁波的能量密度，使得织物更好地储存和传播电磁场能量；而提高虚部，即 ε'' 和 μ''，能够显著增强织物对电磁能的吸收和衰减效率，从而提高吸波织物的隐身性能。因此，合理调整和优化这些电磁参数，可以设计出性能卓越的吸波织物，为雷达隐身技术的发展贡献力量。

2. 阻抗匹配特性

依据吸波原理，研制高性能吸波织物应遵循两大关键原则：其一，具备优秀的阻抗匹配特性，确保电磁波能量能够最大限度地进入织物内部，减少在自由空间的反射；其二，展现高效的衰减特性，通过介电损耗或磁损耗等机制，使织物内部的电磁波得以迅速衰减。这两大准则的遵循，对于提升吸波织物的性能至关重要。

阻抗匹配特性的优劣是吸波织物能否有效消耗入射电磁波的关键因素。入射到织物表面的电磁波的反射系数 R，主要由织物的输入阻抗 Z_{in} 与自由空间的波阻抗 Z_0 共同决定，其数学关系可表示如下：

$$R = \frac{Z_{in} - Z_0}{Z_{in} + Z_0},\ \left(Z_0 = \sqrt{\frac{\mu_0}{\varepsilon_0}},\ Z_{in} = \sqrt{\frac{\mu_r}{\varepsilon_r}}\right) \tag{11-5}$$

式中：R 为反射系数；Z_{in} 为织物的输入阻抗；Z_0 为自由空间的波阻抗；μ_0 为自由空间的磁导率；ε_0 为自由空间介电常数。

理想情况是织物的输入阻抗 Z_{in} 能够与自由空间的波阻抗 Z_0 完全匹配，即 $Z_{in} = Z_0$。这意味着入射到织物表面的电磁波能够全部顺利进入织物内部，不会发生反射现象。理想的阻抗匹配状态对于实现高性能的吸波织物至关重要，它能够有效提高电磁波在织物中的吸收效率，减少能量的反射和散失。

3. 衰减特性

阻抗匹配性能的优异能够确保更多的电磁波顺利进入吸波织物内部，而强大的衰减能力则使得这些电磁波在织物中得到有效的损耗。一旦电磁波进入织物，其能量将在各种损耗机制的作用下被有效衰减。然而，仍有部分电磁波未能被完全消耗，它们可能会被二次反射或透射出织物。为了最大化地消耗入射到织物内部的电磁波，需要提高吸波织物的介电损耗与磁损耗能力。由于 ε'' 与 μ'' 直接反映织物对电磁波的损耗能力，因此，可以利用介电损耗角正切值 $\tan\delta_\varepsilon$ 与磁损耗角正切值 $\tan\delta_\mu$ 这两个参数，明确表征吸波织物的介电损耗与磁损耗程度。具体定义如下：

$$\tan\delta_\varepsilon = \frac{\varepsilon''}{\varepsilon'} \tag{11-6}$$

$$\tan\delta_\mu = \frac{\mu''}{\mu'} \tag{11-7}$$

当电磁波在织物内部传播时，会受到介电损耗与磁损耗的联合作用，导致电磁波的能量逐渐衰减。通常采用衰减因子 α 量度织物对电磁波能量的吸收和消耗能力，其定义如下：

$$\alpha = \frac{\sqrt{2}\pi f}{c} \times \sqrt{(\mu''_r\varepsilon''_r - \mu'_r\varepsilon'_r) + \sqrt{(\mu''_r\varepsilon''_r - \mu'_r\varepsilon'_r)^2 + (\mu''_r\varepsilon'_r + \mu'_r\varepsilon''_r)^2}} \tag{11-8}$$

式中：α 为衰减因子；f 为入射电磁波的频率；c 为电磁波在自由空间中的传播速度（光速）。

由式(11-8)可知，α 不仅能直观地反映材料对电磁波的衰减能力，而且是评估和优化吸波材料性能的关键指标。

4. 反射损耗

当织物同时展现出卓越的阻抗匹配和衰减特性时，织物能够高效地吸收入射到织物表面的电磁波。为了准确评估这种吸收能力，可通过测量自由空间中反射出的电磁波能量强度的方式推导出织物对电磁波的吸收能力，这为吸波织物的性能评估和优化提供可靠的数据支持。基于传输线理论，可采用反射损耗 RL 量化评估织物对电磁波的吸收能力：

$$RL = 20\lg|R| \tag{11-9}$$

当 $RL \leqslant -10$ dB 时，意味着超过 90%的入射电磁波被织物有效吸收，这一标准通常被用作商用吸波织物的性能基准。当 $RL \leqslant -20$ dB 时，更是表明织物能够吸收超过 99%的入射电磁波。显然，RL 值越小，就代表着织物的电磁波吸收性能越出色。特定的匹配厚度条件下，$RL \leqslant -10$ dB 的频段范围被称为有效吸收带宽(EAB)。通常而言，性能卓越的吸波织物，其核心要求在于在较薄的匹配厚度下实现更低的 RL，同时确保具备更宽广的 EAB。

（五）吸波性能测试方法

吸波织物的性能测试聚焦于两大关键领域。首先，是对织物电磁参数的精确测定。这通常涉及传输/反射法、探头法、谐振腔法、传输线法和自由空间法等多种测试方法。其中，传输/反射法凭借其公式推导的简洁性、扫频测量的可操作性、宽泛的测试频段以及高测量精度等诸多优势，在众多测试手段中脱颖而出，成为评估吸波性能时最常用的方法。典型的代表仪器便是矢量网络分析仪。其次，对电磁波吸收性能的测试同样至关重要。常见的测试方法有弓形法、波导法和低频同轴反射法等，弓形法反射率测试系统因其广泛的应用和认可度，成为当前国际上评价吸波性能的主流方法。综合运用这些测试方法，能够全面、准确地评估吸波织物的性能，为优化设计和应用提供有力的技术支持。

二、雷达隐身技术途径

（一）传统静态雷达隐身

传统吸波材料主要由两部分构成：一是具备衰减特性的吸波剂；二是具有优良透波性能的基体材料。材料的吸波效果主要取决于吸波剂的性能；而基体则扮演了黏结和承载的双重角色，为整体结构提供支撑。根据损耗机理的不同，吸波剂可以细分为电阻损耗型、电介质损耗型以及磁损耗型三类。

1. 电阻损耗型吸波材料

电阻损耗型吸波材料在外部交变电场或磁场的作用下，能够引发感应电流或涡流现象，有效地将电磁波能量转化为热能，电磁波能量的高效损耗为雷达隐身效果的提升提供有力保障。该类材料主要由高电导率物质构成。电导率越高，内部载流子产生的宏观电流越显著，有利于推动电磁能向热能的转变。然而，电导率的提升并非无限制，一旦超出某一临界值，就可能导致阻抗不匹配，产生高频振荡趋肤电流，使得电磁波难以深入材料内部，反而更多地在材料表面发生反射。常见的电阻损耗型吸波材料包括碳系材料和导电高分子材料等。

碳系材料，如碳纤维、碳纳米管和石墨烯等，因具备低密度、可调导电性、卓越的力学性能及较强的介电损耗特性，成为备受青睐的雷达隐身材料之一。然而，碳系材料单独使用时往往面临阻抗匹配性不佳、吸收频带较窄以及吸收强度较弱等挑战。为了改善这些不足，常采用复合技术将碳系材料与其他类型的材料结合，引入多样化的损耗机制，以改善其性能。随着对吸波材料研究的逐渐深入，碳纤维作为轻质吸波材料的巨大潜力开始被逐步揭示。Qiao 等将静电纺丝与炭化处理技术结合，成功制备出硫化锰/碳（MnS/C）纳米复合纤维以及氧化锰/碳（MnO/C）纳米复合纤维。相比于 MnO，MnS 在电磁波协同衰减方面展现出更优异的性能。高 MnS 比例的纳米复合纤维不仅拥有强大的电磁波吸收能力(在 11.1 GHz 频率下,匹配厚度为 3.6 mm 时,RL 达到−68.9 dB),而且在 9.5～16.7 GHz 的频率范围内(匹配厚度为 3.3 mm),实现了 7.2 GHz 的 EAB。进而在广角范围内,RCS 均显著下降至−20 dB·m^2 以下,这一出色表现充分证明 MnS/C 纳米复合纤维具备出色的雷达隐身性能。Guo 等制备了吸波性能优越的碳纤维@硫化铁($C@FeS_2$)纳米复合纤维,特别是在 Ku 波段,其 ε' 和 ε'' 值接近相等,这充分显示了该纤维出色的阻抗匹配能力。更显著的是,在匹配厚度为 2.13 mm 的条件下,频率 12.16 GHz 处 RL 低至−54.11 dB。此外,当匹配厚度为 1.98 mm 时,其 EAB 高达 6.04 GHz,足以覆盖整个 Ku 波段,使得 $C@FeS_2$ 纳米复合纤维在雷达隐身领域具有巨大的应用潜力。

碳纳米管,其超细的直径(1～100 nm)与雷达波波长(1～10 000 mm)形成鲜明对比,该独特的物理特性使其在雷达隐身领域展现出卓越的性能。高衰减特性使得电磁波在碳纳米管内能够快速转化为热能,而强大的频带兼容性则保证了其在不同频率的电磁波下都能保持稳定的吸收效果。此外,碳纳米管还具备出色的热稳定性和高比表面积,这些特性共同增强了对电磁波的吸收能力。当碳纳米管的表面原子比例增加时,其高比表面积特性导致大量晶格缺陷和表面悬挂键的形成。这些特性促进了界面极化和多重散射效应,有效衰减了入射的电磁波能量。因此,相比普通吸波材料,碳纳米管在电磁波吸收方面展现出更为出色的性能。Song 等[31]成功研制出一种由性能卓越的吸收层与反射平面层组成的可穿戴微波吸收织物。高效吸收层以可穿戴非织造布(NW)为多孔且坚固的骨架,进而构建了由多尺度石墨烯支撑的 CNT/NW 复合吸波织物。该织物在匹配厚度仅为 4 mm 的情况下便能够实现 8.2～14.5 GHz 的有效吸收带宽,具备出色的微波吸收性能。在实际应用中,服用性能等指标至关重要。因此,该研究进一步对复合吸波织物的可穿戴性、柔软性以及耐久性等进行表征,以验证其能够满足实际使用场景中的各项要求。Xu 等通过静电纺丝法和高温热解工艺,成功制备了用于 EMW 吸收的 3D 碳化铁@掺氮碳纤维/铁@掺氮碳纳米管($Fe_3C@NCF/Fe@NCNT$)复合纤维。具备树枝状三维分层结构的复合纤维因其中空和异质结构的双重优势,表现出优异的电磁波吸收性能。当匹配厚度为 1.50 mm 时,复合纤维的 RL_{min} 达到惊人的−49.56 dB,EAB 则覆盖 4.0 GHz 的频宽。进一步通过 CST 模拟分析,复合纤维在广角范围内的 RCS 值均低于−15 dB·m^2,有效降低了雷达反射信号,充分揭示了其在雷达隐身领域具有巨大的实际应用潜力。

导电高分子材料是一类具备共轭主链结构的高聚物,通过化学或电化学掺杂技术,能够有效调节其电子或空穴状态,从而显著提升电导率,实现从绝缘体向导体的转变。其实现隐身的吸波原理主要基于具有共轭 π 电子的高分子聚合物的特定构型,以及与高分子电荷转移络合物的相互作用。通过优化导电结构,导电高分子可以实现阻抗匹配和介电损耗,进而有效吸收电磁波达到隐身效果,也因此具备低密度、高电导率、良好稳定性以及出色的电磁损耗性能等诸多优势。常见的导电高分子材料包括聚吡咯(PPy)、聚苯胺(PANI)和聚乙炔(PA)等。Wang 等通过在聚酰亚胺织物表面涂覆具有核壳结构的镍铁氧体/聚苯胺纳米颗粒，成功制备了吸波性能优异的镍铁氧体@聚苯胺/聚酰亚胺($NiFe_2O_4$@PANI/PI)复合织物。在 16.1 GHz 处，0.12 mm 厚度的织物，其 *RL* 达到−19.2 dB，同时 EAB 为 5.1 GHz。这种高性能表现主要得益于 $NiFe_2O_4$@PANI 纳米粒子的均匀分散实现了更佳的阻抗匹配。同时，PANI 壳层引发的介电损耗与 $NiFe_2O_4$@PANI 产生的磁损耗之间形成强烈的协同效应。此外，该复合织物还展现出良好的柔韧性、可加工性以及高拉伸性能，即使在长期压力或折叠状态下，也能保持稳定的吸波性能。Zhang 等基于单体聚合物的浓度扩散机制，采用浸渍和冷冻界面聚合技术，设计出沿厚度方向具有连续阻抗梯度结构的吸波织物，如图 11-5(a)所示。如图 11-5(b)所示，该织物的极化损耗主要以界面极化和偶极极化的形式展现，即 MXene 的表面官能团(如═O、—OH 和—F)及其缺陷充当极化中心，诱发了偶极极化。同时，PPy 的引入显著改变了 MXene 的表面特性，其所创造的丰富异质界面可被视为类似电容的结构，能够通过交变电磁场中极性键或电荷的排列来增强电磁波的衰减效果。上述双组分吸波剂的协同效应不仅增强了极化损耗效果，还显著改善了单组分吸收波织物的阻抗失配问题。此外，集成阻抗梯度的结构设计促使电磁波在织物内部逐层衰减，这极大地提升了其吸收强度，拓宽了吸收频带。最终制备的织物不仅展现出优异的吸波性能(RL_{min} 达到−31.98 dB，EAB 覆盖 4.2 GHz)，还保持了聚酯毡原有的柔韧性，在电磁防护和雷达隐身等领域具有广泛的应用前景。

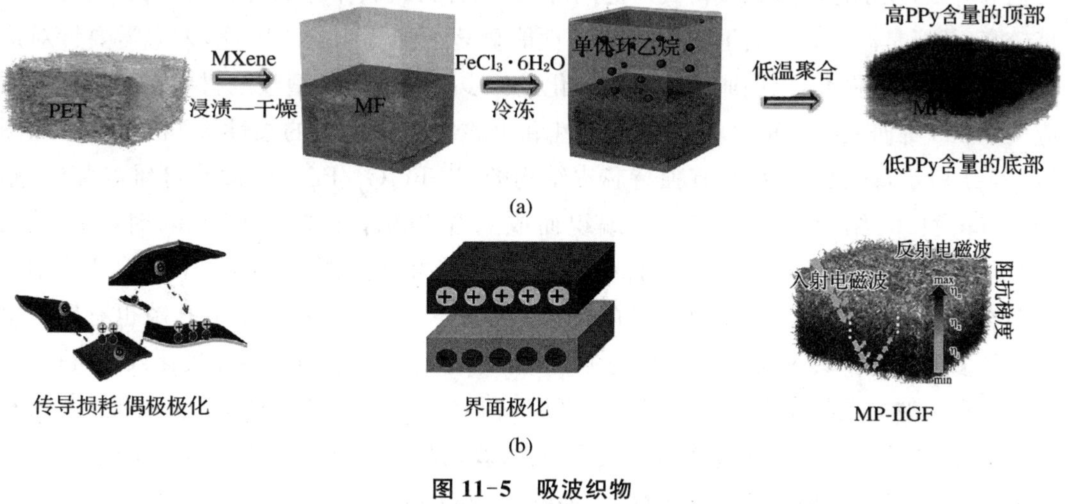

图 11-5　吸波织物

(a) 制备过程；(b) 吸波机理

2. 电介质损耗型吸波材料

电介质损耗型吸波材料主要通过电子极化、离子极化、分子极化以及界面极化等极化形式，实现对电磁波的吸收与衰减。这类材料的电导率相对较低，因此在外部电场或磁场的作用下难以形成宏观电流。然而，其内部的偶极子会在电场或磁场的干扰下发生取向一致并产生极化。当偶极子的转向极化与电场周期变化不同步时，便会产生相位差，进而造成极化损耗。同时在电场的作用下，不同材料间由于介电常数的差异，其正负电荷会重新排列于界面两端，从而形成界面极化。碳化硅、氧化硅和钛酸钡等是常见的电介质损耗材料。特别是碳化硅，因其具有密度小、抗氧化、电阻率可调以及热膨胀系数低等优点，被视为具有广阔应用前景的吸波材料。然而，单一组分的碳化硅作为隐身材料使用时其吸波性能往往不尽如人意。为了改善其隐身效果，常常采用掺杂、复合或纳米化等方法进行处理。Wang 等采用静电纺丝和聚合物衍生陶瓷相结合的方法，制备出在 2～18 GHz 宽频带范围具有卓越电磁波吸收效能的碳化硅纳米纤维。研究显示，通过简单调整前驱体溶液中聚碳硅烷(PCS)的质量比，即可有效控制碳化硅纳米纤维的电磁吸收特性。当 PCS 质量比为 10%时，该纳米纤维具备优异的衰减特性。当匹配厚度为 1.9 mm 时，在 14.6 GHz 频率处，*RL* 为－57.8 dB，且其 EAB(即能吸收 90%以上入射电磁波的频段)覆盖范围为 6～18 GHz。然而，随着 PCS 质量比的进一步提升，碳化硅纳米纤维的电磁吸收性能逐渐减弱，这主要是由于纳米纤维间的多重反射作用逐渐降低。

3. 磁损耗型吸波材料

磁损耗型吸波材料因其高磁导率和卓越的吸波性能而备受瞩目。在交变磁场作用下，能够通过涡流损耗、自然共振损耗及磁后效应等多种机制，实现对电磁波的高效衰减。这类材料包括铁氧体和金属磁性微粉等。其中，铁氧体是由铁与其他一种或多种金属元素构成的复合化合物，因其高电阻率、优越的阻抗匹配性能、低成本以及简易的制备工艺等特点，在雷达隐身领域得到广泛的应用。然而，铁氧体也面临着密度较大、工作频带较窄，甚至是温度高于居里温度时吸波性能显著下降等问题。因此，未来需要针对这些问题进行深入探究，以期通过改进和优化进一步拓展磁损耗型吸波材料在隐身领域的应用。Gao 等研发出一种具有优异耐洗性和电磁波吸收能力的柔性 3D 机织物。如图 11-6(a) 所示，该织物采用具有独特芯皮结构的 CB-Fe_3O_4/PA-66 复合纤维经穿经、整经、开口、引纬、结纬和打纬等工序编织而成。当织物厚度为 1.68 mm 时，*RL* 低至－34.5 dB，EAB 达到 4.99 GHz。首先，毫米尺寸的 3D 机织物的多层结构有利于入射波的多次反射，因此电磁波在织物内部的传播路径延长，同时织物内部的孔隙也有助于电磁波的多重散射。其次，CB、Fe_3O_4 与 PA66 间丰富的界面增强了界面极化效应，进一步提升了电磁波的吸收能力。同时，Fe_3O_4 纳米颗粒引入了磁损耗机制，包括自然共振和交换共振，这些机制有助于将捕获的电磁波高效地转化为热量或其他形式的能量并耗散，故而实现了优异的电磁波吸收性能，如图 11-6(b)所示。

金属磁性微粉主要分为羰基金属微粉和磁性金属微粉两大类。羰基金属微粉中，羰基铁和羰基镍是较为常见的代表。而磁性金属微粉则涵盖了钴粉、镍粉以及铁镍合金等种类。这些微粉材料因其高磁导率和良好的温度稳定性而备受关注。然而，其存在介电常数偏高以及低频段吸收性能不佳等问题。因此，当前的研究主要聚焦于通过优化形态

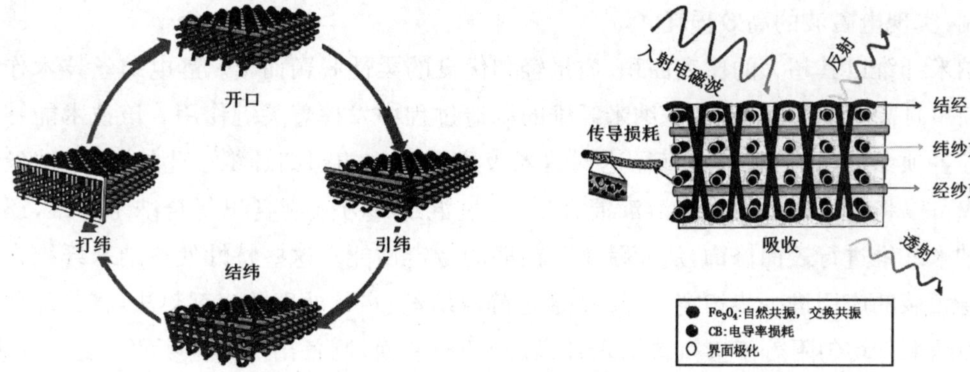

(a) 编织过程　　(b) 吸波机理

图 11-6　3D CB-Fe_3O_4/PA66 机织物

结构、调整电磁参数匹配等方式改善其作为隐身材料使用时的吸波性能。Yang 等通过溶剂热-碳化方法，成功制备出电磁波吸收性能优异的铁钴镍/竹纤维(FeCoNi/BFC)复合纤维。将 FeCoNi 纳米颗粒均匀地分布在 BFC 中，BFC 的电损耗与 FeCoNi 纳米颗粒的磁损耗协同作用，显著提升了复合纤维的衰减特性。BFC 表面粗糙，大量纳米颗粒均匀嵌入其中，形成丰富的界面和缺陷，从而促进界面极化和多次散射的发生，确保了复合纤维出色的电磁吸收性能。最终，复合纤维的 $\tan\delta_\varepsilon$、$\tan\delta_\mu$ 和 α 均得到提高，当匹配厚度为 1.622 mm 时，在 16.5 GHz 处，*RL* 达到 −61.6 dB。Wang 等运用直流磁控溅射技术，在石英纤维织物表面成功镀上镍铬合金，随后将带镍铬合金涂层的纤维织物与不同层的原始纤维织物相结合，制备出轻薄的微波吸收复合织物。特别是在 X 和 Ku 频段，该复合织物展现出良好的吸波性能，EAB 覆盖 8.5～15.5 GHz，且在 11.48 GHz 处，*RL* 达到 −53 dB。因此，这种复合织物在实现雷达隐身方面具有很大的潜力。

(二) 智能自适应雷达隐身

目前，在雷达隐身领域，传统吸波材料的研究已经取得瞩目的进展，其优异性能使得这类材料在众多领域得到广泛、深入的应用。然而，传统吸波材料仍然面临阻抗匹配不佳、吸收频带较窄以及损耗机制较为单一等挑战。仅仅依靠掺杂、复合等传统方法，难以充分满足对隐身纺织品“薄、轻、宽、强”的综合要求。幸运的是，新型吸波材料(如纳米材料和超材料)为实现这一目标提供了前所未有的可能性，预示着雷达隐身领域将迎来更广阔的发展前景。

1. 纳米材料

纳米材料的颗粒尺寸在 0.1～100 nm，显著小于雷达波长，故而能够有效地降低电磁波的反射，实现出色的雷达隐身效果。高比例的表面原子和丰富的悬挂键赋予其卓越的表面活性，使得界面极化和多重散射成为其主要的吸波机制，极大地增强对入射电磁波的吸收效能。此外，量子尺寸效应能够引发纳米粒子电子能级的分裂，从而催生新的吸波机制，实现电磁波的高效损耗。

纳米纤维以其超大的比表面积、质量轻和优良的柔性脱颖而出。静电纺丝技术作为一种简单且高效的制备手段，在纳米纤维的制造过程中发挥着关键作用。该技术能够灵活调控各项参数，成功制备出直径达到纳米级或微米级的超细纤维。此外，静电纺丝技术不仅可以将特定成分与纺丝溶液混合后，通过混纺的方式制备出复合纳米纤维，还可以对纳米纤维进行表面修饰，从而赋予其预期的特定性能。这些特性使得纳米纤维在雷达隐身领域的应用进一步拓宽。Liu 等通过静电纺丝、炭化处理及溶剂热法，将二硫化钨（WS_2）纳米片均匀附着于掺氮碳纳米纤维（NCFs）表面，制备出 NCFs@WS_2 复合纤维。得益于多种介电损耗机制的协同作用以及良好的阻抗匹配特性，该复合纤维展现出卓越的电磁波吸收性能。在石蜡填充质量分数为 10% 的条件下，厚度为 3.5 mm 的 NCFs@WS_2，其 RL_{min} 达到 −81.1 dB。在交变电磁场的作用下，NCFs@WS_2 的三维交联网络内产生感应电流，引发传导损失。此外，N 原子的掺杂、石墨结构的缺陷以及 WS_2 晶体的缺陷共同增强偶极极化损失。同时，WS_2 纳米片的引入不仅引发了界面极化弛豫，还促使电磁波在片状结构内部发生多次散射，从而有效耗散了电磁能量。这些机制的协同作用使得 NCFs@WS_2 在电磁波吸收领域展现出巨大的应用潜力。Liu 等通过在胶原纤维的表面上精心引入 Fe_3O_4 纳米粒子和导电 PPy 涂层，构建了一种具备芯鞘结构的 CF/Fe_3O_4/PPy 纳米复合吸波材料。如图 11-7 所示，当入射电磁波进入材料内部时，介电损耗、磁损耗以及界面极化损耗等多重机制协同作用，实现了电磁波的显著耗散。同时，胶原纤维具有的分级超纤结构使其表面和内部存在从纳米到微米尺度的孔隙，它们不仅为电磁波提供多次反射和散射的机会，还通过延长电磁波传输路径的方式大大增强 Fe_3O_4 纳米粒子和 PPy 涂层对电磁波的衰减能力。这有助于 CF/Fe_3O_4/PPy 纳米复合材料展现出卓越的雷达隐身性能，其 RL_{min} 达到 −23.7 dB，且在 8.2～11.5 GHz 的频率范围，反射损耗值均低于 −10.0 dB。这一成果不仅为制备高效、轻质且实用的电磁波吸收材料开辟了新的途径，也预示着在隐身技术及其他相关领域，电磁波吸收材料将发挥不可忽视的作用。

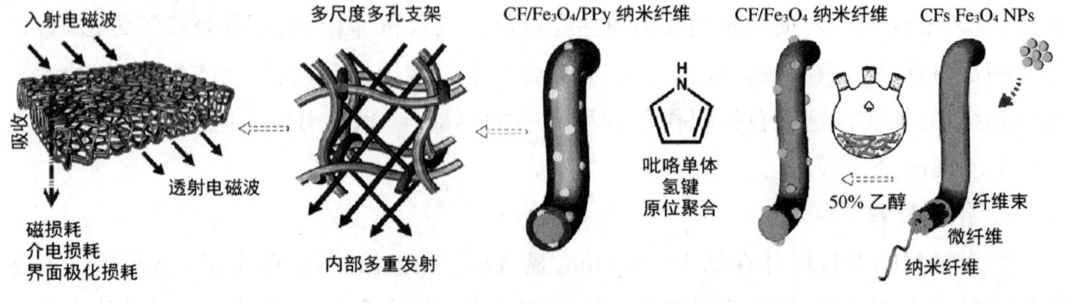

图 11-7　CF/Fe_3O_4/PPy 纳米复合吸波材料吸波原理

2. 吸波超材料

吸波超材料，也被称为超材料吸波体，是由亚波长单元以周期性或非周期方式排列而成的人工结构。自 2008 年 Landy 等首次提出这一概念以来，超材料吸波体便成为雷达隐身领域的研究热点。与传统吸波材料依赖于其固有化学成分不同，超材料基于阻抗匹配与电磁谐振机理，能够实现入射电磁波的完美吸收。此外，超材料凭借其独特的电磁响应特性，常被用于制备负折射率材料、零折射率材料和隐身斗篷等创新材料。更进一步地，利用涂层、编织、刺绣、针织等工艺制备的雷达隐身纺织品，因其轻质、高柔软度和良好的适应性等特点，进一步拓宽了超材料的应用领域。

织物涂层凭借其简便的制备工艺、低廉的成本以及对已成型粉体材料的高效负载能力，已成为当前最为广泛应用的制备技术之一。Lee 等巧妙地采用银导电油墨，在纺织品上绘制出周期性排列的 Chanel 标志图案，成功制备出一种柔性可穿戴的雷达隐身纺织品。为了优化吸波剂的导电性能和增强油墨与纺织品表面的结合力，他们利用烧结工艺清除了分散剂、表面活性剂等杂质。制备的隐身织物凭借其独特的电磁谐振特性，实现了对入射电磁波的高效吸收，同时，底层附着的铜带有效抑制了电磁波的透射。经过矢量网络分析仪等设备的测试，该织物在 10.8 GHz 频率下几乎达到对入射电磁波完美吸收的效果，通过调整吸波剂的种类、含量及厚度等参数，还可以优化其吸波性能。Kim 等制备了一种介电常数高且可调控的纺织基超材料吸波体。他们运用电子印刷技术，在玻璃织物表面印刷由炭黑和石墨组成的周期性导电浆料微图案，从而制备出纺织基超材料，也被称作微图案印刷织物。此外，通过调整图案的形状、大小及长径比等参数，可以实现对介电常数的精确控制。然而，尽管具有诸多优势，热湿舒适性差、使用寿命短等问题，使该纺织基超材料在实际应用中仍存在一定的局限性。

采用编织工艺制备纺织基超材料吸波体，其核心在于经纬纱线的周期性交织，以此构建出独特的超材料单元结构。Zribi 等运用编织工艺，制备了由具有导电贴片的顶层纺织基材、中间常规纺织基材和带导电纱线的底层纺织基材三部分构成的纺织基频率选择表面。顶层的导电贴片由镀银聚酰胺纤维织成多种周期性排列的形状，作为该吸波超材料的单元结构，具备频率选择和吸波性能。中间层与顶层保持一致，均使用五种不同成分的纱线作为纬纱，以棉纱作为经纱进行编织。底层作为导电基材，选用与顶层导电贴片相同的导电纱线制成。测试结果表明，当贴片形状为十字形，纬纱由 65％聚酯纤维与 35％棉混纺制成，经纱为纯棉纱时，制备的雷达隐身纺织品在多个频率范围对入射波的吸收率均可达到 99％以上。因此，开发的纺织基频率选择表面具有优异的雷达隐身效果，能够有效提高目标在雷达探测器下的隐蔽性。Jiang 等运用铁磁微丝编织纺织预制体，构建出纺织基超材料的结构单元。通过精细调控微丝的排列方向、循环间距以及循环弯曲长度等关键结构参数，成功地对制备的雷达隐身纺织品的磁导率和负介电常数进行优化调整，并深入探究其在 X 和 Ku 波段的吸波性能。当微丝以垂直方式排列，并将循环间距优化至 1 mm 或 0.5 mm 时，该隐身织物介电常数在某些特定频段内会出现负值，展现出独特的电磁特性。短循环间距有助于激发更为强烈的磁畴壁运动，而短周期弯曲长度能有效促进功率损耗的均匀分布，起到显著增强隐身织物的电磁响应和微波吸收能力的效果。这一创新性成果不仅展示了铁磁微丝对纺织基超材料电磁性能调控的巨大潜力，更有望推动雷达隐身领域实现更为快速和深入的发展。

刺绣工艺是一种在织物上运用纱线绣制各种图案的技艺。通过此工艺制备的纺织基超材料结构稳定可靠，具备出色的耐磨损和耐洗涤性能。Almirall 等运用刺绣工艺，制备出一种新型的可穿戴频率选择表面。选取棉织物作为基材，并在其表面使用镀银锦纶绣制出正方形和六边形两种不同形状的单元格。通过对比三维电磁仿真结果与实验数据，验证了该设计的有效性。在 10.46 GHz 的频率下，这两种单元格形状的最大吸收率均能达到 98%以上，出色的吸波性能使其为隐身技术的发展带来无限可能。然而，其在导电纱线间的连接性上相较于编织工艺稍显不足。

采用针织工艺制备出的具有周期性结构的针织面料，手感柔软、弹性优越、透气性能佳且抗皱性强，因而成为构建柔性超材料吸波器的理想基材。Jiang 等运用一步双面针织工艺，制备出具有周期性结构单元的华夫结构复合织物。华夫结构阵列内，石英纱与导电纱之间的差异会导致相位差形成，进而通过散射和吸波机制，显著降低 RCS。具体而言，在 6～8 GHz 和 12～18 GHz 的频率范围，该复合织物实现了低于－10 dB 的 RCS，甚至将 RCS 峰值降低至－30 dB。该复合织物集优异的吸波性能和大规模生产能力于一体，可为雷达隐身纺织品的发展提供有力支持。

第五节 多波段兼容隐身纤维及纺织品

随着探测系统技术的不断革新与飞速发展，多功能与多波段性已成为探测设备的主流趋势。同一目标在多个不同工作波段受到全方位监测，这导致原有的单波段隐身技术已无法满足现代隐身技术的多元化和高效性需求。因此，研发具备多波段兼容性的隐身纺织品已成为科研领域的新热点。这一领域的研究主要聚焦于可见光/红外兼容隐身纤维及纺织品，以及红外/雷达兼容隐身纤维及纺织品，旨在应对日益复杂多变的探测环境需求，为隐身技术的发展注入新的活力。

一、可见光/红外兼容隐身纤维及纺织品

可见光/红外兼容隐身纤维及纺织品的设计，需确保在红外波段具备低发射率特性，同时在可见光波段保持与背景环境相似的反射率。具体而言，在可见光波段，这类纺织品需拥有与背景相匹配的光谱特性，使其自然融入背景环境，实现视觉隐身效果。在红外波段，纺织品需保持与背景相近的红外辐射强度，以减少自身与背景之间的差异，使探测装置难以识别与定位，进而实现红外隐身效果。Liu 等制备了一种基于水分辅助的纳

米多孔聚乙烯非织造布，它不仅具备可见光隐身能力，还实现了红外隐身功能，展现出强大的多波段兼容隐身性能。其独特之处在于纺织品内部的水分含量能够敏锐地响应环境温度变化，当环境温度在 25.8～67.4 ℃呈周期性变化时，纺织品表面的发射率能够在 0.27～0.8 的宽范围内进行自适应调节。这种自适应调节机制使其能够在不同的环境条件下保持稳定的隐身效果。此外，为了进一步增强可见光隐身效果，在纺织品表面引入仅几百纳米厚度的干涉滤光片，其出色的光学性能赋予纺织品更广泛的颜色变化范围。通过调整滤光片的参数，纺织品可以呈现出与周围环境相似的颜色，从而在可见光波段实现高效的隐身效果。廖雨田等设计了一种三层结构的可见光/红外兼容隐身织物，其结构依次为红外低发射层、纳米多孔吸湿层及可见颜色层。特别的是，纳米多孔吸湿层对温度变化展现出高度敏感性，当温度在 22～64 ℃时，其发射率可在 0.95～0.38 范围自适应调整。可见颜色层则利用具有高度红外透明性的聚乙烯纱线进行加工，有效实现了可见光与红外隐身的和谐共存，为隐身织物领域带来了全新的技术突破。Wang 等通过三步合成法，制备出一种具有低亮度、低可见光反射率和低红外发射率的 Al-RGO 颜料，特别适用于可见光/红外兼容隐身织物的涂层。与传统的 Al 颜料涂层织物相比，Al-RGO 涂层织物额亮度降低了 23%，可见光发射率降低了 49%，且随着涂层厚度增加，Al-RGO 涂层织物的红外发射率呈现出明显的下降趋势。当涂层厚度达到 250 mm 时，红外发射率降低至 0.39。因此，Al-RGO 作为一种低红外发射率颜料，在提升可见光/红外兼容隐形性能方面展现出巨大的潜力。

二、红外/雷达兼容隐身纤维及纺织品

红外/雷达兼容隐身纤维及纺织品的设计需求相当复杂，既需要在红外波段实现高反射率与低发射率，又需在雷达波段展现低反射率与高吸收率，以有效衰减入射电磁波并将其转化为热能或其他形式的能量。然而，织物表面温度的上升会削弱其红外隐身性能，这使得红外隐身与雷达隐身在机理上产生矛盾，两者相互掣肘，成为当前研究的一大挑战。红外隐身主要作用于 3～5 μm 和 8～14 μm 的纳米级波段，而雷达隐身聚焦于厘米级的 1.67～15 cm 波段，这种显著的波段差异进一步加大了兼容的难度。目前，制备红外/雷达兼容隐身纤维及纺织品的技术途径主要有两种。

一是致力于研发兼具低发射率和高吸收率特性的新型材料，如纳米材料、光子晶体和导电高聚物等，在当前的研究中备受关注。Cheng 等利用静电纺丝技术，制备出具备优异红外/雷达兼容隐身性能的 $Zn_{0.96}Co_{0.09}O$ 纳米管。这种纳米管展现出令人瞩目的性能参数，其平均红外发射率仅为 0.72，同时在 9.5 GHz 处的 RL 达到 −20.3 dB，且其 EAB 覆盖 8.4～12.0 GHz。这一成果为红外/雷达兼容隐身纺织品的发展提供了有力支撑。Xia 等采用同轴静电纺丝法结合热处理工艺制备了 $Sn_{0.84}Sm_{0.08}Sb_{0.08}O_2$ 微纳米纤维材料。该材料具备独特的三维中空多孔纤维结构，比实芯纤维具有更大的比表面积和兼容隐身性能，且在 X 波段表现出良好的吸收能力。当匹配厚度为 2.6 mm 时，该材料的

EAB可达3.51 GHz；当匹配厚度为2.8 mm时，其RL_{min}可达到−22.51 dB，表现出优异的电磁波吸收性能；在3～5 μm和8～14 μm两个红外波段，其红外发射率分别低至0.558和0.672。该材料实现了雷达波段高吸收与红外波段低发射率的有机统一，为其在多波段隐身领域的应用奠定了坚实基础。此外，这项工作深入探讨了中空多孔结构对电磁波吸收率和红外发射率的调控机理，为研发单一、轻质且高性能的多波段兼容隐身材料提供了宝贵的参考与启示。

二是将分别具备红外隐身和雷达隐身功能的两种材料进行有效叠加或混合，确保叠加或混合后的材料互不干扰，稳定保持其原有的隐身性能。于斌等利用熔融纺丝技术，研发了一种红外/雷达兼容隐身纤维。这种纤维采用特殊的芯皮结构，芯层由聚丙烯与高效吸波剂混合而成，而皮层则由聚丙烯与适量金属粉混合制备。研究结果显示，金属粉的适量添加显著增强了纤维的吸波性能。当金属粉含量达到15%时，其有效吸收宽带达到2.39 GHz，同时红外发射率保持在0.62。这一成果充分展示了该纤维在红外/雷达兼容隐身方面的出色表现，为多功能隐身材料的发展注入新的活力。Chu等通过一步合成法，制备了VO_2@PANI纳米纤维网络，其独特的微观结构赋予纤维卓越的电导率和多极化弛豫特性。PANI的引入使得纤维中产生大量的偶极子极化，同时VO_2与PANI之间形成丰富的非均匀界面，进而引发显著的界面极化效应。此外，纳米纤维网络结构的复杂性使得电磁波在其中经历多次内部反射、散射和折射，有效消耗了电磁波的能量。当匹配厚度为3.0 mm时，在8 GHz处，RL达到−45.1 dB，而在匹配厚度为1.7 mm时，其EAB达到4.4 GHz(覆盖13.4～17.8 GHz频段)，这一性能优于大多数聚苯胺-金属氧化物复合材料。更令人瞩目的是，VO_2@PANI还展现出独特的可变红外发射率性能，在90 ℃时，表面温度与背景间的最大温差可达11.8 ℃，为纤维在多功能隐身和智能热管理领域的应用提供了广阔前景。

第六节 智能隐身纤维及纺织品发展展望

一、兼容化

随着现代战争侦察与制导技术的突飞猛进，侦察波段呈现出多元化的趋势，涉及可见光、红外、雷达探测等多信号的协同运用。这一变革对现有隐身技术构成了巨大的挑战，迫使隐身材料必须拥有多波段对抗能力。具体来说，隐身材料在可见光波段需展现出迷彩般的隐身效果，有效融入背景环境；在红外波段，需具备出色的低辐射特性，降低热信号和发射率，减少被探测的风险；在微波波段，需发挥强大的吸波作用，减少电磁波的反射，提高隐身性能。目前，可见光/红外、红外/雷达兼容隐身技术已取得令人瞩目的进展，然而，三者兼容隐身技术尚待完善。多波段隐身研究依然是科研领域的重要议题。

值得一提的是，目前可见光/红外/雷达兼容性隐身技术在纺织领域尚未得到应用，这为三者兼容隐身技术在纤维及纺织品的研究上提供了巨大的发展空间和潜力。超材料作为一种具有独特物理性质的新型材料，其在纺织品中的应用有望推动多波段兼容纺织品的研发。

二、智能化

在实际应用中，地形、季节、天气和时间等因素的不断更迭，常常导致背景环境发生显著变化。特别是在信息化战争的严峻背景下，提升目标物体在复杂多变环境中的生存能力，变得尤为重要和迫切。为实现这一目标，动态调控（主动/被动）隐身材料显得尤为关键，其能够自适应背景环境，与地貌和周边环境无缝融合，从而有效达成隐身效果。智能隐身材料凭借其卓越的感知、信息处理及自主指挥能力，能够根据环境信号做出最佳响应。它们不仅能够敏锐感知温度、湿度、亮度以及电磁波强弱等多种环境参数的变化，还能据此做出精准调整，实现自诊断、自适应和自修复等多种功能。然而，实现隐身材料的智能化仍面临诸多技术挑战，这需要科研人员在信息感知、数据处理、反馈机制以及材料技术等多个领域进行深入研究和综合探索。尽管技术层面上的难度不容小觑，但唯有不懈的努力和持续深入的研究，方能推动智能隐身材料不断取得新的突破和发展，从而为智能隐身纤维及纺织品的制备奠定更加先进、坚实的基础。

三、复合化

探测技术的日新月异对隐身纺织品的形状自适应性和隐身性能的要求日益严苛，这无疑给隐身纺织品的研发带来前所未有的挑战，但同时也孕育着巨大的机遇。目前，主要通过将不同结构或组分的材料进行复合，以获取兼具轻质柔软和卓越性能的隐身纤维及纺织品。在这一过程中，复合隐身材料的设计和制备是关键，它旨在通过降低各组分材料性能的局限性，同时发挥它们各自的优越性能，以达到整体性能的最优平衡。因此，坚守“整体大于部分之和”的理念将有助于推动隐身材料性能迈向新的高度。此外，超材料的提出与发展为隐身纺织品的性能提升提供了切实可行的解决方案和无限可能。展望未来，隐身纤维及纺织品的研发应更加注重材料性能的平衡与优化，积极探索轻质柔性隐身材料的应用前景。只有如此，才能满足不断升级的隐身需求，为军事领域提供更高效、更可靠的隐身解决方案。

四、高环境适应性

随着作战环境的日趋复杂以及极端条件的频繁出现，军事装备如飞机、舰艇、车辆等，在浓烟弥漫、潮湿、高温、高盐雾等恶劣环境下执行任务，已成为常态。特别对于高空高速飞行的飞机等隐身目标而言，机身外表面在空气动压的作用下，温度会显著升高，尤其是在超音速飞行时，气动加热效应会导致机身温度急剧攀升，这对隐身纺织品的性能提出了严峻挑战。然而,纺织品的柔软质地和相对较差的力学性能使其难以适应极端环境,这导致普通的隐身纺织品往往难以在承受如此高温的同时保持其隐身性能。此外,对于作战士兵穿着使用的隐身服装,其功能的拓展与融合也变得愈发重要。需进一步研发集防寒、防热、防雨、阻燃、防辐射、防生化等多种功能于一体的隐身服装,实现一服多用的目标。这样的设计不仅能有效减轻士兵作战时的装备负荷,还能够显著提升士兵在复杂战场环境中的生存能力和隐蔽性,使他们在面对各种挑战时更加从容不迫,战斗力得到有力提升。因此,如何在保证隐身性能的基础上,提高隐身纺织品的耐高温、耐腐蚀、耐摩擦、耐冲击等环境稳定性以及实现多功能性,确保其在极端条件下依然能够稳定、有效地运行,已成为未来研发的关键方向。这一挑战不仅关乎军事领域的隐身技术发展,更对隐身纺织品在民用、工业等其他领域的应用拓展具有深远的影响和推动作用。只有通过不断的技术创新和研发,才能应对日益复杂的作战环境,为士兵和军事武器提供更加先进、实用的隐身装备,保障其在战场上的安全与胜利。

五、高实用性

当前,隐身纺织品的设计主要聚焦于复合化,这导致其结构通常较为复杂,不利于大规模生产。鉴于隐身纺织品作为特殊用途材料的特性,单纯追求工艺的简化可能并非最佳方案。因此,在制备过程中应坚持以提高性能为核心导向,不断优化制备工艺。如 3D 打印技术的出现,使高度复杂的微晶格超材料的制造得以实现。同时,应致力于实现隐身纺织品从制备到使用,再到回收的全过程绿色环保,以及确保纺织品能够多次循环使用,从而减少使用过程中的维护周期和费用,提高实用性。因此,如何确保隐身纤维及纺织品满足大规模生产与应用需求的同时,还能够在实际环境中长时间稳定使用,仍是科研人员面临的一大挑战。

参考文献

[1] Li J, Liu Y C, Gu Z X, et al. Scalable, green, flexible photochromic bacterial cellulose for multicolor switching, photo-patterning, and daily sunlight UV monitoring[J]. Small, 2024, 20(30).

[2] Wang T, Liu Y J, Dong J F, et al. Preparation of high-strength photochromic alginate fibers based on the study of flame-retardant properties[J]. International Journal of Biological Macromolecules, 2024, 258.

[3] Xiang B, Xu P, Li R Z, et al. Bioinspired temperature-adaptive thermal management membrane based on reversible thermochromic fibers for all-season thermal regulation[J]. ACS Sustainable Chemistry & Engineering, 2024, 12(2): 841-848.

[4] Wu Z Q, Zhang W H, Han N, et al. Reversible thermochromic nanofiber membrane for energy storage and thermoregulation[J]. ACS Applied Energy Materials, 2023, 6(4): 2423-2433.

[5] Fan H W, Li K R, Liu X L, et al. Continuously processed, long electrochromic fibers with multi-

environmental stability[J]. ACS Applied Materials & Interfaces, 2020, 12(25): 28451-28460.

[6] Zhu T X, Xiong J Q, Chen J W, et al. Flexible electrochromic fiber with rapid color switching and high optical modulation[J]. Nano Research, 2023, 16(4): 5473-5479.

[7] Liu Y J, Wu P Y. Bioinspired hierarchical liquid-metacrystal fibers for chiral optics and advanced textiles[J]. Advanced Functional Materials, 2020, 30(27).

[8] Zhao K, Cheng J, Sun N, et al. Photonic Janus carbon fibers with structural color gradient for multicolored, wirelessly wearable thermal management devices [J]. Advanced Materials Technologies, 2022, 7(5).

[9] Hu R J, Hou L J, Liu J C, et al. Bioinspired hollow porous fibers with low emissivity and conductivity aluminum platelet skin for thermal insulation[J]. Journal of Materials Chemistry A, 2023, 11(4): 1704-1711.

[10] Cui Y, Gong H X, Wang Y J, et al. A thermally insulating textile inspired by polar bear hair[J]. Advanced Materials, 2018, 30(14).

[11] Wang L, Chi W L, Liu CY, et al. Large-scalable polar bear hair-like cellular hollow fibers with excellent thermal insulation and ductility[J]. Journal of Applied Polymer Science, 2022, 139(42).

[12] Liu Y X, Zhang Y F, Xiong X K, et al. Strategies for preparing continuous ultraflexible and ultrastrong poly(vinyl alcohol) aerogel fibers with excellent thermal insulation[J]. Macromolecular Materials and Engineering, 2021, 306(11).

[13] Lin L, Li Z Y, Mao H Y, et al. Optically active polyurethane/silica aerogel coated cotton fabrics for thermal protection[J]. Frontiers in Materials, 2021, 8.

[14] Ma H, Zhao H, Li X, et al. Double-sided functional infrared camouflage flexible composite fabric for thermal management[J]. Ceramics International, 2023, 49(10): 16422-16432.

[15] Pakdel E, Naebe M, Kashi S, et al. Functional cotton fabric using hollow glass microspheres: Focus on thermal insulation, flame retardancy, UV-protection and acoustic performance [J]. Progress in Organic Coatings, 2020, 141.

[16] Ahn J, Lim T, Yeo C S, et al. Infrared invisibility cloak based on polyurethane-tin oxide composite microtubes[J]. ACS Applied Materials & Interfaces, 2019, 11(15): 14296-14304.

[17] Xu R, Xia X M, Wang W, et al. Infrared camouflage fabric prepared by paraffin phase change microcapsule with good thermal insulting properties[J]. Colloids and Surfaces A-Physicochemical and Engineering Aspects, 2020, 591.

[18] Mao Z P, Wang W, Liu Y, et al. Infrared stealth property based on semiconductor(M)-to-metallic (R) phase transition characteristics of W-doped VO_2 thin films coated on cotton fabrics[J]. Thin Solid Films, 2014, 558: 208-214.

[19] 张磊,谢光银.篷盖用立体机织物的设计与试织[J].棉纺织技术,2012,40(2):7-10.

[20] Miao D G, Jiang S X, Liu J, et al. Fabrication of copper and titanium coated textiles for sunlight management [J]. Journal of Materials Science-Materials in Electronics, 2017, 28 (13): 9852-9858.

[21] Xu R, Wang W, Yu D. A novel multilayer sandwich fabric-based composite material for infrared

stealth and super thermal insulation protection[J]. Composite Structures, 2019, 212: 58-65.

[22] Fang F, Jing W Q, Yang W. High performance electrospinning fiberous membranes for infrared stealth camouflage[J]. Infrared Physics and Technology, 2018, 93: 130-135.

[23] Fang K Y, Fang F. Au-decorated SWNT/PVDF electrospun films with enhanced infrared stealth performance[J]. Materials Letters, 2018, 230: 279-282.

[24] Ye X Y, Chen Y, Yang J, et al. Sustainable wearable infrared shielding bamboo fiber fabrics loaded with antimony doped tin oxide/silver binary nanoparticles[J]. Advanced Composites and Hybrid Materials, 2023, 6(3).

[25] Zhang T, Feng W Q, Chen Y X, et al. Low emissivity and thermal insulating infrared stealth composite of silver plating TPU fibers @ WPU/CNF aerogel with all-in-one structure [J]. Cellulose, 2023, 30(16): 10215-10230.

[26] Chandrasekhar P, Zay B J, Lawrence D, et al. Variable-emittance infrared electrochromic skins combining unique conducting polymers, ionic liquid electrolytes, microporous polymer membranes, and semiconductor/polymer coatings, for spacecraft thermal control[J]. Journal of Applied Polymer Science, 2014, 131(19).

[27] Fang K Y, Wang Y J, Zhao Y C, et al. Infrared stealth nanofibrous composites with thermal adaptability and mechanical flexibility[J]. Composites Science and Technology, 2021, 201.

[28] Hao Y B, Xu W D, Li M, et al. One-step hydrothermal synthesis, thermochromic and infrared camouflage properties of vanadium dioxide nanorods[J]. Nanomaterials, 2022, 12(19).

[29] Qiao J, Zhang X, Liu C, et al. Facile synthesis of MnS nanoparticle embedded porous carbon nanocomposite fibers for broadband electromagnetic wave absorption[J]. Carbon, 2022, 191: 525-534.

[30] Guo Y Y, Zhang M, Cheng T T, et al. Enhancing electromagnetic wave absorption in carbon fiber using FeS_2 nanoparticles[J]. Nano Research, 2023, 16(7): 9591-9601.

[31] Song W L, Fan L Z, Hou Z L, et al. A wearable microwave absorption cloth[J]. Journal of Materials Chemistry C, 2017, 5(9): 2432-2441.

[32] Xu H Y, Li B, Jiang X Y, et al. Fabrication of N-doped carbon nanotube/carbon fiber dendritic composites with abundant interfaces for electromagnetic wave absorption[J]. Carbon, 2023, 201: 234-243.

[33] Wang Y, Wang W, Zhu M F, et al. Electromagnetic wave absorption polyimide fabric prepared by coating with core-shell $NiFe_2O_4$ @ PANI nanoparticles [J]. RSC Advances, 2017, 7 (68): 42891-42899.

[34] Zhang H Y, Chen J Y, Xiao H, et al. MXene nanosheet/polypyrrole composite felt with a continuous impedance-gradient structure for electromagnetic wave absorption[J]. ACS Applied Nano Materials, 2023, 7 (1): 1289-1299.

[35] Wang P, Cheng L F, Zhang Y N, et al. Synthesis of SiC nanofibers with superior electromagnetic wave absorption performance by electrospinning[J]. Journal of Alloys and Compounds, 2017, 716: 306-320.

[36] Gao S, Deng X Y, Qi X M, et al. Nanometer-sized carbon black and Fe_3O_4 nanoparticles incorporated into polyamide-66 composite fibers and woven into three-dimensional fabrics for electromagnetic absorption[J]. ACS Applied Nano Materials, 2024, 7(6): 6525-6535.

[37] Yang X, Qiu B Y, Li X J, et al. In-situ growth of FeCoNi nanoparticles onto 1D bamboo fiber carbon for enhanced electromagnetic wave absorption[J]. Carbon, 2024, 219.

[38] Wang X Y, Wang H, Huang Q, et al. Magnetron sputtering nichrome on fiber fabric to construct microwave-absorbing structure[J]. Applied Physics A-Materials Science & Processing, 2020, 126(11).

[39] Liu X D, Zhang S, Yu M, et al. WS_2 nanosheets anchored on N-doped carbon fibers for superior electromagnetic wave absorption[J]. Chemical Engineering Journal, 2023, 465.

[40] Liu C, Liao X P. Collagen fiber/Fe_3O_4/polypyrrole nanocomposites for absorption-type electromagnetic interference shielding and radar stealth[J]. ACS Applied Nano Materials, 2020, 3(12): 11906-11915.

[41] Lee D, Kim H K, Lim S. Textile metamaterial absorber using screen printed Chanel logo[J]. Microwave and Optical Technology Letters, 2017, 59(6): 1424-1427.

[42] Kim S Y, Lee W J, Baek S M, et al. Control of dielectric properties of micropattern printed fabric for radar absorbing structures[J]. Composite Structures, 2021, 274.

[43] Zribi H, Taieb A H, Cil I, et al. Design of woven meta-materials for electronic textiles for functional applications[J]. Journal of the Textile Institute, 2023, 114(5): 763-773.

[44] Jiang Q, Xiang C J, Luo Y, et al. Textile structured metacomposites with tailorable negative permittivity under X and Ku band[J]. Materials & Design, 2020, 185.

[45] Almirall O, Fernández-García R, Gil I. Wearable metamaterial for electromagnetic radiation shielding[J]. Journal of the Textile Institute, 2022, 113(8): 1586-1594.

[46] Jiang Q, Duan J M, Uddin A, et al. A waffle structured composite for RCS reduction via absorption and scattering mechanisms[J]. Materials & Design, 2023, 226.

[47] Liu H D, Wang C Y, Chen G R, et al. Moisture assisted photo-engineered textiles for visible and self-adaptive infrared dual camouflage[J]. Nano Energy, 2022, 93.

[48] 廖雨田，王晨逸，毛铭冉，等. 可见红外双波段智能伪装织物[J]. 工程热物理学报，2023，44(5)：1304-1308.

[49] Wang K Z, Wang C X, Yin Y J, et al. Modification of Al pigment with graphene for infrared/visual stealth compatible fabric coating[J]. Journal of Alloys and Compounds, 2017, 690: 741-748.

[50] Cheng Z G, Zhao F, Wang X K, et al. Coaxial electrospinning fabrication and radar-infrared compatible stealth properties of $Zn_{0.96}Co_{0.09}O$ nanotubes[J]. Journal of Alloys and Compounds, 2020, 835.

[51] Xia Y J, Zhao F, Cheng Z G, et al. Electrospinning preparation of hollow porous $Sn_{0.84}Sm_{0.08}Sb_{0.08}O_2$ micro/nano fibers and their multispectral compatible stealth properties[J]. Ceramics International, 2022, 48(21): 32226-32235.

[52] 于斌，齐鲁. 多功能隐身纤维性能的研究[J]. 材料工程，2006(S1)：87-90+94.

[53] Chu F Y，Cheng S Y，Ye Z M，et al. In situ etching by released proton in aniline polymerization to form network VO_2 doped polyaniline composites with variable infrared emissivity for electromagnetic absorption application[J]. Advanced Composites and Hybrid Materials，2022，5(4)：2760-2771.

第十二章 半导体纤维与织物电路

第一节 研究概述

半导体材料是指电阻率介于导体与绝缘体之间的材料，其电阻率通常在 $10^3 \sim 10^7\ \Omega \cdot cm$。半导体材料的发展可以追溯到19世纪上半叶，科研人员发现了某些材料的电学性质会受外界影响而发生一定的特殊变化，最先被发现的是硫化银电阻与温度的关系，紧接着发现了光生伏特效应、掺杂效应、光电导效应等半导体特性，基于量子物理学与能带理论的半导体理论逐渐形成完整体系，基于半导体材料的各种器件也陆续被开发出来。20世纪60年代，半导体单晶硅材料与硅基集成电路的发展成为半导体行业的一次新里程碑，引领了第三次工业革命，将人类社会推向信息时代，深刻改变了人们的生活方式。之后，半导体材料的发展随着材料科学的进步而进步，第二代、第三代半导体材料（如砷化镓、磷化铟、氮化镓等）相继被开发出来，并在通信、电力、军事等领域得到广泛应用。基于半导体的各种特性，目前主要的应用领域有四类：一是电信号的开关和调制，如晶体管、忆阻器；二是光电转换，如发光二极管（LED）、光伏（PV）和光电探测器（PD）；三是热电转换，如热电发电器和制冷机；四是传感，如化学、机械和热的传感器。毫无疑问，蓬勃发展的半导体产业在过去的几十年中发挥了技术创新和经济增长的关键作用，半导体材料是基石。

近年来，随着电子产品小型化、柔性化的发展趋势，在多个领域起到重要作用的半导体材料自然而然地得到更广泛的关注。传统的无机半导体材料通常是硬且脆的，尤其是以硅为代表的半导体器件。目前为止，为了拓展半导体材料的器件，以有机半导体薄膜为代表的柔性半导体材料在可穿戴领域及可植入设备领域得到广泛报道。然而，即使是半导体薄膜材料，也存在难以满足形变稳定性、形状适应性、穿戴舒适性等问题，这限制了其在可穿戴设备、植入式设备、能源设备等领域的应用。因此，具有更高灵活性的半导体纤维材料已然成为半导体领域的一个热点问题。半导体纤维的概念在20世纪七八十年代被提出，但由于适合制备半导体纤维的材料种类较少，发展缓慢。需要注意的是，纤维型的光纤等硬质半导体材料已经得到广泛应用，但由于其硬且脆的特性，并不能满足纺织用纤维的需求。近年来，随着柔性半导体材料的进步，如何将二维的柔性半导体材料制备成具有更高灵活性的半导体纤维，逐渐成为该领域最关注的问题。尤其是可穿戴技术发展至今，作为柔性电子产品的硬件基础，大多数集成电子(IC)系统基于硬质的印刷电路板(PCB)，通过智能织物采集的信号必须通过集成电路板进行信号处理与发送，而这种硬质电路板必须以装饰和贴片的方式附着在人体或织物上，严重阻碍了智能织物的穿着舒适性与耐久性。截至目前，为了替代 PCB 在智能织物中的作用，已经提出三种解决方案：一是通过织造/涂层等方式，实现纤维基器件与外部电路的简单连通，但未考虑从根本上解决硬质电路器件造成的使用不便问题；二是基于柔性印刷薄膜的柔性 PCB 技术，但是即使柔性薄膜可弯曲或可拉伸，仍然缺乏穿着时保持舒适的能力，如透气性、吸湿性、可洗涤性，难以作为智能织物器件的根本解决方案；三是基于半导体纤维技术，开发一种全纤维构成的印刷电路板，以织物作为电路板的载体，以导电纤维作为电路连接，并连接各种作为电路功能元器件的纤维型器件。未来，计算机将像一件舒适的衣服那样穿着，但能完成一整套功能，包括环境和生理感知、数字和逻辑计算以及无线数据传输等功能。

第二节　半导体纤维材料的分类及制备

相对于绝缘体来说，半导体的中间能带带隙允许通过掺杂或掺杂改变电导率，电子被激发或弛豫，并伴随着光子的吸收或发射，与金属相比，具有更有效的热电效应。半导体纤维材料可以根据来源的不同，分为无机半导体纤维材料与有机半导体纤维材料。

一、无机半导体纤维

无机半导体纤维主要基于晶体的掺杂效应，这一过程通过在晶格中引入外部杂质或原子来改变半导体的电子结构，从而调控其电学性能。然而传统的无机半导体易碎且缺乏柔韧性，这限制了它们制造宏观半导体纤维的可能性。基于玻璃纤维的光导纤维最早被通信行业大规模使用，但其柔韧性与稳定性能差，必须在护套保护下工作，更难以用作纺织纤维。由于无机半导体材料自身的一些特性，无机半导体纤维的发展较为缓慢。首先，与有机半导体材料相比，常见的无机半导体材料具有更弱的范德华力，并且氢键强度低一到两个数量级。其次，无机半导体具有脆性，它们的弹性模量大部分超过 100 GPa，而有机半导体的弹性模量要低四个数量级以上。无机半导体过于硬且脆的结构使其在加工成纤维材料后仍难以满足使用需求。无机半导体还存在熔融温度高、容易氧化造成的制造工艺复杂问题，因此将其加工成纤维也较为困难。目前，无机半导体纤维主要有三个探索方向：一是利用熔芯法，将硅、锗等半导体加工成纤维；二是将半导体纳米线按一定规律有序梳理，组装成纤维；三是利用具有一定半导体特性的无机材料制备纤维，如石墨烯纤维、碳纳米管纤维。

(一) 基于热牵伸的无机半导体纤维

基于热拉伸的半导体纤维多由晶体半导体芯和外层包覆组成，而基于硅的半导体由于其加工温度低和流体特性可控，通常采用热牵伸方式制备。利用熔芯方法制备高质量的高性能半导体纤维，目前仍然是一个挑战。但热牵伸工艺具有流程短、制备速度快等优势，是未来无机半导体纤维领域一个非常有前途的选项。通过热拉伸技术制造预制体到纤维的过程，要求支撑材料的玻璃化转变温度略高于功能材料的熔点，以支持拉伸应力，同时连续可控地将宏观预制体拉伸到微观纤维。这种纤维的芯层往往采用掺杂型无机半导体材料，如各种元素掺杂的 SiO_2。目前，用于硅基半导体晶体的生长技术与半导体芯鞘纤维制备方法，如图 12-1 所示。Czochralski(CZ)生长法是用于生产硅晶体的常见方法，如图 12-1(a)所示，利用一个旋转的晶体种子接触熔体表面，并缓慢地被向上提出，来自熔体的原子附着到相对温度较低的种子上并生长。Bridgman-Stockbarger 法是通过在坩埚中加热材料至熔融状态，利用受控的热梯度使得材料逐渐从液态凝固的方法，可以在垂直与水平方向实现晶体的生长，如图 12-1(b)、(c)所示。这种方法中，温度梯度对于纳米线生长与形貌的影响非常显著。浮区生长法与 Bridgman-Stockbarger 法的区别在于没有坩埚的受力影响，在惰性气体或真空环境中，通过熔融硅的表面张力沿

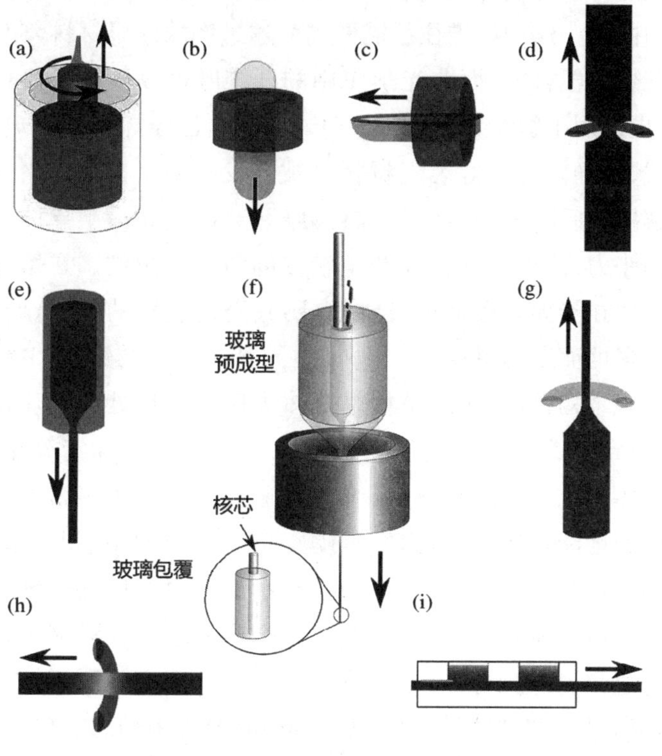

图 12-1　半导体和半导体核心光纤的生长技术

(a) Czochralski 晶体生长的几何形状；(b) Bridgman 垂直生长；(c) Bridgman 水平生长；(d) 浮区生长法；(e) 微拉拔方法；(f) 熔融芯光纤拉拔；(g) 激光加热基座生长法；(h) 行走溶剂浮区法；(i) 液相外延法

高纯度棒状基体的长度垂直生长，如图 12-1(d)所示。微下拉法是将熔体悬浮在种子上方，通过坩埚喷嘴控制熔体圆柱体的直径，并在熔融状态下牵伸，如图 12-1(e)所示。激光加热基座生长法(LHPG)主要用于氧化物纳米线及纤维的生长，在这个过程中，激光被聚焦在基座表面的特定区域，见图 12-1(g)所示，通过吸收激光能量来提高该区域的温度，这种激光加热的方法可以更精确的控制温度梯度。输运溶剂浮区法是使晶体样品在高温下与溶剂接触，在高温区域溶剂与晶体相溶，然后通过温度梯度的作用，在晶体生长方向上将溶剂移动到低温区域。在低温区域，晶体再结晶并生长，同时溶剂则被逐渐蒸发或与其他物质反应，以保持晶体生长区域的纯度，见图 12-1(h)所示。液相外延法，是指晶体在一个溶液(通常是熔融的金属或者其他化合物)的表面生长。该溶液中溶解了晶体生长所需的材料。通过在适当的条件下，例如温度和成分的控制下，可以在溶液表面形成单晶薄膜或者多晶薄膜。这些对于晶体生长方法的探索为硅基半导体纤维的发展提供了良好的基础。

这种通过热牵伸制备的无机半导体纤维往往可以根据应用场景分为光学与非光学纤维，对于用于光学相关应用的纤维来说，需要利用到半导体-玻璃介面的高表面质量，即芯层的半导体相可以直接在纤维内部与传播的光接触，同时能够利用其纤维形态优异的形状适应性，光电子纤维能够实现很宽的传感范围，并且符合传统的刚性和离散光探测设备无法应用的曲面。这种纤维往往需要高光透过率的外层材料，SiO_2 基玻璃通常被作为该类纤维的理想包覆材料，而非光学应用的纤维既可以使用无机材料，也可以使用更柔韧的聚合物，更适用于纺织加工领域。20 世纪初，已经探索出以玻璃包覆金属丝的方法，随后，纳米线、半导体材料等芯层材料也被开发出来。目前，制备硅基半导体纤维的热牵伸法需要解决的问题是，硅玻璃的热膨胀系数比硅和锗半导体芯小得多，冷却后芯层会产生高轴向张力，使得纤维往往产生较多弱节甚至裂纹。在熔融拉伸过程中，应力会诱导半导体芯层在凝固阶段形成裂纹扩展，甚至诱发新的裂纹，而外层硅芯则受益于其比内层更高的强度而结构更稳定。此外，在拉伸过程中的熔化和凝固会导致半导体具有高度多晶的微观结构，这种多晶结构是晶体失序和晶界处的杂质偏聚引起，会造成光学和电子缺陷，导致电子载流子寿命短等问题。因此，与硅和锗等在电子产品中广泛应用的单晶体半导体相比，这种半导体纤维不可避免地会产生高密度电子缺陷，这会导致制造半导体纤维的性能较差。针对这一问题，需要局部拉伸后退火或基于激光步骤来设计所需的微观结构，并且由于纤维热拉伸过程中的应力发展和毛细不稳定性，半导体芯中的裂纹和变形会极大地影响纤维性能。因此，对于这种纤维来说，在纤维制备过程中的拉伸和后处理过程中，理解大尺寸的晶体生长和芯层之间联系，是该领域取得显著进步的基础，对该领域的未来发展至关重要。Wang 等提出熔芯法纤维形成的三个阶段(即黏性流动阶段、熔芯结晶阶段和冷却阶段)的形态和应力发展，并在纤维成型后去除玻璃包覆层。在核心凝固阶段，半导体核心受到玻璃包覆层的限制，Si 和 Ge 核心结晶过程中的异常膨胀现象是应力形成的主要因素。随后，在退火过程中，核心与包裹层因热膨胀系数差异产生不同的热应变。这种异常膨胀效应和热失配效应共同作用，最终在半导体核心内部形成残余应力。该机理表明必须进行力学设计，以避免裂纹和断裂问题，尤其是在需要去除玻璃包覆层的情况下更为重要。玻璃包覆层通常表现出黏弹性行为，在高温下释放应力，这与黏度密切相关。通过化学蚀刻去除玻璃覆包层，获得独立的Si和Ge纤维；接下来，将独立的半导体纤维与金属线、导电聚合物和绝缘聚合物，通过收敛热拉制法加工成一根纤维，纤维内部建立绝缘体、导体和半导体之间紧密稳固的材料界面，在一次拉制的同时完成器件的装配及封装，获得了良好的力学性能与稳定性。除了作为单纤维器件单独运行外，得到的光电纤维可以编织成大规模的织物，从而有效拓展其应用范围，并且能够在手机上实现光响应的实时监控。此外，该光电纤维能集成到可穿戴设备用于医疗保健领域。该光电纤维能编织成表带，用作柔性探测器，实现了与商用光电探测器相似的性能。同时，该光电纤维的耐水性能使其适合水下应用。热牵伸纤维技术的另一个固有挑战，在于整个长度方向的直径均匀性，如何控制熔融状态下牵伸后纤维的直径均匀性。在生物医用领域，在最小化传感器尖端以提高生物相容性和最大化传感器尖端以便于电气化连接之间，存在权衡关系。Kim等开发了一种基于热牵伸工艺改进的锥形纤维加工工艺和半自动化连接方法，能够制造具有复杂功能性和结构可扩展性的微探针。这种基于多材料的锥形尖端纤维，可用以创建多路复用且具备多功能的神经探针。这种锥形药物递送、光学刺激和电生理(T-DOpE)探针能够用于研究高度复杂的神经回路，如小鼠执行任务时记录海马体与神经的电生理信号。

非光学应用的半导体纤维无需采用玻璃等透明材料作为外部包覆材料，从而具有更好的灵活性以及更广的材料选择范围。利用熔融牵伸法时，能够使用热塑性聚合物作为保护层，制备的纤维也能够更容易实现良好的柔性，但平衡聚合物与内层半导体的熔融区间依然是保持纤维性能的重要因素。Zhang等提出一种以热牵伸半导体玻璃作为核心、热塑性聚合物作为包覆层的柔性半导体纤维，能够作为热电纤维实现热感测。为了实现高柔韧性与高热电性能，选择聚合物作为包覆层、非晶半导体玻璃$(Te_{85}Se_{15})_{45}As_{30}Cu_{25}$作为芯层。芯层半导体玻璃化温度为170 ℃，结晶温度为270 ℃，具有100 ℃的宽玻璃化稳定范围，适用于聚合物基体的热敏纤维拉伸工艺。首先，为了增加热源与热电纤维的接触面积，减少热源与半导体玻璃芯之间的热损失，加工了一个中空的矩形聚醚酰亚胺(PEI)预制件。将合成的半导体玻璃重塑并填充在中空的PEI块中，然后将整个组件放入真空烘箱进行热密封，形成预制体。预制体进一步加载在狭窄加热区的纤维拉伸塔中，在250 ℃的温度下进行热拉伸，其中PEI包覆层的黏度远远大于热电玻璃芯的黏度，从而支撑整个结构，并制备出数百米的热电纤维，见图12-2(a)、(b)所示。由此制备的纤维能够用作热传感器，以刺绣的形式集成在织物上，见图12-2(c)所示；也能够作为纤维阵列，实现高空间温度分辨率的热源定位和监测能力，如图12-2(d)、(e)所示。

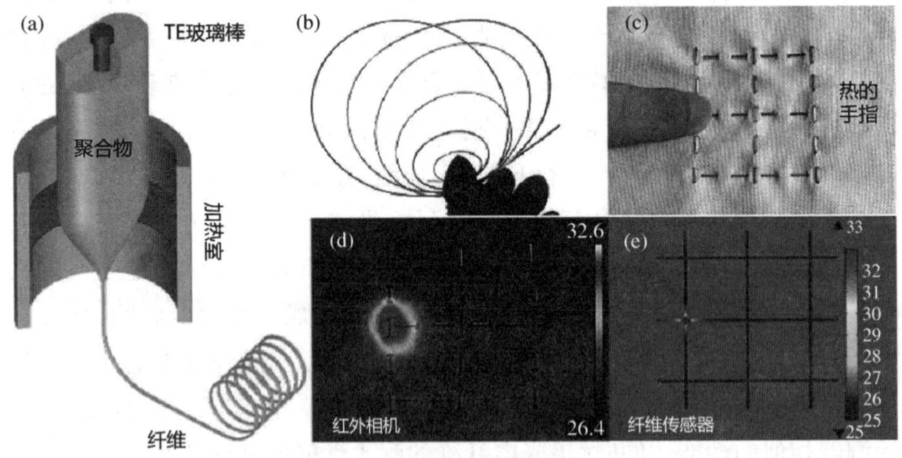

图 12-2　热牵伸制备柔性半导体纤维

(a) 从半导体玻璃棒和 PEI 聚合物预制件经热牵伸制备纤维；(b) 具有良好柔韧性的纤维；(c) 作为缝纫线集成的热电纤维；(d) 红外相机视图；(e) 利用热电纤维得到数据重绘的热力图

(二) 基于纳米线集合体的无机半导体纤维

目前，以半导体纳米线为基础的无机半导体纤维制备，得到了广泛关注。半导体纳米线通常是指通过控制无机晶体的生长过程，制备的具有一定长径比的纳米线材料。因此，控制晶体取向以及尺寸控制是实现后续纺丝加工的必要条件。半导体纳米线的生长过程通常较为复杂，如高温煅烧、溶剂诱导等，为了获得连续的长晶体半导体纤维，各种晶体生长技术被提出。尽管如此，生长速度和制造长度通常只能达到每小时几厘米和几十厘米，这也造成以该方法制备半导体纤维的加工时间与成本较为昂贵。首先，控制微结构和提高纤维性能的一种有效方法是通过控制晶体的生长取向，制备取向度较高的半导体纳米线。提高纳米线的生长速度、降低成本，也是目前得到广泛关注的问题。通过将纳米线与纤维基体结合，是该领域早期探索的主要方向。通过控制晶体生长的方向，能够在纤维基体中实现半导体材料的特性。Yan 等提出一种通过热牵伸工艺与简单的纳米线生长结合，使得高质量单晶半导体纳米线光电器件在聚合物纤维的端部和长度上稳健可扩展集成。硒的三角相结构在溶剂中的不同晶面表面能表现出加剧的各向异性。因此，通过控制晶体纳米线的相位和方向，能够使得这些纳米线沿着所需的轴生长。通过材料的选择和预制体结构设计，可以使两个电极夹持的硒纳米线沿着纤维轴暴露出来。

然而，通过较短的纳米线与纤维直接集成的方法，依然难以满足实际需求。一方面，通过填料、生长等方式与纤维结合的紧密性与耐久性，是一个重大挑战。另一方面，这种复合结构难以实现半导体纤维相关器件的高性能。所以，如何将微观无机材料有效组装成具有半导体特性与力学性能的独立宏观结构，是一个挑战。传统的纳米线器件的组装有两种主要策略：一是将预生长的纳米线转移到所需的衬底上；二是在所需的衬底上直接生长对齐的纳米线或纳米纤维，甚至在所需的位置。将半导体纳米线加工为柔性纤维，需要从微观细丝到大规模连续、排列有序的纱线的结构特征进行精细控制。早在本世纪初期，对于一维纳米线的形貌控制与组装已经得到探索，通过静电纺丝、机械牵伸和等技术组装成宏观结构，虽然未能形成连续的纱线结构，但对于材料选择、尺度、加工条件的研究为该领域的发展提供了良好的启发，尤其是对于超长长径比的无机纳米线的研究为后续的纺纱奠定了材料基础。利用机械力、电场力与流体力的各种加工方法随之得到采用。随后，流动辅助对准、Langmuir-Blodgett 组装、气泡吹制技术、电场/磁场定向组装、接触/辊印刷、平面生长、桥接法和静电纺丝等方法，均得到充分探索。Zhou 等发现，在将光激发 CdSe 纳米线暴露于外电场下时，纳米线可以沿着其长度形成大的不对称电荷分布，随后可以利用这些电荷分布通过正交流电介质电泳进行排列和组装。Petchsang 等在此基础上，发现了选择性激发用于从复杂的混合物中组装某些类型的纳米线为聚集的纱线结构，成功制备出光导单组分纱线以及由各种材料（如 CdSe 和 CdTe）组成的异质结构纱线。通过将纳米线的各向异性特性转化为层次复杂的纱线，而这种结构又使纱线保留了纱线组成材料的光学和电学特性。Li 等受棉纱加工过程启发，通过水-氯仿（$CHCl_3$）-空气界面的流体纺丝工艺，对高长径比的纳米线连续加捻，制造出无机半导体纱。五氧化二钒（V_2O_5）纳米线经过复合对准、组装和扭转工艺来制造纱线，如图 12-3

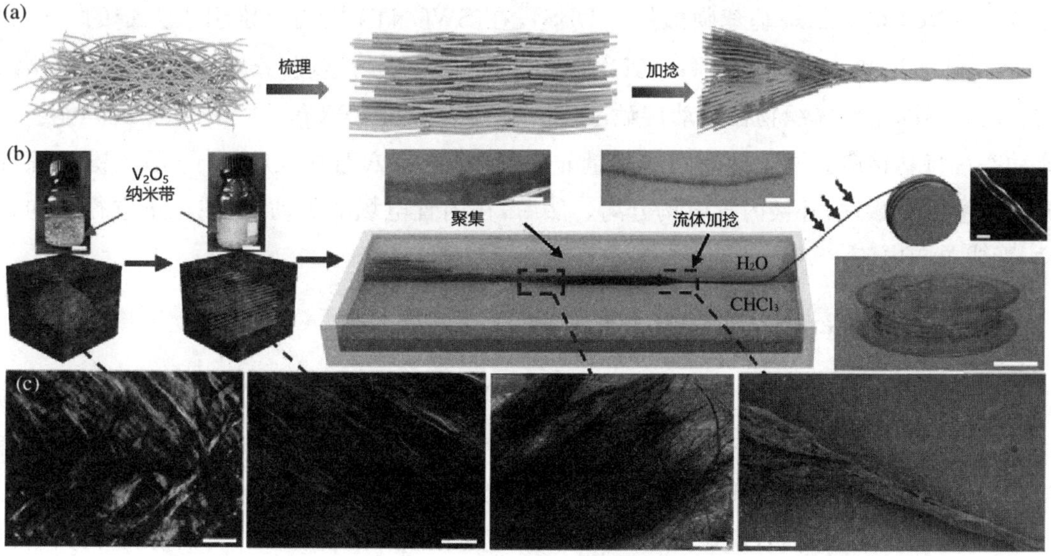

图 12-3　V_2O_5 半导体纱线的制造和结构表征

(a) 棉纱制备工艺过程，包括精梳、铺网及加捻工艺；
(b) 用 V_2O_5 分散并制成纱线的过程，附图依次为 V_2O_5 纳米带分散（比例尺为 2 cm）、多孔组装和扭曲组装（比例尺为 500 mm）的照片，连续卷绕的 V_2O_5 纱线照片（比例尺为 1 cm），以及扭曲过程后干燥 V_2O_5 纱线的偏振光学显微镜（POM）图像（右，比例尺为 200 mm）；
(c) V_2O_5 纳米带分散的 POM 图像（比例尺为 200 mm）、组装（比例尺为50 mm）和流体扭曲过程（比例尺为 500 mm）的场发射扫描电子显微镜（FESEM）图像

(a)～(c)所示。通过模仿棉纱的加工，V_2O_5 纱线的加工过程包括分散、排列、流体加捻三个主要过程。首先通过超声波处理形成均匀的纳米液晶分散液，然后纳米分散体通过毛细流动移动到水边，纳米线受到相互作用聚集形成多孔凝胶结构，最后多孔凝胶结构在液体流动的加捻过程中转变为致密纱线。

（三）基于无机碳材料的半导体纤维

一些无机碳材料（如碳纳米管、石墨烯等）因其可调带隙、高导电性和易于掺杂的特性，在半导体器件材料方面具有良好的应用前景。然而，基于半导体碳材料的研究起步相对较早，但其纤维化的进程却相对较晚。一方面，将 CNT、石墨烯组装为宏观纤维的进程处于起步阶段，大规模的工业化生产的方法依然难以满足实际需求；另一方面，对于宏观纤维的掺杂效果也难以保证。然而，碳纳米管与石墨烯纤维的纺丝技术的发展，其实际性能相比理论性能的差距也在逐步缩小，基于无机碳材料的半导体纤维在未来的应用前景非常广阔。电子沿纳米管的传递速度比具有丰富晶界的纳米粒子快得多，电子和空穴的电荷分离效率也更高。

在半导体聚合物领域，p 掺杂有机半导体的发展十分迅速，但由于缺乏稳定的、可加工的 n 型掺杂剂，有效的 n 掺杂有机半导体的发展仍然缓慢，而半导体碳由于其高导电性及易于 p 掺杂和 n 掺杂的可控行为，具有更多的功能性。Lv 等通过掺杂有机小分子 SWCNTs，获得 p 型或 n 型半导体。首先，在 SWCNTs 分散液中加入十六烷基三甲基溴化铵（CTAB）和十二烷基苯磺酸钠（SDBS），在 SWCNTs 周围分别引入大量的 Br^- 和 Na^+，得到 n 型和 p 型 SWCNTs。其次，通过对棉织物进行整理，分别得到 p 型和 n 型织物。两种不同半导体织物在滑动接触过程中，p 型及 n 型 SWCNTs 涂层织物之间能够形成动态肖特基接触。两个界面处的大量非平衡电子-空穴对在吸收原子-原子键摩擦释放的能量后被激发，并被内置电场分离。然后，在内置电场的驱动下，载流子进行定向运动，形成单向电流。

二、有机半导体纤维

半导体聚合物因其固有的柔韧性、高生物相容性和廉价的制造方式以及柔性和可拉伸的特性，引起人们的广泛关注。通常情况下，与无机半导体的晶体与能带理论不同，有机半导体材料的理论基于前沿分子轨道理论，聚合物半导体的性能可以通过分子设计方便地调整，甚至可以定制，这比无机半导体材料具有额外的优势。半导体聚合物大多是共轭聚合物，其骨架具有双键和单键交替和芳香基团，构成半柔性的分子链，因此具有显著的结构和形态失序，导致明显的能级混乱和大量随机分布的陷阱态存在于其内部。在这种情况下，无法应用能带结构和类带电子传输理论；取而代之的是，前线分子轨道理论和跃迁传输机制主导了有机半导体的研究。前线分子轨道理论主要类比原子中的“价电子”理论，分为最高占据分子轨道（HOMO）和最低未占据分子轨道（LUMO）。类比于无机半导体的价带和导带，半导体聚合物的 HOMO 和 LUMO 能级对于给定的孤立基元是离散的，但由于重复单元和分子间相互作用的存在，它们扩展到更大的分布范围。前线分子轨道的能量和分布对于确定 π 共轭有机半导体材料的电子传输、光吸收/发射、化学反应性和热电性能具有关键作用。HOMO 的能量主要由电子密度和沿共轭骨架的 π 电子离域性决定，而 LUMO 的波函数主要限制在特定的分子基团上。当向聚合物的共轭部分或其周边引入取代基时，HOMO 和 LUMO 能级都会发生能级漂移。这为通过合理的分子设计和多样的合成有机化学来调控半导体聚合物的性质提供了基础。

具有半导体性质的有机材料众多（图 12-4），但能够直接用于纺丝的材料并不多，主要是因为大部分的半导体聚合物具有刚性较大的共轭主链结构，在溶剂中溶解的能力较差，并且在纤维成型过程中难以形成规则的链段排列与结晶区。为寻求半导体聚合物材料在纤维材料领域的应用，以有机半导体材料与其他纤维基体材料改性的策略也被大量提出，如涂覆、共混、原位生长等，但这些复合纤维往往面临着耐久性差、性能难以满足要求等问题。因此，对于有机本征半导体纤维的开发，依然是未来半导体纤维领域需要得到重视的研究方向。

半导体高分子材料由于其分子链和聚集态结构，表现出不同的热力学和动力学性质，这使得在聚合物纤维制造中使用熔体加工方法具有挑战性。半导体聚合物纤维的直接制备方法包括湿法纺丝、静电纺丝和熔融纺丝等。对纤维性能需求的不断提高，使得对纤维性能有重要影响的纤维制备过程也得到重视。

（一）湿法纺丝

湿法纺丝是制备半导体聚合物材料最重要的方式，许多有机半导体聚合物具有良好的溶液可加工性，能够在合适的溶剂中形成均匀的溶液。通过多种组分共混，也可以实现一些半导体聚合物的加工，尤其是自身难以加工为连续、稳定纤维形态的材料。湿法纺丝过程中，溶液通过纺丝喷嘴挤出到凝固浴中，溶剂迅速扩散到凝固浴中，这些半导体聚合物溶液在凝固浴中经历聚集体状态转变或发生相分离，聚合物在凝固浴中固化成形。通过调节凝固浴的组成、温度和纺丝速度，可以精确控制纤维的形态、直径和内部结构，获得均匀且高质量的纤维。实现半导体聚合物的纺丝需要匹配的粘弹性和稳定性，以确保在挤出后形成稳定、连续的纤维，并且纺丝液在挤出后必须进行快速的溶剂置换或去除，以保持其形态。

以最为常见的湿法纺丝 PEDOT：PSS 纤维为例，由于 PEDOT 刚性分子链的限制使其在常规溶剂体系下难以溶解，因此需要引入不具有导电性的 PSS 成分，通过其侧链上亲水的磺酸基团与 PEDOT 分子链相结合形成稳定的 PEDOT：PSS 水分散液。这个过程中，PEDOT 的正电荷与 PSS 的负电荷之间的静电吸引力是保持稳定的关键。然而，PSS 作为不导电组分会影响 PEDOT：PSS 纤维整体的导电性，因此，如何在 PEDOT：PSS 纤维成型过程中尽可能地去除多余绝缘的 PSS，是进一步提升纤维性能

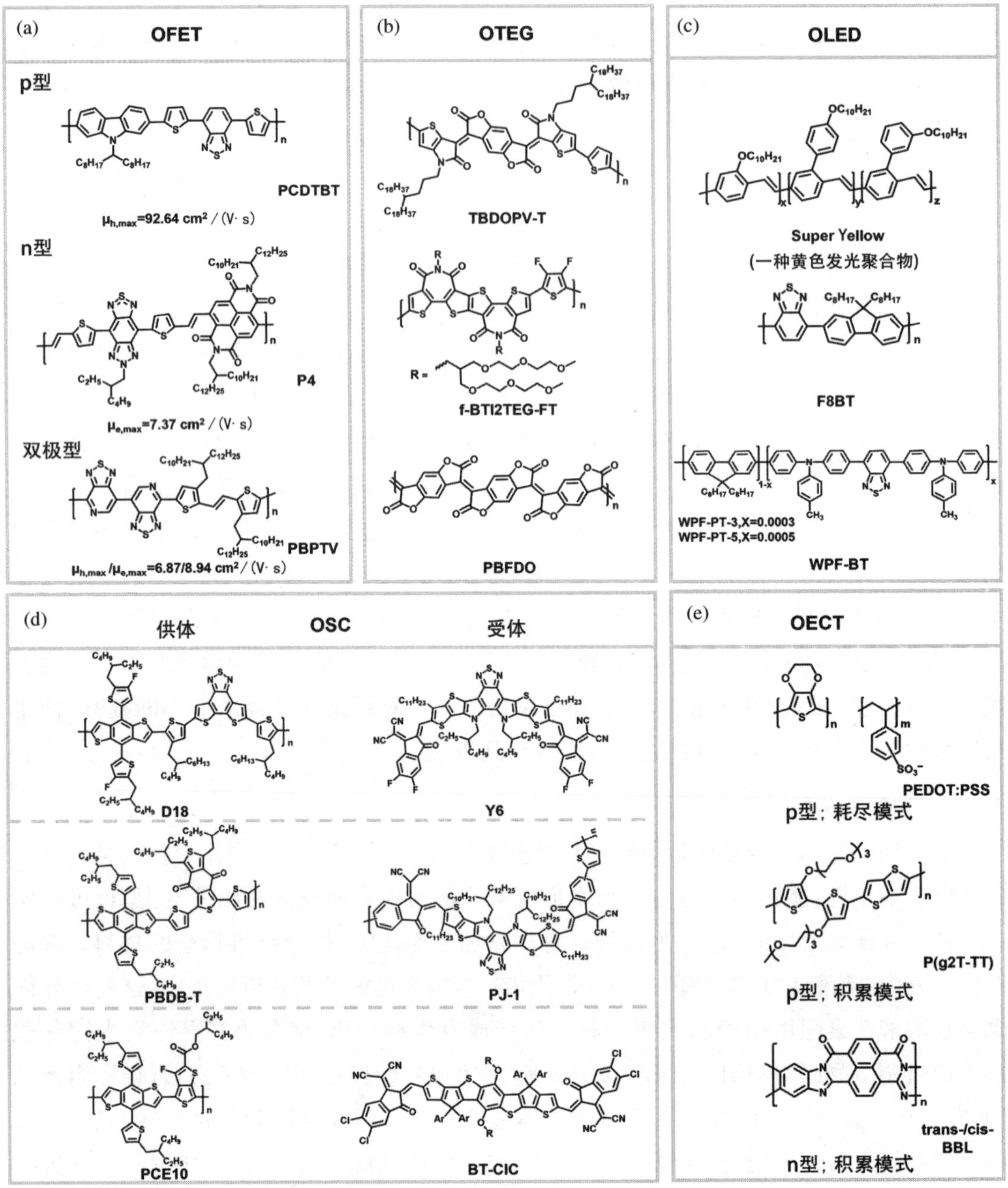

图 12-4　用于有机场效应晶体管(OFET)、有机热电发电机(OTEG)、有机发光二极管(OLED)、有机太阳能电池(OSC)和有机电化学晶体管(OECT)的代表性半导体聚合物材料

的关键。Kim 等报道了一种在硫酸中湿纺制得的 PEDOT：PSS 纤维，杨氏模量高达 1.9 GPa，电导率为 830 S/cm，热电功率因数为 30 μV/(m·K^2)。通过湿法纺丝制备 PEDOT：PSS 纤维，纤维在混凝浴中停留 6 h，然后用去离子水漂洗，如图 12-5(a)所示。其中，纺丝的凝固浴选择 PSS 的良好溶剂，而不是 PEDOT 的溶剂，高介电常数的硫酸减弱了 PSS 和 PEDOT 之间的静电作用，因此在纤维进入混凝浴时促进了 PSS 和水的去除，提高了结晶度，如图 12-5(b)所示。Sarabia-Riquelme 等报道了一种湿法纺丝制备的 PEDOT：PSS 纤维，通过在浓硫酸凝固浴中浸渍牵伸，其电导率高达(3663±326) S/cm，杨氏模量高达 22 GPa，抗拉强度为 550 MPa。硫酸拉伸步骤可去除纤维中多余的 PSS，同时促进硫酸盐取代 PSS 作为反离子的离子交换，导致 PEDOT 的晶体重组，总体上提高了结晶度。除浓硫酸处理外，以绿色环保的水和金属盐环保型混凝浴提高 PEDOT：PSS 纤维性能的方法，也被广泛提出。

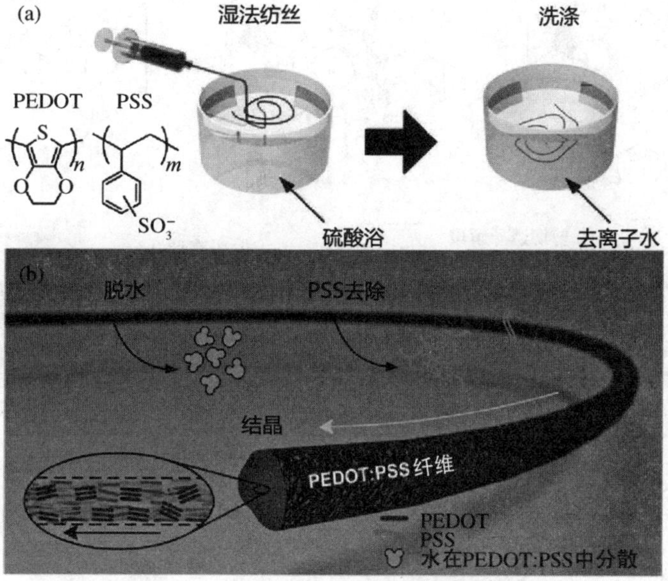

图 12-5　PEDOT：PSS 纤维的湿法纺丝制备

(a) 湿法纺丝过程；(b) 用硫酸去除 PSS，提高 PEDOT：PSS 纤维的结晶度

由于缺乏侧链，PEDOT 等聚合物可以通过强相互作用实现紧密排列，形成坚韧的纤维。一些半导体聚合物具有较长的侧链，这增强了其溶解性，并减少了大量的构象无序，但也使得它们难以加工成强韧的薄膜或纤维。通过分子尺度与工艺设计来改善半导体聚合物的力学性能，也成为一种制备高性能本征半导体聚合物纤维的通用方法。但引入非共轭的聚合物主链会阻碍有效的电荷传输，导致纤维中的电子传输性能较差。Zhang 等提出一种流动增强结晶的方法(Flow-Enhanced Crystallization)，用于连续生产具有良好力学性能的半导体聚合物纤维。传统的高浓度湿法纺丝工艺不适合连续生产高性能半导体聚合物纤维，因为它们通常具有有限的溶解度，并且在溶液中发生强烈的无序聚集。解决半导体聚合物可纺性的关键挑战是找到在溶液中解开和排列聚合物分子链的方法。与传统的湿法纺丝工艺需要高浓度的聚合物溶液来满足良好的可纺性不同，该方法通过降低聚合物溶液的浓度，为聚合物在强拉伸和剪切流动下的分解提供足够的空

间，将快速的双向反溶剂流动改变为缓慢的单向流动，并利用缓慢的后拉伸进一步增强聚合物分子链的取向排列和结晶度，如图 12-6(b)、(c)所示。基于此，三种不同的共轭聚合物被制备成纤维，如图 12-6(a) 所示。其中，P(PzDPP-2FT)和 P(gTDPP-2FT)属于受体-受体(A-A)型 n 型半导体聚合物。第三种聚合物 P(lgDPP-MeOT2)属于供体-受体(D-A)型 p 型聚合物。CP-1 具有疏水性烷基侧链，而 CP-2 和 CP-3 具有亲水性乙二醇侧链。

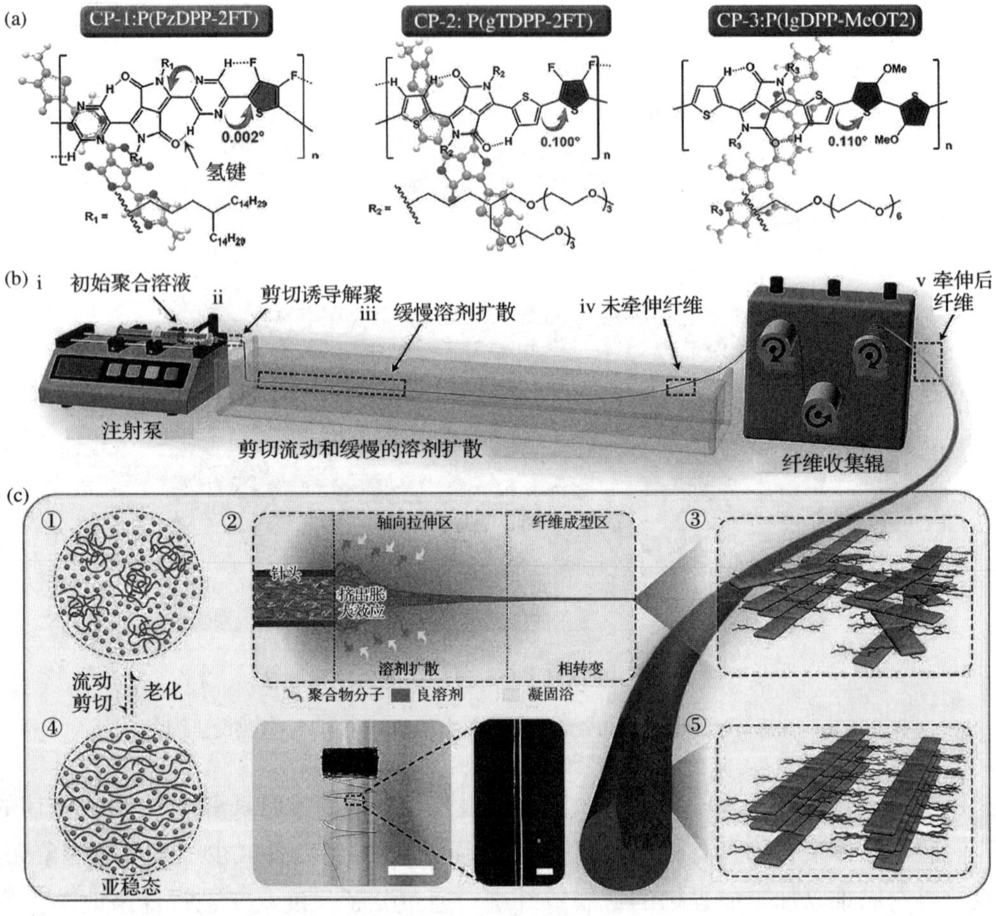

图 12-6　聚合物的化学结构及流动增强结晶方法

(a) 聚合物的化学结构，依次为 CP1-P(PzdPP-2Ft)、CP2-P(gtdPP-2Ft)、CP3-P(lgdPP-MeOt2)；
(b) 自制连续湿法纺丝装置及半导体聚合物纤维连续生产的实验装置和主要部件；
(c) 流动增强结晶机理，其中① 注射器内原始聚集的聚合物，② 溶液流动使针头内的半导体聚合物分解并排列，③ 混凝液中缓慢的溶剂扩散和交换可导致结晶度增强，④ 拉伸前，⑤拉伸后，插图为连续生产和收集得到的 CP-1 纤维照片(比例尺为 1 cm)和 SEM 图像(比例尺为 20 μm)

(二) 静电纺丝

静电纺丝是目前广泛应用的纳米纤维制备方法之一，具有装置简单、可纺材料丰富、产品性能可调等优点。具体来说，该技术能够实现纳米纤维的定向、相控、多维度(从 1D

到 3D)、多形态(如空心、核壳、多层、多孔)特性以及纳米纤维和纳米颗粒之间良好的分散。具有较大比表面积和高孔隙率的纳米纤维为电子、空穴、光子和能量提供了有效的存储和转移途径,为半导体聚合物纤维器件的提供了良好基础。然而,大多数半导体聚合物溶解度差,平均相对分子质量低,分子骨架刚性大,而有限的溶解度和强烈的聚集倾向也很容易堵塞喷嘴,在电场的拉伸过程中也容易发生射流断裂等问题。但在静电纺丝的高电场作用下,纺丝射流的电场能够牵伸并诱导聚合物链的优先取向,有利于提高纤维的性能。

2005 年,Liu 等通过静电纺丝,制备出 P3HT 半导体聚合物纤维。该纤维以氯仿为溶液,在静电场下发生相分离,凝固成形为直径在 100～500 nm 的纳米纤维。以该纤维为沟道,制备了积累模式下工作的 p 型半导体沟道的有机晶体管。该晶体管在饱和区的空穴场效应迁移率为 0.03 $cm^2/(V \cdot s)$,在积累模式下的电流开关比为 10^3。Canesi 等通过静电纺丝,首次制备了无缺陷的 n 型半导体纤维,即聚{[N, N′-bis(2-octyldodecyl) naphthalene-1, 4, 5, 8-bis(dicarboximid)-2, 6-diyl]-alt-5, 5′-(2, 2′-bithiophene)}/poly(ethyleneoxide) P(NDI2OD-T2)/PEO,是一种可溶的空气稳定的 N 通道聚合物半导体,并将其应用于单纤维场效应晶体管。P(NDI2OD-T2)显示出与类似的薄膜器件相同甚至更好的性能。除纯半导体纤维的静电纺丝外,利用同轴静电纺丝技术,也可以制备出具有芯鞘结构的纤维。Chen 等利用同轴静电纺丝技术,制备了以聚甲基丙烯酸甲酯(PMMA)为鞘层、P3HT 为芯层的半导体聚合物纤维,然后选择性地去除 PMMA 层,得到具有良好性能的半导体 P3HT 纤维(图 12-7)。三种不同的溶剂体系(即氯仿、氯苯和 1, 2, 4-三氯苯)被用于静电纺丝过程。结果表明,在氯仿体系中,较高的

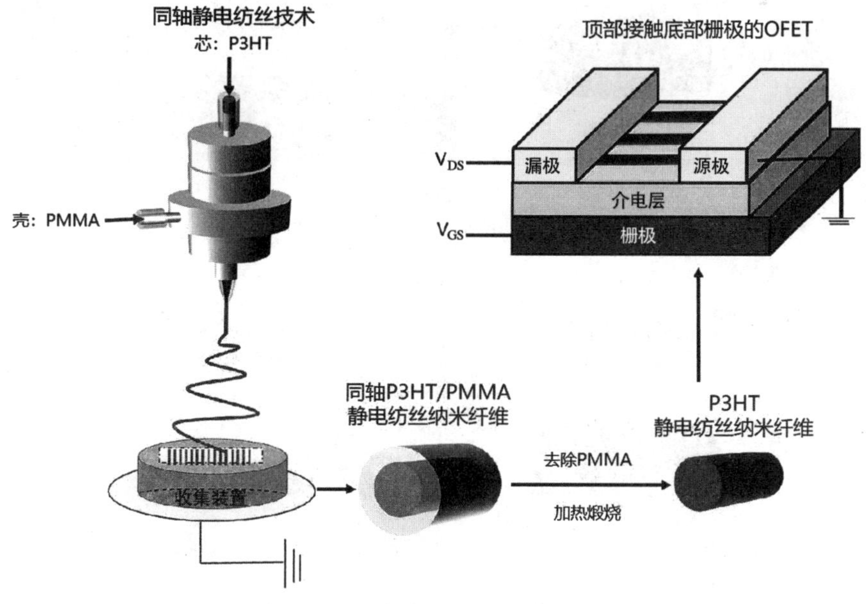

图 12-7　同轴电纺装置和 P3HT 静电纺丝纳米纤维基有机场效应晶体管(OFET)

溶解度能极大地促进静电纺丝过程中 P3HT 链沿纳米纤维长轴拉伸，这反过来又使得热退火后能够形成高度定向的晶粒，从而提高 P3HT 静电纺丝纳米纤维的延展性和基于 P3HT 静电纺丝纳米纤维的 OFET 的性能，而外层 PMMA 有效限制了芯层溶剂的蒸发，导致在静电纺丝过程中形成更稳定的锥射流模型，提高了纤维结晶度。

（三）熔融纺丝

熔融纺丝是一种将聚合物加热至熔融状态，然后冷却并固化成连续纤维的方法。然而，大部分半导体聚合物具有较低的热分解温度，在加热至熔融状态时，可能会分解或发生化学反应，并且半导体聚合物低结晶性，在凝固成纤维时，往往造成纤维的力学与电学性能不足以满足实际使用需求。虽然满足熔融纺丝条件的半导体聚合物较少，但熔融纺丝具有无需溶剂、加工速度快等显著优势，依然是一种非常有前景的半导体纤维制备方法。Rodrigues 等证实了 P3HT 在氮气气氛以及加工（停留）时间相对较短的条件下，在熔融状态下加工是可能的，而不会出现明显的降解。Zhao 等在聚合物主链中引入非共轭柔性连接剂（共轭断裂间隔剂，CBS），开发了可熔融加工的半导体聚合物。半导体纤维基于吡咯并吡咯二酮（DPP）聚合物材料 DPP-C5，通过熔融加工并连续向上拉伸收集，直接从聚合物熔体制造高度排列的半导体纤维。制成的纤维具有良好的柔性和力学性能，在 10％应变下表现出稳定弹性，并且能够拉伸到 180％而不断裂。Hofmann 等提出许多共轭聚合物，如聚噻吩、聚苯乙烯和聚芴，在未掺杂情况下是可熔融加工的，并且可以通过

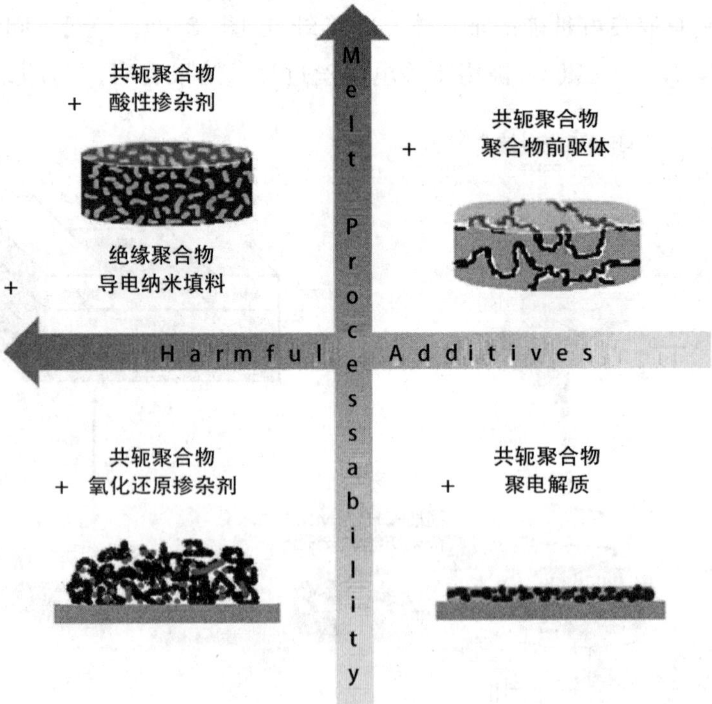

图 12-8　半导体聚合物熔融纺丝的可加工性与掺杂有害性的关系

小分子掺杂剂的顺序掺杂获得导电能力。然而，共轭聚合物本身被认为是生物相容的，但目前研究的大多数导电聚合物系统都含有害的酸或氧化还原掺杂剂，在熔融加工时会造成设备腐蚀、危害人体等(图 12-8)。因此，在半导体聚合物的熔融加工领域，还需要进一步探索，以实现绿色化、批量化的制备。

第三节 织物电路及半导体纤维器件

随着人们对智能化生活的追求及电子器件小型化和柔性化的趋势，可穿戴设备发展迅速，极大地丰富了人们的数字化生活。基于纺织品的可穿戴系统因穿着舒适性好、结构灵活与成本较低受到广泛关注，在传感、能源、生物医用等领域显示出良好的应用前景。然而，作为可穿戴设备的硬件基础，虽然传感器、电池等功能部件实现了柔性化，但大多数集成电子(IC)系统都基于刚性结构的印刷电路板(PCB)，信号处理与传输单元依然难以摆脱刚性结构。基于各种柔性材料的信号处理系统被提出，如薄膜、水凝胶等材料，但依然难以满足舒适、透气的穿着舒适度要求。

纺织品作为人类生活中必不可少的部分，具有较好的柔性和穿着舒适性。使用智能纺织品作为人类与外界环境交互的界面，将是一个非常有前景的选择。基于半导体纤维和织物的电子器件可以根据人体或环境条件的要求进行智能处理并提供反馈可检测模拟信号、传输数字信号、存储和处理实时数据、显示反馈信号和实现交互的交互接口。目前，纤维型电子元件得到研究者的广泛关注，但相关工作集中于利用纤维基器件实现生理传感、能量收集等应用。近年来，在纤维基电路元件开发与集成电路方面的研究也逐渐得到重视。

将信号传输到外部计算机，然后将经过计算机处理的数据传输回来的过程，引起许多问题，它们受到信号的保真度和灵敏度、系统的计算速度和传输空间的限制，而将逻辑计算功能整合到纤维和纺织品中，是实现便携式实时信息处理的潜在策略。使用纤维电路器件而不是嵌入硅基元件，通过减少在纤维导体和硅开关电路之间切换的需要，能够提升传输效率。包括基于纤维器件的信号采集、显示器件、能量收集与储能器件等通过纺织加工方法集成，以形成一个大规模应用的集成化纺织系统。这些新兴领域的主要挑战包括：一是基于纤维的设备的制造工艺；二是设备的封装；三是将纤维设备编织到纺织系统中；四是设备之间的互连；五是系统架构的设计及其各种功能的驱动方法。这些研究的基础在于纤维基电路元器件的开发，尤其是对信号处理有不可替代作用的纤维晶体管与忆阻器等纤维基电子器件。

一、纤维晶体管

纤维基晶体管作为纺织基电子器件的核心组成部分，受到广泛的关注。根据材料来源，纤维基晶体管可以分为有机纤维基晶体管与无机纤维基晶体管，但无机纤维材料因制备困难、柔性较差，存在一定的研究瓶颈，而有机纤维基晶体管因材料选择广泛、柔韧性和生物相容性良好而得到更多关注。

根据工作模式的不同，纤维晶体管可以分为场效应晶体管（Field Effect Transistors，FETs）与电化学晶体管（Electrochemical Transistors，ECTs）。作为典型的逻辑响应器件之一，有机场效应晶体管是用栅极电压（VG）调制源漏电流（IDS）的有源器件，通过在纤维表面周期性的构建源极与漏极，可以通过调整重复单元的给电子（供体）或得电子（受体）强度来调整其微观结构和电子结构。目前，在纤维表面构建周期性的工艺复杂，使用稳定性差，未来需要在构建方式上得到更多关注。有机电化学晶体管是利用半导体聚合物的离子-电子混合导电特性的有机电子器件。它从富含移动离子的电解质中对有源通道进行门控电化学掺杂，从而产生大的几何电容，为器件提供高跨导性和低驱动电压。这种类型的晶体管结构相对简单，具有大规模制造的前景，但如何降低响应时间是该器件未来发展需要注意的问题。

（一）纤维场效应晶体管

场效应晶体管（FETs）是一种用于控制电流流动的半导体器件，包括一个导电层，被称为沟道或通道，两个或者更多的电极（源极和漏极），以及一个控制开关电极（栅极）。FETs 能够通过由栅极的电压控制的源极和漏极之间的电流而实现其如电动阀一样工作。具体而言，FETs 通过增加栅极电压而将电荷注入栅极电极旁边的导电聚合物中，形成一个可控的传导通道，源极-漏极的电流能够通过该通道流动，从而实现 ON/OFF 控制。平面薄膜晶体管通常是通过在支撑基板上沉积有源半导体层和介电层薄膜以及金属触点，然后通过周期性的微图案化来制造。在 FETs 器件中，有数量众多的掺杂金属氧化物、共轭小分子和室温液晶等材料可以用作有源沟道半导体。选择这些材料的重要标准取决于这些分子的 HOMO 和 LOMO 能级以及它们与金属功函数的接近程度。然而，纤维型 FETs 必须以纤维基体或在纤维基体附加半导体层作为沟道，并在纤维表面周期性的构建源漏极和栅极。因此，在纤维的表面形成均匀涂层或精确图案加工形成具有周期性的结构，并能够在纤维的连续变形后依然保持稳定工作是目前该领域的主要挑战。为了应对这些挑战，已经提出的方法包括金属镀层、有机材料生长等。

在无机 FETs 方面，由无机氧化物半导体作为通道层组成的氧化物 FETs 表现出优异的载流子迁移率，超过大多数有机半导体材料，并且原料成本相对较低。Park 等通过浸渍涂层将 PVA 涂覆在裸露的纤维上，降低了纤维表面的粗糙度，而 Al_2O_3 和 MgO 纳米层合材料增强了纤维的绝缘性能，并表现出优异的力学性能。由氧化物半导体非晶 In-Ga-Zn-O（a-IGZO）作为通道层组成的氧化物 FETs 表现出优异的迁移率，如图 12-9（a）～（d）所示。该场效应晶体管具有良好的迁移率［$>3\ cm^2/(V \cdot s)$］，低漏电流和关断电流分别小于 10^{-9} A 和 10^{-13} A。

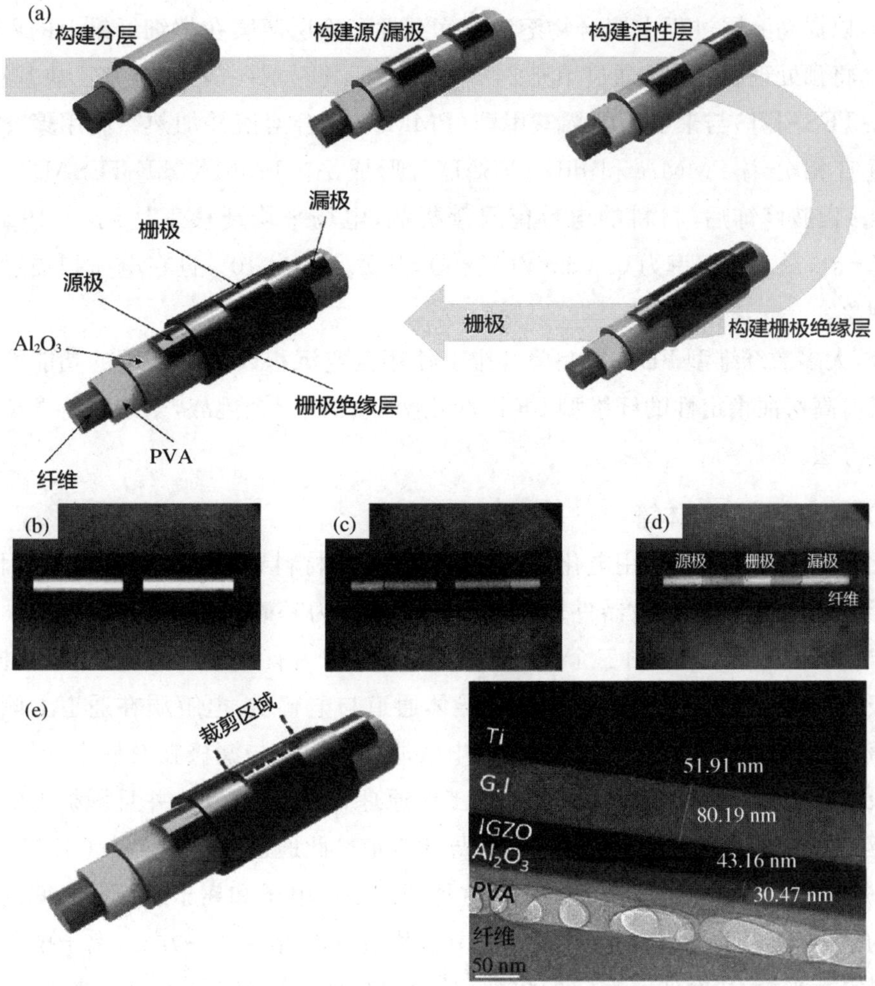

图 12-9 基于多层无机氧化物的场效应晶体管制备与结构

(a) 真空沉积法制备纤维基 FET 的全过程;(b) S/D 沉积后的显微图像;(c) 栅绝缘子沉积后的显微图像;(d) 在纤维(比例尺为 300 μm)上沉积栅电极后的显微图像;(e) 纤维基 FET 原理与横截面 TEM 图像

Choi 等报道了一种利用静电纺丝技术制备的绝缘 $ZnGa_2O_4$ 纳米晶的 In_2O_3-ZnO-$ZnGa_2O_4$ 复合纤维,其具有优异的场效应性能。通过在器件制造过程中引入热压步骤,解决了有关可再现器件性能,以及有源通道与栅氧化层之间界面的接触问题。利用 In_2O_3-ZnO-$ZnGa_2O_4$ 纤维通道层,结合高 K 介电$(MgO)_{0.3}(Bi_{1.5}Zn_{1.0}Nb_{1.5}O_7)_{0.7}$ 复合栅极绝缘体,制备出高场效应迁移率、低亚阈值摆幅、低阈值电压和可忽略的迟滞特性。

利用涂层与沉积半导体金属氧化物电介质的 FET,由于柔性与弹性较差,与相同器件结构的平面 FET 相比,这些器件的弯曲耐久性和电气性能较差。有机半导体材料具有更低的模量,更容易作为柔性织物电路组件使用。Kim 等提出一种金属聚合物绝缘体有机半导体(MIS)同轴纤维的整体制备工艺,制备的基于 MIS 同轴微纤维的纤维状晶体管具有与平面基板上典型器件相当的良好电性能。首先，对金属超细纤维进行聚多巴胺表面改性，以提高涂层过程中聚合物溶液的润湿性和涂层薄膜在超细纤维上的界面附着力。其次，将预处理后的纤维通过填充 2，8 -二氟- 5，11 -双(三乙基硅基乙炔基)蒽并二噻吩(diF-TESADT)与聚甲基丙烯酸甲酯(PMMA)混合溶液并加热。利用聚合物共混溶液的垂直相分离 PMMA 和 diF-TESADT，形成 Au/PMMA/diF-TESADT 共轴结构。经聚多巴胺修饰后，材料的电性能显著提高，电场平均迁移率达到(0.19±0.07) $cm^2/(V \cdot s)$，最大迁移率为 0.3 $cm^2/(V \cdot s)$，开关比约为 10^4，且在电压扫描过程中没有滞后现象。

迄今，大多数纤维型 FET 是在单纤维上使用真空沉积或溶液处理的功能涂层来实现的。具有高弯曲稳定性的纤维型 FET 的制造，仍然是一个挑战，未来有待继续探索可行的构建方法。

(二) 纤维电化学晶体管

电化学晶体管是一种利用电化学反应控制半导体材料导电性的电子器件，因其工作机制基于电化学掺杂，因此该器件以有机半导体材料为基础，也称为有机电化学晶体管(OECTs)。OECTs 的工作由三个部分组成，主体部分为有机半导体通道，连接栅极、源极和漏极三个电极，在源极与漏极间是半导体通道与电解质，电解质在通道上侧将通道完全覆盖，栅极的电极连接外部电源，没入电解质中。源极与漏极在有机半导体上，限定了空穴或电子从源极流到漏极的通道。其工作原理为：源极接地，并且漏极上的恒定电压偏置驱动电流通过源极和漏极之间的半导体沟道。此通道电流定义为 OECTs 的输出电流，由栅电极上的输入电压进行调制。这种调制是由电子和离子载流子之间的相互作用引起的。电荷载流子(空穴)在 OECTs 中承载通道电流。另一方面，离子电荷载体为空穴提供电荷平衡，从而调节空穴的浓度，进而调节晶体管沟道的电子传导性。OECTs 的工作主要由控制电解质控制掺杂有机薄膜的离子，使掺杂状态的改变而影响导电性，导致电导率几个数量级的变化，从而实现了 ON/OFF 操作。这个过程主要由施加到栅极和漏极的电压控制。OECTs 能够实现与其他晶体管相同的对电路的开关控制，通过栅极电压的线性调控能够控制漏极电流大小，也能够用作信号放大器，将输入的电信号放大后输出。区别于场效应晶体管中仅发生在界面附近的变化，OECTs 的工作过程能够在通道的整体都会发生掺杂变化。因此，仅需要较低的栅极电压，即可实现漏极电流的调制，这使得 OECTs 成为高效的开关和放大器。同时，相比于 FETs 的复杂与周期性的图案化构建，OECTs 较为简单与灵活的结构使其有更好的柔性化应用与织物集成能力。基于这些独特优势，OECTs 得到广泛应用，包括神经接口、集成电路、生化传感等。OECTs 除了具有有机薄膜晶体管的优点，还具有结构简单、工作电压低及可在溶液环境下工作等特点。OECTs 在制备过程中具有明显的优势：栅电极和半导体通道可以实现分开制备，通过设计 OECTs 的栅电极，可同时兼具晶体管的放大功能和生物标志物检测效果，且OECTs所用有机半导体具有良好的生物相容性，因此OECTs被视为应用于生化检测领域的优秀器件。

OECTs的工作模式分为耗尽模式和积累模式，两种模式的分类根据原始状态的半导体掺杂比例。以耗尽模式工作的OECTs，随着栅极电压的增加控制电流减小。以积累模式工作的OECTs，随着栅极电压的增加控制电流增大。在耗尽模式下，OECTs的共轭聚合物处于原始状态下的掺杂形式，并且器件在零栅极偏置下处于导通状态。施加正的栅极偏压会使得共轭半导体聚合物网络中被注入电解质中的阳离子或向电解质中排出阴离子，实现关闭功能。到目前为止，大多数OECTs都是耗尽模式工作，聚电解质溶解在溶剂中，可以电离出离子，作为在栅极电压施加时发生共轭聚合物主链中的掺杂所需要的正电荷的反离子。以积累模式工作的OECTs中，半导体聚合物在原始状态下保持关闭状态，通过施加负栅极偏压，从有源层注入阴离子(或从有源层排出阳离子)，从而使器件导通。

OECTs能够通过灵活的材料选择与构建方法实现。有机电化学晶体管纤维是纤维形式构建的晶体管材料，通过与纺织加工技术结合，在织物上就能够实现逻辑运算、信号放大等功能。结构制备简单，同时易于编制到柔性织物中。既能够保持OECTs工作电压相对较低的优势，并且能够实现在水性环境下工作，并且生物相容性好的优势使得其在生物医用领域用途广泛，基于纤维基材料的高柔性与可加工性能使其能够广泛应用于织物电路、信号传输和生物传感等领域。由于一维纤维材料具有卓越的可变形性与材料选择的多样性，使得各种处理与制备方法，实现半导体聚合物材料改性十分便利。常用的处理方法包括浸渍、自组装、原位聚合等。此外，OECTs由于其栅极构筑的独立性，其构筑非常具有灵活性。

目前，构建OECTs器件主要有三种方式：交叉型、平行型与螺旋型。交叉型是将半导体聚合物作为通道材料，纤维作为栅极，两根纤维交叉放置，中间以电解质隔开。早期的OECTs器件通过简单的有机聚合物纤维与电解质构成。2007年，Hamedi等提出的跨纤维间OECT是通过横向悬浮两根PEDOT∶PSS涂层纤维，并加入电解质，在纤维连接处建立离子接触完成的。该装置的结构和制备方法在随后的许多研究中得到重复。Wang等通过将PPy原位聚合到尼龙纤维上，制备了一种基于聚吡咯和尼龙纤维的OECT纤维。该将纤维横向放置，并在连接处滴入PVA和HCl固体电解质，制备了纤维电化学晶体管。一根纤维的两端作为源极和漏极，另一根纤维的一端作为栅极。该器件具有高开关比(10^4)和低工作电压(<2 V)，但涂层型纤维晶体管在实际应用中有一定的局限性，因为涂层的光纤可能受到缠绕和编织引起的机械应力。两根纤维以一定间距平行放置，能够构建平行式的纤维型OECT器件，电解质填充在两根纤维间。Yang等在尼龙纤维上成功制备了坚固、灵活的纤维OECT生物传感器。通过在源极和漏极中引入Cr/Au/PEDOT∶PSS芯壳结构，构成基于平行纤维的OECTs器件，它具有优异的弯曲稳定性，并且在传统的织布机上以棉纱作为经纱和纬纱织造，织造前后的器件性能没有

变化。这种织物装置具有柔韧性和可拉伸性，并成功地用于检测尿布中人造尿液的葡萄糖水平。螺旋型纤维晶体管是将源漏极纤维扭曲在一起，并以电解液覆盖，然后在电解液外层缠绕纤维构建栅极，并实现控制，如 Kim 等提出的包括源极和漏极微纤维的扭曲组件层的 OECT 器件。螺旋型纤维晶体管不仅可以通过改变半导体层的厚度和两个电极微纤维的扭曲长度，控制器件的通道尺寸，而且可以在不影响其与其他电气元件互连的情况下使器件钝化。

二、纤维忆阻器

忆阻器是一种电子元件，通过改变电阻值来存储信息或控制电路的行为。在数字电路中，它可以用来存储一个比特的信息，例如 1 或 0；而在模拟电路中，它可以用来存储连续的电阻值，从而实现一些特定的功能，比如延迟或滤波等。忆阻器的工作原理基于电阻值的可调性，通过施加不同的电压或电流，其电阻值可以改变，并且可以在这种状态下保持。在过去的几十年中，互补金属氧化物半导体(CMOS)技术的快速进步推动了时代的显著发展。高集成度的晶体管提升了计算能力，但也带来更高的算力需求。然而，随着 CMOS 器件尺寸接近其物理极限，传统计算机的存储和计算分离架构面临着“存储墙”和“功耗墙”的挑战。随着人工智能对数据计算需求的增加，传统计算芯片的计算能力接近饱和，而忆阻器被认为是下一代神经形态计算的关键组成部分。大脑中神经元和突触的高度并行结构和低功耗激励了具有集成存储和计算能力的芯片的发展。类脑芯片通过模拟大脑的结构和信息处理机制，可以显著提高计算效率，克服传统计算芯片的缺点，从而为智能电子设备的发展提供了巨大的潜力，这种特性使得忆阻器芯片存储、仿生计算、内存计算等方面具有潜在的应用，例如在人工智能领域的神经元模拟和类脑计算。

将神经形态计算忆阻器无缝集成到电子纺织品中对于有效存储和处理来自功能电子元件的信号至关重要。受人脑的启发，人工神经网络(ANN)和脉冲神经网络(SNN)等受脑启发的神经形态计算架构的基本元素是电子突触和神经元，而对生物突触的模拟是其中的关键步骤，因此需要具有低电导(用于减少能耗)和高电导(用于低阻抗感应)的神经形态设备。Wang 等通过设计 Ag/MoS_2/$HfAlO_x$/碳纳米管(CNT)的异质结构，构建了一个具有突触和神经元功能的三维可重构忆阻纺织网络，该网络具有基于导电纤维调节的非易失性电阻开关和易失性阈值开关特性。此外，单个可重构忆阻器可以实现集成和激活功能，在降低神经元电路的复杂性方面具有显着的优势。图 12-10(a)展示了由可重构纺织忆阻器构成的三维纺织神经网络，包括顶层和底层，其交织结构分别充当人工突触和神经元。基本的可重构忆阻器单元由 MoS_2 纳米片和 $HfAlO_x$ 薄膜的异质结构组成。通过电泳沉积和原子层沉积构建了这种结构，如图 12-10(b)、(c)所示，奠定了器件低功耗的基础。顶部和底部电极分别由银纤维和碳纳米管纤维制成。图 12-10(d)显示了该网络中非易失性记忆和易失性阈值开关特性及其可塑性和发放功能。

具有高效内存计算能力的忆阻器具有典型的横条结构，与纺织品的交织结构具有内

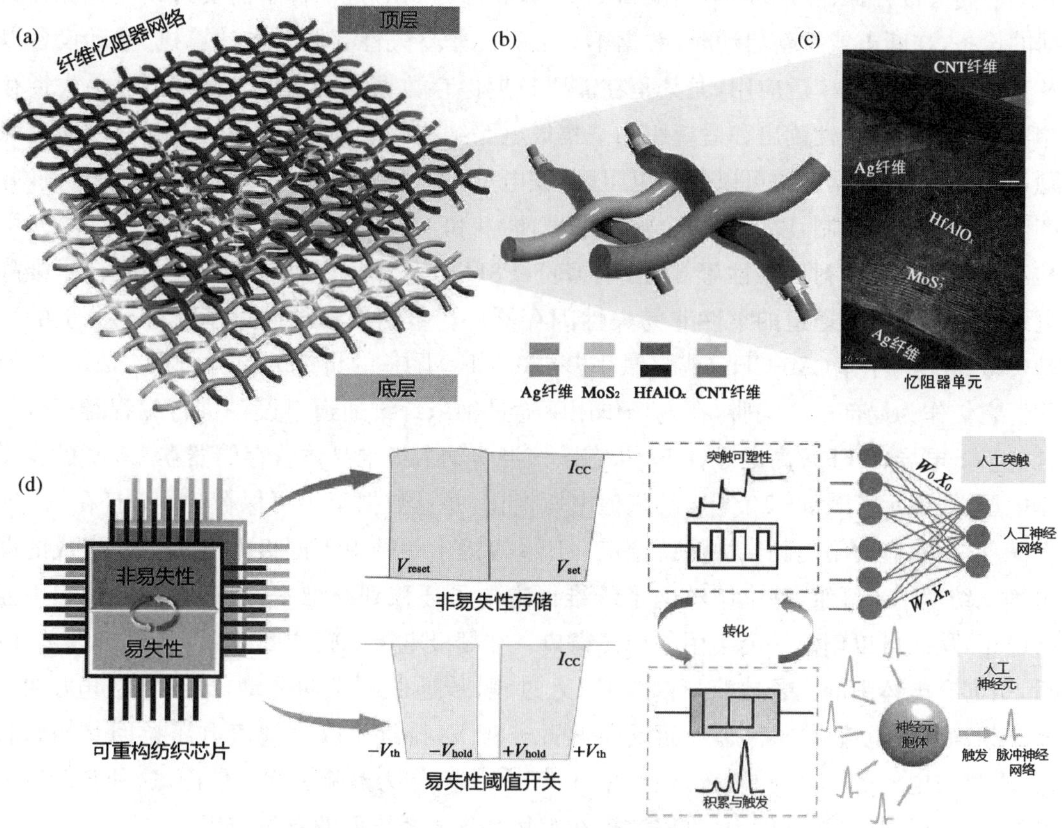

图 12-10　可重构纺织忆阻器网络原理

(a) 纺织忆阻器网络结构，包括顶层具有突触可塑性的器件和底层具有神经功能的器件；
(b) 由 $Ag/MoS_2/HfAlO_x/CNT$ 组成的纤维基忆阻器结构；
(c) 纤维基忆阻器的扫描电镜图(上)和透射电镜截面图(下)，其中比例尺为 40 μm；
(d) 可重构纺织芯片中的可逆非易失性存储器和易失性阈值开关忆阻器，模拟了人工突触可塑性和发放功能

在的兼容性。然而，忆阻器的实际应用长期以来一直受到丝状开关过程中不可避免的周期之间和器件之间变化的阻碍。忆阻器是一种具有逻辑能力的半导体器件，逻辑操作可以通过特定电流脉冲实现，比如使用不同的电流脉冲设置和复位忆阻器的状态，因此也能用于构造结构逻辑电路。

三、纤维存储器

存储器的原理涉及在电子设备中存储和检索数据的各种方法。不同类型的存储器有各自的工作机制，但基本原理都是基于物理状态的变化来表示和保存二进制信息。随着人工智能技术的进步，存储技术对大存储容量和高速计算复杂任务的要求越来越高。晶体管与许多存储技术密切相关，晶体管主要用于控制电流，作为开关或放大器，而晶体管存储器(如 Flash 存储器)包含一个浮栅或其他电荷存储结构，用于数据存储和读取。这些存储器能够通过施加电信号来操纵记忆行为。

非易失性存储器(Non-Volatile Memory,简称 NVM)是一种不需要持续电源保存数据的设备,在断电或重新启动时,数据不会丢失。非易失性存储器在计算机、移动设备以及其他电子设备中广泛应用,尤其是在需要长期保存数据的场景中。纤维型非易失性存储器由于其非破坏性读出和适应织物基集成电路结构的兼容性,成为一个新兴的研究课题,其工作原理根据来源可以分为电阻型、铁电型、浮栅型等,它们提供电荷捕获位点,并产生不同的电阻调制,以区分两个输出信号,即 0 和 1。Chang 等提出一种以在聚萘二甲酸乙二醇酯(PEN)衬底柔性聚 3-己基噻吩(P3HT)-金纳米颗粒(Au NPs)复合一维静电纺丝纳米纤维为通道的柔性非易失性闪存器件。金纳米颗粒通过苯硫醇部分上的氨基(Au-NH_2)、甲基(Au-CH_3)或三氟甲基(Au-CF_3)尾基的自组装单分子层(SAM)功能化。它们作为局部电荷陷阱,在电场作用下通过纳米纤维通道对设备进行编程/擦除,使其处于低电导(OFF)/高电导(ON)状态。该混合纳米纤维晶体管存储器在±5 V 的低操作电压下,展示了 3.5~10.6 V 的阈值电压变化,并且数据至少可保存 10^4 s,且在约 100 次编程/擦除应力耐受测试中保持稳定。Jian 等提出一种由不同极性的聚合物组成的即可静电纺丝纳米纤维,静电纺丝纳米纤维促进电子迁移到纤维中,然后在写入过程中捕获电子,从而可以创建一个实用的记忆窗口。在栅极电极上施加 80 V 的正栅极,偏置 1 s 后,引起介电体中的电子捕获,称之为写入过程,传递曲线正向移动,导致栅极电压在 0 时产生高漏极电流(ON 状态);而反向偏置 −80 V,持续 1 s,将阈值电压拉回其初始状态,在栅极电压等于 0 时具有低电导率(OFF 状态),作为擦除过程。然而,这种基于纳米纤维的存储器缺乏形变能力,难以实现在织物基集成系统上的有效应用。

铁电晶体管存储器具有与场效应晶体管相似的器件结构和工作原理,可以通过简单的溶液工艺集成到柔性/可拉伸衬底上,是一种很有应用前景的非易失性存储器件。有机铁电存储器件主要利用铁电聚合物的铁电极化效应,通过施加电场实现在两种稳定的极化状态之间可逆切换。Kang 等报道了一种集成在细薄金属线上的纤维状有机晶体管存储器(FOMs),如图 12-11(a)所示。首先利用毛细管涂覆系统,在金属线上形成纳米颗粒状的有机铁电薄膜,如图 12-11(b)所示,均匀的形态赋予纤维状存储器设备良好的开关稳定性(约 100 个周期)、准永久保持性(超过 5×10^4 s)和低电压操作(低于 5 V)。当缝入可拉伸的织物中时,存储纤维在持续的对角应变 100%的情况下,仍实现超过 10^4 s 的长保持时间,且存储窗口几乎没有退化,如图 12-11(c)、(d)所示,展示了其在柔性变形下可靠的数据存储,证明其作为可穿戴纤维存储器在智能服装中记录电子信号的应用潜力。

四、织物基集成电路系统

通过纺织加工技术将功能模块集成到织物中,构建的多功能集成电路织物,通过织物组织结构设计,将功能组件按一定规律织入织物,并依据设计电路方案构建织物电路,构筑基于多种电路模块耦合的织物结构集成运算及放大电路,从而打通从传感器到通讯

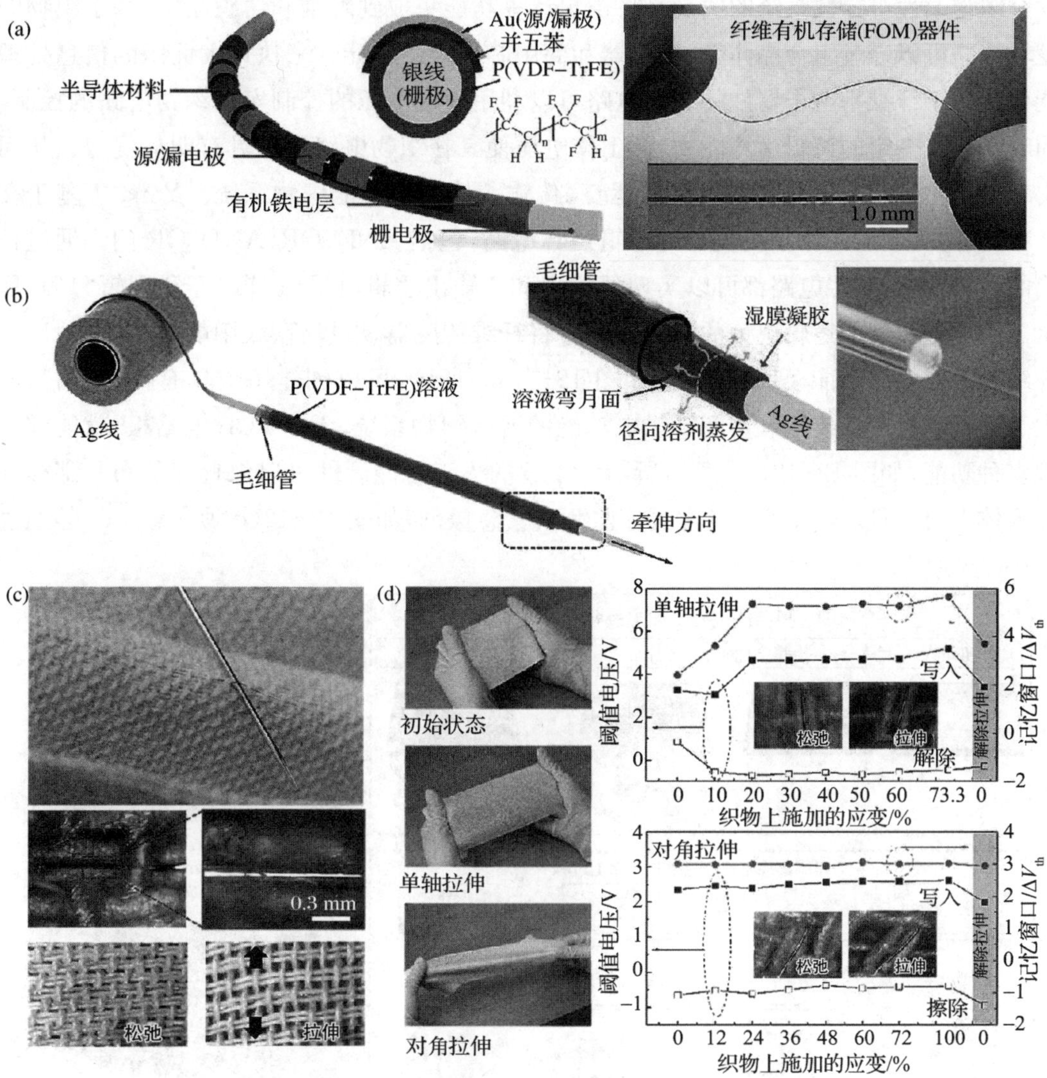

图 12-11　有机晶体管存储器纤维的结构与应用

(a) FOMs 的器件结构与实物照片，各层厚度依次为 P(VDF-TrFE) 260 nm、并五苯 50 nm、Au 电极 50 nm；
(b) 用于制造 FOMs 的连续卷对卷涂层工艺，以及由 CTAC 工艺形成的 P(VDF-TrFE)包裹金属线的插图和照片(右框)；
(c) 用针缝入织物的 FOM 阵列，以及在织物中银丝衬底上制造的 FOM 装置在应变和松弛状态下的照片；
(d) 缝制在织物上的 FOM 的记忆窗口对应的阈值电压随应力增大而变化的情况，初始状态、单轴拉伸和对角拉伸下嵌入的织物照片(左)，插图为嵌入织物的 FOM 在拉伸(73.3%单轴应变和 100%对角应变)和松弛时的光学显微镜图像

模块的电路瓶颈，实现独立完整的可穿戴织物基集成电路系统。目前，通过印刷与导电纤维编织的方法，能够在各种纤维型设备形成有效的连接。

与传统的后组装可穿戴设备不同，纤维形状的设备可以在织物生产过程中组装，这种一步成型技术保证了织物的整体舒适性和力学性能。此外，基于编织工艺的各种拓扑结构允许灵活排列和更有效地连接纤维设备，从而提高设备的单片密度和工作效率。开

发全织物柔性可穿戴系统的关键是将逻辑计算功能集成到纤维和纺织品中，基于织物的逻辑电路可以通过组合晶体管、忆阻器和商用芯片等逻辑元件来执行大面积的信息处理能力。基于纤维基电子器件的织物电路可以利用栅极电压的控制实现织物电路的控制，同时赋予其一定的逻辑运算能力，低工作电压使其在织物电路领域具有明显优势。从而实现全织物结构集信号采集、处理、运算、传输一体化的智能织物系统。Yang 等基于交叉型光纤 OECT，制作了更复杂的逻辑运算电路，包括 AND、OR、AND-OR 门。通过正确的逻辑功能，这些电路都可以实现低输出和高输出逻辑电平（逻辑“0”和逻辑“1”），展示了集成电路智能逻辑决策的潜力。通过将纤维传感器、二极管、太阳能电池、电池以及纤维基集成电路功能模块相结合，如图 12-12(f)所示，可以创建一个具有传感、信号放大、逻辑计算、无线传输和不间断供电功能的智能织物系统，无需 PCB 电路板，就能够实现多种功能，如图 12-12(a)～(e)所示。柔软的人工智能硬件可以像普通的布料那样穿在人体上，也可以 24 h 进行日常医疗监测或紧急援助，如图 12-12(g)所示。Lee 等通过

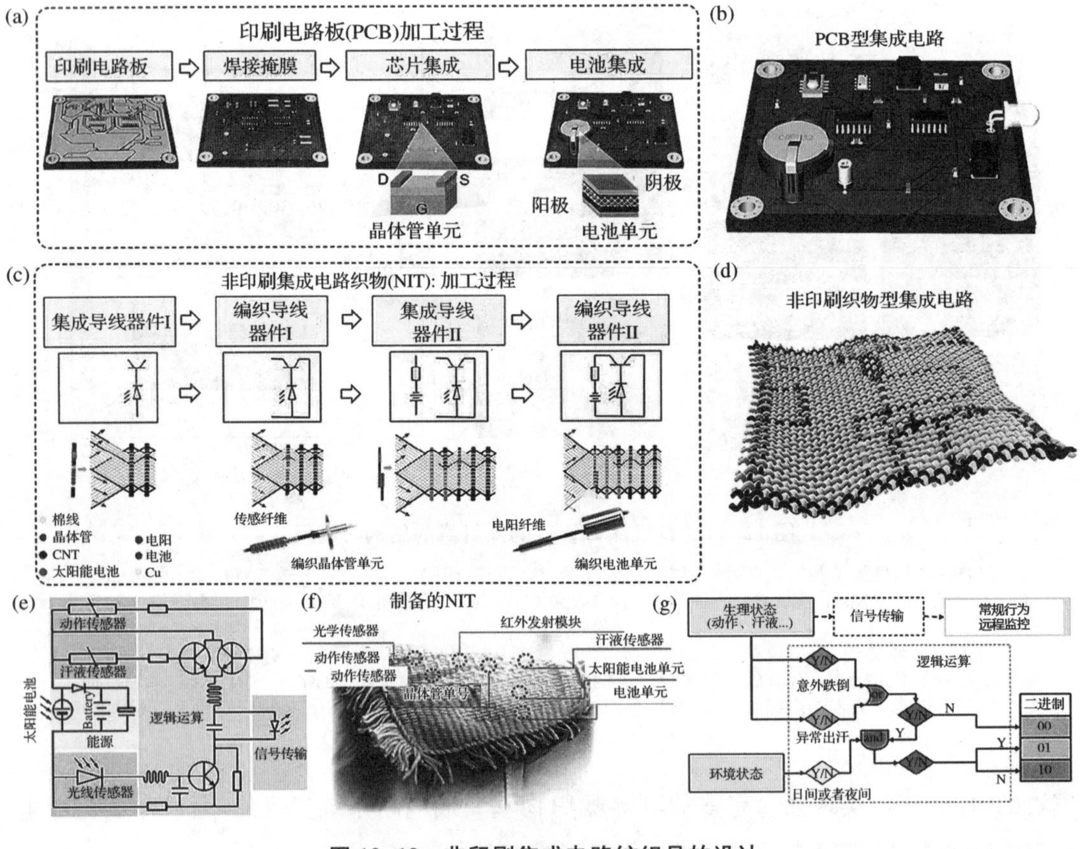

图 12-12 非印刷集成电路纺织品的设计

(a)、(b)传统的印刷电路板(PCB)和 PCB 型集成电路(IC)；
(c)、(d)非印刷集成电路织物集成电路(NIT)和 NIT 型集成电路(IC)；
(e) 典型 NIT 型集成电路设计；(f) 有典型 NIT 型集成电路的织物器件实物照片；
(g)典型 NIT 的逻辑和无线数据发送操作的功能说明

纺织加工技术制造基于纤维集成的电子元件，实现了全织物集成系统，包括纤维光电探测器（作为输入器件）、纤维超级电容器（作为能量存储器件）、纤维场效应晶体管（作为电子驱动与控制器件）和纤维量子点发光二极管（作为输出器件），实现了光敏、电驱动、储能和光发射等特定和可扩展的功能。

第四节　本章小结

近年来，随着电子产品小型化、柔性化的发展趋势，在多个领域起到重要作用的半导体材料自然而然地得到广泛关注。为了克服传统半导体材料材料硬且脆的特性，实现更好的柔性化与穿戴化，半导体纤维材料因其高纵横比、灵活性与形状适应性，成为未来柔性电子器件的理想平台之一。然而，半导体纤维器件的发展仍然受限于半导体纤维材料的制备及相关性能。目前，对于高性能、低成本的无机与有机半导体纤维的探索，是半导体领域的一个热点。

可穿戴织物系统的集成化、智能化离不开各种纤维型电路器件，该领域在近年来发展十分迅速。织物电路的构建过程离不开纺织加工技术，如何将半导体纤维与现有纺织加工体系结合，是未来发展的一大重要需求，也是织物基集成电路系统构建的关键问题。织物电路在制备过程中如何按照预先设计实现电路与织物结构的同时构建是一项具有挑战性的任务。未来，织物有望成为一个完整的智能终端，实现集信号收集、数据处理、数据传输为一体的“织物计算机”。

参考文献

[1] Gibson U J, Wei L, Ballato J. Semiconductor core fibres: Materials science in a bottle[J]. Nature Communications, 2021, 12(1).

[2] Wang Z X, Wang Z, Li D, et al. High-quality semiconductor fibres via mechanical design[J]. Nature, 2024, 626(7997): 72-78.

[3] Kim J, Huang H J, Gilbert E T, et al. T-DOpE probes reveal sensitivity of hippocampal oscillations to cannabinoids in behaving mice[J]. Nature Communications, 2024, 15(1).

[4] Zhang T, Wang Z, Srinivasan B, et al. Ultraflexible glassy semiconductor fibers for thermal sensing and positioning[J]. ACS Applied Materials & Interfaces, 2019, 11(2): 2441-2447.

[5] Yan W, Qu Y P, Gupta T D, et al. Semiconducting nanowire-based optoelectronic fibers[J]. Advanced Materials, 2017, 29(27).

[6] Huang Y, Duan X F, Wei Q Q, et al. Directed assembly of one-dimensional nanostructures into functional networks[J]. Science, 2001, 291(5504): 630-633.

[7] Long Y Z, Yu M, Sun B, et al. Recent advances in large-scale assembly of semiconducting inorganic nanowires and nanofibers for electronics, sensors and photovoltaics[J]. Chemical Society

Reviews, 2012, 41(12).

[8] Zhou R H, Chang H C, Protasenko V, et al. CdSe nanowires with illumination-enhanced conductivity: Induced dipoles, dielectrophoretic assembly, and field-sensitive emission[J]. Journal of Applied Physics, 2007, 101(7).

[9] Petchsang N, McDonald M P, Sinks L E, et al. Light induced nanowire assembly: the electrostatic alignment of semiconductor nanowires into functional macroscopic yarns [J]. Advanced Materials, 2013, 25(4): 601-605.

[10] Li L P, Wang K, Fan H W, et al. Scalable fluid-spinning nanowire-based inorganic semiconductor yarns for electrochromic actuators[J]. Materials Horizons, 2021, 8(6): 1711-1721.

[11] Lv T M, Cheng R W, Wei C H, et al. All-fabric direct-current triboelectric nanogenerators based on the tribovoltaic effect as power textiles[J]. Advanced Energy Materials, 2023.

[12] Sun F Q, Jiang H, Wang H Y, et al. Soft fiber electronics based on semiconducting polymer[J]. Chemical Reviews, 2023, 123(8): 4693-4763.

[13] Kim Y, Lund A, Noh H, et al. Robust PEDOT:PSS wet-spun fibers for thermoelectric textiles [J]. Macromolecular Materials and Engineering, 2020, 305(3).

[14] Sarabia-Riquelme R, Andrews R, Anthony J E, et al. Highly conductive wet-spun PEDOT:PSS fibers for applications in electronic textiles[J]. Journal of Materials Chemistry C, 2020, 8(33): 11618-11630.

[15] Gao Q, Zhang Y B, Wang P, et al. Robust and knittable wet-spun PEDOT: PSS fibers via water [J]. Composites Communications, 2023, 40.

[16] Zhang Z, Li P, Xiong M, et al. Continuous production of ultratough semiconducting polymer fibers with high electronic performance[J]. Science Advances, 2024, 10(14).

[17] Canesi E V, Luzio A, Saglio B, et al. *n*-Type semiconducting polymer fibers[J]. ACS Macro Letters, 2012, 1(3): 366-369.

[18] Chen J Y, Su C Y, Hsu C H, et al. Solvent effects on morphology and electrical properties of Poly (3-hexylthiophene) electrospun nanofibers[J]. Polymers, 2019, 11(9).

[19] Rodrigues A, Castro M C R, Farinha A S F, et al. Thermal stability of P3HT and P3HT:PCBM blends in the molten state[J]. Polymer Testing, 2013, 32(7): 1192-1201.

[20] Zhao Y, Gumyusenge A, He J Z, et al. Continuous melt-drawing of highly aligned flexible and stretchable semiconducting microfibers for organic electronics[J]. Advanced Functional Materials, 2018, 28(4).

[21] Hofmann A I, Östergren I, Kim Y, et al. All-polymer conducting fibers and 3D prints via melt processing and templated polymerization[J]. ACS Applied Materials & Interfaces, 2020, 12(7): 8713-8721.

[22] Martin-Monier L, Piveteau P L, Sorin F. Novel insights into the design of stretchable electrical systems[J]. Science Advances, 2021, 7(27).

[23] Lee J B, Subramanian V. Weave patterned organic transistors on fiber for e-textiles[J]. IEEE Transactions on Electron Devices, 2005, 52(2): 269-275.

[24] Lee S, Choi H W, Figueiredo C L, et al. Truly form-factor-free industrially scalable system integration for electronic textile architectures with multifunctional fiber devices[J]. Science Advances, 2023, 9(16).

[25] Park J W, Kwon S, Kwon J H, et al. Low-leakage fiber-based field-effect transistors with an Al_2O_3-MgO nanolaminate as gate insulator[J]. ACS Applied Electronic Materials, 2019, 1(8): 1400-1407.

[26] Choi S H, Jang B H, Park J S, et al. Low voltage operating field effect transistors with composite In_2O_3-ZnO-$ZnGa_2O_4$ nanofiber network as active channel layer[J]. ACS Nano, 2014, 8(3): 2318-2327.

[27] Kim H M, Kang H W, Hwang D K, et al. Metal-insulator-semiconductor coaxial microfibers based on self-organization of organic semiconductor:polymer blend for weavable, fibriform organic field-effect transistors[J]. Advanced Functional Materials, 2016, 26(16): 2706-2714.

[28] Chen H Q, Luo D, Li Q Q, et al. OTFT biosensor on flexible substrates for human health monitoring: a review[J]. IEEE Sensors Journal, 2023, 23(2): 997-1011.

[29] Fang Y, Feng J Y, Shi X, et al. Coaxial fiber organic electrochemical transistor with high transconductance[J]. Nano Research, 2023, 16(9): 11885-11892.

[30] Zaman S uz, Tao X Y, Cochrane C, et al. Smart E-textile systems: a review for healthcare applications[J]. Electronics, 2021, 11(1).

[31] Cea C, Spyropoulos G D, Jastrzebska-Perfect P, et al. Enhancement-mode ion-based transistor as a comprehensive interface and real-time processing unit for in vivo electrophysiology[J]. Nature Materials, 2020, 19(6): 679-686.

[32] Keene S T, van der Pol T P A, Zakhidov D, et al. Enhancement-mode PEDOT: PSS organic electrochemical transistors using molecular de-doping[J]. Advanced Materials, 2020, 32(19).

[33] Hao P P, Zhu R F, Tao Y, et al. Dual-analyte sensing with a molecularly imprinted polymer based on enhancement-mode organic electrochemical transistors[J]. ACS Applied Materials & Interfaces, 2023, 15(25): 30567-30579.

[34] Ji W, Wu D Q, Tang W, et al. Carbonized silk fabric-based flexible organic electrochemical transistors for highly sensitive and selective dopamine detection[J]. Sensors and Actuators B: Chemical, 2020, 304.

[35] Rashid R B, Ji X D, Rivnay J. Organic electrochemical transistors in bioelectronic circuits[J]. Biosensors and Bioelectronics, 2021, 190.

[36] Yang A N, Li Y Z, Yang C X, et al. Fabric organic electrochemical transistors for biosensors[J]. Advanced Materials, 2018, 30(23).

[37] Yang Y X, Wei X F, Zhang N N, et al. A non-printed integrated-circuit textile for wireless theranostics[J]. Nature Communications, 2021, 12(1).

[38] Heo J S, Kim T, Ban S, et al. Thread-like CMOS logic circuits enabled by reel-processed single-walled carbon nanotube transistors via selective doping[J]. Advanced Materials, 2017, 29(31).

[39] Owyeung R E, Terse-Thakoor T, Rezaei Nejad H, et al. Highly flexible transistor threads for all-

thread based integrated circuits and multiplexed diagnostics[J]. ACS Applied Materials & Interfaces, 2019, 11(34): 31096-31104.

[40] Tao Y, Wang Y, Zhu R F, et al. Fiber based organic electrochemical transistor integrated with molecularly imprinted membrane for uric acid detection[J]. Talanta, 2022, 238.

[41] Wang P, Wang M X, Zhu J D, et al. Surface engineering via self-assembly on PEDOT: PSS fibers: biomimetic fluff-like morphology and sensing application[J]. Chemical Engineering Journal, 2021, 425.

[42] Jeong C, Kim D, Kim F S. Chemically dedoped PEDOT: PSS films with an amidine/polymer overcoating and their applications as a semiconducting channel in organic field-effect transistors and inverters[J]. Materials Chemistry and Physics, 2022, 284.

[43] Hamedi M, Forchheimer R, Inganäs O. Towards woven logic from organic electronic fibres[J]. Nature Materials, 2007, 6(5): 357-362.

[44] Wang Y D, Zhou Z, Qing X, et al. Ion sensors based on novel fiber organic electrochemical transistors for lead ion detection[J]. Analytical and Bioanalytical Chemistry, 2016, 408(21): 5779-5787.

[45] Kim S J, Kim H, Ahn J, et al. A new architecture for fibrous organic transistors based on a double-stranded assembly of electrode microfibers for electronic textile applications[J]. Advanced Materials, 2019, 31(23).

[46] 郭文斌，汪泽清，吴祖恒，等. 忆阻器基神经形态计算器件与系统研究进展[J]. 电子与封装，2024, 24(4): 67-78.

[47] Wang T Y, Meng J L, Zhou X F, et al. Reconfigurable neuromorphic memristor network for ultralow-power smart textile electronics[J]. Nature Communications, 2022, 13(1).

[48] Chang H C, Liu C L, Chen W C. Flexible nonvolatile transistor memory devices based on one-dimensional electrospun P3HT: Au hybrid nanofibers[J]. Advanced Functional Materials, 2013, 23(39): 4960-4968.

[49] Jian P Z, Chiu Y C, Sun H S, et al. Using a single electrospun polymer nanofiber to enhance carrier mobility in organic field-effect transistors toward nonvolatile memory[J]. ACS Applied Materials & Interfaces, 2014, 6(8): 5506-5515.

[50] Kang M, Lee S A, Jang S, et al. Low-voltage organic transistor memory fiber with a nanograined organic ferroelectric film[J]. ACS Applied Materials & Interfaces, 2019, 11(25): 22575-22582.